U0288512

全国第十四次建筑与文化学术讨论会

建筑与文化论集
第十四卷

主　编　吴庆洲　张成龙
副主编　张俊峰　王　亮

中国建筑工业出版社

图书在版编目（CIP）数据

建筑与文化论集 第十四卷 ／ 吴庆洲，张成龙主编． —— 北京：
中国建筑工业出版社，2014.10
ISBN 978-7-112-17241-2

Ⅰ．①建…　Ⅱ．①吴…　②张…　Ⅲ．①建筑-文化-中国-学术
会议-文集　Ⅳ．①TU-092

中国版本图书馆CIP数据核字(2014)第208218号

责任编辑：张幼平　王晓迪
书籍设计：肖晋兴
责任校对：姜小莲　陈晶晶

建筑与文化论集　第十四卷

主　编　吴庆洲　张成龙
副主编　张俊峰　王　亮
　　　　　＊
中国建筑工业出版社出版、发行（北京西郊百万庄）
各地新华书店、建筑书店经销
晋兴抒和文化传媒有限公司制版
北京盛通印刷股份有限公司印刷
　　　　　＊
开本：787×1092毫米　1/16　印张：29 1/4　字数：746千字
2015年1月第一版　2015年1月第一次印刷
定价：78.00元
ISBN 978-7-112-17241-2
　　　　　(26007)

全国第十四次建筑与文化学术讨论会学术委员会名单

名誉委员：

吴良镛　齐　康　彭一刚　钟训正　何镜堂　马国馨　张锦秋
王小东　刘加平　崔　愷　郑时龄　戴复东　程泰宁　高介华
巫纪光　张良皋　刘先觉　余卓群

名誉主任：高介华

执行委员：

吴庆洲　华南理工大学教授
　　　　　中国建筑学会建筑与文化学术委员会主任委员
李晓峰　华中科技大学建筑与城市规划学院副院长
　　　　　中国建筑学会建筑与文化学术委员会副主任委员
魏春雨　湖南大学建筑学院院长
　　　　　中国建筑学会建筑与文化学术委员会副主任委员
谭刚毅　华中科技大学建筑学系主任
　　　　　中国建筑学会建筑与文化学术委员会秘书长
孔宇航　天津大学建筑学院副院长
张成龙　吉林建筑大学副校长
李向锋　东南大学建筑学院副院长
黄一如　同济大学建筑与城市规划学院副院长
边兰春　清华大学建筑学院党委书记
沈中伟　西南交通大学建筑学院院长
冯　江　华南理工大学建筑学系副主任
关瑞明　福州大学建筑学院院长

委　员：

曾　坚　天津大学建筑学院教授
常　青　同济大学建筑与城市规划学院教授
章　明　同济大学建筑与规划学院教授
单　军　清华大学建筑学院副院长
柳　肃　湖南大学建筑学院党委书记
李海清　东南大学副教授
李　早　合肥工业大学建筑与艺术学院院长
张俊峰　吉林建筑大学东北建筑文化研究中心主任
王　亮　吉林建筑大学建筑与规划学院院长

全国第十四次建筑与文化学术讨论会组织委员会名单

名誉主任：吴庆洲

主任委员：
张成龙　吉林建筑大学副校长

副主任委员：
李晓峰　华中科技大学建筑与城市规划学院副院长
　　　　中国建筑学会建筑与文化学术委员会副主任委员

委　员：
魏春雨　湖南大学建筑学院院长
　　　　中国建筑学会建筑与文化学术委员会副主任委员
谭刚毅　华中科技大学建筑学系主任
　　　　中国建筑学会建筑与文化学术委员会秘书长
孔宇航　天津大学建筑学院副院长
张成龙　吉林建筑大学副校长
李向锋　东南大学建筑学院副院长
黄一如　同济大学建筑与城市规划学院副院长
边兰春　清华大学建筑学院党委书记
沈中伟　西南交通大学建筑学院院长
冯　江　华南理工大学建筑学系副主任
关瑞明　福州大学建筑学院院长
张俊峰　吉林建筑大学东北建筑文化研究中心主任
王　亮　吉林建筑大学建筑与规划学院院长
李之吉　吉林建筑大学研究生处处长　东北建筑文化研究中心首席研究员

会议协调人：张俊峰　王亮

会务组
组　长：王亮
成　员：
李英哲　毛长君　许君臣　刘　晔　陈　雷　张振庭　马晓明　宋维平
孙瑞丰　柳红明　王　莉　吕　静　田文波　赵爱民
会务工作人员：
杜　俐　李天骄　张　萌　杨雪蕾　宋义坤　金　莹　金日学　韩　璘
王　一　郭苏琳　许明艳　宋学军

序

2014 年 9 月 20 日 ~ 21 日，全国第十四次建筑与文化学术讨论会在吉林省会长春召开，全国各地学者 100 多人来到长春这座"北国春城"，济济一堂，共同研讨"建筑与文化"的各种问题。这次盛会，由中国建筑学会建筑史学分会建筑与文化学术委员会和吉林建筑大学主办，由吉林建筑大学建筑与规划学院和吉林建筑大学建筑文化研究中心承办，合办单位有吉林省土木建筑学会建筑师分会和吉林省建筑文化研究会。会议共收到论文 100 多篇，从中筛选出 86 篇优秀论文汇编为《建筑与文化论集》第十四卷出版。这是在前十三次会议的基础上取得的新的学术成果。

一、建筑与文化学术讨论会的历史回顾

建筑与文化学术讨论会已走过整整二十五年的学术历程。联合国教科文组织曾指出：从 1988 到 1997 年的十年，要开展"世界文化发展十年"（UNESO World Decade on Cultural Development 1988~1997）活动，主要研究世界文化发展中的问题。1988 年，国际建协响应号召，确定 1989 年 7 月 1 日"世界建筑节"的主题是"建筑与文化"。

同年 11 月 6 日，由湖南大学建系、岳麓书院文化研究所、建筑设计研究院和《华中建筑》《南方建筑》杂志社以及长沙市土木建筑学会联合发起，湖南大学主办，在世界最古老的高等学府——被誉为"道南正脉"的岳麓书院揭开了首次全国性"建筑与文化学术讨论会"的序幕。

第一次建筑与文化学术讨论会的论文分别选刊于《华中建筑》和《南方建筑》的"建筑与文化学术讨论会论文专辑"（作为第一卷）。

1991 年 5 月，在德阳市举行的"第二届全国建筑评论会"期间，经与会代表和王铎先生的努力，由三门峡市人民政府、湖南大学建系、建设部建设杂志社、岳麓书院、《华中建筑》《新建筑》《南方建筑》杂志社、河南省建筑师学会、洛阳市规划建筑设计研究院共同发起，并由三门峡市建委主办的"全国第二次建筑与文化学术讨论会"于 1992 年 8 月 20 日在以仰韶文化、黄帝崇陵、天下第一剑、黄河第一坝等闻名于世的三门峡市的烟草大厦隆重开幕。

与会代表 132 名，有来自 18 个省、直辖市、自治区和海外的建筑、规划、文艺、文物考古、社会学、地质、水利、电子学及新闻界人士，提交论文 104 篇。

　　这次会议的论文已选编入《建筑与文化论集》（作为第二卷），由湖北美术出版社于 1993 年 7 月出版。

　　第三次建筑与文化学术讨论会于 1994 年 7 月 21 日在鲤城泉州召开，到会代表 163 人，收到论文 138 篇，会后出版了《建筑与文化论集》第三卷（华中理工大学出版社，1996）。

　　1996 年 6 月 15 日"建筑与文化 1996：国际学术讨论会"在长沙湖南大学岳麓书院召开。会议收到国内外学术论文 130 余篇，到会正式代表 157 人，列席代表 73 人，寄来论文的国外代表 28 人，到会 15 人。会议取得重大成果。会后出版了《建筑与文化论集》第四卷（天津科学技术出版社，1999）。

　　全国第五次建筑与文化学术讨论会于 1998 年 7 月 13 日至 17 日在昆明云南工业大学举行。会议的核心内容是《中国建筑文化研究文库》著、编、出版工作的正式启动。本次会议没有公开征文，但不少代表仍然为讨论会撰写了很具学术深度的论文，是为第五卷。

　　全国第六次建筑与文化学术讨论会于 2000 年 8 月 23 日至 25 日在成都西南交通大学举行，有 103 名专家学者出席，应征论文 91 篇。本次会议的核心内容之一是推进《中国建筑文化研究文库》编纂出版计划的切实实现。会议选取 61 篇论文，结为第六卷，与第五卷合并，由湖北科学技术出版社于 2002 年出版。

　　第七次建筑与文化学术讨论会于 2002 年 10 月 20 日至 22 日在庐山召开。这次会议即"建筑与文化 2002 国际学术讨论会"。国外及港澳台地区有代表 17 名，大陆 173 名，最后出席的代表达 199 名，与会的学术论文共 122 篇，会后出版了《建筑与文化论集》第七卷，由湖北科学技术出版社于 2004 年 5 月出版。全国第一次建筑与文化学术讨论会的 49 篇论文汇编为第一卷，附于第七卷之后。

　　全国第八次建筑与文化学术讨论会于 2004 年 10 月 10 日至 12 日在杭州举行，到会正式代表 105 位，应征论文 108 篇。会后出版了《建筑与文化论集》第八卷，由机械工业出版社于 2006 年出版。

　　全国第九次建筑与文化学术讨论会 2007 年 11 月 10~12 日在河南洛阳举行。到会代表 150 名，应征论文 73 篇。会后出版了《建筑与文化论集》第九卷，由清华大学出版社于 2008 年出版。

　　第十次建筑与文化学术讨论会即"建筑与文化 2008 国际学术讨论会"，于 2008 年 11 月 1 日

~3 日在西安举行。《建筑与文化论集》第十卷尚待出版。

　　"第十一次建筑与文化国际学术讨论会及讨论会二十周年纪念暨刘敦桢、柳士英创建湖南大学建筑学科八十周年纪念" 2009 年 11 月 14~15 日在长沙湖南大学岳麓书院举行。《建筑与文化论集》第十一卷尚待出版。

　　全国第十二次建筑与文化学术讨论会 2010 年 9 月 28~30 日在新疆乌鲁木齐举行。《建筑与文化论集》第十二卷尚待出版。

　　全国第十三次建筑与文化学术讨论会 2012 年 11 月 16~18 日在合肥举行。到会代表 83 名，应征论文 50 篇。《建筑与文化论集》第十三卷拟由安徽科学技术出版社出版。

　　全国第十四次建筑与文化学术讨论会的学术成果能及时出版，得感谢吉林建筑大学的张成龙副校长、吉林建筑大学东北建筑文化研究中心主任张俊峰教授、建筑与规划学院院长王亮教授对建筑与文化事业的热忱、努力和奉献精神，他们为今后建筑与文化学术讨论会的主办和承办单位树立了榜样。

二、弘扬中国建筑文化的巨作——《中国建筑文化研究文库》

　　以高介华先生等人为代表的建筑理论界的专家、学者，团结了众多热心建筑文化研究的朋友，形成了一支向建筑文化进军的队伍。他们锲而不舍地进行建筑文化学的研究，2001 年 3 月成立了中国建筑学会建筑史学分会建筑与文化学术委员会。中国建筑学会建筑史学分会建筑与文化学术委员会的成立，跨文化的建筑学术交流的国际国内学术讨论会和《中国建筑文化研究文库》的出版，这三件事对于中国建筑文化来说可谓"三喜临门"，它是中国建筑文化史上的大事。

　　1996 年在长沙召开的建筑与文化研究的国际学术讨论会，吴良镛院士做了"建筑文化与地区建筑学"的主题报告。报告认为，发掘建筑的地区特点是充实建筑文化蕴涵的重要途径，应当深入研究地方建筑的文化特色和它的特殊规律，应当在这样的基础上创造地方学派，如岭南学派、三湘学派等。

　　高介华先生在会上做了"关于'建筑与文化'研究方向"的报告，他在总结历次"建筑与文化"学术讨论的基础上，提出了迫切需要研究的一系列建筑文化专题。

　　他们的报告得到了与会专家、代表的认同与肯定。同时也提出了许多修改意见和很好的建议。

这些便是后来《中国建筑文化研究文库》的雏形。

《中国建筑文化研究文库》目录如下：

1. 中国建筑文化学（高介华 谭刚毅）

2. 中国古代建筑思想史纲（王鲁民）

3. 中国墓葬建筑文化（李德喜 郭德维）

4. 中国建筑典章制度考录（刘雨婷）

5. 中国建筑形制源流（郭华瑜）

6. 中国建筑理论钩沉（曹春平）

7 中国建筑创作概论（余卓群 龙彬）

8. 中国风水文化源流（王育武）

9. 中国建筑图学文化源流（刘克明）

10. 中国古代建筑环境生态观（沈福熙 刘杰）

11. 中国建筑外部空间构成（戴俭）

12. 中国古代住居与住居文化（张宏）

13. 中国建筑装饰艺术文化源流（沈福熙 沈鸿明）

14. 中国军事建筑艺术（吴庆洲）

15. 中国桥梁建筑艺术（刘杰）

16. 中国江南水乡建筑艺术（周学鹰 马晓）

17. 中国客家建筑文化（吴庆洲）

18. 中国书院文化与建筑（杨慎初）

19. 中国江南禅宗寺院建筑（张十庆）

20. 中国古代苑园与文化（王铎）

21. 中国历代名建筑志（喻学才）

22. 中国历代名匠志（喻学才）

23. 中国史前古城（马世之）

24. 中国文化与中国城市（宋启林 蔡立力）

25. 中国村镇建筑文化（李百浩 万艳华）

高介华先生主编的被列为国家十五规划重点出版工程的"中国建筑文化研究文库"，代表着一代中国建筑学人的辛勤耕耘和学术智慧。书目的涵盖面既广泛，又系统。

《文库》是我国建筑领域自1989年进行建筑与文化研究活动以来长期积淀而成的一项标志性学术成果，它的主旨在于继承、弘扬我国优秀的历史建筑文化，是创建与开拓中国新建筑文化理论阵地的一项重大基础建设。

《文库》的著作、编审人员广涉中国科学院、社科院、工程院等5所科研机构，清华大学、南京大学、东南大学、同济大学、华南理工大学、浙江大学等18所高等院校，中国城市规划设计研究院、中南建筑设计院等4所设计机构，湖北教育出版社、《建筑学报》、《华中建筑》编辑部等5家出版机构的50余名专家学者，规模宏大，系列完备。湖北教育出版社为《文库》的编辑出版付出了极大的努力。

国内建筑学家对《文库》的出版也给予了高度评价。

吴良镛院士认为："它的出版必将对中国建筑研究以大的推动。"

齐康院士说："'文库'的选题所涉及范围是比较全面的，从中国古代建筑思想、理论、建筑制度、建筑文化观、建筑艺术观、建筑形制、中西建筑文化交融等各个层面来阐释中国建筑文化的特征，是一套全面研究中国传统建筑文化的大型学术丛书。这在国内还属首次，必将促进我国建筑研究学术水平的提高，并对完善全社会的建筑意识产生积极作用，发挥广泛深远的社会效益。""'文库'是一项跨世纪的功勋性文化工程。"

《文库》的出版，在中国建筑发展史上具有划时代的历史意义、科学意义和文化意义。它既是抢救中华民族传统建筑文化精华的伟大工程，又是在中国建筑历史上空前的一项系统性科学研究工程，是新时期中国建筑新文化运动的结晶。

三、中国建筑文化的拓荒者：高介华

为何建筑与文化学术讨论会有如此巨大的影响和推动力，能 25 年长盛不衰？为何《中国建筑文化研究文库》这一跨世纪的文化工程能够完成？这都要谈到"建筑与文化研究"的主要策划者、组织者高介华先生。

高介华，1928 年 10 月 17 日出生于湖南宁乡县东乡长乐山上的一个书香家庭。祖父高锡奎是当地名医，国学修养深厚，藏书甚富，为人刚正爱民。叔父高希恺是与邹韬奋、安子文同时的进步新闻人士，英年早逝。父亲高希元是宁乡商界名耆，为人乐善好施，其事迹载入了《宁乡人民革命史》一书。高介华自幼秉性刚毅，却能隐忍。据他自己说，平生对于民族英雄霍去病、岳飞、辛弃疾、于谦、袁崇焕醉心崇拜，而心目中事业的偶像则是太史公司马迁。民国 35 年（1946 年 7 月）他毕业于沅陵县立中学后，抱着成为一名营造实业家的理想，考入了国立湖南大学工程学院土木工程学系。当时仅有他一名学生就读于民三九级建筑学专业，因而成为我国近代建筑先驱柳士英先生的单授弟子；与此同时师从我国近代早期画家孙世灏和建筑画家文志新先生。

高介华的黄金龄段及其大半生的精力都贡献给了祖国的建筑事业，长期从事建筑设计工作，广涉民用、工业、科研、试验建筑，规划、园林及特殊、援外工程等。

1983 年 10 月，《华中建筑》创刊，乃主编至今。它的编辑方针为："古今并蓄，中外兼容，摒除门户之见，认真贯彻'双百（百花齐放、百家争鸣）方针'；为求树立严谨求实的科技文风和学风；立足于我国的国情、国策、民情；重学科渗透，重理论探索，力求驰骋于建筑科学技术的前沿，攀登建筑学术领域的制高点。"《华中建筑》在国内外建筑学术界享有盛誉。1992 年、1996 年蝉联第一、二版"中文核心期刊"；2004 年入选"中国科技核心期刊"。现在，《华中建筑》已成为我国载文量最多、信息量最大的建筑学期刊。在高介华的心目中，它应当成为一块发掘、继承、光大中国建筑文化的坚强阵地。

高介华撰写了有关于建筑设计·创作理论、建筑历史与理论、建筑考古、建筑技术、建筑评论、建筑设计工作管理、建筑科技情报、科技编辑及建筑与文化等方面的论述文章近300篇。

2001年3月，由于中国建筑学会建筑史学分会的支持，得到了中国建筑学会的确认和批准，在中国建筑史学分会下设立了"建筑与文化学术委员会"。高介华任主任委员，吴庆洲任副主任委员，从此建筑与文化研究这一学术活动便可以在学会的领导下有组织地广泛开展。

正是有了高介华先生对建筑文化研究的巨大热忱、精心组织和大力推动，《建筑与文化》学术讨论会才能持续发展，走过了25年的学术历程，出版了一卷又一卷的论文集，并完成了《中国建筑文化研究文库》这一伟大的文化工程。

四、21世纪中国建筑师、建筑学人的使命

2010年，高介华先生因已届82高龄，辞去了中国建筑学会建筑史学分会建筑与文化学术委员会主任的职务，由我继任这一要职，我深感力不从心，难以胜任。幸好高介华先生仍亲自指导，参加组织、策划，言传身带，加上常务副主任李晓峰教授、秘书长谭刚毅教授等人的大力协助，才使工作得以持续下来。新疆的第十二次全国会议、合肥的第十三次全国会议、长春的第十四次全国会议，是新一届建筑与文化学术委员会在高介华先生所开拓的道路上继续前进的足迹。《建筑与文化论集》第十四卷的出版会让高介华先生感到欣喜和快慰。

21世纪人类文明进程正面临着伟大的文化转型时期。如何才能应对空前的生态危机、人文道德危机？如何才能发展具有中华文化特色的建筑文化，从而立足于世界民族文化之林？建筑与文化的研究仍任重而道远，"全国建筑与文化学术讨论会"还将持续举行。发展具有中华文化特色的建筑文化，规划、设计、建造出具有中国特色的现代城市、村镇、建筑和园林，这是21世纪中国规划师、建筑师和中国建筑学人的崇高使命。

吴庆洲

2014年10月13日于广州

目录

当代建筑文化的跨界研究

东北亚地区建筑文化探讨

后工业时代的建筑与文化

城镇化背景下的建筑文化

新建筑创作中的文化呈现

当代建筑文化的跨界研究

文化景观的形成、营建与保护①

吴庆洲②

摘　要：本文探讨文化景观的概念与文化景观的形成，认为其形成过程也是人类对文化景观的营建过程。文中探索了文化景观类型划分的多种方式。笔者作为建筑和城市规划的学者，拟将文化景观分为城市文化景观、园林文化景观、宗教文化景观、乡土文化景观和建筑装饰文化景观。文中还讨论了文化景观的构成要素以及文化景观的保护问题，并对中国景观集称文化及其保护进行评述。

关键词：文化景观　景观集称文化　营建　保护

2011年6月25日，"杭州西湖文化景观"被正式列入世界遗产名录。世界遗产委员会认为，"杭州西湖文化景观"是文化景观的一个杰出典范，它极为清晰地展现了中国景观的美学思想，对中国乃至世界的园林设计都影响深远。这是值得中国人自豪的事情。

一、什么是文化景观

对于何为文化景观，李旭旦先生主编的《人文地理学》一书中有专门的条目：

"文化景观（cultural landscape）是地球表面文化现象的复合体，它反映一个地区的地理特征。我们平时看到一幅风景画或一张风景片就往往能从其中所表示的田野风光、建筑、人物、服饰、交通工具以及道路、店肆等所构成的复合体认出它是世界上什么地方的风光。这就是文化景观。""文化景观"这一词自20世纪20年代起即已普遍应用。美国加利福尼亚大学索尔教授就是通过文化景观来研究区域人文地理的。他在1927年发表的《文化地理的新近发展》一文中，把文化景观的定义说成是'附加在自然景观上的人类活动形态'③。

联合国教科文组织世界遗产委员会在1991年将文化景观纳入遗产的范围，并将文化景观定义为"独特的地理区域或反映出自然和人类活动的复合体"。在1992年12月世界遗产委员会第16届会议上，文化景观这一概念被纳入世界遗产名录。在《保护世界文化和自然遗产公约》第一条中，文化景观被定义为"自然与人类的共同作品"。

二、文化景观的形成

了解了文化景观的定义，还必须了解文化景观是为何形成的。

李旭旦主编的《人文地理学》一书中，对文化景观的形成也有精到的论述：

---

① 国家自然科学基金资助项目，项目号：50678070、51278197。
② 吴庆洲，华南理工大学建筑学院亚热带建筑科学国家重点实验室教授。
③ 李旭旦主编.人文地理学.北京·上海：中国大百科全书出版社，1984.223.

"文化景观的形成是长期的过程，每一历史时代都对文化景观的发展有所贡献。人类按照其文化标准对自然环境施以影响，并把它们改变成文化景观，是要经过相当长期的演变过程。由于居住地区的民族迁移，一个文化景观往往不仅是一个民族形成的。"[①]

文化景观的形成过程，也就是人类对文化景观营建的过程。以"杭州西湖文化景观"为例，它经历了东汉筑塘防海，西湖与海隔绝，现杭州城区逐渐成陆；隋代杭州筑城；唐代李泌引西湖水入城，城内凿六井，促进了杭州城的繁荣和发展；唐白居易对西湖建设立下巨功；五代至两宋时期对西湖的建设、管理及西湖十景的问世，其中苏轼对杭州西湖文化景观的建设立下奇功；明、清、民国、新中国对"杭州西湖文化景观"的持续保护、建设和管理，使之保存至今，并发扬光大，列入世界遗产名录。因此，"杭州西湖文化景观"的形成过程，历近3000年的历史，凝聚了历代仁人志士的心血和智慧，成为文化景观建设和保护的杰出范例。

再以历史文化名城伊斯坦布尔为例，它绝妙的城市天际轮廓线是一种独特的文化景观。这一文化景观的形成也经历了1000多年的历史。公元330年，君士坦丁大帝迁都于此，称为君士坦丁堡，在第一座小山上建了圣索菲亚大教堂。537年，查士丁尼皇帝重建这一大教堂。其大圆顶高于地面55.6米，当时被列为"世界七大奇观"之一。1453年，土耳其人攻占君士坦丁堡，它成为奥斯曼帝国的首都，改称为伊斯坦布尔。历经1000多年的建设，伊斯坦布尔的七山分布的名胜古迹达40处，全城则建有450多座清真寺，最著名的为苏丹艾哈迈德清真寺，是罕有的六塔清真寺，终于形成伊斯坦布尔独特的天际轮廓线这一文化景观。

三、文化景观的类型

文化景观类型的划分有多种方式。

1. 世界遗产委员会划分文化景观的类型

世界遗产委员会（UWHC）在《实施世界遗产保护的操作导则》中将文化景观遗产分为设计的景观（designed landscape）、进化形成的景观（organically evolving landscape）以及关联性景观（associative landscape）三大主要类别。

1）设计的景观

由人类设计和创造的景观，包括出于审美原因建造的花园和园林景观，它们常常与宗教或其他纪念性建筑和建筑群相联系。葡萄牙的上杜罗产酒区（Alto Douro Wine Region）就是此类文化景观的典型代表。

2）进化形成的景观

起源于一项社会、经济、管理或宗教要求的历史景观，在不断调整回应自然、社会环境的过程中逐渐发展起来，成为现在的形态。具体又可分为两个子类别：

（1）连续景观（landscape-continuous）

它既担任当代社会的积极角色，也与传统生活方式紧密联系，其进化过程仍在发展之中。紧邻伊特鲁里亚海（Etruscan），位于意大利那不勒斯以南的阿马尔菲海岸地带（Costiera Amalfitana），是此类文化景观的典型代表。

（2）残留（或称化石）景观（landscape-fossil）

其进化过程在过去某一时刻终止了，或是突然地，或是经历了一段时期地，然而其重要的独特外貌仍可从物态形式中看出。如老挝的瓦普古代聚落群及占巴塞文化风景区（Vat Phou and associated ancient settlements within the Champasak cultural Landscape）。

3）关联性景观（associative landscape）

关联性景观也称为复合景观，此类景观的

---

① 李旭旦主编.人文地理学.北京：中国大百科全书出版社，1984.223.

文化意义取决于自然要素与人类宗教、艺术或历史文化的关联性，多为经人工护养的自然胜境。我国的五台山（Mount Wutai）即此类文化景观的典型代表。[①]

2. 美国国家公园管理局划分文化景观遗产的类型

针对遗产委员会分类标准的上述问题，美国国家公园管理局（NPS）于 1995 年，根据美国文化的特点，在《内政部历史遗产保护管理标准》中将美国文化景观遗产划分为文化人类学景观（ethnographic landscape）、历史设计景观（historic designed landscape）、历史乡土景观（historic vernacular landscape）、历史场所（historic site）四种类型。

1）文化人类学景观

人类与其生存的自然和文化资源共同构成的景观结构，如宗教圣地、遗产廊道等。例如，代表美国内湖航运文化的伊利运河（The Erie Canal），工程始于 1817 年，竣工于 1825 年。它是一条影响美国历史的航道，经由哈德逊河在奥尔巴尼将五大湖与纽约连为一体。运河总长度达 363 英里，缩短了原来绕过阿巴拉契亚山脉的莫霍克河的航程，而且是第一条将美国西部水域同大西洋相连的水道。运河的修建成功地将纽约推向了地区和国际商业中心。

2）历史设计景观

由历史上的建筑师、工程师等有意识地按照当时的设计法则建造，能够反映传统形式的人工景观，如历史园林。

3）历史乡土景观

被场所的使用者通过他们的行为塑造而成的景观，它反映了所属社区的文化和社会特征，功能在这种景观中扮演了重要角色，如历史村落。

4）历史场所

联系着历史事件、人物、活动的遗存环境，如历史街区、历史遗址等。[②]

3. 我国文化景观划分的类型

中国文化景观遗产分类标准的制定，必须基于中华文明自身的特点。结合历史文化的地域特性，我国的文化景观可分为以下几种类型。

1）设计景观

由历史上的匠人或设计师按照其所处时代的价值观念和审美原则规划设计的景观作品，代表了特定历史时期不同地区的艺术风格及成就。这类景观包括古代园林、陵寝以及与周边环境整体设计的建筑群，如苏州园林、明十三陵、清东陵、晋祠等。

2）遗址景观

曾见证了重要历史事件或记录了相关的历史信息，如今已废弃或失去原有功能的建筑遗址或地段遗址。作为历史见证，其社会文化意义更重于艺术成就和功能价值，如北京的圆明园遗址、重庆合川的钓鱼城遗址等。

3）场所景观

被使用者行为塑造出的空间景观，显示出时间在空间中的沉积，人的行为活动赋予了这类景观以文化的意义。这类景观包括历史城镇中进行相关文化活动和仪式的广场空间，以及具有特殊用途和职能的场所区域，如南京夫子庙庙前广场、重庆磁器口古镇码头、安徽棠樾村牌坊群等。

4）聚落景观

由一组历史建筑、构筑物和周边环境共同组成，自发生长形成的建筑群落景观。聚落景观延续着相应的社会职能，展示了历史的演变和发展，包括历史村落、街区等，如安徽的西递、宏村，湖南凤凰古镇。

5）区域景观

区域文化景观是一种大尺度的概念，超越了单个的文化景观，强调相关历史遗产之间的文

---

① 李和平, 肖竞著. 城市历史文化资源保护与利用. 北京: 科学出版社, 2014.300~304.
② 李和平, 肖竞著. 城市历史文化资源保护与利用. 北京: 科学出版社, 2014.304~306.

化联系。按照其文化资源组织的线索和构成形式又可分为风景名胜区（scenic area）、文化路线（cultural routes）和遗产区域（heritage area）。

（1）风景名胜区是人类在天然形成的自然胜境中进行相关文化活动留下的人文印记与该自然环境共同构成的景观。这类景观以自然环境为背景，但又具有强烈的宗教、艺术和文化氛围，是我国特殊的文化景观类型，包括各种文化遗产与自然景观有机结合的景观区域。如五台山、青城山等佛教和道教圣地、登封天地之中历史建筑群等。

（2）文化路线又称遗产廊道（heritage corridor），是一种跨区域、以某一文化事件为线索的呈线性分布的系列文化景观，如茶马古道、长征遗址等。

（3）遗产区域是一种将呈破碎状态的地域文化斑块以山体、湿地、河流和其他生态要素以历史和地理分布为线索连接、整合形成的区域文化景观，包括以某一自然或人工交通系统为纽带联系着的具有相同文化特点的同质区域。如楠溪江流域的古村落群以及位于今皖、浙、赣三省交界处的古代徽州聚落群等。①

4. 本文所划分的文化景观类型

笔者是一位建筑学者，从事城市规划，建筑设计，名城、名村、名镇以及建筑遗产的保护工作。因此，本文的文化景观拟分为城市文化景观、园林文化景观、乡土文化景观、宗教文化景观、建筑装饰文化景观五种类型。

1）城市文化景观（urban cultural landscape）

指与城市相关的文化景观，如古代城墙、濠池、城楼、宫阙、城市的街道、水系、市场、广场、纪念性建筑等。

2）园林文化景观（gardening cultural landcape）

指与园林和风景名胜相关的文化景观。如皇家园林、江南园林、岭南园林，以及风景名胜区（如杭州西湖文化景观）等。

3）宗教文化景观（religious cultural landscupe）

指与佛教、道教、基督教、伊斯兰教等相关的文化景观。如佛教四大名山、武当山道观建筑群、巴黎圣母院、清真寺等文化景观。

4）乡土文化景观（rural cultural landscupe）

指乡村聚落，民居、祠堂、水利工程、灌溉工程设施、水磨房等与乡村相关的文化景观。

5）建筑装饰文化景观（building ornament cultural landscape）

指与建筑的雕塑、装饰相关的文化景观。如中国传统建筑的脊饰、塔刹、龙柱以及室内壁画、藻井等，以及西方的玫瑰窗、建筑雕塑、扇形拱顶等文化景观。

四、形成文化景观的要素

文化景观随最初的农业而出现。农业区环绕着城镇，所以人类农业最早发展的地区就成为文化发源地。1963年，T.E.斯潘塞（T.E.Spencer, 1907~?）提出了形成农业文化景观的六个要素：

1. 心理要素（对环境的感应和反映）；
2. 政治要素（对土地的配置和区划）；
3. 历史要素（民族、语言、宗教和习俗）；
4. 技术要素（利用土地的工具与能力）；
5. 农艺要素（品种与耕作方法的改良等）；
6. 经济要素（供求规律与利润等）。②

五、文化景观的构成要素

文化景观构成要素划分为"物质"和"价值"两个系统。各种类型的文化景观皆可看作由这两大系统所构成。

① 李和平，肖竞著. 城市历史文化资源保护与利用. 北京：科学出版社，2014.307~309.
② 李旭旦主编. 人文地理学. 北京：中国大百科全书出版社，1984.224.

1. 文化景观物质系统

文化景观物质系统的构成要素按照特点和空间规模可具体分为四种类型：

1）建筑物、构筑物（buildings & structures）

历史遗留下来的建筑物、构筑物以及相关实体的遗址、遗迹，它们反映着地域的建筑文化、社会职能，或与特殊的历史事件和人物相关，是文化景观的重要载体形式。

2）空间（space）

文化景观的空间要素即由山体、水体、植被等自然要素或建筑、构筑物等人工要素所围合和限定的物质空间。在单体建筑中，空间体现为与建构筑物等实体对象相对的虚空间。

3）环境（environment）

文化景观中的山川、农田、果园、植被等自然环境要素，是文化景观生成和发展的背景和基础，并且融入景观的整体构成之中，这便是所谓的环境。在单个建筑中，环境可表现为园林等设计类景观；在建筑群体和城市中，环境则表现为一种融于整体的绿化空间；而在区域尺度下，环境以城市周边的山水或田园景观呈现。

4）结构（composition）

聚落、街巷、建筑群、山体、水系等自然和人工要素构成的整体格局和秩序，不仅反映了文化景观空间布局的基本思想，更印刻着一定地理、历史条件下人们的心理、行为与自然环境互动、融合的痕迹。这就是人们在描述建筑群体与城市时常常提及的"结构"。

2. 文化景观价值系统

价值系统可分为人居文化、产业文化、历史文化和价值信仰四大要素：

1）人居文化（residential culture）

人居文化指受山川地理、气候条件影响而形成的人居理念和生活文化，在文化景观中的地方习俗、乡土建筑、聚落空间等物质要素中得以体现。

2）历史文化（historic culture）

文化景观在其形成和发展过程中都与一些重要的历史事件或历史人物相关联，并赋予其历史内涵。名人故居、历史遗址、牌坊等纪念性建构筑物，以及为纪念历史事件和人物而产生的民俗活动都是文化景观历史内涵的重要体现形式。

3）产业文化（industrial culture）

产业文化是与文化景观职能相关的要素，集中反映了文化景观的区位条件和资源禀赋。聚落景观中的传统工艺、职能建筑（会馆、商铺等）和遗址、与产业职能相关的环境资源，以及区域景观中与古代商业贸易相关的文化遗址，都反映了文化景观的产业特征。

4）价值信仰（religions & believes）

山川地理、气候条件、区域位置、资源禀赋以及历史上发生的事件和诞生的著名人物都会对地域的思想文化产生重要影响，形成各地不同的文化观念、审美情趣与价值信仰。人们可以从民俗行为、祭祀仪式等非物质文化遗产对象，也可以从宗祠神庙、书院学堂等文化建筑以及城镇、聚落的风水格局等文化景观元素中去理解和体验这种精神内涵。[1]

六、文化景观的保护

文化景观的保护是一个较为综合和复杂的问题。以"杭州西湖文化景观"为例，其占地3322.88公顷，由西湖自然山水，"三面云山一面城"的城湖空间特征、"两堤三岛"的景观格局、"西湖十景"题名景观、西湖文化史迹、西湖特色植物六大核心要素组成。杭州西湖文化景观的保护涉及浙江省人民政府、杭州市人民政府以及杭州市的千家万户，从政府行为到公民自觉保护的意识，以及自然科学、社会科学各部

---

① 李和平, 肖竞著. 城市历史文化资源保护与利用.北京: 科学出版社, 2014.309~312.

门的配合、协调，才有可能实现。

由于近代的城市建设、现代的城市化，许多文化景观正在逐渐消失。比如，原是水城的温州，原称永嘉郡，"永嘉"是"水长而美"之意。[①]由于城市水系在近代被填占，水城风貌尽失，温州"水长而美"的水城文化景观就消失了，令人痛心。同样，随着改革开放三十多年的建设，城市的护理，许多文化景观，包括乡土文化景观正在逐渐消失。

笔者曾撰文介绍了国外一些文化景观保护的经验，包括牛津、伊斯坦布尔、杜布罗夫尼克等。其中，牛津保护文化景观的经验是值得借鉴的，包括：

1. 限制城市发展的绿带政策。由于采取了绿带政策，牛津有效地控制了城市的发展，使城市环境和特色不受破坏。

2. 对城市历史中心的建筑和环境的保护：牛津城的历史中心，尤其是东部城区，完全保存了历史风貌。其措施有如下几点：1）通过立法手段确定城区保护范围。经过细致的研究审定，确定历史中心城区内有653座重点保护的建筑。2）对历史建筑进行清洁和整理，使历史中心城区容光焕发，重现当年风貌。3）市区内禁建高层建筑。通过立法手段，牛津在城区内禁建高层建筑，不让现代建筑与历史建筑争高低，使原城区环境特色不受破坏。

3. 保持了优美的城市天际线：牛津城的天际线是历史上形成的，是历代建筑师的共同成果。正由于牛津采取了上述限制城市发展的绿带政策，保留了完整的郊区，才使人们有机会从郊外欣赏这优美的轮廓线。正因为在城内禁建高层建筑，才使这动人的城市天际线得以保持。

笔者参与了一些文化景观保护的案例，比如贵州鲍家屯水碾房保护和修复工程。鲍家屯是贵州省安顺市东北部的一个古老的村落，是明洪武初年到贵州安顺驻军屯垦的屯堡村落，当时这支军队的将军鲍福宝和士兵都是安徽歙县棠樾人，全都姓鲍。他们选择了鲍家屯这块风水宝地，建设了一条具有灌溉水力加工、生态保护和防洪排涝综合功用的水利工程，被称为"黔中都江堰"。鲍家屯水碾房是当地二十四景之一"碾房听音"景点的主要建筑，是鲍家屯的标志性建筑之一。水碾房的修复对展示鲍家屯的历史文化内涵和保护农业文化景观有着重要的意义。

在修复水碾房时，有人提出木构建筑不易保存，不如拆去，做一个现代的钢筋水泥结构的水碾房。笔者认为，这是明洪武初的木构建筑，具有重要的文物价值，应保护好原木结构，不落架，按当地的材料、当地的工艺来维修，恢复水碾房的功用。笔者的意见得以采纳，水碾房成为国家级文物保护单位。该项目获联合国教科文组织亚太文化遗产保护最高奖——"卓越奖"，成为亚太地区农业文化景观保护的最佳范例。

七、中国景观集称文化

我写过"中国景观集称文化"[②]和"中国景观集称文化研究"[③]的论文，讲的是文化景观的集称文化。

1. 集称文化和景观集称文化

中国人对数字有特殊的兴趣，作为中国传统文化之根的《周易》就是用数字表达其深奥的哲理："是故，易有太极，是生两仪，两仪生四象，四象生八卦。"（《易·系辞上》）"天一，地二；天三，地四；天五，地六；天七，地八；天九，地十。"（《易·系辞上》）这种将一定时期、一定范围、一定条件之下类别相同或相似的

① 叶大宾著. 温州史话. 杭州：浙江人民出版社，1982.4.
② 吴庆洲. 中国景观集称文化的起源、发展及内涵研究. 全国第九次建筑与文化学术讨论会论文，2007.
③ 吴庆洲. 中国景观集称文化. 华中建筑，1994（2）：23~25.

人物、事件、风俗、物品等，用数字的集合称谓将其精确、通俗地表达出来，就形成一种集称文化。[1]

用数字的集合称谓表述某时、某地、某一范围的景观，则形成景观集称文化。景观集称文化是集称文化的子文化，按其范围大小可分为自然山水景观集称文化、城市名胜景观集称文化、园林名胜景观集称文化和建筑名胜景观集称文化四个子系统。

2. 自然山水景观集称——从永州九记到潇湘八景

1）柳宗元的永州九记

若以自然山水景观集称而论，则唐代柳宗元之"永州九记"，应为其滥觞。柳宗元（773～817年），为唐宋八大家之一，于唐贞元二十一年（805年）贬到湖南永州，写下了著名的"永州九记"，脍炙人口，广为传颂。柳宗元记永州山水九记为游黄溪记、始得西山宴游记、钴鉧潭记、钴鉧潭西小丘记、至小丘西小石潭记、袁家渴记、石渠记、石涧记、小石城山记。

2）潇湘八景及四字景名的创新

自然山水景观集称发端于唐代柳宗元之"永州九记"，至五代，后蜀之画家黄筌（？～965）有《潇湘八景》图传世[2]。潇湘八景应是历史上目前所知最早的自然山水景观集称之一。

景观集称之风盛于宋时。据《梦溪笔谈》："度支员外郎宋迪工画，尤善为平远山水，其得意者有平沙雁落、远浦帆归、山市晴岚、江天暮雪、洞庭秋月、潇湘夜雨、烟寺晚钟、渔村落照，谓之八景。好事者多传之。"[3]南宋《方舆胜览》引《湘山野录》，称宋迪所画为"潇湘八景"[4]。

潇湘八景以四字为一景观名称，前二字为地点场所，后二字为景物及其特征。这四字结构的表现，使景观名称由静态转为可表达动态，如平沙落雁、远浦归帆，也使景观与时间背景相结合，出现丰富多彩的景观特色，如山市晴岚、江天暮雪、潇湘夜雨、洞庭秋月、烟市晚钟、渔村落照等等。这种四字景名，具有诗情画意，富于韵律感，可引起文人墨客的共鸣，易于记忆，便于传播，是潇湘八景在景名上的一大创新。这种新颖的四字景名无疑会促进景观集称文化的传播和发展。

3. 第一个城市名胜景观集称为唐代的嘉州十五景，继之为虔州八境

古嘉州，即今之乐山市，是中国最著名的山水城市。

南宋王象之撰《舆地纪胜》记载："唐正（贞）观中，刺史卢士琂列溪上之景凡十有五……并为赋诗，因刻山中。"[5]可见，卢士琂是明确地提出了嘉州江边的十五景，并赋诗刻石。

赣州在北宋称为虔州，古为南康郡治。八境即八景。孔子四十六世孙虔州太守孔宗翰作《南康八境图》，请苏轼为之题诗。八境为虔州的石楼、章贡台、白鹊楼、皂盖楼、马祖崖、孤塔、郁孤台、崆峒山等八处名胜。

4. 第一个园林名胜景观集称——西湖十景

西湖十景出现在南宋。宋本《方舆胜览》云："西湖，在州西，周回三十里，其涧出诸涧泉，山川秀发，四时画舫遨游，歌鼓之声不绝。好事者尝命十题，有曰：平湖秋月、苏堤春晓、断桥残雪、雷峰落照、南屏晚钟、曲院风荷、花港观鱼、柳浪闻莺、三潭印月、两峰插云。"[6]祝

① 李本达等主编.汉语集称文化通解大典.海口：南海出版公司，1992.
② ［宋］郭若虚撰.图画见闻志·卷二
③ 沈括.梦溪笔谈·卷十七
④ 宋本方舆胜览·卷二十三·湖南路·潭州
⑤ ［南宋］王象之.舆地纪胜·卷146·成都府路·嘉定府
⑥ 宋本方舆胜览·卷一·浙西路·临安府.

穆《方舆胜览》原本刻印于理宗嘉熙三年（1239年），[①]至迟在此前，西湖十景已形成。

西湖十景也采用四字景名，由于南宋定都临安，杭州有"天堂"之称。西湖十景的影响力比潇湘八景更大，更进一步推动了景观集称文化的发展。

5. 景观集称文化的内涵

1）传统美学内涵

以南宋西湖十景为例：苏堤春晓、平湖秋月、曲院荷风、断桥残雪、雷峰夕照、南屏晚钟、花港观鱼、柳浪闻莺、三潭印月、双（两）峰插云。这十景的景目两两相对：苏堤春晓对平湖秋月，曲院荷风对断桥残雪，雷峰夕照对南屏晚钟，花港观鱼对柳浪闻莺，三潭印月对双峰插云，富于韵律感。还有空间美（八方美景）、时间美（春、夏、秋、冬四季和朝、夕景致）、自然美（秋月、残雪、荷风、夕照）等和人工美（苏堤、断桥等）、静态美（平湖、秋月）等和动态美（荷风、观鱼）和声音美（晚钟、闻莺）、动物美（鱼、莺）和植物美（花、柳、荷）等。

西湖十景有丰富的美学内涵。除了画家和诗人的天赋之外，最重要的是杭州西湖景致的确迷人，如同西子，美貌无匹，这是杭州赢得"人间天堂"美誉的重要原因。

2）传统哲学内涵

景观集称文化中有丰富的传统哲学内涵，景观中包含了阴阳、五行的思想。南宋西湖十景中，也有阴（月、晚）和阳（晓、夕照），以及金（钟）、木（花、柳、荷）、土（堤、峰）、水（湖、港、潭）、火（照）五行。

3）儒、道、释的理想境界

历代帝王中，有一些在景观集称文化史上占有重要的地位，下以乾隆皇帝题圆明园四十景，说明景观集称文化中的儒、道、释的理想

境界内涵。圆明园四十景为正大光明、勤政亲贤、九洲清晏、镂月开云、天然图画、碧桐书院、慈云普护、上下天光、杏花春馆、坦坦荡荡、茹古涵今、长春仙馆、万方安和、武陵春色、山高水长、月地云居、鸿慈永佑、汇芳书院、日天琳宇、澹泊宁静、映水兰香、水木明瑟、濂溪乐处、多稼如云、鱼跃鸢飞、北远山村、西峰秀色、四宜书屋、方壶胜境、藻身浴德、平湖秋月、蓬岛瑶台、接秀山房、别有洞天、夹镜鸣琴、涵虚朗鉴、廓然大公、坐石临流、曲院风荷、洞天深处。其中，正大光明、勤政亲贤、坦坦荡荡、藻身浴德、廓然大公、九洲清晏、万方安和等景目，反映了儒家主张；方壶胜境、蓬岛瑶台、天然图画、别有洞天、洞天深处、长春仙馆等景目寄托了道家神仙思想；慈云普护、坐石临流、日天琳宇则有佛国意境[②]，可谓融儒、道、释三家之理想于景目中。

4）历史文化的积淀

景观集称文化中有丰厚的历史文化积淀。以关中八景为例，关中八景为华岳仙掌、太白积雪、骊山晚照、雁塔晨钟、曲江流饮、草堂烟雾、灞柳风雪、咸阳古渡，其中有六景与历史文化密切相关。

（1）华岳仙掌：在华山朝阳峰的悬崖绝壁上，传说是河神巨灵劈山通河留下的手印，北魏郦道元《水经注·河水》有载。它是远古神话传说与景观集称文化融为一体的佳例。

（2）雁塔晨钟：小雁塔建自唐代，唐进士及第者有雁塔题名的风俗，并为后世所仿。清康熙年间将一金代古钟移入寺内，古钟清音荡漾，与名闻四方的小雁塔合为一景。

（3）曲江流饮：曲江池历史悠久，为汉武帝在秦"宜春苑"的故址上开凿而成。曲江流饮起自唐代，凡上巳（三月三）和中元（七月十五）两节日，自帝王将相至商贾庶民均到此游宴流饮。

（4）草堂烟雾：草堂寺位于西安西南约

① 谭其骧.宋本方舆胜览.上海：上海古籍出版社，1982.126.
② 张家骥.中国造园史.哈尔滨：黑龙江人民出版社，1986.167–174.

七十里的圭峰山下，建于后秦。印度高僧鸠摩罗什曾在此讲经、译经、校经，为中印文化交流史的名迹。唐代改名栖禅寺，盛极一时。秋冬时节古寺为轻烟淡雾所环绕，宛若仙境。

（5）咸阳古渡：位于西安西五十里的咸阳城下的渭河上。秦汉渭河上有桥，唐杜甫《兵车行》诗中的"咸阳桥"即此桥。明代架浮桥于此，渔歌夕照，景致迷人。

（6）灞柳风雪：灞桥位于西安城东灞河之上，河岸遍植柳树，春夏风吹飞絮，宛若雪花①。灞桥汉代已有，送行至此折柳赠别，有"销魂桥"之称。②

5）水文化特色

山水和园林的名胜景观都离不开水，景观集称文化中，水文化占据着重要的地位。以避暑山庄七十二景为例，具水文化特色的景目有烟波致爽、芝径云堤、濠濮间想、曲水荷香、水芳岩秀、风泉清听、暖溜暄波、泉源石壁、青枫绿屿、金莲映日、远近泉声、云帆月舫、芳渚临流、云容水态、澄泉绕石、澄波叠翠、石矶观鱼、镜水云岑、双湖夹镜、长虹饮练、水流云在、如意湖、青雀舫、水心榭、采菱渡、观莲所、沧浪屿、濒香沜、澄观斋、千尺雪、玉琴轩、知鱼矶、涌翠岩，共33景以水为景观主题，或与水有关，约占72景之半。"山庄以山名，而趣实在水"，乾隆此言道出了避暑山庄园林艺术特点。③潇湘八景有六景以水为主题；燕京八景有五景与水相关；西湖十景有七景以水为主题，或与水相关，有浓厚的水文化特色；宋代羊城八景仅"光孝菩提"一景与水无关，其余七景（扶胥浴日、石门返照、海山晓雾、珠江秋色、菊湖云影、蒲涧濂泉、大通烟雨）以海、江、湖、涧、泉、雨为景，表现了广州负山带海的水文化特色。

6. 景观集称文化是中国特色，至今仍

有生命力

宋元明清时期，随着城市的变化发展，广州的羊城八景也随之变化发展。宋代的羊城八景为扶胥浴日、石门返照、海山晓雾、珠江秋色、菊湖云影、蒲涧濂泉、光孝菩提、大通烟雨。元代因海山楼已毁，菊湖已淤，光孝寺受破坏，珠江景色受影响，故元代八景中取消了宋代的海山晓雾、菊湖云影、光孝菩提、珠江秋色四景，代之粤台秋色、白云远望、景泰僧归、灵洲鳌负四景。明代广州城市扩展，面目一新，八景取城内及近郊之景：粤秀松涛、穗石洞天、番山云气、药洲春晓、琪林苏井、珠江晴澜、象山樵歌、荔湾渔唱。清代八景取景范围大为扩展，有粤秀连峰、琶洲砥柱、五仙霞洞、孤兀番山、镇海层楼、浮丘丹井、西樵云瀑、东海鱼珠。

新中国成立以来，羊城变得更美，怀着对羊城的爱心，广州市民曾四次评选羊城八景。1963年评的八景为红陵旭日、珠海丹心、白云松涛、双桥烟雨、鹅潭夜月、越秀远眺、东湖春晓、萝岗香雪。1986年又评出新羊城八景：云山锦绣、珠水晴波、红陵旭日、黄花浩气、流花玉宇、越秀层楼、黄埔云樯、龙洞琪琳，这新的八景表达了羊城人民对先烈的怀念（红陵旭日、黄花浩气），又体现了改革开放以来的羊城新貌（云山锦绣、流花玉宇、黄埔云樯），具有时代感。2002年7月，广州经百姓评选，公布了"新世纪羊城八景"：云山叠翠、珠水夜韵、越秀新晖、天河飘绢、古祠留芳、黄花皓月、五环晨曦、莲峰观海。这八景，继承了广州的历史文化景观，又增加了新的内容，如越秀新晖、天河飘绢、五环晨曦等。2011年5月，《羊城晚报》组织评选《羊城新八景》，采用市民网上投票和专家评选相结合的办法，最后评出羊城新八景：塔耀新城、珠水流光、云山叠翠、越秀

① 邵友程.古城西安.北京：地质出版社，1983.
② 唐寰澄.中国古代桥梁.北京：文物出版社，1987.33.
③ 张雨新.避暑山庄的园林用水.古建园林技术，1986（11）：49-54.

风华、古祠流芳、荔湾胜境、科城锦绣、湿地唱晚。这新八景中，塔耀新城、荔湾胜景、科城锦绣、湿地唱晚四景为新的景观。

景观集称文化具有浓厚的中国传统文化特色，源自周初（公元前 11 世纪）的二辰、四岳，发展到战国的五岳，又以战国三神山至秦汉"一池三山"皇家园林的模式出现，对中国风景名胜园林的影响巨大而深远，历史达 3000 余年，发展遍及神州各地，至今仍有旺盛的生命力。1986 年北京推出新十六景[①]以及广州于 1963 年、1986 年、2002 年和 2011 年四次评选新羊城八景就是明证。其丰富的美学、哲学、历史文化、水文化内涵以及命题构景的手法，对今日的园林景观、城市景观和山水景观设计仍有重要的参考价值。

八、结语

文化景观的形成、营建及保护是一个值得探索的问题，而景观集称作为一种文化更是一种中国特有的非物质文化遗产，是中国人特有思维方式和文化特色，如何对其进行继承和保护的问题值得进一步的深入研究。

---

① 李本达等主编.汉语集称文化通解大典.海口南海出版公司, 1992.564–565.

当代语境下中国建筑设计中的传统文化语言探讨

王瑜[①]

摘 要：对于传统建筑符号的运用，从设计的手法上来讲是从语言与指示的目的出发，而并非仅仅是装饰。本文在简要概述建筑符号的特征与理论意义的基础上，进一步挖掘建筑符号所具有的文化性，深入分析中国传统文化中的建筑美学思想，作为当代建筑设计对传统文化礼遇与承继的着眼点。通过归纳符号在当代中国建筑设计的运用以及具体案例的解析，试图寻找传统文化与当代建筑设计的最佳对话模式。

关键词：建筑符号　传统文化　建筑美学　建筑设计

"全球化"脚步的加快，信息传播的日益便捷，新材料、新结构、新的施工方法、新的设计理念不断涌入国人视野，冲击着我国悠久而深厚的建筑文化，并融入当代的建筑设计中，使得中国城市建设出现了"千城一面"的现象。城市建设丧失地域特色，建筑设计缺乏文化内涵，优秀的文化传统逐渐被抛弃，令众多的学者忧心忡忡，呼吁捍卫自己的建筑文化，发扬自身文化特色的声音日益增高。1999 年在国际建筑师协会第二十届世界建筑师大会的《北京宪章》中，吴良镛先生指出："技术和生产方式的全球化带来了人与传统地域空间的分离，地域文化的多样性和特色逐渐衰微、消失；城市和建筑物的标准化和商品化致使建筑特色逐渐隐退。建筑文化和城市文化出现趋同现象和特色危机。"

由于建筑形式的精神意义植根于文化传统，建筑设计如何真正地继承和汲取中国传统建筑文化的精髓，如何合理地体现与发扬地域的传统与文化，进而创造出具有中国特色的当代建筑，是我们探讨建筑的文化性时所面临的一个重要课题。本文从语意学的角度探讨建筑设计中我国传统文化语言的运用，找寻属于中国的、特定的建筑表达方式。

一、建筑符号概述

1. 建筑符号的定义及特征

符号学，简言之就是研究符号理论的科学，它研究事物符号的本质、符号的变化、发展规律及符号的各种意义[②]。符号体系不仅是形式，也是风格与思想，是建立在价值体系基础上的社会文化表达体系。建筑符号在符号体系中属于最复杂、含义最丰富的符号之一。总的说来，建筑符号就是将主观领域中难以把握的经验加以客观化、形式化，使这种经验可以被人们直接掌握、理解和接受。建筑符号的独特之处在于，建筑所提供的空间和功能性可以引导受众的一定行为。然而，这种行为的产生也时刻受到历史环境、背景的影响。在不同的时代，建筑

---

① 王瑜，东南大学建筑学院博士研究生，南京航空航天大学艺术学院讲师。
② 刘先觉. 现代建筑理论［M］. 北京：中国建筑工业出版社，2008.88.

所面对的人群具有不同时代特定的生活状态和价值观。受众的改变、行为方式的改变都会推动建筑功能乃至形象所传达符号意义的改变。

2．建筑符号的理论意义

符号学之父索绪尔有云："语言是一种表达观念的符号系统。"他认为每种符号都有两个层面上的意义，一是能指（又称意符），指物体呈现出的符号形式；二是所指（又称意涵、符指），指物体潜藏在符号背后的意义，即思想观念、文化内涵、象征意义。

在符号学的理论中，符号通过其能指和所指作用来表达期望传达的外延意义与内涵意义。符号意义一般存在于其原始意义即外延意义的物质性的实体之中，如中国古建筑的屋顶、柱造、台基和游廊等。这些具体的符号具有鲜明的传统意味和象征性，其内涵意义一般来自于材料、结构、色彩、大小、形状所代表的思想或概念，如厚重的重檐庑殿顶象征着皇家的高贵，而粉墙黛瓦则描绘了一幅江南风情[②]。任何简单的建筑符号，一旦和社会文化内涵相结合，所表达的意义就会丰富得多。而象征关系的存在，更使建筑符号同时可以表达多种含义。当然，建筑符号的象征意义不是偶然出现的，它是由符号及其所表达内容的结构相似性经过长期的演变逐渐形成。当这种象征关系一经确定与延续下来，以后人们只要一看到与之形象相似的实体，便会自然联想到其约定俗成的象征意义。此时该符号的涵义已从实用层面扩大到象征层面，符号本身的价值也由一般的符号转变成象征符号，如同北京故宫象征皇权，脸谱象征京剧。

二、建筑符号的文化性

建筑必须反映生活，而生活则离不开根植的文化。文化是孕育建筑的土壤，正是由于文化土壤的培育，才使建筑有了记忆中的活力，而不是那种瞬间的活力，从而因文化的自身积淀和发展使建筑的内在精神和外在风格得以延续。

基于索绪尔的符号理念，在解读建筑符号语意时，人们往往依据功能类型、个人理解、社会特征及美学价值，通过与相关建筑的比较来解读该建筑本身的内涵。这个解读是受到使用者、观赏者自身的审美情趣、文化修养、性格特征等影响的，同时又受到社会既定文化、思想观念的影响。文化作为一种地域现象，离不开产生它的特定土壤，离不开人与人的代代相传。同时，文化从来都不是封闭的知识体系，文化独岛和地域文化圈被文化多元所取代，文化的排外性被文化的包容性所替代。因此，具有民族性、地域性、时代性的建筑文化的创造，实质上是在时间纵轴上对传统优秀文化的传承和在空间坐标上对外来优秀文化的借鉴。在各民族、各地区的历史进程中，许多文化已经浓缩成了一个个代表性的符号；对于日本，清淡雅致是其符号；对于法国，热烈浪漫是其语言。这些特征均体现在各自的建筑设计中。

建筑是一种社会文化现象，体现一定时期一个国家、地区或民族的生产力发展水平，是技术进步和艺术特色的综合反映。不同的自然条件、地理环境和民族习惯，是形成不同地方建筑风格的重要因素。中国幅员辽阔，历史悠久，又是多民族国家，各地的环境、习俗、社会意识等差异鲜明，使各地的建筑反映出丰富多彩的文化内涵。如长江流域的江南水乡建筑文化，珠江流域的岭南建筑文化，四川地区的山地建筑文化，广东、福建地区的客家建筑

---

② 戴志忠.建筑创作构思解析——符号、象征、隐喻[M].北京:中国计划出版社,2006.22.

文化，云贵高原及广西地区的干阑建筑、石头寨、风雨亭，内蒙古的蒙古包，新疆维吾尔的民居，西藏地区的藏居，羌族的碉楼建筑等，饱含着我国各民族的智慧创造和多民族的文化交融，体现了人与建筑、与环境的融合以及天人合一的哲学理念。封闭的北方四合院，开敞的苗族吊脚楼、秀丽的傣族竹楼以及淳朴的黄土高原窑洞，这些生于斯、长于斯的建筑，不仅给人以强烈的感官刺激，而且从中我们可以窥视出它们赖以存在的历史环境、生活习俗、文化背景、经济水平等，建筑自身即是当地传统文化的真实写照，充当着诠释一地的特殊符号。为了语意而语意是盲目而偏激的，对于建筑符号的运用，必须是建立在理解并尊重地域的、传统的文化基础上，用现代的观念、材料、构造做法等创造性地加以表现。

三、中国传统文化中的建筑美学

我国最早的手工业技术文献《考工记》就谈到"天有时，地有气，材有美，工有巧"，意思是说造物要顺应天时地气，材料应取自自然，适当加以巧妙的人工，这句话是我国数千年来建造活动的总纲领。中国古建筑的最高美学原则即是"和谐"，能将建筑、人和自然环境有机融合才是理想的状态，所以古建筑并不强调建筑单体的视觉震撼力，而是追求建筑群体在环境中的延展所营造出的浑然一体的意境。

1. 儒家的"和谐"之美

中国传统美学强调整体意识，具体思想表现就是"以和为美"。儒家这一美学思想在中国美学史上以至传统文化体系中影响很大。"以和为美"，也就是以丰富为美，以多样性为美，这是对"和"的理解的另一层涵义。把"和"的观念应用于造物工艺之上，主要就体现在形式与功能的适度结合上。"和"的观念还要求一切人造之物都要兼养人的身体和精神两个方面，达到体舒神怡的双重效能。在这一点上，不仅儒

家美学如此，道家的美学观也主张精神与身体兼养，美与善合璧。因此在古代建筑设计中讲究和谐，讲究节制，过分强调设计中的某一方面，必然会导致失"和"，在艺术创作和欣赏中就是"尚清"意识的审美追求。从这一层意义上来说，中国古代审美要求内敛，正是美与善统一的自觉要求，与西方审美观中张扬的唯美主义、片断性思维相比，是一种看待世界更为客观的视角。中国建筑空间组织结构的主要方式——院落，就是"和谐"之美的体现。在以住宅围合的空间中，装载了中国人沿传千年的思想观念和审美情趣。

2. 道家的"简朴"之美

如果说"和谐"是儒家的美学语言，那么"简朴"可视为道家的美学标志。庄子认为自然朴素是理想之美，所谓"大象无形、大音希声"。道家对中国文化的贡献是与儒家同等重要，只是在政治思想上一为表显、一为裹藏而已。而道家在理论能力上的深厚度与辩证性，则为中国哲学思想中所有其他传统提供了创造泉源。至于道家文化在中国艺术、绘画、文学、雕刻等各方面的影响，则是占据绝对性的优势主导地位，即使说中国艺术的表现即为道家艺术的表现亦不为过。老庄哲学对"道"的确立和阐释，特别是"天人合一"的理想境界，对中国美学思想乃至传统文化产生了深远的影响。

在艺术方面，道家思想强调"师法自然"，这种自然一指不事人为造作的物质本体，二指自然环境。庄子曰"天地有大美而不言"。李泽厚在他的《美学论集》中这样表述，正是儒家倡导的人间情味的美加上道家倡导大自然的美的融合，才使得历来的文人士大夫在文艺创作和欣赏中受益匪浅。中国传统建筑在"天人合一"思想的引导下，因地制宜，注重整体统一、秩序和对称，并以创造意境空间为目标，实现人与自然的息息相通。

3. 中国性格的"意境"之美

中国人性格温和，热爱和平，体现在文化上则是低调含蓄。设计上过分直白的表达被视为浅陋，无论是虚实相间的中国古典园林，还是通透空灵的明式家具，抑或松秀简淡的写意山水，"意境"是中国美学一直追求的表现层次。中国古建筑单体形体简单，而群体空间却变化万千，追求一种意境的渲染。"传统建筑空间可塑性很强，通过不同空间处理方式以及室内陈设装饰选择等方面，可以在许多性质相似的空间里，营造不同的空间气氛，使建筑空间的'形'与'意'呈现出相关相生、互渗互补的交互状态。"①

"和谐"、"简朴"、"意境"是中国绵长的历史文化浓缩在美学语言中的符号，也是当代建筑设计对传统文化礼遇与承继的着眼点。中国传统美学思想与儒、道、墨等思想经过古代匠师之手在建筑上实现了巧妙的融合。当今国内建筑师一直在不断努力地寻找传统文化与现代建筑的完美结合点。

四、符号在当代中国建筑设计的运用

建筑符号的形成是由复杂的符号演变而来的，属于复合符号范畴，因而其表现形式多种多样，既有物质性的实体，如古建筑的空间、形体、构件节点、材料以至色彩图案等，亦有无形的精神层面，包含文字语言、历史典故、社会结构、行为活动方式等，都给了当代设计师源源不断的灵感素材。

中国古建筑在不同的时期各有特点，社会的文化特征和精神品格都在当时的建筑中得以体现，形成了某一时期特有的建筑风格，也形成了诸多特色符号。比如说长城、故宫、天坛等这些都是富有鲜明特色的民族文化特征的建筑，它们最终也成为中国文化的符号，可以说建筑

图1 深圳万科第五园 图片来源: http://www.haodewap.net

就是文化和技术的结合，中国古建筑是传统文化的物质形态表现。

1. 符号的提取与再现

这是最为常见的一种手法，是从传统建筑的空间组织、建筑形式、建筑材料、构件节点甚至装饰装修中提取出一定的物象视作符号，按照当代公众的审美情趣直接利用或加以抽象至新的建筑中，使其具有传统的建筑信息，将现代生活方式与传统建筑精神整合，实现功能、结构及艺术的统一，而非简单的模仿、传统建筑构件的堆砌与拼贴。

深圳万科第五园（图1）充分挖掘地域传统建筑中的各种符号，规划上汲取当地竹筒屋类住宅群体的构成方式，再现冷巷这种聚落空间组合的基本元素；建筑上借鉴广州地区典型传统住宅建筑之空间形态，对外封闭、对内开敞、设置内部中庭或天井等方式来形成内向型的院落空间；以现代的设计理念和手法统筹简化之后的建筑符号，如民居建筑中高低长短虚实不一的墙体、南方民居黑瓦白墙的外观色彩等，局部采取放大传统建筑构件的方法，摒弃了生硬的临摹式照搬，让人们既能感受到现代生活的便利又能够沐浴在传统文化之中。

贝聿铭先生的封刀之作苏州博物馆新馆，位于历史保护街区，与世界文化遗产拙政园以

---

① 张塔洪,杨婷.形有尽而意无穷——中国传统建筑建筑空间意境的营造[J].家具与室内装饰, 2007（4）.

图2 苏州博物馆新馆 图片来源：作者自摄

图3 三影堂摄影艺术中心 图片来源：http://www.199u2.com

及全国重点文物保护单位太平天国忠王府毗邻（图2）。新馆设计充分考虑了苏州古城的历史风貌，借鉴了传统的苏州建筑风格，把博物馆置于庭院之间，整个建筑与古城风貌和传统的城市肌理有机地融合在一起。贝老把传统的符号打散，融合进现代建筑空间，重新组合，产生强烈的视觉效果。建筑外墙大胆运用大块几何图形，工整而不失典雅。屋顶设计充分传承了古建筑元素，阮仪三教授认为屋顶部分的三角形"是完全取自苏州老房子屋顶的比例，竖边是1，横边是2，这是江南水乡瓦顶木物价的模数。……提取了传统的比例和尺度，将几何图形与空间进行了完美的结合"①。屋顶的立体几何形天窗，不仅丰富和发展了中国建筑的屋面造型样式，而且解决了传统中式建筑在采光方面的实用型难题②。新馆庭院以及行政管理区的庭院设计可谓是一墙之隔的拙政园之园林艺术的延伸和现代版的诠释。它不仅是当今苏州的一个标志性公共建筑，更是中国建筑文化从传统通向未来的一座桥梁，成为引领中国建筑创新发展的一个典范。

2．符号的解构与重构

解构是指对传统建筑符号及其组成规律的非常规性处理方式，打破原有符号组织结构

的整体性与规律性来强调变化的特征，这是一种对结构中所存在的差异性的综合，既是一种解体也是另一种构成。重构则是在解构的基础上，将建筑符号进行抽象、升华与重组，突出符号所蕴含的精髓与特征，保留原有组织结构中透射出的韵味与内涵，唤起精神层面的共鸣，达到神似的境界，而非对传统形式的直接描摹与借用。

艾未未的建筑创作中，常使用具有传统意味的青砖砌筑外墙。他设计的三影堂摄影艺术中心（图3）采用双层墙体结构，内墙用红砖进行砌筑充当建筑的承重构件，外墙则使用青砖作为装饰。由于不受承重作用的束缚，青砖的砌筑十分随意，通过小部分青砖有意识的凹凸处理，产生了极具美感的肌理效果。这种砌筑方式的运用，不仅避免了纯粹青砖的使用可能导致的立面呆板，也为建筑的美感再次升温，大大增加了视觉冲击力，并与建筑的玻璃幕墙形成一种传统与现代的对话关系，形成传统与现代和谐共生的局面，传达出了建筑的传统意蕴。

王澍设计建造的中国美术学院象山校区（图4），其整体规划是由十栋单体环抱象山，即构成一个阔大的"合院"，远看仿佛是一幅连绵起伏的千里江山图。深挑的檐口，深灰的

---

① 阮仪三.现代建筑与传统城市和谐对话——我看苏州博物馆新馆[J].建筑师，2008（4）.
② 刘强，付佳，赵峰.传统文化符号在当代建筑设计中的变异性应用[J].四川建筑科学研究，2012(10).

图4 中国美院象山校区 图片来源: http://blog.sina.com.cn

会决定将奖项授予一名中国建筑师，这标志着中国在中国建筑理想发展方面将要发挥的作用得到了世界的认可，此外，未来几十年中国城市化建设的成功对中国乃至世界，都将非常重要。"王澍的获奖其实是在用一种委婉的方式告诉我们中国的传统建筑文化终究会大放光彩。

坡屋面，纯白色的墙面，随处可见连接各栋建筑的廊桥，遍地种植的油菜，潺潺的溪流，江南水乡的意象在象山一期工程中一览无遗，传统文化符号在设计中被提炼、凝结、升华，突出传统文化所依托的地域和历史文化的表现性。草坪、农作物、乔木、建筑将整个象山校区划分为各个区域，曲折悠长的路径，人们行走其间，步移景异，转弯过后又是另一番景象，这种游园的体验得到了充分的表达。原有的山体、农地、河流与鱼塘予以保留，建筑群体与周围环境相互交织，贴合传统园林的造园意境。将当地民间手工建造材料和做法与专业施工有效结合，超过 300 万片不同年代的旧砖瓦被从浙江全省的拆房现场收集至循环利用，体现了对于传统建筑营造方式的尊重与创新。普利兹克建筑奖暨凯悦基金会主席汤姆士·普利兹克先生在授予王澍 2012 年普利兹克建筑奖时表示："这是具有划时代意义的一步，评委

五、结论

基于传统内涵的当代建筑设计能体现出文化的意味和多样性，可以使之具有一种深层的协调感和文化特质的内在美。对于传统建筑符号的保留从设计的手法上来讲是从语言与指示的目的出发的，而并非仅仅是装饰，"设计的内涵就是文化"，这是国际著名汽车设计大师乔治·亚罗的观点。传统文化不应该仅仅体现在单体建筑外观上，而是存在于空间组织、建造工艺以及使用体验的全过程。

没有不变的传统，没有崭新的现代。传统建筑符号仅是我们利用的工具或道具，剥离了符号的形式表层之后的传统，已无法让我们再依赖它的外部表象，但剥离后却显露了我们可更进一步深层利用的精髓，也就是我们常说的观念与精神。对建筑设计来说，传统建筑符号只是一些表象的语意，我们真正要找寻的，应该是中国文化的内涵。在这些语意的背后，蕴藏着我们民族几年来的文化沉淀——"和谐"、"简朴"、"意境"之美。

无根之源的跨文化传播
——以长春万科惠斯勒小镇为例

李之吉　王美夏①

摘　要：随着经济文化的多元化发展，建筑的形式必然是跨文化形式的。正确处理跨文化形式与本土建筑文化的融合成为重中之重，本土建筑要避免在跨文化建筑横行的大环境下失去自己的特色与存在感。

关键词：跨文化传播　加拿大惠斯勒　万科惠斯勒小镇

一、加拿大惠斯勒的地域特色

1. 加拿大惠斯勒的历史文化与地域文化分析

1）加拿大惠斯勒的历史文化

加拿大惠斯勒一带原是原住民聚居地。19世纪60年代外来人口相继来到此地，并因该处聚居的旱獭发出的声音酷似"Whistler"而命名此地，惠斯勒因此得名。后来自美缅因州的Myrtle和Alex Philip于1914年在阿尔塔湖沿岸购入一块10英亩的土地，并建立彩虹旅馆，同时太平洋大东方铁路亦于同年抵达，从此惠斯勒一带才出现了铁路交通与商业产业的雏形，城镇形式逐渐发展起来。

2）加拿大惠斯勒的地域文化

惠斯勒是加拿大不列颠哥伦比亚省辖镇之一，位于北纬50度，依托惠斯勒山及黑梳山，距温哥华国际机场约137千米，沿途经过世界上最浪漫的路——99号高速公路，一路上瀑布、湖泊、原始森林以及皑皑白雪覆盖的山峰尽收眼底，令人赏心悦目。由于惠斯勒小镇所处的有利地理位置以及具有丰富的雪山资源，政府对此进行了合理的开发与布局，从而打造了这个旅游胜地，也是美洲面积最大的滑雪胜地。从1992年至1995年连续四年被滑雪杂志snow country选为"北美第一滑雪胜地"和"最佳度假胜地设计"等称誉。

2. 加拿大惠斯勒的文化传播

惠斯勒小镇的开发原则为"想要取得成功，度假村必须知道游客的感受，以及自然景观、历史、当地文化、购物、建筑、文艺、美食、娱乐、休闲浪漫气息在其中发挥的重要性"②。可见加拿大惠斯勒对旅游业的充分重视，旅游业也当之无愧成为其支柱性产业。而2010年冬季奥运会与残奥会部分项目在加拿大惠斯勒的成功举办，更在很大程度上提高了加拿大惠斯勒在国际上的知名度。

1）冬奥会与残奥会的举办

加拿大惠斯勒是2010年温哥华申办冬季奥运会计划中的重要一环，而随着温哥华于2003年成功申奥，加拿大惠斯勒地区的准备工作也

---

①　李之吉，吉林建筑大学教授；王美夏，吉林建筑大学研究生 。

②　小镇——精致之美.城市住宅，2011（10）.

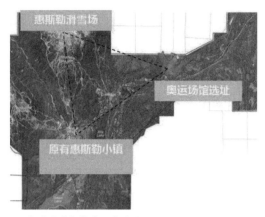

图1 加拿大惠斯勒奥运会选址
图片来源: http://blog.sina.com.cn/s/blog6a6032960101ouy1.html

图2 夏季的惠斯勒小镇
图片来源: http://www.docin.com/p-552614268.html

相继展开，奥运场馆选址在惠斯勒山西南侧，与滑雪场、惠斯勒小镇形成了三角形布局，进一步扩大了滑雪小镇的范围（图1）。

冬奥会的冬季两项、越野滑雪、北欧两项和跳台滑雪比赛于加拿大惠斯勒奥林匹克公园举行，而高山滑雪则于加拿大惠斯勒溪畔举行。此外，2010年冬奥会的冬季两项、越野滑雪、高山滑雪赛事和闭幕式均于加拿大惠斯勒举行。加拿大惠斯勒冬奥会与残奥会期间有2400名运动员、教练、训练人员和职员入住，设施于赛后改成住宅区。

冬奥会及残奥会的举办及其得天独厚的地理环境，使加拿大惠斯勒得到了飞速发展并迅速成长为一个富有特色的旅游胜地。

2）世界著名旅游胜地

可以说加拿大惠斯勒是为申办冬奥会而一步一步起源发展成现在这个样子的，而申奥成功更给加拿大惠斯勒旅游业带来了巨大收益。其规划完全从满足旅游性景区规划角度出发，从而使加拿大惠斯勒形成了今天的模式与格局。

在加拿大，惠斯勒旅游业不仅局限于冬季，夏季旅游业也异常热门（图2）。据统计加拿大惠斯勒为卑诗省的旅游业贡献了11%的GDP，每年接待游人数量达到了220万左右，为全球第二大滑雪胜地。

加拿大惠斯勒作为旅游业与为申奥应运而

生的城市，其城市肌理非常明朗。街道主要为步行街，建筑层数低矮，一层多为商铺，二层以上为住宅，且奥运遗留建筑后期也都改造为居住性建筑使用，为可持续性发展作出了贡献，同时也是奥运过后遗留建筑转型投入其他用途而取得成功的范例。

图3 加拿大惠斯勒小镇
图片来源: http://www.docin.com/p-552614268.html

二、长春万科惠斯勒小镇地域特色的跨文化传播

1. 长春万科惠斯勒小镇的地域特色与跨文化传播

2010 年冬奥会中国花样滑冰队于加拿大惠斯勒取得优异成绩，从而惠斯勒这个北美山地小镇引起了万科的注意，并运用于地产行业之中。在中国东北地区万科惠斯勒小镇也如雨后春笋般出现了，万科惠斯勒小镇项目在鞍山、长春、沈阳相继落成。

1）地理特色

万科惠斯勒小镇在中国的建设地点与加拿大惠斯勒小镇所处纬度大致相同，均选择在中纬度地区，例如沈阳、鞍山、长春等北方城市。其中沈阳与鞍山的选址为山地，长春的选址则为平原地区。

在地理环境特色方面，中国与加拿大有着明显的不同，加拿大惠斯勒是独立于城市之外的特色小镇，而中国长春惠斯勒小镇则是处于城市高楼林立之中的居住小区，要在高楼大厦中营造出世外桃源感觉。

2）风格特征

长春万科惠斯勒小镇建筑从风格上看属于简单、大气的北美建筑风格。其建筑特点为大面积开窗、阁楼、坡屋顶、阳台、色彩丰富，线条流畅（图4）。它与一贯以柱、廊的形式为主而演变而来的欧式建筑风格相比更加随意与亲切。一方面融合了欧式建筑风格的建筑细节，另一方面又发展了自己的特点，不呆板刻意地追求比例与构图，而是注重阳台与窗户在建筑中起到的作用。万科惠斯勒小镇可以说是把北美建筑风格引入中国别墅类居住建筑的一个典型例子。

万科惠斯勒小镇建筑在风格上主要以洋房、别墅和连排洋房构成，层数低，颜色上以暗红色为主（图5），从整体风格上看，建筑整体造型简洁，无繁琐线脚，整体比例关系协调，建筑尺度宜人，给人一种亲切舒服的感觉。所

图4 长春万科惠斯勒小镇开窗形式　图片来源：作者自摄

图5 万科惠斯勒小镇　图片来源：作者自摄

图6 长春万科惠斯勒小镇装饰构件　图片来源：作者自摄

有建筑均特别注重阳台与露台设计。建筑屋顶坡度较大，对于北方地区冬季降雪起到很好的解决雪荷载的作用（图6）。

从色彩角度上看，整个惠斯勒小镇以暗红色为主，下配青色石材，上部屋顶为深灰色的瓦片，色彩搭配得当，但无加拿大惠斯勒那般色彩丰富。建筑材料的选择主要以砖石为主，局部构件使用木材。可以说万科惠斯勒小镇的一大特色为很多装饰线脚不是建造出来的而是绘制出来的，使建筑看上去既不复杂又多了一丝活泼的气息。

2.万科对跨文化建筑的传承与发展

全球经济的多元化，在建筑方面的体现也必然是跨文化的。万科惠斯勒小镇的做法是移植北美山地小镇，在其地理选址及功能运用上都与加拿大惠斯勒有异。

中西方文化价值观的差异导致生活中很多习惯也不尽相同。如中国人的传统文化是含蓄而内敛的，且注重私密性；而西方文化则热情奔放，注重人与人的沟通与交流。在建筑上如何更好地运用这些差异和冲突给设计师提出了一大难题，对设计师也是一大考验。

首先在户型选择上发生了变化。两地建筑虽均为独立式住宅建筑，但在加拿大惠斯勒多为一栋建筑为一户人家，且下部为商铺，上部为住宅，有利于发展商业，这与其规划方针是完全吻合的；而长春万科惠斯勒小镇在规划上被定义为洋房与联排别墅，多为几户人家共住一栋建筑之中。

其次在生活方式上也有不同。加拿大惠斯勒的供暖形式为在壁炉与暖气的共同作用下取暖，建筑中也有烟囱存在，既丰富了建筑构图又起到了实际的功能作用；长春万科惠斯勒小镇建筑也建有烟囱，但由于中西方生活差异问题，在长春万科惠斯勒小镇中烟囱仅仅起到了美化构图的作用，并无实际功能。

最后笔者认为长春万科惠斯勒小镇虽称移植北美山地小镇，但是移植来的只有其建筑外在形式，对其文化传承与地域文化的传承涉及甚少。

三、对跨文化传播的启示

"跨文化的价值恰恰在于异文化的引入能对已有建筑观念产生变革和推进，建筑师也借此更好地解决了自身问题。"[①]长春作为新世纪高速发展中的城市，在其经济、文化的多元化发展状况下，对建筑的影响也必然是跨文化的。想要发展离不开对外来文化的借鉴与引用，但一味推崇外来的建筑文化样式而忽略本土建筑形态会使城市面貌一度陷入混乱之中，很难找到统一的秩序之美。而现如今虽然外来建筑形式在我国备受欢迎，各种欧式建筑风格、地中海式建筑风格、西班牙式建筑风格被引入进来，但是它们有没有真正融入我们的城市之中还有待考察与推敲。笔者认为跨文化建筑形式应与本土建筑形式形成相互作用与相互促进的模式，外来建筑形式需根植于本土形式之中，遵循在吸收外来文化的同时坚持以本土文化为主的原则。

我们对跨文化建筑的启示应扎根于中国国情，避免"拿来主义"与"形式主义"，应做到取其精华去其糟粕，真正使跨文化建筑形式与中国传统文化形式相融合。

---

① 彭怒，吴非，谭皓元."跨文化建筑形式"的反思与批判——解析伍重的巴格斯韦德教堂及弗兰姆顿的案例研究. 建筑学报，2008（5）.

日本禅宗文化在边界层次建构中的地域性表达

刘文[①]

摘　要：日本的建筑设计是基于日本传统的美学、宗教和民族环境发展进行的，与日常生活息息相关，其中精神层面上的"禅宗"哲学影响最为强烈。日本建筑师根据自己的理解，将传统建筑中的文化和空间加以提炼，打造出具有日本性格的"禅意暧昧"。建筑的实质在于对建筑空间的打造，建筑边界作为一种媒介，依存于建筑体块和空间的组合形态。本文试图通过建筑边界的层次表达探讨日本禅文化在现代背景下的继承和融合。

关键词：日本禅宗　边界层次　建构

一、日本禅宗文化

"禅"一词来自梵语"禅那"（Dhyana），译为"思维修""静虑"等，意思是正审思虑，心注一境。禅是一种生活境界，是一种精神境界，它通过自我身心的调节，来达到主体自我与客体自然的协调统一，达到精神上的超脱和安宁。禅宗与日本本土神道结合形成具有个性特征的"日本禅"，促使日本文化朝着枯淡、苦涩的方向发展，并逐渐形成了以"空寂""闲寂""物哀"为代表的三大文艺理念。

建筑作为文化的一种载体，必然会受到来自文化方面的熏陶和引导。因此在日本，无论是在传统形式中还是在现代风格里，都或多或少体现出"禅"的精神哲理。在建筑设计的过程中，"禅"的意境往往体现为建筑师对于建筑"神韵"的关注和把握，消解人工物质与自然环境的矛盾，从而达到表象与精神的统一。基于这种审美观，日本传统建筑重视清静，即具有崇尚简洁的设计和素材本身的外观；重视明朗，即不是以窗户而是用全开的门向着庭院和道路；重

图1 伊势神宫　图片来源：日本·建筑·结构·环境

视正直，即木材的垂直与水平组合是直线而忌讳曲线。位于三重县的伊势神宫，依山傍水，与大自然融为一体（图1），加上各部均毫无人工的装饰，成为贯彻禅宗精神中"自然为本位"及"至简至纯"美的最好体现。

二、边界层次的建构

"边界"是事物之间的边缘和分界，是处理两者矛盾的"中间过渡"，因此边界具有多选择

①　刘文，东南大学建筑学院博士研究生。

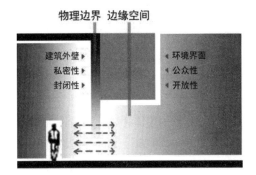

图2 边界特质 图片来源：作者自绘

和复杂的属性。建筑中亦是如此，空间的边界是空间的前缘，是内外因素汇集、交织及冲突的区域，是限制也是机会。

由于建筑边界是外部环境与内在因素相互作用的结果，故而边界的内涵必然包括环境与功能的矛盾，呈现出复杂多样性的特征。建筑边界既是外部环境的"公共所有"，又归属于内部功能的使用者，因此，建筑边界具有同时反映环境与建筑双方面的特质（图2）。

不同的建筑边界有其不同的存在方式：有时指的是建筑的物理边界，形态清晰比较容易界定；有时指的是一个虚空的空间体，作为环境与建筑之间的"缓冲"；有时指的是建筑中的"流动空间"，使得内外部环境交织互融。于是，建筑边界作为一个范畴，处于公共环境与私有内部领域之间，构成外部与内部的中介体。本文所指的边界，既是建筑与场地交互的区域，也是建筑的物理边界，同时还包括建筑内外之间的联系与转换。

三、禅文化在传统与现代中的传承

1. 场所虚空

场所在禅宗思想中有着很重要的作用，从物我平等的思想着眼，在建筑设计上主要表现为一种人工环境与自然环境的有机融合。建筑并不是强加于环境的负担，而是未经装饰的、不规则的自然成分，同时成为自然与人之间和平

共存的标志。在禅的影响下，建筑和场所之间的空间形成一种模糊、没有明确尺度感的"虚空"体，其中最典型的当属日本传统建筑中的"缘侧"空间。

1）传统："缘侧空间"是传统建筑中的一大特色空间，它由深邃的轩下空间及出挑的缘板构成，一般是指房屋周边围绕的高床部分。缘侧是外部空间与内部空间的中介，不同性质的空间所产生的矛盾在这里消解。由于"缘侧"半室内半室外的特殊存在，因此它既是建筑的边缘又增加了空间的层次，内外转换的同时又赋予其一定的流动性（图3）。

2）现代：黑川纪章从日本传统建筑中捕捉灵感，借鉴"缘侧"空间的概念，在日本文化——"利休灰"的思想中寻求理论支持，最终形成了独具日本个性特色的建筑思想理论——"灰空间"。相对缘侧空间，灰空间所代表的空间属性及文化内涵更加广泛，在建筑形式上还包括柱廊、骑楼、底层架空等。文中所说的灰空间主要指在"三维"方向上的空间形态，它在满足室内外过渡的基础上，消解了建筑与环境间的矛盾，激发了人与人之间交流的冲动，同时创造出一种与自然互融的情境。

灰空间与场地的良性互动效应把对立多元的个体通过精心的组织和设计融合起来，使其发生内在的互利与和谐。同时，现代的灰空间设计虽经过简化和提炼，但仍旧暗含着日本民族文化的底蕴——即对于禅意空间的营造，它与历史文脉的发展相结合，形成具有地域特色的

图3 缘侧
图片来源：KENGO
KUMA SELECTED
WORKS

图4 广重美术馆灰空间
图片来源：KENGO KUMA
SELECTED WORKS

人文景观。如隈研吾的广重美术馆对于"灰空间"光的塑造，通过对格栅材料及其尺度的不断试验，观察光穿透的效果，从而决定结构和外层的关系以及光的轻重感觉等，将建筑塑造成一个光的"传感器"。人们在细腻的光与静谧的空间中体会着禅宗"无限"的精神，建筑也因此如广重浮世绘中的"骤雨"般朦胧，分不清自然与人工的界限（图4）。

2. 材质本真

禅宗美学精神层面上的简朴或闲寂，在建筑中主要体现在其"雅致"的形式和风格上。其中，"雅致"的形式是指通过简洁朴实的直线、柔和素雅的形状以及对多余物的省略来满足人们内在的需求和身体的舒适；"雅致"的风格则多指摒弃炫耀的细节和不必要的装饰，强调对"最小"的培养，同时表达了一种对于天然材料的尊重和欣赏。建筑拒绝奢华和对于简朴的崇尚都被禅宗闲寂的概念及"物质的真实"所概括。禅观建筑，使其逐渐形成了朴实、谦虚的态度，未经装饰的自然材料和中性朴实颜色的表象，以及绝对灵活但又与周边自然世界紧密相连的个性。

1) 传统：在日式传统建筑中，用油麦纸制成的"障子"作为一种半透明的建筑材料，缓和内外僵硬矛盾的同时，使得周边的气氛变得暖昧，建筑边界变得模糊，展现出一种禅宗文化的含蓄美（图5）。西泽立卫针对障子的半透明性谈到，一方面，光线透过油麦纸均匀地渗透进来，经过室内空间的层层过滤变得柔和而朦胧，仿佛是一种对于"悟"的化境；另一方面，一侧的人们可通过障子看到另一侧人们的活动影像，于是两个空间由此建立感知，进而形成

空间模糊的气氛。此外，纸障子脆弱透光不透明的特质，培养出了暧昧的审美情趣。

2) 现代：随着时代和科技的进步，玻璃、钢铁、混凝土逐渐取代了原始素材，建筑失去了曾经的纤细与柔和，于是一部分建筑师开始重新审视自然传统的建筑材料，在增强人们归宿感的同时，也满足人们亲近自然的渴望。怎样合理地利用原始材料，并在其基础上进行创新，以满足现代建筑的使用要求，隈研吾的阳乐屋给出了答案。

阳乐屋位于日本新潟的高柳町萩之岛村庄，这里保留了大量茅草屋顶的民居，一到周末，会聚集来自日本全国各地的摄影师和画家。在充分考虑了当地自然环境后，隈研吾决定保留茅草屋顶，采用日本传统建筑材料——"和纸"，来作为建筑的"墙体"（图6）。为了使这一想法得以实现，隈研吾在材料的使用上进行了不断的创新。针对增加和纸的强度这一问题，他尝试用柿漆和魔芋来刷和纸的表面，从而可以抗击一定的雨点，发挥"脆弱材质"的潜力。考虑到隔热，在两层和纸中间设置了阻断热传导的空气层，并在框架与框架的连接处加入马海毛，以防止缝隙透风。双层和纸代替了玻璃和铝板，所有的内部建筑元素也都被赋予和纸，整个建筑呈现出一种"雅致柔和"的状态，并以一种谦虚的姿态融于环境。人们漫步于村间小路，静坐于和纸之中，品味生活中那一点点的静谧与禅味（图7）。

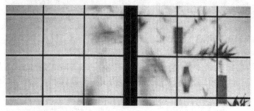

图5 障子
图片来源：建筑的半透明性研究

图6 阳乐屋
图片来源：隈研吾.建筑构造细部

图7 静谧的和纸
图片来源：隈研吾.建筑构造细部

3. 空间流通

根据禅宗思想，建筑由于因缘和合，因而必然呈现出流转无常的状态，在内部空间中主要表现为空间界定的不确定性和空间功能的模糊性，日本近代哲学家和辻哲郎将其描述为"没有距离的聚合"。禅宗生活方式是流动的，提倡创造宁静，穿越空间，却又灵动得足以联系内外环境。在禅宗自然观理念的指导下，建筑在满足防寒御暑、遮风避雨功能的同时，试图实现一种开放的、与自然相融合的存在状态，体现出"淡泊、雅静、自然"的境界。

1) **传统**：禅宗文化中对自然崇拜的思想，强调在建筑里能够追索白天阳光的通道及紧密地监测季节间的变换，故而使得"滑动墙"成为传统建筑中的重要存在。使用滑动墙，一方面可以在短时间内使一个关闭的、黑暗的房间变成能尽览花园景色的阳台，形成自然世界；另一方面，可以将一系列连接在一起的私人狭小空间简便而迅速地转化为相对较大的内部开放空间，模糊内外的空间边界。建筑内部空间在整片障子开合及襖移除的影响下，给人一种强烈的水平感（图8），展示出禅宗思想中的"无形"状态。

2) **现代**：在今天的日本现代建筑里，设计师通过现代先进的技术和手段，在原有的语义上进行创新，将建筑的"模糊"推向极致，达到对周围环境开放的目的。神奈川工科大学 KAIT 工房（图9）作为石上纯也第一个建成的作品，摆脱了仅限于"滑动门"层面上的模糊，带着他的"走向消失，暧昧空间"建筑美学观，展示

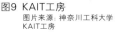

图9 KAIT工房
图片来源：神奈川工科大学 KAIT工房

图10 "流动"空间
图片来源：神奈川工科大学 KAIT工房

着日本建筑的新活力。KAIT 工房中没有任何遮断视线的墙壁，取而代之的是 305 根具有逻辑性的白色细长钢柱，仿佛一个超巨大的空间物件。在空间组织上，钢柱所围合的四边形形成一定的隐性空间；其次，由于结构的需求导致柱子截面尺寸和角度大小不一，于是在潜移默化之间使不同角度呈现出不一样的线面并存的空间景象，加上室内布置的绿色植物，带给人森林般亦幻亦真的有机感觉（图10）。在这里，所有的要素——柱子、植物、家具等被均质设置，营造出一种模糊、不确定的柔软空间，强烈渗透着日本的暧昧文化，于是，空间随着内部因子的使用而不断更新。

四、小结

文章分别从建筑与环境之间、建筑物理边界以及建筑内部空间三个层次来探讨日本禅文化在建筑边界建构方面的地域性表达。通过分析和比较，我们可以看出，建筑的边界不再是曾经定义的确定的实际边界，而是随着人们对于建筑的认识和空间的理解，它的概念正在被逐步放大，如与"缘侧"对应的"灰空间"，与"障子"所创造出的开放空间对应的"流动性和临时性"等都可以作为"边界"的一种体现（图11）。于是，边界在社会多元化的需求下，在现代人回归自然的要求下，在禅宗中"空"的哲学指导下，而逐渐趋于模糊暧昧。人与生俱来便是自然的一部分，

图8 "滑动墙"——障子和襖
图片来源：SANNAA作品中模糊空间研究

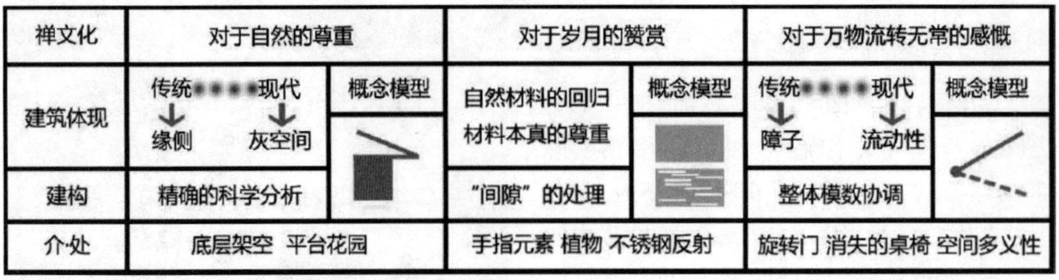

禅文化	对于自然的尊重			对于岁月的赞赏		对于万物流转无常的感慨		
建筑体现	传统●●●●现代 ↓　　　　↓ 缘侧　　灰空间	概念模型		自然材料的回归 材料本真的尊重	概念模型	传统●●●●现代 ↓　　　　↓ 障子　　流动性	概念模型	
建构	精确的科学分析			"间隙"的处理		整体模数协调		
介·处	底层架空　平台花园			手指元素 植物 不锈钢反射		旋转门 消失的桌椅 空间多义性		

图11 禅与边界层次　　图片来源：作者自绘

经由人手建造的建筑物更应该表现出对自然的尊重和接近。日本建筑师正是在思想深处的禅宗精神指导下，以建筑式的思考作为媒介，审视世界万物，不断尝试对边界模糊更深层次的挖掘，对新型建筑理念的探讨突破，以及对新秩序的开创建立。

参考文献

[1] ［日］铃木大拙 . 禅与日本文化 [M] . 陶刚（译）. 三联书店，1989.

[2] 本尼迪克特 . 菊花与刀 [M]. 光明日报出版社，2005.

[3] 肯尼斯·弗兰姆普顿著 . 建构文化研究——论 19 世纪和 20 世纪建筑中的建造诗学 [M]. 王骏阳译 . 北京：中国建筑工业出版社，2007.

[4] 隈研吾著 . 让建筑消失[J].绿瀛译.建筑师，2003（12）.

[5] 史立刚，刘德明 . 形而下的真实——试论建筑创作中的材料建构 [J]. 新建筑，2005（4）.

[6] 黄居正，吴国平 . 建构与生成——战后日本现代建筑的演变 [J]. 新建筑，2011（2）.

试论盝顶的形成
——浅谈印度佛塔与中国墓葬文化之结合

武晶　吴葱[①]

摘　要： 通过分析冀南地区历史建筑实例，尝试探讨印度佛塔窣堵坡传入汉地后与中国传统的墓葬文化结合，形成中国盝顶式建筑的演变过程。

关键词： 佛塔　墓葬文化　覆钵丘　覆斗

纸坊玉皇阁（图1）是冀南地区的明代仿木构无梁砖结构建筑，即所谓的无梁殿。与其他现存为数不多的无梁殿[②]相比，纸坊玉皇阁有一个显著的特点：其屋顶并未采用庑殿、歇山等中国传统建筑常见的形式，而是采用了中原地区少见的盝顶[③]。这是何原因呢？其形制是否受到历史的影响？而在与其咫尺之遥的北齐响堂山石窟中，我们看到两种特别的建筑形式：一种是窟壁所刻之单层覆钵式塔（图2）；另一种是北响堂的大佛洞[④]、释迦洞[⑤]、刻经洞[⑥]和南响堂的千佛洞[⑦]等窟室所表现的单层方形覆钵式塔庙（图3）。它们与纸坊玉皇阁有着明显的相同之处，如方形的平面形制，类似的结构形式，屋顶正中高举的宝刹，开间、比例、券窗位置等相似的墙身造型等。而它们之间最大的不同是屋顶造型，一是半球体的覆钵丘屋顶，一是覆斗状的盝顶。难道它们之间有什么渊源关系？本文

图1　峰峰玉皇阁
图片来源：作者
自摄

即以此为研究起点，通过分析冀南地区传统建筑实例，尝试探讨印度佛塔窣堵坡传入汉地后与中国传统的墓葬文化结合，形成中国盝顶式建筑的演变过程。

---

① 武晶，天津大学建筑学院博士研究生，河北工程大学建筑学院副教授；吴葱，天津大学建筑学院教授。
② 如南京灵谷寺无梁殿，北京的天坛斋宫、皇史宬，山西中条山万固寺无梁殿、太原永祚寺无梁殿、五台山显通寺无梁殿，江苏句容隆昌寺无梁殿、苏州开元寺无梁殿等。
③ 其造型呈正截锥形的覆斗状。
④ 东魏武定五年（547年）之前。
⑤ 东魏武定五年（547年）之后。
⑥ 北齐天统四年（568年）之后。
⑦ 与刻经洞同期，北齐天统四年（568年）之后。

见于南响堂第一窟，比左图年代略晚　年代最早，集中在北响堂山石窟大佛洞　见于北响堂刻经洞上部

图2　响堂山石窟单层覆钵塔
图片来源：左、右图，河南安阳灵泉寺灰身塔研究.附录图59、图61；中图，中国古代建筑史·第二卷.221.

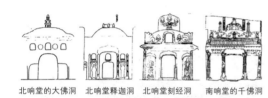

北响堂的大佛洞　北响堂释迦洞　北响堂刻经洞　南响堂的千佛洞

图3　响堂山石窟之塔形窟
图片来源：河南安阳灵泉寺灰身塔研究.附录图62-65

一、印度佛塔的起源与传播

印度佛塔自下而上由五个部分组成：圆形或方形的基坛；供右旋礼拜的附阶；饱满浑圆的半球状覆钵丘主体；可收藏佛祖圣物的方形平板台箱；顶部设华盖的刹杆。其表征意义将基台喻大地，覆钵象苍天，以刹杆指代世界的无形轴线，视华盖为天界诸神的象征，而平板台箱的遗物则为佛陀的再现。印度桑契大塔是其早期窣堵坡的典型（图4），公元3世纪后，随着印度佛教向境外的传播，以窣堵坡为原型的佛塔也风靡亚洲各地。印度佛教对中国的影响分为两支，一为南传，是由古印度经斯里兰卡传入我国的云南傣族、德昂族、布朗等族，其佛塔是颇具东南亚风格的小乘佛教塔，与泰国、老挝、马来西亚等地相似。另一为北传，是由古印度西北部的犍陀罗地区经西域传入内地，并经内地再传入朝鲜、日本、越南等地。犍陀罗地区的佛塔同早期相比，已有一些变化：如常在基座下另加方台，将早期

图4　印度桑契大塔
图片来源：http://www.chinahexie.org.cn/a/meitichuban/dushu/zhenwenyishi/2012/0507/29198.html

窣堵坡的圆形平面变为方形；刹杆加长、单层伞盖变为多重相轮使其造型更宏伟夺目；覆钵丘缩小，在其与基座之间设圆柱连接体，在其壁开供佛像的盲券龛以满足偶像崇拜等。因其形制与早期桑契大塔相比已有变革，故称为犍陀罗式窣堵坡（图5）。

史料记载，我国汉地最早的佛塔，是公元67年东汉明帝于第一座佛寺白马寺中筑建的。到了北魏时期，汉地佛塔的建筑形制大致有如下三种：

一种是将汉代重阁建筑与犍陀罗式窣堵坡结合的楼阁式佛塔，以木构架为主，其最著名的代表是《洛阳伽蓝记》中所载的永宁寺塔。

一种是将犍陀罗式窣堵坡刹杆上的多重相

图5　犍陀罗式窣堵坡
图片来源：http://chuefeng.096spring/096spring-02-02.php

轮演变为多层檐部的密檐式塔，多以砖石叠涩为主，其现存最早的实例是河南登封嵩岳寺塔。

还有一种是冀南地区响堂山石窟所示的小型单层覆钵式塔。由其形象和形制可看出，同前两种塔相比，它应该是保留犍陀罗式窣堵坡原型成分最多的汉地佛塔，是其最早的本土形式，应该更趋近于窣堵坡的本体意义。

二、塔的含义

"塔"为梵文 Stupa 的音译，又称窣堵坡、塔婆、浮图、土巴（Thupa）等，是祭祀佛陀真身与灵魂的场所。汉代常用"浮屠"来代称，魏晋以后，又特别造出"塔"字。南宋高僧法云在其《翻译名义集》7 卷第 59 篇中释名："窣堵坡……此翻方坟，亦翻圆冢，亦翻高显，亦翻灵庙。"故可知塔应有三重要义：坟冢、庙堂、高显处。

坟冢：指塔是保存或储藏佛教圣骸之处。梵文 Stupa，巴利文 Thupa，其本意均指埋葬火化之后骨灰的坟冢。窣堵坡并非佛教专用，早在佛教建立之前，印度诸王死后所建窣堵坡，就是一半圆形的坟墓。因其建筑形制借鉴于古印度的皇室陵墓，故而坟冢即为佛塔解释之一。

庙宇：是指其为后世信徒礼拜佛陀之所，是聚相、归宗、灭恶生善之地。塔象征着佛陀的涅槃，其超越了芸芸众生殊难避免的轮回，达到了佛法修行的最高目标和最高境界，故而，塔在佛陀涅槃后就成为信众的祭祀礼拜中心。埋有佛陀舍利的塔即为佛陀的象征，其覆钵丘就是佛陀的居所，因其无所不在，又象征着浩渺苍茫的无穷宇宙。印度佛塔除"窣堵坡"外，还有一种所谓的"支提"，其与窣堵坡形制相同但未埋藏有舍利，后发展成另一种供礼拜的"塔庙"形式。

高显：指塔以高大醒目的建筑造型来表达信众对佛陀的尊崇与敬奉，并供其顶礼膜拜。古时少见高大之建筑，塔高耸而鲜明的形象，不但可以突出佛陀涅槃的伟大与崇高，彰显佛教的神秘与奥深，还有效表现了信众对佛性崇高的景仰和对涅槃境界的追慕。

由此可知，佛塔就是通过特定高显的建筑形象，来营造礼拜佛陀的庙宇，其以半圆形覆钵丘为符号所指，指代坟冢与苍穹，象征着涅槃与宇宙的双重意义。

三、中国的墓葬文化

早期中原内地，墓葬是挖竖穴为墓坑，其地上无明显的坟冢。坟冢在西周时出现，并由此形成了固定的墓葬制度，即以墓室为中心的墓下建筑和以封土为中心的墓上建筑。因渗透到中国一切社会活动中的象天法地、天人合一思想观念的影响，地下墓室的空间布局、地上封土的外观形制、陪葬品的种类与规格，都具有特定的等级和象征意义。

受中国"事死如生"生死观的影响，墓室认为应体现传统"天圆地方"的宇宙观，故而被布置成一个完整的宇宙模型：模拟墓顶为天穹，四壁为人间环境，墓底则为地面。穹窿顶象天，是天圆地方宇宙模式的直接体现，而覆斗顶、券顶在自汉、魏晋至唐宋、明清不同历史时期的墓室中比比皆是，可知它们同样也是天穹的象征，只是由于所选结构形式的不同而做了空间形式的变通。

人工封土（另有以山体为自然陵体）有三种形式：坊形（长方形）、覆斗形、圆形。坊形封土在先秦时代已出现，但比较少见，帝陵中只有西汉初年的高祖、吕后及惠帝的陵体是其不多的实例。圆形封土，早期规模小，形制低，常用于寻常百姓，亦即所谓"土馒头"。五代时，南方偏于一隅的王陵（如前蜀王建陵），有时也采用这种形制。明清时圆形封土终被帝陵采用，演变成"宝城宝顶"之形制。覆斗形封土，自秦汉至宋，绝大多数帝陵均采用此正截锥体形制，并以"方上"称之。帝陵之外，只有皇族的嫡系近枝方能采用覆斗式，其他旁系皇族和大臣，只能选用圆锥形。由此可知，由于当时"尚方"

意识的影响，元代之前，平面方形的覆斗式封土级别最高，远大于圆形封土。

另外，南北朝时期陪葬品中占卜的式盘、墓志的志盖，与墓室顶部一样有着象天的指代意义，而其形状与图案也大都为正截锥体的覆斗形。

由此可知印度佛塔与中国的墓葬文化有着颇多的相似之处：

1. "天圆地方"的宇宙观。印度佛塔以半球形的覆钵丘象征天穹，在地上；中国则以穹窿、覆斗、拱券形的墓室顶部象征天穹，在地下。

2. 具有坟冢的本义。印度佛塔将舍利收藏于覆钵丘之上的方形平板台箱内，在地上；中国墓葬文化则将遗物埋于地下的墓室。

3. 高大醒目的形象。印度佛塔是以覆钵丘为主体来彰显其纪念性的特征，中国墓葬则是以封土赋之。

佛教在中国的发展，是印度佛教文化与中国传统文化不断融合发展的过程，印度佛塔作为埋藏佛陀舍利的坟墓，它的汉化过程，应该离不开中国墓葬文化的影响。如上所述，半球体的覆钵丘与正截锥体覆斗有着相同的符号所指意义，而由于中国早期建筑"尚方"的影响，覆斗形制比半球形制更受青睐，这就使覆斗对覆钵丘的替换成为可能，而这种判断正确与否，或可从处于中原文化与外来文化文化融合互动关键时期的魏晋南北朝之建筑形象演变中求得线索。

四、响堂山石窟覆钵式塔及塔庙建筑的演变规律

由响堂山石窟覆钵式塔及窟室形制变化可知：早期单层覆钵塔与犍陀罗式窣堵坡形象最接近，高耸的刹顶对比例关系有着不可替代的影响，覆钵丘体量突出，造型饱满，是塔之造型的重点。之后刹顶所占塔的比例明显趋小，高度

变低，甚至呈现出一个缩微的单层覆钵塔顶的造型，而覆钵丘体量变小、高度变低，横断面由优弧变为劣弧，在塔之整体造型中趋从属地位。

北响堂的窟室造型呈现为单层覆钵式塔的形象：最早的大佛洞，窟体上部为硕大的覆钵丘，坟冢的意味强烈（瘗窟）；中期释迦洞的覆钵丘与前期粗糙、好像未尽其工的造型相比，已经注意了其与下部窟体的呼应，并且体量减小、装饰增多；后期的刻经洞，其平面布局由中心塔柱式变为方形单室，并且设有仿中国木构建筑的窟檐、瓦垄，空间层次增多，已无多少坟冢意义，而倾向庙宇的使用功能。与刻经洞几乎同时期的南响堂千佛洞，其窟室方形中空，外有四柱三间的仿木构前廊，应是表现了一种塔庙的建筑形象，其做法是在单层覆钵塔外四周加设一圈木构围廊，这种建筑形象除响堂山石窟外，未见于任何形象资料与文献记载，是冀南地区的孤例。

覆钵式建筑形象逐渐汉化：覆钵丘对建筑造型影响的弱化，早期的火焰宝珠、忍冬草纹饰、帐形帷幕龛等被越来越多的木构构件所取代，覆钵塔外加设副阶周匝……这些变化标志着这种充满异域风情的建筑即将进入汉文化建筑体系之中，但是决定性的关键，还是覆钵丘不再出现，而被某种具中国特色的造型所代替。

五、覆钵丘与覆斗的替换

响堂山石窟覆钵式塔，直接影响了安阳宝山灵泉寺北齐石塔[1]的形制，随后在隋至唐开元年间的灵泉寺塔林中，其形象仍可见到，之后，覆钵式建筑在内地已难以见到[2]。可以推知，这种有着鲜明外来文化特色的建筑形象，应该已经纳入中国传统文化的体系之中，将响堂山石窟覆钵式塔与山东济南隋代[3]神通寺四门塔（图6）

① 王中旭 . 河南安阳灵泉寺灰身塔研究 .29
② 见拙作：冀南地区北朝单层覆钵式塔之研究 .
③ 隋大业七年（611 年）。

图6 神通寺四门塔　图片来源：www.bjlyw.com

比较，或可说明之。

　　神通寺四门塔有着与北朝单层覆钵塔相同
的基本特征，如同为砖石结构；平面形制均
为方形；塔身立面外观比例相似，居中开圆形
拱门；上有平台以承塔刹。二者之间最大的不
同，是神通寺四门塔顶没有以覆钵丘为主体，
而是在其原有位置以叠涩和反叠涩的做法，形

成一个中间平、四边坡的截椎形覆斗，而将覆
钵、山花和层层相轮缩小为刹部，这个四坡水的
盝顶，是已知最早的覆斗替换覆钵丘的明证，它
标志着具有键陀罗地区窣堵坡最多成分的单层
覆钵塔已经完成汉化过程，成了地地道道的中
国佛塔。

参考文献

[1] 索南才让.西域佛塔漫谈 [J].西藏艺术研究,2004(3)：
　　47–57.
[2] 傅熹年.中国古代建筑史（第二卷）[M].北京：中
　　国建筑工业出版社，2001. 217–222.
[3] 武晶.冀南地区北朝单层覆钵式塔之研究.中国文化
　　遗产，2014（2）：76–78.
[4] 王中旭.河南安阳灵泉寺灰身塔研究 [D][硕士学
　　位论文].北京：中央美术学院，2006.
[5] [南宋] 法云.翻译名义集 CBETA 电子版，http://
ccbs.ntu.edu.tw/BDLM/sutra/chi_pdf/sutra21/T54n2131.
pdf. 2001 — 04 — 01.

边缘建筑文化特质探析
——以哈尔滨市为例

赵立恒　郭旭[①]

摘　要： 边缘建筑文化所具有的建筑文化融合及创新功能是现代城市更新和发展过程中不可忽视的一种文化表现。本文以哈尔滨市为例，分析了哈尔滨市城市边缘建筑文化特质的成因及其表征，并就其对哈尔滨城市建设的影响进行了深入探讨。

关键词： 边缘建筑文化　建筑文化区　建筑文化观

一、引言

"边缘"大致包含两个含义：一，周边的部分；二，临界，即不同系统相互交叉的部分。从文化学研究领域来说，可以从第二种含义对边缘一词进行理解，从而形成边缘文化概念。边缘文化，即特指两个以上文化体系相互交叉而形成的特殊的文化现象，是多元文化或复合文化中新的研究领域。

边缘文化是跨国跨民族跨区域所具有的特殊的文化形态，其内涵极为广泛，建筑是这些内涵成果中最强有力的表现。建筑作为一种物化文化形态，行使着传导和延续历史文化的基本职能，同时表现为在特定时空、特定社会背景下的选择与创造的结果。建筑之所以能得以不断发展，根本原因就在于其所处的环境资源及文化体系的不断更新发展。在我国一些跨境少数民族地区，边缘文化对历史建筑、历史街区的演变和发展产生至关重要的影响。保护和发展这些地区的边缘文化体系，对保护历史建筑、历史街区有着积极的促进作用。

二、哈尔滨边缘建筑文化展现

哈尔滨地处东北边陲，其近代建筑形成于中国社会的巨变之时，复杂多样的背景空间与多元并存的文化观念，造就了哈尔滨边缘文化影响下的近代建筑发展。随着中东铁路的修建，哈尔滨成了中东铁路的中心及重要的交通枢纽地。大量外部移民涌入，带来了不同特征的文化。多种文化不是简单的机械相加，而是整合出了一种新的文化方式、新的文化体系，即构造出中原文化区辐射下的东北边缘文化区。兼收并蓄的边缘文化形成了独特的城市面貌和建筑文化，哈尔滨正是在这种文化背景下开始城市建设的，而且逐渐形成了它极具特色的城市建筑文化景观。

1．边缘建筑文化的产物

早期的哈尔滨城市主要以南岗、道里和道外几个区为主，虽然每个区域的建设源于同一规划理念，但是其边缘文化特质各不相同。当时的南岗区主要作为外国侨民的集聚地，建筑风

---

① 赵立恒，黑龙江东方学院讲师；郭旭，哈尔滨工业大学教授。

格西化，形成了有别于中原文化区的边缘建筑文化景观。因其直接受控于外来文化，所以多采用追求几何形态的典型的西方式城市规划模式。

边缘建筑文化特征在以西方建筑风格为主的道里区表现得也较为明显。道里区当时主要承担商业功能，作为核心的商业区的中央大街设置了密集的横街与主街垂直相交，以利用更多的街道空间和临街立面。横街之间作为居住之用，建造了一大批富有特色的大院式住宅。密集的商业发展和浓郁的异国情调融合，使中央大街成为闻名遐迩的商业街区。

道外区是哈尔滨城市的边缘区域，其建筑立面构图上受到了西方现代主义文化的影响，体现了均衡、稳定、适中的文艺复兴风格。近代中西建筑文化的相互碰撞与交融，不仅使边缘文化的特质更为明显而且还衍生出新的建筑文化景观——即"中华巴洛克"建筑风格，如图1所示。各种中西合璧的建筑式样，凸显了边缘文化顽强的生命力与创造力。

图1 哈尔滨市道外区中华巴洛克风格建筑
图片来源：作者自摄

2. 边缘建筑文化的延续

百余年的城市建设使哈尔滨逐步形成了特征鲜明的建筑文化区。总体来说，南岗、道里、道外三个区仍主导哈尔滨城市总体的风格基调，其作为城市文化核心区的地位并没改变，其他区域则可以看作城市文化的边缘区。

动力区位于城市边缘，发展起步较晚。但在核心区文化的影响下也形成了自身的区域特色。动力区有很多苏联建筑师的作品，其设计风格融合了中国传统的建筑元素，形成了新的建筑风格，凸显了边缘文化的特质。动力区以工业和居住建筑为主的建筑文化景观形成的中西融通的建筑风格，是哈尔滨城市边缘建筑文化特色的延续。

早期哈尔滨的城市发展始于香坊区，这里是中东铁路建设的指挥部，也是哈尔滨城市建设的指挥部，但是由于后来城市发展重心的转移，该区的发展步伐逐渐减慢，加之位于南岗、道外和动力三区相交的区位，香坊区逐渐成为几个特色文化区的过渡区域，其发展过程亦符合城市边缘文化区的发展规律。

三、共生融合的城市建设理念与形态

1. 建筑景观形态中西共融

边缘建筑文化拥有两个以上文化特质的文化体系，并在相互影响下形成新的建筑文化体系，这种文化体系具有更大的文化兼容性，在区域上对相关的建筑文化活动有一定的异化传导性，并对周边区域的建筑文化发展有一定的示范作用。因此，边缘建筑文化具备适应更为广阔的建筑活动的能力。哈尔滨的建筑文化掺杂着各种建筑文化理念和形态，不同的文化个体相互碰撞，相互融合，从而产生和谐有机的新文化个体。这种文化交融性形成了哈尔滨特有的中西融合的建筑景观。

哈尔滨的建筑文化中表现为多种建筑语汇的交流，利用中国传统建筑装饰语汇的欧式建筑毫无违和之感，而中国传统风格的建筑搭配欧洲古典建筑装饰同样相得益彰。在道外区这种建筑景象随处可见，有的建筑采用西方的建筑技术，选用中国的院落式布局；有的在采用西方的建筑立面构图的同时，添加了中国传统风格的装饰图案；有的采用西方建筑的立面构件，然后渗入中国独特的细部装饰。追求融合、共生的建筑风格贯穿于哈尔滨的城市建设。

从城市总体来看，这种共融共生的景观特

征也十分明显。解放以前，南岗区主要是欧式建筑风格占主导地位时，就矗立着诸如哈尔滨第三中学、文庙、极乐寺等中国传统样式的建筑；解放以后，在延续城市总体风格之下，建设了如哈尔滨工程大学、哈尔滨医科大学等一批中国传统样式的建筑，强化了中西建筑文化共生的城市建筑景观形态，这种融合性的共生是边缘文化最具特色的表达方式，也是哈尔滨建筑文化景观的显著特征。

2. 建筑理念与实践多元共存

哈尔滨早期的城市职能主要是以服务外籍侨民的生活为主，随着哈尔滨的开埠通商，许多西方建筑文化也随之而来，多元文化的共生或者说多元文化的移植、交融为哈尔滨的景观共生提供了前提。各国建筑师的实践则为城市多元共生的建筑理念提供了技术支持。建筑师人数众多，设计作品类型广泛，设计风格多样以及参与建设的时间较长等是外籍建筑师在哈尔滨从事建筑创作的特点。当地曾活跃着为数众多的多个国家的建筑师和工匠。这些建筑师没有拘泥于一种建筑样式与风格，而是更多地基于哈尔滨的城市文化和功能属性进行建筑创作，有以中国古典建筑样式为主的哈尔滨第三中学，有追求伊斯兰风格的阿拉伯清真寺，还有体现苏联社会主义民族风格的中医药大学主楼等，这些建筑到今天也是哈尔滨城市建筑艺术中非常具有魅力的部分，也延续了文化的多元性。

四、边缘建筑文化特色的继承策略

哈尔滨处于东北边缘文化区，特殊的地域文化形成了特殊的城市边缘建筑文化特质，并一直发展延续至今。在当前建筑文化景观趋同背景下，挖掘城市建筑文化特色十分必要。只有继承并发扬城市建筑文化的特色，才能够避免盲目发展造成的弊端。

1. 秉承兼收并蓄的城市建设态度

兼收并蓄的城市建设态度使哈尔滨中西融合的城市建筑景观得以实施，这也是目前哈尔滨保持自身特色所要继承的一点。用兼容开放的心态面对外来文化的冲击与全球文化的趋同，接受多元的风格与特色以及建设理念本身就是哈尔滨边缘建筑文化特质的体现。在城市建设过程中要注意延续城市的整体风格，对城市规划、城市设计与景观设计进行总体控制，为保护建筑、保护街区提供发展空间，形成和谐共生的建筑文化景观。

2. 保持形式多样的建筑文化特质

哈尔滨边缘文化特质使其呈现出风格多样的建筑景观，建筑风格的共生融合是城市边缘文化生命力茂盛的表现之一。应该保持多元化的建筑风格特色，以应对全球文化对城市建设的趋同影响，让各种具有生命力的建筑形式与风格能够得到发展。所以在继承哈尔滨城市建筑文化特色时，应该为建筑景观的多样性与丰富性保留足够的发展空间。

3. 坚持分区建设的城市划分理念

哈尔滨的城市建筑文化特色之一就是形成了不同的建筑文化分区。因此应延续分区建设的理念，并且原有区域的建筑文化特色也应得到进一步保护和加强。如南岗区应带动哈尔滨整体城市历史特色的延续，强化该区历史建筑文化核心区的地位和区域特色。动力区则强化其作为工业区的文化为特色，应将优秀工业建筑作为城市文化遗产的一部分予以保护。通过政治中心北移带动新城区的发展建设，建立新区疏解老城区的压力，新区的建设也应继承边缘文化特质，体现哈尔滨特有的建筑文化风貌。

4. 探索特色创新的建筑文化景观

哈尔滨在面对全球化与地域性双重发展的今天，正在试图探索一条突出其边缘文化影响下的具有地域特色的城市建设之路。如江北新区、群力新区的建设突出了时代特征并与区域特色相结合，创造出新的符合哈尔滨边缘文化特质的建筑文化景观形态。在建筑风格和特色上有所创新，既体现现代建筑风情，又秉承哈尔滨传统欧式建筑特色，既体现包容性，又充分展现个性，凸显不同建筑文化区的风格与特色，从而使城市的边缘文化特质得到新的诠释和发展。富于创造性的融合，实现了哈尔滨城市肌理的共生，并从更深层次上实现中外文化形态的共生（图2）。

图2 哈尔滨群力新区音乐广场音乐长廊　图片来源: 作者自摄

五、结语

边缘建筑文化在现代城市发展及历史建筑、历史街区保护中起着极为重要的作用，通过对其他文化特质的吸收，整合自身有效的文化资源，完成其对建筑文化的创新，这对城市的有机发展有着积极的作用。随着时代的进步，城市的更新，城市特色与历史遗产也要不断提升文化。在对哈尔滨这样的边缘建筑文化区域的历史建筑、历史街区进行改造和更新发展的时候，应当对其边缘建筑文化进行深入的研究，以利从更深层次有效地延续城市的历史文脉。

参考文献

[1] 金强一. 边缘文化: 一种多元文化融合的文化资源 [J]. 东疆学刊，2009.10.

[2] 刘松茯. 哈尔滨城市建筑的现代转型与模式探析 [M]. 北京: 中国建筑工业出版社，2003.

边缘文化视角下的黑龙江现存公祠建筑语言研究
——以寿公祠、石公祠为例

王晓丽　刘大平[①]

摘　要： 本文介绍了寿公祠、石公祠两座祠堂建筑的建筑组织方式和建筑形式处理，对其多元的建筑语言现象及产生原因进行了分析，并从边缘文化的视角对其多元建筑语言背后所反映的地域性建筑文化现象进行了剖析，以期为同期相关的建筑研究提供参考。

关键词： 边缘文化　公祠　建筑语言

祠堂是中国传统建筑的重要组成部分，是祭祀祖宗或先贤的庙堂，分为先贤祠、宗祠、神祠。古代对祠堂命名有严格的等级规定，祭祀帝王的称为庙；祭祀公侯、先贤的称为祠，如祭祀北宋文学家苏轼的苏公祠，这些庙、祠都属于公祠。公祠作为社会发展过程中的产物，必然受到社会方面的影响，其鲜明的地域性、民族性和丰富多彩的形制风格，成为反映传统建筑和构成文化多样性的重要元素。

黑龙江省地处中国的文化边缘地区，受传统建筑文化扩散的影响，公祠建筑既有文化中心区公祠建筑的特征，同时还兼具本地域独特的建筑特征。民国时期为中西文化相交融的特殊时期，无论建筑还是人们的衣着打扮，无不流露出洋为中用、中西结合的新文化思想。这一时期的公祠建筑也在一定程度上受到这一思潮的影响，如呼兰的石公祠、太原的傅公祠、惠山祠堂建筑群中的杨藕芳祠等。在这一时期，黑龙江省现存公祠建筑中，比较著名的有呼兰的石公祠，齐齐哈尔的寿公祠。基于此，本文选取这两座现存历史建筑作为研究对象，主要从建筑组织方式和建筑形式方面入手，对其多元的建筑语言现象及产生原因进行分析，并从边缘文化的视角对其多元建筑语言背后所反映的地域性建筑文化现象进行剖析，以期为同期相关的建筑研究提供参考。

一、寿公祠、石公祠简介

寿公祠位于黑龙江省齐齐哈尔市龙沙公园内，建于 1926 年，是为纪念清朝末年我国著名的爱国将领袁寿山将军修建的。现在的寿公祠是 1987 年在原有建筑基础上重新修缮的，重修后的寿公祠基本上保留了原有的建筑形态和风貌，现为黑龙江省省级重点文物保护建筑。寿公祠占地面积为 1650.6 平方米，是一座青砖灰瓦二进式祠堂建筑，由门殿、前殿、后殿、东西配殿共 12 间殿堂组成（图 1）。前殿（亦称将军殿）和后殿（俗称三代殿）建筑形式相同，均为三间单檐硬山顶式建筑。祠内有体现当时风貌的眉峰殉难碑一处，由碑身、碑座两部分组成（图 2）。碑身、碑座均以花岗石加工而成，碑阳阴刻竖排楷书汉字 20 行，通篇自右而左读，可

---

① 王晓丽，哈尔滨工业大学建筑学院硕士研究生；刘大平，哈尔滨工业大学建筑学院教授、博导。

图1 寿公祠鸟瞰
图片来源: http://baike.baidu.com/view/259592.htm?fr=aladdin

图2 前殿门前现存殉难碑
图片来源: 作者自摄

图3 石公祠
图片来源: http://imharbin.com/post/12080

图4 牌楼
图片来源: http://imharbin.com/post/12080

识字迹 788 个，碑座四周雕有卷云纹饰。

石公祠位于黑龙江省呼兰境内，建于 1927 年，是为纪念民国时期著名剿匪名将石得山所营建的一处公祠，现为哈尔滨市市级文物保护建筑。石公祠为二进院落，中轴对称，沿中轴线依次为西式大门、牌楼、殿堂（图3）。牌楼为石坊式，四柱三门单檐翘脊，牌楼均用青砖、磨石水泥构成，外观酷似石砌，中间檐下铸有"带砺河山"四个大字（图4）。牌楼表面无雕画彩绘的渲染手法，结构严谨，做工考究，整个建筑为中国古典式牌楼风格。殿堂坐北朝南，面阔三间，进深三间，为典型的 20 世纪 20 年代的西式洋房。

二、多元化的公祠建筑语言表现

1. 中国传统祠堂建筑语言的再现

祠堂是专供祭拜先祖或先贤的专用场所。整体而言，祠堂建筑规模宏大，公共艺术工艺精巧，体现了鲜明的传统建筑文化特点，具有礼制建筑的性质。作为祭祀建筑，祠堂的建筑格局应符合典礼需要，古往今来这些仪式受伦理的限制存在一种固定的规范，因而，祠堂内部空间格局变化不大，维持着因祭拜功能需要而程式化的空间布局。祠堂受其主要功能限制，一般坐北朝南，主要采取以南北中轴线为主的东西对称式布局，主体建筑布列在中轴线上，配殿、廊庑布列两侧，左右对称。综观全祠，四周围合、高低错落、主次分明、规划统一、布局严谨。结构上大致为前有门楼、中有前厅、后有正殿，有的还有后院。祠堂与门楼旁有的还建有石牌坊、石狮子、石栏杆等物，门楼与前厅交界处，大都有一个较为宽敞的庭院。

寿公祠和石公祠虽地处边缘文化地带，建成年代也已为民国时期，但是仍然秉承了古代根深蒂固的封建礼制思想，建筑布局及其形制也因袭

 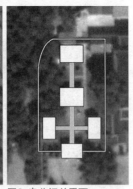

图5 石公祠总平面
图片来源：作者自绘

图6 寿公祠总平面
图片来源：作者自绘

图8 寿公祠后殿脊饰
图片来源：作者自摄

图9 铁制三叉戟
图片来源：作者自摄

图7 寿公祠门殿　图片来源：作者自摄

了传统祠堂建筑的相关体制。无论是融合西洋元素的石公祠还是在秉承传统礼制基础上有所突破的寿公祠在建筑布局上仍然采用四周围合、中轴对称、坐北朝南、高低错落、主次分明、主体建筑布置在中轴线上的严谨布局形制（图5、图6）。

寿公祠沿中轴依次布置有门殿、前殿、后殿，东西配殿布置在第一进院落山门与前殿之间。门殿前有两座石狮子，门殿三间，是进入祠堂的第一层室内空间，中间一间为由门发展扩大而形成的空间，是联系祠堂内外的过渡空间（图7）。所有建筑均属硬山式，但是在门殿、前殿、后殿的屋脊有用小板瓦砌筑的花脊，脊端饰有鸱吻和走兽（图8）。特别值得注意的是在前殿屋脊正中竖有三叉铁制戟（图9）。在前殿中陈列着寿山将军的遗像及部分遗物（铠甲、兵器）。在后殿内供有表示宗族的灵位，殿内墙壁绘有多幅当时名人诗句或题字。在寿公祠主体建筑的四周，砌有青砖墙，围墙顶端作有大式

瓦顶墙帽，由于受当地的条件所限，围墙的西侧偏北处略成弧形，在围墙的东北角，有对开木质板门，静谧超然。

石公祠沿东西中轴依次布置有西式大门、牌楼、殿堂。牌楼为石坊式，四柱三门单檐翘脊，用青砖、磨石水泥砌筑而成，中间檐下铸有"带砺河山"四个大字。牌楼表面虽无雕画彩绘的渲染手法，但是结构严谨，做工考究，为中国古典式牌楼建筑风格。殿堂虽为西洋式样，但在开间布局上仍然是按照传统中国祠堂的礼制规范布局，坐北朝南，东西长12米，南北宽9米，建筑面积105.5平方米，高7米，面阔三间，进深三间，殿正中立泥塑石得山像（东北沦陷时期，祠堂凋敝，泥塑损坏）。此外，殿堂在门窗形式上依然采用了传统的中式建筑的门窗形式，朱红色的门窗与通体白色的殿堂对比强烈又不失协调。远远看去，朱红色的门窗隐现在带有柱廊的殿堂的阴影下，等到慢慢走近，朱红色的门窗慢慢跳入眼帘，使建筑的层次依次展开，这像极了中国传统建筑立面的处理手法，建筑层次随着人的走近由建筑轮廓到建筑立面分割到诸如彩画等的建筑细部的细节处理，建筑层次依次展开，有"步移景异"之感（图10）。石公祠西式大门代替了传统祠堂建筑的山门，但是在西式大门两侧第三与第四墙垛中间，仍然用水泥雕成浮雕花瓶各一只，每只花瓶上端雕有挑檐攒尖顶中式亭盖，南侧围墙用水泥抹面，每座墙垛均做装饰处理，竖向有8块砖垛出挑装饰，每座墙垛顶端均砌有单檐式墙帽

图10 石公祠殿堂门窗
图片来源: http://imharbin.com/
post/12080

图11 西式大门单檐墙
帽垛
图片来源: 作者自摄

垛，可以认为是在传统建筑装饰上的创新和突破（图11）。

2. 东北地域特色祠堂建筑语言的表达

地处东北地域，寿公祠、石公祠在建筑布局上除再现了中国传统祠堂的礼制建筑语言外，自身还带有浓厚的东北地域特色，这也侧面反映了边缘文化地带建筑所存在的多元文化相互融合、相互借鉴、相互影响的现象。

1）在这两座祠堂建筑上，最能反映东北地域建筑特色的就是建筑的平面布局。两座建筑虽都是四面围合、中轴对称的建筑布局，但是在所围合的合院形制上，却有典型的东北民居特点。寿公祠和石公祠的建筑平面呈前后长两端窄的矩形，也可以说是纵矩形，围墙每面都和建筑有一定的距离，房屋在所围合的院子中间松散分布[①]，这种布局方式恰是东北民居中满族住宅的布局特征。

2）寿公祠的东西配殿躲开正殿且不遮挡前殿的光线，使得建筑布置更显松散，这是因为东北地区冬季寒冷，配殿躲开前殿可以使前殿多纳阳光。这种处理手法也是东北传统民居所独有的显著建筑特色。此外，腿子墙、戗檐砖、

拉风头、山坠等作为满族民居雕刻艺术的具体体现在寿公祠中也可见一斑。腿子墙是上墙同前后檐墙合拢后向前凸出的墙垛，腿子墙上部和檐交接处镶各色枕头花，又叫戗檐砖[②]。满族民居在建筑处理上非常注重这些部分的细节处理，雕花种类繁多，样式美观。寿公祠内每座建筑在腿子墙、戗檐砖等部位的细节处理非常考究，细腻且丰富，给建筑增添了几处生动而精致的点缀，同时使整个祠堂建筑的地域特性得到进一步强化（图12、图13）。

3）石公祠院内的牌楼设置亦有东北传统民居院心影壁的影子，起到将院子分割为前后院的作用，既避免了院子太大显单调空旷，又增加了建筑的空间序列，隔而不断的牌楼相较于实体为主的院心影壁既增加了建筑的

图12 寿公祠门殿腿子墙　图片来源: 作者自摄

图13 戗檐砖、山坠等　图片来源: 作者自摄

---

① 张驭寰.吉林民居[M].天津: 天津大学出版社, 2009.9.
② 陈伯超.满族民居特色[C].建筑史论文集（第16辑）, 2002.6.

空间趣味性，同时也更符合祠堂礼制建筑的需要。牌楼作为封建社会最高荣誉的象征，本身就是传统礼制建筑的一部分，这种建筑不仅置于郊坛、孔庙，还建于庙宇、陵墓、祠堂、衙署和园林前或街旁、里前、路口等。因此将牌楼设置在石公祠院内既是对传统东北民居院心影壁的创新，也是对传统礼制建筑的一种延续。

3. 西洋风格建筑语言的渗透

民国时期为中西文化相交融的特殊时期，无论人们的衣着打扮、吃穿用度还是建筑，无不流露出洋为中用、中西结合的新文化思想[①]。石公祠中西结合的造祠模式，打破传统祠堂等级制度的规则，不失为西洋风盛行时期黑龙江省祠堂建筑的代表。

1）石公祠无传统的门殿建筑，代之而来的西式大门，其具有装饰性的平滑线形铁艺曲线精致，装饰几何化，脱胎于植物花卉的纹理为祠堂建筑平添了特有的西洋建筑特质，中间大门嵌着 5 朵铁艺的牡丹花，两侧小门各雕一朵，在铁门两侧第三与第四墙垛中间，用水泥雕成浮雕花瓶各一只，每只花瓶上端雕有挑檐攒尖顶中式亭盖（图 11）。

2）石公祠的殿堂建筑是典型的 20 世纪 20 年代的西式洋房。殿堂以白色调为主，砖混结构，采用对称构图，中央部分高起，突出主体，上部设曲线形山花，留有西方古典建筑的痕迹，但造型简洁、庄严典雅，装饰线脚细腻。女儿墙突出在檐口上部，在构造柱对应位置立短柱，短柱间连以连续女儿墙，极富韵律感（图 14、图 15）。整个殿堂建筑外观典雅、比例和谐，与传统祠堂相比新颖别致，但又有祠堂建筑该有的庄严祭拜氛围。整体造型整齐、匀称、严谨，主体形象突出。

图14 石公祠殿堂
图片来源：http://imharbin.com/post/12080

图15 石公祠殿堂女儿墙　　图片来源：作者自摄

三、公祠多元建筑语言所反映的边缘文化现象

通过分析可以得出黑龙江省现存公祠建筑主要采用了上述 3 种建筑语言处理方式。这两座祠堂建筑所反映的多种建筑语言现象，与黑龙江省特殊的地域环境及当时的时代背景是分不开的[②]。

1. 随着时代和经济的发展，文化中心区和文化边缘区的文化传播加强。在黑龙江地区，文化中心区的传统文化虽然在一定程度上得到了认可，但是某些与当地生活方式、传统观念不相适应的传统文化因子仍然受到了排

① 唐溪.无锡惠山祠堂群建筑装饰艺术研究[D].昆明理工大学，2012.4.
② 王晓华，王瑛.民国傅公祠的多元建筑语言[J].山西建筑，2008.1.

斥和抵制，这种根深蒂固的传统文化要想被进一步接受，必然会做出适当的调整与让步①。从边缘文化的视角看，是弱势文化逐步渗透、影响着强势文化，并且通过弱势文化中极具特色的元素结合强势文化的因子，发展出更具优势的文化形式。文化上的这种冲突与先进文化被迫调整的现象同样会体现在建筑文化上，两座公祠建筑中传统建筑语言与富有东北地域特色建筑语言的同时出现便是建筑文化在传播过程中传统文化与地域文化相互碰撞与融合的结果。

2.任何人面对外部环境以及外来的各种环境的冲击，都不会盲目地接受和采纳，文化亦是如此。面对外来文化所投入的新环境，它首先面临的任务就是对各种各样的文化因素进行选择。在一般情况下，文化流动过程中的文化选择，发生在原生文化环境面临或已经到来的重大变更时期，文化选择有强烈的主观性②。封建王朝闭关锁国的统治使得整个中国的文化在这一时期远远落后于西方先进文化。到民国时期，西方先进的文化已由沿海逐渐渗透到中国的内陆省份，中国本土的原生文化环境面临重大变更。从边缘文化的视角看，黑龙江虽地处文化边缘地带，但随着中东铁路的兴建，西方文化也给这一地域带来了巨大的文化冲击，中西文化发生前所未有的碰撞。相较于传统文化根深

蒂固的文化中心区，边缘文化地域的包容开放的原始价值精神使得文化选择的主观性和自由度更大，文化的融合和接受能力更强。由于"文化选择的不仅是文化，同时也选择了建筑发展的方向"，这也是黑龙江这一时期中西合璧建筑大量涌现的原因所在，同时也便能理解作为传统建筑的石公祠缘何出现西方建筑语言，这是文化选择的结果，文化融合的产物。

四、结语

寿公祠、石公祠两座建筑虽组织形式各异、外部形象大相径庭，但是它们的建筑语言却都表现出一种新旧交错、中国传统文化与东北边缘地域文化相融共生的特征。此外，石公祠东西交汇、洋为中用的特征，反映出新旧思想、东西文化在碰撞时的冲击、融合到最终沉淀的文化现象，"体现了中西建筑文化共生的边缘文化特色的城市景观形态"③。总之，近代黑龙江省祠堂建筑在文化上的表现，反映出黑龙江省在远离中国传统文化的核心地带，并在其束缚力极其微弱的前提下，产生了新旧文化、中西文化以及核心文化与边缘文化之间的温和碰撞，又通过不同层面多种方式的整合，构造出近代黑龙江省祠堂建筑极富特色的文化景观。

---

① 陈莉.清代宫殿建筑的文化社会学解析.哈尔滨工业大学,2006.6.
② 杨善民,韩锋.文化哲学[M].山东大学出版社,2002.10.
③ 刘松茯.哈尔滨城市建筑的现代转型与模式探析[M].中国建筑工业出版社,2003.12.

探究传统聚落中文化的影响及作用
——以恩施龙马镇盐茶古道商贸聚落为例

黄华　李晓峰　陈刚①

摘　要：通过对恩施龙马境内现存的盐茶古道商贸聚落进行寻访和实地调研，对现存商贸聚落中的建筑进行对比和归纳，分析盐茶文化以及恩施地区的土苗文化对这些传统聚落和建筑空间形态的影响作用。

关键词：恩施　盐茶文化　土苗文化　聚落

一、前言

恩施自治州自古便是鄂西重镇，位于湖北省的西南部，恩施市是全州的经济和文化中心，是恩施州首府所在，地理位置非常优越。龙马镇位于恩施县城北 21 公里，地处山间河谷地，海拔 580 米，系龙马公社驻地。该集镇西南靠蛉冈山，东隔龙马河（现名清水河），与清明山相望，清澈的龙马河（现名清水河）环绕集镇自西北折东向南缓缓流去。镇辖面积约 0.01 平方公里，居住 1000 余人，土家族占一定比例。

龙马村老街位于清水河南侧，是盐道线路上连接屯堡和恩施的一个重要节点，曾经这里也是附近乡里比较热闹的集镇。龙马在盐茶古道线路上居于屯堡与恩施之间，是两个大的集市之间的过渡区域，相对于屯堡和恩施城内的商贸聚落来说，集镇规模并不是很大。由于气候以及地理条件的优越性，龙马境内茶叶种植由来已久，茶叶贸易也是传统集镇中主要的贸易类型。

二、盐茶文化、盐茶古道与土苗文化

1. 盐茶文化、盐茶古道

湖北地区由于离川盐产区近，淮盐有时难以运达，尤其是战争时期，或是长江航运中断时，川盐就成为湖北主要的盐源，因此走陆路翻越鄂西地区的山川成为川盐入鄂的主要途径。川盐入鄂就是依靠最原始的人挑马驮的运输方式，在鄂西的大山之间走出了一条条的盐道线路。据赵逵教授对川盐古道的研究考证，在我国的武陵山区至少拥有"四横一纵"五条主要的盐大道。这些散布在恩施境内的古老商贸聚落，其实并不是孤立存在的，它们之间都有盐道线路这条无形的文化线路衔接，对其进行研究，具有十分重要的价值。施宜古道就是其中之一（图1）。

盐、茶在古代中国是重要的消费品，然而不发达的交通运输是影响盐茶流通的一个核心问题，因此盐茶古道的形成对古代中国盐茶的流通起着至关重要的作用，在商业贸易的过程中，盐

---

① 黄华，华中科技大学建筑与城市规划学院硕士研究生；李晓峰，华中科技大学建筑与城市规划学院教授；陈刚，华中科技大学建筑与城市规划学院硕士研究生。

图1 施宜古道示意图　图片来源：作者自绘

茶文化也慢慢地影响着盐茶古道中驿站乃至聚落的形成与发展。由于恩施境内山峦众多，山路形成不易，一旦成型轻易不会改变，这些盐道线路同样也是进出恩施的主要通道，在这些通道上逐渐形成了很多的集市，盐业贸易和茶叶贸易则是这些集市上的大宗，食盐通过这些线路进入鄂西，茶叶则通过这些线路运往重庆、武汉、上海甚至远至国外。

2. 土苗文化

"没有建筑师的建筑"是最原生态的建筑，是最接近大自然的建筑，其中的根源则是在于其扎根于当地的特色文化中。没有文化的建筑则是单纯的盒子，不能称之为乡土建筑，乡土建筑是扎根于当地文化等多方面在内的一个综合体，是带有地域性的。

土苗文化，它是土苗民族链接个体的一根精神脐带，具有认知功能和社会功能。土苗人在长久的艰难前进中，终于完成了伦理道德的整合。它反映的伦理道德思想核心是非人理、合人情、乐天任命。它们是土苗人的精神财富。

三、盐茶古道及文化对商贸聚落空间布局的影响

1. 沿山势等高线呈线性布置

由于恩施地区特殊的地理条件，境内山峦起伏，地形起伏较大，平地较少，因此可用于耕地的土地极少。为了留出比较多的土地用于耕种，聚落在选址时多位于山脚向阳处。同时由于盐道线路大多翻越大山，沿山势等高线布置也有利于商业贸易的进行，因此这些线路

上的商贸聚落在选址上多为顺应山势、顺其自然。通过这种方式减少了房屋建设过程中需要开挖的土方量（图2）。在通常情况下，恩施境

图2 恩施当地民居　图片来源：作者自摄

内的商贸聚落为了使街道平整以适应贸易以及运输使用，基本都会采取沿着等高线做线形布置，垂直交通则通过垂直等高线方向的街道来完成。

2. 依托水运码头，沿河岸的线性布置

恩施境内不仅山峦众多，且水资源较为丰富，境内流域面积超过100平方公里的河流有45条之多，其中许多河流兼具航运之用，水路交通非常便利。由于山路难行，在水道畅通的

图3 河边吊脚楼　图片来源：作者自摄

时候，水运便成为商品运输的一种重要方式，一些商贸聚落便是依水而建，沿河岸线呈线性布置，街道方向与河岸线平行（图3）。商业街道通过石板铺地或凿石为街与水运码头相连，成为贸易活动中人流与商品的集散场所，盐业贸易的起点从这里开始。

3. 桥头节点等活动频繁场所的集中布置

由于恩施境内河道众多、水资源丰富，许多集镇都设置有风雨桥。在土家人的眼里，风雨桥有着吉祥如意的寓意，是保护整个村子免于灾祸的象征。风雨桥作为重要的交通节点，在古代交通不发达的情况下，人流密度和频度比较高，由于可以遮风挡雨，特别是在恩施地区，夏季炎热，由于桥上通风条件比较好，可以提供休憩、观景、交流的空间，桥头空间也成为人群活动和商业贸易的场所，久而久之在桥头附近衍生出市集，进而衍生出商贸聚落，如恩施境内的太阳河风雨桥附近的老街（图4）。

图4 恩施境内的太阳河风雨桥　图片来源：作者自摄

四、恩施盐道线路上的商贸聚落形制影响因素

商贸聚落中建筑形制的影响因素是多方面的，主要包括本土的地域性和外来的移民文化以及商业建筑特有的商业文化。这些因素对建筑的影响主要体现在建筑形制、建筑结构和建筑空间上。由于食盐的运输能够产生很大的利益，因此周边很多地区的商人都涌入鄂西地区，不仅促进了这一地区商业的繁荣，同时也带来了其他地区的建筑文化。

1. 土家族文化的体现

在建筑文化传播的过程中我们还应该注意到建筑是属于一个地区的产物，世界上没有抽象的建筑，只有具体的地区的建筑，它们由当地人创造，与当地特殊的地理、人文、环境相适应，在建筑的建造过程中受到具体的地形地貌、环境因素以及本土已有的传统的建筑文化影响，这就是建筑的地域性。

恩施境内的商贸聚落由于地处恩施境内，虽然作为商业建筑，其建筑功能不同于一般的民居聚落，但是归根结底这些建筑还是扎根于恩施文化之中的，其建筑形制与建造技术与传统土家吊脚楼有着一定的传承关系。例如，挑檐是恩施商贸聚落的一大特色，由于多采用木构体系承重，建筑屋檐挑出深远，这也给商业贸易和人群交往带来了更多可能。

2. 多元文化的融合

恩施境内的商贸聚落多是依靠盐业运输线路而兴起的商业性聚落，商品的流通也促进了文化的传播。这些盐运线路不仅是一条商业线路，同时也是一条文化线路，在这些文化的影响下，恩施境内的商贸聚落呈现出多元融合的形式。

由于恩施境内的盐道线路主要是川盐进入湖北的通道，在盐业贸易兴盛的时候，有许多外地商人进入湖北。他们在获取巨额利润的同时，也带来了他们原来所在地区特有的建筑文化。在少数民族文化中，文化和技术是紧密联系的整体。技术是地区文化中的重要组成元素之一，历史已经证明技术范畴是文化进步中不可能跨越的障碍，技术总是不断在与文化发生适应与融合。

3. 商业行为对建筑的影响

建筑的形制往往需要服从作为建筑活动主体的人，商业聚落中最主要的活动是商业贸易活动，活动的主体是本体居民及过境的商人。商业活动是商贸聚落中最重要的活动，贯穿了

图5 恩施龙马老街沿街商业店面　图片来源: 作者自摄

五、结语

乡土建筑的地域性，总是跟当地的种种结合在一起，总是跟当地的文化结合在一起，聚落的形成总是离不开特有的文化特色，建筑的形制总是离不开特有的传统文化对建筑文化的影响。尽管传统文化在当代受到很大的冲击，但是我们应该仍然立足于本土文化，立足于地域文化，立足于传统文化，这样我们做出来的建筑才是"大众的建筑"，才是"乡土的建筑"。

聚落的方方面面，对商贸建筑形制也产生了重要的影响。由于商业贸易需要更加开放的空间，因此商业空间往往位于建筑临街入口处，占据了建筑中最主要的空间，同时这些商业建筑多采用可拆卸的板门、板窗，将街道空间更好地引入室内（图5）。

立面上，商业建筑出檐深远，互相搭接，也是为了适应商业活动中人群的流动，板门、板窗以及柜台的出现也体现了商业建筑的商业属性，这些元素共同构成了商贸聚落特殊的界面，这些都是区别于传统民居建筑的最大特色。

参考文献

[1] 李晓峰, 谭刚毅. 两湖民居 [M]. 北京：中国建筑工业出版社, 2012.

[2] 李晓峰. 乡土建筑——跨学科研究理论方法 [M]. 北京：中国建筑工业出版社, 2005

[3] 李百浩, 李晓峰. 湖北建筑集粹——湖北传统民居 [M]. 北京：中国建筑工业出版社, 2006.

[4] 恩施县志编纂委员会. 恩施县志. 湖北人民出版社, 1996.

[5] 赵逵. 川盐古道上的传统聚落与建筑研究 [博士论文]. 华中科技大学, 2007.

[6] 李百浩. 湖北乡土建筑的功能、形式与文化初探 [J]. 华中建筑, 2007（1）.

[7] 蔡元亨. 土苗"礼径"——鄂西世情谚中的伦理道德思想. 华中理工大学学报, 1992（4）.

皖南绩溪仁里"洋船楼"的建筑意匠、文化意蕴及当代价值①

贺为才②

摘　要：本文通过对徽州绩溪仁里古村清末洋风建筑"洋船楼"的调研分析，认为其独特的"洋船"造型与砖拱结构融合了中西建筑元素，时代性与地域性鲜明，文化意蕴深厚，具有建筑遗产价值及近代建筑史研究价值，对当代建筑设计亦有借鉴意义。

关键词：徽州民居　建筑意匠　洋风建筑　建筑文化　绩溪仁里

考察和研究近代转型期的中国乡土民居建筑，对于促进当代建筑文化的繁荣及建筑设计创新理念的形成颇有借鉴意义。皖南绩溪县瀛洲乡仁里古村现存的清末民居"洋船楼"，就是一个佳例。

皖南绩溪县是国家历史文化名城、徽文化的重要发祥地，仁里古村位于县城华阳镇东三公里，绩溪第一大河登源河傍村环流，岸边建有两座港口码头。仁里是一座徽州千年古村、徽杭古驿道上的重镇。该村人文荟萃，农商富庶，清人沈复《浮生六记》卷四《浪游记快》中就记有乾隆年间游观绩溪仁里花果会盛况。"洋船楼"坐落于仁里村东南隅，毗邻港口，建于清同治末年（1874 年前后），具有明显的洋风，长期受到关注和保护，至今原祖上后裔依然安居。近年来，该楼在新农村规划与旅游开发中均予以妥善保护和利用，成为当地的文化地标和一处重要的旅游景点。

20 世纪 50 年代以来，经汪坦先生等一批学者的努力，学术界对近代建筑史上"洋风"时期建筑的研究，在广度和深度上都取得了可喜成绩，成果丰硕。然而，长期以来，在中国近代建筑史研究领域，这些研究多侧重于京津穗及通商口岸的开埠城市，而对乡土建筑的"洋化"的关注探索研究明显不足，仍有大量工作值得做。实际上，在当时的一些乡村，一些开明乡绅和富商，适应社会文化、民风、时尚的变迁，在乡村营造了"洋风"建筑。因此，我们有必要将研究视角转向特定境遇下的乡村"洋风"建筑，探其"洋化"转型嬗变过程，深层次分析建筑行为与社会文化、心理、风尚、技艺等的交融互动。本文试就仁里"洋船楼"的建筑意匠、文化意蕴及其在中国近代建筑史上价值定位作初步探讨，就正于方家。

一、"洋船楼"之建筑意匠

"洋楼，由清同治年间洋务运动推崇者程跃章先生建造，房子的外形和内部结构都仿照西式轮船设计，同时也糅合了徽风徽韵，十分符合风水讲究，开徽人建房之新风气。"墙上的导

① 2013年国家社科基金年度项目（批准号：13BSH047）、中央高校基本科研业务费专项资金资助项目（项目编号：J2014HGXJ0100）。

② 贺为才，合肥工业大学建筑与艺术学院博士、副教授。

图1 "洋船楼" 外
墙西式窗饰
图片来源: 作者自摄

游辞如是说。由于这座民居宅第在外观和内部结构乃至建筑工艺都融合了中西特色，这在140年前的皖南山区腹地确实罕见，建成之日，就引起了远近人们的关注，争相前来一睹为快，并因其独特的建筑风格，称之为"洋楼"（图1），确切地说是"洋船楼"。它的出现，标志着传统徽派建筑的近代转向，也证实："徽派建筑本身就是在不断适应地域自然环境和人文环境长成的，一旦环境变迁，建筑将随之转型。清末西风东渐，在徽州山野景观中亮出的新面孔——着"洋装"的豪宅，刺激了徽州地域建筑文化。"[1]

1. "洋" 外观

"洋船楼"设计意象源自近代汽轮，从外部形态到内部构造，皆异于传统徽派民居，然而它在有选择地运用西方古典建筑构图的同时，融入了徽州传统的营造技艺，造型准确，比例适度，显示出很扎实的设计功力和施工建造水平，是文士商贾与传统匠师通力合作的产物。这是一幢风格独特的三层楼房，砖拱木梁结构，东西跨度大于南北，呈长方形。其所处院落入口大门朝西，进入大门，是一个青石板铺就的小院，在其南面便是"洋船楼"的主体建筑。通过

北墙上的拱门，进入洋船楼内。

"洋船楼"建筑群呈"凹"字形平面，没有天井，由东、西、北三栋既独立又紧密联系的三层楼房，合成一组建筑群，造型风格与一侧的老宅形成鲜明对比。功能分区明确，厅堂、居室、厨房、楼阁、储藏室齐全，合用且分布合理，节点紧凑，体现徽人节地精神。北楼底层为厅堂，两米多高的大圆门朝南洞开。东楼底层为厨房，西楼最"洋"，平面狭长呈船头朝南的船形且内设"船舱"、外仿船窗。二、三楼为居室和储藏室等。三面围合的开口形成朝阳的室外庭院。

"洋船楼"的外观形态，别具一格，与典型徽州民居大不相同。其立面，不见高耸的马头墙，四面墙上密排开有较大的窗户，砖质线脚和窗檐，带有西式风格的窗饰，并配装西洋风格的百叶窗和彩色玻璃，室内显得敞亮，西楼屋檐下方开有30厘米口径的圆形气孔（图2），酷似近代船舶上的舷窗。这与传统的徽式民居外墙没有或只有很小的窗户迥然不同。

皖南山区的徽州先民，傍水而居，因浓郁的亲水情结而滋生出重商"崇船"情结。"船"寓意经商者扬帆商海，"生意兴隆通四海"，如黟县西递、绩溪龙川、婺源思溪等规划为船形村落，泾县黄田村清道光年间建造的"洋船屋"为一处双体船形的民居院落[2][3]。这些"船形"符号多取平面构图，按"船"形布局总体空间，单体建筑立面外观却"洋"气不足。而仁里"洋船楼"却是单体建筑从外立面造型到内部结构、分间等均仿"洋船"营造，且停靠在通航的码头边。每当汛期来临，源河浪涛滚滚，登上"洋船"乘风破浪，凭窗四望，远山近水尽收眼底，心旷神怡，妙不可言！"洋船楼"成为绝佳的观景楼。

"洋船楼"可谓徽体洋风，中西合璧，既符合安全、适用、美观的原则，又新颖别致，是业主的设计创意与工匠营造技艺完美融合。

① 贺为才，张泉. 清末民初着"洋装"的徽州宅第[J].南方建筑, 2011(1): 50.
② 吴庆洲. 船文化与中国传统建筑（上）[J].中国名城, 2011(1): 56.
③ 吴庆洲. 船文化与中国传统建筑（下）[J].中国名城, 2011(2): 58.

2."洋"结构

其一,取拱舍柱。"洋船楼"既舍去徽州传统的木构柱梁和木装修,没有斗栱花窗,也不取西洋柱式。整座住宅,遍寻不见一根立柱,所有柱子或砌于墙内,其上架发密集的阁栅,或以拱形结构和纵横交错的隔墙承重。它是"拱"的世界,目之所及皆"拱",有"一门五阙"景致,即一眼可见五道拱门。室内外大量用拱,连厨房壁橱也是拱形,而室外的拱窗兼有装饰美化功能。

拱立层楼,拱上架楼,由于受拱结构跨度限制,室内开间都较小,尤其是一楼的厅堂,与传统徽州民居相比,显得更小。大概是为了增强承重性能与结构安全,特意将底层室内拱券加厚,达60厘米。

徽州村落"拱门"为数甚多,如城门、村门、街巷界门等,仁里村内外也有多座拱门,但一户住宅内外都用拱门,前所未见。"拱券"是徽州工匠娴熟的营造施工技艺,用成熟的技艺建造新的艺术样式,实为睿智之举。

其二,营造"船舱"。除外形和结构与众不同

图2 "洋船楼"东立面 图片来源:作者自摄

外,"洋船楼"在建筑工艺上也独具匠心。从其内部结构看,南北都建有东西走向的室内走廊,有如船舶两舷的甲板。西部一楼有三个房间,二楼有两个房间,与船上的客舱相似。三楼楼板上有一个长方形洞口,下有活动木梯与二楼相通,上有翻板,可翻下盖上,恰如船上的密封舱。

其三,装饰简洁。没有徽州传统木雕、不施彩绘,不装脊饰,没有砖雕门楼,用多种几何图形的重复,结构就是装饰,楼内外的拱、方、圆、三角等规整有序的几何图案就是天然的装饰,有西洋古典建筑的印记。

3."洋"材料

与大量使用拱券适应,"洋船楼"的用料与施工技艺也极为特别。其一,使用特制的砖。"洋船楼"使用了十几个不同型号的砖,应有设计样式和标准,再在窑厂定制烧就。这些特制的砖质量非常高,是当时最佳的建筑材料,以至虽历经百年风雨,仍坚固如初。其二,工艺精湛。徽州砖瓦仍是建造"洋船楼"的主要材料,用传统砖瓦构筑"洋"房,却精巧别致,做成窗檐、墙面线脚、几何图形,将砖瓦的用途发挥到极致,别具匠心。其三,用少量的钢材、彩色玻璃点"睛",增强洋味。其四,用特制的三合土充当"混凝土"。楼上地面不用徽州传统的木板,而是用三合土(砖、石灰、黏土)铺设在厚厚的阁板上,类似现在的水泥灌注工艺,坚固光洁,至今没有缝隙开裂。

可以说,"洋船楼"是因地制宜,因材施巧,融合土洋,中西合璧。既不同于通商大邑的洋房别墅,又不同于徽州传统的乡土建筑,而是兼取二者之长,是"徽而洋"——徽州风味的洋楼。

二、"洋船楼"之文化意蕴

1. 一种文化自觉

汉宝德先生说:"建筑发展是一种文化的试金石。"[①] "洋船楼"的营建,是主动"拿来"的,本身就是一种文化自觉、一种文化选择,其设计意向明确,文化意蕴丰厚,充满着艺术想象力,富有象征、文化寓意与场景提示的多重功能,是文化的重要载体,也是文化交流融合的见证。它的落成,在当地营造了新的场景,场景再影响周边的人群。阿摩斯·拉普卜特说:"正因为文化引发了系统性选择,文化景观方得以生成。"[②]还认为:场景及其规则每每经由提示来传达,提示主要与文化图式相关。"现在提示的作用虽然不像传统社会那样'自然而然'(automatic),但其普遍性仍令人惊讶,因为文化依旧千差万别,个人场景也会随场景的变化而改变。"[③]在此也得到印证。建筑是人类生息其间的空间场所,其作为物质产品记录着特定人群的生活方式和行为规范,又作为精神产品承载着特定人群的思想观念和艺术情感。

2. 清末维新思潮的产物

维新运动是清末重大事件,西风东渐,楼主的"洋务"经历,清末的徽州社会特点催生了仁里"洋船楼"。

楼的设计和建造者程跃章,字文汉,人称文汉公,青年时代正值洋务运动兴盛时期。其堂兄程次廉,字文吉,精风水术,与同为皖人的洋务派代表人物李鸿章相识。兄弟二人皆亲历同治、光绪年间的洋务运动,是洋务维新的积极响应者。他们年龄相近,年轻有为,志趣相投,聪慧灵活,与农工医匠、贩夫走卒、九流三教各色人等均有交往。两人在乡读书练

武,学医研药,捕鱼狩猎,砖木各匠,多有涉猎。在李鸿章及洋务运动的影响和推动下,程次廉在乡里募股筹资,购买了德国西门子发电设备,创办了今芜湖明远电灯公司。而文汉公则在乡办起了大昌烟店等商业企业,并赴江西景德镇贩运瓷器,做起了瓷器生意。走南闯北、长途贩运的经历,及方兴未艾的洋务运动使他眼界大开,见识大长。于是,思想开明、熟悉各种制作及建筑技术的文汉公仿照在长江中所见到的"洋船"的模样,经营谋划,鸠工庀材,在故里祖宅老屋的南面,自行设计建造了这幢独具特色的"洋船楼"[④]。由于其成于特殊的年代,建筑风格凸显的西式因素,而一举成名。

将重大历史事件借建筑物承载下来,"洋船楼"成为特定时代的历史定格,特定历史时期的文化符号与文化宣言,标明中国乡村社会开始从传统的古典居家方式向追求个性自由的新型文化生活的过渡和转型,其中包含了慎重的建筑意表达、知识技艺和构思表述的酝酿与选择、知识的传播和交流及文化演绎的历史逻辑。

3. 徽商文化的创新基因

徽州山区地狭人稠,农耕不能自给,为了谋求生存与发展空间,徽州先民敢为天下先,四出经商,业绩辉煌,创造了"徽骆驼""绩溪牛"为代表的实干、创新的徽商文化。可以说,徽商常得风气之先,也是重要的文化使者。徽商行商各地,见广识博,长期受外界文化,包括西洋文化浸润,回归故里自觉地将域外文化移植乡土,融入建筑营造中,新的建筑元素和文化符号,活跃了村落景观,更新聚落风貌。这艘永不沉没的"商船"——"洋船楼"就是一例杰作。

仁里地处皖南山区,远离洋务运动中心,

---

① 汉宝德.细说建筑[M].石家庄:河北教育出版社,2003.4.
② [美]阿摩斯·拉普卜特著.文化特性与建筑设计[M].常青,张昕等译.北京:中国建筑工业出版社,2004.51.
③ [美]阿摩斯·拉普卜特著.文化特性与建筑设计[M].常青,张昕等译.北京:中国建筑工业出版社,2004.25.
④ 方春生.田园里的文化乡村——仁里[M].合肥:合肥工业大学出版社,2011.153.

但这里却是历史上著名的徽商发源地之一，仁里程氏历代经商，视野开阔，时常将一些"洋"玩意带回桑梓故里。仁里程氏长期经商南通，与南通工商业文化有千丝万缕的联系，与稍晚在南通营建"濠南别墅"等"洋楼"的具有文化自觉精神的张謇，可谓根脉相承。胡适说："通州自是仁里程家所创，他乡无之。(《绩溪县志馆第一次报告书》引自张海鹏、唐力行《明清徽商心理研究》)"徽商还具有明显的包容精神和开放心态，他们不崇洋，也不排斥洋。绩溪上庄胡开文故居门楼上的西式符号，胡适倡导的新文化，皆是佐证。所以，"洋船楼"出现在仁里，当地民众既喜闻乐见，也不模仿复制，显示出文化心态的个性与自立。

三、"洋船楼"之当代价值

1. 独特的建筑文化遗产

现存徽州知名"洋楼"，如绩溪上庄胡开文故居建于清光绪二十三年(1897年)，黟县南屏孝思楼"小洋楼"建于清末(或民初)，婺源县豸峰村涵庐、庆源村詹励吾母宅均建于民国期间，泾县黄田"笃诚堂"洋船屋建于清道光末年。目前，所知徽州"洋楼"多为光绪至民国时期。仁里"洋船楼"有确切的营造时间，是徽州第一座"洋楼"、第一座"洋船屋"、第一座"砖拱"承重建造的民居。据此，当可证此楼为开徽人风气之先的"洋楼"，是徽州山区第一座近代建筑，乃徽州近代"洋风"建筑之滥觞。而且，"建筑文化遗产也是一样，时代的潮流是不可抗拒的，只有顺应时代潮流的建筑艺术才能为社会所接受。中国近现代建筑艺术，从某种意义上说是一个过渡和逐渐成长的时期，对于建筑现代化的进程起着决定性的作用。近现代时期的建筑也是一个学习西方先进建筑思想与技术的过程，是

一个中西建筑文化融合的过程。"[①]

历经140年，当年新异的"洋楼"，长期浸淫着社会变革时代的文化信息和生活起居情趣，如今已成古建筑，具有文物价值。它是记载建筑史、文化史、社会史的实料，而且保存完整，后代栖居至今，又富有生活情趣。这幢老洋房可唤起观者的记忆，想象清末社会徽州民众的生活环境和心理状况。

仁里"洋船楼"是中国近代民居成功"洋化"的范例，清末重要的文化史迹，抹不去的历史烙印。实际上，清末社会动荡，经济凋敝，这一时期所建高质量的宅居数量很少，能保留至今更属寥寥，堪称民居建筑的遗珍。其实，"洋风"影响是深刻的，即使是内陆山乡，也不例外。营造活动也是文化传承的通道，清末民国的乡土"洋风"建筑是不可多得的历史文物，其价值不可低估，还有独特的旅游观赏价值，应列入重点文物保护单位妥善保护。

2. 建筑史研究的典型实例

仁里"洋船楼"是中国近代建筑史"洋风"时期特殊地域之典型实例，这份独特的建筑文化遗产，为近代建筑史研究提供了难得的素材。

1) 可拓展近代建筑史研究新视野

中国近代建筑史研究，需要不断充实和积累研究素材，拓宽研究视野。多年来，众多学者"选取上海、天津、广州、厦门、营口、青岛、南京、武汉以及哈尔滨、昆明共十个城市近代建筑历史进程中有代表性的建筑为典型，对中国近代建筑史'洋风'时期作一初步探讨。并且编辑出版了《中国近代建筑总览》哈尔滨、青岛、南京、上海、广州、昆明等16个城市的分册，为中国近代建筑史研究打好了良好基础。也是开展今后工作之必须。"[②]然而，对其他地区，尤其在传统建筑文化根基深厚的境域，通

① 刘先觉. 中国近现代建筑艺术[M].武汉：湖北教育出版社，2004.绪言.
② 张复合. 中国近代建筑史 "洋风" 时期之典型[A]. 清华大学建筑学术丛书·建筑史研究论文集(1946-1996)[C].北京：中国建筑工业出版社，1996.162-173.

过分析导致这类建筑变迁的内在原因，可以更好地发掘文化的更深层，能更真实地展示文化的渗透力与推动力。仁里"洋船楼"进入研究视野，可弥补缺失，将有助于开展研究工作。

2）可丰富近代建筑史研究内涵

"洋船楼"在转型过渡时期的民居建筑体系中有其独特位置。通常认为："从1840年鸦片战争开始，中国进入半殖民地半封建社会，中国建筑转入近代时期。"[①]这一时期，"本土演进的住宅主要集中在开放度较高的城市和侨乡"，如上海、天津、汉口、南京城市里弄住宅，青岛、沈阳、长春、哈尔滨等地的居住大院，南方的广州竹筒屋、骑东南沿海城市的骑楼、铺屋等五种[②]，其中并未包括内地，特别是山乡的洋风民居。

通过本例分析可知，清末时期徽州是传统居住方式与本土演进住宅并存，这类转型期的居住建筑，对传统徽派建筑大胆扬弃，传承其合理的文化基因，介于传统与现代之间，类似仁里"洋船楼"乡土民居也可归入"本土演进"住宅，确切地说，其本质是"折中主义"的"本土演进"的"洋风"住宅。

四、"洋船楼"之当代启示

当今社会，尊重历史，提倡创新，崇尚文化多元，求真务实，面对这座历经140年风霜的"洋船楼"，当有所思。

20世纪40年代，梁思成先生在《为什么研究中国建筑》中说："研究中国建筑可以说是逆时代的工作。近年来中国生活在剧烈的变化中趋向西化，社会对于中国固有的建筑及其附艺多加以普遍的摧残。虽然对于新输入之西方工艺的鉴别还没有标准，对于本国的旧工艺，已怀鄙弃厌恶心理。自"西式楼房"盛行于通商大埠以来，豪富商贾及中产之家无不深爱新异，以中国原有建筑为陈腐。他们虽不是蓄意将中国建筑完全毁灭，而在事实上，国内原有很精美的建筑物多被拙劣幼稚的，所谓西式楼房，或门面，取而代之。主要城市今日已拆改逾半，芜杂可哂，充满非艺术之建筑。纯中国式之秀美或壮伟的旧市容，或破坏无遗，或仅余大略，市民毫不觉可惜。"梁先生还说："无疑的将来中国将大量采用西洋现代建筑材料与技术。如何发扬光大我民族建筑技艺之特点，在以往都是无名匠师不自觉的贡献，今后却要成近代建筑师的责任了。如何接受新科学的材料方法而仍能表现中国特有的作风及意义，老树上发出新枝，则真是问题了。"[③]

今天，我们重温和回味梁思成先生论断，尤有特殊意义。其实，百年之后，回过头来重新冷静审视当年的"西式洋房"，避免矫枉过正，并非所有"洋房"都摧残中国传统建筑技艺，其中仍不乏理性成分和适当传承之作。只要我们诚心尊重并悉心梳理运用传统建筑技艺之合理内核，就能使根基深厚的中华建筑老树在当代更加枝新叶茂。透过仁里"洋船楼"的前世今生，我们可从中得到如下有益启示：

其一，建筑设计和营造应理智地运用"洋"法，立足自身优势，选取适合自身自然条件和人文环境的方案，发挥本土成熟的建筑技艺，不简单盲目地抄袭模仿开埠城市的欧陆风情，将域外新风自然地融入乡土建筑，使其有机结合。创造更富有生机的建筑形式，且能够保证和提高建筑的质量。诚如汉宝德先生所言："最理想的都市建筑的造型，并不是争奇斗艳，而是能够合群的，使大家乐于亲近的，而其美感在于合情合理，耐得住长久的体验，而非一时激动的反响。"[④]

其次，民居最能反映业主的思想主张，因而

① 潘谷西. 中国建筑史（第六版）[M].北京: 中国建筑工业出版社, 2009.320.
② 潘谷西. 中国建筑史（第六版）[M].北京: 中国建筑工业出版社, 2009.352.
③ 梁思成. 中国建筑史[M].天津: 百花文艺出版社, 2005.代序.
④ 汉宝德. 细说建筑[M].石家庄: 河北教育出版社, 2003.24.

最易于发挥创造力。象征和寓意是中国城乡建筑一贯共同遵守，但不是猎奇弄怪。"洋船"在当时是新事物，尤其在偏远山区，少有人见，正常恰当的"汽船"造型，虽新奇却不怪异，易于为地方社会接受，既有利于营造技艺的传承，又能发挥建筑的文化宣传力量。在传统社会，业主自建住宅、自行设计居住建筑，更易于表达个人的阅历、意愿和情趣，因而更具有创造性。

再次，这一实例说明，优质的富有文化内涵的建筑遗产易于受到民众的喜爱和自觉保护，无论在当初落成之日，还是百年之后，它都是一处文化场景、人文景观，引人鉴赏，还是观景点，富有亲和力，易于发挥文化符号的社会影响力，显示出久远的文化软实力。

可见，传统象征手法和民居的野性思维融"洋"而推陈出新，就有了徽州特色的仁里"洋楼"。循此路径推而行之，同样可以营造出丰富多彩的植根华夏文化沃壤、富有中国品位的"洋楼"，从而焕发中国优秀建筑文化的生机与活力。梁思成先生问："为什么研究中国建筑？"因为我们要走中国自己的充满活力的建筑文化发展之路。

地域文化演进及对东北传统民居建筑文化的影响探析

韦宝畏　许文芳[①]

摘　要：东北地域文化的形成和发展，既是东北地区早期渔猎文化、游牧文化和农耕文化各自深度发展和长久积淀的结果，也是历史演进过程中中原文化与东北本土多元文化不断碰撞、渐趋融合的历史必然。对东北地域文化形成和发展进行全方位、深层次的解读，可进一步揭示其对东北地区传统民居发展的影响，也能更为深刻地理解东北传统民居浓郁的地域文化特色和内涵。

关键词：东北　地域文化　文化区　传统民居　文化整合

传统民居是特定地域历史、文化和技术的产物。伴随着地域文化的发展，其建筑形态不断演进，文化内涵也愈加丰富。因此，只有将民居放置到地域文化演进的背景下加以审视，才能够更深刻地揭示其文化内涵。但就目前东北民居的研究状况而言，大多仅从建筑学角度静态地去分析其功能、结构和形式等建筑表象，而从地域文化演进的动态背景下揭示民居建筑文化的背景和渊源的并不多见，导致对民居建筑文化的发展缺乏系统性、全面性的认知，也割裂了民居建筑文化的历史延续性。基于此，本文拟从东北地域文化演进的背景下来考察其对东北传统民居建筑文化的影响和作用。

一、东北地域文化及文化类型

面对全球文化的强势扩展与挑战，地域文化成为近些年来国内学术界密切关注的一个热点问题，也取得不少研究成果。所谓地域文化就是指生活在该地域的成员，在既定的时间、空间，由于地理环境、历史传承、社会制度以及民俗习惯、宗教信仰等多种因素的影响而形成的一种文化形态。[②]可见，地域文化的形成和发展受到诸多因素的影响，而特定地域则是其形成和发展的重要载体。

东北地域文化就是依赖东北地区这一重要载体形成和发展起来的。"东北"作为一个地域概念，有广义和狭义之分。广义上的"东北"是指中国的辽宁、吉林、黑龙江三省以及内蒙古自治区的东部和北部地区，是自然地理上的空间范围。通俗的解释就是指山海关以外的整个东北地区。狭义上的"东北"仅包括中国的辽宁、吉林、黑龙江三省，是从行政区划角度进行空间界定的。东北地域文化是在东北地区长期历史发展中形成的与其他地区文化相互区别、相互影响又相互作用的具有东北地方特色的文化类型，具有悠久性、多元性、开放性同时又兼具保守性的特征。

---

① 韦宝畏,吉林建筑大学建筑与规划学院副教授;许文芳,吉林建筑大学艺术设计学院讲师。
② 程琳.试析东北地域文化的成因[J].技术与教育,2007(2):43.

关于地域文化类型的划分，依据不同的划分标准和层次会界定出不同的类型。如按生产方式划分，可分为游牧文化、渔猎文化、农耕文化等；按生态环境划分，可分为草原文化、海洋文化等；按行政区域或古国划分，可分为齐鲁文化、燕赵文化、吴越文化、楚文化、巴蜀文化等；按某地理坐标划分，可分为岭南文化、关东文化等。从居住文化发展演变的角度，笔者认为东北地域文化包含六种类型：游牧文化、渔猎文化、农耕文化、移民文化、殖民文化和工业文化。其中游牧文化、渔猎文化和农耕文化是地域初生自创的文化类型，它们共同构成了富有地域特色的文化基底。而移民文化则是中原地区汉族向关内移民过程中，将以"礼制文化"为代表的中原农耕文化移植到东北地域，并与本土文化相互渗透、相互借鉴而呈现的文化形态。而殖民文化则是日俄等帝国主义国家出于对中国东北地区的侵略需要而强力推行的各种举措在文化上的呈现形式的总称。由此可见，东北地域文化是一个富有地域特色的多元文化集合体，是各种文化形态在东北这片土地上交汇、碰撞、组合、更新的结果。

二、地域文化演进及东北居住文化特征

研究地域文化，必须了解其外围的文化环境，才有可能找到地域文化格局形成的基本原因。目前，对于文化发源的地理空间及其对应的文化类型划分，学术界颇多认同的是中华文化是由秦长城以北及西北草原游牧文化区，秦岭——淮河以北长城以南的以粟为代表的旱地农业以及以秦岭——淮河一线以南的水田稻作农业文化区三大主要文化区所构成的这一观点。[①] 按照"三大文化区"划分的这一视角来审视整个东北地区，在外围文化环境上，东北地区正处于北方游牧文化区和黄河流域旱地农业文化区的交汇地区。因此，东北地域文化的形成和发展不可避免地受到两大文化区的影响和冲击。但地域文化的发展往往是内外因共同作用的结果。从内因上来看，东北地区广阔的地理空间、特殊的地形地貌、多民族的分布格局及其生产方式的巨大差异性都使得东北地域文化的形成和发展必然经历一个由简单到复杂、由趋异到趋同的过程。

传统民居建筑文化是地域文化的重要组成部分，与地域历史和文化发展密切相关。据考古证明，上溯16万年以前，在东北地域就有人类生活的遗迹。华夏系的燕人、汉族，东胡系的乌桓、鲜卑、室韦、契丹、蒙古、锡伯，秽貊系的秽人、貊人、夫余、高句丽，肃慎系的挹娄、勿吉、靺鞨、女真、满族四大族系，自古以来就在东北大地繁衍生息。在漫长的历史中，各民族在这片富饶美丽的黑土地上共同创造出丰富多彩的东北地域文化，是多源同归与多元互补的中华文化的重要组成部分。

依据上述文化类型划分的方式和标准，再结合东北地区的自然条件、多民族分布的实际及其生产生活方式的差异性等，基于历史学的视角，笔者将东北地域文化发展演变的过程划分为自律期、开放期和交融期三个不同的发展阶段，以全面总结东北民居建筑文化的特征。

1. 自律期——本土多元文化的创生及居住特征

东北地处边塞，地理空间相对封闭，由于自然环境的制约及生产生活方式的差异等，在地域文化发展早期，当地民众主要依靠自身的力量探索符合自身需要的文化形态，笔者称之为自律期。在这一时期，东北地区并存着渔猎、游牧和农耕等三种本土文化类型，也形成了与不同文化类型相适应的居住方式。

---

① 杨宇振. 中国西南地域建筑文化研究[D].重庆大学博士学位论文, 2002.14.

渔猎文化区呈倒"U"字形形态，范围包括长白山区、大兴安岭、小兴安岭、黑龙江两岸和乌苏里江流域等区域，这些地区林木茂盛、水质优良，渔猎资源丰富。渔猎文化在东北地区起源很早。东北渔猎文化区在考古学上被列为全国考古文化区系中经常起主导作用的三大区系之一。[①]据文献记载，周朝时肃慎部族就活动在长白山一带，从事渔猎活动。"其弓长四尺，力如弩，矢用楛，长尺八寸，青石为镞，古之肃慎氏之国也。善射，射人皆入目。矢施毒，人中皆死。"[②]与渔猎生活方式相适应，其居住方式较为原始且发展缓慢。肃慎部族在肃慎、挹娄、勿吉及黑水靺鞨这几个不同的阶段，居住习俗基本相同，冬天穴居，夏天巢居或随水草而居。他们居住的洞穴是半地穴型，用梯子出入，洞穴的中间生一堆火，周围铺树枝、柴草和兽皮等防寒物品，莺歌岭遗址中的半地穴式屋址就是最好的例证。[③]另外，在大、小兴安岭地区的达斡尔人、鄂温克人、鄂伦春人和居住在黑龙江下游至乌苏里江沿岸的赫哲人，其渔猎生活方式一直延续到解放前后。[④]他们建房的用料取自天然，房址的选择也服从于其渔猎生活方式的需要。鄂伦春、鄂温克、赫哲族在定居前的渔猎时代居住的"仙人柱"，是一种由几十根木杆搭成的圆锥形帐篷，十分简陋。夏季在上面覆盖桦树皮，冬天则用兽皮将顶部和周围覆盖得严严实实。因为这些民族的生活方式较为原始，在早期文献资料相对缺乏的情况下，其居住形式可为理解东北渔猎文化区早期居民居住方式提供一种有益的参考。从文化地理格局上来讲，渔猎文化区大致对整个农耕文化区构成了半包围的态势，有利于渔猎民族主动向农耕文化区聚拢并与之融合，促进其生产方式居住模式的转换。

游牧文化区地处东北西部，紧邻内蒙古东部。在大的文化格局中，它当属北方游牧文化区和东北本土农业文化区的交汇地带。其范围大致包括黑龙江大兴安岭南北，吉林西部、西北部以及辽宁西部。游牧民族在这一地带活动的历史十分悠久。先秦时代的东胡，秦汉时期的乌桓，魏晋时期的鲜卑，唐宋之际的契丹、室韦，宋初的蒙古族，都曾相继在这里书写了本民族发展的光辉史诗。其活动空间、势力范围、文化影响不容小觑，是东北地域文化的重要组成部分。北方游牧民族因其生产方式的特殊性，流动性强，居无定所。如《魏书》描绘乌桓人的生活："俗善骑射，随水草放牧，居无常处，以穹庐为室，皆向东。日弋猎禽兽，食肉饮酪，以毛毳为衣。"[⑤]其他如达斡尔、索伦等族也是"居就水草，转徙不时"，"以穹庐为室"。"穹庐，国语曰蒙古博。俗读'博'为'包'。冬用毡毳，夏用桦皮及苇。"[⑥]"穹庐"式居屋是北方游牧民族适应自然环境，根据生产需要建造的一种可移动的帐幕式住房。"蒙古包"是其典型的形式。

农耕文化区在形成早期，其大致范围包括今天东北地区的南部和中部，这两个地区的原始农业出现较早。据考古可知，在辽西地区最早的新石器考古文化查海——兴隆洼文化遗址发现了由成排房址组成的完整聚落，说明当地那时已有定居农业的萌芽。约在4000年前，这一区域的农业得到了长足的发展，尤其是在辽河两岸最为发达。究其原因：一是当地气候土壤条件适宜于作物的生长；二是自燕秦以来，相继设置辽东郡、辽西郡，使此地成为汉族稳固的聚居地，从事农业生产成为他们最稳定的谋生

① 郭大顺. 论东北文化区及其前沿[J].昭乌达蒙族师专学报(哲学社科版)，1998(5)：1.
② [晋]陈寿. 三国志[M].北京：中华书局，2000.629.
③ 栾凡. 肃慎系民族的演进及其文化传承关系[J].黑龙江民族丛刊，2001(4)：77.
④ 李治亭，田禾，王昇. 关东文化[M].沈阳：辽宁教育出版社，1998.34.
⑤ [晋]陈寿. 三国志[M].北京：中华书局，2000.832.
⑥ [清]西清. 黑龙江外纪[M].哈尔滨：黑龙江人民出版社，1984.64、65.

手段，故农业相对较为发达，也使得该地区成为传播中原地区先进技术和文化的桥头堡，再加上东北腹地广阔，交通便利，地势平坦、具有农作物生长所需要的土壤和气候条件，这也为后来在特定历史条件下关内汉族移民大规模迁入，从事农业开发，传播中原地区先进文化，加速东北地区本土文化转型创造了极为有利的条件。

2. 开放期——吸纳中原文化与居住文化的发展

"文化既具有相对独立性的特征，又具有流动变异性的特征。前者使一种文化与他种文化相区别，后者又使文化之间有沟通性。"① 如果说东北早期文化存在着比较明显的类型和地域分布差异，那么随着历史的演进，东北本土各民族在域内的迁徙流动以及外来文化的强势介入和不断渗透，各民族文化虽然还保持着各自的民族特色，但也有朝着优化整合方向发展的倾向，其主要原因在于域内外民族间的双向流动和文化传播。

在粟末靺鞨建立的"海东盛国"时期，其文化主要是从唐文化移植而来，但又有一定的民族性和区域性特征。渤海五京地区的房屋建筑多仿照唐长安城的形制。上京地区的平民住宅多为地面建筑，而处于边缘地区的村落居室则为穴壁竖直的长方形半地式，面积在15~20平方米之间。在南壁中部开门，由土筑阶梯式门道通向室外，室内有火炕。② 此后，由黑水靺鞨演变而来的女真人建立了金国，文化方面的发展和进步突飞猛进。在居住方面，女真人"其俗依山谷而居，联木为栅。屋高数尺，无瓦，覆以木板，或以桦皮，或以草绸缪之。墙垣篱壁，率皆以木，门皆东向。环屋为土床，炽火其下，相与寝食起居其上，谓之炕，以取其暖。"③ 火炕的发明和应用，大大促进了东北地区居住文化的发展，对其他民族居住方式的进步起到了重要推动作用。

3. 交融期——多民族聚居引发的居住文化整合

元明时期，伴随着女真人的不断向南迁徙，逐渐从渔猎文化过渡到农耕文化。随着生活地域的变化，部分女真人与其他民族杂居，尤其是与汉民族的密切接触，其文化与汉族文化的整合趋势十分明显。满族入关以后，"汉族传统文化不仅在满族贵族社会上层产生影响，而且使满族渐趋汉化成为普遍现象。满、汉两个民族之间在文化上的差异性逐渐减少，共同性逐渐增多"。④ 东北土著文化与中原文化不断碰撞融合、相互吸收，使两种文化在一定程度上均发生了变异，这种整合后的新型东北文化，既不完全同于原有的以满族为主体的土著文化，又区别于以汉族为主体的中原文化模式，而是两种文化优化整合的结果。⑤ 正如《中华文化史》一书所述："文化，并非诸成分的机械拼接，而是各要素有机组合的生命整体，是不断进行物质交换、能量转换、信息传递的动态开放系统，文化除了具有共时态的综合特征以外，还有历时态的积淀特征，且具有延续性和变异性的双重品格，这些特征与品格只有在文化的不断碰撞与吸纳之中才能得到完整、集中的体现。"⑥

19世纪以后陆续从朝鲜半岛迁移过来的朝鲜族，将具有本民族特色的文化传统带到东北，对丰富东北地域文化内涵发挥了积极作用。此外，在近代历史中，东北还曾经受到过日、俄等帝国主义的侵略和占领，殖民文化对东

---

① [英]马林诺斯基. 文化论[M].费孝通译，上海：商务印书馆，1945.12、13.
② 栾凡. 肃慎系民族的演进及其文化传承关系[J].黑龙江民族丛刊，2001（4）：78.
③ [宋]徐梦莘. 三朝北盟会编（甲）[M].台北：大化书局，1939.22.
④ 左步青. 满族入关和汉族文化的影响[J].北京：故宫博物院院刊，1987（3）：9.
⑤ 段妍. 流动与互动——"闯关东"与东北风俗文化的变迁[N].光明日报，2012-8-23：（07）.
⑥ 冯天瑜，何晓明，周积明. 中华文化史[M].上海：上海人民出版社，1990.29.

北地域文化的发展也有一定的影响。

三、东北地域文化在传统民居上的表达

传统民居是地域传统文化的重要物质载体，是伴随着地域文化的发展而不断演进的。东北地区传统民居的发展深受东北地域文化的影响，无论在地域环境的适应上、民族文化的表达上，还是多元文化的吸收整合上都体现了东北地域文化的特色。

1.地域环境的制约与适应

作为与建筑文化紧密相关的因素，自然地理条件始终是制约人类聚居、住宅、营造、结构、空间和材料选择等最重要的元素，从而左右了建筑文化的发展[1]。东北传统民居对地域环境的适应上主要表现在以下几个方面：

首先，在屋顶形式上，满族多用硬山、歇山、攒尖、卷棚、平顶等，朝鲜族主要有悬山、四坡、歇山等，汉族聚居区以硬山、悬山、平顶、囤顶等形式最为多见，这些都是在适应寒冷和多雪的气候环境中逐渐形成的。其次，在立面设计手法上，为抵御冬季寒冷的西北风，墙体设计以北墙最为厚重，南墙其次。一般只在南向的正面开窗，侧面一般不开窗，背立面也很少开窗。再次，在内部空间布局上，以"火炕"最具特色。东北地区最先使用火炕的是女真人。后来，火炕进一步发展，由原来四壁之下皆设长炕，逐渐演变为南西北三面接连的环炕，并将锅灶与内炕连通，俗称"一把火"。除满族外，朝鲜族、汉族等也普遍使用"火炕"，但形态各异，满族的是"万"字炕，汉族的是"一"字炕，朝鲜族的是满屋炕。最后，在建材体系上，主要使用本地富有的稻草、黄泥、木材和蒿秆等。这些建材不仅节省制作时间，

还能减少能耗，且保温效果优于黏土砖。墙体的构造加工技术也富有地域特色，如满族旧式老屋的墙体多用草泥构筑，主要有拉核墙、堡瓮、土筑等不同类型。

2.民族文化的传承与表达

受"以西为尊，以南为大"传统观念的影响，满族民居逐渐形成了崇尚西屋的文化性格，建房时，须先建西厢房，再建东厢房，落成的正房，也以西屋为大，称为上屋，一般由家中长辈居住。此外，北方地区流行的萨满教也对东北传统民居的发展发挥了重要影响。如满族传统民居中就在院子的东南方向立"somo（索罗杆）"作为"圣物"，也是区分满、汉传统民居的一种标识。东北汉族传统民居形式深受中原文化传统影响，特别讲究宗法秩序、伦理道德和风水观念，非常强调中轴对称，尊卑有序。与满族"以西为尊"观念不同，汉族更重视东屋，家长一般住东屋。此外，汉族把中央位置的堂屋视为神圣的空间，作为招待客人或家庭日常生活之用。朝鲜族传统民居的内部布局结构亦深受儒家思想影响，男女、长幼居住空间严格区分，一般是父亲使用大客房，儿子使用小客房，婆婆使用大里间，媳妇使用小里间，在室内装饰方面差别也较大。

3.多元文化的借鉴与整合

东北地区满族的早期住居方式十分原始，据《晋书》载：肃慎人"夏则巢居，冬则穴处"。[2]到辽金时始定居，由于火炕的使用，由穴居转变为地面居。明代时女真人不断南迁，与汉族的接触日益密切，使其建筑样式受到了汉族的影响。在建材方面，从单纯依靠天然的木质材料转变为砖瓦普遍的使用。三面墙壁均设窗户，这样更好地起到室内通风、采光的作用。此外在房子的四周还围起院墙，开始使用

---

① 戴志中.中国西南地域建筑文化[M].武汉：湖北教育出版社，2003.18.
② [唐]房玄龄等.晋书[M].北京：中华书局，2000.1691.

烟囱，逐步完善的女真民居对清代满族民居的形成和发展产生了重要影响。入关后，满族民居受汉文化的影响日益加深，建筑方式向更为综合化的方式发展。住宅一般坐北朝南。凡宅舍，无论三楹或五楹，均东端东边开门，形如口袋，称口袋房，又因形似斗形，称为"斗室"。①现居东北的朝鲜族，其住宅形态和内部结构以及住居生活风俗仍然继承了传统的朝鲜民居风俗，极富民族特色。此外，明清以来，华北和山东的汉族居民大规模移居东北，并与当地土著满族人杂居，民居形态既沿袭了华北地区传统，又适应了东北的气候条件，同时还吸收了满族民居的某些习惯做法，从而形成了鲜明的地域特色。

四、对东北民居建筑文化发展的现实意义

文化是一个民族立于世界民族之林的根本，也是一个地方的根与魂。然而，近些年来，面对"全球化"的强烈冲击，东北地域建筑文化发展过程中出现了一些精神文化层面上的抄袭，诸如建筑风貌雷同，文化内涵缺失，地域特色不彰，这不能不说是一个巨大的遗憾。因此，通过回顾东北地域文化的演进及民居建筑文化的发展，可总结出一些对当代民居建筑文化发展具有创新意义的启示。

1．尊重地域文化，吸收借鉴人类文明成果

东北地域文化的丰富和发展是不断吸收和借鉴域内外一切文明成果的结果，因此，在尊重和保护东北地域文化前提下，积极吸收和借鉴人类文明的一切成果，进一步丰富民居建筑文化内涵，强化地域特色，创新民居建筑的功能、结构和形式，最大限度满足人们日益增长的物质和文化需求。

2．深入挖掘地域文化内涵，延续地方文脉

传统建筑是前人营造智慧的结晶，经受过历史的检验，理应受到重视。对今人而言，要不断深入地域文化内涵的发掘、尊重东北地域传统建筑民风，继承和发扬传统建筑文化精髓，可以使现代村镇建设与传统结合，延续地方历史文脉，这既是民族精神的召唤，也是时代发展的需要。

3．汲取传统智慧，彰显地域特色

虽然传统民居建筑的材质、形式和技术已经过时，但负载其上的历史和文化却是一笔不可再生的精神财富，可穿越时空，以启未来。我们可从东北民居建筑中提取智慧，学习和借鉴传统民居中合理的布局及设计手法，充分考虑自然采光、自然通风等自然资源的利用，并将其融入居住环境设计中，指导现代城乡建筑发展，创造具有地域和时代特征的新建筑文化。

---

① 金正镐. 东北地区传统民居与居住文化研究[D].中央民族大学博士论文, 2004.54.

新城地域文化的塑造探索
——以长德新城研究为例

孙瑞丰　朱莉　屈永超[①]

摘　要：随着我国城市化进程加快,新城建设加速,越来越多的城市呈现出"单质化"和"同质化"现象,城市文化个性不足或缺失是造成"千城一面"的重要原因。本文通过对地域文化特征的分析,挖掘长春地域文化对新城建设的引领影响,在深层次结构中寻找根脉,探索规律,最后梳理出地域文化塑造对长德新城城市文化延续具有的重要作用。

关键词：长德新城　地域文化　塑造

一、相关概念的界定

1. 新城

张捷在《新城规划的理论与实践》中对新城的定义为："位于大城市郊区,有永久性绿地与大城市相隔离,交通便利、设施齐全、环境优美,能分担大城市中心城市的居住功能和产业功能,是具有相对独立性的城市社区。"

2. 地域文化

在我国,地域文化一般指特定区域源远流长、独具特色、传承至今仍发挥作用的文化传统,是特定区域的生态、民俗、传统、习惯等文化的表现。它在一定的地域范围内与环境相融合,因而打上了地域的烙印,具有独特性。地域文化中的"地域"是文化形成的地理背景,范围可大可小,地域文化中的"文化",可是单要素,也可是多要素。

二、新城建设中地域文化的缺失

1. 新城定位缺乏文化内涵

越来越多的新城被定位为"国际大都市""现代国际城市",在这样的目标鞭策下,楼越建越高,马路越建越宽,人越来越少,反思鄂尔多斯康巴什"空城"的出现,会发现房地产商追求利益,政府部门追求政绩,但对新城的人文历史、资源特点等却缺乏客观的认识,从而导致新城定位不够理性,缺少文化内涵。

2. 新城建设无"地方性"思考

新城建设呈现出的无"地方性"状态,使得城市与城市之间越来越相似,新城在规划初期对当地的人文地理条件了解不足,促使新城在建设时忽略其所独有的民族风格和地域特色,从而导致"千城一面"的现象日趋严重,"南方北方一个样,大城小城一个样"这样的描

---

① 孙瑞丰,吉林建筑大学建筑与规划学院教授;朱莉,吉林建筑大学建筑与规划学院城乡规划学研究生;屈永超,天津大学建筑学院城乡规划学研究生。

述是现今城市真实的写照。

3．新城建设对地域文化认识不足

城市建设中特色文化的缺失，引起了管理者对城市文化保护的重视，但由于对文化理解缺乏科学性，新城建设偏离了正确的轨道，由此在新城中出现了"四不像"的建筑。仿古一条街等虽然看似重视了文化的建设，但认识不足造成的"千城一化"比起"千城一面"更具毁灭性。正确地理解地域文化，挖掘地域文化内涵，祛除商业化色彩，从根本上尊重地域文化，在此基础上建设新城是极其重要的。

三、长德新城地域文化的构建

长德新城地处长春、德惠和九台三市交汇处，距长春22公里，位于哈大经济走廊与长吉城市群交叉地带，是长东北发展核心区域，总面积337平方公里，起步区40平方公里，辖区人口预计超过百万，区域内资源丰富，环境良好（图1）。

为了带动老城区经济发展，疏散人口，长德新城的建设无疑是有益的。由于其是在米沙子镇的基础上发展起来的，因此比起平地而起的新城，其城市建设将受到老城区和当地文化的辐射影响，并且长期作用于新城建设中。以下主要从城市色彩、空间结构、景观设计三个方面来探讨长德新城的地域文化塑造对其发展的影响。

1）长德新城空间结构优化

长德新城在长春空间发展轴线上，作为城市东北部发展门户，整个新城的空间布局应该延续老城区的城市肌理。最早长春城市发展由伊通河一带开始，之后搬到宽城子一带，主要以农业为主，城市的空间是单一结构模式。近代长春规划遭到日本、俄国殖民国家介入，并且受到西方先进规划思想影响，因此在空间格局上具有明显的设计感，"圆广场＋放射路"成为长春城市空间的特色标志（图2）。长德新城在道路的规划中延续了长春城市路网的空间结构，并且采用棋盘式的道路布局模式，不仅使得新城道路局部更加紧凑，而且可以和老城区更好地衔接成为整体，

图2 新京国都建设规划图（1937年）
图片来源：作者资料搜集

图1 长德新城与长春位置关系
图片来源：作者资料搜集

图3 长德新城规划总平面图
图片来源：作者资料搜集

哈大高速铁路的建设为新老城区的空间联系提供了有利条件，使得整体空间联系更为紧密（图3）。随着城市空间逐渐向多中心结构发展，长德新城作为长春城市空间发展的重要节点，应尊重长春传统空间布局，使其今后能够成为长春城市空间文脉延续的重要节点。

2）长德新城城市色彩的营造

"城市色彩"是城市公共空间中所裸露物体外部被感知的色彩总和。它不仅是一种自然现象，也可以是城市地域文化的体现。

长德新城作为已规划并即将建设发展的北方新城，特定的地理区位使其城市色彩具有一定的局限性，寒冷城市多采用厚重的城市色彩。长春是具有殖民色彩的城市，这段历史对城市色彩产生了重大影响，早期建筑墙体主要是红褐色，整体用色比较传统，现代的长春城市色彩比起早期明快许多，主要采取米黄色为建筑主色调。另外，长春被誉为"森林城"，所以绿色是长春的另一主色调（图4）。长德新城在城市色彩的营造上，首先应尊重主城区地域文化，在新城空间、新城建筑、新城特征上令色彩把握与主城区进行呼应。长德新城是在一个工业镇基础上发展起来的，新的功能定位是将其作为新型工业新城来发展的，这一定位无

图4 长春现代与伪满时期建筑色彩对比
　　上图现代建筑；下图伪满时期建筑
　　图片来源：作者资料搜集

图5 长德新城现居住小区与城市街道
　　图片来源：作者资料搜集

疑将成为长德新城城市色调选择的重要考虑因素，因此，如何在其色彩塑造上不失历史厚重感又不乏时代感，是值得探索的。

3）长德新城景观风貌的塑造

长德新城地处寒冷地区，因此其景观设计具有一定的限制，现今新城的景观处于设计阶段，规划通过对整体景观环境的把握，对特色风貌区、景观分区、景观轴线、景观节点、滨水空间等景观要素进行规划与控制，在规划范围内打造既有时代特色又有地域风情的新城景观风貌区。共规划了6类景观分区，其中位于西部文化产业园区的主要是集教育科研、创意文化产业园等于一体的文化创新景观区。其整体设计过程应该呼应长春老城区的景观规划设计，从而使新老城区景观具有整体性。在新城的细节和节点设计上，应立足于老城区地域文化的土壤和现代多元丰富的生活，把长春具有标志性的城市文化符号运用到长德新城的景观设计中去，实现对长春地域文化传统的延续和表达。

四、结语

新城建设很大程度上受到老城区地域文化的影响。本文将长春传统地域文化融合到长德新城的建筑设计、景观设计、城市色彩等方面

中，对提升新城的整体品质、营造文化氛围将起到积极重要的作用。最后，希望本研究探索能对其他新城在地域文化方面的建设具有积极启发意义。

参考文献

[1] 张捷.新城规划的理论与实践——田园城市思想的世纪演绎.北京：中国建筑工业出版社，2005.

[2] 单霁翔.从"功能城市"走向"文化城市".天津：天津大学出版社，2007.

[3] 艾波亭，刘健等.城市文化与城市特色研究——以天津市为例.北京：中国建筑工业出版社，2010.

[4] 长春市规划局编.长春规划十年2003——2012.沈阳：辽宁科学技术出版社，2013.

[5] 蔡亚冰."新京"规划对长春现代城市发展得影响研究，2013.

[6] 孙巍.长春城市色彩特征及规划探析.2012.

长春净月区高校群特色文化塑造探索

孙瑞丰　朱莉　屈永超①

摘　要：城市化的热风掀起了城市周边建设的高潮，长春净月区高校群正是在这种热潮中顺势而生。本文从宏观对净月区高校群与长春城市文化的关系到微观对高校群内各文化要素的塑造进行剖析，把握其动态发展规律，从而对净月区高校群的特色文化塑造提出具体意见和方法，希望其能对今后长春高校聚集区域的文化建设和发展有所借鉴。

关键词：长春净月区　高校群　特色文化　塑造

一、长春净月区高校群概况

净月开发区总面积478.7平方公里，整个区域森林环绕，河湖邻城，形成了独特的净月潭国家风景名胜区，被誉为"天然氧吧"和"城市花园"。开发区地理位置优越，交通便捷，距市中心人民广场18公里，距长春龙嘉国际机场29公里。

长春作为东北地区最主要的四大城市之一，同时也作为全国闻名的大学城、科技文化名城，吸引了吉林省一半以上的高等院校聚集在此。在净月区已初步建成了一定规模的高校群，现存高校12所，主要分布在新城大街、净月大街和博硕路两侧。沿博硕路主要有长春中医药大学、吉林警察学院；新城大街上建有东北师范大学人文学院、吉林农业大学、吉林建筑大学和东方职业学院四所学校，吉林建筑大学的东南部为长春财经学院，与长春财经学院一路之隔的便是长春工业大学人文信息学院和旅游学院；另外还有东北师范大学新校区、吉林华侨外国语学院与吉林财经大学都坐落在净月大街上（图1）。

图1　净月区高校位置分布图
图片来源：作者自绘

二、净月区高校群文化建设存在的问题

1. 高校群文化建设与城市文脉脱节

由于净月高校群是自发形成的一个高校聚集区域，没有系统性统一规划，从而导致其与长春

①　孙瑞丰，吉林建筑大学建筑与规划学院教授；朱莉，吉林建筑大学建筑与规划学院城乡规划学研究生；屈永超，天津大学建筑学院城乡规划学研究生。

图2 吉林财经大学校门前轨道交通　图片来源：作者自摄

中心城区缺乏紧密联系，这种联系不仅体现在空间结构上，更体现在老城区城市文脉的延续上。

2. 高校群区域内缺乏独有的系统性文化

净月高校群呈现出各自为政的状态，其中不同类别的院校独立构建其各自的校园文化体系，而整体却缺少系统性的文化规划，使本应该具有浓郁文化氛围的高校群区域，成为"孤城"的单一建设模式。

3. 校区之间区域文化衔接"断裂"，呈不连续状态

净月区高校群在整体文化建设上习惯于"关起门来单打独斗"的建设模式，使得它们很少参与整体区域的文化建设中去，高墙的阻隔促使高校间文化的"断裂"是不容否认的。例如，位于净月大街上的华侨外国语学院和吉林财经大学两所高校，虽然只有一路之隔，但是由于轨道交通的建设，将两所学校在空间上进行了阻隔，校门前少了昔日的繁华，互动与交流更无从谈起（图2）。

三、净月区高校群特色文化构建维度

1. 文化表象的介质：空间布局、实体建筑（构筑物）、景观小品等

净月区高校群在空间布局上，首先应与长春城市未来发展方向、发展重心相结合，其次在净月区域内各高校间应紧凑布局，使得文化资源得到共享，创建共同的文化中心、活动广场等，高校师生应有一个共同的交流区域，并且在两三所学校的交叉区域，建立同样的文化交流场所。

建筑是整体区域建设中的主要组成部分，高校内建筑的风格、色彩、装饰等是区域文化的重要载体，经过调研分析，对净月区各高校建筑（构筑物）进行了归纳总结：第一，各校园建筑多呈现围合状态，紧凑布局，这符合校园规划功能布局要求，但由于校园与校园之间缺少必要的过渡与衔接，使得区域整体结构不够完整；第二，各高校在校门的建设上也有彰显其校园文化特色的元素介入，例如东北师范大学的校门采用的是"教书育人"为主题的一组雕塑来作为校门的主要组成部分（图3），进入校园后，第一个标志牌即是师大校训"勤奋创新，为人师表"，此处将整个校园的文化气息体现得淋漓尽致。对比师大的校门建设，华侨外国语学院的校门在校园文化构建上略显不足，一是没有体现出这所语言为主的高校特色，二是校牌标识不够明显（图4）。

图3 东北师范大学校门　图片来源：作者自摄

图4 华侨外国语学院校门　图片来源：作者自摄

图5 吉林农业大学入口雕塑　图片来源：作者自摄

图6 吉林农业大学校园内指路标牌　图片来源：作者自摄

雕塑、广场、景观节点等作为校园整体环境的点缀，不仅可以起到观赏的作用，而且对校园文化起到一定的承载作用。例如，吉林农业大学入口处"神农"主题雕塑，非常贴近农业大学的教育宗旨（图5），其校园文化底蕴不仅在雕塑上有所体现，在校园的绿化和街道指示路牌名称上也都渗透着农大校园的学术文化氛围（图6）。

2. 文化表象的构成

校园文化反映了校园的精神风貌、审美取向、生活方式、学术氛围、历史文化、娱乐文化等，对一个大学区域文化的创造，校园文化只体现了其中的一个方面，重要的是如何挖掘更深层次和与其相关联的文化体系，并运用到净月高校群的文化创造中去。对于净月高校群的文化建设，要考虑的不仅是不同的校园有不同的人文校史、校园名人、历史事件等历史沉淀的文化，更多的是要探索地域文化和关联文化的创造，使得它们可以产生联系，创造出多元融合的特色文化。

四、净月区高校群特色文化的塑造

特色文化来源于大学自身的校园空间环境，是大学在长期发展过程中积淀形成的宝贵财富，包括历史文化、地方文化以及校园生活文化。特色文化是校园人文环境形成的基础，它的传承与发展促进了空间场所精神的塑造与人文教育的开展。

1. 注重城市文化与高校群区域文化的传承

长春是一个仅有200多年历史的城市，净月区作为长春的一个新区，是长春高校聚集区之一，将赋予整个区域独有的文化气息。如吉林农业大学1948年建校，其校园内许多建筑饱含历史的沧桑感，带给整个校园一种历史的痕迹，其对于延续长春城市文化文脉具有重要的意义。

文化的传承不仅体现在校园建筑上，在整体区域的方方面面均有体现，其中对商业区外环境进行设计是对城市文化延续的另一种表现，应树立与主题文化相协调的外环境设计，将独特的长春地域文化和校园文化叠加，然后通过区域内商业空间中各实体要素设计来进行表达。

2. 注重校园空间的文化氛围营造

尽管净月区内各大学建设时期较短，文化积淀薄弱，但通过对校园空间层次、尺度、序列等

图7 东北师范大学、长春财经学院、吉林警察学院与工大人文学院
图片来源：作者自摄

的优化处理，增强空间的亲切感与归属感，辅以内涵深刻的校园文化体系构建，仍然可以营造出特色鲜明的人文氛围。不同的文化背景造就了大学的多态与繁荣，对于校园文化氛围的多样化、个性化特点的传承与发展，是大学展现自身独特人文魅力、延续校园空间环境特色的前提与基础，也是当代大学教育多元化发展与人本回归的要求。同样，老校区文化的传承对于新校园文化的建设仍然具有重要意义。例如，东北师范大学在长春老城区保留有自己的老校区，在新区的校园建设中，可以抽取老校区象征性的符号引用到新校区的校园建设中来，使新校区与老校区在色彩、材质、局部构件上产生时空上的延续。

图8 吉林建筑大学　图片来源：作者自摄

3. 注重校园文化个性与共性的表达

净月区高校群文化的构建不仅需要各高校间"共性"文化的构建，更需要每所大学保留自身的文化"个性"。经调研分析，位于博学路和博硕路周边的东北师范大学人文学院、东北师范大学、长春中医药大学、警察学院、吉林财经大学、华侨外国语学院在校园建筑色彩上均采取了统一配色，即象征中国传统的朱红色为主色调，辅助白色线条，就连与它们有一定距离的工业大学人文学院和长春财经学院也采用了同样的建筑配色。由此可以发现，虽然在建校时期，在校园历史等不同的背景下，这些高校仍然可以有共性的表达（图7）。与此相比，像吉林建筑大学这种主要以建筑类为主的院校，在建筑的造型和色彩的把握上更具一定的专业性，其主要采用深灰为主色调，朱红色、浅灰色和白色作为配色，对比其余院校在整体上具有一定的识别性，表达上更具有现代感，不管是在外部造型还是在色彩构件等方方面面，无处不在散发着一所建筑院校独特的文化气息（图8）。吉林农业大学由于建校较早，其建筑在整体色调上与周边的院校有所不同，主要采用米黄色为主要色调，与长春中心城区建筑主体色呈和谐之态。

五、结语

通过对净月高校群的调研、对比和分析，最后梳理出针对其文化建设中存在问题的解决方法，尊重每一所高校的校园文化，在共性与个性中探索最佳的文化构建方式，使净月区高校群的特色文化建设能够对提升整体净月区文化的品质起到积极的作用，提升整个区域的"人气"，从而达到塑造长春城市形象的目的。

参考文献

[1] 陈群 . 大学城文化建设研究——以广州大学城为例 . 2011.
[2] 刘万里 . 大学校园空间的文化性研究，2009.
[3] 张惠红 . 大学园区文化建设研究 . 2007.
[4] 高麟腋 . 地域文化视角下的重庆大学城校园景观营造延吉 . 2013.
[5] 王士君 . 长春市大学园区的空间演化及其与城市发展的互动 . 2014.

机构养老建筑的地域文化表达

付本臣　黎晗[①]

摘　要：基于老年人身心需求与机构养老建筑特点，解析机构养老建筑地域文化的场所精神，提出地域文化的表达原则。结合国内外优秀实例的相关经验，探讨机构养老建筑地域文化表达的发展趋势，从建筑设计应用角度提出室外空间与建筑界面、室内居住和生活空间的地域文化表达策略。

关键词：老龄化　机构养老建筑　地域文化　建筑表达

一、研究背景

我国自 1999 年进入老龄化社会，老龄化进程一直快速发展，根据六普数据，2010 年 60 岁及以上人口占 13.3%，比 2000 年上升 2.2 个百分点。2020 年到 2050 年是我国人口老龄化增速最快的阶段，预计老年人的比重将从 17.17% 上升到 30.95%。为应对日益增加的老龄化压力，我国制定了"以居家养老为基础、社区服务为依托、机构照料为补充"的养老服务体系。机构养老模式是我国养老服务体系的重要构成和有力补充。作为机构养老模式的载体，机构养老建筑设计直接关系到机构内老年人的生活品质。能够充分调动老年人活力的建筑空间需要满足老年人身体和心理的双重需求，同时承载地域文化的场所精神。

老年人相比于其他年龄群体更为习惯于传统的生活方式，对地域文化接受度更高。由于阅历丰富，并在一个地区持续居住多年，老年人对地域文化理解更为深刻，情感更为深厚，长期形成了心理层面的文化空间，成了老年人与地域文化的精神纽带。目前国内机构养老建筑在功能方面基本能够满足老年人的居住和护理要求，而对老年人精神需求考虑欠缺，在建筑设计中偏重于医疗或酒店性质，普遍忽略地域文化的建筑表达，致使老年人与地域文化的精神纽带断裂，对老年人的精神活力和身心健康产生不利影响。当前我国各地机构养老床位供不应求，机构养老建筑快速建设，这类"重医疗而轻文化"的建筑设计问题将日益凸显。因而结合优秀案例，从设计应用角度探寻机构养老建筑地域文化表达的合理途径具有必要性。

二、概念界定和研究范围

地域文化是一个宽泛的概念，从建筑学和环境行为学视角看，地域文化有 3 种主要表达形式：由个人经验和印象感受主导的心理层面地域文化；由空间形态和界面形式主导的物质层面地域文化；由意识形态和生活习俗主导的社会层面地域文化。一个生动的地域文化表达过程需要建筑空间与使用者个

---

① 付本臣，哈尔滨工业大学建筑设计研究院教授级高级工程师；黎晗，哈尔滨工业大学建筑学院在读研究生。

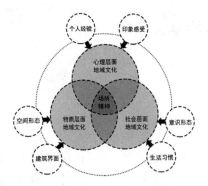

图1 通过地域文化的多维复合构建场所精神
图片来源：作者自绘

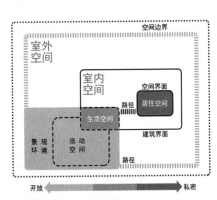

图2 机构养老建筑的地域文化表达范围
图片来源：作者自绘

体、社会群体建立物质、心理和社会的多层面复合，最终形成具有生命力的地域文化场所精神，如图1所示。

机构养老建筑内的地域文化表达范围应具有全面性，涵盖老年人行为活动多发的室外空间环境和室内生活、居住空间环境。室外空间环境由建筑界面、室外活动空间和步行路径等因素构成，室内空间环境由功能属性、空间界面、部品装饰和交通路径等因素构成。由室外空间、室内生活空间到室内居住空间，空间层级的私密性逐渐增加，相应的地域文化表达策略应进行逐级探究，如图2所示。

三、地域文化表达原则

不同国家和地区的地域文化具有一定差异性，本文结合国内外实例，对地域文化表达的共性问题进行深入解析，凝练形成3点设计原则。

1. 传承场所精神

作为地域文化表达的无形核心要素，场所精神能否在设计中得到诠释，并被老年人感知理解关乎重要。在建筑层面上，建构地域文化的场所精神需要结合老年人的心理需求和行为感知能力，全方位协调空间形态、建筑界面、功能布局和家具部品等设计因素，形成展现地域文化的统一整体。

2. 融入自然环境

地域文化通常与一个地区的自然环境关系密切，地域气候特征、建筑材料、景观特质直接影响到建筑形式，例如东北民居中的硬山屋顶源于冬季严寒和多雪气候。由于老年人更为需要接近自然环境，并对气候环境要求较高，因而养老设施的地域文化表达应注重融合自然环境，设置地域化景观，引入应对地区气候制约的被动式节能策略。

3. 平衡传统与现代

在建筑层面的地域文化表达中，传统与现代的审美方式、设计理念和技术措施一直都在博弈中寻求平衡。设计中既不能单纯复制传统的建筑形式，也不能全然采用现代建筑语汇，应对地域建筑元素进行抽象凝练和合理组织，构建老年人可感知的场所精神，同时保证居住质量和空间舒适度。

四、地域文化表达策略

根据老年人身心特殊性和机构养老建筑特点，本文结合相关实例，对建筑室外空间和室内空间范围的地域文化表达策略进行探讨。

1. 室外空间和建筑界面

建筑室外空间和建筑界面的地域文化表达需建立空间形态、艺术形式和建筑材料与地域建筑及地域自然环境之间的紧密联系，对地域文化原型加以形式重构和精神再现。

1）传统室外空间形态的记忆重构

地域文化表达的重要环节就是通过空间形态唤起老年人对地域环境的记忆。传统空间形态在不同的地域文化中各有特点，在重构中要重点关注街巷空间、围合院落的塑造，结合空间序列的合理组织使之组成统一连贯的空间体验。

街巷空间作为具有特色的传统外部空间，符合多数老年人所习惯的传统居住区的构成肌理。根据卢原信义在《外部空间设计》中的相关研究，尺度 D/H 在 1 到 1.5 之间的街巷空间能够营造宜人的交往环境。图3所示实例将街道元素突出，作为老年人步行路径和交往空间，创造出老年人乐意停留的室外空间。

围合空间在亚洲地域建筑的室外空间中较为常见，亦在我国的传统院落构成中不可或缺。老年人在尺度适宜的围合空间内休憩活动，更易产生领域感和安定感。图4所示实例结合围合空间设置地域性景观和交往空间，营造出老年人乐于长时间停留的积极空间。

2）地域建筑艺术形态的抽象重组

传统的地域性建筑具有独特的艺术形态，注重装饰化表现，具有特定的构件做法。因而在地域文化表达过程中，应结合整体空间风格进行适度简化和抽象提炼，再现传统建筑神韵，唤起老年人对地域文化的记忆和回忆。

首先，以色彩组合作为设计切入点对于再现一些有特定色彩组合关系的地域建筑较为适用。由于老年人的色彩感知能力衰退，在色彩组合中应进行适当的强化，如大面积用色，强化色彩对比度等。图5所示的实例通过墙面和屋檐的色彩对比隐喻"粉墙黛瓦"的江南民居。

其次，多数传统建筑中存在不同形制的坡屋顶，应作为地域性的气候适应策略，在养老设施中加以传承，同时利用屋顶的轮廓线塑造独特的室内外空间形态。图6所示实例通过对屋顶的连续、折转和打断等形势变化，既隐喻了当时的地域建筑，又塑造出鲜明而富有寓意

图3 日本东京方南二丁目福祉设施的街巷空间
图片来源：艾克哈德·费德森.全球老年住宅建筑设计手册.

图5 苏州高新区狮山敬老院的建筑界面
图片来源：世界建筑10.养老地产规划及设计.

图4 日本千叶县淑德共生苑的核心院落
图片来源：艾克哈德·费德森.全球老年住宅建筑设计手册.

图6 法国梅尔旺养老院的屋顶形态
图片来源：世界建筑10.养老地产规划及设计.

的外部空间轮廓线。

3）地域建筑材料的强化表达

传统建筑通常因地制宜、就地取材，相应的建筑材料被赋予了独特的地域标签。随着现代建筑结构技术的进步，建筑界面从传统结构性材料制约中解放，界面材质具有充足的自由度和表现力。应对老年人感官系统的衰退现象，在设计中应对地域性材质加以强化处理。

首先，对于一些具有某种代表性材质的地域性建筑，在空间处理中可对其加以强化，而对其他材质的建筑构件进行弱化，以加深老年人的空间印象。图7所示实例运用木材的纯粹表达赋予空间以强烈的地域文化感召力。

其次，应延续地域建筑的气候适应性，结合气候特点创造性利用建筑材料，形成兼具气候调节作用的空间界面。图8所示实例将渐变式排列的木条作为建筑外廊格栅，调节空间光线同时形成独特而富有变化的空间界面。

另外，老年人较为青睐具有领域感的空间，配合地域性材质建立连续界面，有利于增强空

图9 蒙特穆洛医疗中心与养老院的主要界面
图片来源：世界建筑10：养老地产规划及设计.

间的领域感和方向感，界面本身也可以形成地域文化展示面。如图9所示，连续的石材墙面与地域砖石建筑产生精神共鸣，配合具有规律性的几何窗洞塑造出统一的形式语言，给老年人留下朴实厚重的独特空间印象。

2. 室内居住和生活空间

机构养老建筑中有很大比重的半自理和不能自理的老年人，在冬季和其他不宜出行的天气情况下，室内空间的利用率高于室外，因而应重视室内空间的地域文化表达，关注老年人的身心需求，融入现代设计理念，塑造出具有持续活力的室内居住和生活空间。

1）异质化的空间环境转译

由于身体条件限制和气候影响，特别是在寒冷地区，老年人基本在室内度过冬季。为鼓励老年人增加日常活动，在设计中可对室内主要空间和路径进行室外化处理，图10所示实例将室内

图7 法国巴黎莫朗吉养老院的入口空间
图片来源：世界建筑10：养老地产规划及设计.

图8 法国尚贝里老年人康复中心建筑界面
图片来源：世界建筑10：养老地产规划及设计.

图10 美国俄亥俄州西部庄园养老院的室内路径
图片来源：艾克哈德·费德森.全球老年住宅建筑设计手册.

图11 法国布里亚克养老院的室内中庭景观
图片来源：世界建筑10：养老地产规划及设计.

图13 法国格勒诺布尔养老院走廊
图片来源：世界建筑10：养老地产规划及设计.

图14 日本千叶县淑德共生苑的公共浴池
图片来源：世界建筑10：养老地产规划及设计.

图12 西藏城关区社会福利院接待厅
图片来源：艾克哈德·费德森.全球老年住宅建筑设计手册.

图15 日本千叶县淑德共生苑的休息空间
图片来源：艾克哈德·费德森.全球老年住宅建筑设计手册.

图16 欧洲某老年机构的公共生活区
图片来源：艾克哈德·费德森.全球老年住宅建筑设计手册.

空间塑造成具有当地小镇风情的街巷通道，配合回游式布局，促进老年人在散步中锻炼身体。

景观空间由于受到植被限制和园艺文化的影响而成为地域文化的重要组成部分。机构养老建筑应在室内主要生活空间植入景观因素，在中庭和半室外空间等老年人经常停留的空间设置地域性景观，并进行一定近人尺度的简化和缩微，如图11实例所示。

2）地域装饰文化的艺术表达

在设计中适当使用地域装饰文化可以凸显整个空间的地域文化氛围，避免直接借用，应结合建筑整体风格进行艺术化处理。图12所示实例通过对西藏传统装饰的简化处理和韵律排布，较好体现了地域文化的象征性。

同时，室内空间界面应选择色泽柔和、触感细腻的地域材质，重视材质在空间中的整体表达和细节处理，展现材质的自然本色。图13所示案例运用木材创造出具有韵律感的空间，弱化了顶棚和墙面的界限。图14所示案例运用藤条编织出细腻的墙面肌理，塑造出亲切的自然氛围。

此外，家具设施是最贴近老年人行为活动的空间设施，其形式、触感和细节设计直接影响到老年人的使用舒适度。完整的建筑设计过程应包含对室内家具的选择和布置的指导。建议选用地域风格的家具，并适应老年人体工程学，增强其舒适度和耐用性。图15所示案例选用了做工细腻的日式藤艺，图16所示案例通过家具布置塑造出北欧传统家庭的客厅氛围。

3）老年宜居的环境归属感营造

机构养老建筑设计的成功与否与老年人的心理舒适度关系密切，目前国外机构养老建筑的设计越来越趋于生活化，注重家庭氛围的营造，以弥补机构养老模式的不足。在设计中，通过地域文化的合理表达，塑造出具有安全感和归属感的空间环境。图17所示的案例在公共餐厅配置自助厨房和集中的餐桌，营造出欧洲传统家庭氛围。

具有归属感的空间环境应建立在老年人的

图17 德国埃尔伯宫住宅区老年福利设施
图片来源：艾克哈德·费德森.全球老年住宅建筑设计手册.

图19 法国梅尔旺养老院老年人居住空间
图片来源：艾克哈德·费德森.全球老年住宅建筑设计手册.

感知能力和识别能力范围之内，因而应关注细节设计以增强空间识别性和老年人的归属感。机构养老中设置的单人或多人合住的老年人居住房间，不应只是存在于平面布局的模块阵列，而应重视建立识别性，并为老年人自行装饰留有余地。图18所示实例的房间入口通过设置物品存放空间，悬挂门帘、特色壁纸等方式塑造具有个性的入口空间。

此外，机构养老建筑的居住空间作为老年人的私密空间，与老年人的日常生活起居关系紧密，直接影响老年人的生活质量。因而老年人居室不应被视作医疗病房或者酒店房间，应当结合地域文化，植入地域生活元素，营造静谧温馨的家庭氛围。如图19所示，老年人居室采用木质顶棚，搭配木质家具，辅以柔和色系，同时连通独立阳台，适应老年人心理需要，营造适宜的环境归属感。

五、总结

在机构养老建筑中，结合老年人身心特点，合理适度的表达地域文化是一种兼具实用性和社会性的建筑设计理念，即有益于保持老年人的精神活力，同时有助于促进地域文化的代际传承。随着我国机构养老设施层级配置的不断完善，机构养老建筑应在完善服务功能的基础上，充分发掘地域文化潜力，在承袭地域文化基础上进行合理创新，从而寻求传统文化与现代建筑理念的平衡点。

参考文献

[1] 2010年全国第六次人口普查报告 [J/OL].北京：国务院人口普查办公室，2011.

[2] 艾克哈德·费德森.全球老年住宅建筑设计手册.[M].北京：中信出版社，2011.

[3] 世界建筑10：养老地产规划及设计.[M].广州：华南理工大学出版社，2013.

a）入口私人空间

b）置物架和门帘

c）个性化壁纸

d）居室门可以半开

图18 国外养老设施内的居住空间入口设计
图片来源：艾克哈德·费德森.全球老年住宅建筑设计手册.

中国式养老文化导向下的养老设施建筑研究①

郭旭　孟杰②

摘　要：本文首先阐述中国式养老文化内涵、界定养老设施建筑研究范围，其次结合当前我国养老模式、相关政策，通过分析实地调研现状与问题，以中国式养老文化为导向，从强化安全性设计、提高环境舒适度、营造乐活交往空间三方面逐层提出养老设施建筑规划与设计策略，以期满足老年人生存、情感、发展、价值、归宿多元化养老需求，促进实现老年人"老有所养、老有所依、老有所乐"的养老生活目标。

关键词：中国式养老文化　养老设施建筑　安全　舒适　乐活

引言

当前，全世界已有超过 60 个国家进入了老龄化社会行列，老年人口比例逐年增多，引发了各国社会保障、养老模式、老年人身心健康等多方面的问题，这一现象被称之为"白色浪潮"。

在白色浪潮的"侵袭"下，中国已于 1999 年正式步入老龄化社会。根据国家统计局公布的 2013 年国民经济和社会发展统计公报，截至 2013 年年底我国内地总人口为 136072 万人，而其中 60 岁以上的老年人口则达到 20243 万人，占总人口的比重为 14.9%；65 岁以上老年人口为 13161 万人，占总人口比重为 9.7%。与上一年度相比，60 岁以上的老年人口绝对量增加了 853 万多，相对量则上升了 0.6 个百分点之多。并且根据预测，到 2023 年前后，我国的老龄人口将达到 3 个亿；到 2035 年前后，我国老龄人口将超过 4 个亿；到 2053 年老龄人口将达到峰值 4.87 亿，届时将占到全国人口总数的 34.87%。老龄化人口的迅猛增长，老龄人群数量之大，带给国家沉重的养老压力，科学合理地解决当前和未来的养老问题具有很强的必要性和紧迫性，养老问题成为社会各界共同关注的话题。

本文在编制《养老设施建筑设计规范》的过程中，通过在全国多地进行实地调研，深入研究分析在各地不同类型的养老设施建筑的基础上，探讨中国式养老文化导向下的养老设施建筑规划与设计策略。

一、中国式养老文化与养老设施建筑

1. 中国式养老文化

北京大学人口研究所穆光宗教授认为，老年人的基本需求可分为五个层次：生存需求、情感需求、发展需求、价值需求和归宿需求。生存需求包括老年人在衣食住行、健康和安全等方面最基本的需求；情感需求指爱、被尊重的需求和归属需求；发展需求是老年人在娱乐、交友、爱美、求知等方面的需求；价值需求是

① 国家自然科学基金项目，项目编号：51308141。
② 郭旭，哈尔滨工业大学教授；孟杰，黑龙江东方学院讲师。

指老有所为、老有所用和老有所成的需求；归宿需求即老年人在人生最后时刻的归宿需求。[①]中国式养老文化，即在具有中国国情的老龄化背景下，由家庭或社会为老年人提供物质赡养、生活照料、精神慰藉等养老资源，满足老年人生存、情感、发展、价值、归宿多元化需求的养老观念与养老模式。

针对当前养老国情，《我国国民经济和社会发展十二五规划纲要》提出了"积极发展社区日间照料中心和专业化养老服务机构"、"建立以居家为基础、社区为依托、机构为支撑的养老服务体系"、"加快发展社会养老服务，培育壮大老龄事业和产业，加强公益性养老服务设施建设，鼓励社会资本兴办具有护理功能的养老服务机构，拓展养老服务领域，实现养老服务从基本生活照料向医疗健康、辅具配置、精神慰藉、法律服务、紧急援助等方面延伸"、"增加社区老年活动场所和便利化设施"、"开发利用老年人力资源"等对策。因此，从我国养老国情出发，在当前国家养老政策的指导下，树立新型的养老观念，采取正确的养老模式，构建中国式现代和谐养老文化势在必行。

2. 养老设施建筑

养老设施建筑，即为老年人提供居住、生活照料、医疗保健、文化娱乐等方面专项或综合服务的建筑通称，包括老年养护院、养老院、老年日间照料中心等。[②]

民政部发布的《社会养老服务体系建设"十二五"规划》提出："机构养老服务以设施建设为重点，通过设施建设，实现基本养老服务功能。"养老设施建筑能够针对自理、介助（半自理的、半失能的）和介护（不能自理的、失能的、需全护理的）等不同层次、身体条件的养老群体，满足他们相应的养老需求，并提供配套设施

和综合服务，从而切实保证老年人的生活质量。

中国式养老文化作为当前具有较高重要性和紧迫性的文化类型，无论在理论层面还是实践层面，均有极大的发展与研究空间，且对于加强养老设施建设、拓展养老服务领域、提高养老生活质量具有较强的指导作用。同时，养老设施建筑规划与设计必须在中国式养老文化的导向下从根本上满足老年人的多元与多层次需求。

二、我国养老设施建筑现状问题与分析

通过在全国范围内对北京、上海、天津、哈尔滨、长春、沈阳、杭州、石家庄等30多个大中型城市共90余所养老设施进行实地调研，从建筑规划设计安全性、生活环境舒适度和情感精神照料程度三个层面出发，归纳总结问题如下。

1. 规划设计安全性考虑不足

养老设施建筑应首先满足老年人在衣食住行、健康和安全等方面最基本的需求，而调查发现，养老设施建筑在建筑安全性设计方面存在较严重的问题，具体表现为无障碍设计考虑不周和缺少安全报警装置等。如：部分养老设施规划布置中缺乏坡道、盲道等设施，难以满足残疾及失能老人的特殊需求；有的养老设施建筑内部无论是在走廊、楼梯，还是在老人的居室内都未设安全扶手，也有的养老设施虽然安装了扶手，但是存在高度不适、形状不对等设计不合理问题；有的养老设施还存在地面有高差、地面和坡道不防滑、电梯设置不当等问题，造成老人在设施内的使用不便，甚至容易发生危险。此外，极少数养老设施缺少电视监控、紧急呼救等安全报警装置等，虽然多数老年人居室配备了呼叫按钮，日常与医护人员交流

---

① 穆光宗.家庭养老制度的传统与变革 [M]. 北京: 华龄出版社, 2002.
② 郭旭等.养老设施建筑设计规范 [M]. 北京: 中国建筑工业出版社, 2014.

问题不大，但是几乎所有的养老院都缺乏针对突发事件的安全警报设施，使老人突然在室内晕倒而无法按响警报的情况时有发生。

2. 生活环境舒适度不佳

调查发现，部分养老设施建设标准偏低，生活环境舒适度较差。具体表现为：存在床位规模偏小、床均建设标准偏低、生活空间较为局促、主要房间日照时间短、通风差、隔声处理不够、缺乏足够的活动空间和绿化场地等问题，这些问题尤其体现于位于城市中心区的养老设施。由于高地价的制约，往往难以配置适量的公共空间，形成公共空间严重缺乏的现象，甚至被完全安置在建筑物内，最终只能就近使用周边的城市公共空间。除此之外，部分位于城市郊区的养老设施虽然有较大面积的院落，但由于空间环境设计水平不佳，导致真正宜人、适合交往的公共空间缺乏，出现有效绿地面积不足的问题，出现了虽然表面上提供了大面积的绿地，绿地率指标非常高，但是绿地都被设计成只能看、不能进的纯景观，实际供老年人休憩健身的绿地很少的现象。

3. 乐活交往空间缺乏

养老设施应提供给老年人物质供养、生活照料和精神慰藉等三个方面的服务内容。通过发放问卷的形式调查老年人的生活意愿，发现对老年人来说，他们在物质上并没有过高的要求，只要吃饱穿暖就行，但精神空虚无寄托、生活孤独、缺少文化娱乐活动等因素较大地影响了老年人的生活质量。目前，有较大部分养老设施仅能满足老年人的吃住需要，缺少提供康复、医疗、护理、精神慰藉以及休闲娱乐服务等内容的交往空间，有的甚至空白，突显出"养、医、乐"结合不够，老年人生活品质不高的问题。此外，服务水平参差不齐，服务队伍专业化

程度不高，服务岗位专业标准和操作规范不完善，专业机构护理人员及服务人员匮乏，也使得老年人的情感需求、发展需求、价值需求和归宿需求均难以达到满意的要求，很难实现"老有所乐"的养老目标。

三、中国式养老文化导向下的养老设施建筑规划与设计策略

以中国式养老文化为导向，从全面强化安全性设计、着力提高环境舒适度、积极营造乐活交往空间三方面逐层提出养老设施建筑规划与设计策略，以满足老年人生存、情感、发展、价值、归宿多元化养老需求。

1. 全面强化安全性设计

养老设施建筑规划设计应将安全健康作为规划设计的首要原则，在养老设施规划布局、建筑设计和细部处理等方面均考虑无障碍设计。

1) 安全性设计具体位置。养老设施的建筑和场地应进行无障碍安全性设计的具体位置详见表。

建筑及场地无障碍设计的具体位置①

室外场地	道路及停车场	出入口、人行道、停车场
	广场及绿地	出入口、内部道路、活动场、服务设施、活动设施、休憩设施
建筑	出入口	出入口、入口大厅、门
	过厅和通道	平台、休息厅、公共走道
	垂直交通	楼梯、坡道、电梯
	生活用房	居室、自用（公用）卫生间、公用厨房、老人专用浴室、公用沐浴室、公共餐厅、交往厅
	公共活动用房	活动室、多功能厅、阳光厅、风雨廊
	医疗保健用房	医务室、观察室、治疗室、处置室、临终关怀室、保健室、康复室、心理疏导室

2) 总平面规划安全性设计。考虑到老年人出行方便和休闲健身等安全，养老设施院内道

---

① 郭旭等.养老设施建筑设计规范［M］.北京：中国建筑工业出版社，2014.

图1 杭州金色年华老年公寓坡道的无障碍设计
图片来源：作者自摄

图3 公共走廊设置连续性安全扶手
图片来源：作者自摄

图2 主入口门厅处设休息座椅
图片来源：作者自摄

图4 坐便器的安全扶手装置
图片来源：作者自摄

路组织宜实行人车分流的交通组织方式，除了满足消防、疏散、运输等要求外，还应该保证救护车辆能够到达所需停靠的建筑物出入口。此外，总平面内应设置机动车和非机动车停车场地。考虑介助老年人的需要，在机动车停车场距建筑物主要出入口最近的位置上应设置供轮椅使用者专用的无障碍停车位，无障碍停车位应与人行通道衔接，且应有明显标志以强化提示功能。

3）建筑重点部位安全性设计。建筑出入口处理、交通组织等方面均是增强养老设施建筑安全性设计的重点内容。

在建筑出入口处理方面，出入口至机动车道路之间应考虑老年人缓行、停歇、换乘等问题，留有充足的避让缓冲空间。出入口处的平台与建筑室外地坪高差不宜大于500mm，应采用缓步台阶和坡道过渡。缓步台阶踢面高度不宜大于120mm，踏面宽度不宜小于350mm。台阶中间宜加设安全扶手。坡道坡度不宜大于1/12，连续坡长不宜大于6m，坡道应作防滑处理。例

如，杭州金色年华老年公寓建筑出入口处坡道无障碍设计处理得当（图1）。此外，主入口门厅处应设置接待与休息的空间，并宜设休息座椅和无障碍休息区，方便老年人出入建筑休息、停留（图2）。

交通组织方面，竖向交通应采用楼梯、电梯相结合的方式。供老年人使用的楼梯间应便于老年人通行，宜采用缓坡楼梯，楼梯应设双侧扶手，不应采用扇形踏步，且不应在楼梯平台区内设置踏步。养老设施建筑内电梯选择应参照无障碍电梯的电梯厅和轿厢的具体规定，且电梯内壁周边应设有安全扶手和监控及对讲系统。

水平交通处理方面，老年人经过的过厅、走廊、房间不应设门槛，地面不应有高差，如遇有难以避免的高差时，应采用不大于1/12的坡面连接过渡，并应有安全提示。在起止处应设有异色警示条，临近处墙面装有安全提示标志及灯光照明提示。

4）建筑细部安全性设计。具体表现为建筑安全辅助措施方面，老年人经过及使用的公共空

间应沿墙安装手感舒适的安全扶手,且保持连续性(图3),卫生间、浴室等房间也应于坐便器和淋浴旁安装安全辅助设施,方便老人使用(图4)。养老设施建筑室内公共通道的墙(柱)面阳角应做成切角或圆弧处理,或安装成品护角。此外,建筑主要出入口附近或门厅、居室内,应布设建筑导向系统图标且连续,墙面凸出处、临空框架柱等应用醒目的色彩或图案区分和警示标识,从而增强建筑空间使用的安全性。

2. 着力提高环境舒适度

充分关爱老年人,让老年人生活得舒适舒心,应以低碳、绿色、可持续的视角,在声、光、热、色彩、卫生、自然环境与心理愉悦等方面全方位提高养老设施的舒适度。养老设施建筑内的居住用房和主要公共活动用房等主要房间除保证满足良好的通风、采光、温度、湿度要求外,还应注重室外景观规划设计,保证良好的视野和景观环境。

提高养老设施室内外环境舒适度主要从物理环境、空间要素及文化内涵三方面进行规划设计与表达。

1)物理环境的保障。养老设施建筑声环境,允许噪声级不应大于45dB,空气隔声不应小于50dB,撞击声不应大于75dB。室内光环境直接影响老年人的身心健康,老年人卧室、起居室等久居的房间应力争保证良好的朝向和充足的日照、通风,居室房间朝向应以面南为佳,北向次之。养老设施建筑的温度应

尽量达到冬暖夏凉,冬天时老人房的温度应在18~25℃,夏天时老人房的温度应在23~28℃范围内。建筑室内的最佳湿度值宜控制为50%±10%,在此湿度范围内,老年人能感觉生活舒适,既不干燥,也不潮湿,并能保证医疗电子设备的正常运转。

2)空间要素的组织。包括自然环境与建筑的组合,建筑周边风环境与微气候的处理,日照间距的控制,丰富多彩的绿化、水体要素在景观环境建设中的灵活运用等。例如,沈阳市养老院光荣院的建筑群体与景观环境良好组合,形成空间尺度适宜、有效避免冬季寒风侵袭、微气候环境优良的休闲活动空间(图5)。

3)文化内涵的彰显。注重文化内涵的挖掘,可以采取合理的物化方式,如雕塑、小品或自然山体、植被、古树等形式各样的物化对象,做到醒目而典雅、自然而和谐,充分融于养老设施空间环境场所之中。

3. 积极营造乐活交往空间

老年人对生活的诉求不仅仅是有人照料和温饱,而是需要愉快身心的健康生活。乐活养老生活方式是以老年人的物质生活需求基本得到保障为前提,以满足精神需求为基础,以沟通情感、交流思想、拥有健康身心为基本内容,以张扬个性、崇尚独立、享受快乐、愉悦精神为目的的养老方式,具有群体性、互动性、共享性的特点。

营造老年人乐活交往空间,主要构建适于

图5 建筑群体与景观环境良好组合　图片来源:作者自摄

图6 室外风雨廊　图片来源:作者自摄

图7 老人们集体保健活动　图片来源: 作者自摄

图8 老人们自发开展公益募捐活动　图片来源: 作者自摄

老人户外运动和生活娱乐的场所和空间来达到愉悦身心的目的, 主要涉及休闲空间、娱乐设施、环境艺术等三方面内容:

1) 增设休闲空间。设置更多的室外空间和活动场所供老人们休闲交流, 鼓励老年人走出家门, 增加老年人交往接触的机会, 适应老年人交往需求, 如设置老年活动会所、门球场以及考虑南北地域特点的阳光厅、风雨廊等(图6)。另还需要加强休闲空间内基础设施的建设, 包括道路、铺装、管线及室外无障碍设施等内容。

2) 完善配套设施。配套完善的休闲娱乐设施, 包括室外健身设施、休憩设施、休闲茶座、棋牌桌椅等内容, 另以环境艺术作品作为辅助设施, 包括小品、雕塑、灯具、花池等, 各要素需要进行统一风格的设计与安排。

3) 丰富活动内容。在交往空间内, 可以创造老年人日常保健、学习、参加公益活动、创新生活方式、发挥老年人才华的机会, 布置丰富的活动内容。如此一来, 老年人不但充实生活, 而且愉悦身心、体现人生价值(图7、图8)。另需加强养老服务的专业化建设, 包括老年心理亲情服务、医疗保健介护服务、老年活力创新服务、老年服务技能专业培训服务等内容, 从而保证活动内容的品质。

通过积极营造老年人乐活交往空间, 享受乐活养老生活方式, 才能真正消除老年人精神空虚无寄托、生活孤独的心理状态, 从而真正实现"老有所乐"。

四、结语

尊老敬老是我们中华民族自古就有的传统美德。中国式养老文化是在全球老龄化背景下, 依据我国特有国情形成的具有中国特色的独有的养老模式。本文在中国式养老文化的导向下, 提出养老设施建筑规划与设计策略, 力在创造安全、方便、舒适, 符合老年人物质和精神两方面需求的养老设施建筑, 从而满足老年人生存、情感、发展、价值、归宿多层次的养老需求, 真正实现老年人"老有所养、老有所依、老有所乐"的生活目标。

消费社会背景下的建筑文化现象及思考

葛国栋[①]

摘　要：当前中国正在逐步进入消费社会，社会经济的迅速转型带来社会领域各方面的转变。消费社会的出现给中国建筑带来了发展的机遇，同时也带来了建筑文化的入侵与挑战。本文试图通过影响我国当前建筑文化的经济文化根源来探讨消费时代中国建筑创作实践中的现象、问题及当代中国的建筑文化现象，把握建筑现象背后的成因机制和经济文化逻辑，形成对当代中国建筑的反思性认识。

关键词：消费社会　建筑文化　符号　审美泛化

一、研究背景

1. 消费社会的概念

消费社会是指生产相对过剩，需要鼓励消费以便维持、拉动、刺激生产。在生产社会，人们更多关注的是产品的物性特征、物理属性、使用与实用价值；在消费社会，人们则更多地关注商品的符号价值、文化精神特性与形象价值。

消费社会是指后工业化社会，在这样的社会里，消费成为社会生活和生产的主导动力和目标。在消费社会里，价值与生产都具有了文化的含义。传统社会的生产只是艰难地满足生存的必需，而消费社会显然把生活和生产都定位在超出生存必需的范畴。消费社会自然催生了消费文化，消费文化强调商品世界及其结构化原则，对理解当代社会来说具有核心地位。费瑟斯通指出："消费文化有双层的涵义：首先，就经济的文化维度而言，符号化过程与物质产品的使用，体现的不仅是实用价值，而且还扮演着'沟通者'的角色；其次，在文化产品的经济方面，文化产品与商品的供给、需求、资本积累、竞争及垄断等市场原则一起，运作于生活方式领域之中。"

2. 中国消费时代的来临

随着中国 20 世纪 90 年代改革开放的深入，中国国民生产总值持续大幅度增长，消费作为经济发展的主要推动力对经济增长的贡献超过了 50%，中国已经逐步从生产社会走向了消费社会。在这个过程中，中国的产业结构逐步转型，经济方面执行扩大内需、刺激经济增长的政策，中国社会的资本除了投入制造业、国际贸易、房地产等传统产业，还在文化艺术、旅游观光和休闲娱乐等第三产业大幅增加了投入。中国社会的转型及社会活动中心的转换引起了中国建筑创作的转变，建筑设计从原先的政治主导转化成经济主导，并且逐步走向开放竞争的建筑设计市场。

首先，扩大消费的宏观政策措施鼓励了消费增长的宏观经济政策的延续，"十二五"规

---

① 葛国栋，北京建筑大学研究生。

划指出要保持宏观政策的连续性和稳定性，着力提高针对性和有效性，适时适度进行预调微调，加强政策协调配合。要着力扩大国内需求，加快培育一批拉动力强的消费新增长点，促进投资稳定增长和结构优化，继续控制"两高"和产能过剩行业盲目扩张。扩大内需的主基调是经济增长方式的较大转变。这些为今后消费需求的进一步扩大，创造了一个良好的政策氛围。

其次，人口的增长和城市化进程的加快又将带动消费需求的扩大。人口的自然增长必然将对消费需求产生一定程度的拉动作用，从而拓展扩大消费需求新的增长空间。根据麦肯锡全球研究院的最新研究，未来二十几年内，中国城市的真实消费力将增长 5 倍以上，从 2005 年的3.7 万亿元上升到 2025 年的 19.2 万亿元。早在2012 年，波士顿咨询公司在京发布的最新报告称，未来三年内，预计中国将超过日本成为全球第二大消费市场，而富裕阶层对这一快速增长起到重要作用，其中一半增长将来自这一群体。

此外，人民币升值将提升居民的购买力。人民币升值一方面会明显地提高国内金融资产的相对市场价格，使国内居民获得更大的财富效应，提升购买力，进而刺激国内的消费需求；另一方面会使进口商品的价格相对地下降，出境旅游等变得相对便宜，这些都会直接地增加居民的消费水平。

中国社会的转型及社会活动中心的转换引起了中国建筑创作的转变，政治主导建筑设计的时代一去不复返，而市场经济主导的建筑创作实践成为主流。中国正在逐步走向开放竞争的建筑设计市场，其范围从国内扩大到全球。在城市建设领域，从 20 世纪 80 年代开始加速的城市化进程，使中国成了世界上最大的建筑工地与建筑市场（图 1）。国外建筑市场的饱和使得多数国际建筑设计机构来中国进行建筑创作实践甚至淘金。由于欧美等国家的经济发展较中国早很多，西方发达国家早已进入消费社会，并且在这种社会背景下西方发达国家的社会、经济和文化力量迅速全球化扩张，西方发达国家的

消费主义生活方式、价值观及其主导下的审美情趣随着全球化扩张在中国全面传播开来。

总的来说，当代中国建筑领域的发展正处于一个快速变化发展的时期，这是当代政治、经济、文化综合发展的需求，中国建筑领域的发展转变肯定会随着中国当代社会经济和文化发展形势转变的探索而不断前进。

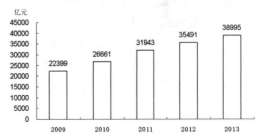

图1 2009~2013年建筑业增加值数据来源：中华人民共和国 2013 年国民经济和社会发展统计公报
图片来源：作者自绘

二、当代中国建筑创作实践中的社会文化现象

当代建筑实践中的很多现象和消费社会下建筑的商品化不无关联，建筑的商品化从一般意义上来理解是由于建筑具有实用价值并由劳动所形成，因此它具备了成为商品的基本条件。建筑与一般的商品和劳务可能在形式上有所不同，但本质上无差别。进入消费社会，对商品的使用价值的消费渐渐降低到一定程度，符号价值的意义渐渐在凸显，符号消费作为消费社会的典型特征在建筑商品上同样适用，包括住宅和公共建筑等。建筑不仅具有使用价值（功能和美学的），而且还具有符号价值，而符号价值可以给建筑带来更多的经济利益，因而在消费时代符号象征成为建筑设计和建造的主要目标之一。今天建筑在物质形式和文化层面都成了某种符号象征，经过包装和营销策略行为，建筑被"概念化"了，建筑的象征性意义越来越大，符号化越强烈越能够引起共鸣，进而能够带来更大的关注度，商业价值和无形的资源价值就随之而来。比如 SOHO 中国最近和扎哈·哈迪德

合作的北京银河SOHO和望京SOHO的开幕，为自己进行宣传造势时都会用扎哈·哈迪德的国际影响力和建筑新颖独特的外形吸引大批的业内外人士参观和猎奇。可以说SOHO中国的整个一套建筑商业模式正是中国消费社会环境下符号消费的典型案例。

1. 建筑产业的快速化

建筑产业的快速化发展包括两个方面：

一方面是政府在GDP目标的迫使下甚至在领导的个人功绩的追寻下，要求快速地完成一定的建筑目标。当代的中国，房地产业无疑是我们的支柱型产业，要保持经济的高速增长，房地产的高速发展就不能停缓，与此同时，政府部门和地产开发商，"抓住机遇"也为自己取得部分利益。

另一方面，建筑产业的快速化指的是建筑设计的快速化，这和建筑业开发的快速化正好是相对的，市场需要快速的建筑开发，建筑设计者就需要快速完成建筑设计的目标。库哈斯说：中国在市场经济的驱动下，以2500倍于美国建筑师的效率创作出大量的建筑物，以这样的创作速度，真正分析了建筑的场地特征、考虑了文脉和中国当代建筑文化的建筑少之又少。

2. 业主指导建筑师项目设计

1978年以后，中国的城市化出现了一个快速发展的时期，快速的城市化使得我国的建筑和城市以惊人的速度增长。城市化带动了经济的繁荣，提高了城市用地的商业性，建筑委托设计主要来自数量惊人的商业地产开发，特别是住宅楼盘。围绕着商业地产的产业链，改制后的设计业逐步市场化，设计企业成为房产商的下游服务供应商，建筑师的角色也经历了较大的转变。目前国内有国营设计院、私营事务所和介于两者之间的流动混合体。而且国营企业改制势在必行，尽管它们形式不同，但是它们本质上都要面向市场，为了生存，必须适应市场的商业发展模式和消费时代的价值需求。

在当今消费社会的影响下，业主对于建筑形象的重视超过以往任何时期，一个建筑形象甚至影响到一个商业集团的发展和盈利。财大气粗的开发商也有自己的"追求"，为了达到自己的野心，建筑师沦落为完成开发商心目中建筑形式梦想的画图工具。比如中国曾出现一段"欧陆风"的建筑设计潮流，欧陆风被市场接受，就吸引了开发商的注意，开发商就会"点菜"式地要求设计师做出"法式"或者"意大利"风格的楼盘样式。一些濒临破产的小公司或者业务不多的企业就会选择接受甲方的建议。市场条件下开发商和建筑师追求利益和生存之道，使这一现象成了气候。

3. 建筑形象的标志化、符号化

随着建筑商品化、设计市场化，我国的建筑市场也呈现了消费主义的特征，房地产商对于国内外设计品牌的虚荣追求越来越明显。中国的经济实力足以邀请国际大师甚至获得过普利策奖的建筑大师来中国做设计，同时他们的设计也能够给人耳目一新的感觉，大大满足了大众的猎奇心理，开发商在声誉和利润上都取得了很大成功，更让开发商乐此不疲。"鸟巢"、水立方、国家大剧院、央视大楼新址等一个个符号性极强的建筑的不断诞生让建筑形象的猎奇心态不断攀升。明星建筑师的符号化和个人标签化的设计风格逐渐占领市场。消费主义研究者认为符号消费成为主要特征，现代传统的断裂、个人主体性思考方式，不只令建筑界缺乏批判性的思考、图像和符号思考充斥人们的视野，也令建筑业陷入生产符号和消费符号的循环当中而无法自拔。

4. 政府对于形象工程的崇拜

自古以来，建筑在我国就是地位和身份的象征。如在清代，宫殿的色彩可以用黄、红、蓝，而一般民居的色彩则以灰色为主色调。中国对于建筑形象符号的追求从来就未停止，一直延续到现在，只是建筑的形式更加丰富多彩

图2 "建筑奇观"
图片来源：news.dichan.sina.com.cn; www.hbyoo.com; www.nipic.com

化和符号化了。中国的官员继承了中国形象思维的传统，部分官员为追求政绩，把建筑作为自己任内功绩看得见的实物象征。"市长"等领导也参与建筑设计中来，但由于领导的个人审美有限，甚至审美通俗化，致使中国产生了很多建筑奇观，成为我国建筑的一大特色（图2）。

5. 建筑的审美化和审美泛化

商品经济的发展导致商品物质功能以外的因素受到了更多关注，符号价值消费的急剧膨胀导致了"超美学"社会的出现。当代中国建筑消费的审美化倾向主要有大众性、经济性和社会性几个特征。随着消费社会的发展，建筑设计作为一种审美已经成为人们日常生活满足精神需求的一种方式。在这个过程中，建筑领域出现了审美泛化、强调体验感受和强调视觉形象等倾向。

建筑为日常生活的审美化提供了物质环境。建筑本身属于一门设计艺术，同时又是一种商品，并且是人们日常生活的环境。在消费社会，建筑和建筑设计活动既是一种供人们消费的商品，又是一种"造物"行为，建筑创作的本质具有审美特质。但建筑设计与日常生活的融合弱化了建筑的纪念性和神圣性，不再恪守严谨、理

性的美学法则，而是注入了更多的感性因素，建筑语言整体走向开放、自由、通俗易懂，建筑审美情趣也趋向丰富多元。

与此同时，建筑也转向了跨界的创作，建筑与其他艺术之间的界限消解了，建筑艺术与日常生活的界限也消解。日常生活审美化改变了人们的审美观念，高雅艺术与世俗生活的差异不再具有明显的区分，越来越多过去被认为不美的事物被当作艺术品，建筑活动与各类建筑师频频出现于报端——建筑传媒与其他大众传媒的界限也同样消解了。

建筑文化以商业化的形式向大众传播。例如，建筑书籍不再是专业人士的读物，而是与商业和时尚结合，成为一种大众可以阅读和欣赏的建筑文化，甚至电视和荧屏上有关建筑师的银幕角色也逐渐多了起来。

商业引入艺术使时尚、电视、广告、杂志、媒体等商业和传媒也走向艺术化。大众传媒成为传播建筑艺术文化的重要途径，甚至建筑师的日常生活方式也登上杂志当作消费对象。

三、消费时代中国建筑创作实践中的社会文化现象分析

消费时代建筑设计实践中的文化现象本质上是社会经济文化发展变化在建筑业上的反映。对于上述现象的成因还需在社会文化层面中挖掘，并且结合中国目前高速发展的时代背景来具体分析。究其具体原因可以从以下几个方面进行分析。

1. 经济转型期市场化经济高速发展中建筑的商品化

1）市场化建筑资本运作逻辑下的推动

1992年中共十四大确立的市场经济体制可以说在中国的改革当中具有里程碑式的作用。随着市场经济的逐步成熟，建筑生产的流程化明显，建筑师创作的作品成为产品，建筑师的创作有了明确的消费群，建筑兼顾了使用和买卖

的功能，设计市场要求建筑不仅要用起来舒服而且要赏心悦目，在经济本位的市场经济条件下，建筑的产品化形象越来越得到强化。同时土地的商业化使得建筑的经济效用变得更加重要，建筑师的地位由于市场化建筑的形式风格变得不那么主动，所以迎合市场化的运作成为主流。计划经济时代中国建筑界更强调"少说多做"的务实态度，而在现在的条件下，"少做多说"更加明显——设计企业需要宣传自己，企业设计的作品需要更加风光的说服力。经济效益的追逐使得流程化的设计操作显得合情合理，因此建筑产品快速地被生产出来。

2）经济本位下的建筑创作环境

市场化强调经济本位和效率化。改革开放后，我国政府和社会的工作重心从政治斗争转向经济建设，建筑业作为国民经济发展的重要支柱产业，成为我们城市经济发展的重要砝码。从中央到地方，政府都把建筑业作为城市GDP增长的重要手段，在近几年，"城市新城热""大学城热""开发区热""旧城改建热"不断出现；中国在"十二五"计划中提出建立健全的文化服务体系，在城市和社区中建设公共博物馆、文化馆、图书馆、纪念馆等文化设施，并逐步向社会免费开放，这也将引起全国性的文化建设高潮。在一定程度上，城市的面貌反映了一个城市的经济实力，各地的政府极力通过城市建设来表现"政绩"，因此超高层建筑组成的CBD、超大尺度的城市广场、大型居住社区、大学城等成为了象征城市经济繁荣的"样板"。经济本位的主导模式一方面加速了城市化的发展，另一方面却使得建筑业的发展没有喘息和自我消化的机会。

2. 消费时代的建筑成为符号化消费品

第二次世界大战后资本主义飞速发展，已经进入一个新的时期，需求和消费得到前所未有的重视和强调，刺激消费、增加消费、指导消费成了资本主义的中心任务。广告、包装、展销、时尚、景观、旅游以及令人眼花缭乱的各种商品和品牌，构成一种"物品系统"，亦即物品像符号一样，其实际的使用价值并不比它们在系统中相互之间的差异意义更重要。商品获得了一种符号价值，在现代广告的有力推动下，借助于品牌，已经构成一个物品—符号系统。现在的产品或商品不单是具有特定使用价值、交换价值的器物，它们的品牌上还刻写着丰富的社会意义，有时后者甚至更重要。在这种时代背景下，建筑师为了迎合消费市场的口味、提供图像消费，可谓挖空心思、登峰造极。2010年世博会上，各个建筑"争奇斗艳"，生怕没有人注意到它们的存在，世博会结束之后符号性强烈的几个场馆被人们所记忆，世博会的场馆更多的像是一种产品设计而不是一种建筑设计。这正是当下建筑文化符号化的典型案例。

3. 市场体制性不足

市场经济虽然在我国发展了二十来个年头，但是当下的市场经济还不是十分完善。例如有些标志性建筑或城市地标公共建筑通常委托国际知名设计公司进行邀标，部分房地产公司或银行金融机构也通常委托国际知名设计公司设计或邀标，这些构成了境外设计分公司在中国的主要业务，几乎所有"国际规划设计招标"的活动中，都很少看到国内同行的参与。这样的"国际招标"逻辑上说不通，组织管理上更有不公正之嫌。本土设计师的智力劳动不应被埋没，合作设计更不应变成"劳作设计"。中国设计师的主体性地位完全没有建立，设计师也没有很好地去争取。"国际招标"不应成为限制国内创作机会的绊脚石。

4. 信息时代下的建筑消费审美泛化

在消费社会，商品和文化结合是促进消费和增长经济的手段，建筑作为艺术和文化的同时也是商品，在市场经济的运作下，建筑艺术与文化被商业化包装，以纯粹的审美消费提供给大众，建筑变成按照市场需要而生产的艺术和文化，这是艺术商品化的结果。21世纪既是消费时代的开始也是信息大爆炸时代，各种信息不断被消费和遗忘。建筑的消费化日益凸显后，建筑创作日益转向商业性时尚策略的同时，建筑文化的消费作为一种时尚艺术进入寻常百姓家——明星建筑师频频出现于杂志封面，各种关于建筑设计的杂志涌现，建筑时尚成为大众的谈资。随着全国建筑的热潮和国际建筑师的参与，建筑文化自然成为信息时代的消费宠儿和时尚必需品。而建筑作为商品形成一种商业性的建筑文化，也同时形成一种符号系统被市场利用，成为消费者的消费符号。文化与商品社会界限的消解一方面推动建筑文化被大众所认识，另一方面也推动了建筑创作走向多样化和多元化。

四、消费时代背景下中国建筑创作实践的未来道路

在符号消费为主的消费社会文化浪潮中我国建筑师该何去何从，是一个值得深入思考的问题。纵观当今消费时代的中国建筑师实践应对消费商品化和建筑市场化的现实环境呈现的不同心态和方向，大致可以分为如下几类：

1. 屈从型。持这一类建筑实践态度的建筑师主要考虑市场生存为主，对于甲方的要求和态度一般比较附和，只把建筑设计作为他们生存的手段，对于建筑文化和建筑环境的时代背景缺乏思考。这部分建筑师占了一定的市场，但都是负责一些比较小的项目。

2. 负责型。这是大多数建筑师的实践态度。这类建筑师既不屈从于甲方但又怕失去市场，所以总是能够很好地完成符合市场条件下的建筑设计。目前社会上的大部分建筑是由这类设计师来完成的设计，所以他们设计的质量和态度决定了当今建筑文化的发展。

3. 创新型。这类建筑师有一定的创新意识，认为建筑的发展不能总是往回看，总是能够在市场中脱颖而出、出奇制胜。个性较强的设计师能够给当今消费时代的建筑文化带来新鲜的血液，甚至能够一炮走红成为明星建筑师。

4. 革命探索型。这类建筑师，以中国建筑文化的未来发展为己任，对于作品比较严苛，对自身要求较高，同时也考虑传统建筑在新的社会条件下的传承问题。这类建筑师往往与市场背道而驰，不屈从于市场，并探索建筑的各种可能性，有一种先驱的实验精神和肩负重任的伟大责任感，这种态度也是引领时代的建筑师必需的品质。

对于当下建筑实践的态度分类并不是批判哪种和鼓励哪种，因为不管市场怎么规范和约束，这几种建筑实践都会存在，因此对于当下消费社会建筑实践态度应该注意以下几点，以推动建筑文化的良性发展。

1. 市场经济下对建筑创作本质的思考

新世纪的中国进入消费社会，对于这样的经济运行，环境建筑师应采取批判的态度来认识和处理当前的环境。市场经济给建筑师的创作带来了公平的竞争环境和实践机会，同时市场经济中建筑的商品化也削弱了建筑的本质意义，建筑师应该能够把握市场意识并且能够在消费社会的条件下，回归建筑的创作本质，批判地加入消费时代的建筑实践中去。

2. 社会需求的关怀

建筑实践是从社会中来又要再次反馈到社会中去的一种社会活动，如果说满足建筑的消费需求是当今消费社会的必须的话，建筑师更要对过度的市场设计进行反思，把过度商品化的建筑设计变成对社会需求的更多考虑，提升社会的建筑文化氛围和社会的使用需求。

3. 文化的传承

转型期中国社会的发展也难免出现多样的良莠不齐的文化发展趋势，建筑师要站在更高的视角去审视当下的社会文化环境，不能随波逐流，要批判地审视市场下的建筑文化氛围，批判地进行建筑创作，推动本土建筑文化的特质和影响力，兼顾经济、文化和效益，运用适当的策略来迎接转型期的建筑文化挑战。

参考文献

[1] 陈昕 . 消费文化 : 鲍德里亚如是说 [J]. 读书，1998(8).

[2] 鲍德里亚 . 消费社会 [M]. 刘成富，全志刚译 . 南京 : 南京大学出版社，2000.

[3] 鲍德里亚 . 物体系 [M]. 林志明译 . 上海人民出版社，2001.

[4] [法] 罗兰·巴特 . 符号学原理 [M]. 王东亮等译 . 北京 : 三联书店出版社，1999.

[5] 孔明安 . 从物的消费到符号消费——鲍德里亚的消费文化理论研究 [J]. 哲学研究，2002（11）.

[6] 费尔迪南·德·索绪尔 . 普通语言学教程 [M]. 高名凯译 . 北京 : 商务印书馆，2001.

[7] 西莉亚·卢瑞 . 消费文化 [M]. 张萍译 . 南京 : 南京大学出版社，2003.

我国法律文化视野下的小城镇建设探析

宋祺 郭旭①

摘 要：小城镇建设是推动我国经济社会健康持续发展的巨大引擎。目前我国正处于快速发展时期，但同时出现了一些问题，如经济发展不平衡、空间规划不合理、地方资源遭破坏、人文环境无特色、空巢家庭老龄化等。本文从法律文化视野，通过对小城镇建设现状与问题的分析，构建推进小城镇建设的法治体系及对策目标，以利于小城镇健康可持续发展。

关键词：法律文化 小城镇建设 对策

一、法律文化与小城镇建设

1. 法律文化

"文化"是一个非常广泛的概念，笼统地讲，它是人类在社会历史发展过程中所创造的物质财富和精神财富的总和。然而，学界至今尚未对"文化"的定义作出科学统一的阐述，"法律文化"的定义也被蒙上了一层神秘的面纱。

我国法律文化研究始于20世纪80年代，受西方法律制度、先进经验和做法影响，同时吸收继承我国传统法律文化，呈现出中西融汇的格局，对法律文化的解释众说纷纭。在此基础上，学者从不同角度研究法律文化。笔者赞同张文显老师的观点，即"所谓法律文化，是指在一定社会物质生活条件的作用下，掌握国家政权的统治阶级所创制的法律规范、法律制度或者人们关于法律现象的态度、价值、信念、心理、感情、习惯以及学说理论的复合有机体"。因本文所研究的对象为小城镇建设，此为一个专门的行为活动，故本文所述法律文化仅指法律规范、法律制度。

2. 小城镇建设

小城镇的概念在学术界颇有不同。根据居民点体系（图1），有的将集镇纳入小城镇，有的将小城市归入小城镇。本文所研究的小城镇应是区别于大、中、小城市和村，由国家行政区划规定的建制镇。建制镇包括城关镇，即县政府所在地，具有辐射县域的能力，比一般建制镇规模大，发展水平较高。

"建设"一词，汉语词典的解释是"国家或集体设立新事业或增加新设施"，既可以

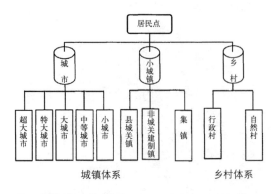

图1 我国居民点体系框图
图片来源：林文.中国小城镇发展评价与对策研究.中国农业大学博士论文

---

① 宋祺，黑龙江东方学院助理研究员；郭旭，哈尔滨工业大学教授。

是有形的设施建设，如工程建设，也可以是无形的事业，如精神文明建设。本文的建设，限于有形的工程建设，包括与工程建设有关的规划、设计、咨询，以及工程的养护、管理等。所谓小城镇建设，就是建制镇的有形的工程建设，包括建制镇工程建设有关的规划、设计、咨询，以及建制镇有关工程的养护、管理等。

3. 法律文化与小城镇建设的关系

法律文化影响着小城镇建设。法律文化是掌握国家政权的统治阶级所创制的法律规范、法律制度。因为法律是国家意志的产物，具有强制性，规范约束着各种活动，故一定时期的法律文化制约着一定时期的小城镇建设。比如我国古代，引周礼、儒家等思想入法，形成了历代传承的中国古代法律制度，我国传统法律文化深刻影响着当时的小城镇建设：城镇格局必须四方为体，城镇布局分布对称等。从清朝末年开始，随着封建制度瓦解，西方列强打开中国大门，西方法律制度开始在租界运行，典型的教会思潮影响了我国小部分城镇建设。新中国成立以后，苏联为代表的大陆法系成为新中国法律制度的基础，而后改革开放，中西法律思想碰撞，法律文化随着变化，兼顾中西，影响小城镇建设出现了多元化的发展，特别是在城镇规划上，既有传统理念，同时又含有西方思潮，促进了城市化的发展。

小城镇建设推动了法律文化建设。新中国成立后，特别是改革开放后，我国小城镇建设呈现快速发展的格局，伴随着建筑技术变革和信息化产业革命，小城镇在规划、立项、设计、施工、管理、维护等环节从传统工艺走向新格局，建设产业化、绿色化、智能化等日益显著，仅靠市场经济调节，追求经济效益，必然带来负面的影响，过度拆迁、过度开发，导致小城镇模式化，急需法律规范、法律制度引导，引导我国小城镇健康发展。因此，小城镇的建设必然推动我国法律文化的变化。

二、我国小城镇发展存在的问题

根据《国家新型城镇化规划（2014～2020年）》统计，我国改革开放以来，伴随着工业化进程加速，我国城镇化经历了一个起点低、速度快的发展过程。1978～2013年，城镇常住人口从1.7亿人增加到7.3亿人，城镇化率从17.9%提升到53.7%，年均提高1.02个百分点；城市数量从193个增加到658个，建制镇数量从2173个增加到20113个。京津冀、长江三角洲、珠江三角洲三大城市群以2.8%的国土面积集聚了18%的人口，创造了36%的国内生产总值，成为带动我国经济快速增长和参与国际经济合作与竞争的主要平台。城镇化的快速推进，吸纳了大量农村劳动力转移就业，提高了城乡生产要素配置效率，推动了国民经济持续快速发展，带来了社会结构深刻变革，促进了城乡居民生活水平全面提升，取得的成就举世瞩目。但是，在小城镇建设发展过程中也存在着一些问题。

1. 经济发展不平衡

东部地区的小城镇经济发展整体水平高于中、西部地区的小城镇。从城镇镇均企业实交税收来看，2011年建制镇中，东部地区镇均企业实交税金总额比中部地区高81.5%，比西部地区高1.3倍；农村居民人均纯收入比中部地区高85.7%，比西部地区高67.7%；东部地区建制镇人均科技支出比中部地区高4.7%，比西部地区高13.6%，比东北地区高3.8倍；人均教育支出比中部地区高1.9倍，比西部地区高1.1倍，比东北地区高1.4倍。

2. 空间规划不合理

我国小城镇空间规划不合理，即东、中、西部地区的建制镇数不同，且与其经济发展水平、资源分布情况存在明显关系。截至2011年，在全部建制镇中东部地区5935个，占全国的30.2%；中部地区共有建制镇5146个，占全国的26.1%；西部地区7089个，占全国的63.0%。分省看，超过千镇的省有河北、山东、湖南、广东、四川和陕西等省，最少的宁夏回族自治区有110个镇。

3. 地方资源遭破坏

我国小城镇建设过程中出现了地方资源破坏严重的问题，特别是经济较为困难的地方。为了追求经济效益，破坏性开采资源不仅造成资源的严重损失，同时带来十分严重的环境问题。这一现象在资源较为丰富的地方十分常见，如煤矿资源丰富的山西的某些小城镇，破坏性开采资源造成山体地质结构变化，土地、林地资源遭严重损毁，造成不可估量的损失。

4. 人文环境无特色

我国小城镇建设人文环境无特色。小城镇建设中出现了一些盲目跟风、照搬照抄的建设现象，导致小城镇建设相似化、雷同化。地方政府盲目追求 GDP，官僚主义、形式主义作祟，出现许多政绩工程，从而破坏了本土人文环境，文化遗产丢失。如人民网报道，黑龙江省安达市这个享有"中国奶牛之乡"美誉的县级市，由政府投资上亿元，忙着建"牛街"、筑"牛门"。按规划，"牛街"竣工时，沿街安放石牛雕塑和铺设牛图案路面砖，总数分别达到299头和9999块。

5. 空巢家庭、老龄化较严重

人口老龄化是国际化的问题，任何国家和城市都会面临。随着小城镇独生子女的逐渐离家求学、进城就业和结婚，人口加剧流失及家庭"空巢化""高龄化"较为突出；由于经济投入不足，养老院、养老公寓、老年日间照料中心等养老设施以及老年大学、老年活动中心、老年医院等公共服务设施严重缺乏；与城市相比，农村的养老观念与养老模式也存在很大的差距；老年人的社会保险、医疗保险等还有待落实。如何满足老年人生活与精神的需要，提高老年人的生活质量，已成为小城镇主要的民生建设问题。

三、基于法律文化导向的小城镇建设对策

1. 加强城乡规划法律制度建设：做好小城镇战略规划

要保障城镇规划、布局与行政区划的稳定性和严肃性。针对我国小城镇空间布局、分布不平衡，应对建制镇审批权、规划权进行严格要求。对于新建建制镇，从城乡规划法律制度建设上加强审批主体层级上调，明确审批条件，可考虑从经济水平、人口规模、自然资源承载能力、公共服务配套设施等方面进行全面考核；同时，可建立已有建制镇撤销或调整机制，也从上述五个方面进行考核，并引入第三方评价机制，做到退出机制与设立机制并存。通过加强行政法律制度，严格控制东部地区小城镇规模，对中部、西部地区进行建制镇测评考核，坚持搞好区域内体系规划和总体规划，维护规划的严肃性和权威性，以人为本，走可持续发展之路。

2. 加强民商法律制度建设：优化小城镇产业经济格局

深化经济体制改革，加强民商法律制度建设，特别是加强经济法律制度建设，解决小城镇经济发展不平衡问题。在西部大开发、中部崛起的背景下，发挥市场在资源配置中的重要作用，以法律为调节手段。对于小城镇建设中工业、第三产业投资环境给予法律清理，破除行政命令干预，打破地方保护，严格执行国家经济相关法律法规；通过税收红利给予中、西部大力支持；通过法规进行产能、工业布局调整，优化东部小城镇经济格局，让高耗能、高污染企业退出小城镇，优化小城镇工业布局；让高新技术企业投入城镇，提高地方特色产业占有率，提升小城镇经济水平，特别让东、中、西部小城镇互相促进协同发展。

3. 加强资源环境保护法律制度：提高小城镇综合环境质量

基于资源环境保护法律制度，提高小城镇综合环境质量。资源环境保护法律制度，包括有关保护矿产、水土、草原、森林、渔业、野生动物、大气等相关的法律法规，涉及我国小城镇建设的各个环节。在小城镇快速建设的背景下，必须坚持依法建设，各级人民代表大会及常务委员会、相关职能部门要坚持执法检查，纠正小城镇建设过程中破坏资源环境的行为，对负有责任的人员要依法给予严惩，不能以破坏资源环境来换取短暂的经济效益。基于资源环境保护法律制度，就是坚持以人为本，坚持发展为了人民，坚持可持续发展，从而才能提高小城镇的环境综合质量，让小城镇在健康的轨道上快速发展。

4. 加强历史文化传统保护：提高小城镇人文环境质量

我国在历史文化遗产、人文传统等的立法相对来说较为薄弱，应尽快向西方学习，强化历史文化遗产、人文传统保护意识，特别将此意识、制度融入小城镇建设中，有必要深化历史文化遗产、人文传统审查程序于建设前期，对于涉及历史文化遗产和人文传统保护的建筑要给予资金、技术等各方面支持，进行大力度保护；深化法律法规执法检查，对于破坏历史文化、大搞乱拆乱建的领导要追究法律责任，树立历史文化景观就是我们的精神财富的思想，让小城镇建设与传统历史相结合，打造一批具有特点的历史文化名镇，继承丰富的文化资源，弘扬历史传统，让小城镇建设更加丰富多彩。

5. 加强老年法律制度建设：提高小城镇养老服务设施水平

国家从法律层面上除宏观角度保护老年人权益外，必须细化相关法律条例，应扩大老年法律制度关于空巢老人的保护力度，强化子女、社区、政府各方责任，注意运用资金、技术、公共服务等各种措施来保护他们。同时，加强公共服务设施和养老设施建设，从规划、设计、施工、管理等各个环节立法，保护老年人权利，充分关心与尊重老年人，让居家养老与社会养老相配合，让每一位老人"老有所养、老有所依、老有所乐"。

结束语

2014 年 3 月份国家颁布了《国家新型城镇化规划（2014 ~ 2020 年）》，为未来小城镇建设勾画了一幅美好蓝图。从法律文化视野，构建推进小城镇建设的法治保障体系，有利于发挥城乡规划的主导作用，有利于资源环境的保护与传承，有利于改善民生、维护城乡社会和谐稳定，有利于因地制宜、规范推进新型城镇化，真正做到经济社会协调发展，人民生活幸福美好。

参考文献

[1] 张文显. 法理学. 北京：高等教育出版社，北京大学出版社，1999.355.

[2] 黄蕊. 法律文化之法律信仰——法治的精神内核. 法制与社会（上），2012.9.

[3] 郑玉敏. 我国法律文化研究的现状与发展方向分析. 现代情报，2004.7.

[4] 金亮贤. 改革开放以来法律文化变迁述评. 政治与法律，2002（5）.

[5] 林文. 中国小城镇发展评价与对策研究. 中国农业大学博士论文.

[6] 符礼建，罗宏翔. 论我国小城镇发展的特点和趋势. 中国农村经济，2002（11）.

[7] 吴康，方创琳. 新中国 60 年来小城镇的发展历程与新态势. 经济地理，2009.10.

[8] 朱宏亮. 建设法规教程. 中国建筑工业出版社，2006.1.

[9] 魏后凯. 我国镇域经济科学发展研究. 江汉学刊，2010（2）.

[10] 李永强，柏先红，且淑芬. 我国建制镇发展现状引发的思考. 财经纵横，2012（12）.

浅谈城市环境色彩营造

孙瑞丰　冯上尚[①]

摘　要：视觉是我们接受外界信息最主要的来源，而色彩又是视觉当中最重要的一部分。本文以色彩为出发点，以上海田子坊为例，阐述了色彩的规律和色彩对于人的身心的影响，并运用这些规律调节城市环境的营造和改善。

关键词：城市　色彩　诱目性　协调性　上海田子坊

一、环境中的色彩

随着中国城市化的加快，对于城市的打造，不单单要求功能合理，同样需要特色凸显，提升城市空间的艺术化、人性化，营造一个舒适个性、有文化内涵的宜居环境。而环境的色彩设计，正是这样一个符合这些新要求的新的领域，它的设计对象包括了环境当中的所有要素。我们需要调整城市和环境要素的关系，从整体的角度出发，对色彩之间的关系和相互作用进行设计。我们需要正确认识环境中的色彩所处的重要地位，结合色彩的法则，探究色彩与人的心理和生理的互动。

环境中的色彩是我们在设计当中必须要考虑的一个重要因素。具体问题具体分析，世界上没有两片完全一样的叶子，也没有两处完全一样的环境。就像感觉的误差一样，不同的环境中的同一色彩也会带给人完全不同的感受。我们常说的红花要用绿叶来衬托，就是因为绿色环境中的红色花朵具有强烈的视觉冲击，但是如果把红花放在一片秋天的枫叶林中，就完全失去了这种醒目的感觉，甚至已经与背景融为一体，识别不出作为一个单独的存在。同样作为城市来说，色彩与环境的关系是具有相当重要的意义的。城市建筑、景观等作为相对固定的存在，与环境的关系显得更加密不可分。不和谐的色彩搭配会引发一系列的问题，或许还会造成严重的后果。

二、诱目性

1. 吸引视线的优先级

我们生活在诸多事物的包围之中，值得考虑的是什么东西是最吸引我们视线的。我们走在大街上，琳琅满目的广告牌，霓虹灯，透明橱窗，各式各样的行人，很难说哪一样东西能让人一眼就注意到，也很难说到底哪一样是最吸引人的。我们的意识是不断变换的，比如饥肠辘辘的时候，餐馆的招牌就拥有映入眼帘的最高优先级，其他的东西就会在浏览的时候自动被筛除。但是这个过程是经过复杂的人脑处理过程的，事物的外形一般是符合内部机能而存在的，并不是为了识别性而存在的。

---

①　孙瑞丰,吉林建筑大学教授；冯上尚,吉林建筑大学研究生。

2. 色彩的诱目性

所以色彩的诱目性应该是第一位的。拿自然中的例子来说：据研究，植物的花最初的颜色是绿色的，由于基因的变异，有些花的颜色变成了鲜艳的颜色。于是这些鲜艳的花更能够吸引一些动物的视线，它们在花朵上停留，沾上了花粉，将花粉传播得更远。再加上花朵的香味和花蜜等综合因素，花与动物的互动更加广泛了。总之这样颜色鲜艳的花在自然环境中更具竞争性，基因也得到了保留。经过漫长的演变，现在地球上大多数的花都是鲜艳的颜色了。可以认为色彩成了植物用来吸引动物的一种信号。

3. 城市中的色彩诱目性规划

对于我们本身来说，我们在环境设计中也要注意到这种颜色信号的作用。人类社会本身就符合自然的基本规律，鲜艳的颜色诱目性会更强。从整个自然环境来看，鲜艳度低的占绝大多数。所以在城市当中，这种规律也存在着。虽然鲜艳的颜色看上去更加光鲜亮丽，但是无度的使用会让人觉得烦躁，并且失去了作为醒目标志的功能。我们常常追求平静的生活，因此色彩的平衡也是非常重要的。在进行规划的时候，要按照一定的规律对色彩进行优先级排列。

比如在商业步行街的规划当中，底层的建筑物是行人最多关注的，因此诱目性的颜色主要都集中在这一块（图1）。这样会给行人带来热闹的感觉，创造出一种强烈的商业氛围，刺激消费者的消费心理，提升消费意识，经济效应也会得到提升。而高层建筑的颜色的鲜艳度就要适当降低，因为从人的视角看，中高层建筑

图1 底层商业店铺充满鲜艳的颜色　图片来源：作者自摄

是作为一个烘托底层建筑的背景而存在的。加上由于距离较远，在高层建筑上用鲜艳的诱目性高的颜色反而会干扰人的观察。

三、协调性

1. 自然中的色彩协调

坐落在青山绿水中的传统民居，随着四季的交替变幻，展现出一片安静祥和的情境。大自然沉稳的基调丰富而又和谐。而人类作为大自然的一分子，对天然的色彩具有天生的好感，这样的好感并不是没有原因的。人们喜欢在绿树成荫的公园活动，放松心情。除了由于各种天然材料带给人的亲近感外，从色彩方面来分析，是因为自然里面的颜色不是单一的纯色，而是众多色相明度相近的颜色组合起来的。这样的组合使得一个单一的物体就产生了丰富的层次，各种颜色的组合满足了人内心隐藏的希望看到丰富色彩的诉求。这样我们可以得出一些规律并应用到环境的规划和营造当中。

2. 创造和谐、搭配的方法

为了创造环境的和谐感，我们可以通过认识色调的类型来着手。在蒙赛尔色彩体系中，一个颜色具有三个独立的属性：色相、明度和纯度。环境色彩的调和有三种类型。色相调和型、色调调和型和类似色调和型。根据这三种类型可以得出两条规律。（1）使用相近的色相。色相是指色彩的样貌，是区别色彩种类的名称。最基本的色相为红、橙、黄、绿、蓝、紫。在设计的时候，可以选择出一个符合当地颜色基调色相，然后运用调和法适当地扩大色相的选择范围。比如选择了绿色作为基调，那么在绿色两端的黄色和蓝色也都可以使用。（2）可以改变纯度和明度来区别。达·芬奇在著名的画作《蒙娜丽莎》中表现出的空气透视法，也是造景中可以考虑和利用的一个手法。表现为借助空气对视觉产生的阻碍作用，距离越远的物体，描绘得越模糊，颜色的纯度越低，并明显偏

冷。在实际设计中，我们可以在大片的背景景物采用纯度低的冷色调，比如蓝灰色和绿灰色，而前景可以用暖色调的红色或黄色。

3.城市中的色彩协调

作为色彩设计的主体的建筑本身很漂亮，很夺目，并不一定就会使这一整片区域成为一个优秀的景观。我们往往会有这样的印象，有一片老旧的区域看上去总是整体而美好。这是因为这些街区具有一种整体的色调，这种整体形成了街区特色，区别于其他街区。在以往的社会中，由于交通的不发达，人们用来建筑的材料大多是就地取材，这就使得建筑的色彩和风格都很统一，并带有这一地带独特的风味。我们在新的城市建设和规划当中应该积极考虑这方面的问题。

四、案例分析

1.上海田子坊概述

以上海田子坊为例，这是一个集诱目性和协调性于一体的典范。田子坊是由上海特有的石库门建筑群改建后形成的独具特色的创意产业区，包括大大小小的特色店铺和许多艺术家的工作室。据统计，共有40余家工艺品、艺术品商店，20余家艺术家工作室，再加上众多酒吧、咖啡馆、餐厅等，整个区域呈现出一片十分繁荣的景象。作为当今上海最有味道的弄堂，吸引了不少外地和当地的游客，游览其间，可充分感受田子坊的个性与魅力。从色彩规划的角度来分析，田子坊的色彩搭配充分利用了诱目性与协调性两个规律，相辅相成，将整个区域的色彩打造得个性而宜人。

2.上海田子坊的色彩分析

田子坊起源于第二次世界大战期间法租界的扩张。为了容纳更多的移民，建筑形式采用了混合东方的三合院与西方联排房屋形式的"里弄"。这种形式的建筑群，既可以享受充足的阳光，又可以造成一定的光影变化关系，既有幽深的小巷，又有洒满阳光的宅院，形成一种温馨祥和的氛围。古旧的建筑风格带来的是整体色调的和谐，建筑的外表面主要由褐色的红砖和青灰色的水泥构成，并且随着时光的流逝，外表的材料或被腐蚀，或染上青苔，肌理发生了丰富的变化，产生了更加深沉的色彩变化，饱和度与明度达到了一定的平衡（图2）。这样的一种色调作为"图与底"关系中的"底"是最适合不过了。确定了整个环境的基调，即使其他的元素同样丰富，也不会脱离大的环境色，使得整个环境和谐统一。

作为一个商业街区，田子坊的色彩同样是充满多样性与诱目性的（图3）。田子坊的定位是一个创意型产业园，其中的元素必然是丰富多彩的。整个园区主要由三种类型的功能人群组成：入驻的商业户、艺术家工作室以及原本就生活在这里的本地居民。这样的三种元素掺杂在一起，互相影响作用，产生了独特的风格。商业店铺自然是带来了浓厚的商业氛围，琳琅满目的商品，争奇斗艳的招贴广告，闪烁的霓虹灯，这些都是整个田子坊的活力与热情所在。艺术工作室则将文化与品位的提升赋予了这一片区域，在鳞次栉比的店铺中，偶尔夹杂着艺术

图2 田子坊建筑色彩和谐深沉　图片来源：作者自摄

图3 田子坊底层商业店铺色彩鲜艳　图片来源：作者自摄

图4 田子坊原住居民生活痕迹　图片来源：作者自摄

家的作品展览。与商业的招贴不同，艺术工作室的招贴与广告是具有独特的艺术品位的。或是大众或是小众，或是高调或是低调，这些艺术工作室带来的是一种区别于普通商业街的氛围，这也是田子坊吸引众多游客的重要原因之一。

虽然本地居民的存在一再被弱化了，但是也是田子坊的构成元素中不可忽略的一部分。在迷宫一般的弄堂里穿梭，有时候不知不觉就会误入弄里居民的私宅范围，偷偷一瞥便可以看到寻常人家的生活痕迹。晾晒的五颜六色的衣服、停靠的摩托车、窗户飘出的灰色炊烟，这些都传达出一种安静祥和的氛围（图4）。或许让人感觉奇怪的是，这样的生活色彩跟外面的浓厚的商其业气息以及老建筑久经风霜的历史感混合在一起，却并没有给人任何的不适感和矛盾感。其缘由总结起来可以归结为三点：（1）虽

然商业的主导性使得整个田子坊充满了高度诱目性的色彩，但是与原有建筑外表面的比例做到了适当的控制，招贴广告等基本集中在一层，并且没有全部覆盖，原有建筑的本色得到了充分的暴露。（2）由于创意产业园的指导思想，大批艺术工作室的入驻，带动了整片区域的审美取向，很少看到低俗、艳俗、毫无设计感的视觉形象，提高了田子坊的视觉质量。（3）三种元素互相作用，互相融合，衍生出了只属于田子坊的独特魅力，创造出了独特的文化环境，具有很大效应的感染力。

五、结语

环境的色彩与各种因素都是紧密相连的。所以我们在进行环境的色彩设计时，一定要全面考虑构成环境的所有要素，运用综合的表现手法，通过环境色彩这一个媒介，创造内容更加丰富的城市空间。目前的现状还是不容乐观，由于没有系统的规划与设计，或者由于经济利益的驱使等，我国目前的城市色彩设计可以说是处在相当的混乱当中，更多体现的是个性的部分，整个环境的色调达不到整体统一。商家争先恐后的招牌，开发商肆意滥用色调的高层住宅，毫无节制的灯光污染等，这些都在刺痛着居民的视觉和审美。作为人居环境，过分的信息传达会让人觉得烦躁和不安，作为一个大环境，需要的是整体而和谐。通过科学合理的安排与设计，色彩可以带给我们更多精神和生理上的愉悦。

参考文献

[1] ［日］吉田慎悟. 环境色彩设计技法——街区色彩营造 [M]. 北京：中国建筑工业出版社，2011.1.

[2] 李芳，陈诩斌. 基于环境心理学的城市广场景观色彩美探析 [J]. 资源与人居环境，2009.

[3] 周宇晶. 商业步行街景观设计中的色彩应用 [D]. 山西：山西大学美术学院，2013.

[4] 周之澄. 上海田子坊设计文化与设计方法研究 [J]. 江苏：东南大学艺术学院，2011.

从历史角度审视中国建筑画

王沛 李雯[①]

摘　要：自古以来，建筑以不同的角色进入中国的绘画作品中。本文以时代为线索，观察建筑在各个时代的绘画作品中出现的规律、传播人群、作者意图等，分析了当今建筑画发展中存在的问题以及新出现的改进性尝试，并从中引发对未来建筑画发展趋势的新思考。

关键词：建筑画　建筑　绘画　发展趋势

《现代汉语词典》对绘画的定义是这样的：绘画是造型艺术的一种，是用色彩、线条把实在的或想象中的物体形象描绘在纸、布或其他底子上。可见，绘画除了表达现实实在以外，与想象密不可分。建筑画，虽然以客观的建筑为蓝本而创作，却在不同的历史时期，不同身份的画者手中有着不同的定义，其创作意图、创作对象、表达重点以及观赏者均各异。

一、古代建筑画

中国古代对建筑有描绘的画作大致有四种：山水画、界画、插画、样式雷画作。

山水画是文人墨客抒发自己情怀，寄托自己理想的事物，在表达方式上有三个显著特点，其一，视点不确定。作者并不遵从西方的透视或轴测的绘画规则，而是以一种平和的心态，将自己认为重要的信息记录在建筑图像上。其二，人物是画面的主角。由于古人并不认同建筑本身的价值，常以建筑作为点缀，烘托出画面的氛围。其三，绘画目的是叙事或抒情。古代的建筑由文人描绘在自己的山水画中，建筑常作为点缀消隐在山间、树荫里，它们主要表达了文人们寄情山水、归隐田园的思想。可见，在当时文人眼中，建筑无异于一棵树或者一只飞鸟，只是作为自己抒发情感、表达思想时的一种工具（图1）。

界画（图2），作为专为古代帝王看的建筑效果画，是向皇帝展示将为他建起来的宫廷、楼阁、离宫别苑的样子，所以常以宫廷、楼台为主题。界画与其他画种相比，有一个明显的特点，就是要求准确、细致地再现所画对象，分毫不得逾越。虽然界画难工，却往往不为文人所重。其实界画形象、科学地记录下古代建筑

图1 米芾《春山瑞松图》
图片来源：http://www.nipic.com/show/2/25/a7d238da8e550be4.html

图2 李嵩《水殿招凉图》
图片来源：http://www.people.com.cn/BIG5/198221/198819/198860/12713248.html

---

① 王沛，北京建筑大学在读研究生；李雯，中国建筑设计研究院在读研究生。

以及桥梁、舟车等交通工具，较多地保留了当时的生活原貌，其意义已突破了审美的范畴。这种画主要是表达建筑建成后的外观图画，将大量的建筑信息作为了一张具体的画作来表达，它是将建筑的信息传递给非专业人士的一个载体。

插画，往往是配合古代小说的故事线索画的一系列图像，为小说添加形象场景的内容，偶尔会出现建筑的形象。但是，插画并非小说的主要内容，建筑并非插画的绘画主题，而是配合故事情境做的一些必要绘画描述。

样式雷是对清代主持皇家建筑设计的雷姓世家的誉称。（图3）。样式雷的职责是为皇家进行宫殿、园囿、陵寝以及衙署、庙宇等设计和修建工程。因为雷家几代都是清廷样式房的掌

图3 样式雷建筑作品·宫殿
图片来源：http://www.gmw.cn/content/2004-08/18/
content_80753.htm

图4 威廉·亚历山大的画作
图片来源：[美]巫鸿.废墟的故事——中国美术和视觉文化中的
"在场"与"缺席".上海人民出版社

案头目人（用今天话说就是首席建筑设计师），即被世人尊称为"样式雷"。从第一代样式雷雷发达于康熙年间由江宁来到北京，到第七代样式雷雷廷昌在光绪末年逝世，时间长达200余年。然而，作为建筑专业中最经典的样式雷画作，却是专为建筑行业的匠人做的一套画册，它的绘制过程，是在一种极专业的绘画语境下描绘建筑及其细部。它除了对具体建筑的描述外，还梳理了中国古代的一套建筑知识体系。它承载了当时的一整套庞大的建筑建造的规则，是一种知识传承的载体。

归纳起来，中国古代绘画对建筑的描绘，从绘画目的来讲可分为两类。一类描绘建筑以言他，一类则专注于建筑本身。前者多见于山水画、插画中，作者或寄情于山水，或歌颂市井之繁荣，或描绘叙事的瞬间；后者以界画和样式雷画作为主，虽具一定的美学意义，却更加追求建筑表达的精准度和工程性。从受众来说，前者往往作为文人自身感怀或叙事的载体，被大众所忽略；而后者，由于大多是对官式建筑的描绘，也仅局限于画师与社会上层房屋使用者之间沟通之用。

另外，样式雷画稿外，其他三种画作存在一个共同的特点：无论建筑在画面中的地位是什么，一定会有人物点缀其间。观者不是以画外人的身份凝视画框中的事物，一旦人对眼前之画进行了观赏动作，即已经跳脱了现实世界，将自身附体于画中人物，以期设身处地感悟画中人的所思所想。这也是中国自古的人本思想在建筑画中的体现。

二、现代建筑画

中国建筑被西方写实绘画所描绘，最早来自马嘎尔尼使团游历东方世界时，一位叫威廉·亚历山大的年轻人用英国当时盛行的如画风景画风格所作的忠实描绘（图4）。随后摄影艺术的兴起捕捉了建筑的时间性，记录了真实的中国古建筑和中国人的生活。自此，建筑画开始用精准

图5 哥特教堂室内、巴塞罗那德国馆室内
图片来源: http://www.gzol.com.cn/vip/article/2008-8-
20/24951-1.htm）、http://msb.zjol.com.cn/html/2010-10/09/
content_555545.htm?div=0

的透视法来描绘，观者由置身于画面中回到了画面外，建筑画成了特定视点特定时间上建筑物的真实再现。这种再现由描绘已存在建筑的某一特定视角、特定时刻，转而成为建筑师未实现的构想的具体化表达，最终演化为以表现建筑设计外观为主要目的的一种与非建筑专业人士沟通的宣传途径。从受众层面讲，如今风行的建筑表现图成了界画的延续。至此，建筑画也完成了由文人士大夫们抒情达意的载体逐渐向大众开放、成为人人都可以品头论足的沟通媒介的转化过程。

随着国家快速发展与不断建设，开发商、策划公司与建筑师的关系日益紧密。建筑渲染图作为建筑专业与以上所说的非专业人士沟通交流的工具，其表达的场景常常为了打动受众而过于理想化，与真实建成的效果相去甚远。因此，可以说当代建筑画有一定的迷惑性，是理想状态下的建筑表达。人物变成了干扰构图的因

素而被去掉。好比表现西方哥特式教堂的室内照片往往空无一人，20世纪初，表现现代主义大师们经典作品的建筑照片中，也往往是空无一人的（图5）。建筑跳脱了人们的生活，变得神圣不可侵犯。

自此我们看到，在市场经济主导下的消费社会里，建筑画创作的门槛虽然越来越低（只需学习简单的建模工具与渲染工具），其发展趋势却渐渐走向一个误区，即它从绘画者自身情感思想表达的工具，变成了一种过于精美且令人误导的设计阶段性成果展示。建筑，从某种程度上在其误导下，也逐渐脱离了经济实用原则，一味追求某个透视角度的美观度，忽略了建筑的时间性和人在其中的可能发生的情节故事性。

三、当代建筑画

在建筑渲染图作为建筑专业与非建筑专业的交流的工具而大行其道而外，我们看到一些建筑师们试图回归建筑画对人本身生活状态的关注。他们把对建筑的思考以建筑画的形式传播给大众，形成消费时代与大众的有效沟通，同时完成自身对现今建筑与城市的反思。这一过程，不得不提到李涵创作的《一点儿北京》绘本，该绘本以独特的建筑语言，描绘出一幅幅建筑与人生活的关系图（图6）。它既是一套大众传播的绘画作品，也作为建筑师自己对使用建筑的人与建筑的关系的深刻反思，无论对建筑画

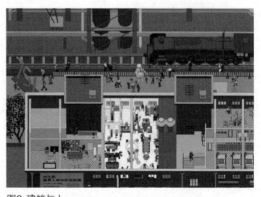

图6 建筑与人
图片来源: 李涵，胡妍著.一点儿北京.同济大学出版社，2013.

还是建筑学本身都独具启发性。

李涵的《一点儿北京》从以下四个方面继承了中国传统的建筑绘画观念。

1. 不确定的视点。与中国山水画相似，绘画者采用轴测图的表达方式，不拘泥于画面中心和重心的位置，而是用平铺的方式描绘街巷，必要时将屋顶与墙面脱离以表现建筑内部。观者的视线在画面中游走的过程，仿佛完成了一次街巷游览，让读者自己选择看到与不看到的东西，而绘画者仅仅是将街巷做了写实的描绘而已。

2. 多彩的人物。与建筑效果图不同，在《一点儿北京》中，人，再次成为画面的主角。绘画者清晰地表现了人是如何与建筑互动。绘画者赋予人物以故事，因此建筑也成了有故事的建筑。

3. 生动的叙事。绘画者将建筑的第四个维度——时间，置于重要位置。故事不但使最终成果不仅仅是一幅幅精美的建筑画表现图，更为之增添了历史的厚重感。绘画者重新思考建筑设计的本质，从单纯三维形态的简单塑造，转化为某个特定时代的特定命题，正视了建筑学复杂多元的社会属性，并将设计的出发点回归到使用者本身。

4. 大胆的批判。绘画并不仅仅表达"美好"，绘画者将现实中的不良现象以建筑画的形式表现出来，在呈现"不好"时即已表明了态度，明确了立场。正如我们在欣赏古代山水画时可以领会到作者用意一样，在《一点儿北京》中，在严谨的画面背后，难以掩盖的是绘画者鲜明的态度与深入的思考。

四、新的探索

从以上以时间为序对建筑画的审视中不难看出，因时代的不同、作画者及观画者身份的不同，建筑画有着不同的表达方式、承载着不同的建筑信息。从等级森严的封建社会到当今以市场为导向的开放社会，建筑画经历了从最初的一种被大众忽略的状态到有一群人关注它、发

图7　前门再造计划的视觉系统方案
图片来源: http://wap.139sz.cn/read/article.php?id=315620&all=1

展它，再到引起大众的广泛关注的演化过程。与此同时，它作用于群体的力度也不断增强：由个人的表达情感的工具到个体与个体之间交流的媒介，再到作为一种专业人士向大众传播建筑信息的宣传品。例如原研哉为北京大栅栏做的《前门再造计划的视觉系统方案》（图7），用低成本的浅色纸印制前门的轴测地图，低成本生产，并分发到前门的各个角落。虽然简单朴素，但能够让游客感受到中国令人熟悉的现实性，因为它即使落在地上也会成为很有质感的"垃圾"——我们看到了建筑画自身无限的潜能。

推论可知，建筑画作为建筑文化传播的载体，源源不断地将建筑的信息传递给大众是必然的趋势。单单靠李涵的建筑绘本是远远不够的。原因有二，一是李涵的建筑画对所有类型的建筑并不都具有普适性，二是李涵的建筑绘本并不是唯一的建筑表现形式，更多有效的表现方式等待着绘画者们的探索。

笔者认为，建筑画作为一种信息传播的工具，在其受众由专业人士逐步向大众开放的同时，随着时代的前进、技术的发展，绘画者也应该从仅仅局限于专业人士的单一普及模式向大众普遍参与的模式转变。除了以纸面表达建筑以外，利用网络媒体建立开放的建筑文化传播平台是一个理想的发展方向。将建筑画电子化，通过网络去吸引大众的参与，形成信息共享的数据库，从而让每一个人都能够有机会对自己的生活环境作出评价，并加以斟酌考虑，使城

市更利于民。对于这种畅想，已在高校小范围地努力转变为现实。以北京建筑大学特色资源库中的《图呈建筑》为例，其愿望就是由学生们将大量的建筑知识以简单易懂的画作形式，通过网络展示给公众，并结合 3D 打印等新技术，提高大众的兴趣和参与度。

结语

建筑画发展的历史，从一个侧面影射了建筑自身发展的历史。如果没有已经存在的建筑，或已经存在的场地，就没有建筑画的绘画素材或绘画依据。反过来说，正如艺术的敏感性决定了它往往先于时代大潮而最先产生批判一样，建筑画作为一种艺术形式，始终有其自身的超前性，它表达的是创作者对现实世界的不满足或反思。我们期望，在抛弃西方建筑的神圣外衣后，中国的建筑画能够回归最本真的人文关怀，并以更直观和普及的形式达成与公众最有效的交流。

参考文献

[1] ［美］巫鸿 . 废墟的故事——中国美术和视觉文化中的"在场"与"缺席" . 上海人民出版社 .

[2] 李涵, 胡妍 . 一点儿北京 . 同济大学出版社, 2013.

[3] 原研哉 . 设计中的设计 . 广西师范大学出版社, 2010.

[4] 中国社会科学院语言研究所词典编辑室, 现代汉语词典 . 商务印书馆 .

[5] Gordon Grice. 建筑表现艺术 1、2. 天津大学出版社 .

设计水墨视角下的当代室内设计

娄阁①

摘　要：当代文明的发展，改变了我们许多传统的观念，也打破了以往的艺术疆域。"设计水墨"作为一种全新形式出现，为当代室内设计的"本土化"视觉语言开拓了崭新的发展空间。本文主要以设计水墨为视角，针对水墨元素融入当代室内设计的现代设计理念进行相关的理论研究，并结合相关案例进行剖析，由此看到设计水墨与当代室内设计在中国传统文化滋养下，所呈现的新的现代室内设计理念。

关键词：设计水墨　室内设计　文化　传统　现代艺术

引言

近年来，当代艺术、绘画和设计的传统界限变得日渐模糊，产生了你中有我，我中有你的表现形式。有鉴于此，促进水墨元素和当代设计艺术在观念和形式上的互相撞击、互相交替及互相融合，是一个十分值得研究的课题。在国内，水墨艺术介入设计，是现代艺术潮流中的一个发展趋势。"设计水墨"在2004年第四届深圳国际水墨双年展中第一次被推出。在此之后，"设计水墨"这一概念就越来越多地得到艺术家的青睐和重视。2006年在深圳关山月美术馆举办了"第五届深圳国际水墨双年展·设计水墨"大型展览，其中"设计水墨"是此展览中特别具有前瞻性、实验性的艺术创作和学术交流平台。室内设计不单单是一个设计领域，而是服务于大众的一种工具。当代室内设计中对设计水墨的引用，不仅体现了水墨的现代性，更体现了对中国传统文化艺术的继承和发扬。我们在室内空间可以最直接地感受到的水墨艺术主要表现在三个方面：空间形态、装饰风格、装饰手法。这同时反映出我们在探究物象的存在表现时，必须从设计元素的研究来入手。在空间设计中必须做到"形""神"兼备，才能达到和谐的境界。

一、设计水墨与当代室内设计的基础理论研究

设计水墨与当代室内设计，这两个概念元素无论从艺术观点还是从使用价值来说，其自身都有着独立性、独创性、多元性的特点，并且随着现代科技和社会文化的发展，两者在矛盾统一中延续发展着。

设计水墨是近些年来才提出的概念，受到了大量关注，其中我们最疑惑的是什么是设计水墨。深圳双年展的策展人之一董小明先生的解释是："将孕育于农业文明时期的传统水墨艺术与高度发展于信息时代的现代设计艺术予以理性的连接，是使传统水墨艺术获得更广阔的

---

①　娄阁，长春工业大学设计学在读研究生。

当代性视野；同时，也使实用的设计艺术得以承载丰厚的文化内涵。连接的途径是让设计师'运用传统水墨元素呈现现代设计理念'，简而言之，就是请设计师来做水墨艺术。"另一位策展人王序先生是这样解释"设计水墨"的，他希望以设计强势介入水墨，也是对水墨进行重新设计，使之与传统概念的"水墨"拉开距离，甚至走向对立。这里的"设计"就成了谓语，成了实验的主题。笔者自身比较偏向于前者的观点，水墨首先代表的是一种精神和人性的表达，而设计却赋予它新的生命；从现代设计学的角度，对水墨进行重新诠释，增加了水墨的延展性的同时，也丰富了当代室内设计形式的多样化，是对传统艺术的继承和创新。

图1 物象形式的水墨设计　图片来源：互联网

二、设计水墨在当代室内设计中的体现

在艺术发展的潮流中，水墨艺术作为传统的、民族的代表性艺术，能否被现代社会中先进的、科学的室内设计艺术所融合，这是一个传统与现代思维理念相互冲突、相互冲击的过程，从而形成新意识形式的"设计水墨"。"设计艺术"作为一门应用艺术与"设计水墨"也有着区别，设计艺术需要服务到生活中去，既要满足人们的日常使用功能又要有一定的艺术内涵，介于纯艺术与功能设计之间。

1. 物象设计水墨形式在当代室内设计中的体现

在室内设计发展中，审美价值取向是随着时代的变化而变化的。室内设计是一种追求时尚并且传承历史文化的设计变化方式，通过室内设计人们可以营造出属于自己的审美价值空间。将设计水墨的形式物象化融入室内设计，恰恰能满足人们对时尚与文化的双重追求。

当代社会进入大发展阶段，室内设计除了要满足人们的功能需求之外更要满足人们的审美价值取向。水墨作为一种主观性很强的艺术，在室内设计中不断以物象的形式出现（图1），小到墙壁上的装饰画，大到整面墙的设计水墨形势图案。形式艺术被赋予新的时尚观念，不再是传统意义上的"古董"，时尚元素的物象设计水墨形式表现越来越成为室内设计的主旋律。作为民族性的需要与要求，在中国国际交流场所的室内设计中，水墨元素的融入更是发挥着举足轻重的作用。其正在并逐渐形成具有中国特色的民族设计风格的同时，也成为极具现代设计感的存在形式。这不仅仅能够体现中国传统的艺术审美价值，更重要的是可以代表本民族文化的特色，以及民族对现代社会的包容性和融合性，使其更多地以民族名片的形式出现在国际交流中。

2. 意象设计水墨形式在当代室内设计中的体现

设计水墨表现形式具有多元性，它不仅仅是一种绘画艺术表现形式，同时在一定程度上也代表了中国传统思想文化理念。传统水墨根据其思维意识属性可以分为传统哲学思维、禅宗、道教等。作为文化传播的重要因素，设计水墨艺术的意识形态有其自身所特有的"意象"表达方式，展现着传统哲学思想以及宗教信仰。在现代社会中，设计水墨的"意象"思维也逐渐融入设计领域中。追求和谐统一的意象空间是室内空间布局中一个非常重要的准则。在空间的"意象"表现中设计出优雅的室内环境，持续传统的民族文化氛围，也发扬现代气息，将空间布局合理地利用三维立体方式表现，可以让人们在空间内

图2 繁简搭配在设计中的体现 图片来源：互联网

享有舒适自然的轻松状态。"繁简搭配"也就是水墨艺术布局以及空间构图中最为讲究的"疏密搭配"，黑与白本身就是一种色彩学理论的"疏密"关系，加之水墨构图的需要可形成一种繁简合理搭配的表现形式（图2）。

"设计水墨"的意境在视觉传达中的运用比较常见，特别是当前其很好地被融入视觉艺术中，在视觉艺术发展潮流中，无论是"设计水墨"的传统内涵还是当代赋予其的新内涵都被阐释发挥得淋漓尽致。但是在室内设计中的运用却是小范围存在的，很多设计师运用传统水墨元素来进行设计。比如乌克兰建筑与室内设计师Igor Sirotov，他在整个室内意境上大胆地

图3 乌克兰建筑与室内设计师Igor Sirotov对于水墨元素的运用 图片来源：互联网

运用水墨的元素，创造出不同的空间氛围和意境（图3）。在此室内空间中主要运用天然石材本身的纹理来表现"设计水墨"的意蕴，使室内空间极具现代感但是又不乏"设计水墨"的韵味，室内色彩也注重水墨的本色，浓墨淡彩地从空间的角度阐释设计水墨在室内空间中的运用。水墨艺术融入室内设计，能够形成简约之美、意境之美。这也从另一个侧面显示出现代设计师对"设计水墨"这种新艺术形式的理解和阐释。

三、设计水墨视角下当代室内设计的发展趋势和新表现

设计水墨与室内设计，这一具有学术性质的研究已经开始很久了。这里所指的设计是一个很笼统的范畴，更多的是指思维理念上的设计意识与设计形态，是指将设计水墨的表现形式和文化内涵应用于室内设计的实际操作中，这是一种很直接、切实可行的介入方式，有明确的应用性和目的性，最终使水墨元素与现代室内设计很好地进行融合。

设计水墨的概念本就出现得比较晚，近些年来水墨艺术与设计之间频繁地发生冲撞，最终导致水墨艺术逐渐介入设计当中，使其艺术形式发生了改变。同时也进行了一次新的探索与研究，促进两个艺术门类相互结合，迸发出新的艺术形式语言与设计思潮。逐渐接受外来文化观念的同时也是对中国传统文化的继承和发展，是一次大胆的创新。这样的创新在众多设计师的推动下希望得到世界的接受和认可。

四、结语

水墨艺术作为传统民族艺术的典范存在着，另一方面"设计水墨"却以一种新的艺术形式出现，并在现代室内设计领域中被应用研究着。将水墨元素融入室内设计中去的意象形式和抽象思维在室内设计中起到了催化剂的作用，加快了中国传统艺术与现代设计艺术的融

合，使得传统艺术通过设计向世界展现中国深厚的历史文化。设计水墨，这一现代艺术设计的表现形式，在发扬传统文化精神和继承优秀民族文化艺术的同时，也发挥着其独特的艺术价值和审美价值。

参考文献

[1] 黄志成 . 对设计与水墨的双重解构——解读"第五届深圳国际水墨画双年展·设计水墨"画刊 . 2007.

[2] 宗白华 . 美学散步 [M]. 上海人民出版社，1997.

[3] 辞海编委会 . 辞海 . 上海辞海书出版社，1999.

[4] 叶劲松 . 当前设计语境下中国"水墨设计风"盛行的成因 . 艺术与设计，2010（2）.

[5] 宗白华 . 艺境 [M]. 北京大学出版社，1998.

东北亚地区
建筑文化探讨

日本传统建筑的空间布局特征
——折中之美与金阁

冨井正宪[①]

摘　要：本文通过日本代表性建筑金阁，探讨日本传统空间的特质以及它在我们"有关近代以后的建筑课题"中所发挥的作用。本文不是历史考证方面的研究，而是探讨日本传统建筑给予我们的建筑设计、意匠以及造型等理论。我认为，"建筑是一个意味的集聚·发散装置"，因此"建筑设计应该是知性的构筑过程"。从这一点出发在窥视日本传统建筑时，充满了"意味"与"事件"的金阁无疑成为研究的最佳对象。

本文将论述金阁的历史和位置、议政及金阁的性格、极乐净土中的乌托邦、折中美等内容，并以此探究它所呈现出的建筑"意味"及"事件"。

关键词：日本　传统建筑　金阁　折中美

一、金阁的历史和位置

金阁今天称之为金阁寺或金阁，创建当时是禅宗临济宗相国寺派鹿苑寺中的舍利殿。

金阁寺位于京都市的西北角，西面是衣笠山，背靠左大文字山，是日本的旅游观光景点。京都市北部延绵起伏的群山中就包含金阁寺及其周边一带，北山之名自古以来就为人们所熟知。这一带处于都市的郊外，原有很多墓地、寺院等，是祭奠死者或做佛事的地方。

金阁寺的原址为西园寺家所拥有的宅邸。镰仓时代（1220年）贵族西园寺公在这个墓地成片的都市西北角修筑了西园寺及北山第，从此那里成为闻名的"地上之仙境、此岸之净土"。但西园寺家在历经多代之后，金阁因缺乏整理而倾圮。后来，足利三代将军义满通过交换获得已荒芜的西园寺家宅邸，于应永四年

（1397年）开始大兴土木整理改建山庄北山殿，庭园、建筑都尽可能地精工细作，修筑得金碧辉煌。足利义满将军一直在这里居住10多年，直到51岁去世前。义满将军死后，北山殿改名为鹿苑寺。鹿苑寺也因释迦牟尼首次讲经之地是在鹿野苑，且金阁寺的创建者足利义满的法号又叫鹿苑而被命名。

宽敞的庭园以金阁前面的镜湖池为中心，周围排列苇原岛等大大小小的岛屿、奇石怪岩，以及以西边的衣笠山为背景的具有代表性的室町时代池泉回游式庭园。其中境内面积大约132000平方米（4万余坪）、称为镜湖池的池塘面积达到大约6600平方米（约2000坪）。庭园内还有书院庭园、方丈庭园、龙门瀑布、银河泉、安民泽等。

义政在世时，北御所、南御所、庭堂等多座建筑物星罗棋布，数不胜数，现存的建筑物

[①]　冨井正宪，汉阳大学建筑学部客员教授。

图1 金阁寺现状鸟瞰图
资料来源：『金閣』[1]编集兼发行鹿苑寺　1987年发行

除金阁以外，只剩下为数不多的书院、库堂、不动堂以及江户时代的茶室夕佳亭、钟楼等。

　　足利义满在建造北山殿的工程中花费心思最多的是与镜湖池相互辉映的舍利殿，现在人们称之为金阁。舍利殿是供奉佛舍利，也就是供奉释迦骨灰的建筑物。据说义满将军在设计建筑样式时，参照了自己常去参拜的西方寺院。当时的金阁建筑高达12.5米，木质结构，楼分三层。一楼是法水院，二楼是潮音洞，三楼是究竟顶，寺顶端有金凤凰装饰。金阁寺现在的装饰：一楼为原木，二楼、三楼则在内外漆面上全部贴着金箔，屋顶由数张重叠的薄板铺就。一楼是藤原时代的寝殿造（意指贵族建筑风格），二楼是镰仓时代的武家造（意指武士建筑风格），三楼则为中国唐样（唐朝式建筑风格）的禅宗寺院造（佛殿建筑风格），各层分别表现出不同的建筑风格。并且在建造时，修筑了一座叫天镜阁的会所位于舍利殿的北侧，这两座建筑物之间架了一条如同双层彩虹般的桥——拱北廊，如今，镜阁和桥都已经不复存在。义政在世时北御所、南御所、堂等多所建

筑物星罗棋布，留存到现在的建筑物为数不多，除了金阁寺之外，只剩下书院、库里、不动堂以及江户时代的茶室夕佳亭、钟楼。

　　金阁寺创建后虽然经过两次大修保存了下来，但1950年因寺里的弟子放火而焚毁。之后5年后才得以重建，如传说中的不死鸟般复活。重建的第二年，三岛由纪夫发表了小说《金阁寺》，其中说该寺弟子放火的动机是嫉妒"金阁之美"，这一故事恰好触动战后初期相当一些人的消极颓废心理，令金阁的人气陡升。现在的金阁是1987年全殿外墙贴金箔大修和天花板画复原，重建后的样貌。

二、义政和金阁

　　足利三代将军义满（1358～1408年）成功地促成南北朝统一、恢复天下太平后，把将军的职位让给年仅9岁的儿子义持，其实他自己也是在11岁时因父亲去世而继承了其将军的职位。38岁时，正当年富力强的他选择了出家入道，开始形式上的禅僧。义满决定不再住当时称为

图2 金阁寺夜景外观
图片来源：作者自摄

"花之御所"的室町弟（足利家邸宅的通称），而新建自己的隐居地。义满的目光盯住了位于都市西北的北山，当时这里是已完全成为废墟的西园寺家的山庄。获得这块地后，在应永四年（1397年）便开始着手营建山庄北山殿，修筑了多所殿舍，召集能工巧匠把庭园、建筑修得极其别致，尤其建成了以金阁著称的北山弟。虽然称之为隐居地或山庄，而以金阁著称的北山殿完全就是宫殿。在足利幕府的鼎盛时期虽说隐居，当时年龄也就三十多岁，再者9岁的将军本来就不可能有处理政务等能力，实际依然由义满掌握。于是，足利家族的政治舞台从室町弟移到了北山殿。一方面，义满身旁有儿时起就不离左右的优秀禅僧，既可以潜心向他们学习禅宗和儒教，又可以从官家的和学、朝廷礼仪、连歌等贵族文化吸取营养，在北山殿召集五山的禅僧，池中泛舟，写汉诗自娱，还特别喜欢在行家面前舞文弄墨，常常邀请天皇设宴款待，尽情享受极乐土世界神话般生活。另一方面，他重权在握，在政治上呼风唤雨，运用手腕掣制诸大名，策划自己儿子义嗣谋取天皇位。并极力促成元朝以来中断的日中贸易重新开始，与明朝展开通商贸易，快速聚敛巨额财富，同时热衷于收集中国的书画美术品、古董，并注重武士文化的建设。义满通过向中国皇帝大量进贡而被册封为"日本国王"，成为当时日本人眼中最接近世界（中国）的男人。著名的历史小说家海音寺潮五郎评价义满"是一代骄子"，骄子指的是孩子王。我们把北山殿这个以孩子王为中心展现出

来的豪华、色彩绚丽的世界称为北山文化。义满在他51岁那年未留半句遗言就溘然逝去，他是否遭到暗杀至今仍是个谜。

义满生前把北山殿作为他自己的隐居地、亲属的居住地，以及游苑之席、政治舞台、拜谒和迎接中国明朝使节的场所，同时还兼做天皇行幸的场所，具有今生的舞台和宗教极乐净土、来世舞台的双重含义。

前文提到义满在世时拟在金阁寺存放佛舍利。舍利殿的确是佛界象征性建筑，具有不可替代的中心位置。仔细观察就会发现内部一楼是藤原时代的寝殿造法水院，原先曾经是钓殿。二楼、三楼是佛堂。二楼的潮音洞有岩屋观音和四大天王像，三楼的究竟顶摆放着阿弥陀三尊和二十五菩萨来迎像。并且寺顶端有金光闪耀的金凤凰。

义满死后，北山殿逐渐失去了宫殿的功能，后来，为祭奠这位已故主人神灵和仰慕其性格而来金阁寺的人们依旧络绎不绝。到了德川时代，金阁寺作为祭祀义满的正堂而装修得富丽堂皇，一楼北侧改为外壁摆设佛坛，义满像摆放在那里。

上面我们了解了金阁寺的历史及特征，那么再看看一些令人颇感兴趣的记录吧。那是在桃山时代，日本的基督教宣教士弗洛伊斯访问金阁寺时写下的文章片段。"沿着'紫色的僧院'（大德寺）往前行进半里或更远，则有将军建的静养地。那里是非常古老的地方，至今仍值得好好观赏。同一地点有专门修建的池塘，池塘正中修筑了3层高的同类小塔建筑物。池塘附近有许多袖珍小岛，许多松枝枝干弯曲，还有其他赏心悦目、美丽多姿的树木。据说以前，将军为了装扮美化这个水池，特地从远方或其他国收集了数量多且种类不同的水鸟放养。二楼摆放着许多尊佛像和栩栩如生的将军本人像，并且将他的宗教老师的佛僧像和他的像摆在一起。回廊式上层楼全部涂金。那里以前是专门用来供奉将军灵魂的地方，他可以从那里一眼就能俯瞰庭园和整个池塘，若有兴致，在屋里即可钓到池

塘里的鱼。上层只有一个屋，地上只铺着三张板，特别平滑，连个结节也没有。这座建筑物不远处丛林间有条小溪流淌而下，即使夏天，那条水流也格外清凉，流入前文说的池塘。"读完这段文章，金阁寺所象征的绚烂的北山文化的情况就更容易理解了。由于义满经常在这座建筑物里观赏景色，享受垂钓之乐趣，所以在他死后正如其所愿，寺内二楼摆放着义满像和梦窗国师像。到了德川的时代，一楼的北侧外壁改为佛坛，义满像摆放其中，至此，金阁寺已作为供奉义满的正堂修筑得金碧辉煌。

刚修建不久的舍利殿因其金碧辉煌，早就被称为金阁了。据《足利治乱记》（年代不详）记载："外部全涂以金泥，京都里无论童叟皆称之为金阁"，金阁之名在京都家喻户晓。日本的楼阁建筑包括庭园，其空间上优秀的建筑很多。其中，提起日本的三阁指的是鹿苑寺金阁（1398 年竣工）、足利时代的慈照寺银阁（1489年上梁）、京都本愿寺的飞云阁（1592 年之前建成）。银阁是义满之孙足利八代将军义政修筑的楼阁，和金阁一样，模仿西茗寺舍利殿而建。虽然银阁的装修因义政死去而没能完成，但从江户时代起，金阁银阁就闻名遐迩了。飞云阁是池中的 3 层楼阁，一层是上翘的人字形屋，二层是寄栋（五脊四面斜坡的屋），三层隆起呈方形，各屋顶的形状各异。设有船出入必经的大门，在三层上架起了被称为摘星楼的空中楼阁，可以鸟瞰整个京都。此外，千万不要忘记德川家光在京都二条城内修建、现位于横滨三溪园内的听秋阁（1623 年修建）。在复杂的平面基础上，该阁楼在屋顶上方设有面积 1 坪左右孤零零的小亭，样子确实让人感到有点滑稽。金、银的极乐净土闪耀着光芒，摘星亭如同在云中漂浮，还有沐风栉雨、见证季节变换的小楼，每一个名字均具魅力，读起来朗朗上口，这里是给人带来无限遐思的梦幻世界。

打开古代中国的山水画，映入眼帘的常常是深山老林里四边形瓦屋顶的山庄，日本楼阁史从中吸取营养，同时深受中国道教思想的影响。进入中世纪，在楼阁历史上形成以"市中山居"——茶室为代表性的草庵，而另外分化发展成以织田信长的安土城为代表的在城上居高临下、威严壮观的天守阁，形成日本独特的楼阁建筑风格。金阁、银阁恰好是介于这一临界点之前的建筑，所以既是草庵又是天守阁。

三、极乐净土——金·漆·镜

义满离开自己特意花费时间和金钱建造的"花之御所"——室町第，选择位于京都西北角的西园寺家曾花费偌大的财力、人力物力建造的别邸宅地作为自己最终的修禅之地。这一带，自古以来修筑天皇陵墓和寺庙非常多，原本就是阴阳相隔之地。西园寺家修建了大面积的人工池塘，可用来做佛事和游乐、寺庙和山庄兼用的北山殿。日本的庭园是"心灵世界小宇宙在空间具现化的造型"。容纳这些心灵世界景致造型的中心元素是周围的山、川、石、水。面积较大的人工池塘和高悬的瀑布，构筑了仙府洞天般极乐净土世界。在动荡的岁月，义满接管此荒废之地，并决定再利用旧建筑物把北山打造成为极乐净土世界，中心就设在金阁。在此之前，日本的极乐净土代表性建筑物有宇治的平等院（1053年）和平泉的金色堂（1124 年）比较有名，那么，如何把极乐净土的世界通过建筑来具体地表现呢? 分析其方法，可以总结为金、漆、镜。

自古以来，金本身有两大含义，一种是神圣的象征，另一种是财富的象征。在中国，后汉以来就流传"佛是金装"的说法，在日本可举出的例子有奈良的大佛，设了金碧辉煌的阿弥陀像的平等院、中尊寺金色堂，这些神圣的世界靠金子装扮。义满的金阁最上层的三楼部分内外总体贴着的金箔在空中金光闪闪，显得格外耀眼。后来雄霸天下之人丰臣秀吉也在组合式黄金茶室摆满纯金的茶具，设品茶爱好者雅座，让人们为之惊叹。到了新兴武士的时代，金的含义逐渐从神圣转为财富、权力的象征。

与此金灿灿的黄金世界相反的是黑暗世界。

图3 金閣寺立面原形复原图
资料来源：「金閣寺・銀閣寺」

黑暗世界正如其字面意思，漆黑涂料由多层漆黑的材料磨制而成。金阁第二层总体外装涂漆。昭和年间大修时曾反反复复复涂漆50多次。宫上茂隆博士设计的复原方案里，在原木建造的一层和总体贴金箔装饰的三层之间配上漆黑装饰的二层，说明由世俗升华为神圣，中间是黑暗的世界，仿佛在暗示但丁神曲里面的地狱、炼狱、天堂，让人联想到意大利建筑家 J. 特拉尼没实现的名作"Terragni"。供奉着德川家康神灵的日光东照宫完美地秉承了金阁的世俗和神圣之间夹杂黑漆装饰的空间过渡方法。连接供奉殿和主殿的是用黑漆装饰的"鞘之间（正堂和偏房之间的通道）"就像是通往今生来世的隧道。

以往日本的极乐净土的代表性建筑物有宇治的平等院（1053年）和平泉的金色堂（1124年）。

四、折中之美——金阁

在此，再详细介绍一下金阁的设计吧。金阁是由3层楼组成的水上楼阁。现在的金阁是遭火灾烧毁后昭和年间重建的建筑物。从外观上看，该建筑每一层的设计都有不同风格，却能在一个建筑物上谐和完美，一楼由飞檐、大走廊和宽敞的大厅、伸出到庭院的亭子组成。大厅的东面有楼梯。地板、天花板、扶手栏杆均用原木制成，采用墙面喷石灰，门窗用百叶窗的寝殿造设计。二楼由飞檐、大走廊外部和供佛间、会所这两个房间的内部空间组成。会所的东侧设有通往一楼的楼梯，北侧设有通往

三楼的楼梯。外墙的墙面贴金箔，大走廊天花板施涂彩绘。内部供佛间地板涂黑漆，墙贴金箔，天花板绘着天女飞舞的画。门窗采用百叶窗和双滑拉门。三楼有大走廊、三间四方的佛间，北面大走廊设有楼梯。内外都只有地板涂黑漆，其他全都贴金箔装饰。窗户按照花头窗户的唐式建筑设计。寺顶端有只金光灿灿的凤凰装饰。这是金阁修筑复原后的近况。而对此复原方案，英年早逝的建筑史学家宫上茂隆曾经提出过异议，他经过细致研究，指出以下六个重点现已保留下来：

1. 当时三楼内外贴金箔，三楼地板和地角线的地板、勾栏、扶墙全部涂上了黑漆。

2. 当时二楼除了勾栏，内外涂黑漆。现在和三楼一样，除了地板全都贴金箔。

3. 当时和三楼的中心，一、二楼的西侧主室中心一致。二楼屋顶的东部是入母造（人字形）屋顶。看得出屋顶用丝柏的树皮铺成。现在的三楼中心，一、二楼的中心整体一致。屋顶是腰屋顶，用薄板重叠铺成。

4. 当时，一楼的北面全都和南面一样，是遮阳板的开口部。现在全部是土墙。

5. 当时，金阁东侧附设了船出入的正门。

6. 当时，金阁通过位于北侧的二楼会所"天镜阁"和复道（二楼大走廊）拱北廊连为一体。

按照宫上以上的指点，再回过头来看金阁的设计得知：

义满修筑的金阁寺第一层称之为原木的寝殿造（贵族建筑风格），第二层称之为涂黑漆滑门、板壁的武家造（武士建筑风格），第三层称之为贴金箔的唐样（唐式建筑风格），是不同装饰材料和样式设计的综合。

那么，义满是如何获得这些不同的建筑表现形式的呢？想必他是保留原房主西园寺家时代遗留下来的结构的同时，又加入了武士的建筑风格吧。如今的金阁寺位置最早建的是钓殿。钓殿具备平安以后的贵族式建筑，寝殿造的特征之一，正屋寝殿沿着池塘向廊下延伸，漂浮在前面的池塘上面纳凉、乘风游兴具有足够的空

间。建筑史家宫上对此有以下说明：想必是义满要在这钓殿之上，设置他所敬仰的梦窗户国师建造的西方寺的舍利殿。据说西园寺家的二层楼高的舍利殿是在原来一楼作为坐禅的住宅建筑上面盖的，摆放舍利的禅宗式佛堂是重叠式建筑，义满解释是仿照这个在寝殿造的钓殿上筑起二楼的舍利殿（见金阁寺和银阁寺第99页）。舍利殿被称为金阁，是从江户以前开始。

一楼的建筑风格体现之前的平安贵族王朝文化，二楼的建筑风格体现的是新兴武士势力文化，第三层的建筑风格体现的是中国禅宗的世界。一楼、二楼是和风（日本建筑风格），三楼是唐风（唐式建筑风格）。更进一步，从建筑物的目的来说，一楼是日常生活的世界，二楼东侧是文艺社交场所，西侧是佛陀的世界，三楼是佛陀的世界，并且二楼供奉的观音像祈愿的是今世的安宁，三楼的阿弥陀佛祈愿的是来世。具有世俗与神、今生与来世、日本和中国、贵族和武士的双重意义。而这双重意义并非只局限在金阁寺这一幢建筑物。金阁及围绕它的环境之间的人工美和自然美的对比，池塘上面漂浮的金阁实像和倒映水中的虚像，都市的喧闹和北山殿的极乐净土，都使金阁暗含多种意义，是多重意义的巧妙集合体，空间方面的丰富多彩正是"折中之美"的完美体现。满含暗喻的含义片断拼贴（collage）、补缀（patchwork）、聚集（Assemblage）的方法就是日本建筑有代表性的建筑家矶崎新所说的"建筑就是建筑智慧的暗喻"，还可以说是 M. 格雷普斯所谓的"建筑基本代表多个隐喻的空间集合体"代表的象征性建筑。这完全就像是西方文艺复兴时期的规则性、明了性、中心性、自立性、基本几何学的和谐和秩序美的理想主义的完整形式，在后来的风格主义（Mannerism）时代获得不规则、不明了、变形、不确定、椭圆之力的动态崩溃形式。比起16世纪中期到末期的意大利文艺复兴的风格主义样式，东洋比其早两个世纪在14世纪后半期就已经在同样的建筑表现方面进行了尝试，这是多么有趣的现象。平安贵族的社会

分崩离析，很快就进入了武士时代，经过南北朝天下分裂，地方豪族群雄割据称雄，剧烈动荡的镰仓时代，终于在足利第三代义满时期经过调整。到了新的武士时代，完成了重大的时代转换，正好处于中世战国社会激烈动荡时期关口，具有不确定、不和谐、非对称的特点，仅此就获得了幻想、不透明、生气勃勃、充满魅力的空间性的丰硕成果。义满设计的金阁并非像现在所复原的金阁，从一层到三层，沿着中心一条直线向上延伸，寺顶端的凤凰金光灿灿，流露出静态的金阁；而是像宫上复元的三层部分那样，一楼、二楼的中心偏西，而且二楼屋顶形也成了东边入母屋形（人字形屋），仿佛飞云阁三层摘星阁中心的偏斜和方形，入母屋、寄栋的三层屋顶互不相干而形状又重叠，稳定却并非绝对静止的状态，在对立和矛盾不稳定中现出活力的建筑世界。义满好不容易使社会安定下来，或许他在设计金阁的时候也料想到了随后社会会发生动乱，安土、桃山战国等剧烈动荡。

参考文献

[1] 鹿苑寺.『金閣』[M].1987.

[2]『金閣寺』[M], 監修・発行　鹿苑寺.

[3] 井沢元彦.『天皇になろうとした将軍』[M]. 小学館文庫.1998.

[4] 松田毅一，川崎桃太訳.『日本史』フロイス [M]. 中央公論新社.2000.

[5] 伊藤ていじ，日本名建築写真選集第11巻『金閣寺・銀閣寺』[M]. 新潮社.1992.

[6] 西ケ谷恭弘.『日本の名庭—心とかたち』[MT]. 制作 NHKサービスセンター，テイチク.1999.

穹顶对哈尔滨城市风貌的影响

孙岩　刘松茯[①]

摘　要：哈尔滨这个北方城市有许多异域特色近代建筑，这些建筑记录了中国东北的发展历程。作为西方建筑中多数存在的建筑构件的穹顶，在哈尔滨近代建筑中同样发挥不可磨灭的积极作用，它不仅强化了建筑功能和形式，而且丰富了沿街的天际线，提升了城市的空间层次。时至今日，穹顶对哈尔滨当代的城市建设仍存在潜移默化影响，在哈尔滨的城市风貌上发挥着举足轻重的作用。

关键词：穹顶　哈尔滨　城市风貌　影响

素有"东方小巴黎"之称、"建筑艺术博物馆"美誉的哈尔滨，不仅荟萃了北方少数民族的历史文化，也融合了中外文化。在哈尔滨百年的近代历史中，汇聚了许多近代建筑的经典作品。这些建筑以丰富的线脚、独特的雕塑以及形式各异的穹顶等被人们所熟知。他们不仅融合了文艺复兴、古典主义的建筑流派样式，还形成了独特的折中主义风格，在这些流派中，新艺术运动、折中主义、俄罗斯以及日本近代建筑风格占了主导地位。1898 年修建的中东铁路，带动了哈尔滨整个城市的发展，其特殊的通商开埠方式以及西方现代城市规划思想在此全面实施，哈尔滨以此为契机由小乡村向现代化城市转型，代表西方工业文明的新体系建筑的全面建构进一步增进了其转型模式。时至今日，这些独特的建筑文化对今日哈尔滨的建设仍有很大的影响。而穹顶作为哈尔滨核心文化的代表对哈尔滨这个城市风貌的发展产生了很大的影响。

一、哈尔滨城市文化背景

19 世纪末之前，哈尔滨还是中国北部的一个渔村，在俄国于 1896 年 6 月 3 日诱使清政府签订了《中俄御敌互相援助条约》（又称《中俄密约》）之后，它迅速成长成为闻名世界的新兴城市。由于哈尔滨的地理位置的关系，其自身受到中国内陆的核心文化的影响并不是很浓

图1　中东铁路图
图片来源：百度图片

---

①　孙岩，哈尔滨工业大学硕士研究生；刘松茯，哈尔滨工业大学教授、博士生导师。

重。在中东铁路（图1）兴建的这一时期，大量俄国人以及其他西方国家的人迁徙进入哈尔滨，带来了大量的西方文化，原本不稳固的"边缘"文化在外来文化的冲击下形成独特的中西文化，其似乎外来文化占的比例居多。在这种历史文化背景下，并且主要建设者为俄国人的哈尔滨建筑显示出独具特色的异域特色。黑龙江省曾经是东正教在我国发展最兴盛的地区之一，虽然东正教传入的时间晚于其传入北京二三百年，但由于中东铁路兴建，文化主体涌入，其发展速度及规模却远远超过北京及全国其他地区。这一时期的哈尔滨对外经贸活动非常频繁，宗教生活也极为繁荣，可谓是欧风亚雨、华洋杂处。至20世纪40年代，在哈尔滨除去中国的佛教、道教、民间宗教的60座大小庙观之外，还有东正教、天主教、基督新教、伊斯兰教、犹太教、神道教等教堂68座，而且汇聚了许多宗教的不同派别。哈尔滨作为沙俄帝国一手经营的城市，大量侨民聚集于此，因此东正教堂理所应当地成为哈尔滨城市的重要景观。

二、哈尔滨城市穹顶的形式

穹顶是源于古罗马的重要构件，作为屋顶的一种形式，在建筑历史的发展过程中起到重要的控制建筑构图的作用。巨大的穹顶成为建筑的最醒目的部分，也是人们用来营造城市优美轮廓线的重要手段。随着历史的发展，尽管穹顶的功能有所降低，但它在建筑上的装饰作用却被保留下来。一组不同风格的建筑群能够达到整体上的协调统一固然有许多因素，拥有一个完美的轮廓线无疑是十分重要的。由于穹顶位于建筑的最高点，整体丰富了沿街的天际线，提升了城市的空间层次。

1. 穹顶作用

在哈尔滨，穹顶随处可见，形式各异。在20世纪，建筑的经济、技术、审美都存在不同

制约的情况下，建筑的层高多数为1层，个别会出现3到4层的多层建筑。整个沿街天际线格外平缓。而穹顶的出现打破了这一僵局，它在沿街乃至整个城市中都起到了丰富城市天际线的作用。而不同的穹顶样式具有一定的标识性与方向感。在这点上教堂建筑更具特点。教堂建筑和当时建筑的高度相比较极为高大，宏大的穹顶使人们在城市的各个角度都可以观看到，让人们在城市各个角落都可以远眺教堂，满足了当时人们的宗教需求。同时教堂顶部那高耸的穹顶在空间上也起到了统筹整个城市的作用，成为城市风貌的象征。

2. 穹顶位置

在各种类型与艺术风貌的建筑中，穹顶主要采用俄式建筑中的"洋葱顶"和"帐篷顶"两种形式。它在屋面上的位置也是大致相同的，大致分为中央集中布置、两侧对称布置以及转角处布置三种类型。在宗教建筑的中央几个钟楼上都设立或大或小、或多或少的穹顶，如圣索菲亚教堂（图2）。而在世俗建筑中穹顶也较为常见，有的穹顶较为常见地布置在建筑的中央处，形成主要穹顶对应主要出入口的布局方式，突出主入口的标识性，如华俄道胜银行。也有部分穹顶布置在建筑的转角处，形成建筑在整体上的过渡，保证建筑在各个立面上的完整性，这种建筑主要布置在路口的转角处，并与其他建筑呼应。还有部分建筑的穹顶实行对

图2 圣索菲亚教堂　图片来源：百度图片

图3 秋林公司俱乐部　图片来源:百度图片

称布置，突出建筑的整体感，如秋林公司俱乐部（图3）。

3. 穹顶色彩

由于受东北冬季长达六个月的气候条件的制约，人们在这个城市主要看到的是自然界的雪色——白色，极为缺少色彩感。为了丰富北国这个新兴城市的颜色，当时的设计者在建筑的设计上采用了暖色，给人视觉上的暖意。穹顶作为建筑的重要部分，颜色基本采用新鲜纯色，与

图4 红绿相间的穹顶　图片来源:百度图片

图5 哈尔滨阿拉伯清真寺　图片来源:百度图片

建筑的主体基本采用给人暖意的黄色相呼应，采用或者如烈火般的红色或者象征春意的绿色。哈尔滨的穹顶大部分采用了这两种颜色（图4）。也有少部分的建筑采用象征天空的蓝色，这部分建筑主要为伊斯兰教的宗教建筑（图5）。

作为哈尔滨大多数近代建筑重要的组成部分，穹顶以其不同的色彩、适度的体量、复杂的肌理、巧妙的位置设置给予自身以及建筑活跃的形态组织，给予当时整个城市的风貌以重要影响。

三、哈尔滨当代建筑设计中穹顶的表现形式

在俄国传统文化为主导，西方新旧思潮、阿拉伯文化以及我国固有文化并存的情况下，哈尔滨建设初期即有各种文化的交流、冲击。这些内核文化在哈尔滨的发展中相互交融，构成奇特的人文景观，形成鲜明的文化表征与深厚的文化内涵，从而整合出哈尔滨独特的城市建筑文化。经过100年的洗礼，这种文化仍然坚强地存活于哈尔滨这个城市。得以传承的这种内涵文化在哈尔滨，在近几年的新建建筑上仍有体现，尤其是独特的穹顶。哈尔滨人对穹顶似乎具有独特的情怀，它似乎早已成为哈尔滨这个城市的符号。在早已成为现代化城市的哈尔滨，存活的建筑展现着顽强的生命力。中央大街的保留使其成为哈尔滨的旅游重地，圣索菲亚大教堂早已成为哈尔滨这座城市的象征，老道外的建筑、花园街的俄罗斯建筑群等无不诉说着哈尔滨这座城市的文化历史。为了继承哈尔滨城市的文化内涵，在建筑层面，哈尔滨的新建筑似乎还努力地与老的历史建筑呼应。

1. 新的穹顶采用的形式

当代建筑仍然高频率地采用穹顶这个构件。但随着建筑的发展，穹顶也不是一成不变，而是采用不同的形式丰富、装点哈尔滨这座美丽的城市。

采用原有穹顶形式。哈尔滨的一些新建建筑，特别是南岗与道里、道外的一些区域，善于采用原有的建筑形式。基本采用洋葱顶和拜占庭式的穹顶或者文艺复兴时期的其他穹顶风格，基本照搬哈尔滨一些老式建筑穹顶式样。

采用与穹顶外轮廓相似的形式。通过对原有建筑外形的观察，提炼穹顶的主要形式衍生成新的穹顶形式。通常保留穹顶饱满的外轮廓样式，采用通透镂空或者玻璃顶的形式。

采取与穹顶相似的几何形状。通过对原来穹顶外形的提炼，形成梯形或者三角形几何形状。

2. 新的穹顶在城市风貌中的作用

哈尔滨原有的城市风貌具有十分突出的特色，她与国内的上海、天津、武汉等近代兴起的大城市有许多不同之处，长期以来被誉为"东方莫斯科"和"东方小巴黎"。在当代建筑的发展中，现代建筑的高度不断攀升，颜色更加丰富多样，形式不断推陈出新，穹顶这个原来曾经为城市的风貌作出过巨大贡献的角色似乎没有了自己的优势，但是无论时代怎样发展，哈尔滨这个城市的内核文化并没有改变，哈尔滨人对于穹顶的喜爱也未曾改变。穹顶随时代的发展以其新的形式展现在城市风貌中。

在这个高度攀升的建筑中，穹顶仍然发挥着它的特色——丰富城市的天际线。目前在哈尔滨新建的建筑尤其在高层建筑中，若是直接以女儿墙作为建筑的结束会给人以呆板的感觉，往往会采用穹顶来作为建筑尤其是高层建筑的收尾，

虽然建筑的层数不再是二三层而变成了二三十层（图6），穹顶仍然在起着丰富沿街和整个城市风貌的作用，并与历史老建筑呼应，起到继承哈尔滨核心内涵文化的重要作用。

四、结论

今天哈尔滨的城市风貌在穹顶这个重要的建筑构件的影响下形成了独具特色的城市文化内涵，不仅历史街区给人以西方街道的感觉，而且从新区也可以感觉到城市的独特之处。在今天全国各个历史城市原有的风貌特色正逐渐减弱，某些艺术价值较高的老建筑遭受不同程度的破坏，新老建筑之间缺少必要的联系等的情况下，哈尔滨的城市面貌告诉我们可以通过对历史建筑的构件提炼放进新建筑中形成城市的特色。但是，哈尔滨也存在一些粗劣的建筑，与原穹顶在材料、色彩、装饰图案等方面极不协调，严重破坏了城市的天际线和城市景观。在中央大街、奋斗路、尚志大街等一些重要街区里，也有类似的现象。这都是近年来新建建筑过分响应城市风貌所应吸取的经验教训。

参考文献

[1] 刘松茯 . 哈尔滨城市建筑的现代转型与模式探析 . 北京：中国建筑工业出版社，2003.

[2] 刘松茯 . 谈哈尔滨城市风貌的保护与近代建筑的合理开发 . 哈尔滨建筑大学学报 [J]，2001（8）.

[3] 盛文丽 . 哈尔滨城市形象与城市文化发展研究 . 学理论 [J]，2005（12）.

[4] 汪鑫 . 拜占庭对俄国文化影响研究 . 黑龙江省社会科学院研究生论文，2011.7.

[5] 张美佳 . 哈尔滨近代建筑穹顶形态研究 . 哈尔滨工业大学研究生论文，2010.12.

图6 哈尔滨医大四院　图片来源：百度图片

大连旅顺新市区城市空间形态解析[①]

李世芬　刘扬[②]

摘　要：作为近代殖民主义的产物，旅顺新市区城市空间融合了世界近代城市设计的诸多元素。历经俄、日殖民者近60年的苦心经营，城市形态因建设初期的资金短缺、中期移民所导致的急剧膨胀以及中西文化的相互碰撞等原因而呈现出种种矛盾与折中。本文以实地考察及历史图文为依据，通过对同时期典型近代城市形态的对比分析，从城市主轴线、三叉路系统、交叉线和方格网四个方面探讨旅顺新市区城市空间形态类型及其内涵与动因，以为近代历史街区的更新发展及相关研究提供参考依据。

关键词：近代城市　旅顺新市街　城市空间形态　形式类型　巴洛克

一、旅顺新市区简史

旅顺新市区（也称太阳沟）依照其发展历史可分为六个历史时期（表1），其中俄、日殖民统治时期对城市空间的形成和发展产生了决定性的影响（图1）。从历史图片可知，旅顺新市区现有的城市格局基本保持了当初的设计形态。

旅顺简史列表　　表1

时间	主要事件
筑港工程 1880～1890年	前后共分三期，由德国人汉纳根主持修建炮台10座，由法国公司承建旅顺大坞。此外，还包括海门、堤坝、导洪渠等配套工程
甲午中日战争 1893～1894年	中国战败，俄国通过三国干涉还辽从清政府手中攫取旅顺控制权
俄占时期 1895～1904年	自1898年起推行自由港政策，1899年通过未来十年防御预算和《旅顺新市街设计方案》，1903年中东铁路全线贯通
日俄战争 1904～1905年	俄国战败，日本重获旅顺，租期99年

（续表）

时间	主要事件
日占时期 1905～1945年	1919年改称关东厅，陆军部改称关东军司令部，实行军政分治，同年正式颁布《大连建筑规范》，1936年日本制定《满洲农业移民百万户移住计划》
苏军管辖时期 1945～1957年	1945年8月，苏军占领并接管旅顺，1957年7月从旅顺火车站撤出

世界主要近代城市构成特点比较　　表2

城市	特点
巴黎 1851～1870年	1.星状城市+中心放射式+重要轴线的强调
	2.着眼城市交通的畅达与效率
	3.规范建筑界面，体现城市界面的严整
	4.以植物与人造景观丰富和软化城市空间
圣彼得堡 1712～1850年	1.中心放射式+环状城市结构
	2.强调大尺度地组织空间：标志性建筑+街道
	3.城市空间面向并努力与自然景观相协调
华盛顿 1780～1791年	1.突出大尺度的城市结构、强调人的因素
	2.将景观、人文、政治中心的要素统一在城市结构中
	3.放射性与方格网相结合的路网结构
	4.建筑尺度层次分明

[①]　2010年住房和城乡建设部软科学研究课题——大连近代建筑改造研究；2010年大连建委科技计划课题——大连历史街区有机更新研究。

[②]　李世芬，大连理工大学建筑与艺术学院教授、博士生导师；刘扬，大连理工大学建筑与艺术学院在读博士。

二、横向比较：同时期世界城市设计理念与实践

从旅顺的文化传承脉络推断，巴黎、圣彼得堡和华盛顿是三个对其影响最大的城市，它们也都继承了19世纪末西方巴洛克城市的特点（表2）。下文将结合这些特点阐述新市区城市结构的典型特征。

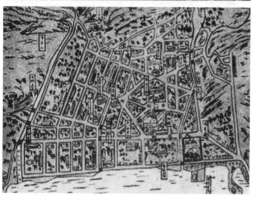

图1　旅顺新旧城市形态比较
　　　图片来源：上图为现状，下图为大正十四年，即1929年

三、新市区城市结构

新市区城市结构可以分解为四个主要的构成元素：城区主轴线、三叉路、交叉线与矩形网格（图2）。

在此，以新市区城市发展历程为线索，拟结合当时世界城市发展理念探寻旅顺城市结构的内在机制，以便为街区在城市层面的保护与更

| 轴线 | 放射线 | 交叉线 | 网格线 |

图2　旅顺新市街路网结构及其构成要素
　　　基于新市区道路现状及其形成过程解析，提取出
　　　四个典型构成要素：城市主轴线、三线放射、交叉
　　　线和矩形网格。
　　　图片来源：作者自绘

新提供依据。

1. 城市主轴线

我国古代城市中轴线体现为中正和单纯的特点，城市结构也因此更为对称、清晰，与地位、王权互为表征。相比之下，旅顺新市区更多地体现出反复经历破乱而立过程的西方城市所具有的更加有机的城市空间。

中世纪以前，西方城市空间呈现出一种自由而拥挤的发展态势。直到文艺复兴运动兴起，强烈的人本主义激发了新兴贵族的热情，并因此提高了对城市整体的控制欲望。1300年前后，教皇西克斯图斯五世运用强有力的直线道路和宏伟的广场重整了罗马混沌的城市空间，这些宏伟的道路连接了许多对城市具有重要意义的建筑，它们成为城市新的骨骼[1]。

然而，由于是在混沌中整理空间，其结果不免显得脆弱而牵强，而要彻底表达这种意愿就必须拥有强有力的城市主轴线和层次分明的城市结构。1851~1871年间，奥斯曼爵士对混乱而拥挤的巴黎进行了大刀阔斧的改造，尽管直到今天，人们依然对他褒贬不一，但一条城市主

①　[美]埃德蒙·N·培根著.城市设计[M].黄富厢，朱琪译.北京：中国建筑工业出版社，2003.70~75.

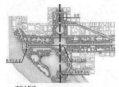

城市主轴线

城市结构网

城市轴线体现自然景观轴线

图3 华盛顿城市主轴线的象征意义
朗方似乎有意让南北走向的波托马克河来决定华盛顿城市主轴线的位置，在此基础上，一些重要公共建筑为这条轴线增加了社会意义（上图），这种双重象征的手法在近代城市设计中被广泛采用。
图片来源：作者自绘

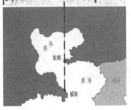

图4 旅顺城市主轴线的形成与象征意义
具有自然和政治的双重含义。一方面表明旅顺和威海这两个互成犄角的北方重镇对于拱卫京津乃至控制整个东北亚的重要战略地位；另一方面反映了城市主轴线顺应周围主要山脉走向的设计意图。
图片来源：作者自绘

胜的日本人手中夺取了旅顺的控制权。作为一块拥有天然不冻港的"飞地"，沙俄政府对旅顺未来充满了憧憬，为了创建一个宏伟的欧罗巴新城，当局避开了由清政府经营的老市区，而选择了龙河以西、军港西澳以北的一块开阔的新地作为新区的选址。当年，由旅顺驻防司令阿列克谢耶夫草拟的《旅顺新市街设计方案》获得了沙皇的批准并开始实施[3]。

由于经费不足，规划尽量结合原有地形[4]，首当其冲的就是城市主轴线的确定，从旅顺城区图中可以清晰地看到一条由博物馆、关东局司令部和原俄实业技术学校所构成的城区主轴

轴线的建构对城市文化的传承与发展产生了深远的影响[1]。它东起卢浮宫并延续着塞纳河主河道的走向，向西穿越凯旋门和埃菲尔铁塔，并一直延伸到德方斯新区。这条强有力并富于自然与历史象征意义的轴线使得巴黎不仅成为世界上历史最为悠久的，也是最为壮丽的城市之一。

而早在1780年，来自法国的军事工程师朗方就为美国首都华盛顿设计了一条同样充满象征意义的城市主轴线，这条轴线自北向南穿越白宫和杰弗逊纪念亭，并一直延伸到波托马克河的主河道[2]（图3）。

可见，城市主轴线的建构在当时是一种流行的做法。建于1895年的旅顺新市区显然受到了来自巴黎和华盛顿规划理念和实践的影响。

1895年，俄国通过三国干涉，迫使清政府签订《中俄北京密约》，从刚刚在甲午战争中获

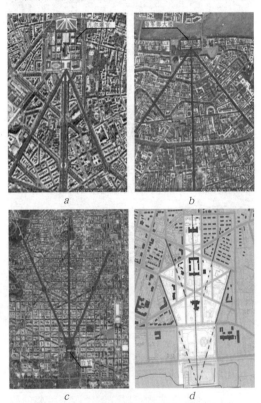

a

b

c

d

图5 三叉路在世界主要近代城市中的体现
a、b、c、d依次是巴黎凡尔赛、俄国圣彼得堡、美国华盛顿和旅顺新市区，这种城市空间的组织方式始于巴黎凡尔赛，由建筑师孟莎设计，起初仅仅是统治者地位的一种自我炫耀，后来演变为统一城市空间的一种手段。与单一的城市主轴线相比，三叉路不保留了明确的城市主次关系，也使得城市具有在更大范围内整合更加复杂空间的能力。
图片来源：作者在google地图基础上加工整理

① [法]贝纳德·马尔尚著.巴黎城市史 [M].谢洁莹译.北京: 社会科学文献出版社, 2011.62-79.
② 梁雪.华盛顿中心区的形成和发展[J].城市空间设计, 2005(3): 62-65.
③ 陈明福著.沧桑旅顺口 [M].北京: 人民文学出版社, 2010.419-426.
④ [美]安德鲁·马洛泽莫夫著.俄国的远东政策 [M].商务印书馆翻译组译.北京: 商务印书馆, 1977.204-215.

线，它不仅穿越了新市区的核心区域，也将两组相互交叉的城区主要街道串联起来，从而构成一个完整有机的城市空间（图4）。对于现有的城市空间，这条轴线可以被看成是新市区的脊梁骨，它的形成可以从两个方面进行阐述：

其一是顺应地形。从地形图可以看出，新区的北面和东面各有一条山脉，它们彼此呈直角相接，成为新区的主要屏障，城区的主轴线基本上与东面的山脊走势保持平行，使得城市今后的发展不会受到自然地形的约束。

其二是形成象征。主轴线延长，恰好指向威海。从历史上看，清政府曾经将旅顺和威海作为北洋水师的两个主要基地，共同扼守渤海湾，从而护卫京畿。而今这种巧合也许恰恰表露了沙俄进展威海、控制京畿的野心。

2. 三叉路

1674 年，法国建筑师孟莎接管了浩大的凡尔赛工程，他在凡尔赛宫南侧修建了三条放射性的道路，这一源自文艺复兴的充满张力和内聚性的形式不仅凸显了封建集权的统治地位，也犹如一套控制装置，牢固地抓住了城市的躯体。这套系统后来也被应用到圣彼得堡和华盛顿的城市设计中，并逐渐形成一套完整的城市构架。它包括位于三条线交汇点的城市核心建筑、三组放射性街道网以及在这些放射线上有节奏地分布的节点广场[1]（图5-a、b、c）。

旅顺新市区核心区域暗含了两组类似的放射性道路（图5-d），其一是由解放街、太光街、万乐街以及一条博物园区的内部道路（历史上曾经存在）所构成，它们聚焦于南部海滨。显然，设计者的意图是将港湾作为城市主要景观，并通过来自三个方向的视觉廊道向城市空间内部渗透。其二是由东明街和民主街的一段与中轴线两侧道路构成，它们汇合于由旅顺博物馆和关东军司令部所构成的中心广场，并明确指向

旅顺博物馆。这不仅强调了这一城市主轴线的地位，也构成了一个完整的三叉路系统。从遗留的历史建筑的年代可知，这一设计理念始于俄占时期，并一直延续到今天。

3. 交叉线

为了使城市发展既不脱离城市主轴线的控制，又可以向轴线两侧自由伸展，一系列交叉线汇交于主轴（有时多达 10 条以上），形成交通广场，并进而成为城市次中心，大连的中山广场

图6 旅顺新市街城市结构——交叉线
*a.*巴黎 *b.*华盛顿 *c.*旅顺新市区
图片来源：作者在google地图基础上加工整理

图7 旅顺新市区城市结构——方格网的形成
两套方格网分别顺应了自然地形，并统一于城市主轴线
图片来源：作者在google地图基础上加工整理

---

① 周毅刚，袁粤.欧洲巴洛克城市空间的源流及历史意义 [J].新建筑，2003（2）:68–71.

就是一例。这种形式在当时十分流行，巴黎和华盛顿都可以见到（图6-a、b），而华盛顿更是将其发展成为一系列相似形的网络，使城市成为各种象征意义的集合。交叉线体系的优势在于它有力地促使城市空间由线向面地有序拓展，并因道路的交叉而产生新的开放空间，这些开放空间逐渐发展成为城市次中心，并在形式和功能上与城市核心区相呼应，为城市功能的均匀分布及其有机联系奠定基础。

观察旅顺新市区的现状肌理，可以看到在其城市结构中存在两组交叉线（图6-c），其中一组由新华大街和光荣街组成，它们在原俄实业学校前交叉，并贯穿城区东西。第二组由列宁街和中央大街构成，它们在旅顺博物馆门前交叉。现在，这组交叉线的东半部已经被纳入博物园区而成为步行街，而西部则依然保持着清晰的交叉态势。分析图1可知，这组轴线至少在1929年就已经存在。

如今，两组轴线的交叉节点——列宁街广场成为新市区的交通枢纽，它显然已不是作为分区中心，而是作为整个新市区的核心广场而存在，辽南食府（原图书馆）作为唯一围合这一广场的建筑，表明了它当时的存在与意义。

那么，当初俄国人为什么不像华盛顿一样依照城市主轴线统一方格网的方向呢？在此，笔者推断可能有以下两个因素：

1）节约建设开支。从历史建筑的年代与布局可知，列宁街、新华大街和中央大街在俄时期便已存在，其正南正北布局方式类似中国传统的城市格局，而在西方却并无此传统。如前所述，对于新市街的建设，当局一直缺乏资金，而如能充分利用原有布局则可以节约开支。据现存住民的传说，为了修建新市区，俄国当局曾下令将众多当地百姓赶往西部山区，说明新市区在开发之前并不是一块荒地，而很有可能存在完整的村落，那么东西走向的村路就很有可能被俄国人利用，并通过两组交叉线将其与新建设的平行于海岸的方格网络统一在新的城市主轴线上。从现存历史建筑可以看出，

正南正北走向街区中的俄式建筑无论在质量上还是在数量上都远远超过新的方格网街区，似乎不仅是朝向问题，这里很可能原本就是一块经过建设的"熟地"，因地制宜，自然节约成本并聚敛人气。综上所述，这些正南正北向的街道很有可能是新市区最古老的街道，但历史似乎已经将所有印记洗去，那些隐藏着的蛛丝马迹尚需进一步佐证……

2）减少三角地的产生。尽管斜线与方格网结合的路网能提高城市交通效率并产生丰富的空间，但也产生了大量三角地，虽然可以将其转化为绿化或并入交通空间而圆滑这些锐角，但还是会降低城市土地的利用效率。

俯瞰旅顺新市区的选址环境，除了南部面向港口，其他三面都被高大的山脉环绕，城市未来的发展空间十分有限，为此，不得不谨慎地利用好每一寸土地。首先，规整的殖民地式的开发模式成为首选，同时顺应东西两侧不同的山脉走向分别修建了两套方格网以减少道路与山体之间夹角空间的产生。其次，在城区中部，即两套网格交汇并产生大量夹角的地段设置宏伟的城市主轴，再用相对松散的建筑布局与景观绿化将这些三角地吃掉，使城市空间既富于变化又高效实用。对理想的执着追求和对现实问题的一丝不苟共同造就了这样一个相对完美的结果，当时的规划师可谓用心良苦。

四、结语

综上分析，旅顺新市区汲取了世界近代城市设计的精髓，并结合场地等条件大胆建构并谨慎处理细节，形成独特的城市空间，无论在艺术性还是实用性上都堪称杰作。尽管由于战争造成的间断、统治者的变迁以及时间的冲刷使得如今的城市形态缺失了许多细节，但透过现状和那些或隐或现的历史，我们依然可以搜寻到某些信息及其形成、存在的缘由，在此，尝试整理、提取其类型特征，以图为该区段今后的更新及相关研究提供依据和参考。

影响长春伪满时期建筑发展主要因素的分析纲要[①]

张俊峰　田文波　翟宁[②]

摘　要：本文介绍了伪满时期长春城市建设和建筑发展的主要原因，试图给对这段建筑历史感兴趣的人们提供一个基本的、分析思考的纲要。

关键词：长春　伪满时期　建筑发展因素　分析纲要

一、序

19世纪下半叶，是近代中国最重要的时期。当时的东北地区与"关内"不同，尚处于封闭、滞后，以农业经济为主的时期。直到19世纪末20世纪初，伴随着中东铁路南部支线哈尔滨经长春至旅大段及其后来南满铁路和吉长铁路的修建，农业文明的禁锢被突破，近代工业文明开始进入东北地区。

清末民初，随着铁路的开通，长春成了典型的半封建半殖民地城市。城市由清政府以及后来的民国政府和日俄两个帝国主义势力共同管理。此时，城市发展很快，特别是城市的交通能力快速增长，与沈阳、哈尔滨、吉林等周边地区的货运往来频繁，特别是原木材、大豆等经济作物的运出量居东北首位。长春迅速成为东北中部地区的中心城市。在老城区的基础上，又新建了宽城子沙俄铁路附属地（中东铁路附属地）、满铁长春附属地（南满铁路附属地）、吉长铁路用地和长春商埠地等四块城区（图1）。

在这一时期，各城区都修建了一批中西杂糅的建筑，如沙俄宽城子火车站，满铁长春火车站，吉长道尹公署，日本横滨正金银行长春支店等。考证这些模仿西方样式的近代建筑，不难看出外来文化已开始融入（图2）。

伪满洲国成立之后，长春的城市化进程显著加快。据统计，1931年长春的土建工程量仅是大连的1/8，到了1932年则增长为大连的2.5倍，直到1938年，长春的城市发展及土建工程量都位居东北之首，呈现持续发展的状态，迅速成为东北地区先进的近代化城市。沦陷期间，

图1　1918年代的长春市地图
图片来源：于维联、李之吉等，长春近代建筑[M].

---

①　吉林省级人文社科重点研究基地重大项目《长春伪满建筑对当代建筑创作的影响研究》（项目编号：〔2010〕第24号）。

②　张俊峰，吉林建筑大学副教授；田文波，吉林建筑大学建筑与规划学院副教授；翟宁，吉林建筑大学建筑学专业学生。

长春新市区的电力、煤气、供水、排水、电信、绿化等近代化设施应有尽有。这期间，新建楼房 43143 栋，建筑面积 774.5 万平方米①。

"新京"长春作为日本扶植的伪满洲国的政治、军事、经济和文化中心，特别注意强调展示其"政治"和"国际"形象。通过有计划、大规模的城市建设，一批具有强烈时代特征的近现代建筑拔地而起，如伪满中央银行、伪满国务院、伪满建国忠灵庙、伪满大陆科学院、日本关东军司令部等。按照当时《满洲建筑杂志》刊发的文章所说，实现了"日满完全结合"，

图3 伪满中央银行旧址　图片来源: 作者自摄

图4 日本关东军司令部旧址　图片来源: 作者自摄

"既能宣扬伪满洲国的新气象，又能让使用者有满足感，还能突出新建筑的优越性和进步性"（图3、图4）。

图2 上为满铁长春火车站旧影；中为吉长道尹公署旧影，伪满时，溥仪的临时执政府、伪满国务院等先后在此办公；下为日本横滨正金银行长春支店旧影
图片来源: 李立夫. 伪满洲国旧影[M]

二、影响伪满时期建筑发展的主要原因

伪满时期，建筑设计的主力是接受西方建筑教育或受其影响的日本"渡海"建筑师，他们在不断的创作探索中，将设计理念与伪满洲国的政治企图、殖民文化、经济状态等进行了结合。

笔者认为伪满时期长春的城市建设和建筑能够得以较快的发展，是以下几方面因素共同作用的结果。

1. 殖民政治的需要

在伪满这一特殊的历史时期，影响建筑发展的首要因素就是强调政治方面的诉求。这时的建筑已成为表现政治的工具和手段。

日本著名建筑家佐藤武夫（1957～1959年担任日本建筑学会会长）认为，"统治性和计划性是该国自新中国成立以来的一大特色。从而

---

① 长春市人民政府网www.changchun.gov.cn

图5 大新京都市计划之国都建设规划实施方案
图片来源:于维联、李之吉等. 长春近代建筑[M].

新的政治权感俨然增加,谈满洲建筑不能忘记其政治背景"。例如,我国近代最早的都市型城市规划——《大新京都市计划》(这一规划奠定了长春市今天的城市格局),从"制订到实施规划",就是典型的殖民"政治"产物(图5)。该规划是在日本关东军司令部主导下,由满铁(南满洲铁道株式会社的简称)经济调查会和伪国都建设局承担的。这两家单位的管理者和设计师都为日本人,从而保证了伪满国都"新京"的规划建设不仅是在思想方针上,而且在技术层面上都是日本人独断的,这也体现了日本殖民者既定的"满洲国""建国"理念及政治需求。

关于伪满时期建筑"政治"功能,在日本有关学者的文章中不难找出答案,如佐藤武夫于1942年发表在《满洲建筑杂志》上的"在中国大陆的外国建筑和它们的政治表现"一文中说,在那里(满洲)盖起的一系列主要建筑,都是以政治姿态出现的。表现是否得当,构思是否巧妙别另当别论,笔者对于其政治意图的肯定无丝毫犹疑;又如日本东京大学村松伸教授在《建筑史的殖民地主义与其后裔:从军建筑

图6 伪满国务院旧址　图片来源:作者自摄

史家们的梦》中说道:"乍看之下,关于建筑史的研究好像是具科学中立性的学问,其实它非常受潜在的或是明显的政治意图所左右"。"他们(日本建筑师)实际无疑是跟随军事扩张的建筑史家"。

代表伪满时期"新国家""新形象"的"满洲式"建筑(图6、图7),之所以能得到以日本关东军司令部为代表的"官方"认可,就说明其所包含的"政治"因素已经超越通常意义上影响建筑发展的因素,如社会的生产方式、社会思想意识、文化特征、经济和自然条件等,已成为伪满时期建筑的最主要特征。

2. 殖民文化的渗透

与"政治"直接关联的是殖民文化的侵入。殖民文化是随着中东铁路的修筑渐入长春的。日俄战争后,随着日本势力的侵入,特别是满铁附属地在长春几十年的建设、经营,城市不可避免地受到日本殖民文化的影响。伪满洲国成立后,日本殖民文化更是以压倒性的强大攻势推动长春的城市社会发生了"质"的改变。这时作为城市象征的建筑物,已完成体系的转型,俨然成为日本殖民者对长春乃至东北地区进行文化渗透的重要手段。可以说,伪满时期长春的建筑是殖民文化的产物。

在殖民文化的传播过程中,日本建筑师"试图通过建筑样式的改变、建筑工艺和建筑材料的改良给东北地区带来近代化的改变,在这一过程中以建筑为推力来宣扬近代文明和日本文化"。通过松室重光(日本建筑师,1920年满洲建筑协会成立时,时为关东厅民政部土木课课长的松室重光出任会长)发表在《满洲建筑杂志》上的"满洲建筑界の革新"(1942年)一文可以看出,"日本建筑从业者将他们所从事的行业认定为改造东北、弘扬先进文化的高尚行业"。"满洲的建筑"既要体现日本文化的主导地位,又要辅以中国人易于接受的中国传统文化,"将在日本的光辉下以独立的姿态在建筑界发扬着新生面孔的新局面"。

图7 伪满建国忠灵庙旧址 图片来源：作者自摄

3. 经济状况的影响

伪满时期，日本侵略者为了最大限度地攫取我国东北地区的资源，对包括建筑材料在内的工业原材料的使用实行严格的"统制"。

长春成为伪满首都后，城市性质和职能发生了重大变化，整个城市进行了新的整体规划和建设。随着城市的快速建设和发展，"新京"长春的人口急速增长，到了1940年，就已突破了规划的50万。为解决人口增加带来的诸多问题，伪满政府一方面对原城市规划进行了扩容修改，另一方面，为了节约建筑材料、弥补劳动力的不足，加快建设，这一时期的建筑设计，呈现出以"经济"为准则的标准化、工业化的发展态势。这时在西方已渐成气候的现代主义受到青睐。这是因为现代主义提倡的适应大量化、工业化建造的设计原则，与伪满政府"低造价"、"省人工"的建设要求不谋而合。到了伪满后期，大量性城市住宅设计，已采用了标准型的设计、建造方法。1940年（伪康德八年）4月，为了使住宅建设更加规范化，掌管"国家"基本建设的伪满建筑局（具体负责管理、控制"国家"的土木工程设计、施工和监理）颁布了《满洲国规格型住宅设计图集》。

4. 建筑思潮的影响

20世纪二三十年代，在世界范围内各种建筑思潮此消彼长，现代主义、民族主义以及日本国内的建筑思潮，都影响了"新京"长春的建筑发展。在当时，很多年轻的日本建筑师被伪满洲国"宽容"的政策所吸引，陆续来到"新京"长春。作为"渡海"建筑师，他们成为当时建筑设计的主力军。这一时期，"新京"长春的城市建筑呈现出前所未有的多元形态，出现了主要从日本导入的"西化"、"折中"的建筑样式，如工厂、车站、银行、医院、学校、会堂和新式住宅等。[①]

与此同时，在国内如北京、南京等大城市，掀起了一场以"大屋顶"为表象的"民族形式"建筑运动。而在东北"建立"的伪满洲国，为体现"新满洲、新国家、新形象"的政治要求，宣扬"满洲的气氛"的文化观念，自然迎合国内的"民族形式"建筑运动。于是就出现了既有中国传统"大屋顶"形式，又有日本传统建筑构件、细部做法，同时掺杂西方折中主义建筑的构图特征的"满洲式"建筑样式。

由日本建筑师主导设计的大批伪满时期的建筑，一方面注意从历史中汲取经典的比例、构图和空间，另一方面主动接受新工艺、新材料、新技术。这样形成的与其他风格样式有所区别的建筑，以西方古典或现代建筑为框架来组织其立体形象，又试图以传统内部空间来昭示文化，这在当时受到了广泛的认可、推广。例如在"新京"为日本人移居服务的"日系住宅"，在现代主义形式特征基础上，既强调保留"和式"室内空间，又注重引入日本传统庭院空间。

换言之，伪满时期的建筑的重要表现形态是一种新的折中或者集仿的建筑样式。除了吸收东西方外来建筑文化，并融合本地区传统文化外，还与当时的社会经济发展水平有一定关联，"受到满洲的经济思想的发展和思想趣味的新变化"影响。

5. 建筑技术的革新

伪满时期建筑特征与自身性格的形成也受

---

① 于维联，李之吉. 长春近代建筑[M].长春：长春出版社，2001.

到地域气候和建筑结构以及建筑功能的影响。

伪满时期建筑与传统建筑相比，在建筑功能、建筑技术方面都发生了一些变化，由于建筑结构和工艺先进，建筑更加坚固耐用、空间形态更加丰富多彩。在《满洲建筑杂志》有文评价："（满洲）建筑是建立在现代科学进步和机械文明发达之上的，建筑材料与形式的变化大都影响其发展。"通过日本引进的新技术、新结构、新材料等在伪满时期的建筑中得到广泛应用和实践。当时比较先进的钢筋混凝土结构体系得到普遍的采用，钢结构和钢制屋架体系也已出现，先进的施工工艺和施工机械设备被大量采用。

先进的室内设备设施系统在办公、商业、会馆等建筑中得到使用。建筑室内人工环境质量较当地传统建筑得到大幅提高。室内舒适性水平在先进的取暖、通风、照明、电梯等设备的推动下得到很大程度的提高。例如，大多数公共建筑都设有地下室或半地下室，并且它们的很大一部分空间被用作设备空间，已经有了原始的空调系统；较高级别建筑的地下室设置有起自然通风作用的风道，并配有连接到各个室内空间的冷热水管，以便夏季供冷水降温，冬季供热水采暖。伪满时期，"新京"长春市全城区采用室内水洗厕所，这在亚洲是第一个，而日本城市在20世纪60年代以后才普及水洗厕所[1]。这些设备、设施的出现，使得当时的建筑，如政府办公建筑、大型公共建筑和日系住宅等的卫生、舒适性得到质的提升。

在建筑装修材料中，大量使用水磨石制品，并在楼地面、楼梯、墙裙等处广泛加以应用。考虑到当地的地域气候特征，建筑及室内门窗充分考虑采光和保温的因素，均设计为两层构造做法。

6.《满洲建筑杂志》的宣传作用

《满洲建筑杂志》是满铁及伪满时期的"满洲建筑协会"的会刊。该杂志涵盖建筑历史、建筑工艺、建筑格局、建筑功能、建筑推介等多方面内容，既涉及我国东北地区当地建筑的历史、设计、施工等，又涉及日本建筑和西方建筑等。除建筑专业类的文章外，也刊载相关方面的文章，如我国东北地区的勘探、规划、发展构想等等。代表伪满时期建筑最高水平的所谓"满洲式"，就是由该杂志首次公开提出的。

有研究认为，《满洲建筑杂志》不但是宣扬新建筑理念、推广建筑文化的重要宣传工具，反映当时东北地区的建筑学、城市规划等的发展情况，还是日本在东北地区的殖民侵略工具，是我们研究日本在近代中国东北活动的重要史料[2]。

通过《满洲建筑杂志》不难看出日本侵略者对我国东北地区进行殖民统治及企图殖民扩张的野心。

三、结语

伪满时期，日本侵略者不予余力地"建设"伪满首都"新京"长春，使之呈现出现代化都市的雏形，城市功能不能不说是齐全的、先进的，但必须指出，所建设的一切都是基于长期侵占我国东北地区的考虑，为其殖民统治服务的。例如，在"新京"长春新城区规划建设的居住建筑，大都是为殖民者及相关日伪人员居住服务的，而在长春原有的老区内却鲜有开发建设，也并未改善当地中国百姓的生活品质。

今天我们从技术层面去探讨伪满时期的建筑及其发展演变，不该也不可能绕过那段给中华民族带来耻辱的历史。本文的初衷，就是想给对长春伪满时期建筑历史感兴趣的人们提供一个基本的、分析思考的纲要。

---

①　[日]越泽明.伪满洲国首都规划[M].欧硕(译).北京：社会科学文献出版社，2011.
②　刘威.浅析1920年代的《满洲建筑杂志》.长春师范学院学报（人文社科版），2013（9）.

延吉市建筑形态中的文化呈现

金明华　张成龙[①]

摘　要：本文结合"长吉图开发开放先导区"的建设背景，介绍了延吉市的建筑风格的演化，分析了延吉市现有建筑中对传统文化的体现。并指出应借鉴批判地域主义的理论，用抽象的手法来表现民族传统文化，使文化在延吉市的新建筑中得以传承和发展。

关键词：延吉市　建筑形态　建筑风格　地域主义

建筑是历史、文化、艺术与技术的载体，每一个时代的建筑，都有其特定的历史背景和时代特色，都承载着人们的群体记忆。建筑是历史的镜子，它折射出一个时代的技术发展水平、艺术形式、社会背景、人们的价值观等。每个城市都有其独有的城市形象，而建筑是构成城市形象的基本单元。我们研究建筑的外在形式，基本都是在对建筑形态进行研究。

延吉市是延边朝鲜族自治州政府所在地，是吉林省最具民族和地域特色的城市，也是吉林省东部联通国内外的中心城市。延吉城市历史虽然只有100多年，但是早在2000年前，《汉书》就有对这一地区的文字记载。光绪年间，清朝政府在南岗设立招垦局，后设延吉厅。1909年，吉林东南路兵备道台公署移驻局子街，延吉厅升为延吉府。1931年"九一八"事变后，日本侵占中国东北，1933年3月日本在延边地区建立伪"间岛省"管辖延吉、珲春、和龙、汪清、安图等县，延吉市才开始有规划的城市建设。

可以说道台公署和伪间岛省公署等清末和伪满洲时期的殖民地风格建筑成为延吉市最早的规模较大的公用建筑，其融合了传统建筑和西洋建筑特征的风格也为延吉市建筑形态的发展奠定了基础。

而在信息化极其发达的今天，城市和城市中的建筑形态趋于同质化，生产技术不断提高使建筑形态受自然因素的影响也越来越少，对传统建筑形式的传承也非常有局限性。绝大部分城市呈现出的是千篇一律的繁华形象，却忽视其与所处地域环境和文化的联系，像延吉这样地处少数民族地区的城市也未能幸免。在这样的发展趋势下，彰显建筑的地域性成为新时期建筑形态发展的重要任务。

2009年，国务院正式批准了《图们江区域合作开发规划纲要——以长吉图为开发开放先导区》，建立了长吉图开发开放先导区。先导区的建设增加了长吉图地区对国内和国外的开放性。特别是在规划纲要中提出了"充分发挥区域内独特的旅游资源优势，以生态游、民俗游、冰雪游和边境游为主题"的旅游发展战略。上述旅游资源大部分都集中在延边地区，延吉市作为吉林省的重要旅游城市，突显其地域特色和传

---

① 金明华，吉林建筑大学艺术设计学院讲师；张成龙，吉林建筑大学教授。

统文化特色就被提升到了战略高度。人们到边疆少数民族地区旅游，更希望看到的是具有地区特色的城市和旅游区形象，而不是千篇一律的现代化都市。

一、延吉市建筑风格及演化

1. 殖民地建筑风格的出现和仿西式风格

延吉市城市和建筑的发展从清朝末年开始，这一时期，西方帝国主义势力渗透到国家经济、军事、文化等各个方面，建筑也不例外。西洋式建筑为适应中国各地的建筑结构、材料、施工技术等，进而逐渐形成一种建筑形式，被称为"殖民地式（Colonial Style）"。而在延吉市现存唯一的清末建筑吉林边务督办公署（又称"戍边楼""道尹楼"，图1）中也体现出这种殖民地式建筑风格，屋顶为中国传统形式的四坡顶，但斗栱已基本没有结构作用。两层外围均设回廊，借鉴的是朝鲜族民居的回廊形式。门窗采用半圆拱形，且将门窗口处墙面都处理为圆弧，是典型的殖民地式建筑细部结构。整个建筑体量不大，却融合多种建筑形态特征，典雅秀丽，是延吉市清末建筑的唯一见证。

东北沦陷时期，延吉作为伪间岛省省会，相继建成了伪满间岛省公署、局子街日本领事分馆、日本关东军间岛宪兵司令部、伪满延吉地区警备司令部、伪满洲中央银行延吉支行等。

图1 现存戍边楼 图片来源：作者自摄

2. 仿苏联式建筑风格

1950～1953年为国民经济恢复时期，全国上下掀起了向苏联学习的热潮，也输入了苏联的建筑理论，即西方古典主义。柱子采用希腊柱式，窗户采用半圆拱形，屋顶有山花，色彩多为灰色系，再结合当地的建筑技术和材料等，形成一种独有的建筑风格。这种对西方古典建筑形态的效仿也对后来的建筑风格和人们的建筑审美产生了很大影响，从某种程度上可以说是现在到处可见的仿西式建筑的根源。这一时期的建筑代表作品有延边宾馆、延边工人文化宫、延边大学办公楼等。

3. 民族传统建筑风格和现代建筑风格的兴起

十一届三中全会以后，我国进入了改革开放的新时期。随着思想的解放，新的思潮也影响了整个建筑界。在这样的形势下，延边的建筑师开始探索民族地区的建筑风格。从1981年起，陆续出现了具有民族形式和地方特色的新建筑。建筑师吸取了当地朝鲜族民居的特性，结合本地区建筑技术、材料、施工等情况加以综合，形成具有民族传统风格的建筑，也就是人们俗称的"大屋顶"建筑，即具备近现代功能的仿中国传统形式的仿古建筑，也称为"民族形式建筑"。延吉市的民族形式建筑相比中国其他地区，更具有朝鲜族民居的特色。主要体现在屋顶上，屋顶多为歇山顶，坡度较中国传统建筑屋顶更加缓和，组成屋顶的所有线和面，均为缓和的曲线和曲面，歇山顶的房檐和椽子更加向上翘起，形成飞檐，看上去既稳重，又轻盈。另外，常常采用的外廊形式，也是从朝鲜族民居的前廊演变而来的。这一时期的代表建筑有延边农业银行、延边图书馆、延边州委办公楼等建筑。

随着改革开放的深入，经济发展，建筑市场的开发，现代风格的建筑在延吉兴起，建筑文化呈现多元化的趋势。从20世纪80年代末开始，延吉市相继出现了高层建筑。90年代到21世纪初，经济进入快速发展时期，大批现代高层建筑拔地而起，一时间，在建筑中突显民族传统文化似乎被淡化，如白山大厦、延边日报社、延边百货大楼、延边电信大厦等。

4．建设新时期的多元化建筑风格

2009年，国务院正式批准建立长吉图开发开放先导区，2012年为延边朝鲜族自治州成立60周年。在这期间延吉市兴建了延边州博物馆、延边图书馆、延吉市综合体育场、延吉市档案馆等一批具有民族传统建筑特色的公共建筑。另一方面，现代主义风格已成为现代建筑的主流，而近年来，仿西式古典建筑风格又卷土重来，整个延吉市的建筑形态呈现多元化的发展趋势。

二、传统建筑文化在延吉市建筑形态中的体现

1．空间体量和组织形式

构成建筑的各个单元空间形体是以一定的秩序组合而成，具有一定的内在结构。这种内在结构使建筑这一系统具有整体性和层次性，并使得使用功能得到优化。建筑的空间组织形式是在生活方式、地域文化、社会发展影响下，按照一定的空间逻辑关系和使用功能所构成的组织框架，也是形态的一种生成机制。

在朝鲜族的传统民居中，由于经济条件、施工工艺和材料的限制，以及为了达到最好的热效应，往往不会采用大体量的单体建筑。这一传统也渗透到现代的民族传统风格建筑中，它们一般不采用很大体量的单体空间，多为若干较小空间形体的组合，以呼应传统民居的空间组织形式。

2．外廊结构形态

廊是屋檐下的过道、房屋内的通道或独立有顶的通道，包括回廊和游廊，具有遮阳、防雨、小憩等功能。廊是建筑的组成部分，也是构成建筑外观特点和划分空间格局的重要手段。

图2　朝鲜族民居中的退间
图片来源：北京建筑大学经纬居所资源库http://tszyk.bucea.edu.cn/jwjszyk/

传统形式的廊按平面划分可分为双面空廊、单面空廊、复廊、双层廊、单排柱廊、暖廊。在朝鲜族民居和民族传统风格建筑中出现的廊的结构多为单面空廊，即一面挑空、一面依附于建筑物的半开放空间，在朝鲜族民居中也称为退间，而应用到现代建筑中多做成外廊的形式。

"外廊"是房间外的主要过道，为开敞式明廊，包括挑外廊和带柱外廊。两种概念有含义的重合之处，区别是单面空廊是指廊这种独立的建筑形式中的一种，而外廊是依附于建筑的概念，是建筑的一种构件。朝鲜族民居中一般在正立面都设有外廊，多为偏廊，也称为退间（如图2中方框所示部分），即在正立面的入口处一角做凹进的处理，以柱支撑房檐，形成内外的过渡空间。也有做成全廊的形式，即整个正立面是单面空廊，以柱支撑房檐。偏廊在传统民居和百姓生活中扮演着非常重要的角色。偏廊对风雨阳光有一定的遮蔽作用，可以是小孩子玩耍的空间，是邻居话家常、妇女做家务的平台，也可以是存放杂物、进出换鞋的空间。

延吉市最早在公共建筑中体现外廊结构的就是戍边楼，上下两层均为回廊，形成明确的建筑内外的过渡空间，虚实变化非常精巧。

之后的民族传统风格的建筑几乎无一例外，全部在正立面的局部或整个正立面采用外廊，有的还采用回廊，如完全借鉴朝鲜传统建筑风格的延边大学博物馆（图3），一层正立面设全廊，二层为回廊。由于传统民居中外廊

图3 延边大学博物馆外廊　图片来源：作者自摄

的功能与现代公共建筑相去甚远，所以大多数建筑的外廊只是象征性的传统符号，一般尺度较小。加上延吉市所处的东北地区气候寒冷，所以几乎没有使用价值，如2012年建成的延边州政务中心顶层的外廊，仍然是符号性的传统元素。

3. 模糊空间的运用

"模糊空间"这一概念最早由日本建筑师黑川纪章提出，他称之为"灰调子文化理论"，其中对于模糊空间作了明确的限定，这个空间，就是"灰空间"，也是室内空间和室外空间的过渡，具有一种"亦内亦外""非内非外"的空间性质。正因为是过渡空间，所以模糊空间具有其不确定性。

其实朝鲜民族传统建筑中的外廊就属于模糊空间的一种。在现代建筑中巧妙地运用模糊空间也是对传统建筑元素的诠释。

延边大学丹青楼的入口处（图4）就是典型的模糊空间，教学楼的大门并没有开在主要的外立面上，而是将建筑东侧的底层架空，形成过

图4 延边大学丹青楼入口　图片来源：作者自摄

渡空间，两侧分别为美术学院的教学楼和实践基地。也是通过这种手法，在一个建筑体量中安置了两个不相连的建筑空间。封闭的入口空间也增加了建筑的封闭性和神秘感。

三、结论

自改革开放以来，延吉的建筑师们就在探索在建筑中体现民族和传统文化的道路，取得了一定的成果，也有了大量的建筑作品。民族传统风格的建筑形态也从简单地沿用大屋顶形式，到对传统建筑空间形态的特点有更深入的理解和利用，但是对传统建筑文化的关注更多地还是停留在空间形态层面。在新建筑中呈现传统文化，不仅要运用丰富的设计手法来表现传统建筑元素，更要为新建筑注入文化的灵魂。借鉴批判地域主义理论，用抽象的手法来表达地域文化和民族传统，用现代材料和构造手法来传达传统中更深层的内涵和精神，使现代工业文明和文化传统和谐共存，只有这样才能将新建筑与民族传统文化相融合，使文化成为建筑师创作的思想，而不是流于表面的形式，文化才能在延吉市的建筑中得以体现和传承。

参考文献

[1] 中国图们江区域合作开发规划纲要.

[2] 刘佳.镇江近现代建筑形态及其演变过程[D].江南大学博士学位论文，2012.

[3] 李虎山.我们的家园——延吉城市传世相册[M].延吉：延边人民出版社，2010.

[4] 金光泽，张世军.探索延边朝鲜族建筑文化[J].中国民族建筑研究，2008.（2）.

对长春市伪满建筑保护利用的几点思考[①]
——以新民大街"满洲式"建筑为例

张俊峰　林玉聪[②]

摘　要： 伪满建筑是长春独一无二的、具有全球意义的警示性文化遗产资源。保护和利用它们，对于固化日本军国主义的侵华历史，揭露日本军国主义侵华的真相，具有重要的历史价值和现实意义。

本文通过对新民大街"满洲式"建筑价值的重新认识和保护利用的探讨，力图为长春市伪满时期建筑的保护、管理与利用，提供一种切实可行的新思路。

关键词： 伪满时期　"满洲式"建筑　保护与利用

一、引言

在我国近现代史上，长春市是一个特殊的城市。作为日本军国主义侵略我国东北，对东北人民进行殖民统治的大本营，长春是唯一一个保留着伪满时期殖民文化"历史原真性"的"都城型"城市。今天看来，带有明显的殖民地色彩的"新京"城市规划、建设，是伪满"首都"政治、社会、经济和文化生态等方面的历史见证。尤其是那些充满殖民色彩的建筑区域及主要建筑旧址，也即本文所指的伪满建筑，现已成为长春市文化遗产保护的主要内容。这些具有重要警示意义的伪满建筑，可以说是长春独一无二的、具有全球意义的警示性文化遗产资源。保护和利用好这部分文化遗产，对于固化日本军国主义的侵华历史，揭露日本军国主义侵华的真相，具有重要的"唯一性"历史价值和"警示性"现实意义。

二、新民大街和"满洲式"建筑

1. 新民大街

说到"伪满建筑"，就不得不提到长春市新民大街。

新民大街是按照伪满"首都"《大新京都市计划》规划建设的。根据规划，以大同大街（现人民大街）为南北向城市主轴，从北端的长春站开始，在轴线重要节点处设置日本关东军司令部为首的军事政治设施，至城市核心的大同广场（现人民广场），布置新京特别市政公署、首都警察厅、伪满电信电话株式会社和伪满中央银行等机构。而将"帝宫"和伪满国务院为首的伪满政府主要机构安排在当时的城市南郊，即顺天大街（即新民大街）街区。这样的规划设计，显示了伪满洲国傀儡政权的性质，反映了长春城市规划的政治性格，也从根本上决定了长春市的城市格局。顺天大街南起安民广场（现新

---

① 吉林省社会科学基金项目《长春市新民大街文化遗产的再利用研究》阶段性成果（项目编号：2013JD4）
② 张俊峰，吉林建筑大学副教授；林玉聪，吉林建筑大学建筑与规划学院硕士研究生。

民广场），北端为伪满帝宫和顺天广场（现文化广场），与兴仁大路（现解放大路）直角交叉，将用地划分为南北两个区域，北区为伪满"皇宫造营用地"区，南区为"政府"行政办公区，布置伪满国务院及下辖的伪满军事部、伪满司法部、伪满经济部、伪满交通部和伪满祭祀府，及伪满综合法衙（包括伪满立法院，伪满最高法院和伪满最高检察厅）等。

新民大街现存的伪满建筑，包括伪满国务院旧址（现吉林大学基础医学院）、伪满军事部旧址（现吉林大学第一医院）、伪满司法部旧址（现吉林大学新民校部）、伪满经济部旧址（现吉林大学中日联谊医院二部）、伪满交通部旧址（现吉林大学公共卫生防疫学院）和伪满综合法衙旧址（现空军第461医院）等，均为"满洲式"建筑的典型代表（图1）。这些建筑自建成以后，仅为日本殖民统治服务了十来年，伪满洲国垮台后，随着其使用功能的彻底改变，它们已为我们服务了半个多世纪，一直发挥着建筑本体的作用。现均为全国重点文物保护单位。

新民大街现为吉林省历史文化街区。经

图1 新民大街"满洲式"建筑分布图　图片来源：张俊峰等.长春"满洲式"建筑遗存述论[J].建筑与文化，2010.(6).

过新中国六十多年的保护与建设，该街区不仅成为展示"满洲式"建筑的中心，而且已成为长春市最富有特色的标志性街区之一。2012年，该街区被推选为第四届"中国历史文化名街"。

2."满洲式"建筑的含义

伪满期在长春出现了一种以东洋文化为基调的近代式建筑样式，这种建筑样式被当时的《满洲建筑杂志》称作"满洲式"建筑。

伪满洲国成立后，为体现"新满洲、新国家、新形象"，达到"日、朝、满、蒙、汉""五族协和"，出现了一种采用中国传统"大屋顶"或日本"和式屋顶"形式，又有日本传统建筑构件、细部做法，同时掺杂西方折中主义建筑的构图特征的建筑样式，这就是所谓的"满洲式"建筑。这种由日本建筑师设计的建筑样式，占据了当年长春伪满洲国政府办公建筑和纪念性建筑的主导地位。其中以新民大街街区的伪满国务院等"官厅建筑"最为典型。

三、对新民大街"满洲式"建筑总体价值的认识

新民大街"满洲式"建筑，不仅是日本殖民统治我国东北地区的历史物证，而且还是长春市独具特色的建筑文化遗产。这些文化载体所具有的独特性和唯一性，越来越多的引起国内外规划、建筑、历史和社会学界的关注。

总体上来说，它们具有历史、艺术、科学、教育和经济等方面的价值。

1.历史价值

作为历史的产物与见证，新民大街"满洲式"建筑是在特定历史阶段内形成的产物，它们真实地反映着伪满洲国时期的社会状态，对研究当时的政治、经济、文化与技术等具有十分重要的意义。作为历史的承载与固化，它们不仅是殖民文化胁迫出现的极其特殊的文化遗产，还是研

究20世纪三四十年代，现代主义建筑及日本国内建筑思潮对我国东北地区影响的典型实例。

2．艺术价值

新民大街"满洲式"建筑代表着伪满时期长春乃至东北地区近现代建筑的最高水平，反映着20世纪初期中西方建筑思潮、流派和工艺在我国东北地区融合和创新的实践成果。除去"政治"因素，伪满国务院、伪满综合法衙和伪满交通部等建筑，在空间布局、建筑造型等方面取得的艺术成就，是值得后人参考借鉴的。（图2、图3、图4）

图2 伪满国务院　图片来源：作者自摄

图3 伪满综合法衙　图片来源：作者自摄

图4 伪满交通部　图片来源：作者自摄

3．科学价值

从科学技术的角度来分析，新民大街"满洲式"建筑反映着当时的建筑科学技术理论和经验（包括手工艺的）发展水平。伪满时期，大量外来（西方）的建筑类型、结构体系、技术设备、施工工艺以及建筑材料等得以广泛应用、传播。所以保护、利用好这些建筑文化遗产，对于快速发展的城市建设而言，是最为直观的汲取、借鉴其智慧和科技成果来发展现代科技和生产力的实物例证。

4．教育价值

伴随着伪满洲国"国都"那段屈辱的历史落成的新民大街"满洲式"建筑，具有深远的历史和警示教育意义，是开展爱国主义教育不可复制的教材，也是激励长春市民"勿忘国耻"不断开拓进取的精神力量。

5．经济价值

在经济社会快速发展的今天，新民大街"满洲式"建筑的经济价值越来越多地在旅游资源方面得以体现。可以说，新民大街"满洲式"建筑不仅是"长春乃至全国宝贵的建筑财富"，还是"典型的历史纪念地，是长春市旅游业进一步发展的重要旅游资源"[1]。

四、保护与利用的建议

1．提高认识，规范管理

（1）要提高对伪满建筑保护与利用重要性的认识。随着经济建设的快速发展，只有处理好伪满时期殖民历史认知和保护客观遗存的关系，才能全面、科学地评价伪满建筑，才能克服仅以经济价值或经济数据来衡量其价值的观念。要动员全社会参与对它们的保护中来，使其成为经济社会发展的积极力量，这既有利于对它们进行有

---

① 吉林省城乡规划设计研究院."八大部"——净月潭风景名胜区总体规划（2006~2020年）[Z]. 2006.

效的保护与利用，又是提升城市认同感、增强城市凝聚力、吸引力的有效途径[1]。

（2）坚持"依法治文"，对伪满建筑进行科学保护和有效管理。强化各级政府及职能部门保护伪满时期历史建筑的责任意识，切实做好这些文化遗产的日常管理。借鉴国外的经验，以法定的形式，将保护责任转化为全体国民的自觉行动，为文化遗产保护撑起保护伞[2]。

2. 加强科学研究，培养专门人才

各级政府要重视伪满时期历史建筑的科学研究工作，并加大研究经费的投入。相关职能部门要积极推动对其保护与利用研究，发挥好各类高等学校、科研机构在研究中的主体作用。同时，还应加强对保护技术的研究和专业人才的培养，及保护与利用的技术实践。

3. 强调整体保护、管理，重视适应性的再利用

"满洲式"建筑是新民大街历史文化街区最主要的文化遗产。这些遗产记载着城市的历史，丰富着城市的文化，是长春城市生活和建设不可回避的组成部分。为此，对它们进行保护和再利用，应以城市保护为出发点和最终目标，也就是说，必须遵循"整体保护"的原则，既保护这些文化遗产的"原貌"，使其历史信息得到全部保存，又要划定保护范围和建设控制带，保护和延续所在街区的历史环境、风貌特色，以便完整地体现文化遗产的历史、科学和艺术等价值。

实行全生命周期的利用、管理。要在建筑生命周期内，对伪满时期建筑物使用功能延续或转换、运行与维护直到拆除及材料、构件处理（废弃、再循环和再利用等）整个循环过程加以有机控制，亦即以经济、效率和环保等手段来

重塑这些遗产的新生命。要引进建筑信息模型（BIM）技术和基于 BIM 技术的建筑生命周期管理（BLM）等手段，提高管理效率。

目前，新民大街"满洲式"建筑的遗存物都由医疗、教学单位或部门使用，其功能在相当长的时间内不可能再发生转换，更不可能延续或重现原有的"政治"意图明显的初始功能，所以，要重视"动态"的保护过程，而适应性再利用就是使其建筑本体得以保存、延续，又能继续创造社会价值的理想之法。这里说的适应性再利用，就是转化和改造旧的建筑以适合新的使用方式和内容，同时在不同程度上保留其历史特色[3]。相比古董式的"冻结"保存而言，适应性再利用更有积极意义，更能发挥文化遗产的作用。

4. 合理修缮建筑，注意整合环境

新民大街"满洲式"建筑均建于 20 世纪 30 年代中期，距今七十多年已接近使用期限，为了使其更好地保存下去，并适应目前的使用要求，应对这些建筑遗存本体进行以保护为前提的"修缮"，包括结构、设备等，并以不破坏其"原状"为最低限度。所谓"原状"是指历史建筑本体拥有的历史性特质，包括材料、装饰、建筑空间和特征等。这是历史建筑再利用的最基本要求。同时为更好地再利用，应在严格控制下对其内部进行合理改造，重新敷设基础设备设施，参照当今的建筑技术要求，适当增加必需的防火、安全和信息等现代化设备，以适应现代生活需要。

5. 引入数字化保护模式，重视科学展示

历史建筑的数字化保护是全球历史建筑保护应用技术的大势所趋，它的出现，对于历史和文化的传承具有重要的意义。建议长春市对伪

① 袁敬伟, 张俊峰.长春市历史建筑资源的文化产业化进程初探[A].吉林建筑文化研究 I [C].长春: 吉林文史出版社, 2009.
② 宋宏宴.长春市文化遗产保护利用的探讨[D].东北师范大学硕士论文, 2009.
③ 许亦农.审视过去, 走向未来: 建筑适应性再利用杂记[J].世界建筑, 2009(3).

满时期历史建筑及其环境的保护与利用也尽快采用这项先进的保护技术。

具体到新民大街"满洲式"建筑，可以借助 CAD、三维激光扫描及虚拟现实等数字化技术，通过三维数字模型再现建筑样式的艺术和技术特征等，进而建立系统的建筑数字资料库，如建筑信息模型 (BIM) 等，永久保留建筑数据信息，达到对它们及周边地段的信息和资料更长久、更系统地保存，从而为研究、保护、修葺和再利用提供技术支持。

另外，也应借助数字技术的强大应用能力，把新民大街"满洲式"建筑与同时期日本国内的"帝冠式"建筑进行更科学、准确的分析和比较，进一步发掘影响"满洲式"建筑发生、发展的，诸如历史、社会和文化等方面的渊源。

历史建筑的科学展示也是永续利用的有效方法。实践证明，在严格控制下妥善合理地以"展示"的形式使用历史建筑，是人们认知历史建筑所包含的文化遗产特性的一种直观方法，也是维护、传承它们的一个有效办法。就新民大街"满洲式"建筑而言，一方面，可以寻求置入新的功能并科学展示，例如可将伪满国务院旧址一层部分的使用功能进行调整，将其改造为以陈列日本殖民统治时期有关"满洲式"或"八大部"建筑历史与文化的展示场所，并使之与新民大街历史文化街区整个环境及旅游观光、爱国主义教育活动相契合。另一方面，深入发掘它们在旅游资源方面的经济潜能，建议在"伪满皇宫——'八大部'（含新民大街"满洲式"建筑）"伪满遗迹游基础上，打造以国家级重点文物保护单位为旅游目的的长春历史建筑文化遗产"一日游"，将新民大街"满洲式"建筑、新中国成立初期的"第一汽车制造厂历史建筑"组成游览路线。这样既可以很好地宣传、展示历史建筑文化遗产，又能充分发挥它们的特殊价值，提高城市知名度，同时还能取得良好的经济效益。

五、总结

新民大街"满洲式"建筑不但是日本殖民统治我国东北地区的历史物证，而且还是长春市独具特色的历史建筑文化遗产。随着所在街区被推选为"中国历史文化名街"，特别是这些遗存被国务院公布为全国重点文物保护单位后，对它们的保护与利用就上升到了一个新的高度。

本文通过对新民大街"满洲式"建筑的重新认识和再利用探讨，希望能为长春市伪满时期的历史建筑这类文化遗产的保护、管理与利用，提供一种适应国际上关于历史建筑（文化遗产）保护发展趋势的新思路。

公主岭市近代建筑形式特征及价值研究
——以吉林省农科院畜牧分院建筑群为例

李之吉　孙赫然[①]

摘　要：1898年沙皇俄国在我国东北修筑中东铁路，1904年日本从俄国手中接收了中东铁路南下支线长春以南铁路和附属地。在这期间，沙皇俄国和日本都在铁路附属地修建了大量的军事、工业、农业建筑。本文以吉林省农科院畜牧分院院内的建筑群为例，结合当时的历史背景，将建筑的形态、空间、色彩和结构形式进行细致的研究，并对该建筑群的价值作出评价分析。

关键词：公主岭　建筑　沙俄　满铁　价值

一、历史背景

光绪二十三年（1896年），俄国沙皇尼古拉二世举行加冕典礼，清朝出使大臣李鸿章接受沙皇俄国的300万卢布的巨额贿赂后，同期签订了《御敌互相援助条约》，在共同防御日本帝国主义入侵的招牌下，允许沙皇俄国在我国黑龙江、吉林两省修建中东铁路。铁路的主干线是由满洲里经过哈尔滨直至绥芬河，全长1480公里。光绪二十四年（1898年），沙皇俄国以德国强占胶州湾为借口，又占领了大连和旅顺，获得了中东铁路南下支线，哈尔滨至旅顺的铺设权，全长940多公里。同年8月，中东铁路南下支线破土动工。光绪二十九年（1903年），中东铁路全线通车。竣工后的中东铁路是以哈尔滨为中心，西至满洲里，东至绥芬河，南至旅顺的"T"形铁路。公主岭站定名为公主陵，又称三站。根据双方签订的协议，中方在公主陵站铁路线南北两侧，割让6.6平方公里的土地，作为沙皇俄国铁路附属地。光绪三十年（1904年）二月八日，日俄战争爆发，俄国战败。光绪三十一年（1905年）九月五日，日俄两国签订《朴茨茅斯条约》，日本从沙皇俄国手中接收了中东铁路南下支线以南铁路和附属地的租借权和管辖权。当时，沙皇俄国和日本根据自身工业、农业和军事等方面的需要，在公主陵站铁路沿线的南北两侧修筑了大量的建筑。

吉林省农科院畜牧分院坐落于公主岭市区东北部，位于哈旅铁路北侧约600米，西侧是通向公主岭军用飞机场的铁路专线。1901年，沙皇俄国修筑中东铁路南下支线的时候，为把公主岭建设成军事重地和特产集散地，在车站北部修建了铁路工厂和能够容纳22台机车的机关车库，地点在现吉林省农科院畜牧分院院内。铁路工厂主要承担铁路车辆的机械制造任务，机关车库主要是以修理机车为主。日俄战争后，俄国战败，日本接管了铁路工厂和机关车库，并且继续使用。1913年，在其西北200米位置修建了产业试验场，后期成了满铁农事实验所的畜

---

① 李之吉，吉林建筑大学教授；孙赫然，吉林建筑大学艺术设计学院在读研究生。

产科试验场。随着大连铁路工厂设备能力的增加和战备需要，1926年，原铁路工厂和机关车库移至四平。此后，原铁路工厂和机关车库占地全部成为南满铁道株式会社农事试验场畜产部用地。之后，又经历伪满洲国国立农事试验总厂畜产部、东北行政委员会农业处公主岭农事试验场畜产系、东北人民政府农林部农业科学研究所畜牧系、中国农业科学院东北农业科学研究所畜牧系。1959年，成立了吉林省农业科学院畜牧研究所，现为吉林省农业科学院畜牧分院。

二、建筑群分布情况

现公主岭畜牧场院内现存机车厂检修车间一栋、沙皇俄国护路队营房一栋、南满株式会社试验场八栋。建筑群主要是围绕直径约170米的圆形广场呈扇形分布，广场的中央是一座体积不大的二层小楼，为当时南满铁道株式会社农事试验场畜产部的主要办公用地。广场的周围并列坐落着7座满铁时期的建筑，每两座建筑之间的距离大约50米左右，是当时日本仿照俄式建筑所建。这些建筑是南满铁道株式会社农事试验场饲养马、牛、羊的养殖场，一楼用于畜养，二楼用于堆放草料。转盘西南方向200米左右，是沙皇俄国在1901年所建的铁路工厂和机关车库（图1）。

图1 满铁仿俄式建筑　图片来源：作者自摄

三、建筑形式特征

广场周围呈扇形分布的建筑群是满铁时期日本所建的仿俄式建筑群。从建造风格上说大体上可分为小屋顶悬山式建筑、小屋顶歇山式建筑和大屋顶歇山式建筑。从建筑材料上看，可分为石筑、砖筑和石砖混筑。单体建筑平面图分别呈长方形、"L"形和"n"形，建筑的立面设计简洁而别致，整体感觉纯朴且具有厚重感。墙体上半部分为红砖砌筑，窗台以下至地面为石块垒砌而成。建筑墙体的周身四面设有扶壁柱，且扶壁柱由上至下设有斜坡，以防止墙面被雨雪侵蚀。木质的门窗呈长方形或拱形，一部分窗框现已被改造为白色的塑钢窗。每一扇门和窗的上方，砖的垒砌都与墙体其他部分不同，这一排砖是竖向排列，与墙体的其他砖方向垂直。这样的排列是代替常规门窗上方的横梁。所有建筑都是木屋架，屋顶是黑色的铁皮瓦包裹木板铺制成。为了保证屋内的采光，屋顶处设有天窗，天窗上设有雨棚，以防雨水滴落于窗内。

建筑内部空间规整而宽敞，多数是一个大空间的角落被分隔成几个小屋。主体空间很少有墙体的分隔，极少部分空间被分隔后，平面依然呈规则的长方形。室内墙上的门全部为红色的木拉门，以便节省空间。室内是水泥地面，每隔一段距离有一条排水沟。两侧还有用于养殖牛、马堆放食物的水泥垒砌的条形槽。这个条形槽高于地面，槽底与地面水平。条形槽一侧槽边上砌着很多竖向的铁柱，既能拴绳控制养殖动物的行动，也能分隔空间（图2）。一层与二层之间的楼板全部为木制。由于建筑跨度很大，当时条件有限，一层屋顶的横梁全部是由短木搭接，搭接方式是在将要搭接的两条短木接头处的两侧分别放一块木板，之后再用大号的螺丝钉穿透固定（图3）。与这些横梁垂直方向的是几条长木，直接与垂直于地面的柱相连接，柱的上半部分是木质，下半部分是水泥。后期的修复中，为了建筑结构的稳定性，在短木搭接的横梁的垂直方向，每隔一段距离又固定了几条铁梁。

距离广场西南方向 200 米是沙皇俄国在 1901 年所建的铁路工厂和机关车库。机关车库的检修车间整体呈"L"形（图 4），建筑面积约 1600 平方米。主体的部分为长方形，南北长 56

图2 满铁仿俄式建筑内部空间　图片来源：作者自摄

图3 室内木楼板局部　图片来源：作者自摄

图4 机关车库检修车间　图片来源：作者自摄

米，东西宽 27 米，建筑面积约 1520 平方米。主体部分的北侧，向东伸出一个侧屋，东西 14 米，南北 9 米，建筑面积约为 126 平方米。建筑主体部分为南北两侧开门，每侧设有三个设计完全一致的单元门。中间设有三排木柱，形成木柱、木屋架和墙体综合承重的结构方式。外墙整体采用红砖砌筑，部分细节贴有石材，简约而朴素。建筑的正立面和背立面墙体上部的垒砌高于屋顶，结合屋顶的形式将其砌筑呈类似三角形形状，三角形的上部顶点向上拔起，并采用砖石混筑的形式将三角形顶点上部向上延续约 50 厘米高的长方体，使建筑整体形象更加挺拔。两侧山墙的上部分别砌筑突出的塔柱，塔柱高度不是特别高，但可以很好地作为建筑端部的结束点。该建筑由三个相同的单元组合到一起，使建筑高低起伏，轮廓线富有韵律的变化，形成美妙的视觉效果。建筑的侧立面墙体上都设置了墙垛，以加固高大的墙面，同时也将立面分隔，加强墙体的韵律感。建筑正立面的门洞完美地结合了墙体高低起伏的设计，形成拱形，设有长方形的双扇木门。每个立面的墙体上部，都嵌有青色的石材，墙垛上部的红砖砌筑也富有层次，这些细节元素形式简洁，设计精美，砌筑细致，使这座本来挺拔而厚重的建筑增添了活力。

四、建筑价值分析

坐落于吉林省农科院畜牧分院院内的建筑，是中东铁路支线沿线保存最完整的俄式建筑群之一。该建筑群中部分建筑是 20 世纪初期沙皇俄国所建，其他的是日本满铁接手后的仿俄式建筑。这些建筑虽然经历了百年的风雨剥蚀，但至今保存完好，面貌独特，具有浓厚的俄罗斯风格，深刻体现了特殊的建筑艺术。这些建筑见证了公主岭市被帝国主义入侵的过程，体现了城市历史的多元性，记载着公主岭近代时期的发展和变化。同时也受到了世界优秀文化的影响，以建筑的独特形式记录了早期东北近代化和城市化的重要转变，提升了中东铁路建筑遗存的整体水平和层次。现已被评为国家重点文物保护项目，具有很高的艺术价值、历史价值和科研价值，为各项重要工作提供了十分珍贵的历史资料。

参考文献

[1] 隽成军,田永兵.中东铁路支线四平段调查与研究[M].吉林：吉林文史出版社，2013.

[2] 丁艳丽，吕海平.中东铁路南支线附属地及其建筑特征[J].中国近代建筑研究及保护[八].北京：清华大学出版社，2012.

中东铁路时期中小型站舍建筑的保护与再利用模式研究

才军　刘大平[①]

摘　要：本文以中东铁路时期的特色建筑文化为研究背景，通过对中东铁路时期沿线现存的原始站舍建筑现状的调查、研究和对比，对中小型站舍的现有保护和再利用模式进行总结归纳，并探索不同保护模式和再利用模式之间的内在关系。

关键词：中东铁路　站舍　保护模式　再利用模式

《威尼斯宪章》提出：文物建筑"不仅适用于伟大的艺术品，也适用于由于时光流逝而获得文化意义的过去的较不重要的作品"。这体现了某些历史建筑因其固有的文化属性而应得到保护和尊重。

一、中东铁路时期站舍类建筑现状简介

中东铁路是指从 1896 年起至 1935 年，沙俄政府为了掠夺和侵略中国东北，控制远东地区，而在中国东北修建的从满洲里到绥芬河之间的铁路及附属建筑[2][3]。在当时，沿线的铁路站舍是服务于中东铁路的重要建筑类型，其设计特色具有强烈的异国风貌，部分中小型站舍建筑在装饰上又具有浓重的中国风情和民俗特色，可谓是当时较早的在中国建设的西洋建筑或中西合璧式建筑。对于城市而言，中东铁路沿线相当一部分城市的产生和发展也是源于中东铁路沿线站舍的兴建。

而今时过境迁，科技的进步和铁路交通的发展使我们对铁路站舍类建筑提出了新的要求，昔日中东铁路时期的站舍建筑，现已作为我国的物质文化遗产正逐渐受到人们的关注。目前，中东铁路时期建筑遗产保护力度的加大以及保护措施的逐渐完善，将大大有利于整条中东铁路文化线路的延续。

中东铁路时期站舍类建筑在近代东北地区已逾百年，它虽曾服务于外国侵略者对华的殖民统治，但同时也带来了西方的工业文明，促进了东北地区近代城市的崛起。值铁路落成时全线共建 104 个车站（包括临时的会让站），其中 1 个一等站，9 个二等站，8 个三等站。它们中一部分在新中国成立初期被遗憾地拆毁，一部分现已废弃并遭受了一定程度的损坏，大部分仍被赋予不同功能正常使用。本文通过对现存中东铁路时期站舍类建筑现状的调查研究，主要分析三等以下铁路站舍以及会让站等中小型站舍建筑在当今的保护与再利用模式。

---

① 才军，哈尔滨工业大学建筑学院硕士研究生；刘大平，哈尔滨工业大学建筑学院教授、博导。

二、中东铁路时期站舍建筑的主要保护和再利用模式

艾克斯纳说："建筑就像是人类一样，它们出生、成长、伤痛、病愈、衰老直至最终的死亡。它们展示着其中发生过的人世沧桑和世事变迁，从朝气蓬勃的青年走向成熟，有时会在自己的老年获得了新生。因此它们并不仅仅是出生时建筑师所赋予的那一幢建筑，而是同样反映了在生命长河中经历过的变迁。"

目前，中东铁路时期的原始站舍正以不同的保护模式和再利用模式继续存活着，这些原始站舍以不同的使用功能为再利用模式，其保护模式主要有站舍建筑原址原貌保护、站舍建筑原址原貌局部改建、站舍建筑原址原貌扩建、站舍建筑整体迁移原貌保护等。

1. 站舍建筑原址原貌保护

由于铁路站舍类建筑属于交通类建筑，与其他建筑不同。当其运输吞吐量低于站舍所在地人口的需求时，就意味着其原始建筑生命的终止。

图1 伊林站　图片来源：作者自摄

图2 下城子站　图片来源：作者自摄

由于中东铁路沿线中小型站舍的落成，随即在站舍所在地逐渐形成一些中小型城市或乡镇，而部分中小型城市或乡镇至今人流量尚未达到明显的膨胀，所以一部分站舍仍可作为铁路站舍而正常服役于铁路运输。那些得到了合理维护而正常营运的原铁路站舍，仍不失当时的美丽风采。

中东铁路时期滨绥线上的伊林站（图1），始建于1900年，时为四等站，是一座具有典型的俄罗斯风格的折中主义风格建筑。作为中东铁路初期站舍建筑的杰作之一，经过多次的维护和修缮，正如当年一般效力于边陲小城。其主体功能车站候车室仍不变，只有部分内部用房功能发生置换。而始建于1901年的下城子站（图2）也是一个典型的实例。下城子站始建于1913年，当时作为临时会让站，现为四等站，位于中东铁路滨绥线，地处黑龙江省穆棱县中部，该站舍展示了传统的俄罗斯建筑特色和建筑文化，是现存且正常运营的小型候车型站舍建筑，虽为地处边陲，其风貌却尽情彰显着大方与静谧。

2. 站舍建筑原址原貌局部改建

随着城市的扩张和铁路运输事业的发展，原站舍建筑已不再适合效力于铁路运输，故将其体量保持原貌，平面进行局部改建或置换为其他新功能继续使用。这样既是对历史建筑的保护利用，同时也是破坏性最小的最佳保护模式。如位于中东铁路东部支线的海林站、九江泡站，西部支线的富拉尔基站、兴安岭站以及南部支线上的老少沟站等。按其改建方式分类，主要有以下两种模式。

1）站舍建筑平面改建

由于站区的吞吐量增大，需要更大的站舍面积，故将原始站舍舍弃另建新舍。停用后的老站舍，将其平面稍作修改，一般将候车室空间等大空间进行改建，改变功能，定期维护，部分站舍现仍作为站区附属建筑使用。

滨绥线上的九江泡车站（图3），建于1925年，当时作为会让站，后为正式营运车站，是中

图3 九江泡车站　图片来源:作者自摄

图4 兴安岭站　图片来源:作者自摄

东铁路沿线最具特色的会让站之一。自2004年7月1日起,因铁路大提速和生产力布局调整之故,九江泡车站正式停止运营业务,通过对站舍内部平面进行改建,现作为牡丹江工务段养路工区办公室使用。"转型"后的九江泡站,虽退出以营运功能为主的铁路站舍历史舞台,但其具有法国文艺复兴特征的穹顶造型,仍彰显着丰富的建筑艺术魅力。

2) 站舍建筑立面改建

根据建筑目前使用功能的需要对部分原始站舍立面进行修改,如置换原始建筑材料、封堵或另开辟墙体孔洞等。部分原始站舍立面经过较大改动,建筑特色和文化价值已遭到破坏。

兴安岭站(图4)建于1902年,时为五等站,中东铁路时期称为兴安站,在砖饰和构造上具有典型的俄罗斯建筑特点。老站舍由于地处偏僻,铁路改道后一度被废弃,后经简单整修,部分原始窗框拆除,部分窗洞堵死,用作民用仓库。由于缺少专业的修缮和改建方案,原始站舍的建筑艺术价值受到一定程度的破坏。而今的站舍像一位安详的老者,静谧地感叹着岁月的流逝。

3. 站舍建筑原址原貌扩建

基于城市的部分扩张,为满足铁路运输量增大、客流量增大的需求,继续服务于铁路运输,对部分中东铁路时期原始站舍按照实际需要加以扩建。扩建的方式主要有整体加建、局部加建、层数加建等。扩建后的站舍虽然有些基于保护历史建筑文化的宗旨仍按原建筑风格和构筑方式扩建,但由于建筑部分尺度和体量的改变,致使站舍整体建筑特色和艺术价值受到一定程度的削弱。

细鳞河车站,中东铁路时期为一层四等小站,造型灵动活泼(图5)。后对建筑两山加建部分功能用房,平面由原来的非对称式改为对称式,体量将横向立面尺度增加,长宽比增大。同时也按原来风格,加建了建筑的屋顶,遗憾的是已改为新材料,原有建筑风格大打折扣,但整体造型仍算简洁明快(图6)。再如滨洲线上的扎兰屯车站,时为三等站,建筑平面布置及形体的处理为非对称式,造型高低错落,灵活自由(图7)。后根据实际需要,将站舍一层部分加建为二层,并将屋顶对应调整。扩建后的老站舍,虽然装饰及色彩都保留了俄罗斯传统的建筑风格,但平面及形体对称布置,站舍

图5 扩建前的细鳞河车站　图片来源:建筑艺术长廊——中东铁路建筑寻踪

图6 扩建后的细鳞河车站　图片来源:作者自摄

图7 扩建前的扎兰屯车站　图片来源：建筑艺术长廊——中东铁路建筑寻踪

图8 扩建后的扎兰屯车站　图片来源：作者自摄

整体体量略显呆滞和臃肿（图8）。

4. 站舍建筑整体迁移原貌保护

因中东铁路原始站舍已不能再服务于铁路运输而正常营运，其占地位置对站区新规划或城市建设具有较大影响，基于尊重历史、保护历史建筑的宗旨，采用一定技术性手段将老站舍从原址处迁移，如安达站、肇东站等。经过迁移后的原始站舍，自然而然地失去原始功能，被用作文物建筑加以保护，但可为其选择其他功能使其再生，如改为商用或改为展陈性质的历史博物馆建筑等。由于目前迁移技术尚不成熟，这类站舍在迁移的过程中一般会受到不同程度的损坏，迁移后形式上需经过复原和修缮处理，结构上需进行加固。中东铁路时期站舍建筑具有特定的所属空间，空间内的所有物质都是历史的见证，因此我们期待对特定建筑切实可行的新技术新方法，同时也期望原始站舍建筑能够同其共生环境作为整体进行保护。

如建于1903年的安达站（图9），中东铁路时期为三等站，该站舍集运转车间、候车室、站长室为一体。建筑平面自由伸展，形体变化丰富，采用非对称式的处理，在统一的布局中展现建筑灵动的特色，是中东铁路站舍中最有特色的建筑之一。由于老站舍的占地位置严重影响了哈齐铁路客运专线以及哈牡城际铁路客运专线项目的实施，安达站老站舍于2012冬季年进行整体迁移（图10），利用东北地区冬季气候寒冷的特点，以浇水铸冰的方式为站舍铺设迁移轨道，并根据迁移后基地的需要对老站舍的朝向做了一定的转角。由于目前迁移技术尚不成熟，迁移后的老站舍，建筑原始风貌的破坏相对较大，需经过一定规模复原和修缮以及结构加固（图11）。迁移后的安达站舍，计划将以一座展示中东铁路历史的展陈性质的博物馆赋予其新生。

图9 迁移前的安达车站　图片来源：网络

图10 迁移过程中的安达车站　图片来源：网络

图11 迁移之后的安达车站　图片来源：作者自摄

三、站舍建筑的不同保护模式和再利用模式间的内在联系

自中东铁路营运至今，由于不同地域发展的规模和速度各不均衡，之前多个中高等站舍由于不能满足运输需求而不顾历史价值被武断拆毁。如曾经的老哈尔滨火车站，是哈尔滨新艺术运动风格建筑中最具特色的代表作之一，而今已不复存在，这是影响中东铁路文化线路延续的一个巨大遗憾。通过以上对中东铁路沿线中小型站舍的保护模式和再利用模式的总结与归纳，我们或许可以得到一个结论：即等级越低的站舍至今仍被使用的数量越大，如香坊站（时为四等站，图12）、大观岭站（时为会让

图12 香坊车站　图片来源：作者自摄

图13 苇河车站　图片来源：作者自摄

图14 大观岭车站　图片来源：作者自摄

图15 扩建前的一面坡车站　图片来源：网络

图16 扩建后的一面坡车站　图片来源：作者自摄

站，图14）等；中型站舍一般通过加建或扩建的方式仍可对站区进行暂时性服役，如一面坡站（时为三等站，图15、图16）；地理位置对城市建设或高速铁路建设有影响的站舍在迫不得已的情况下一般通过迁移的方式进行保护，如安达站。

1994年于西班牙马德里召开的文化线路遗产专家会议上第一次提出了"文化线路"这一新概念。可简述为："文化线路是指拥有特殊文化资源结合的线性或带状区域内的物质和非物质文化遗产族群。"中东铁路时期的原始站舍通过不同的"节点"相应地组成了整条中东铁路的文化线路，无疑是我国的重要物质文化遗产。这条线路记载着东北地区在沙俄统治时期的特殊的中国文化，这其中所有文化的融合现象抑或是文化的排斥现象都在这一个个"节点"中生动地体现出来。那么，任何一个节点的破坏或毁灭都将对整条文化线路的延续造成一定程度的影响。

近年来，随着中小城市及乡镇的现代化进程和老城区的更新改造，随之而来交通运输量

攀升，或许曾经在中东铁路时期服役的中小型站在不久的将来也会因城市的压力而相继退役。而通过合理的保护模式，延续其历史价值和建筑艺术价值，赋予老站舍以新的生命力迫在眉睫。通过制定具有针对性及专业的保护和规划方案，基于尊重历史的原则，尽可能完整地保护老站舍原有的历史信息和建筑特色将会使其历史价值和艺术价值受到最低程度的破坏。以扩建或加建的方式延续其生命力只是一种暂时维护其使用价值的手段，将会破坏老站舍的体量关系和原始比例；而无视其历史价值和艺术价值的随意整修则会对老站舍的真实风貌造成最大程度的破坏；迁移保护虽然是维持站舍原貌的一种有效保护方式，但对整条中东铁路文化线路而言，则是对其文化节点的存在位置做了改变。

所以，就像历史不能倒退一样，按照不改变文物原状的保护原则，尽可能真实、完整地保存中东铁路时期原始站舍建筑的历史信息和建筑特色，使其在保持原始风貌的基础上，以功能置换的方式赋予新的生命力才是老站舍最佳的保护和再利用模式。

参考文献

[1] 武国庆.建筑艺术长廊——中东铁路老建筑寻踪[M].哈尔滨：黑龙江人民出版社，2008.

[2] 雷家玥.南满铁路附属地历史建筑研究.硕士学位论文.哈尔滨工业大学，2012.

[3] 司道光.中东铁路建筑保温与采暖技术研究.硕士学位论文.哈尔滨工业大学，2012.

[4] 张复合.中国近代建筑研究与保护（八）.北京：清华大学出版社，2012.

[5] 王彦川.吉林省近代铁路站房建筑及其保护研究.硕士学位论文.吉林建筑大学，2010.

[6] 张军，李姮.中东铁路沿线站房建筑的再生现状研究.建筑文化，2013.

[7] 程维荣.近代东北铁路附属地.上海：上海社会科学院出版社，2008.

中华巴洛克建筑的中西方文化特征与保护策略研究[①]
——以哈尔滨道外区为例

许雪琳　赵天宇[②]

摘　要：本文分析了本土文化与外来文化在哈尔滨"中华巴洛克"建筑中的表征，说明该种建筑形式形成的背景及原因、过程及意义，探究不同文化对哈尔滨城市建筑的影响。文中首先对哈尔滨道外地区"中华巴洛克"建筑进行概述，其次分别分析本土文化与外来文化在"中华巴洛克"建筑中的具体体现，最后对"中华巴洛克"建筑的保护与利用提出具体策略，对哈尔滨城市的历史延续和文化传承具有重要意义。

关键词：中华巴洛克　本土文化　外来文化　保护利用

一、引言

哈尔滨是我国北方重要的城市之一，随中东铁路的建成而兴起，一同成长至今，历经一个世纪的发展，城市已达到较高的建设水平，具有风格独特的建筑形式和底蕴深厚的城市文脉，是我国一座汇聚世界各国建筑文化的"展览馆"。对哈尔滨的城市建筑进行分析和研究，探寻其外表之下蕴含的文化特质，对我国严寒地区发展建设和城市历史文脉永续传承具有重要的意义。

"中华巴洛克"，顾名思义，是基于融合我国传统建筑风格与欧洲巴洛克建筑风格的一种近代折中主义建筑类型[③]。它不仅在建筑形体的塑造以及细部装饰上体现出巴洛克建筑的主要特征，而且在总体布局及设计理念中也蕴含着中国本土建筑文化思维。同时，这又是一种有

着过度装饰、炫耀的建筑风格，其所希望表达的是与欧洲巴洛克同样的自由奔放与欢乐的氛围。哈尔滨道外地区是保留面积最大的"中华巴洛克"建筑历史街区，这些老建筑承载着哈尔滨独特的建筑文化，记录了哈尔滨开埠之初老道外商贾云集的历史风貌，是哈尔滨发展史上一块瑰丽的里程碑。

目前对哈尔滨道外区"中华巴洛克"建筑的相关研究成果并不多，其研究方向主要集中在史料纪录、个案分析、区域性或地方性建筑风格阐述等几个方面。在研究的内容上，多数集中在研究其自然适应性和传统技术等特征，还有部分研究建筑与文化的关系，然而从本土文化与外来文化两个方面，探索多文化碰撞交融背景下"中华巴洛克"建筑形成根源的文章还十分有限。本文通过研究本土文化与外来文化对哈尔滨"中华巴洛克"建筑的影响，探

① 国家自然科学基金项目，"东北振兴"背景下的中心城市发展战略及其空间绩效评价（51378138）。
② 许雪琳，哈尔滨工业大学建筑学院硕士研究生；赵天宇，哈尔滨工业大学建筑学院教授。
③ 梁玮男.哈尔滨近代建筑的奇葩——"中华巴洛克"建筑.哈尔滨建筑大学学报，2001（10）。

究"中华巴洛克"建筑的文化表征，最后提出该类建筑的保护与再利用策略，对"中华巴洛克"风格的发展以及哈尔滨城市文化的延续起到的积极作用。

二、本土文化对"中华巴洛克"建筑的影响

1. 本土文化对街巷空间的影响

中国传统城镇的街巷大多曲折而迂回，受这种本土文化的影响，道外区的街巷也呈现出类似的形态。与许多传统沿河城镇相类似，道外区的街道以松花江为准轴，呈平行于河道与垂直于河道两种走向。在街道与街道间利用多条巷道进行连接，使整个道外区的道路结构呈现出格网分布的特点。

道外区的主要道路骨架由靖宇街和景阳街两条街道构成，这两条街道连接了道外东南西北四个方向的空间。而由这两条主街延伸出的众多辅路和小巷，将整个道外地区划分为一个个独立而完整的街坊。主干路和次干路层级分明，纵横交错，形成了一个通达性良好的网络状路网格局。道外区的道路结构在空间组织中也起到了非常重要的作用，它是道外区的空间支撑骨架，把一系列单独的院落有序地组织成一体，同时也表现出道外区特有的城市肌理。从历史的角度看，道外区的街巷没有经过系统的规划，是随着时间缓慢自发形成的[1]。道外区建筑肌理的形成，主要源于当地居民对其生活环境的尊重，顺应其自然生长的发展规律，最终使地区呈现出和谐统一的肌理感。

从道外区空间序列的构成来看，道外区街巷的空间特征主要表现在街巷中不同层次的空间序列上。进入道外区，要先经过靖宇街和景阳街，然后深入各个辅路和次街，最后进入建筑内部。即使是入户，也是先经过私家院落，

才能进入建筑内部空间。道外区的空间序列以"主街、辅街、巷道、院落"的方式来组织，使其空间关系明晰而合理。建成之初，道外区顺应哈尔滨城市的历史沿革，其建筑功能多为居住和商业，城市职能较为完备。随后，在城市的发展过程中，道外区逐步走向衰落，除部分街道的商业建筑被保留外，其余的大都丧失了其本身的功能，很多街区从以商业功能为主转换为以居住功能为主，一些居住性的生活街区在此形成。由于本土文化的渗透和影响，道外区"中华巴洛克"建筑在追求形式多样的同时表现出很强的统一性和连续感。具体表现为，道外区相同片区的建筑体量基本一致，形式也十分相近，沿街建筑立面都是将西方古典建筑的构图方式与本土文化符号相结合，因此在视觉效果上，建筑之间的联系紧密而统一。

2. 本土文化对院落空间的影响

我国的传统民居，虽然在不同地域之间差别很大，但它们的院落空间结构和街道空间形态基本相同，拥有同样的特质空间。中国民居建筑将我国院落式建筑的多样性充分地体现出来。另外，中国的院落式建筑大多体现了尊重与适应自然的人文精神，根据地域差异和自然特征，灵活布局。院落式建筑可分为串联和并联，不同地区又有各自不同的进数和进深尺寸，在二维层面发展的同时还拓展了三维空间。我国工匠在建造道外区院落建筑时，有意识地将我国本土院落空间特征融入巴洛克式建筑的设计中，分别从院落布局特征、院落空间序列以及院落组成要素几个方面充分体现我国本土文化的内涵和特质。

哈尔滨道外区的"中华巴洛克"建筑以二层和三层为主，也有少数为一层和四层。在平面形式上，主要分为"一"字形、"L"形和"U"形几种，根据不同的空间需要灵活组织建筑围合

---

[1] 吴文衔.黑龙江古代简史.北方文物杂志社，1987.

方式，形成大院空间。建筑外部多自带外挂楼梯，有木质、混凝土和二者混合等几种主要材质。一部分外挂楼梯保留了木质雨棚，用来遮光挡雨。受本土文化的影响，道外区的院落空间中部分还沿用了传统民居中常见的花草树木等观赏植物和亭台水池等构筑物景观。传统民居的另一个特点，是利用院落空间来组织房屋。由于院落布局可以有很大的灵活性，因此传统民居具有形态多样和广泛普适等特征。我国北方气候条件特殊，冬季漫长寒冷，道外区"中华巴洛克"建筑基本采用较大的院落空间尺度。同时为了适应地形和周边建筑布局的需要，其平面因地制宜，布局形式千变万化。通常按照不同地貌特征，灵活自由地安排平面形式。"中华巴洛克"建筑院落空间由门、廊、堂、厢等房屋或院墙围合而成，整体布局虽较为随意自由，但由于本土文化的渗透和影响，其整体空间构成上又存在意义明确的序列性，院落内部也呈现出明确的轴线关系和主从之分。除此之外，院落内部还保留有空中廊道，方便过街交通，这种交通桥梁的存在增添了院落的景深和空间趣味。

3. 本土文化对建筑立面的影响

中国传统建筑对建筑的造型与立面构图十分重视，讲究对比、和谐、比例、对称、均衡、韵律以及尺度等。受中国本土文化的影响，道外区"中华巴洛克"建筑的空间布局具有强烈的纵深感。该类建筑以砖木结构居多，多为二至三层，体量大小适中，整体和谐有序。"中华巴洛克"建筑的外立面装饰复杂多样，做工精致美观，大多糅合了中国传统建筑风格和巴洛克式建筑风格的装饰符号。

门也是建筑立面重要的组成部分之一。在中国传统建筑群中，门的设立起源于一种防卫上的意义，后来发展成为一种重要的艺术形式要素。从平面构成的角度而言，门这一构件在中国传统建筑中起到了导向和引领整个主体的任务，它就如同音乐的前奏或戏剧的序幕一般。由于本土文化的影响，"中华巴洛克"建筑的院门尺度较为适

中，宽多在一米至两米半之间，高度约为两米至两米半左右。院门处常见排水设施，排水设施与街道排水管道相连。院门的材质以木质为主，分单开门和双开门两种，部分院门门板包加铁皮，并镶嵌有钉头排成的装饰图案。外廊也是"中华巴洛克"建筑的重要组成部分之一，这一建筑构件也是区分该类建筑和哈尔滨其他近代建筑的重要特征。外廊不但使建筑立面层次变得更为丰富，同时还起到了交通功能，这与皖南民居有相同之处。外廊的存在，虚化了开放空间和私密空间之间的界线，使室内空间与院落空间有机结合，成为一个统一的整体。

由于"中华巴洛克"建筑地处北方，墙体必须具满足防寒保暖的要求，因此建筑墙体多为砖混结构。受巴洛克风格的影响，建筑外立面横向分层线条明显，这种分割成为建筑墙体纹理走向的主导。"中华巴洛克"建筑多使用清水砖墙，在建筑的分层处，运用不同的砖石砌筑方式，呈现出丰富多彩的装饰符号。我国本土建筑，山墙多有用来防火的作用，这一精髓在"中华巴洛克"建筑中得到了很好的继承和体现。该类建筑多为硬山式山墙，也有少数马头墙、云形墙等其他形式。与此同时，"中华巴洛克"建筑在山墙的位置开气窗，以满足室内的采光和通风需求。

在我国传统建筑中，窗也是重要的建筑构件之一，其主要功能是满足建筑通风采光的基本需求。窗的尺寸和位置不仅关系到建筑立面形式的定位，也影响到房间的使用。出于防尘、防盗和防火的需要，"中华巴洛克"建筑多采用双层窗户，内外双开，同时设有换气用的气窗。窗的主要形式为矩形，尺度适中，高度大于宽度。

三、外来文化对"中华巴洛克"建筑的影响

1. 折中主义风格

哈尔滨市近代建造的西式建筑，除教堂建筑之外，基本上都可以成为折中主义建筑。

这就决定了无论是巴洛克、古典主义还是其他的西方建筑形式，都呈现出这种特别的建筑特色。因此，折中主义作为一种流行趋势，奠定了哈尔滨这一时期的建筑风格。

1910 年前后，巴洛克建筑从俄国传入哈尔滨市。此时的巴洛克建筑风格，经过在欧洲的长期发展和演变，已经成为一种高度成熟的建筑风格，并拥有一套经典的建筑语言符号。而当时的哈尔滨还处在建城初期，对俄国人传输进来的建筑形式既不盲目排斥也不全然接受，任其在城市内自发成长。由于哈尔滨的巴洛克建筑风格由俄国传入，因此该巴洛克风格受到俄式建筑的影响，形成一种全新的建筑特征：第一，巴洛克建筑多用在大型商业建筑和银行建筑中，材料和结构多采用现代式；第二，外观上糅合多种风格，属于折中主义，同时适当地将巴洛克语汇融入其中，形成折中巴洛克；第三，设计者设计水平和施工技艺参差不齐，有缺乏文化底蕴的工匠师，也有训练扎实有素的建筑家，出自不同的设计者之手的建筑造就了人们不同的视觉感受。巴洛克建筑将过渡时期的各个要素集中起来，其中凹凸的壁柱、起伏的线脚和繁复的花纹占据了主导地位，古典的三段法在立面构图中也有相当的应用。建筑结构多采用钢筋混凝土结构。中国折中巴洛克风格的发展历程有这样一种趋势，即古典主义理性成分逐渐替代巴洛克非理性成分，成为该种风格发展的主流。折中巴洛克式的建筑，以古典主义简洁、清晰和统一的外观为基础，将巴洛克手法点缀在建筑局部之中①。

2. 新艺术运动风格

新艺术运动在哈尔滨的广泛蔓延，使得道外区建筑也具备这种特殊的风格要素。新艺术运动风格的建筑是 19 世纪欧美流行的复古折中主义建筑在向现代主义建筑过渡过程中产生的一种新建筑风格。它在欧洲并没有盛行很长时间，只是作为一种过渡性的风格，在 1898 年随着哈尔滨的建城而一同出现在这座城市，当时的哈尔滨还只是作为中东铁路的附属地。正是因为这种历史背景，才产生了新艺术运动风格建筑与俄罗斯风格建筑同步在中国出现的特殊建筑文化现象。但在 19 世纪，哈尔滨正处在建城初期，对建筑文化和建筑语言尚无概念，人们不懂得评论新艺术运动的好与坏，其最初的存在并没有得到足够的重视。1910 年以后，新艺术运动建筑在欧洲逐渐走向衰落，但在哈尔滨的一些地区仍然较为风行。由于新艺术运动建筑在哈尔滨并不存在其社会背景，所以与其说新艺术运动建筑是一种文化与风格，倒不如说其是一种对建筑形式的克隆，并没有实际意义。它的存在时间并不长久，但仍对哈尔滨的城市建筑风格产生了较大的影响。"中华巴洛克"建筑的出现也依托于新艺术运动风格，许多沿用至今的装饰元素也是借鉴于此。因此可以说，新艺术运动对于"中华巴洛克"建筑风格的形成起到了非常重要的作用。

以新艺术运动风格为代表的建筑师们，对新艺术运动建筑装饰形态进行了具象的提炼，最终形成了一套典型的装饰符号。最为典型的符号为三条下垂的直线，上面有两个或三个大小不同的圆形相互套叠。这种成熟的符号不是单一的存在，它有多种变体和不同的组织方式，比如两圆和三条纵、横直线的组合。而其构造做法则更为丰富多样，不仅可以凸起高于墙面起到突出的效果，还可以凹陷低于墙面起到下陷的效果。新艺术运动建筑师将这种纯熟的形式应用于建筑的各个部位，如阳台、墙面、女儿墙和天际线的装点等。不管用在建筑的哪个位置，都能够起到突出强调、构成视觉焦点的作用。

生动地模仿自然界，是哈尔滨新艺术运动风格建筑体现出的最突出的形态特征，将生物的轮

---

① 张复合.中国近代建筑研究与保护(四)[A].哈尔滨的"中华巴洛克"建筑及其特征[J].北京: 清华大学出版社, 2004.

廓概括成抽象化的曲线装饰，线脚和装饰不再追求整体的严整和对称，开始倾向于夸张的美感、动态的构图平衡以及柔和的建筑色彩等。在哈尔滨道外区"中华巴洛克"建筑中，也存在着许多新艺术运动风格的建筑。该种文化风格不仅体现在局部的建筑构件中，也有很大一部分出现在建筑整体形象的表达上。这些应用和借鉴，对"中华巴洛克"建筑起到了深远的影响。

3. 俄式建筑风格

哈尔滨地处我国的东北端，与俄罗斯毗邻，因为地理区位的原因，哈尔滨的城市建设受到俄罗斯文化显而易见的影响，成为一座带有纯正俄式建筑风格的历史文化名城。这种"俄式"文化是由俄罗斯人直接传入的。俄式建筑主要分成砖制结构和木制结构两种，其中教堂建筑、住宅建筑和江畔小筑是哈尔滨俄式木构建筑的主要三大类型。"这些木构建筑的墙体有的用粗犷的原木水平重叠成井干式，有的用质朴的内填锯末的板夹墙。通常在檐口、山花、门窗、栏杆、门斗等部位做粗拙或精致的木雕花饰。"[1]

在我国近代建筑中，外来建筑占据很大的比重，虽然它们的传入带有复杂的经济和政治原因，但它们的出现确实丰富了中国近代建筑的风格与形式，是中国建筑艺术的瑰宝。哈尔滨的俄式建筑为哈尔滨市构造出了一个独特的城市风貌，使哈尔滨的城市总体形态有别于国内其他城市，具有很高的文化价值[2]。

四、"中华巴洛克"建筑的保护与再利用

1. 加大保护力度

随着城市的快速发展，道外区整体街区环境和市政设施有了较大的改善，但现存的一些"中华巴洛克"建筑，由于年久失修，其衰败的外观与整个城市风貌极不匹配。由于建筑的修缮是建筑产权所有人的职责，在建筑的保护意识和修缮资金的投入方面亟待改善，特别是在道外"中华巴洛克"建筑街区，由于存在产权所有人经济困难等情况，几乎没有资金进行日常维护，因此该片区急需政府的支持，对具有历史文化价值的"中华巴洛克"建筑进行保护性修缮。

2. 保护性维修

哈尔滨道外区"中华巴洛克"建筑具有悠久的历史背景和深厚的文化底蕴，经过时间的积淀并因自身的突出特色，已经成为重点保护建筑。对于这些历史保护建筑，需要通过保护性维修对其进行修缮和保护，以使历史风貌得以延续和传承。保护性维修应该采取局部修复和结构加固等手段进行保护，对建筑进行保持原貌的维修。

3. 改造与重建

对于建筑结构保存较为完好，改造后仍可继续利用的"中华巴洛克"建筑，应在维持原有建筑风格的基础上进行修缮和改造。尽量保持建筑原貌，在屋面和墙体的修缮过程中尽量采用传统材料和工艺，做到"修旧如旧"，对其内部空间可进行二次改造和利用，赋予历史建筑崭新的使用功能。对于那些外立面损毁严重和结构遭到破坏的"中华巴洛克"建筑，可在与周围建筑融合统一的前提条件下进行翻新和重建，做到尽可能利用原有建筑构件，在临街建筑界面采用传统工艺材料。改造和重建也可以从材料方面入手，但不能粉饰过度，丧失自身特色。无论是本体性装饰还是附加性装饰，更新都应秉承突出传统的原则。

---

① 梁玮男.哈尔滨近代建筑的奇葩——"中华巴洛克"建筑.哈尔滨建筑大学学报, 2001 (10).
② 高天宝.对哈尔滨俄罗斯建筑风格的探索与思考[J].哈尔滨: 艺术研究, 2008.

五、结论

"中华巴洛克"建筑是我国在特定时期和背景下产生的一种全新的建筑风格，是哈尔滨近现代建筑中具有鲜明特色的风格类型。其具有特色的装饰符号体现出中西方文化思想和艺术手法的相互交融，更呈现了西式建筑构件和中式纹理图案融会贯通的形式美感，反映了中国工匠对外来建筑风格的独特理解以及对本民族独特的民俗文化和民族审美的坚持，强化了在特定历史阶段的民族自豪感。"中华巴洛克"建筑不仅是中国人民对外来文化与本土文化相结合的探索，也是中国人民对不同文化的包容并蓄，在不丢失传统文化的前提下，对外来文化进行尝试和追求，最终达到二者的和谐统一。"中华巴洛克"建筑是哈尔滨近现代建筑中一笔宝贵的财富。

对哈尔滨道外地区"中华巴洛克"建筑进行保护，不仅能够保护建筑本身，而且能够保护建筑蕴藏的历史文化内涵，对哈尔滨城市历史的延续和文脉的传承具有重要意义。

历史街区更新中建筑与传统文化保护研究与思考
——以哈尔滨道外历史街区为例①

姜雪　程文②

摘　要：历史街区保护建筑的更新不仅包括建筑形式等物质文化保护，还应涵盖社会、文化、生态等各方面非物质文化保护。哈尔滨道外区作为城市的发源地，其街区内的建筑特色鲜明且具有历史意义。其中多数保护建筑都与餐饮文化相关，北方特色传统小吃是其主要功能支持之一。本研究通过选取该历史街区改造前后的12家典型名餐饮店为案例，探讨如何在保护建筑更新开发中继承和发展传统饮食文化，从而在保护历史建筑主要承载的非物质文化基础上对整个历史街区进行更为全面的保护。

关键词：保护建筑　建筑文化　更新改造　非物质文化保护

一、引言

现阶段我国的建筑文化保护对物质空间的关注多于对非物质空间的关注。一方面，随着经济和文化的全球化发展，历史街区中的很多保护建筑在城市发展过程中遭到了巨大的破坏，有些特色建筑在更新中虽然保留了建筑形式，但其建筑文化内涵逐渐地消失了。另一方面，城市内历史建筑原有的人工环境消失殆尽，非物质文化遗产也逐渐失去了赖以生存的物质环境。历史建筑文化的延续遭到了无情的阻断，趋同现象正在消融城市建筑的特色。本研究从哈尔滨道外历史街区保护建筑的更新入手，针对该街区最大的功能之一——餐饮服务功能进行深入研究，提供该街区非物质空间发展保护的建议。

二、餐饮文化源起及保护建筑概况

道外区是哈尔滨历史文化传承的老城区之一，百余年的发展演变，使道外区形成了特有的饮食文化。老字号店铺云集，传统老店悠久的历史和独特的味道吸引了市内外无数的人慕名来此品尝，这种文化的载体就是街区内的多处历史保护建筑。

2007年哈尔滨市政府启动了该历史街区更新建设项目，到2014年南二道街已经完成建设，很多小吃老店由街区北侧搬迁到南侧新建建筑之中，如今南二道街已成为餐饮一条街，其建筑形式延续了中华巴洛克的建筑风格。

整个街区内餐饮店铺有95家，其中老字号餐饮店24家，其中多数在老街中的老店，虽然

①　国家自然科学基金项目："东北振兴"背景下的中心城市发展战略及其空间绩效评价（51378138）。
②　姜雪，哈尔滨工业大学在读硕士生；程文，哈尔滨工业大学博士，教授、博士生导师。

图1 道外历史街区区位及小吃名店分布图

店面较小但在保护建筑内。本文选取了街区内的12家典型名餐饮店进行研究。其中老店有张包铺、张飞扒肉（老店）、老都一处、东来顺、荣华炸鸡、国营更新饭店和富强大骨棒7家；新店有南三石锅烤肉、六合顺、高丽旺狗肉馆、张飞扒肉（新店）和哈勒滨饭庄5家，具体分布见图1。而在选取的典型店铺中，100年历史以上的店铺有2家，80年历史以上的店铺3家，50年历史以上的店铺2家，其余4家店铺中历史最短的也有15年。调研采取实地观察、问卷、访谈、文献查阅四种方法，发放问卷共计500份，以道外区人群为主要问卷调研对象，占整个调研人群的28%，意在了解人们对道外餐饮店铺现状的看法和对历史街区内餐饮店发展的建议。

三、传统餐饮特色文化与建筑环境
——特色餐饮店铺改造前后比较分析

1. 店铺周边建筑环境

老店的建筑环境较为丰富，但风格都统一在中华巴洛克古朴大气的建筑环境中，同时结合了居住的市井文化。4家老店面向靖宇街，处于保护建筑街区内，建筑风格以原汁原味的中华巴洛克风格为主；其余3家老店位于胡同内。处于居住、商业区内的老店店铺规模较胡同内老店规模大。

新店位于新建的仿中华巴洛克街区内，建筑形式比较单一。5家新店中4家位于南二道街，处于商业区；1家位于南六道街，处于商住综合区。4家新店虽开店时间不超过3个月，但日人流量也在100人左右。

2. 店铺建筑室内外设计

建筑的店铺立面是小吃店给顾客的第一印象。南侧新街饮食名店的店铺招牌统一以黑底金字为主，字体设计比较相似，牌匾高度基本一致，店铺大门基本相同，在其他装饰上有所不同（表1），基本上延续了以前的招牌装饰形式。

北侧的老店一般各具特色。主街上老店多是琉璃瓦的屋檐、大红柱、雕花的红木门，而在胡同和纵向街道上的店铺多是由住房改建而成，店铺门是传统窄门加木窗（表2），风格差异较大，牌匾也各具特色，门窗位置等也成了该建筑的特色。总体来说老店的建筑立面各具特色，不尽相同。

调研店铺平面形式可归纳为四种类型（表3）。在老区内，小吃老店内部的墙上多张贴历史照片、历史牌匾等，虽然环境较差，但历史氛围浓厚。由于面积普遍较小，很容易注意到四周墙上关于店铺文化的宣传，如富强大骨棒，二层就餐空间是自己搭建的，楼梯狭窄且结构简陋，但其特色菜单就在墙上，一目了然，且有多

餐饮新店店面形式 表1

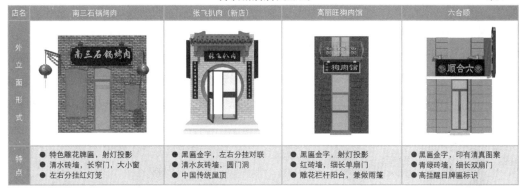

店名	南三石锅烤肉	张飞扒肉（新店）	高丽旺狗肉馆	六合顺
外立面形式				
特点	● 特色雕花牌匾，射灯投影 ● 清水砖墙，长窄门，大小窗 ● 左右分挂红灯笼	● 黑匾金字，左右分挂对联 ● 清水灰砖砖墙，圆门洞 ● 中国传统屋顶	● 黑匾金字，射灯投影 ● 红砖墙，细长单扇门 ● 雕花栏杆阳台，兼做雨篷	● 黑匾金字，印有清真图案 ● 青绿砖墙，细长双扇门 ● 高挂醒目牌匾标识

餐饮老店店面形式 表2

店名	老都一处快餐	东来顺	张包铺
外立面形式			
特点	● 黑匾金字，左右分挂红灯笼和对联 ● 清水砖墙，红色双开门 ● 中国传统屋檐和立柱	● 黑匾金字，左右分挂蓝色清真幌子 ● 清水砖墙，细长双开门 ● 传统屋檐，上有醒目牌匾	● 雕花牌匾，局部镂空，焊接而成 ● 清水砖墙，建筑独立成栋，窗户不对称布置 ● 人从左门进出，右门不使用
店名	国营更新饭店	富强大骨棒	荣华炸鸡
外立面形式			
特点	● 红匾白字，坡屋顶，下挂路灯 ● 红色砖墙，两边立柱，双开门 ● 左右分挂横竖小牌匾，左附红幌子	● 黑匾金字，附红底白字小牌匾 ● 门窗结合，细长窗，宽矮门 ● 白色纹理瓷砖贴面	● 红匾金字，局部镂空，焊接而成 ● 墙体绿色贴面，上部水泥抹灰，设有雨棚 ● 左门右窗，仅支持窗口贩售

张历史照片烘托气氛。新店则由于新装修，多数采用的是复古风格或简单的装饰，对于店铺历史的说明摆在比较显眼的位置，突出店铺的特点，内部的形式多与街区中华巴洛克的风格相符，但明亮的灯光与现代化的装修环境减弱了历史建筑文化的代入感。

3. 店铺经营现状

通过对店铺日人流量及人均消费的统计，估算出每家店铺的日营业额。老店的规模在4~8桌左右，比较集中，其日人流量平均为280人左右。南二道街上开设的新店铺规模远大于靖宇街区其他老店，且分为两层，一楼是

店铺内部形式　　　　表3

类型	简图	类型说明	老店	新店
共一层 前餐后厨 无隔断		安排桌椅方便 但规模较小 无卫生间	东来顺	哈勒滨饭庄
共一层 前餐后厨 有隔断		住改商 分隔墙或隔断 去除门框 空间局限性大	张包铺 国营更新饭店	六合顺
共两层 餐厨分设 新店有包房		老店店面积受限 自搭二层 开建地下室 新店统一规划 二层为包房	张飞扒肉（老店） 富强大棒骨 老都一处	张飞扒肉（新店） 高丽旺狗肉馆 南三石锅烤肉
共一层 外卖窗口式		居住用房改建 后面厨房 前厅是外卖式窗口 无就餐区域	荣华炸鸡	无

大厅，二楼是包房，满足不同消费者的需求，但店铺人流量并未明显增多，日人流量平均为208人左右。据统计，老店的消费档次平均每人每餐20元左右，符合周边居民的用餐心理价位，同时周边商业因提高了店铺的消费档次，给老店带来了更多人流量，消费人群中周边居民占64%。新店消费档次略高于老店，改建后的南二道街小吃店的消费者中非道外本区居民的比例高达74%，整体消费人均为20～30元档次的较为集中。

四、传统餐饮文化保护与建筑更新方式思考

1. 店铺建筑周边环境

新老店铺的分布呈现出不同的趋势，所处的用地环境也有较大差异。现存老街内的店铺生意依然红火，而更新改造后的店铺人流量与其有一定差距。总体看来，老店铺处于综合区域，商业人流量大，有利于店铺经营。南部更新街道店铺周边的居民区，虽能提供固定人群，但人流量有限，且周边用地的复合程度较低。由此可见，店铺所处的建筑环境对店铺发展有较大影响。

在更新之前，老店铺在老建筑中，与周围的环境相互融合，这是一个被人们长时间以来适应并接受的建筑环境，这种建筑环境的形式是与店铺的文化发展相适应而逐渐形成的。而更新后的店铺，老店失去了原有的建筑环境，尽管建筑立面延续，室内环境得以改善，但其建筑环境与文化环境并没有得到延续，这种统一的、仿照的建筑将建筑与原有的使用者生活相割裂。

2. 店铺建筑室内外设计

建筑立面外部形式给人的第一印象是其本身的招牌，老店的建筑外部形式相对新店要旧得多，具有浓厚的传统特色。由于新建建筑仿照原有风格，南部新建店面的建筑立面形式比较规整统一，但这也造成了其背景较为单一，店铺与店铺的立面衔接基本相同，缺乏其他元素的点缀，加之没有了原有的小商小贩以及其他生活场景，反而失去了原有的生活特色。主街上老店多具有中华传统特色，在胡同和纵向街道上的店铺也很好地反映了地区民居特色。总体看来，店铺特色外部形式能让人记忆深刻，吸引消费者。老店应在保留原有特色的基础上提高干净整洁度，新店应突出各店铺的经营特点，不能一味地统一。在餐饮文化街区的建设中，避免建筑风格雷同，现有的新餐饮街虽然周围环境变得干净了，但相邻建筑的建筑形式过于相似，弱化了其标识性。

店铺的内部形式营造的是一种就餐环境，就餐环境的好坏在一定程度上能影响人们对店铺的满意度。老店的内部装修多陈旧但比较有

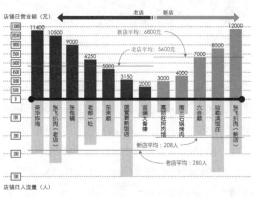

图2 日人流量和日平均营业额

特色，在更新中多数店铺内部保留了特色的历史氛围。店铺的内外部形式反映了饮食文化和历史的印记，对延续饮食文化特色发挥了重要的作用，在旧城更新改造中应引起足够的重视。

3. 店铺经营状况

道外街区的饮食名店，经营状况普遍较好，但整体来看南二道街上的新店，除了个别历史悠久的店铺外，生意并没有老店兴隆。老店的平均日人流量虽高于新店，约 72 人，但日平均营业额则低于新店，约 800 元，主要由于新店的人均消费高于老店，但总体来说相差不大。其中新店营业额最高的张飞扒肉（新店）比老店营业额最高的荣华炸鸡高 600 元，新店营业额最低的高丽旺狗肉馆比老店营业额最低的富强大骨棒高 1000 元。

老店店铺规模普遍较小，但其客流量较大。周边居民是老店的主要消费群体，这样使其餐饮功能得到最大化的体现，而更新后的新区很少有当地居民的光顾。这种更新改造方式虽然收入较高，但弱化了其对周边居民的餐饮服务功能的支持，以外来人感受当地文化为主。以现有经营情况来看，这种修葺一新的美食一条街的经营方式并不适合大多数传统老店，虽然拥有了新的、整洁的建筑环境，但并未带来更广范围的文化传播与更多的经济收益。老店在继承传统文化的同时应更新经营理念，更新店铺设备，加强人员管理；新店不应该盲目扩大规模，而应该继承并更好地发挥从老店继承的文化因素与经营方式，把握人们的怀旧情结宣传新店，将老店的饮食文化传承下去。

五、结语

在更新改造中，应尊重原有的生活氛围与文化氛围，建筑的更新改造不仅是对建筑形式与建筑材料的一味模仿。餐饮文化承载的是道外历史街区的文化氛围，而这种文化氛围需要人的参与，尤其是周边居民的参与，这需要建筑

环境与街道环境的进一步塑造。

从研究结果来看，对于餐饮店新店的开设，大规模的迁址新建规划并不是很适用，应延续传统建筑的风格，保持沿街立面的丰富性与生活性，最重要的是文化的延续性。新店的标志应向突出餐饮店的特点更新，而不是一味趋于统一，重点是要加强识别性。街区的餐饮店建筑应保持面对大众开放的特点，无论外来者还是本地人，都能在这个片区内找到定位，价格分区应更趋于明确。老店应更新管理观念，提高经营效率。

哈尔滨的老道外街区已不仅是一个古老的街区，它更是人们心中城市特色的一种象征。其中餐饮文化作为其非物质文化遗产的重要组成部分，需要投入更多的力度对其进行保护。从新老店铺的发展情况可以看出，对道外街区餐饮文化的保护不仅仅是建筑形式、店铺名号的延续，更应该从人文角度进行保护。从实践的结果上来看，除了贯彻保护历史文化遗产的基本准则、对物质空间环境进行保护之外，在建筑更新的过程中还应注意更新手法过于强硬对历史街区原有生活氛围的影响。

参考文献

[1] 俞滨洋.印象·中华巴洛克.黑龙江科学技术出版社，2008.

[2] 张杰.深求城市历史文化保护区的小规模改造与整治——走"有机更新"之路.城市规划，1996（4）.

[3] 郭盼盼.基于空间相互作用理论的 BRD 内物质文化遗产"文化空间"营造·华章.2013（23）；301-302.

[4] 万婷，阮丽芬，谭伟.基于"中华巴洛克"保护的哈尔滨道外区传统商市城市设计.城乡规划·园林景观，2011.

哈尔滨中央大街与靖宇大街的空间句法比较

褚峤　王岩[①]

摘　要：哈尔滨的两条百年商业老街——中央大街与靖宇大街在街道功能与布局等方面有很多相似之处，但其形成发展以及社会文化内涵却有很大的差异。本文试以空间句法为工具，分析阐释影响街道形成与发展的诸多因素以及街道自身的社会逻辑。

关键词：哈尔滨　中央大街　靖宇大街　街道形态　空间句法

街道形态是城市社会文化的视觉表征，通过对街道发展过程以及空间构型的解读可以获得有关街区的多方面社会属性。

哈尔滨的两条百年商业街中央大街与靖宇大街有很多相似之处，两条街道布局均为典型的鱼骨形街道，因此本文主要从街道的形成、空间构型等方面分析比较其内在的社会文化属性，进一步挖掘两个历史街区的历史价值。

一、两大商业街的形成与演进

位于道里区的中央大街的形成，是自上而下的规划结果。相对的，道外区靖宇大街的形成，则大致分为了两个阶段：最初是以自下而上的自组织方式逐渐发展起来，形成了商业街雏形，其后中国政府在此处设治，在进一步的规划发展下形成了该区域的商业中心。

1. 相似的鱼骨形街道布局

1903 年中东铁路竣工之前，铺设铁路和城市建设的设备、材料，都是通过松花江水运至道里区的江岸码头。为了便于建设，当时最大的铁路机械总工厂和木材加工厂都是就近建造于此，所以很多俄国人也聚居在道里区并使其快速发展为繁华的商业区。1902 年沙俄铁路局对道里区进行第一次规划，规划了包括中央大街的几条垂直江岸的道路作为商业街，平行于江岸的道路作为居住街区。随后，沙俄政府推行一系列政策加快城市建设，中央大街区域逐渐依规划形成了特征鲜明的鱼骨形街道，并发展为充满活力的商业街延续至今。

道外区的鱼骨形街道的形成，大致分为两个阶段。第一阶段为 1910 年以前。这一时期主要是以自然与商贸经济结合的自组织方式，初步形成了"T"字形主街以及树枝形的街道布局。傅家甸地区最初仅有几座渔村，随着 1898 年中东铁路的修建以及 1904~1905 年日俄战争两次事件带来的机遇，这里逐渐发展成了繁荣的商业街。此时，傅家甸区域既不属于沙俄的"中东"铁路附属地，中国政府也尚未接管，因

---

①　褚峤, 哈尔滨工业大学建筑学院硕士研究生；王岩, 哈尔滨工业大学建筑学院副教授、硕士生导师。

此，凭借其地理优势，无赋税无限制地自由发展，民族工商业在此地兴起。这一时期，该区域的街道布局形成了以东西向的正阳街（即现在的靖宇大街头道街至十四道街路段）和南北向的道路为主的T字形街道，辅街形态并未形成明确的鱼骨形，而是类似树枝状形态（图1）。

第二阶段为1910~1931年。随着傅家甸的迅速发展，清廷以道外区完全是中国人的聚居区为由开始在这里设治，在其政策规划之下，傅家甸地区逐渐形成了层次分明的鱼骨状街道布局。1910年，清政府成立滨江自治筹办所，计划将傅家甸地区开辟为商埠，并建码头。1913年，成立滨江县，制定滨江商埠规划，整顿傅家甸旧区，填筑红滩地，修建深水码头，建成沿江新商埠。1918年动工修通正阳街、太古街，建成商业大街，并于1921年、1925年分别铺筑方石路面。从1921年滨江县的规划图可以看出，政府有意发展靖宇大街以及太古街并规划完善鱼骨形的街道布局。通过其规划的大小不同层级的鱼骨形街网，可以推测当时的政府是有意

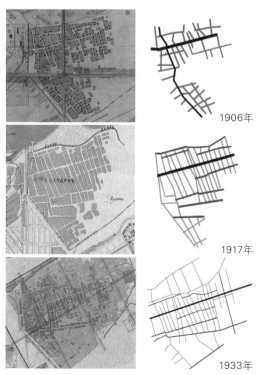

图1 道外商业街的形成示意图 图片来源：《哈尔滨城市印象》以及作者自绘

1906年

1917年

1933年

学习中央大街的商业街布局对靖宇大街以及太古街等街道进行规划整顿。从1933年的市街图可以看出该地区的鱼骨形商业街格局已经形成并趋于稳定。

2. 不同的街道走向

除上述不同的生成背景外，中央大街与靖宇大街还形成了不同的走向。道里区的商业主街中央大街为南北走向且垂直于江岸布置，而道外区的主街靖宇大街则是平行于江岸的东西走向。

道里区的中央大街旧称中国大街，最初，道里区沿江地段是古河道，尽是荒凉低洼的草甸子，运送铁路器材的马车在泥泞中开出一条土道，这便是中央大街的雏形。1898年，中东铁路工程局将散居于哈尔滨的中国人安置在这里，并规定房屋要沿着这条垂直于江岸的道路进行建筑。后来在沙俄的几次规划下，这条大街逐渐发展为如今的商业街。

靖宇大街最初是自发形成且缺乏其街道形成的相关记录。通过对该区域街道的历史资料进行整理以及对同一时期中国其他地区的街道形成进行比较，可以推测其东西方向主街的形成有以下几方面的原因。

其一，是自然地理条件的影响。道外区北临松花江岸，最初一片草甸，地势由北向南升高，由于是松花江的行洪区，洪水一来这里便一片汪洋。因此，沙俄进入哈尔滨之前，沿江岸仅有几处渔村。为了便于农牧渔业生产以及观察洪水情势，居民往往选择沿江的平整地带居住，建筑入口及主立面往往面对江岸，由于缺乏规划，相应的街道组织是在现有房屋的基础上踏践而出的，因此连接各户的道路便以平行于河流或河岸等高线为主。后来随着人口的增加，房屋选择向腹地发展，由河岸发展到内部的正街。再后来，为了便于疏通纵深，垂直于河道的街巷也由此产生。据记载，道外文字记述的最早街道延爽街与平原巷都为平行于河岸的东西走向，因此正阳街的形成应与其相关。

其二，是经济方面的影响。从经济角度看，自组织的街道形成初期，沿河一带的土地价值往往高于垂直于河岸的区域。首先，在最初的自然经济条件下，沿江地区更方便进行自给自足的渔业生产。其次，1905 年日俄战争后哈尔滨作为国际商埠对各国开放，哈尔滨港成为东北地区水路转换的中枢港口。因此，道外沿松花江南岸先后建设了五座码头，更加促进了街道的沿江走向并向西发展。

二、两大商业街的空间句法分析

1. 空间句法相关概念

空间句法是以自组织空间为研究对象，通过对包括建筑、聚落、城市甚至景观在内的人居空间结构的量化描述，提取空间形态的本质特征，研究空间组织与人类社会关系的理论与方法。

基于空间构型的拓扑图形，空间句法已经发展出了一套分析技术和拓扑变量。通过它们，我们可以从不同的角度量化空间构型。根据不同的研究对象，常用的空间分析技术有轴线分析法、凸空间分析法、视线分析法以及线段分析法等。本文运用轴线分析法，主要是将城市的街道网络表达为一组数目最少、长度最长的直线网络，是一种简单化的表达方法。空间句法主要的量化变量有连接值、控制值、深度值、整合度、可理解度。

本文所做两条街道空间句法分析的数据选取自 1920 年的哈尔滨市街图，此时正值道外区商业的鼎盛时期，其街道形态最能够反映道外地区民族工商业的社会文化内涵，并且中央大街街道发展在此时也趋近成熟稳定。研究主要涉及历史街区内部的空间分析，因此依据人们体验空间的方式以及街道的分布情况，对两个历史街区空间绘制了轴线地图。通过轴线地图的绘制，街道空间结构的特征可以在句法地图上清晰展现。并且通过 DepthMap 软件对轴线地图的各项变量进行分析，其数值结果以颜色分级表示。本文使用由暖到冷的色度来表达由高到低的数值差异。

2. 整合度分析

整合度（Integration）反映了一个单元空间与系统中所有其他空间的集聚或离散程度。整合度值越大，表示该空间在系统中的便捷程度越大，即整合度值越高，空间的可达性越高。

$R=2$ 的局部整合度轴线分析地图表明，中央大街与靖宇大街因具有与众不同的空间属性而成为各自区域内的活跃中心。

图 2 显示，中央大街具有高度的局部整合度值。首先，距中央大街两步以内分布有一系列密集的街网。其中，与中央大街一步距离的街道有 32 条，两步距离的街道有 41 条。这些街道形成了通往主街部分的路径，因此加强了中央大街的可达性。其次，和中央大街平行的相邻街道与中央大街的辅街相交，形成大量沿街街区，这些街区形成辐射的环状活动路径在中央大街最大化的重叠。此外，如 Hillier 提出的那样（1999年），街道与街区的尺度都很小，这加强了该区域的整合。最终，中央大街几乎覆盖了所有的局部系统，因此更像是起到了全局整合的作用。

靖宇大街在其区域内同样具有最高的整合度值（图 3），不过其整合度值略低于中央大街。首先，与靖宇大街一步距离的街道为 33 条，两步距离的街道为 21 条，通往主街的路径少于中央大街。其次，靖宇大街南侧的团状区域偏离靖宇大街，与其的拓扑距离在 2 步以外，同样削弱了靖宇大街的可达性，使其没有形成中央大街覆盖全区局部系统的规模。

3. 控制度分析

控制值（Control）是指一个空间系统中，某一单元空间与其相邻空间的控制程度，反映一个空间对其周围空间的影响程度。

如图 4，轴线地图的控制值分析显示，中央大街在其区域中具有最高的控制度值（9.05）。另外，尚志街控制值（8.22）也增加了该区域的

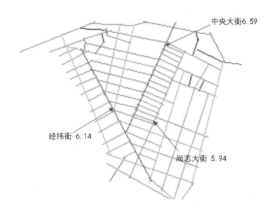

图2　1920年道里区R=2局部整合度分析轴线图
图片来源：通过DepthMap软件作者自绘

图4　1920年道里区局部控制度分析轴线图
图片来源：通过DepthMap软件作者自绘

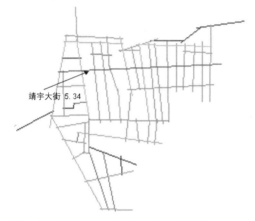

图3　1920年道外区R=2局部整合度分析轴线图
图片来源：通过DepthMap软件作者自绘

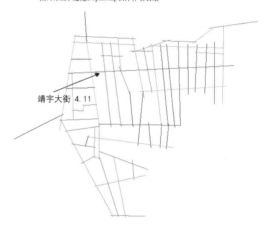

图5　1920年道外区局部控制度分析轴线图
图片来源：通过DepthMap软件作者自绘

控制度。控制值分析表明，中央大街是高度联系的，通过许多的连接延伸进入周边街道，这些街道也与它们周边街道高度联系而不会通往死胡同。这使得这条大街在整个城市地图中都显得很不同。这条街在各个时期都是城市的控制核心。如此高的控制值使得这个商业中心可以吸引非常多样性的社会活动同时发生于主街中央大街上。而靖宇大街的控制度值（如图5）虽然为其区域中的最高，但其控制度值仅为4.11，低于道里区控制值排在第三位的经纬街。因此，相较于靖宇大街，中央大街可以对周围更深广的地段产生影响。

4. 深度值分析

深度值（Depth）是指一个空间系统中，某一单元空间到其他空间的最小连接数[7]。可以表示街道的开放程度，也可用于描述街巷系统的开放性层级。

如图6所示，中央大街及其辅街大致分为两个层级，中央大街东侧的住宅街区空间深度较高，具有一定的私密性。但街区整体均具有较浅的空间深度，开放性很强。这种空间深度的层级，体现了西方资本主义的社会逻辑，即城市是市民平等竞争、自由追逐财富之处，城市空间更看重经济效益的追求，需要较高的街道开放程度。城市空间深度较浅的区域，有利于经济活动的开展，自然繁荣发达。

而道外靖宇街的街道层次更加丰富，如图7显示，大致可分为三级。第一级为主街靖宇大街；其辅街为二级层级，连接主要道路、合院以及更小的街巷，属于过渡系统；第三级为小巷胡同，具有更强的私密性，与合院一起是居

图6　1920年道里区R=3局部深度分析轴线图
图片来源：通过DepthMap软件作者自绘

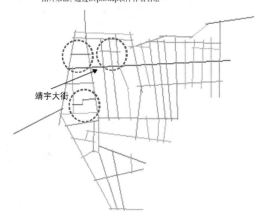

图7　1920年道里区R=3局部深度分析轴线图
图片来源：通过DepthMap软件作者自绘

民生活与交往的主要场所。多级的逐层封闭的空间层次本质上体现了中国式的社会逻辑，空间深度值高的层级可以为居民营造领域感与安全感，其优点是创造了空间的多样性，很好地平衡了其对外的开放性与对内的隐蔽性。

三、小结

通过对中央大街与靖宇街的一系列比较分析，可以得出以下结论：街道某一特定时期的形态特征，是多重因素的综合作用，例如不同的生产力水平，不同的经济结构、社会结构、自然环境以及人们的生活方式等，会对街道的形成与发展产生影响。

首先，从街道布局上看，鱼骨状的商业街形式有助于商业的发展繁荣。密集的辅街以及通过辅街与主街相连的大量街道，增加了主街的可达性，促进了共同在场的发生，使得街道活动具有多样性，充满活力，有利于商业的发展。

其次，从生产力水平看，道外靖宇大街形成初期是以农业及手工业等小商业为主的生产方式，其街道的形成与发展更加依赖于水系、码头等自然条件与设施。因此，更易发展形成平行于江岸的街道。

再次，社会属性与逻辑影响街道的空间属性。近代道外区的街道建设虽然有意学习中央大街的鱼骨状街道布局，但其街道的社会逻辑仍然是中国传统式的。在其影响下形成的多级逐层封闭的街道等级削弱了主街的控制度值，使其街道的可达性与活动的多样性不及按照西方规划思想设计的中央大街。但其私密性的小巷空间，更有利于中国人对居住空间领域感、安全感的追求，且丰富了空间的层次。

参考文献

[1] 道外区志 http://218.10.232.41:8080/was40/search?channelid=43080
[2] ［日］越沢明.哈尔滨的城市规划 1898~1945[M].哈尔滨：哈尔滨出版社.
[3] 哈尔滨城市规划局编.哈尔滨印象·上 [M].北京：中国建筑工业出版社,2005.
[4] 王刚.街道的形成：1861 年以前汉口街道历史性考察 [J].新建筑,2010(4).
[5] 刘宾,潘丽珍,孙丽萍.青岛市老城区街道空间体系"类型"化研究 [J].规划师,2006(s2).
[6] 王静文,毛其智,党安荣.居住区公共空间社会维度的句法释义：以北京传统胡同空间中社会交往模式的探讨为例 [J].华中建筑,2007(11).
[7] 陈仲光,徐建刚,蒋海兵.基于空间句法的历史街区多尺度空间分析研究：以福州三坊七巷历史街区为例 [J].城市规划,2009(8).
[8] Hillier Bill.Centrality as a process: accounting for attraction inequalities in deformed grids, Urban Design International［J］.1999,Vol.4

哈尔滨道外区中华巴洛克建筑装饰的本土文化延续

曲沐同　刘松茯①

摘　要：中华巴洛克建筑是哈尔滨开埠文化中，吸收外来文化，同时又与本土文化结合的典型例子之一。本文旨在通过对哈尔滨中华巴洛克建筑装饰的调查和研究，找到巴洛克建筑与中国本土文化结合点，指出哈尔滨近代建筑在包容和吸收外来文化的过程中所体现的本土文化延续性。

关键词：中华巴洛克　本土文化　延续

巴洛克（Baroque）是 17 世纪流行于欧洲的一种艺术风格，中华巴洛克则是在接受外来文化传播，在欧洲的巴洛克风格之上对其进行中国本土化融合的一种近代折中主义建筑类型。在建筑形体的塑造尤其是细部装饰上体现了巴洛克建筑的主要特征，表达了同欧洲巴洛克同样的自由奔放与欢乐的氛围，但是其总体布局设计理念及装饰元素与母题则根植于中国本土建筑文化思维。中华巴洛克的产生与哈尔滨独特的城市发展轨迹有着不可分割的关联。1898 年中东铁路开始修筑，使得大量俄罗斯建筑师得以在哈尔滨规划、设计和建造了大量的建筑，使中国的广大匠师有机会接触并学习当时流行的西方样式，并将其与中国本土文化相结合。从一定意义上说，哈尔滨的中华巴洛克建筑是中西建筑文化交融的典型实例之一。

一、中华巴洛克建筑装饰的巴洛克影响

1. 巴洛克风格特征与起源

巴洛克艺术在建筑、雕塑和绘画等领域中均有体现。相对于文艺复兴时期的古典主义艺术来说，它是华丽的，极富装饰性的。它擅长将建筑与雕塑、绘画结合在一起创造出欢乐的令人激动的、富有动感的艺术效果（图1）。巴洛克建筑艺术具有气势宏伟、造型繁复、装饰过分的特点，多用圆形或曲线来进行装饰，因此巴洛克建筑中所表现的某些特质或者说趋势，与中国古典建筑发展到清朝时期有很多类似的地方。中国民族装饰艺术发展到清朝末年，走向了纹样繁琐、工艺复杂的历史阶段，建筑、纺织、民间工艺等装饰图案的设计与制作都失去了历代简洁大气的装饰风格。大环境

---

① 曲沐同，哈尔滨工业大学在读研究生；刘松茯，哈尔滨工业大学建筑学院教授、博士生导师。

装饰艺术的发展趋势同样影响着中国人对建筑装饰需求的心理。这也是为什么巴洛克建筑在中国可以被迅速接纳，中华巴洛克建筑得以产生的原因之一。

中国内地商人带着谋求发展、开创新天地的拓荒心理来到哈尔滨，沙俄及西方古代建筑形式吸引了中国商人的好奇心，他们希望选择一种新的建筑形式改善一下习惯的经商环境，希望运用豪华的装饰给民族经济带来好运气。

2. 巴洛克风格对中华巴洛克建筑的影响

随着近代中东铁路的修建，哈尔城市整体变得包容起来，这种先进的态度使得哈尔滨可以迅速地吸收来自西方的各种文化，包括建筑艺术表现上的巴洛克风格。而道外属于哈尔滨城市的一个特别的地区，这个地区主要的活动人群是中国百姓，或者是中国商人，主要的建造者也是中国匠人，因此在出资设计和修建宅邸时，他们将巴洛克的艺术氛围融合进中国传统建筑文化中去，使得两种文化在强烈碰撞之后产生了形式优美、装饰细腻且欢乐的"中华巴洛克"建筑。

图1　巴洛克风格建筑　图片来源：网络

二、中华巴洛克建筑装饰的本土文化体现

"本土文化"主要是指扎根本土、世代传承、有民族特色的文化，是个人或团体在成长历程中足以影响其知觉、思维、价值观等而形成的文化环境。巴洛克建筑以其"过度装饰"而著称，用繁复细腻的装饰来体现巴洛克建筑欢乐、喧闹、富于动感的气氛。在中国本土文化与外来文化的融合过程中，中国匠人从西方建筑中吸收这种建筑特点，同时独运匠心地将中国传统的装饰元素融入其中。中华巴洛克建筑的典型代表建筑群分布在哈尔滨道外区以靖宇大街为中心的周围街道。商住建筑群为主，整体风格和谐统一，单体建筑装饰变化丰富。临街立面从女儿墙到檐口直至墙身运用繁琐复杂的装饰图案，从而构成了中华巴洛克建筑群最明显的特征。装饰图案的选用是混杂的，既有欧洲古典建筑装饰图案也有沙俄传统建筑图案，融入更多的是中国民间传统的装饰纹样。产生这种结果的原因有两个：一是因为哈尔滨道外区的建筑的设计者多为本土建筑工匠与业主，而非真正的建筑师；二是中国传统的建筑装饰，即本土文化对中国人的影响根深蒂固。因此，中华巴洛克建筑最强烈的本土化集成体现即为建筑装饰的表现。

1. 吉祥的图案纹样取代西方建筑装饰元素

巴洛克装饰图案的素材十分丰富，有几何图案，有动物花草及寿带祥云。图案表达的内容非常直观，表达信息量巨大。所以图案表达是建筑细部的重要部分。西方巴洛克建筑元素多为西方常见植物与动物。这些元素在中国工匠的手里得到了加工和改造，使其带有中国本土文化的特征。中国传统纹饰中不但有动物、植物、人物，还有神仙和器物等，这些都是出自人们对理想的追求以及对生活的憧憬。这些纹饰并非随意为之，而是代表了民族信仰、文化底蕴、民俗

图2 中国传统装饰图样在道外建筑中的体现
图片来源：作者拍摄

习惯和审美需求（图2）。

中华巴洛克的图案表达可以分为以下几种。表达生育观的，如葫芦、葡萄、莲花、盘长、缠枝纹等；表达五福观的，如福、禄、寿、喜、财的各种图案变体；表达三多观的，如多福、多寿、多男子，如喜鹊、蝙蝠、蝴蝶、松竹、梅花、回纹、方胜；表达丰收观的，如葡萄、果篮等；另有其他表达吉祥涵义的图案，如瓶子代表平安，桃子代表长寿，梅花和菊花代表品质高洁，双向生长的植物代表繁荣等（图3）。

从装饰纹样的寓意可以看出，中国传统历来应用这些装饰纹样绝不仅仅是出于形式美的考虑，而是更加注重其象征意义。"人臻五福，事

图3 吉祥图案在巴洛克建筑中的运用　图片来源：作者拍摄

求吉祥"，这些吉祥图案最能体现人的生活态度和人生价值观，人们相信吉祥图案能避灾趋福，带来祥瑞。中国传统的吉祥装饰纹样把中国人内心对吉祥降临的深深渴望都暴露无遗，它是中华民族特殊信念的一个象征，寄托了普通民众的善良愿望和对幸福生活的憧憬，是中华民族理想和智慧的积淀，也是中国本土文化的核心。

2. 本土宗教文化的影响取代西方宗教装饰元素

巴洛克建筑有着浓重的宗教色彩，宗教题材在巴洛克艺术中占有主导的地位。巴洛克建筑的产生最初目的即为教会炫耀财富和表达地位的象征而存在，既是宗教建筑同时又是一种富有享乐主义的建筑。宗教文化的影响一直对建筑有很大的影响，无论是在西方还是中国古典建筑中。西方多信仰基督教，装饰的母题多与基督教的神话故事和寓言相关联，如壁画或者是灰塑，多是表现圣经里的故事情节（图4）。

中国传统信仰道教和佛教。它们凭借其强大而坚韧的渗透力波及人们物质、精神文化的

图4 巴洛克建筑的宗教雕塑　图片来源：网络

许多方面。在建筑装饰上表现得相当明显，如八卦图形、万字纹和宝莲花雕刻。某些形象与中国以人为核心的古老天地观不符合，人们也会加以本土化改造使其符合中国的审美情趣。如佛教从汉代传入中国时，西域大月氏国王向汉朝进贡了一头金毛雄狮子。原产印度的亚洲狮传说是文殊菩萨的坐骑，具有辟邪护法的作用，因此众生崇拜。狮子在中国大行其道，但是这原本威猛的形象不符合国人的审美习惯，为让人们广泛接受，狮子的形象被改为哈巴狗的模样，狮子的形象活跃于建筑装饰上。

图5 梅兰竹菊的运用　图片来源：作者自摄

古人都有附会的习气，例如渔民不许说"翻"字，许多吉祥有关的图案解释来源于语音上的同步。鹿鹤同年配青松是长寿的寓意；蝙蝠因为与福同音也与"五福捧寿"相关联；福禄寿三星代表着好运、功名利禄和长寿。这些代表着美好愿望的本土文化的装饰纹样在中华巴洛克建筑上随处可见（图5）。

3. 中国特有的汉字装饰

中国建筑装饰中有个很特殊且很常见的装饰纹样，即为汉字装饰。汉字是一种象形文字，自身形态即体现出很高的艺术价值，结合着汉字所表达的涵义与意境可以实现多重意境相交融的艺术效果。文字表达直接、简练。传统建筑中，特别是园林中，有文人的题字裱糊于墙面或者雕刻于建筑物显著位置的风俗，如园林中的匾额和漏窗、牌坊上的题字等（图6）。

中华巴洛克建筑群这一传统仍然被保留，单字体运用较多，题字匾额也很常见。单体字的运用最多的是不同版本的"寿"、"吉"、"茶"。匾额多见于店面招牌。也有将其抽象化

图6 汉字装饰在中华巴洛克建筑中的运用
图片来源：作者自摄

为几何图案作为墙面或者山花装饰，如万字文或者回形纹等，表达了连绵不绝的三多观念。

三、总结

中华巴洛克建筑是哈尔滨近代建筑中比较特殊的一类建筑，同时具有鲜明的中国传统建筑文化特点的典型案例，具有很高的艺术价值与历史价值。工匠的创作手法与方式也许有些欠缺与不足，但是工匠敢于大胆地吸收外来文化，敢于冲破一些束缚，大胆模仿借用各种装饰形式，使建筑装修装饰成为中华巴洛克建筑群整体风格的重要组成部分。这些装饰为后人传递了一个历史时期的珍贵信息，表现了当时人们对美好生活的向往与期盼，对装饰艺术的追求，承载了一代中华民族商人在特定历史条件下的复杂矛盾的心态。

参考文献

[1] 刘松茯 . 哈尔滨近代建筑的风格与文脉 .

[2] 刘松茯 . 哈尔滨城市建筑的现代转型与模式探析 .

[3] 侯幼彬 . 中国建筑美学 . 黑龙江科学技术出版社 .

[4] 张复合主编 . 中国近代建筑研究与保护（四）. 清华大学出版社，2004.

[5] 王岩 . 哈尔滨中华巴洛克建筑质疑 .

[6] 王岩 . 哈尔滨道外近代建筑的形态表征 .

[7] 袁泉 . 哈尔滨道外区近代建筑的民俗特征 .

[8] 何颖 . 哈尔滨近代建筑装饰与审美文化的渗透 .

[9] 刘川 . 哈尔滨道外区近代城市建筑立面的文化特色浅析 .

[10] 梁玮男 . 哈尔滨近代建筑的奇葩——"中华巴洛克"建筑 .

[11] 张健 . 哈尔滨近代建筑的形态母题及审美意匠 .

[12] 刘松茯 . 哈尔滨近代建筑的发展历程 .

[13] 卢百灵 . 哈尔滨市道外区历史街区保护与利用研究 . 东北林业大学硕士论文 .

[14] 朱永春 . 巴洛克对中国近代建筑的影响 . 建筑学报 .

[15] 王胜斌，焦胜 . 巴洛克风格在现代城市设计中的运用研究 .

[16] 赵兴斌 . 城市历史的驿站——哈尔滨道外早期商住建筑群的外墙装饰 .

[17] 刘松茯 . 近代哈尔滨城市建筑的文化结构与内涵 .

长白山脉朝鲜族与汉族居住文化的相互影响研究

金日学　赵晓琳[①]

摘　要：从居住文化的概念分析和现实作用出发，对长白山脉朝鲜族和汉族"传统居住文化"的变迁进行了回顾，着重分析了政治决策与居住方式对居住文化形态及其渗透性的影响，客观地探讨了民族人文理念在民族文化互动接受过程中的作用，并在此基础上，倡导对居住文化进行精细的分析整理，加强民族文化交流，保证民族居住文化得以保留延伸。

关键词：居住文化　社会　渗透性　长白山脉

居住文化外延广泛，可以从地域文化、制度文化、意识文化等多方面进行考察影响其变迁的多种因素；从社会学、人文学的角度来看，民族居住文化的演变实际上是民族意识与政治制度的碰撞与协调，被认知为渗透于物质形态和与生活实际相关。

不断变迁的居住文化体现应该是从历史人文社会中生长和延伸出来的结果，符合民族信仰理念，并适合居住习惯，反映历史变迁、社会人文、精神内涵等。居住文化中的空间划分与建筑本身是不可分的，内涵化的讨论必须围绕实际展开。本文主要对"朝鲜族和汉族的居住文化"这一现象进行分析与评述。

一、朝鲜族传统民居特点

1. 满铺炕

朝鲜族民居的室内，除牛房、草房（仓库）及入口脱鞋处之外，全部布置低火炕，面积占整幢房屋面积的2/3以上。屋外立有木烟囱，是用枯死的木心腐烂而成空桶的大树干，高约3米，用火燎尽树心朽木，灌涂泥巴，立于檐外，其下由一横木桶与炕相通[②]（图1）。这种以大面积火炕为特色的低矮内部空间，是朝鲜族民居的显著特点，以席居为主要特征的居住行为模式是形成其空间特征的主要原因。朝鲜族的日常生活多在炕上进行，祖祖辈辈的炕上生活对朝鲜族的身体结构和思维方式都产生了深远的影响，朝鲜族被称为"火炕上的民族"。

图1　朝鲜族迁入初期住居　　图片来源：朝鲜族简史

①　金日学，吉林建筑大学副教授；赵晓琳，吉林建筑大学研究生。
②　周长庆、李泽.探访"长白山最后的森林部落" [N].新华每日电讯, 2004.

2. 院落

朝鲜族村落多半坐落在依山的平地上，背山面水，这和朝鲜族的风水学说有很大的关系，房屋别具一格。风水宜忌已成为社会民众的一种"集体无意识"。"坐北朝南"是理想风水模式必备特征，"凡宅左有流水，谓之青龙；右有长道，谓之白虎"，"宅东流水势无穷，宅西大道主亨通"即理想风水模式就方位而言是"坐北朝南"，蕴含"背山临水"的原理。

3. 平面

朝鲜族民居多为山顶式的青瓦白墙建筑，除城镇住宅有简单的院墙外，农村通常不建院墙而和左邻右舍之间保持一定的距离。朝鲜族民居的平面总体布局以"田"字形为分割模式，最初农民住的是朝鲜北部民居形式，前期为草房（图2），具体形式多为六间或八间，平面多数为矩形，也有"L"形的，有的设外廊。改革开放以后，生活水平提高，盖的是砖瓦房。内部布局形式多样，空间开敞，主房间为居室，牛棚和储存柴草杂物的草房在房屋的一端，以灶间与居室隔开。居室多少、大小可视需要，由推拉门分隔，比较灵活方便。居室内靠墙设推拉门壁橱，供存放衣物、被褥之用，使室内显得宽敞雅致。家人和来客进门就上炕，鞋要脱在门口，以保持室内清洁。

图2 朝鲜族草房　图片来源：作者自摄

二、汉族传统民居特点

1. "一字炕"

长白山脉传统汉族民居大量采用火炕取暖，也兼用火盆、火炉取暖，用以提高室内温度。汉族居住形式是"一字炕"，表现为南北炕，多建于南窗下，充分利用光照，基本高度在800～900毫米。对于炕的使用非常广泛，基本的生活都在炕上进行，同时将箱子、柜子也都置于炕上。借炊取暖，炕下设回环盘绕的烟道，炊烟的烟道通过火炕流至排烟口，把炊事余热作为采暖热源二次利用，而且利用得充分。距火洞近的地方称为"炕头"，距火洞远的地方称为"炕梢"，炕头到炕梢，热度递减，长辈住温度高的炕头，然后是孩子，以热度强弱为敬爱之别，体现了尊老爱幼的习俗。

2. 院落

长白山脉传统民居中，院落是外界环境与室内环境间一个过渡与融合的区域，是露天而又围合的良好空间，院落布局采用中轴对称的格局。汉族传统民居大部分为合院式民居，这是最普遍的一类民居，也是"礼制"体现层级复杂的封建社会形态物化自然环境较理想的模式。房屋间数三五不等，也有七间、九间的，但为数不多，以"正房"为主，多是院落形态，并以坚固的高墙围合。

3. 平面

汉族的五开间传统民居在平面布置上，中央明间的面阔稍宽，左右次间和梢间稍窄，使明间在外观上显而易见，这种宗法社会的习惯构成了汉族住宅平面和立面的重要特征。长白山脉传统民居的布局原则源于阶级社会制度及其意识形态，轴线对称布局是中国传统儒家思想中等级观念及中庸思想物化的集中体现。儒家文化是中国传统文化的主体，在居住建筑中亦起主导作用，包括家庭要长幼有序、内外有别、男女有避、合族而居的等级秩序，这些思想背景皆贯穿在民居总体布局中。礼制观念是儒家的基本思想，住房要按照中为上、侧为下、左为上、右为下、后为上、前为下的次序安排家族成员。

三、朝鲜族和汉族居住文化演变

在长白山脉，气候寒冷，汉族民居宽敞的堂屋和里屋连通，冷空气易进入里屋空间，不利于保暖，在这种环境条件的制约下，堂屋的形式发生了很大的转变，由开始的方形格局转变为矩形格局，后来加大进深形成了狭长的过道空间，仪礼空间功能被大为简化，靠近里屋位置布置灶台，具有厨房的功能。"……汉族则在东屋和西屋睡觉、学习，吃饭、招待客人、聚会等则在堂屋进行；朝鲜族的住居生活则睡觉、吃饭、招待女性客人、家务活儿、家族聚会等都在由满屋炕（温突）形成的大房里进行。"[1]可以看出这种空间布局实际上是受到朝鲜族的民居文化的影响。朝鲜族的民居也接受儒家思想，长幼、尊卑有严格的规定。

朝鲜族从事农耕，将牛舍建在房子里，传承前辈的做法，和厨房间连在一起，而不单独盖。因为从开拓初期起，牛一直作为农村的主要生产力，这种人畜同居的居住方式，新中国成立后很长一段时期内也没有加以改变。而汉族一合院式的院落中，房主多为农民，院内会设置菜园、柴垛、仓房等，鸡舍、驴棚在院落中的布置，都和正房分开布置，表现出对卫生的要求，这差异之处主要受制于朝汉两族居民不同的日常生产方式。后受汉族影响，朝鲜族民居中牛舍改建在住宅旁，室内卫生环境有很大改善。

传统民居的形态保持单层横长方形，门窗

图3 新建朝鲜族住居　图片来源：作者自摄

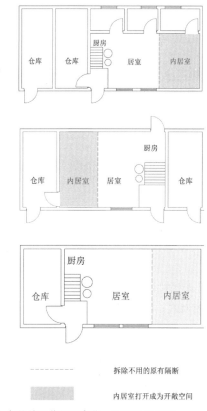

- - - - - - - - -　拆除不用的原有隔断

▨　内居室打开成为开敞空间

图4 朝鲜族居住平面变化　图片来源：作者自绘

设置与汉族民居相类似，平面布局稍有不同，各屋之间用"横推门"隔开，在需要时，将"横推门"推开形成大通间，空间布置灵活，各屋有通向外面的门，门前有木板廊台，方便人脱鞋进屋。由于受汉族建筑形式的影响，门前的木板廊台已经大为简化，有些民居中经取消。

"六间房"或"八间房"是朝鲜族民居的传统平面格局，以"田"字形为分割模式，一般称四开间的为"六间房"，称五开间的为"八间房"，不计实际房间数，功能划分严格按照礼制要求，体现长幼尊卑的关系。在汉族的生活环境下，朝鲜族将原先"八间房"或"六间房"的平面加以改动，做出了很大的简化，将房间内部分割的隔断撤销，成为开敞的室内空间。

---

① 　金正镐. 地区传统民居与居住文化研究[D].中央民族大学博士论文, 2004.12

四、朝鲜族居住文化变迁与汉族居住文化变迁的互动关系分析

朝鲜族和汉族居住文化的变迁和互动是一个自然的历史过程,是人们在生产生活实践中主动参与和创造的过程。在变迁的过程中,必须借助于各民族的交互理解,在同一个环境下平等对话沟通,通过民族之间的文化交流,力求将民族文化精华融合,重构朝鲜族和汉族居住文化体系。

1. 自然地理环境

由于长白山脉地处严寒地区,汉族传统民居建筑形制主要为了保暖御寒,普通平民的住宅更多的是体现出自然、经济条件的限制。[①]朝鲜人沿用独特而具有历史的取暖方式——满铺地炕来抵御严寒,同时寒冷干燥的气候促使人们发展了其他相应的御寒措施及狭窄的布局来形成御寒状态和增暖防寒。例如,朝鲜族民居有南北门设置,冬季只使用南门用以进出,北门紧闭,夏季则两扇门同时开启,以利于通风。汉族北墙有通风孔洞,夏季用以加强散热通风,冬季用黄土、黏土进行封堵,保证室内温度,这些表现都是气候、风向和当地发展的结构形式等因素所致,同一地理环境决定了朝鲜族和汉族居住文化的互动变迁。

2. 文脉

朝鲜族的文化受汉族影响较深,房屋建筑与汉族多有相似之处,为适应民族生活习惯的要求,同时受民族固有意识的影响,也有其自身的特点。处于同一地域、同一空间的汉族形成新的生活习惯,在一定程度上影响着汉族居住文化的形成及其变迁。朝鲜族的认同意识是减缓趋同进程的重要原因,聚居的生活方式和民族教育的延续都有利于民族认同意识发挥作用,形成了"族群边界"[②],这表现为民族聚落的独立性与隔离性以维持他们的族群认同感。改革开放以前的中国社会处于封闭状态,人们没有居住和流动的自由,在客观上也为朝鲜族维护他们的族群边界提供了有利条件。改革开放以后,朝鲜族聚落由传统上完全隔离、与外界有明显差别,越来越趋向汉族与朝鲜族居住在一个聚落而不呈现明显的排斥状态,并吸收住居的优点为己所用。

3. 政治决策

政治决策在民族住居形成过程中,指导民居文化的保护措施实施,为传统民居的留存和民族特色的传承提供了有力保障。在现代化建筑发展过程中,与时俱进地指导不同民族居住文化的求同存异,最终目的是实现民族居住文化和而不同的境界。建筑及其聚落文化传统显然会受到外部世界的影响和制约,在众多因素中,政治决策因素作为建造和保护的指导性原则,居住文化的融合和发展就需要在规定的框架内进行,有一定包容度同时又兼具激励作用的政治决策发挥着至关重要的作用。无论朝鲜族民居还是汉族民居都是中国建筑的组成部分,它们在演进和发展过程中独具地方特色,反映了长白山脉的过去和现在的居住文化,在实地调研过程中收集的民居平面和空间的有关资料,对于演变的调查分析,可以提供研究参考。

综合以上观点,朝鲜族和汉族居住文化的互动演变是在自然地域环境的促进条件下顺利发展的,加之两个民族的文脉意识相互接纳,同时由于地方政策的推动,使得朝鲜族和汉族的居住形式产生了相应的改变,由平面发展到空间,在吸收外来先进文化的同时保有自身优点特色,达到和而不同的境地,从而获得民族居住文化的进步和改良。

①　李华东.朝鲜半岛古代建筑文化[M].东南大学出版社, 2011.1
②　周立军, 陈伯超, 张成龙, 孙立军, 金虹.中国民居建筑丛书民居[M].中国建筑工业出版社, 2009.12

朝鲜族文化渊源及对民居建筑风格的影响探析

许文芳　韦宝畏[①]

摘　要：朝鲜族传统民居建筑的风格凸显着朝鲜族的民族文化特征。朝鲜族是一个深受外族文化影响的民族，其民居建筑风格必然带有外来文化的印迹。要深入了解朝鲜族传统民居的建筑语汇和思想内涵，就必须深入了解朝鲜族传统民居与朝鲜族民族文化的渊源。

关键词：朝鲜族文化　朝鲜族传统民居　建筑风格　渊源

建筑是一个民族文化精神的集中表现，它不仅反映着建筑者本人对实用及功能目的的表达，而且还体现着该民族的宇宙观、宗法观与社会道德伦理观。[②]朝鲜族传统民居是朝鲜族民族文化、民族心理、生产方式以及经济发展状况的集中体现，无论是平面布局、形态构成还是艺术处理以及设计手法运用都具有独创和完美的意境，彰显出独特的建筑风格。朝鲜族民居独特的建筑风格是如何造就和形成的？要探究这一问题就必须放宽历史和文化的视野，追根溯源，探究隐藏在民居建筑背后的朝鲜族文化渊源，进而揭示影响其建筑风格形成的文化因素，以深化对朝鲜族民居建筑文化内涵的认知和理解。

一、朝鲜族移居中国概述

朝鲜族是一个勤劳勇敢的民族，在中国已有300多年的居住和生活的历史。中国东北地区的朝鲜族基本上是原来居住和生活在朝鲜半岛的朝鲜民族后裔，属于从朝鲜半岛迁移到中国的"迁入民族"，也有的称其为"过界民族"或"跨境民族"。移居到中国东北地区生活的朝鲜人，随着时间的推移，逐渐成为与朝鲜半岛不同民族特征的中国公民，取得朝鲜族名称，成为中国的56个民族之一。

据有关历史文献记载，原先居住在朝鲜半岛的朝鲜人向中国东北地区移居的历史最早可追溯到17世纪初叶，当时就有为数不少的朝鲜战俘被强制性迁移到中国的东北地区从事繁重的劳役。当然这个时期也不能排除偶尔有个别朝鲜人主动跨越中朝国界，发生"逃归""逃住""私来"中国东北地区的个别现象。17世纪末，部分朝鲜族居民零星地从朝鲜半岛迁入并定居下来，如辽宁省盖县朴家沟朴氏已经有300多年的定居历史。从19世纪中叶开始，由于政治、经济、文化等方面的种种原因所致，朝鲜半岛的朝鲜人陆续向中国东北地区迁移流动，成为中

---

① 许文芳，吉林建筑大学建筑与规划学院副教授；韦宝畏，吉林建筑大学建筑与规划学院副教授。
② 许明.儒家思想对北方古民居建筑的影响[J].中国美术学院学报，2010（3）：83.

国朝鲜族的主要来源。朝鲜人移居中国东北地区的历史过程，也是其民族优秀文化传统移入中国的过程，同时也是其民族文化与中国文化相融合、再创造的过程，深刻地影响了不同时期朝鲜半岛居民的社会生活和经济文化的方方面面，在饮食、服饰、建筑、雕刻、舞蹈、绘画和文学作品等方面都打上了深深的文化烙印。

二、朝鲜族传统文化溯源

中国文化是东北亚文化乃至整个东方文化的渊源，其地位和影响足可以与西方文化中的希腊文化、拉丁文化媲美。中国与现在朝鲜半岛的朝鲜和韩国是一衣带水的邻邦，地域相连，文化相通，而且都是历史上的东方文明古国，由于特定的地缘关系，文化交流源远流长，而且历史悠久，其范围也是相当广泛。因此，中国和朝鲜半岛的文化在很多方面有着明显的渊源关系。从某种意义上说，朝鲜半岛文化的发展过程可以说是对中国文化的吸收借鉴和再创造的过程。在历史上，曾经在中国十分盛行的儒学、佛教、道教和风水等思想和文化相继传入朝鲜半岛，并在那里生根发芽，与当地固有的思想文化和社会习俗相互融合，协调发展，从而建构起来以儒学为核心，融合佛、道宗教思想和风水民俗文化的朝鲜民族民族文化架构。

儒家思想最初是由春秋末期的孔子所阐发和奠定的，其核心是"仁学"，以仁学为基础又衍生出了"义""礼""智""信""忠""孝""悌""中""和""敬""宽""敏""惠""勇""温""良""恭""俭""让"①等一系列具有极高哲学价值的思想范畴。其后经孟子、荀子等不断丰富完善，到汉武帝时期，通过董仲舒的进一步改造和扩充，很好地迎合了最高统治者建立"大一统"国家政权的需要，最终确立了独尊的地位，成为封建社会的正统思想。

早在公元前284年前后儒学开始传入朝鲜半岛，直到公元4世纪时，才真正得到"三国"（指高句丽、百济、新罗）统治阶级或国家层面的接受与认可。由于地缘关系的原因，高句丽最先主动接受和吸收儒家学说，百济其次，新罗为最后。为使官僚阶层尽快儒化，高句丽创立太学，向贵族子弟传授《诗》《书》《礼》《易》《春秋》五经和《史记》《汉书》和《后汉书》三史等典籍。同时在全境迅速普及儒学，逐渐确立了儒学在国家意识形态的统治地位。百济的统治阶级高度重视儒家学说，特设五经博士制度，以《论语》《孝经》等儒家经典为必修科目，十分强调"孝悌忠信"等儒家道德准则，试图建立与中国封建社会相类的伦理纲常以服务于自身统治需要。儒家学说直到公元6世纪才得到新罗国家层面的认可，但发展极其迅速，在很短时间内就确立了其国家意识形态的基础地位。统一朝鲜半岛之后，新罗依照儒家学说创立了国家制度，参照唐代的科举制选拔官员，并设立儒学最高学府教育贵族子弟，大兴私学普及儒学知识，从国家层面将祭孔制度化……凡此种种，都使得儒学日渐成为朝鲜半岛民众根深蒂固的思想，成为本土文化的核心思想之一。

佛教起源于古代的印度，相传由释迦牟尼所创。大约在公元1世纪前后传入中国并完成汉化，成为中国传统思想文化的重要组成部分。②大约到公元4世纪早期，佛教由中国传入朝鲜半岛，并逐渐发展起来。起初，只是在民间流传，后因政治需要，朝鲜半岛三国相继将佛教提升至国家层面加以推崇，并倡导民众崇信佛法，使佛教发展成为民众化的宗教。但需要指出的是，佛教在朝鲜半岛的传播一直带有浓郁的儒学色彩，如圆光法师将佛家戒律加以变通并融入儒家的"世俗五戒"之中，使佛教伦理明

---

① 曹福春.中国朝鲜族文化与孔子儒家思想[J].中央民族大学学报，2012（2）：102–103.
② 韩梅.论佛教对韩国文学的影响[J].理论学刊，2005（5）：124.

显地带有儒家伦理的痕迹。圆光法师曰："佛教有菩萨戒，其别有十。若等为人臣子，恐不能堪。今有世俗五戒：一曰事君以忠，二曰事亲以孝，三曰交友有信，四曰临战无退，五曰杀生有择。"公元7世纪，新罗统一朝鲜半岛后，这种儒学化的佛教便被加以继承；高丽王朝取代新罗王朝后虽奉行"国家大业必资诸佛之力"的大政方针，但作为一个深受中国儒家文化影响的国家，其佛教依然受到儒家文化的影响。高丽高僧义天对佛教援儒入佛的思想进行了发挥，把佛家之孝置于儒学之孝的上端[1]。到李氏朝鲜时，儒学重新成为占主导地位的意识形态。

道教是中国土生土长的宗教，以道家老庄哲学的"道"为最高信仰，以神仙信仰为核心内容，以丹道法术为修炼途径，以得道成仙与道合真为终极目标，追求自然和谐、国家太平、社会安定、家庭和睦，相信修道积德者能够幸福快乐、长生永世，充分反映了中国人的精神生活、宗教意识和信仰心理，是中华民族的精神家园。

中国的道教思想与朝鲜半岛传统的神仙思想等有相近之处[2]，所以道教传入后，在与朝鲜半岛本土固有的自然崇拜和神仙方术结合后得到了较快发展。道教传入朝鲜半岛时间有确切记载的是唐高祖武德七年（624年），是年唐高祖派道士沈叔安到高句丽宣讲老子的《道德经》，得到了高句丽荣留王的亲自接见，并与臣民一起聆听了宣讲。次年，高句丽权臣盖苏文出于儒释道三教互补的政治需要向唐代求道教，唐太宗派道士叔达等人来到高句丽，宣扬道教。在新罗统一前后，道教的影响日益明显，直接催生了新罗风流道和花郎道的建立。道教的思想影响日益扩大，并逐渐融入朝鲜半岛传统的仙道思想中。

起源于中国的风水传入朝鲜半岛的确切时间虽然在文献中并没有记载，但在新罗时代（公元前57～668年），当地僧侣道诜就曾创立了"阴阳道理说"和"风水相地法"[3]。这和中国的传统风水的理论说教极为相似。之前，在高句丽和百济的古坟壁画中还发现有关风水思想与四神兽等内容，因此可以推测中国的风水思想其实很早以前就已传到朝鲜半岛。[4]大约从高丽时代（918～1392年）开始，风水理论及其方法在朝鲜半岛得到广泛的传播。[5]进入朝鲜朝（1392～1910年）后，风水思想日益朝本土化方向发展，并且形成了完整的理论体系和实践操作方法，在民间得到较为广泛的传播和应用。

经过高丽、朝鲜两朝持续不断的发展，风水思想逐渐与当地固有的思想文化和民俗观念相结合，并经朝鲜半岛实学者洪万选、徐有矩、李重焕等人大力推广和普及，风水由一种纯粹的文化形态转换成为一种根植于朝鲜民族灵魂深处的民族价值观，并深入渗透到朝鲜族民众日常生活领域当中，深刻地影响到了当地的择址、择日、改运、修造、婚丧嫁娶等诸多事项，产生了巨大的社会影响力。

三、朝鲜族文化对民居建筑风格的影响

建筑风格是指建筑设计中在内容和外貌方面所反映的特征，主要指建筑的平面布局、形态构成、艺术处理和手法运用等方面所显示的独创和完美的意境。作为从朝鲜半岛移居中国的朝鲜族，儒释道和风水对朝鲜族文化的影响是非常广泛和深刻的。下面本文将就文化对朝鲜族民居建筑风格的影响，或者说朝鲜族传统民

① 周进, 于涛. 论中国佛教宗派对朝鲜半岛、日本的传播和影响[J].东疆学刊, 2007 (1): 16.
② [韩]林采佑. 韩国道教的历史和问题——有关韩国仙道和中国道教问题的探讨[J]. 柳学峰译. 世界宗教研究, 1997 (2): 143.
③ [韩]鞠文俐.中国传统思想对韩国朝鲜时期传统住宅和家具的影响[J].美术研究, 2009 (1): 65.
④ [韩]韩国空间文化研究会.韩屋的空间文化[M]: 首尔: 教文社, 2004: 18.
⑤ [韩]金正镐.中国东北地区的传统民居及居住文化研究[D].中央民族大学博士学位论文, 2004: 97.

居中反映出来的儒释道文化作一粗浅的探讨。

1．选址与布局

受风水思想的影响，朝鲜族自古以来就喜欢选择在背风朝阳、依山傍水、环境优雅的地方建房居住。《旧唐书·东夷传》中记载："其所居必依山谷，皆以茅草葺舍。"《新唐书·东夷传》中也说："居依山谷，以草茨屋。"说明朝鲜族民族建房时对建筑选址十分讲究。在住宅外环境的选择上，非常强调风水中"四象具备"的说教，认为是好风水的象征。"凡住宅东有流水谓之青龙，西有长途谓之白虎，南有污池谓之朱雀，北有丘陵谓之玄武，为最贵地"。[①]此外，在住宅选址上还规定："凡宅东高西低生气隆基（必用此段），西高东低不富且豪（必用，曰富贵雄豪），前高后低败绝门户（必用，曰长幼昏迷），后高前低多足马（必用，曰出雄豪），凡宅地平坦居之最吉，四面高中央低居之先富后贫"[②]，深刻反映了朝鲜族在居住环境选择上趋吉避凶的文化心理。

老子的"人法地，地法天，天法道，道法自然"的思想是道家自然观和世界观的真谛。朝鲜族民居除城镇住宅有简单的院墙外，农村通常不建院墙。朝鲜族民居与所处自然环境关系密切和谐，往往结合地形地貌、溪水河流或独立布置，或自由、随意、不拘法则地组合在一起，是庄子"天地与我并生，而万物与我为一"思想的真实写照，体现了朝鲜族崇尚自然、融入自然、天人合一的自然观。

2．平面及空间

朝鲜族民居建筑的原型来自于朝鲜半岛传统士大夫（两班或宗家）院落空间模式。该院落是由男性空间、女性空间、行廊空间（门房）、祠堂空间等构成，分内院和外院，是一种递进式院落空间模式。而贫穷的庶民阶层由于受自身经济条件和封建"礼制"的制约而将这种院落空间模式加以变通，使朝鲜传统士大夫院落的发散形多功能空间形式聚合成一体，即组合为一栋房屋内变成复合型的收敛性生活空间形式，成为朝鲜半岛极具代表性的民居建筑形式。[②]移居中国东北地区后，民居空间是以朝鲜半岛传统的庶民阶层的住宅为基型的，在平面形态上主要有继承朝鲜咸镜道型的"田"字形的统间型平面和继承朝鲜平安道型的"一"字形平面两种。无论是"田"字形平面还是"一"字形平面，都深刻揭示了朝鲜族浓郁而独特的民族文化内涵。

朝鲜民族具有很深的趋吉避凶的文化心理，住宅平面设计和建筑方位的确定都以风水思想为旨归。传统住宅平面形态多选择口字形、月字形、一字形、用字形等吉祥形状，以避开带有不祥之意的尸字形、工字形等形态。[③]在各住居空间的布局和住宅朝向的选择上，要按照周易理论进行推算。房屋的方向的确定，通常选择的顺序是：南向第一、东向次之、西向要绝对回避。大门、仓库、舂米间、厕所等都要按照周易理论推定的结果选合适的方位设置，同时还要符合各空间的实际用途，选定各自对应的方向。

朝鲜族传统民居是一个以家庭为社会核心的伦理道德产物，其平面布局按照儒家所倡导的"长幼有别、尊卑有别、男女有别、内外有别"的伦理观进行分区布置。空间分区严格遵循儒家上下有序的等级制度和伦理规范。在朝鲜族传统民居中，最好的房间永远是长辈居住，每个辈分的家庭成员有自己专属的居室。

朝鲜族民居的空间划分也深刻地体现了儒家所倡导的"中庸之道"。中庸不是不偏不倚，无所作为，而是把握阴阳的大智慧，尤其讲究

① ［韩］洪万选.山林经济[M].首尔：景仁文化社，1969：5-7.
② ［韩］洪万选.山林经济[M].首尔：景仁文化社，1969：5-7.
③ 李佰寿，金松浩.东北朝鲜族农村居住空间探析[J].黑龙江民族丛刊，2007（6）：140.

变通性和合理性。居室多少、大小可视家居生活的需要，由推拉门将整个建筑的室内空间加以分隔，日常活动时可使整个建筑形成一个较大的公共活动空间，在休息时又可以形成一个个单一的私密性空间。空间的灵活分隔和组合形成了可有限增值的的有机平面体系，显示出极大的灵活性和广阔的应用性，最终成就儒家的中庸之道。同时，朝鲜族民居室内空间的这种灵活分隔的手法也深刻地体现了道家的哲学思想。老子认为"道生一、一生二，二生三，三生万物"，基于家居生活需要，朝鲜族将整体的室内空间"一"分隔成不同的功能空间"多"，揭示了道家"一"就是"多"，"多"就是"一"的本质同一性及其辩证关系。朝鲜族民居多数是坐北朝南的，这既是中原儒家"向明而治"文化传统的沿袭，也是在有所变通的基础上适应了本民族生活习惯的需要。朝鲜族传统民居多数设有前廊，廊下有台阶，这主要是方便家人和来客换鞋、整理着装等活动的需要。在这里，建筑的正面为阳，那么如何才能达到阴阳平衡呢？这就涉及朝鲜族民居室内外空间的分隔手法。通过设计建造出挑深远的大屋顶，使之与建筑外墙面共同定义了一个特有的"阴"的空间，该空间既非室内空间，也非室外空间，而是室内外空间的过渡和延伸，从而取得了"阴阳平衡"美学效果和实用功效。

朝鲜族民居内部空间最大的特点是厨房和炕间连为一体，形成开放空间——"主间"，作为平面的核心来组织各功能空间。"火炕"是朝鲜族传统民居室内空间最具特色的组成部分。火炕的出现与朝鲜族传统的"席居"生活方式有着十分直接的关系。据《宣和奉旨高丽图经》记载，早在高丽时期，官员的升阶复位，皆拖履膝行。高丽宫廷举行"燕饮之礼"时，"堂上施锦茵，两廊籍苑席"。"文席精粗不等，精巧者施于床榻，粗者用于籍地。"可见，席居生活方式既受儒家"礼制"文化的影响，也具有佛道两家"打坐和静修"文化的烙印，是外来文化和本土文化等多种文化综合作用的结果。

3. 立面与装饰

朝鲜族传统民居的建筑立面是由屋顶、屋身和台阶三部分组成。屋顶硕大，屋身平矮，台阶低矮，给人以外观舒展、平稳和尺度亲切之感。以白墙青瓦（或干稻草屋面）为主色调，外墙都粉刷白灰，墙面干净洁白，再以灰色瓦面或苫草相衬，给人一种朴素洁净、柔和雅致、赏心悦目的感觉，从而造就了朝鲜族传统民居独特的建筑风格。

朝鲜族民居的建筑风格深刻地体现了朝鲜族文化的底蕴和特色。屋顶坡度缓和，屋脊的外观形态是左右对称均衡，中间平行如舟，两头翘起如飞鹤，组成屋顶的所有线和面，均为缓慢、稳重和优美的曲线和曲面。

从朝鲜族传统民居的立面造型和装饰来看，特别强调对称平和。这里讲的"对称"即是"中"，"平和"即为"和"，反映了儒家"尚中"的伦理秩序观念与"和谐"的审美价值观念，即强调建筑布局中轴对称，构成建筑立面的屋顶、屋身和台阶的组合都力求达到和谐的状态。综观朝鲜族传统民居的造型，没有大起大落、充满突变之感，只有合适的尺度和恰当的分寸，充满和谐之美。

此外，道家的无为和道教的神仙思想对朝鲜族民族文化也产生了深刻的影响。无为思想是以老子所倡导的"守柔"思想为渊源的。老子言"守柔"，尝谓："天下之至柔，驰骋天下之至刚。""道"之所以能循环不息，因为"道"具备了柔弱的特质，故言："弱者道之用"。道教在传入朝鲜半岛后，"乘鹤飞升、羽化为仙"的观念深深扎根于高句丽王族内心当中，成为精神方面终极追求的目标。在高句丽王族墓室的壁画往往绘有墓主骑鹤飞升的图案即为明证。可见"乘鹤飞升，羽化成仙"已成为高句丽王族心目当中的图腾具象。受此影响，鹤也就自然而然地成为朝鲜族民众喜爱的"仙鸟"。"鹤"寓意吉祥和长寿，朝鲜族民众对鹤的无限崇拜之情蕴涵着浓浓的祈福愿求，这种强烈的愿望在民居建筑的造型上、室内装饰上和舞蹈编排上充分体现出来。朝鲜族传统民居屋脊两头的飞鹤造型，再配以曲线勾勒的屋顶，使得朝鲜族民居整体上呈现出特有的飘逸、潇洒和灵动的风格及神韵。

朝鲜族特别崇拜和喜爱"十长生"的图腾景象，通常在屏风、画幅、镜绘画、彩笔画上绘制海、山、水、石、云、松、不老草、龟、鹤、鹿等长生之物，悬挂或矗立在室内，营造出吉庆祥和的环境氛围，从而使民居内部空间具有鲜明的民族风格和特色。

朝鲜族传统民居是中国民居大家庭中的重要一员，具有鲜明的建筑风格和民族文化特色。无论朝鲜族民居的平面布局、形态构成，还是艺术处理和手法运用等方面都显示出独创和完美的意境，都与朝鲜族长期以来民族自身文化的积淀和外族文化的影响密切相关。毫无疑问，从中国传入到朝鲜半岛的儒释道文化以及风水思想对朝鲜族传统民居建筑文化所产生的影响是相当深刻和巨大的。在当前社会主义新农村建设迅速推进的大背景下，我们要深入挖掘朝鲜族传统文化内涵，延续朝鲜族民居建筑风格，建设富有地域特色、民族特色和文化特色的社会主义新农村。

吉林省乡村警示性遗产分布研究[①]

吕静　徐浩洋　吕文苑[②]

摘　要：警示性遗产是侵略战争的遗存，是当时历史的真实写照，其空间分布对区域格局产生着重要影响。本文通过分析吉林省警示性遗产在乡村的分布状况，揭示其空间分布特征及规律，针对遗产在当代存在的问题，提出合理化保护建议。

关键词：吉林省　警示性遗产　乡村　空间布局

　　1931年至1945年，日本侵略者逐步发动全面侵华战争，东北作为首先沦陷的地区，殖民统治长达14年。在此期间，殖民者为长期统治建立了政治机构、军事工程、实验基地、日军家属区、慰安所等设施。为掠夺更多自然资源，乡村作为其主要的侵略目标之一。2013~2014年，本人在跟随课题组进行吉林省乡村普查过程中，发现吉林省部分乡村及其周边存在大量战争遗存，真实记录了日本侵略者在东北的侵略行为。本着尊重和维护历史真实性与严肃性的原则，我们应当保护好这些历史遗产，以警示后人。

一、警示性遗产分布概况

　　"警示性文化遗产"目录由联合国教科文组织设立，主要用于铭记那些有过惨痛教训、应当永久保留的文化遗存。

1. 吉林省警示性遗产分布现状

　　目前，世界上有三处警示性文化遗产，包括波兰的奥斯维辛集中营、日本广岛原子弹爆炸地和美国珍珠港。然而作为第二次世界大战战胜国之一的中国，至今还没能成功获批一处这样可供纪念与警示的世界文化遗产地。

　　1961年至2007年，吉林省文化厅先后审批通过六批物质文化遗产，包括全国重点文物保护单位33处，省级文物保护单位271处，其中警示性文化遗产24处（见附录），在已公布的24处吉林省警示性遗产中，有4处来源于乡村及周边地区（表1），分别是通化县兴林乡大荒沟村、岭下镇兴隆村、夹皮沟镇老牛沟村、哈达门乡哈达门村。

乡村警示性遗产分布位置及形成原因　表1

村名	地理位置	警示性遗产名称	形成原因
老牛沟村	桦甸市夹皮沟镇东北部	日本侵略时炮楼遗址	抢夺大量金矿，金铜矿
哈达门村	珲春市以东15公里处	日本侵略时期粮仓遗址	日本粮食供应基地
兴隆村	白城市岭下镇南部	镇西侵华日军机场遗址	地处西北部，靠近苏联边境，地缘优势较好
大荒沟村	通化市通化县兴林乡	白家堡惨案纪念地	打压八路军后方基地

表格来源：根据吉林省文化厅物质文化遗产名录制作

---

①　本文系《吉林省新农村文化社区空间规划设计研究》（项目号：吉教科合字[2010]第23号）项目的部分研究成果。
②　吕静，吉林建筑大学教授；徐浩洋，吉林建筑大学研究生；吕文苑，吉林建筑大学研究生。

2．吉林省警示性遗产分布特征

2014 年吉林省住房和城乡建设厅、文化厅、省旅游局和吉林建筑大学共同参与了第三批全国传统村落普查工作，本人有幸作为课题组成员跟随调研组历时一个半月，深入 63 个村庄进行走访、踏查。

根据吉林省地域差异，通过跟随课题组实地调研，本人将警示性文化遗产进行宏观尺度上的划分，从空间上大致可分为 3 个地区：西部、中部、东部。从空间分布数量上来看，西部地区共有 1 处，中部地区共有 13 处；东部地区共有 10 处（图1）。造成物质遗产区域分布不均的原因较多，社会经济、自然地理都会对物质遗产的分布产生直接或间接的影响。

东部区域包括延吉市、白山市、通化市，是吉林省乃至中国的大门，毗邻朝鲜、俄罗斯。中日甲午战争结束后，日本帝国主义占领了朝鲜，日本以朝鲜为跳板，对中国延边地区频繁进行侵略活动，并建立军事工事。所以东部地区警示性遗产相对较多，主要以军事驻地、抗战根据地为主。

中部区域包括长春市、吉林市、四平市、辽源市，是伪满时期吉林省的政治、经济、文化中心，有着丰厚的文化基础。此区域内物质遗产数目最多，也最为集中。

西部区域包括白城市、松原市，属低平原区，草甸、湖泊、湿地较多，地缘优势以及战略

图1 吉林省警示性遗产密度分析图　图片来源：作者自绘

地位不明显，所以警示性遗产相对较少。

总体而言，吉林省警示性文化遗产数量分布呈以中部区域为主、东部区域相对较多、西部区域较少的特征。

二、吉林省警示性遗产乡村空间布局

东北地区自然资源丰富，且大多存在于乡村周边或其附近区域。为了掠夺资源，日本侵略者将侵略矛头指向乡村。

1．警示性乡村选址布局

警示性遗产乡村主要存在于吉林省东部地区，呈东部为主、中西部为辅的总体布局。

从宏观角度分析，东部地区地形地貌比较复杂，主要由长白山山脉以及松花江、图们江、鸭绿江等水系连接起来，主要特点是平行的山脉、丘陵和较宽广的山间盆地较多，并且大多呈现东北、西南走向，村落选址普遍以道路为依托，河流和山脉走势成为限制因素。东部地区的乡村普遍村域面积较大，超出平原地区耕种半径的 1 倍以上，村落中村屯分布分散，低山丘陵区的部分村落集中布置。布局方面，由于受地形地貌的影响，形式上以棋盘式、自然式、带状式等为主。

中部地区土地广阔肥沃，使得农业种植成为该地区的主要经济来源。村落形成初期，多由单个家庭或一个家族迁移到此进行垦荒活动。随着时间推移，居住人口及生产规模不断扩大，居民点向外围不断扩张，最终形成自由的聚落形式。在布局形式上，主要有块状、带状、点状、自由式等。

西部地区的乡村在村落选址中与地形地貌结合紧密。一方面由于地势平坦，交通较为便利，村落大多沿交通干线两侧分布，甚至部分乡村围绕镇区和中心区进行发展，呈现出带状演变。另一方面因西部乡村以农业种植为主的乡村大多被农田包围，分布呈现块状演变。在布局方

面则以棋盘格式和街道式为主，个别村庄因为生活生产需要，沿公路线呈带形布局。

2. 警示性乡村规划结构

从中观角度分析，东部地区村落空间布局主要分为集中式和分散式两种。

通过课题组对警示性乡村走访对比，以及绘制规划结构示意图（表2）可以看出，大荒沟村位于兴林镇南部，北与柳河县交界、东与白山市为邻、西与光华镇接壤。属集中式带状分布，警示性遗产在其村庄东部，三面环山，依托村庄存在。哈达门村位于珲春市以东15公里，东南与俄罗斯接壤。属于集中示块状分布，警示性遗产在村庄里面，周边有大量耕地与河流，依托村庄存在。

中部地区村落空间布局一般分为块状、带状、自由式和混合式。老牛沟村位于长白山西北部，属于分散式带状分布，警示性遗产在其村庄里面，一面环山，依托村庄存在。

西部地区地势平坦，多为农耕型农村，其布局形态一般分为带型、棋盘式和街道式三种形态。兴隆村位于白城市西北部，属于集中式块状分布，警示性遗产在其东北部，数量较多，以初步形成规模，周边空旷，独立存在。

3. 警示性乡村对外交通

大荒沟村位于国道G202、G303、G201公路，省道S26公路之间，距离梅河口市61公里，通化市49公里，白山市22公里，交通非常便利。日本侵华期间，由于交通线较多，这里作为抗联后方基地。哈达门村以省道S301为依托，交通较为便捷，距离珲春市13公里。村内两条主干路，5条支路，基本按照日伪时期规划完成。日本侵华期间，这里作为粮食储运地，每天大量运送粮食汽车从这里经过。老牛沟村位于河镇52公里，且村内现有一条桦甸市通往敦化的S103省级公路，交通便捷。日本侵华期间，天天挖金、送金，所以重要交通卡扣都设有炮楼（图3）。兴隆村位于国道G302、G12公路旁，距离白城38公里，兴安盟41公里，交通较为便捷。日本侵华期间，这里作为吉林省最大的军用及场地（图4），配套设施较为齐全，因此道路交通状况在当时也较为良好（表3）。

吉林省警示性乡村规划结构一览表　表2

村落名称	规划结构示意图	
大荒沟村		四横两纵三组团
哈达门村		一横三纵三组团
老牛沟村		两横四纵三组团
兴隆村		四横两纵四组团

图片来源：作者自绘

图2　大荒沟村白家堡惨案纪念地　图片来源：作者自摄

图3 老牛沟村日军侵华时期炮楼遗址　图片来源：作者自摄

图4 兴隆村日本侵略军飞机堡遗存　图片来源：作者自摄

吉林省警示性乡村对外交通一览表　表3

村落名称	对外交通分析图
大荒沟村	
哈达门村	
老牛沟村	
兴隆村	

图片来源：作者自绘

三、关于吉林省乡村警示性遗产存在的问题

1. 保护意识问题

警示性遗产是战争遗存下来的侵略者殖民统治的直接铁证，它是不可再生的，是无法复制的，损失了，就永远少了一份历史记忆，造成遗产不可逆转的枯竭，所以历史遗产更显珍贵。有很多人认为"一个傀儡政权的耻辱建筑，有什么必要保护"。这种思潮曾一度影响着吉林省殖民遗迹的保护和利用，更成为制约吉林省文化特色定位和对外宣传的瓶颈。尤为可怕的是，文化遗产保护意识薄弱的现象不是个别的、偶然的，而是普遍存在的。不仅在普通民众、政府官员中存在，甚至于在文物保护部门也是屡见不鲜。

2. 村落空间均质化问题

目前吉林省东部和西部地区经济欠发达的区域内还存在一些传统乡村的基本格局，但以中部地区为代表的经济较为发达的区域，大量出现采用城市低端居住小区的模式嫁接到乡村规划建设的现象，村民房屋兵营般整齐划一，聚落内部整体空间单调重复，缺乏各领域空间层级的变化。这样使得警示性遗产大量被忽略，失去了警示性遗产本身的意义。

3. 农村建设开发问题

改革开放后，随着社会主义经济建设的飞速发展，吉林省在轰轰烈烈的旧城改造与新农村建设中，城市迅速扩张和农村耕地逐渐减少，乡村土地利用空间被不断蚕食浪费，乡镇工业布局分散，村民住宅随意建设，不少有价值的历史文物古迹和战争遗址遭受破坏，斑驳陆离的青砖残瓦似乎难挡现代建设的步伐，其大刀阔斧的"毁建"现象令人深感遗憾。

四、保护利用吉林省警示性遗产相关建议

1. 加强战争遗存保护制度，完善文化遗产保护规划

我国文物保护法以及各省相应的文物保护管理条例，由于太过宏观，对文化遗产的保护未作详细规定，因而制定和细化文化遗产保护条例跟文化遗产保护规划就显得十分重要和迫切。历史经验证明，在现代城市开发改造建设中，我们所缺乏的并不是金钱。战争遗址的文化价值和经济价值，它所具有的不可再生与不可复制性要求我们必须倾注精力与财力去保护它。

2. 合理利用战争遗存资源，适度开发旅游产业

在保护战争遗存中，合理发展旅游，同时在发展旅游中，促进战争遗存的保护。一些抗战地开展旅游，将抗战地的特色与旅游产业结合起来，获得的收入部分用于遗产保护，从而使战争遗产保护有了经济上持续的保障。东北抗日战争的历史遗存弥足珍贵，作为旅游资源的开发前景也十分可观，但需要各级旅游部门详实调研、系统整合、耐心协调，以使这些影响深远的抗战遗存尽快转化为精神文明和物质文明成果。这样在社会效益和经济效益中，才能实现"义"和"利"的结合，实现双赢。

3. 提高保护意识，增强保护措施

意识的觉醒是文化遗产最有力的保障，文化遗产保护不仅需要文物工作者和文物管理部门的努力，最重要的还是要提高全社会对文化遗产保护的认识。我国《文物保护法》第十一条规定：文物保护单位的保护范围内不得进行其他建设工程。如有特殊需要，必须经原公布的人民政府和上一级文化行政管理部门同意。这表明，任何企事业机构在未征得省级人民政府和国家文物部门同意的情况下，不得在保护范围内进行建设。因此，对具有文物价值或列入保护建筑的，通过立法对破坏者追究责任，才能真正发挥日军侵华战争遗址的警示教育作用。

五、结语

具有典型意义的乡村警示性遗产，从多个层面见证了日本侵华的历史，记录了吉林各族人民抵御日本侵略、开展反日斗争及抗日武装斗争的艰辛历程。吉林省乡村也受到了这些历史遗存的影响，具有独特的空间格局和研究价值。目前，我国对于乡村警示性遗产保护意识缺乏，部分已经遭到一定程度的破坏。希望本文能对吉林省乡村警示性文化遗产的保护和发展贡献力量，同时有更多人意识到其价值所在。

参考文献

[1] 吕静. 乡村吉林：吉林省乡村社区实地调查研究 [M]. 吉林：东北师范大学出版社，2014.4.

[2] 王文锋，阎丽萍. 长春伪满旧址申报警示性世界文化遗产的思考 [J]. 东北地，2011（5）：86-88.

[3] 马健，韩洋. 打造吉林省警示性文化遗产保护格局 [N]. 中国文物报，2014-06-20003.

[4] 车霁虹. 关于新时期保护和开发利用黑龙江地区日军侵华战争遗址的思考 [A]. 繁荣学术 服务龙江——黑龙江省第二届社会科学学术年会优秀论文集（下册）[C]. 黑龙江省社会科学界联合会，2010.6.

[5] 张晓光. 东北抗日战争遗存 [N]. 中国旅游报，2005-03-18.

[6] http://wht.jl.gov.cn/ 吉林省文化厅

附录

吉林省警示性遗产分布

地区	警示性遗产名录	年代	形成原因
长春地区	伪满洲国皇宫旧址	伪满	伪满洲国傀儡皇帝爱新觉罗·溥仪的"帝宫"
	日本关东军司令部旧址	1934年	日本关东军最高权力机构
	伪满中央银行旧址	1934~1938年	满洲国（现中华人民共和国东北区域）的中央银行，满洲国圆的发行单位
	伪满建国忠灵庙旧址	1936~1940年	日本侵略者专为祭祀为伪满洲国尽忠殉职的文武官吏(包括日本人)而修建的庙宇
	伪满洲国司法部旧址	1936年	日伪统治时期所建，为当时政治机构
	伪满洲国综合法衙旧址	1932~1936年	伪满洲国最高检察厅、最高法院，伪新京特别市高等检察厅、高等法院均设在这里
	伪满洲国交通部旧址	1932~1935年	日伪统治时期所建，为当时政治机构
	伪满洲国经济部旧址	1937~1939年	日伪统治时期所建，为当时政治机构
	伪满洲国军事部旧址	1935~1938年	日伪统治时期所建，为当时政治机构
	伪满洲国民生部旧址	1937年	日伪统治时期所建，为当时政治机构
	伪满洲国外交部旧址	1933~1934年	日伪统治时期所建，为当时政治机构
	伪满洲国首都警察厅旧址	1932年	日伪时期政治机构
	日本100部队遗址	1936年	侵华日军进行细菌研究
吉林地区	丰满万人坑	1936年	日本帝国主义役使中国劳工修建"第二松花江丰满水力电气发电所"，致大批劳工死亡的抛尸地
	伪满吉林铁路局	1934年	日伪统治时期所建
通化地区	白家堡惨案纪念地	1965年	为纪念白家堡惨案死难同胞于1965年建立
延边地区	龙井日本总领事馆遗址	1926年	日伪时期外交使馆
白山地区	石人血泪山	1937年	因日伪时期石人矿死难矿工1万余人埋葬于此
	天桥沟集团部落遗址	1934年	日本帝国主义侵略奴役中国人民的集中营式部落
	大栗子溥仪宣诏退位遗址	1946年	系日本大栗子沟矿山株式会社食堂。逃亡在此的伪满洲国"皇帝"溥仪宣布"退位"
白城地区	镇西侵华日军机场遗址	1938年	日本侵略军为了进一步侵略全中国而在东北修建的飞机场
辽源地区	日伪统治时期辽源煤矿死难矿工墓	1936~1945年	日伪统治时期西安煤矿东城采炭所方家柜埋葬死难矿工的墓地

临江市村落空间格局形态研究[①]

吕静 吕文苑 徐浩洋[②]

摘 要：临江市是吉林省村落形态布局中较为独特的一个山区城市。本文通过实地调研临江市夹皮沟村、松岭屯、三道阳岔村和老三队村，对四个重要村落的选址、基本情况、空间结构、基底要素、街巷及院落进行比较研究，总结了临江市村落空间格局形态的特点，为由地形地貌而产生传统聚落的村落空间格局形态研究提供素材。

关键词：临江市 空间格局 形态

临江市位于吉林省东南部，长白山腹地，鸭绿江畔，是白山市下辖的一个县级市，与朝鲜民主主义人民共和国两道三郡隔江相望。全市辖6个街道、6个镇、1个乡，56个行政村。本文选取的是在2013年参加传统村落申报的村落：夹皮沟村、松岭屯、三道阳岔村和老三队村。在临江市，这4个村落具有比较典型的地形和地貌特征，偶有河流水体穿过，在农业上是以农林业为主导产业的村落。

一、村落综述

自古以来临江就是鸭绿江畔的边境重镇，从夏、商时期便作为边境地设置州郡。村落形成原因及背景使得其发展具有各自特征（表1）。

夹皮沟村村域面积2420公顷，村庄占地面积63.5公顷，户籍人口1062人，常住人口800人，主要民族为汉族。该地区因为其独特的气候而形成的黄烟种植文化已经持续百年，是远近闻名的黄烟种植村。

村落自然、经济及形成原因一览表　表1

村落名称	自然环境	经济环境	历史形成原因
夹皮沟村	海洋性北温带大陆性气候	黄烟种植业经济一般产业类型单一	唐代渤海国时期码头，鸭绿江水运而形成
松岭屯	北寒温带大陆性季风气候	旅游观光业经济一般产业类型单一	清代闯关东的散居直至1933年日本人"归屯"政策聚居
三道阳岔村	温带大陆性季风气候	旅游业经济较发达产业类型单一	唐朝中期形成，朝鲜族种植水稻逐水而居
老三队村	温带大陆性季风气候	农业、旅游业经济较发达产业类型多样	清末政府修建朝贡古道，戍守边关，开发林业资源聚居

松岭屯村域面积1100公顷，全村共125户，443人。松岭雪村目前已成为中国艺术摄影协会的摄影基地，正在逐步开发旅游观光资源。

三道阳岔村村域面积2970公顷，村庄建设面积10公顷，总人口289人，其中朝鲜族人口占95%以上。三道阳岔村分为老村和新村两部分。老村已无人居住，人员全部迁往新村。新村

---

① 本文系《吉林省新农村文化社区空间规划设计研究》（项目号：吉教科合字[2010]第23号）和《吉林省乡村社区空间布局适宜性评价与优化配置研究》（项目号：2013-R2-20）项目的部分研究成果。
② 吕静，吉林建筑大学教授；吕文苑，吉林建筑大学研究生；徐浩洋，吉林建筑大学研究生。

图1 样本村落分布图　图片来源：作者自绘

是 2008 年重建而成的朝鲜族风情村，村貌整洁。

老三队村村域面积 5718 公顷，人口 1555 人。村庄森林、温泉、矿泉资源丰富，村庄依托地下温泉大力发展旅游业。

临江地区村落的形成在清朝以前主要依靠鸭绿江及长白山脉等自然原因，在清朝之后，主要的形成原因变为闯关东、朝贡道的建设、日本侵略东北等历史原因。村落的自然环境相似，产业结构单一，经济状况由于资源不同，差别较大。

二、村落空间布局特点

1. 基本格局

从宏观到中观的角度对 4 个村落的区位和村落内部的格局（表 2）进行对比分析。

夹皮沟村位于长白山脚下，鸭绿江畔，与朝鲜隔江相望，距六道沟镇政府所在地 3 公里，村域内有沈长公路经过（图 2）。夹皮沟村呈不规则形态。村庄主要入口朝北，毗邻沈长公

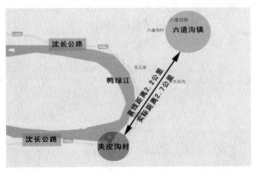

图2 夹皮沟村区位示意图　图片来源：作者自绘

路。公路北面是唐代渤海国码头遗址，城址北部和西部保存较好，其余部分被现代居民房舍占据，城垣为土石混筑，于北墙正中辟一门，为错口形瓮门。目前该遗址已被玉米地及黄烟地占据。夹皮沟村呈街道式布局，村庄南北向有一条主干道，东西向都为巷路。村民的院落沿巷路平行分布，支路交错连接全村。村庄入口为中心广场，是群众文化、娱乐、物质交换的主要场所。村入口西侧为夹皮沟村村委会，广场的南侧山坡之上是村民的居住空间。

松岭屯地处临江市花山镇珍珠村西部，位于临江市东北部，花山镇东部距白山市 35 公里，距临江市区 24 公里（图 3）。松岭屯处于大

村落规划结构及现状一览表　　表2

村落名称	村落规划结构	现状照片
夹皮沟村	三横两纵二组团	
松岭屯	一纵三组团	
三道阳岔村	两横三纵三片区	
老三队村	两横两纵三片区	

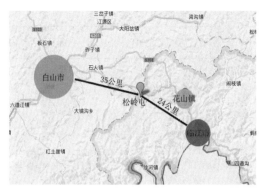

图3 松岭屯区位示意图　图片来源: 作者自绘

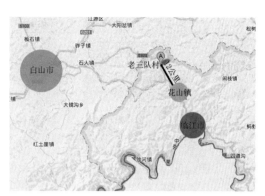

图5 老三队村区位示意图　图片来源: 作者自绘

顶子山和老秃顶山之间的平缓地带。受山势影响,村庄整体沿村内主要道路呈线状分布,囤内道路顺应山势连通三个分散的聚居点,进屯段地形比较平缓,聚集了大多数的居民,入屯后随着地势变高住户变少。村内居住组团被山势分为三个部分,沿村主干道呈线状分布。第一部分长约 600 米,宽约 70 米,村内大部分居民积聚其中;第二、第三部分居民较少。

三道阳岔村位于临江市六道沟镇东部,村部所在地距镇区 23 公里,该村位于七道沟河北岸,东、南与长白朝鲜族自治县接壤(图4)。地形以山地为主,老村三面环山,村庄南侧以道路为界,东侧以七道沟河为界,村民沿着七道沟河支流西岸呈线性布局,现在鲜有人居住;新村位于老村东侧约 2 公里处,村庄为 2008 年投资重新建设,紧邻道路和七道沟河而建,西侧为朝鲜族居住区,东侧为汉族居住区,两民族分开居住,中间以朝鲜族民族文化广场相连,

图4 三道阳岔村区位示意图　图片来源: 作者自绘

道路呈严格的方格网式布局,具有典型的新农村建设的特点。

老三队村位于头道沟河的上游,花山西北老岭脚下,花山镇西北部 12 公里处(图5)。村落四面环山,东西两侧以头道河为界,村内东部有临江至白山的县级公路贯穿而过。村庄沿着交通线发展,以河流和山体为界呈不规则形态,道路呈两横两纵式布局。村庄按功能划分为三个片区:河北区、中心区、南区。河北区位于头道河以北的区域,规划以居住、教育功能为主。中心区是村庄主要功能的承载区,规划承担行政、文化、娱乐、商贸、服务、居住等主要功能。南区是位于村庄南端的独立区域,规划承担工业、畜牧业等主要功能。

村庄的结构清晰,以自然式、街道式和带状式为主,居住空间与公共空间分区明确,形成了清晰的居住组团,公共空间很少。

2. 基底要素

对 4 个村落与山的关系,水的关系,农田的关系进行分析(表3)。

通过比较研究 4 个村落可以发现:

1)所处的自然地理环境相似。均是群山环抱,周围多有水系穿过。

2)与周边山川、水系之间的关系相似。村庄以山川水系为界,抑或是建设在山川间的平缓带或河谷地带。

3)农田包围村落的空间模式由于地形不同区别较大。村庄周围地势平缓,农田呈环状包围村

村庄构成基底要素一览表 表3	
村落名称	基底要素（与山、水、农田的关系）

村落名称	基底要素（与山、水、农田的关系）	
夹皮沟村		山：群山环绕的山脚下 水：鸭绿江从北侧流过 农田：农田环绕
松岭屯		山：高海拔山地之间平缓地带 水：距离村庄远 农田：农田环绕
三道阳岔村		山：山间河谷地带 水：东南方向紧邻七道沟河 农田：依七道沟河流向展开
老三队村		山：山间河谷地带 水：头道沟河穿越而过 农田：以村落为中心，分散在山坡间平缓地带

村庄典型房屋和院落一览表 表4

村落名称	典型房屋示意	典型院落示意
夹皮沟村	图片来源[1]	仓储 房屋 / 园地 图片来源[1]
松岭屯		园地 仓储 房屋
三道阳岔村		房屋 / 仓储
老三队村		房屋 / 仓储 园地

落；紧邻水系的村落，农田依水展开，当村落周围地形起伏过大，农田呈散点式布局在村落周围。

3．街巷和院落

从微观的角度对这4个村落街巷和院落的格局进行分析（表4）。

夹皮沟村内主干路宽度为6米，南北向分布，村内巷路宽4米，呈东西向排列，道路均为水泥铺面。院落与街巷的高度比约为1：1，街道私密性强，适合步行进入（图6）。

夹皮沟村整体上房屋为"红瓦、蓝墙、坡顶"建筑风格，房屋大部分为一层，极少数为两层住宅。房屋建筑面积一般为80平方米，院落120平方米，整个宅基地约200平方米。房屋大部分大门临巷路开向南侧，各家都有院墙围合。院落内布置较为简易，有简单搭建的柴火棚，有狗窝、厕所，也有部分村民在庭院中种植花草和果木，供家里人日常生活使用。

松岭屯内主干路宽度为5米，村内巷路宽2～3米，村主要道路部分完成硬化，巷路为土路，硬化率达到80%，道路两侧没有绿化。院落与街巷的高度比约为1：1～1：2，街道私密性强，适合步行进入（图7）。

松岭屯房屋为"红瓦、黄泥墙、硬山双坡顶"建筑风格，房屋大部分为一层。松岭屯住

图6 夹皮沟村街道比例约1:1　图片来源：作者自摄

图7 松岭屯街道比例约1:1～1:2　图片来源：作者自摄

宅组合形式主要有沿村主干道分布的联排式和屯内依山而建散落分布两种形式。松岭屯院落组合形式有两种最为典型，一种为沿路布置，院落用"木杖"进行围合，占地面积约 500 平方米，住宅位于院落最西段，朝向为东西向，院内设有杂货仓，玉米仓，均为木质；另一种形式为依山而建的院落，院落同样采用木杖围合，住宅朝向为南北向，院落由玉米仓、杂货仓和厢房组成，占地面积约 400 平方米。

三道阳岔村村域内有通往六道沟镇的公路一条，水泥路面，道路路面宽度 7 米，村屯内支路都为水泥路，宽度为 5 米，没有步行道，道路两侧没有绿化。院落与街巷的高度比约为 1∶1，街道私密性强，适合步行进入（图 8）。

三道阳岔村整体上房屋为浅蓝色彩钢坡屋顶、白墙，并有白色栅栏围合，房屋都为一层。房屋布局呈行列式布置，住宅宅基地面积 160 平方米，其中建筑面积 80 平方米。室内装饰为朝鲜族风格。院落内布置较为简易，有简单搭建的柴火棚，在房屋入口檐下搭接出一部分作为前厅，作为朝鲜族大酱和咸菜腌制的场所。

老三队村村域有一条主干路即临白公路呈东西向穿过，路面宽度为 8 米，为沥青路，路面

图8 三道阳岔村街道比例约1∶1　图片来源:作者自摄

图9 老三队街道比例约1∶2　图片来源:临江市政府提供

平整，道路两边有边沟。村内支路为水泥路，宽 3 米。院落与主路的高度比约为 1∶2，街道开敞性强，适合车行与步行并存；院落与巷道高度比约为 1∶1，街道私密性强，适合步行（图9）。

老三队村整体上房屋为"红瓦、白墙、坡顶"建筑风格，房屋大部分为一层，极少数为两层住宅。房屋建筑面积一般为 110 平方米，院落面积平均 370 平方米。房屋大部分大门临巷路开向南侧。在院内有存储、纳凉以及菜园子等空间。

临江地区街巷的私密性强；院落功能主要以居住、园地和仓储为主；三道阳岔村民居具有朝鲜族风格，松岭屯院落中的"玉米楼子""柴火垛"具有关东民居风格，其余汉族村落均无特色；建造材料就地取材，多使用木材。

三、临江市村落空间格局形态分析总结

1. 村落的整体空间形态

1）空间构成要素

村落所处的环境为地貌复杂的山区，村庄受多种边界的制约，硬性的边界包括公路、河流和山体；软性边界包括农田、林地等。

2）村落空间布局

村落的空间布局分为集中式和分散式两种，纵深为 150～300 米。平面布局形式以自然式、街道式和带状式为主，整体表现出聚合性特征。地势高低是影响道路系统布局的关键因素①。

3）垂直空间形态构成

村落选址多在平缓坡地上，村民住宅一层建筑为主，在垂直方向上，结合地势变化，由远而近，由高至低，建筑以层叠的方式排列。村落天际线在山体的衬托下层次分明。

2. 村落的布局形态

每个村落都有其特定的肌理和不同规模的

节点空间，其所构成的建筑与空间的关系对乡村布局的影响较大。村落的内部功能分区单调，村落多分为公共服务区和居住区两部分，其中公共服务区包括村委会、活动中心、小型广场等。

3. 街巷和院落布局形态

1）街巷

乡村主干道宽5~8米，次干路宽2~5米，主干路基本为水泥路，巷路差异较大，经济水平较好的村庄全部为水泥路，在经济较差、地形起伏较大的山村，巷路为土路。院落与街巷的高度比大部分为1：1，仅有老三队村的高度比为1：2，从空间的比例可以看出临江市的村落在街巷空间上封闭性和私密性较强，适合步行通过。

2）院落

住宅的居住形式以院落为主，在总体布局上建筑密度偏低，正房坐北朝南。房屋的拼接方式基本为一户一院，少数为两户一院，院落的组合方式有前院式、侧院式和后院式。院落的分隔方式由房屋和围墙决定，围墙的材料就地取材，多为木材；院落的形状在地形平缓的村落为方形，在地势变化大的村落为不规则形态。

四、结语

临江市村落空间格局是吉林省地形地貌较为复杂的山区，自然形成的村落格局形态保存较好。此处村落深受山体地形的影响，具有独特的空间格局和价值。本文通过对村落空间格局形态的研究，提出临江村落未来发展的建设性意见：

1）优化空间布局，提高土地利用效率

临江市多为山区村落，聚落小，布局分散，居住环境差；由于地形原因土地利用效率低，耕地散乱，难以实行大规模的机械化生产等，这些都严重制约了村落的发展。

2）延续村落文脉，保留传统的文化特色

村落文化的延续和保护对每个村庄来说都十分重要，从空间布局到住宅设计、景观设计，村落中处处都可以体现出地域的文化特色。在新农村建设中，往往因忽视了地域文化特色而造成村落空间的同质化，在今后的建设中应加强对传统文化的保护。

3）注重生态保护，人与自然和谐共处

临江市村落体现了人适应自然、改造自然并最终形成人与自然和谐共处的空间布局模式，同时也遗留下许多宝贵的自然财富。保护生态环境是在保持地域特色的同时符合时代发展的新需求。

参考文献

[1] 吕静.乡村吉林——吉林省乡村实地调查研究.东北师范大学出版社，2014.

[2] 业祖润.传统聚落环境空间结构探析.建筑学报，2001(12)：21-24.

[3] 陆琪.卓柳盈.广州市小洲村的整体格局与空间形态.南方建筑，2011(1):36-39.

[4] 薛林平.高蕊馨.官沟古村的空间格局研究.中国名城，2011(10):59-63.

[5] 吴刘萍.陈少宜.何德文.雷州半岛清代民居聚落空间格局探析——以邦塘古村为例.华中建筑，2013(6)：186-193.

[6] 宋智.依山取势，傍水筑城——从湘西王村看山地传统街区的空间文化格局保护.长沙铁道学院学报（社会科学版），2007(3)：196-198.

黑龙江赫哲族绿色村庄建设中的民俗文化保护研究[①]

曾小成　程文[②]

摘　要：民俗文化在村庄建设中逐渐被淡化，少数民族的特殊性使民俗文化在村庄建设中的保护要求更为迫切。本文在对绿色村庄建设与民俗文化保护之间关系的分析基础上，总结了黑龙江赫哲族村庄的民俗文化特点，并结合黑龙江赫哲族绿色村庄建设中民俗文化存在的问题及成因剖析，提出了黑龙江赫哲族绿色村庄建设中民俗文化保护的规划控制手段与保护策略，为黑龙江赫哲族民俗文化的保护提供参考和依据。

关键词：民俗文化　村庄建设　绿色　黑龙江赫哲族

一、引言

随着我国村庄建设进程的不断加快，村庄建设的绿色化逐渐被重视。少数民族村庄的民俗作为村庄文化的基础，在绿色村庄建设中发挥着重要的作用。然而，在村庄建设过程中，"千村一面"的现象使民俗文化的基础逐渐被削弱，地方性文化逐渐被抛弃[③]；现代经济、文化及科技的迅速发展，使民俗文化同化变异严重，失去了地方文化的吸引力；在村庄规划建设中，缺乏对民俗文化的深入认识，造成民俗文化资源不断流失。

因此，在村庄建设过程中，民俗文化保护的难度不断加大，研究村庄建设中民俗文化的保护势在必行，只有准确把握村庄民俗文化、传统建筑的特点，分析民俗文化保护中存在的问题，才能对村庄建设中民俗文化的保护起到更好指导作用。

二、绿色村庄建设中民俗文化保护的必要性

1. 绿色村庄建设中民俗文化保护的重要意义

1）对绿色村庄建设的方向有指导意义

村庄的经济发展，农民收入的增加，基础设施的完善是绿色村庄建设过程中必然能实现的目标，而村庄的文化建设贯穿于整个建设过程中，只有加强村庄民俗文化的保护与传承，才能避免村庄"千村一面"的现象，是绿色村庄可持续发展的保证。

2）有利于村庄民俗文化的保护

村庄建设过程中体现村庄的特色，凸显村庄的地域文化，对村庄的民俗文化保护有着重要的推动作用。只有将民俗文化融入村庄的建设过程中，民俗文化才能体现其原真性与独特性。

① "十二五"国家科技支撑计划项目——严寒地区绿色村镇体系构建及其关键技术研究（2013BAJ12B01-01）。
② 曾小成，哈尔滨工业大学建筑学院在读硕士；程文，哈尔滨工业大学建筑学院教授、博士生导师，博士。
③ 欧瑶.益阳地区新农村建设中的传统文化保护问题研究[D].湖南：湖南大学,2012.2-15.

2. 绿色村庄建设与民俗文化保护的关系

1) 发展与传承

绿色村庄建设实质是促进经济、文化、基础设施、居住环境的全面发展，然而，黑龙江地区村庄分布广泛，在村庄建设过程中要避免同质化的现象，就必须深入挖掘村庄的地域特色、民俗文化，对其进行保护、传承[①]。

2) 现代与传统

绿色村庄建设要贯彻生态、环保等现代理念，更要把握村庄的风格、特点体现其民俗文化。

3) 整体性与多样性

绿色村庄建设要体现村庄居住环境的整体性和人文环境的统一性，同时，黑龙江地区各村庄的民俗文化各不相同，绿色村庄建设又充满了多样性。

三、黑龙江赫哲族村庄现状及民俗文化特点

1. 黑龙江赫哲族村庄建设现状

黑龙江赫哲族是东北严寒地区历史悠久的少数民族，主要分布在黑龙江省同江县津街口赫哲族乡、饶河县四排赫哲族乡、抚远县八岔赫哲族村。村庄建设情况总结为以下几个方面：

1) 规划布局方面，村庄大多自发形成，沿道路两侧发展，布局较为混乱。

2) 建筑方面：以一层平房为主，多为砖混结构，主要以砖石和木头为主要建造材料，建筑以灰色为主色调。村庄建设的民俗文化氛围逐渐被淡化，村庄的风格与其他村庄日渐趋同。

3) 基础设施方面：道路交通的便捷性较差，路面硬化率较低；给水排水设施不完善，村庄大多以深井水作为供水来源；环卫设施缺乏，村庄环境卫生较差。

2. 黑龙江赫哲族村庄民俗文化特点

1) 宗教文化特点

赫哲族信奉萨满教，能够代表萨满教特点的物品有萨满标志物与萨满神具。它具体包括：萨满神帽、萨满神衣以及神鼓三种特殊的宗教用品（图1），萨满服饰与萨满神具组成了宗教文化中特定的文化符号形式。宗教文化具有神秘、敬畏的特点。

萨满神鼓　　　鹿角神帽　　　萨满神衣

图1 宗教文化器物
图片来源: 凌纯声. 松花江下游的赫哲族[M].上海: 上海文艺出版社, 1990.50–100.

2) 生活文化特点

早期赫哲族的生活方式较为原始，日常生活围绕着渔猎活动展开。因此，在生活中所接触的特色性劳动工具与劳动对象是最能够表现民族生活方式的的物品[②]。其中特色性的渔业生

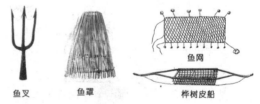

鱼叉　　　鱼罩　　　　鱼网

桦树皮船

图2 生活文化的代表工具
图片来源: 凌纯声. 松花江下游的赫哲族[M].上海: 上海文艺出版社, 1990.50–100.

产工具包括鱼叉、鱼罩、渔网以及桦树皮船（图2），具有鲜明的形态特征，是赫哲族生活文化的代表。生活文化具有广泛性的特点，代表着赫哲族最大众普遍的文化。

3) 艺术文化特点

艺术文化主要依附于各种生活用品而出现，

---

① 张强.村庄整治规划中的文化要素研究 [D].苏州: 苏州科技学院, 2010.6–12.
② 高萌.东北三个少数民族传统文化的建筑表达研究[D].哈尔滨: 哈尔滨工业大学, 2008.25–40, 52–78.

所以，出现在民族生活用品上的各种图案与纹饰作为其传统艺术文化的表现形式成为民族艺术文化的组成部分（图3）。这种艺术文化具有一定的独特性，是民俗文化的进一步提炼与表达。

蝴蝶纹鹿纹

图3 动物纹样
图片来源：凌纯声.松花江下游的赫哲族[M].上海：上海文艺出版社，1990.50–100.

四、黑龙江赫哲族绿色村庄建设中民俗文化保护的问题及原因分析

1. 赫哲族民俗文化与村庄建设的内涵分析

1）民俗文化对村庄建设的影响

赫哲族以渔猎为主的生产方式形成了其独特的生活、艺术文化，使赫哲族早期在村庄建设中主要围绕渔猎而展开，如为了满足不同地点、季节的捕鱼要求而形成的不同空间聚落形态、建筑构筑方式。

2）村庄建设中对文化内涵的体现

在早期赫哲族村庄建设过程中，其建筑的空间布局、形态、色彩、材质源自于以生产为重心的渔猎生活文化，如季节性捕鱼建筑仅需满足居住和储存的功能；其建筑的材料为了满足捕鱼的季节性特点，多采用易于搭建的苫草、树枝、草泥等自然材料，建筑材料的色彩多有自然的深浅变化。

2. 村庄建设中民俗文化保护存在的问题分析

1）空间聚落形态平淡化

根据渔猎文化的特点，赫哲族形成了三种聚落：屯落式聚落、网滩聚落和坎地聚落[①]。屯落式聚落是赫哲族最具特点的建筑屯落。聚落呈方形或长方形，其中由固定的院落式居住建筑组成，这些院落每排呈南北朝向一字形排列，在屯落中初步形成前后并列的街道[②]（图4）。但随着村庄经济的发展，传统的捕鱼生产方式逐渐被农业所代替，村庄的原有体现渔猎特点的聚落形态也在逐步消失，取而代之的是与其他村庄无异的空间聚落形态以及政府所提倡的"茅草屋改造"后的"赫哲族新村"（图5）。同时，新建的空间聚落较为混乱、布局不合理、基础设施不完善。

2）建筑构筑方式同质化

赫哲族的传统建筑分为永久性建筑、季节性建筑与临时性建筑。永久性建筑作为赫哲族的主要居住建筑，包括马架子、正房和鱼楼子。马架子和正房利用草泥的保温性能与竖向支撑作用以及木构架的空间支撑作用，实现建筑空间的舒适性以及结构的稳定耐久性（图6）。鱼楼子是赫哲族用来存放食物、捕鱼工具的永久性仓储建筑。随着产业方式的转变，赫哲族新建建筑多采用东北地区村庄常见的砖混结构，将原有传统建筑拆除重建，其建筑对民俗文化的表现基本无处可寻（图7）。

图4 赫哲族原始屯落
图片来源：凌纯声.松花江下游的赫哲族[M].上海：上海文艺出版社，1990：50–100.

图5 赫哲族新村
图片来源：作者自摄

图6 传统的马架子
图片来源：于学斌等.赫哲族渔猎生活[M].哈尔滨：黑龙江美术出版社，2006.60–81.

图7 新建的砖混结构建筑
图片来源：作者自摄

① 于学斌.赫哲族居住文化研究[J].满语研究，2007(2).95–101.
② 周立军.东北民居[M].北京：中国建筑工业出版社，2009.141–160，183–194.

图8 传统住宅院落
图片来源：高萌. 东北三个少
数民族传统文化的建筑表达研
究[D].哈尔滨：哈尔滨工业大
学,2008: 52-78.

图9 新建住宅院落
图片来源：作者自绘

图12 建筑色彩与环境融为一体　图片来源：作者自摄

图13 建筑色彩与环境形成鲜明对比　图片来源：作者自摄

3）建筑空间形态封闭化

传统赫哲族的空间形态不同于我国其他民族建筑的空间形态，它以建筑为中心，向外延伸较大一片区域，这片区域的边缘围以1米左右高的木栅栏形成了一个半封闭的周边式院落空间（图8），这种院落空间的形成源于民族渔猎活动的行为特点。随着村庄的发展，人口逐渐增多，院落用地规模减小，整个院落以建筑为主体，辅以较小的前后院作为延伸，边缘以1.5米高的砖石墙形成了一个较为封闭的院落（图9）。

4）建筑材料缺乏地域性

赫哲族的传统建筑具有浓郁的地域特色（图10），墙体以木构架和草泥相结合的形式形成土坯墙，南北向的门窗以桦树干作为主要材料，屋顶采用木构架和苫草覆盖表皮相结合的方式。这种地域性较强的建筑材料在现在的赫哲族建筑上已经很难再找到（图11），现大多采用预制砖砌筑作为墙体围护结构，传统的木质门窗也变成了塑型钢材门窗，屋顶大多采用瓦顶和铁皮顶，瓦屋面一般将瓦仰面铺砌，瓦面纵

横整齐，铁皮屋面采用铁皮覆盖表面并固定在屋顶木构架上的方式。

5）建筑色彩缺乏民俗特色

赫哲族传统建筑的材料决定了其建筑色彩的原汁原味，因为建筑材料来源于自然，且只经过简单的处理，建筑色彩与村庄的景观环境融为一体①（图12），具有强烈的民俗特色。但是，近几年新建的建筑使用红色的预制砖、白色的塑型钢材门窗、红色的瓦顶及蓝色、灰色的铁皮屋顶，建筑色彩杂乱无章，与自然环境形成鲜明的对比，建筑的色彩缺乏民俗特色（图13）。

3. 村庄建设中民俗文化缺失的原因分析

1）保护意识薄弱

随着赫哲族村庄生活水平的提高，人们在受到现代化的冲击后，对外部世界的盲目追从使得传统文化遭到冷落，建筑追求新、美、现代化，对民俗文化的保护意识逐渐淡化。

2）缺乏统一规划

传统赫哲族建筑聚落根据渔猎文化的特点逐步形成，因为村庄对规划的重视程度不足，村庄传统的聚落形态逐渐演变成无序、杂乱、自发的形态，基础设施建设也相对滞后。而且，对于政府示范工程，规划缺乏对民俗文化

图10 传统的赫哲族建筑
图片来源：作者自摄

图11 新建的建筑
图片来源：作者自摄

---

① 　周立军. 东北民居[M].北京：中国建筑工业出版社, 2009.141-160, 183-194.

的深入研究，规划建设片面追求独特、新颖。

3）缺乏相关鼓励与引导政策

政府对于村庄的建筑风貌、民俗文化的延续缺乏鼓励与引导措施，村民按照意愿进行建设。如从耐久性角度分析，建筑采用砖混结构的构筑方式比传统的草泥墙要耐用，但从民俗文化保护、经济性的角度来看，草泥墙比砖混结构的方式更值得延续和发展。

4）传统建筑空间与现代生活之间的冲突

赫哲族传统建筑是在特定的文化背景下产生的形式，在现代生活中，正面临着尴尬的境地，如建筑尺度偏小、院落空间较大等，而新建的建筑又存在院落封闭感较强、形式单一、缺乏民俗地域特点、基础设施落后等问题。

5）传统建筑材料与实用性之间的矛盾

赫哲族传统建筑采用苫草、树枝、草泥等材料，虽然这些材料取材方便而经济，但苫草的屋面对雨雪气候的适应能力及防水性能都欠佳；草泥墙在东北地区温差较大的情况下反复冻融循环容易引起墙体开裂。所以，村庄建设大都采用预制砖、瓦屋面及铁皮顶屋面。

五、黑龙江赫哲族绿色村庄建设中民俗文化保护的手段与策略

1. 村庄建设中民俗文化保护的规划控制手段

1）空间布局

在院落空间规划布局时应根据传统赫哲族屯落式聚落特点，使空间形态有序且体现民俗特色（图14）。院落由东向西排布，前后院落隔栅形成室外活动空间①。同时，将积极限定与弱限定空间结合，把人们的活动空间从周围的环境中分离出来，使自然环境成为视觉空间中的主体，建筑成为嵌入自然环境的点缀元素，表达出赫哲族传统建筑的空间布局（图15）。

2）建筑形式

对于传统的赫哲族建筑空间形式规模偏大，而新建的建筑院落封闭感较强、缺乏民俗特点的问题，在院落布局时，可将院落根据规划要求适当变小、弱化院落边界、调整院落功能、体现民俗文化等（图16）。

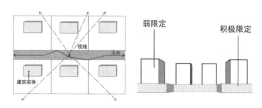

图14 空间布局规划示意图　图15 空间限定
图片来源：作者自绘　　　　图片来源：作者自绘

3）建筑材料

为了体现建筑材料的地域性，应该鼓励使用苫草、树枝、草泥等地方材料，对于传统材料与实用性之间矛盾可采取技术手段以及鼓

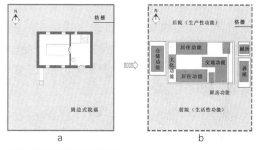

图16 建筑空间调整示意图
图片来源：a.高萌. 东北三个少数民族传统文化的建筑表达研究[D].哈尔滨：哈尔滨工业大学，2008: 52~78；b.作者自绘.

励、奖励的措施进行缓和。

4）建筑色彩

赫哲族的建筑色彩大多是建筑材料的本色，因此，分析赫哲族的建筑色彩应从材料本身入手，图17显示了赫哲族传统建筑的色彩，主要由苫草A1-A3、草泥色B1-B2、树枝C1-C2及树干D1-D2色系构成。在村庄建设过程中，在选择材料时应能代表传统建筑本色系总体特征的色彩，如A1、B1、C2、D2，运用现代材料时应控制色彩的比例，使其与传统建筑

---

① 高萌. 东北三个少数民族传统文化的建筑表达研究[D].哈尔滨：哈尔滨工业大学，2008.25~40, 52~78.

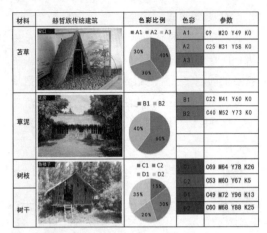

材料	赫哲族传统建筑	色彩比例	色彩	参数
苫草		■A1 ■A2 ■A3 30% 40% 30%	A1 A2 A3	C9 M20 Y49 K0 C25 M31 Y58 K0
草泥		■B1 ■B2 40% 60%	B1 B2	C22 M41 Y60 K0 C40 M52 Y73 K0
树枝 树干		■C1 ■C2 ■D1 ■D2 15% 35% 30% 20%	C1 C2 D1 D2	C69 M64 Y78 K26 C53 M60 Y67 K5 C49 M72 Y96 K13 C60 M68 Y88 K25

图17 赫哲族传统建筑的色彩分析　图片来源：作者自绘

主体色彩统一。

2. 村庄建设中民俗文化保护的策略

1）制定民俗文化保护政策与规划

由于赫哲族农村地区社会经济发展水平较低，缺乏对民俗文化的相关研究。通过加快健全民俗文化保护相关法律法规、制订民俗文化保护政策、制定鼓励与引导政策，可以加快在村庄建设中保护民俗文化目标的实现。

赫哲族民俗文化具有较大的发展弹性和生命力，同时很大程度上又缺乏再生性，因此应该根据赫哲族村庄的实际情况，从空间布局、建筑形式、建筑材料及色彩角度制定保护规划。

2）发展民俗文化产业

赫哲族村庄民俗文化保护不能脱离地区落后的社会经济现状条件。因此，在保持民俗文化本真性的基础上，发展民俗文化旅游，引导全社会重视民俗文化，改善其生存状态，实现民俗文化资源的良性生长[①]。

3）提高村民的民俗文化保护意识

由于社会的快速发展，赫哲族村庄现有民俗文化活动减少、民俗文化氛围淡化，通过保留或改善民俗文化活动场所，举办相关民俗文化活动，增加民俗文化资源的现实利用程度，提高村民的民俗文化保护意识。

4）完善土地利用布局

赫哲族村庄的民俗文化保护离不开合理的土地利用布局，规范村庄形态的发展。同时，在深入研究村庄聚落形态、建筑形式及色彩的基础上，使规划对民俗文化的保护起到关键作用。

5）加强基础设施建设

赫哲族村庄的传统建筑空间的良性发展需要完善的基础设施作保障。通过基础设施的建设不仅可以加快村庄的发展，也可以为民俗文化保护提供支持。

6）保留与改造传统建筑，引导新建建筑

对满足使用功能的传统居住建筑，政府应给予鼓励措施加以保留，不能满足使用要求的建筑，政府应采取补贴的政策加以改造。而新建的建筑，政府可以在使用地方材料、保护民俗文化、延续地域特点的前提下给予奖励。

六、结论

黑龙江赫哲族村庄的生活文化具有广泛性的特点，代表着赫哲族最大众普遍的文化。在村庄建设过程中民俗文化保护存在的主要问题有空间聚落形态平淡化、建筑构筑方式同质化、建筑空间形态封闭化、建筑材料缺乏地域性、建筑色彩缺乏民俗特色。因此，在村庄建设过程中民俗文化保护的规划手段主要集中在空间布局、建筑形式、建筑材料及色彩的控制方面。在保护策略上，应以制定民俗文化保护政策与规划、发展民俗文化产业、提高村民的民俗文化保护意识为基础，重点完善土地利用布局、加强基础设施建设、保留与改造传统建筑，引导新建建筑。

① 罗奇,许飞进,罗吉祥. 新农村建设和旅游开发条件下的江西古村落保护与发展[J].农业考古,2008（3）：233–235.

赫哲族聚居地区传统民居更新手法初探
——以黑龙江省同江市八岔乡灾后重建项目为例

史艳妍　于英龙[①]

摘　要：赫哲族聚居地区现有的民居功能及形态与居民生活质量和精神境界的需求难以协调，适宜的少数民族村庄规划与民居建设对城镇的发展具有重大意义。本文通过分析赫哲族传统民居的建筑形态、结构、材料、装饰等蕴含的建造技术和建筑经验，以黑龙江省同江市八岔乡赫哲族地区灾后重建项目为实践契机，尝试从赫哲族传统民居建造智慧的延续、传统民居符号形式的应用两方面，对适合少数民族地区城镇化发展需求的传统民居更新手法进行初步探讨。

关键词：赫哲族　民居　更新手法　灾后重建

引言

改革开放以来，我国积极推进城镇化建设，各行业投资均大幅增长，城镇人居环境不断改善，有力地促进了城镇的发展。赫哲族是中国东北地区一个历史悠久的少数民族，主要分布在黑龙江省同江市、饶河县、抚远县。少数人散居在桦川、依兰、富饶三县的一些村镇和佳木斯市，因分布地区不同而有不同的自称。根据 2000 年第五次全国人口普查统计，赫哲族人口数为 4640，占黑龙江少数民族人口数量的 0.23%，是黑龙江省的独有民族。使用赫哲语，因长期与汉族交错杂居，通用汉语文。面对恶劣的地理自然环境，赫哲人民在近 7000 年的历史演进过程中逐渐形成了屯落式聚落、网滩聚落和坎地聚落三种聚落形式。创造出了特有的马架子、撮罗安口、温特和安口等民居建筑类型，并一直沿用至今，其特有的文化和艺术形式成为东北少数民族民居建筑艺术的典型代表。目前，赫哲族的传统民居建设正逐渐受到因城镇更新，社会发展而引起的新价值观念、现代生活方式影响，当地居民世代居住的民居形式正逐渐被丢弃，亟待我们寻找到此类少数民族传统民居更新的途径与手法。

一、赫哲族传统民居的建筑类型及特征

地理环境对民族的生活方式有着重要影响。东北地区森林密布，江河交叉，以渔猎为主要生存技能的赫哲人为了谋生便利，民居主要分布在江河沿岸，以松花江、乌苏里江和黑龙江形成赫哲族的三个大本营[②]（图 1）。民居建筑大多建于江岸的高处，以避灾难。赫哲族的传统民居分为临时性住所、过渡性住所与固定住房。临时性住所的构筑形式是为了满足赫哲

---

① 史艳妍，哈尔滨工业大学建筑学院硕士研究生；于英龙，北京建筑大学建筑与城市规划学院硕士研究生。

② 凌纯声.20世纪中国民族学人类学经典著作丛书——松花江下游的赫哲族[M].北京：民族出版社，2012.

图1 赫哲族中等人家民居
　　图片来源：凌纯声.松花江下游的赫哲族.

图2 撮罗安口
　　图片来源：高萌.东北三
个少数民族传统文化的
建筑表达研究.

图3 鱼楼子
　　图片来源：于学斌，孙雪坤.赫哲族
渔猎生活.

族在狩猎活动中快速移动而产生，过渡性住所的建造是由于赫哲族的渔猎活动需要随季节更替不断变化而产生，固定住房则是在晚期才逐渐出现，这是由于国家与社会的不断发展，赫哲人民的生产生活条件不断改善，生存状态趋于稳定，继而产生永久性的固定住房[①]。

1. 临时性住所

赫哲族的临时性住所又有打围与捕鱼居屋之分，多是为了在渔猎的时候防风避雨、防雪御寒而随地建造的居所。夏季多建在临水的山坡上，一般为一次性临时住房；冬季建造在山坡向阳的背风处，有一次性的和非一次性的等多种形式。临时性住所包括温特和安口、胡日布等。"胡日布"也称"地窖子"，多建造于冬季，属于非一次性临时住所，一般可用两年。平面为长方形，半地下式建筑，东西两侧为长边，在两短边中点位置各立一根柱子，然后在柱上架檩子，在檩子边缘架两排椽子，形成"人"字框架，最后在椽子上铺树枝和土，有时在顶部再铺设一层茅草。温特和安口的雪屋运用的则是将森林中的自然物进行简易组合的构筑方式。

2. 过渡性住所

赫哲族的过渡性住所包括撮罗安口（图2）、乌科让安口、马架子等。撮罗安口、乌科让安口是夏季鱼汛期间网滩上建造的居住建筑，其构筑方式均是运用木构架与苫草覆盖表皮相结合的方式。

3. 固定住房

固定住房包括正房、鱼楼子（图3）等。正房是赫哲族主要的永久性居住建筑，是受满族和汉族影响而形成的住宅形式，房屋的形制和建造方法及居住习俗同满族民居趋同。民居运用草泥与木构架相结合的方式，利用草泥的保温性能与木构架的空间支撑作用，实现建筑空间的舒适性以及结构的稳定耐久性。

4. 赫哲族传统民居的建造技术和经验

传统民居的构筑常采用就地取材、因地制宜的方式将自然材料进行有效组合，利用材料自身的保温性和易加工性来满足生存活动多变的行为需求。木构架具有便捷的空间简易性、适宜的结构稳定性和地域的泥草覆盖表皮材料透气性等特点，传统民居采用木构架这种建造技术满足了建筑结构稳定耐久的基本要求，满足了建筑快速搭建和夏季室内外空气流通的进一步需求。仓储功能房屋则利用编织表皮的透气性实现建筑所需要的空气流通的效果。

---

① 李德君，孙巍巍.赫哲族传统民居对佳木斯地区新农村民居建设的启示[J].华章，2012.（9）：334–336.

二、赫哲族传统民居更新手法的适宜性总结

1. 赫哲族传统民居建造智慧的延续

赫哲族传统民居是赫哲人民应对严酷的气候条件和传承深厚的文化习俗作出的自然选择。民居建筑的建造适应气候与环境、运用地域资源改进建造方式，建筑形态也受到文化观念的长久影响。在传统的建造手法中赫哲人民逐渐积累了资源高效利用、建筑绿色节能的建造经验。在民居更新手法的探索中应重视从中汲取经验，结合现代科学技术及新材料，延续赫哲族传统民居的营建智慧[①]。

1）适应气候条件

建筑形态适应气候特点，延续传统民居平面布局特征。渔猎生活使得赫哲人自古在江河沿岸聚族而居，与汉族传统民居的布局方式稍有区别的是赫哲的民居方向均朝南，而非汉民居的成对面式。传统民居的平面组合形式可有效阻挡冬季的寒风并争取到充足的光照。赫哲人的室内以土炕为主，炕的部位有尊卑之分，西炕为客，南炕为主，北炕为奴，炕与炕之间以幔相隔。建筑内部空间进行合理的分隔设计，分离出储物、交通等附属空间，能够提高室内保温、采光效果，改善微气候条件，增加居住舒适度。

2）适应环境特征

民居建筑处于江岸的高处，以节约土地为空间布局的原则，吸收平原式和台地式传统民居建造方法，进行"并联式、院落式"改进设计，在满足现代生产、生活需求基础上，实现节约土地、营造良好风貌的目的。

3）改进地方材料

地方材料是地域建筑产生的主要因素之一，赫哲族传统民居对地域性资源的有效利用，已逐渐形成多种成熟适宜的建造方式，并对其建筑形态和立面效果产生了重要影响。随着生产技术的不断发展，新型材料不断涌现，但民居传统材料的发展潜力不容忽视。在民居的更新创新中仍应尽量就地取材，同时结合现代科学和技术理念对地域性建筑资源进行加工改进，形成新型、适宜、廉价的本土建筑材料。

4）引进新型技术

传统民居虽然构造较简单，但对地域环境有较强的适应性。针对适应不同的气候条件和活动的目的，应尽量采用绿色环保的建筑材料和建造技术。①利用传统生土土坯与混凝土相结合的生态复合墙技术，改善传统民居墙体过厚、抗震性能差的缺点；②改造提升传统热炕技艺，推广节能炕房技术；③充分利用被动式太阳能，增设直接受益的阳光房[②]。

2. 赫哲族传统民居符号形式的转化

赫哲族传统的生活模式和生产劳作方式塑造了丰富多样的民居样式，各类民居的外部形态、内部结构、材料和装饰等都具有鲜明的民族特色，由赫哲人精致的装饰艺术总结和归纳出的符号形式，可进一步应用于赫哲族聚居地区传统民居的更新建设。

1）形态符号

传统民居中的尖顶窝棚外形呈"上尖下圆"的锥形或"上尖下方"的塔形，门为矩形。地窖子外形呈下大上小的梯形或"人"字形，门和窗均为矩形。马架子外形呈下大上小的"A"字形。正房下半部呈矩形，上半部呈"A"字形的尖脊状，屋墙体四周都要宽一些，门窗为矩形，烟囱为圆柱形。将这些传统民居形态特点加以归纳，作为能够阐释民族建筑文化的形态符号引入新民居建筑中，使建筑能够在满足新时期

① 崔文河，王军，岳邦瑞，李钰.多民族聚居地区传统民居更新模式研究——以青海河湟地区庄廓民居为例[J].建筑学报，2012（11）：83-87.
② 陈丽珍，周伟，唐黎洲.建筑技术视野下的云南少数民族民居更新思路.城市化进程中的建筑与城市物理环境——第十届全国建筑物理学术会议论文集[C].广州：华南理工大学出版社，2008.410-413.

生活需求的同时与传统文化合理融合。

2）材料符号

赫哲族的传统民居中骨架常用木杆搭成，外表一般覆盖洋草、桦树皮、兽皮、布帐等材料。如"温特和"是用杨树板片搭建而成，四周以土或雪密实或用布围合。胡日布为半地下式住宅，地下的土层可作为墙体，用木材作为支柱、檩子和椽子，窗户由鱼皮糊成，透明性与保温性均较好。而后期的固定住房如正房的房墙则多用土坯砌成，屋顶用草毡，门窗为木制。不同建筑材料的运用形成了丰富的纹理效果和材料质感，材料纹理及质感抽象地引用到民居建筑表皮中是对生活文化内涵的充分表达。渔网、树皮、麻绳等材料以符号的形式运用于建筑立面上，可以通过建筑表皮上的砌体或饰面的排布加以体现。

3）装饰符号

赫哲族中比较富裕的大户人家有能力对住宅进行装饰美化。如拥有五间正房的富裕人家，一般房墙用青砖砌成，屋脊板、门窗上通常刻有雕花和花纹，窗户装有玻璃，室内纸糊天棚，油漆地板，炕沿、围墙、隔扇上也都描绘花纹（图4）。赫哲族的传统装饰图案与纹饰

非常丰富，多通过剪贴、刺绣、雕刻、绘画等形式在所穿着的服装、鞋、帽以及桦树皮器皿等生活用品上表现出来。装饰是一个民族抽象艺术的集中表现，图案与纹饰所形成的装饰符号应以抽象的形式融入建筑的构件和表皮中，建筑通过对装饰符号的再现表达出民族特有的艺术文化[①]。

三、赫哲族传统民居更新手法的综合性应用

1. 方案缘起

黑龙江省同江市八岔赫哲族乡位于黑龙江省佳木斯市同江市东北 140 公里处黑龙江南岸，东与抚远县接壤，北隔黑龙江与俄罗斯相对，是我国赫哲族的主要居住地之一。全乡总控面积为 45.1 万亩，其中耕地 20.4 万亩，林地 7500 亩，草原 8870 亩，水面 1.6 万亩，现有 4 个行政村，6 个自然屯，总户数 1293 户共计 4129 人，其中赫哲族人口 433 人。2013 年 5 月初以来，黑龙江始终高水位运行，八岔乡段堤坝在 8 月 23 日上午 8 时 20 分发生垮坝，农田、房屋、道路、电力、通信设施等全部被毁，居民正常生产生活受到严重影响，亟待进行民居的灾后重建工作，由此，我们对赫哲族传统民居更新手法的探索得以实践。

2. 方案构思
1）总体控制原则

方案依据联合国人居奖倡导的可持续人类住区发展、灾后重建、住房解困的先进理念和我国的国家政策，确定规划原则。设计旨在为生存环境受到威胁的村民提供新的居住场所，为受灾村镇面临的居住危机提供解决方法，同时促进新建民居对当地少数民族文化的传承，以赫哲族动物纹创新的方式应用地域

鱼形纹　　　　　蛙纹

蝴蝶纹　　　　　鹿纹

图4 赫哲族动物纹
图片来源：高萌.东北三个少数民族传统文化的建筑表达研究.

---

① 高萌.东北三个少数民族传统文化的建筑表达研究[D].哈尔滨工业大学，2008.

图5 八岔乡灾后重建规划总平面图
图片来源：作者所在设计组自绘

图6 新建赫哲族民居方案一
图片来源：作者所在设计组自绘

图7 新建赫哲族民居方案二
图片来源：作者所在设计组自绘

图8 新建赫哲族民居方案三
图片来源：作者所在设计组自绘

性材料和适应性技术。总体控制以灾后重建和产业布局调整为前提，配置基础设施，改善人居环境，提升精神层次，弘扬赫哲族与自然共生的可持续发展精神。尊重民族信仰和习俗，真正地将赫哲人居环境提升为安全绿色的宜人乡镇，使赫哲族悠久的历史文化得以重视和认同。

2）规划设计理念

规划理念从赫哲渔猎文化中提取母题，结合道路结构与组团设置进行设计。将中心鱼形景观湿地公园作为精神纽带辐射整合基地，同时整合基地内原有水系，结合景观水脉，体现八岔发展的鱼形之势和赫哲族的豪迈之情。

规划包括八岔乡控制性规划、赫哲族村修建性详细规划、居住建筑设计、公共建筑设计、赫哲民族风貌街及广场设计、既有建筑立面改造等任务。在高效集约的前提下，尽可能延续原有村镇肌理，整体意识形态上，保留原有主要交通干道，在原有市政基础上修复拓宽道路，构成道路系统核心骨架。保留现状遗存的政府办公楼、村委会、医院、学校和军区等公共建筑，采取原址重建或原址修缮的方式，

保持村镇脉络的延续性（图5）。

3）更新手法应用

传承少数民族传统民居建筑艺术，提高人民生活环境质量，是民居更新主要研究方向的依据。更新设计的过程中，设计师应以开放的思维看待传统民居中最本质的价值观念，同时

综合现代生产生活方式，赫哲族聚居地区的文脉特质才能得以传承和发展。

基于对八岔赫哲族乡的多次实地调研，在总体规划较为合理与完善后，我们将少数民族民居更新手法的研究适度地在新建民居中加以应用。设计从村落布局和民居单体两个方面提炼出传统民居的建筑艺术语言，并结合新技术和新材料，对民族建筑语言进行抽象、简化和整合。民居建筑的屋顶和主体构件的形态借鉴了赫哲族传统民居的"A"字形样式，建筑材料则应采用现代的砖、瓦、涂料、木材等耐用材料（图6、图7、图8）。设计从赫哲传统民居的构造方式、形态式样、材料质感、符号装饰等多个方面综合考虑，通过物质形态和符号隐喻来表达民族传统文化内涵，使民族传统建筑的原型用现代建筑语言表达出来。采用多种设计手法以便能更好地适应东北寒地地区的气候环境，同时兼有赫哲族的特色和现代化的风貌。

结语

采撷传统建筑元素、重塑时代赫哲新居、还原自然村落肌理、改善村镇生活质量。少数民族传统民居的更新手法能够将民族传统建筑中的文化内涵通过建筑之间的联系延续下去，同时满足民族主体对建筑的知觉需求，使居民对新建筑产生直观的认同感。目前，赫哲族传统民居的老式建造方法仍发挥着一定作用，独特的地域文化与民居建筑艺术保留得较为完整。但随着城镇化的进程和旅游业的逐渐开展，相对封闭的乡村环境逐渐被打破，少数民族的传统文化和生存模式将受到严峻的挑战。基于这种背景，归纳地域建筑语言，发掘传统营造智慧，建立适宜东北地区少数民族的传统民居更新模式是当前紧迫的任务，希望本文对更新手法的研究能够为今后传统文化与建筑之间关联性的理论研究、少数民族建筑创作理论研究及实践提供一定的借鉴。

参考文献

[1] 凌纯声. 20 世纪中国民族学人类学经典著作丛书——松花江下游的赫哲族 [M]. 北京：民族出版社，2012.

[2] 李德君，孙巍巍. 赫哲族传统民居对佳木斯地区新农村民居建设的启示 [J]. 华章，2012.（9）：334–336.

[3] 崔文河，王军，岳邦瑞，李钰. 多民族聚居地区传统民居更新模式研究——以青海河湟地区庄廓民居为例 [J]. 建筑学报，2012（11）：83–87.

[4] 陈丽珍，周伟，唐黎洲. 建筑技术视野下的云南少数民族民居更新思路. 城市化进程中的建筑与城市物理环境——第十届全国建筑物理学术会议论文集 [C]. 广州：华南理工大学出版社，2008.410–413.

[5] 高萌. 东北三个少数民族传统文化的建筑表达研究 [D]. 哈尔滨工业大学，2008.

[6] 于学斌，孙雪坤. 赫哲族渔猎生活 [M]. 黑龙江美术出版社，2006.

长春近代日系住宅空间特征及沿用状况研究
——以同志街街区为例

金日学　庄敬宜[①]

摘　要：以 20 世纪初在长春建立的供日本人居住的日系住宅为研究对象，通过对过去环境的分析以及中国用户对当时居住空间的改造研究，详细解析了长春近代日系住宅空间形态特点。

关键词：日系住宅　空间形态　使用形态

20 世纪初日本帝国主义武力侵占中国东北，为了巩固其殖民统治，达到长期霸占中国东北的目的，大量驻扎军队，大量向东北移民，因此住宅需求大幅度增加，当时建造的住宅具有日本居住环境特质，同时又带有长春本土住宅的特点。经过几十年的使用，这些特定的住宅已经融入了中国用户对居住环境的要求与改善。同样的空间，由于使用人群的地域、民族、文化背景的不同，所容纳的生活空间也各不相同（图 1）。

图1　长春清华路现存日系住宅　图片来源：作者自摄

一、长春近代日系住宅的概念界定

本文中的日系住宅主要界定为日本人在 1907 年到 1945 年建立的供日本人居住的住宅，因为这些住宅具有日式住宅的特点同时又兼有不同地域、文化的特点。

这段时间长春经历了两个历史时期，分别为满铁附属地时期和伪满洲国时期。

满铁附属地时期的住宅按家庭成员组成及生活方式为特甲、甲、乙、丙、丁、戊六种类型，这些住宅的级别主要体现在建筑面积、居室个数、居室面积大小、辅助设施的完备程度、取暖设备的差异来体现。

伪满洲国时期的日系住宅根据住宅使用对象及规模的不同，主要可分为独立式住宅和集合式住宅、宿舍或者公寓式住宅。

这些日系住宅在当时都是供给各个公司职工还有政府高官居住的，由于这些住宅距离现

---

① 金日学，吉林建筑大学副教授；庄敬宜，吉林建筑大学硕士研究生。

在历史已久远，有的残破不缺，有的已作为门市商用，为使文章更具有说服性与严谨性，这里把研究对象限定为与当年日本住户在户型上基本一致的并且等级较高的几个典型住宅，研究区域主要界定在朝阳区同志街街区附近的日系住宅。单身公寓居住人口与家庭构成不固定而且没有典型性，因此在这里不作研究。这样既能研究原有居住空间对居住者行为的影响，同时也包含居住者所带来的生活方式对居住空间的影响。

二、长春日系住宅内部空间形态

中国东北与日本本土的气候不同。日本气候四季温暖、湿润，而中国东北恰好与之相反，冬季较长，风大多尘，因此在考虑保留自身的生活方式及风俗习惯的同时，也把防寒作为一个重要

解决的问题，所以形成了一种不同于本土住宅形

式的，强调防寒、保暖为特征的日系住宅。平面一般都是比较规则的矩形，内部采取不对称的布局，往往是从正面入口到后院设置一条笔直的内廊，在内廊的两侧布置若干房间——和室、洋室。

1. 平面形态

由于东北气候寒冷，如果平面形体过于灵活会对房间的保温造成很大的负担，因此日系住宅的平面形式比较保守，多表现为集中、紧凑的内廊式，有效地减少了与冷空气的接触面。

2. 平面布局

1）住宅内部有很高的通用性与高利用率。将主要的房间如居间、茶间等布置在较好的一面以接纳更多的阳光，从属房间如浴室、卫生间、厨房、储藏间原则上布置在朝向较差的方向，空间合理利用，与东北传统的空间布局习惯形式相同。

2）"和洋折衷"，在入口门厅的一侧设有洋室，如接待厅。其内部空间高敞、明亮，测得室内净高约 2.7 米，与现在住宅层高相差不多。大面积的开窗使得室内的日照充足，视线宽敞，值得一提的是接待厅一般都是铺设木地板，不用榻榻米，这样的房间一般都是在等级较高的住宅里才有，因为这是一种地位的体现。

3）保留了日本传统的阳光室或外廊的形式，紧邻主要的居室。在两侧开窗，全天都可以接收到阳光的照射，保证了主要房间的保暖，同时使室内空间得到了良好的循环和净化。住宅一层下面都有地窖，管线都设在地下。

3. 室内设施、家具

1）日本人讲求空间的灵活性，房间的门多为推拉门，有的门还可以取下，这样几个房间就联系在一起成为比较通透灵活的空间。

2）使用了室内卫生间。当地传统的室内并没有卫生间，室外的厕所在冬季容易上冻，室内的马桶也不卫生，室内卫生间的使用使住宅内部卫生条件有了很大的改善，当然这一般都是在等级较高的住宅中才有。在给中国人居住的房子里是不会有这些设施的，带有殖民地性政治色彩。

3）沿袭了日本传统榻榻米的生活，因此室内的窗台也只有 500 毫米。这种生活方式居住空间与中国人的生活习惯是很不符合的，自宋代以后我国就以高足家具为主了。

4）因中日两国人民的人体尺度、生活方式各不相同决定了室内的净高也不同，测绘中测得室内净高大都在 2.4~2.7 米之间，这是由日本人席地而坐的生活方式决定的。

4. 防寒措施

在防寒保暖上，改进了墙体的组砌方式，采用一砖半（420 毫米）厚、二砖（540 毫米）厚的墙体，并且对红砖从技术上加以改进，使其更为密实和厚重。墙体除使用红砖外还大量使用空心砖。

5. 取暖方式

室内采暖方式以俄式壁炉、锅炉和满洲地炕三种方式为主。

三、现有居住用户对长春日系住宅的使用

1. 现存日系住宅分布

同志街商区现存的保存比较完整的日系住宅主要分布在清华路、惠民路惠民胡同、珲春街胡同、树勋街等地（表1）。

现存日系住宅分布　　表1

分布	数量	类型
清华路与同志街交汇	三栋	二层日系住宅
清华路与同志街交汇	三栋	一层日系住宅
清华路与惠民路交汇	三栋	二层日系住宅
珲春街东胡同	三栋	一层日系住宅
惠民路北胡同	三栋	二层日系住宅
曙光路胡同	一栋	二层日系住宅
树勋街	三栋	二层日系住宅

图表来源：作者自绘

2. 现存日系住宅的使用类型

由于使用人群的不同，所以用途也各不相同，现针对调研的住宅进行分类总结，主要分为拆迁、租赁、自住、商用等四种（表2）。

现存日系住宅使用类型　　表2

使用形式	特点	现状
	原电业社宅，位于树勋街，新中国成立后曾作为电力职工住宅，后租给临时居住人口，在居住的过程中一栋内曾经居住过230个人。现被列入危房，将要拆除	
拆迁	现在由于城市的大拆大建，很多日式住宅已作为危房处理，即将进行拆除，但是在拆除的过程中仍可以看到许多当年住宅遗留的痕迹，还是有借鉴意义	

3. 中国用户对现有住宅的使用形态

（续表）

使用形式	特点	现状
	原电业社宅，位于珲春街东胡同。新中国成立后曾作为林业厅宿舍，现租给当地的临时居住人口	
租赁	有的保存比较完整，进行出租，租户中基本上都是环卫工人，他们对房子的改造与保护少之又少。也正由于这种房子他们改造甚少，也可以探讨出之前室内的痕迹，以供研究	
	原电电社宅，位于清华路与同志街交汇。新中国成立后分给各单位职工使用，现在是当地居民入住	
自住	虽然这样的房子在以前是高等级的房子，但是由于年代久远，很多自己居住的业主都已经把室内的格局按照自己的生活习惯改变了。这种类型也是我们研究的类型	
商用	现主要对居住的住宅进行研究，这种商用住宅不属于研究范围之内，对此不作叙述。	

图表来源：作者自绘

3. 中国用户对现有住宅的使用形态

这些住宅最早是为日本人使用而建立的，因此住宅内部空间的设计主要是按照日本人的生活居住习惯来布局的，在日本人使用这些住宅的几十年里形成了自己固定的居住模式，而当日本战败、中国人进行使用的过程中，由于日本人的居住行为习惯与国内居住行为习惯的差异，使得这些空间不能够适应中国人的生活起居，中国人使用过程中对不适应自己居住行为的空间进行了改造，以此来打造适应自己的生活空间。同时，在居住过程中，也会被一些空间同化，从而改变自身的居住行为习惯（表3）。

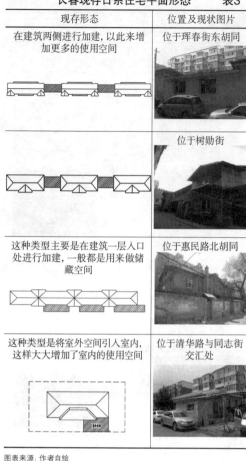

长春现存日系住宅平面形态　　表3

现存形态	位置及现状图片
在建筑两侧进行加建，以此来增加更多的使用空间	位于珲春街东胡同
这种类型主要是在建筑一层入口处进行加建，一般都是用来做储藏空间	位于树勋街
这种类型是将室外空间引入室内，这样大大增加了室内的使用空间	位于惠民路北胡同
	位于清华路与同志街交汇处

图表来源：作者自绘

1）平面形态

房屋整体结构、形态没有改变，但是由于生活需要，很多居民都已经在建筑周围搭了很多棚子，作为仓库使用。

2）平面布局

（1）房间整体格局没有改变，但是日本人的住宅空间都比较自由灵活，而中国居民都喜欢开敞、简单的空间，因此室内的很多空间格局已改变，曾经的木格栅拉门都已拆除，现在大多都将几个小空间合并成一个大的空间，但是木格栅的痕迹还是存在的。

（2）卫生间基本上都保持在原来的位置，但是现在中国的居民有一部分不在室内使用浴室，而是把浴室的房间已经改造成了一个完整的空间。

（3）有的作为卧室使用，有的作为储物使用。

（4）室内储物间的使用只分为两种，一种是在延续原来的基础上使用储物间，另外一种是取消储物间的位置而为室内腾出更多的空间，使内部的空间更加开敞。日式住宅地下都设有地窖，地窖现在都作为储物空间来使用。

3）室内设施、家具

（1）门已取消推拉门，使用木门。虽然经过改建，但是原来推拉门的痕迹依旧能够找到，并且在一定程度上也为室内的墙面起到装饰作用。

（2）室内还沿用地板，有的还在使用之前的红地板，有的经过室内的改建已经使用了新地板。

（3）室内窗户由于历史久远，多已更换，大多都改成一层窗户，但是二层窗的痕迹还是保留着。通风设施依然还延用之前的通风口，但是主要的通风还是依靠窗户进行通风。

4）取暖方式

壁炉、火炕的取暖方式都已取消，现在基本都已经统一使用暖气供暖。

5）防寒措施

（1）由于年代久远，建筑年久失修。房间冬天很冷，有的居民已经更换了窗户，有的在冬天用塑料布将窗户罩住，有效地保证了室内温度。

（2）室内外还保留着一定的高差，这样对室内的保暖防潮也起到一定的作用。

4．日系环境对目前居住环境的影响

1）生活习惯层面上的影响

（1）日系住宅室内木地板装修，中国用户住进来之后虽然撤掉了榻榻米，改变了室内的一些格局，但是很多都保留了室内地板，形成了进屋换鞋的习惯。

（2）由于日本人都是席地而坐，中国虽然对低矮的天棚很不适应，但是又无法改变层高，很多居住用户都调低了室内家具的尺寸。

（3）每个住宅都有地窖，管线都设在地下。中国用户虽然有的已经进行改造但是还沿用这种形式，因为这能有效地保护管线。

2）精神层面上的影响

日系住宅的设计很精细、很人性化，具体到

人们的使用和生活中的很多小事，而这在中国住宅中都是很少见的，因此中国用户的改建也会思考得很周全，也是花了大量的心思，这样就能带动人们对居住环境的思考，充分说明，民族文化不同，思考方法不相同，着眼点也不同，就会带来居住文化上的差异。

四、结论

通过对长春日系住宅建筑的调研可以发现，长春尚存的日系住宅有等级较高的二层集合式住宅，也有大体上保留了日本传统住宅外观的单层住宅。这些住宅既体现了日本传统的生活方式，同时又具备了一些长春本土建筑的特点，其内部的空间组织都是以居住者的使用需求为出发点的，充分考虑了人性化，所以具有功能上的合理性。

当今遗留的日系住宅融入了中国人对居住环境的要求与改善，同样的，住宅空间由于使用者的不同，日常活动发生了很大的变化，一面进行着改造旧有住宅，一面适应着新的居住环境。从 20 世纪到现在，无论是个人空间、家庭共享空间、附属劳务空间还是庭院空间都发生了很大的变化，其中符合国内人生活方式的空间与传统都被继承下来，不符合国内人生活方式的空间与传统则随着人们生活水平的提高而以发展。

参考文献

[1] 李之吉.长春近代建筑[M].长春: 长春出版社，2001.8.

[2] 曹炜.中日居住文化[M].上海: 同济大学出版社，2002.10.

[3] 王湘, 包慕萍.沈阳满铁社宅单体建筑的空间构成[J].沈阳建筑工程学院学报，1997.3.

[4] 罗玲玲, 包慕萍, 冬利.中日居住文化特质的探求——中国沈阳日式住宅延用状 况研究[J].沈阳建筑工程学院学报[J]，1997.10.

[5] 朱松, 吕海平, 冬利, 汝军红.沈阳近代满铁社宅的防寒措施 [J]. 沈阳建筑工程学院学报，1997.7.

蒙古包室内外一体化设计对现代设计的启示

张俊峰　重阳[①]

摘　要：蒙古包作为一种独特的建筑形式，自南北朝基本形成现有形式，其发展和演变是草原游牧民族历史文化、生活习俗，以及草原地理环境、气候条件等综合因素的缩影。它的构造独特，时至今日对于现代室内外设计仍然影响重大。其中蒙古包的室内外设计一体化就是值得现代设计借鉴与学习的精华。

关键词：蒙古包　室内外设计　一体化

随着生活水平的提高和相关政策的要求，游牧生活渐渐从草原上淡去，取而代之的是圈养或有固定草场的季节性放牧。而蒙古民族的居住方式也从蒙古包搬到定居的砖瓦房或者移居到城市。如今传统的蒙古包更多地用在旅游景点等，日常生活中很难再见到。但它并没有彻底消失，而是以更多的形式存在于蒙古族聚居区的方方面面。

一、蒙古包的构成

1. 蒙古包的形成

蒙古族这一古老的民族与鲜卑、契丹、室韦等民族都属于东胡这一族系，"蒙古"一词译为"永恒之火"。1206 年铁木真建立了大蒙古国，称成吉思汗，"蒙古"也由成吉思汗部落的名称变成了一个民族的名称。

蒙古包是蒙古族主要的居住形式，但蒙古包并不是蒙古族的专属，哈萨克、鄂伦春、鄂温克等民族也居住在蒙古包内。我们统称他们为北方游牧民族。蒙古包中的"包"字为满语

"屋"的意思，蒙古人居住的屋子为蒙古包。当然"蒙古包"也不是这种建筑唯一的名称，在广袤的北方草原，牧民们称它为"毡房"、"毡包"，或者直接简称为"包"。

阴山岩画中最早出现了蒙古包的雏形，是在距今已有 5000~4000 年的新石器时代。之后的一些岩画中陆续发现一些穹庐式的毡帐建筑，都是蒙古包的踪迹，那时这种建筑的顶部已经开了天窗，已经相当接近当今的蒙古包。

在历史的长河中，蒙古包不断完善，适应草原游牧生活，表现出强大的生命力，沿用至今。建造时不用水泥、土坯、砖瓦，而是使用更为温暖的毛毡和木材，这在建筑中是一种极具特色的形式。

2. 蒙古包的主要组成部分

蒙古包主要由架木、苫毡、绳带三大部分组成。其中架木是支撑起蒙古包的骨架，包括套瑙、乌尼、哈那、门、支柱。

1）套瑙

套瑙是蒙古包的顶，它分联结式和插椽式

---

①　张俊峰，吉林建筑大学副教授；重阳，吉林建筑大学研究生。

两种。要求木质要好，一般用檀木或榆木制作。联结式套瑙有三个圈，外面的圈上有许多伸出的小木条，用来连接乌尼。这种套瑙和乌尼是连在一起的。因为能一分为二,运送起来十分方便,适应草原游牧生活的需要。功能上即为蒙古包的天窗，又是烟囱的出口。下正对炉灶，即火神的位置。蒙古包内的室内摆放，遵从风俗与习惯，有严格的制式。

2）乌尼

乌尼通译为椽子，是蒙古包的肩，上连套瑙，下接哈那。连接后以套瑙为中心呈散射状，这一形式既是结构上的要求，也符合蒙古民族的宇宙观——对太阳和长生天的崇拜。其长短大小粗细要整齐划一，木质要求一样。长短由套瑙来决定，其数量也要随套瑙的直径大小相应改变。乌尼是细长的木棍，椭圆或圆形，由松木或红柳木制作(图1)。

3）哈那

哈那是蒙古包中的墙，承套瑙、乌尼,定毡包大小，最少有四个，数量多少由套瑙大小和乌尼杆的长短决定。

哈那有三个特性：

其一是伸缩性。高低大小可以相对调节。因为哈那是由细木棍相互交叉形成的菱形网状墙体，木棍交叉点由皮钉固定，这一特点，给扩大或缩小蒙古包提供了可能性。雨季要搭得高一些，风季要搭得低一些。由于哈那这一特性，决定了它装卸、运载、搭盖都很方便。

其二是巨大的支撑力。每一片哈那的四个边有木棍交叉出来的丫形支口，在上面承接乌尼的叫头，在下面接触地面的叫腿，两旁与别的哈那的绑口叫口。哈那头均匀地承受了乌尼传来的重力以后，通过每一个网眼分散和均摊下来，传到哈那腿上，再由腿传到大地。架木盖上厚重的毛毡之后能达到两三千斤重，这就是哈那能承受巨大压力的原因所在。

其三是外形美观。哈那的木头用红柳，质轻而不易弯折，在上面打眼固定皮钉不易开裂，受潮后也不容易变形。所有木棍长短粗细均一致，菱形网眼的大小也一致。这样做成的毡包不仅符合力学要求，更是形式上的排列重复，给人以整齐统一的形式美感。

4）门

哈那立起来后，由门框的高度决定哈那的高度。因此蒙古包的门不能太高，进入蒙古包得弯腰进去。冬季为了抵御严寒，门外面还要有一层毡门，吊在木门外面(图2)。

5）支柱

哈那的数量超过八个，造成蒙古包内部空间跨度大，为了保证其稳定性，就需要支柱。加之蒙古包太大，其重量相应增加，大风会使套瑙的一部分弯曲。八至十个哈那的蒙古包要用四根柱子。在蒙古包内部的中央，都有一个圈围火灶的木头框。在木框的四角打洞，用来安放柱脚。柱子的另一头，支在套瑙上加绑的木头上。柱子可以制成圆、方、六面体、八面体等。柱子上的花纹是各种蒙古族的吉祥图案。纹样的使用有严格的等级制度，皇室和王爷才能使用龙纹。

图1 套瑙和乌尼在蒙古包中的位置与功能
图片来源：www.nmglyj.com

图2 哈那和门
图片来源：www.ysch.cc

二、蒙古包室内外一体化的基本特征

蒙古包的建筑结构如上所述极为特别，导致形成的建筑外观与室内也不同于其他的建筑，更好地达到了建筑结构造型与室内设计的和谐统一。

首先套瑙作为蒙古包建筑中的顶，在结构上连接每一根乌尼杆，使整个建筑外观造型和谐完整。但从蒙古包的室内看，它更是一种很好的装饰，一种成熟的造型手段，符合蒙古民族传统的自然观、宇宙观与审美观。蒙古族大多数有宗教信仰，信奉喇嘛教或萨满教。他们认为自然界是长生天的产物，所以格外敬畏。在一些装饰和构造中采用一些模拟自然的手法。套瑙和乌尼杆组合的造型就是模拟太阳的散射状，共同构成蒙古包室内的顶棚，表达蒙古族对太阳的崇拜和敬畏。

哈那作为围合与承重的构件，外部被毛毡包裹，从室内看哈那的组合形式都暴露在外面。统一规格的细木棍涂上鲜艳的颜色，相互交叉排列成网状，每个网眼都是大小一样的菱形，视觉上给人统一和谐的形式美感（图3）。

这些本应属于建筑的构件，由于没有厚厚的混凝土墙或其他材质的遮盖，使室内外设计更有亲和力。构件完全暴露于人们眼前，不仅没有影响美观，反而起到了很好的装饰作用。这一和谐共生、融为一体的观念与手法很值得我们现代室内外设计借鉴学习。

三、蒙古包一体化设计对现代设计的启示

1. 蒙古包元素的应用现状

虽然传统蒙古包随着游牧生活的消失渐渐淡出了我们的生活，但是它没有彻底消失，其中餐饮、娱乐、旅游、文化性公共建筑等常使用蒙古包的元素。但是它在室内外设计方面的应用现状并不容乐观。说到民族特色设计，大多数被定义为简单的造型模仿和图案元素堆砌，并没有深刻的文化内涵。更有设计者本身不了解蒙古族文化，设计元素运用表达不准确。这样的案例在民族特色设计中很常见。这并没有达到传承民族文化、发扬蒙古包室内外一体化优势的目的（图4）。

2. 一体化设计

"一体化"这一概念在设计界近些年常被提及。建筑与室内一体化、建筑与家具一体化等，是广为推崇的设计理念。一些设计师也在进行不断的尝试。从建筑发展的纵向来看，它并不是一个新生的事物。中国传统的设计观就是一体化的设计观，体现在蒙古包建筑上更为明显。

所谓借鉴传统蒙古包建筑与室内一体化设计，即是建筑外观与内部空间一体化、建筑构件与室内装饰一体化、建筑及室内与周围环境一体化。让建筑的外部造型、结构反映到室内空间中，亦是室内造型的一部分，例如套瑙和乌

图3 蒙古包的室内
图片来源：www.nmgwh.cn

图4 当前蒙古包元素的应用
图片来源：www.nipic.com

尼构成了蒙古包的顶棚；哈那本身为承重围合的墙体，而墙体自身无需装饰，自成一道风景。室内外设计融为一体，相辅相成。

传统的蒙古包建筑更是绿色生态建筑的典范。游牧民族逐水草而居，到了水草丰美的草场，就地安营扎寨。而安居的同时并不破坏周围环境，直接将蒙古包搭建在草地上，甚至连草都不割去。这样草地就成了蒙古包室内天然的地毯。建筑的室内外又与自然融为一体。

我们所说的要发扬传承传统建筑，并不是按照蒙古包的样式建造一个一模一样的现代建筑，也不是用蒙古包内部和外部的装饰图案来堆砌出所谓的地域性特色设计，而是要借鉴它的理念。在设计方案时，让建筑的功能与造型和内部设计达到和谐统一，而不是目前设计业分包脱节的现状，建筑设计是一部分，室内设计又是完全脱离开的另一部分。这样设计出的人居环境并不是理想的、和谐统一的。

四、结语

传统的蒙古包建筑是历经了草原的沧海桑田、历史的锤炼而凝结的文化瑰宝，是游牧民族建筑的典范，反映了他们的生活和草原的环境，有着深沉的文化底蕴，其中的合理性更是不言而喻。在现代设计中我们应充分挖掘蒙古族文化，探析其深刻内涵，并将其理念合理地运用到现代设计中。

参考文献

[1] 赵油.蒙古包营造技艺.合肥：安徽科学技术出版社，2013.7.

[2] 阿斯钢，特·官布扎布.蒙古秘史.北京：新华出版社，2006.

[3] 方海.跨界设计建筑与家具.北京：中国电力出版社，2012.

理性回归
——赋予"活力"的社区建设思考

杨柯　张成龙[①]

摘　要：从我国的建设发展前景来看，大规模新的开发建设是无可避免的，但需要注意的是城市开发建设的整体格局，以及如何建设有利于新区开发的相对完善的市政和公共服务设施，来吸引城区人口的疏导。随着我国大部分城市郊区化扩展的态势，研究者将对由现代都市居住环境所导致的生活方式的改变进行反思，并对关于城市建设宜居型社区进行理性的思考，研究并提出适合我国城市发展及文化背景的新型居住模式。

关键词：延续创新　城市活力　宜居社区　"3D"模式

一、引言

目前我国大部分城市正处于高速发展期，加之自然景观的环境优势，城市边缘甚至郊区化的生产生活模式急剧体现，但随之而来的基础设施、交通设施的相对匮乏，同时呈现出居民依靠小汽车的单一出行方式。因此，面对城市用地扩张，大规模居住区开发建设，以及汽车时代的到来，不仅原有的住宅小区模式给城市交通带来了巨大问题，也使生活空间私有化导致城市公共空间匮乏。

随着现代主义及其居住小区在美国等发达国家的消逝，我国也逐渐呈现出居民与室外环境逐渐远离、居民之间疏远、居住环境与城市空间失去应有的活力等现象。这就需要我们重新审视现代城市居住模式，改变目前城市住宅区建设带来的城市问题。

二、现代主义背景下的住宅区建设

现代主义是人类社会城市化进展到一定阶段的产物，它适应了现代化高楼大厦的兴盛和汽车时代的社会潮流。然而随着现代主义思潮的盛行，城市住宅建设也出现了诸多新问题。

1. 大规模开发建设，引发"居住郊区化"

首先，现代主义城市规划的"居住郊区化"模式，使城市人口大多居住于郊区，街道的消逝和城市公共空间的缺乏完全破坏了城市的步行环境，给城市带来了全方位的破坏。

其次，以功能分区、住宅小区和机动车、大马路为代表的城市发展模式，破坏了传统城市的整体性。并且居住在郊区，工作在城市中心的现象，使得人们出行距离加大，加之交通堵塞，使人们参加

[①] 杨柯，吉林建筑大学建筑与规划学院讲师；张成龙，吉林建筑大学副校长，教授。

公共活动和进行社会交往的时间大为减少。

最后，现代主义带来的郊区化城市增长模式，导致城市空间没有节制地向外延伸，形成典型的"摊大饼"发展模式。城市的外延扩张，忽视了城市的内涵提升，造成了城市全面的混乱，加剧了城市各种资源的浪费。

2. 汽车时代的住宅小区与城市道路

简·雅各布斯 (Jane Jacobs) 在 1961 年撰写的《美国大城市的生与死》中抱怨工业化的进程使城市功能越来越细化，街道成为仅用于通行的城市用地，令曾经富于生气的城市变得死气沉沉。大规模的"郊区住宅"使得道路间距进一步拉大，城市网络遭到破坏。城市交通日益堵塞，加上城市发展不断向外蔓延扩张，这既是城市的问题所在，又是伴随"汽车时代"住宅小区居住模式的必然结果。城市道路与市民的生活关系最为紧密，在担负车与人的交通功能之外，还是进行其他活动的场所，然而现代大城市的道路系统应具有更人性化的空间。

赫茨伯格在谈到自己的设计理念时也曾说过："建立这样一个内向收敛的空间，主要是为了加强共同居住的人们之间的联系。要在规定的限定空间里去挖掘一种凝聚的、属于共同体的东西。"所以城市街道空间应该由以机动交通为主转变为以步行交通为主、机动交通为辅，在满足车行要求的同时又将其对周围居民生活造成的影响降到最低，从而营造出轻松宜人的外部城市空间环境。要想改变这种情况，就需要改变封闭的住宅小区模式，使住宅与城市交通空间相互穿插、影响和作用。

3. 街道步行功能的消逝

生活本来是多元而复合的，因地域不同也呈现出丰富的多样化形式。长期以来住宅小区相似的间距与排列以及封闭的管理模式，给具有无限活力的城市生活带来了挑战。各个小区各自独立，为城市干道所隔离，缺乏宜人的公共空间或公共空间之间缺乏必要的联系，与城市缺乏交流互动。对我国来说，居住区模式所引发的城市问题在近年已经逐渐体现出来。

现代城市的弊病之一便是街道生活性和舒适性的消失，街道从复杂的户外生活功能演变为以汽车为主的纯粹的交通功能。街道的复兴被认为是新城市主义的重要举措，并把人行系统视为完整的网络，强调其连续性。为了鼓励步行，利用安全步道、商业中心及步行街等组成的人行系统把各个广场连接起来，形成连续的公共空间网络，从而改进城区的现状交通。以步行行为为中心的原则，使公共场所中的空间布局能够使人方便地到达周围的商业建筑、设施和广场，从而提高城市活力。

三、国外居住模式的改造运动借鉴

1. 新城市主义运动的出现

大规模城市建设的浪潮，给城市居住环境带来了诸多改变，如人际关系的疏远、地域归属感的缺失、对交通过度依赖以至于造成交通堵塞和空气污染等。人们开始反思住宅郊区化的问题，而反思的结果就是"新城市主义"，或者可称之为"新都市主义"的出现。如果我们了解了美国"新都市主义"的背景，更了解了当初后现代主义在中国学界畅行无阻的历史，就会明白所谓的"新都市主义"，乃是一种貌似回归传统、实际上是在探寻新的可能性的建构策略。新城市主义提倡回归城市中心，主张在旧城改造和新区建设中，强调社区的功能配置，强调社区与整个城市的关系，强调人与自然的和谐。

为此，新城市主义者也提出了三个方面的核心规划思想：(1) 重视区域规划，强调从区域整体的高度来看待和解决问题；(2) 以人为中心，强调建成环境的宜人性以及对人类社会的支持性；(3) 尊重历史和自然，强调规划设计与自然、人文、历史环境的和谐性。新城市主义提倡的也是节约、节制模式和以公交为导向的"紧凑开发"模式，它们共同的特点是紧凑、适宜步行、功能复合、可达性和重视生态环境。这一在

20世纪90年代兴起的关于社区发展和城市规划界新运动的宗旨就是要重新定义城市、社区的意义和形式，创造出新一代的城市和住宅。所以，"传统的邻里发展模式"、"公交主导发展模式"等都成功地把社区感和人性尺度等传统标准与当今现实生活环境有机地结合在一起。

2．社区理念

随着适宜居住性理论的实践，打造有活力的适居性社区生活方式逐渐被人所接受，也得到人们的共识，而充满活力的社区中心也开始随处可见。那么到底什么是社区适宜居住性理论？这在《新社区与新城市——住宅小区的消逝于新社区的崛起》一书中就有这样一段论述："社区适宜居住性是指对一个社区居民福祉非常重要的有关生活质量方面的问题，它是关于人类社区舒适、安全、经济和关爱的质量表述，表现为居民或社区设施的使用者对他们社区的社会和环境质量的感受，主要有以下几个方面：①安全和健康，包括交通安全、人身安全，和公共健康；②环境条件，包括清洁、安静、空气清新和水流清澈；③社会交往质量，包括邻里和谐、公平交流，相互尊重、社区特性和对社区的自豪感；④享受休闲娱乐、美学和现存的独特的文化和环境资源，例如历史文化建筑、古树、传统建筑风格等。"

"社区建设"，不仅关注社区居民与城市物质环境之间的关系，更重视居民之间的组织结构关系，社区精神作为一种观念，其产生和文化意识有关，既是观念性的表现，同时也是一种文化倾向，这样才能称之为社区规划，否则只能叫作居住区规划。

四、适应我国的居住模式的理性思考与创新

1．街区的划分

总结新城市主义，建设混合型综合社区是我国乃至全球的趋势。首先混合社区要体现多

功能性，即居住、休闲、商业、服务设施融于一体，给人居生活带来更多的方便性，提高城市活力和效率。其次，它具备充满活力的社区中心，在营造方便、舒适的社区公共领域的同时，也营造了更多更精彩的城市开放空间领域。最后，这种街区概念最大的特点或者优势就是营造有活力的、高质量的步行街区，使现在城市中的住宅空间更具有丰富的亲切感和人情味。

这种街区理论的社区居住模式的步行环境有完整系统，不同特色的公共空间可以提供给人们不同景象的步行街道，同时使城市产生多样化的系列公共空间，缔造新型时尚城市居住文化。在我国城市建设高速发展的今天，城市公共活动空间正在成为城市居民生活空间的一部分，也逐渐转化为一种城市构成的重要元素。仅仅创造让人们进出的空间是不够的，还必须让人们在空间中活动、流连，并为参与多样性的社会活动创造适宜的条件。

目前，在我国住宅建设的发展进程中，还需要更多的城市步行空间，而且也逐渐将城市步行商业街与居住空间相结合，与此同时表明了人们对于居住空间与城市空间的有效结合的强烈渴望。

2．绿色的社区、城市的机遇：社区绿道的建立

在关于"创建资源节约型和环境友好型社会"的背景下，倡导"城市绿道"，尤其是与城市居民生活密切相关的"社区绿道"的建设，对营造低碳的生活环境和健康的出行方式，更加具有现实和深远的积极意义。

社区绿道更贴近生活，不仅可以提高沿线居民的生活环境和质量，也可以将不同类型的街区住宅、邻里单位、商业街道、公园绿地和休闲场所进行串联，组成完整的城市生活圈。

社区绿道的概念来源于生活，与居民出行、生活习惯和文化背景等密切相关。欧美国家基本处于逆城市化发展阶段，城市的社区绿道建设基本建立在倡导低碳生活方式、鼓励绿色出行为目的的基础之上。而我国大部分城市正处

于高速发展时期，城市人口密度大，配套设施不足，公共开放空间较少。因此在建设社区绿道、鼓励绿色出行方式外，还需将封闭的社区进行适当的开放，以增加基础设施、配套服务项目和休闲活动场地以及休闲绿地，从而加大我国的社区绿道网络密度。

3. 居住的"3D"生活模式

1) TND 开发模式——对邻里单位的重新思考

TND(Traditional Neighbourhood Development) 模式是从传统社区演化而来的一种全新社区模式。基本单元是邻里，邻里之间以绿化带分隔，每个邻里的规模半径不超过 0.4 公里，可保证大部分家庭到邻里公园的距离都在 3 分钟的步行范围之内，到中心广场和公共空间只有 5 分钟的步行路程，幼儿园、公交站点都布置在中心。以网格状的道路系统组织邻里，可为人们出行提供多种路径选择，从而减轻交通拥挤。

这种开放的生活方式在我国的文化背景下还需要逐步的实现，而半封闭的生活方式更适合我国的居民生活。整体向城市开放，将其组团进行封闭管理，组团入口管制外来车辆，单元入口管制人行。从而形成了封闭的组团 + 开放的"道路"的规划结构。为了增添住区活力，围绕"道路"布置购物中心、步行商业街道、儿童公园、会所和公交站点等，使其成为城市不可分割的有机组成部分。另外，TND 模式的商业服务设施可以完全改变我国目前沿街线性的商业布局，并充分结合社区绿道系统建设，给城市居民的生活带来益处。

2) TOD 模式在大型社区的应用

TOD(Transportation Oriented Develpment) 的开发模式：即将区域发展引导到沿轨道交通和公共汽车网络布置的不连续的结点上，充分利用交通与土地利用之间的基本关系，把更多活动的起始点和终止点放在一个能够通过步行到达公交站点的范围之内，使更多的人能够利用公交系统。以"公共交通"为导向的 TOD 规划理念，实际上就是针对私人汽车的依赖和城市基础设施环境负荷的增加，将城市内部交通（包括城市地铁、轻轨与巴士等公共交通网络）与综合土地利用相结合的城市建设，同时提出步行者优先、环境优先的公共交通体系的城市规划概念。TOD 强调一定规模的城市社区，恢复街道作为多目的、综合性的利用场所，真正使城市变成"适宜步行"的城市。

3) POD (People/Pedestrian Oriented Develpment) 模式的健康出行

城市交通需要改善，但要以人为本，以提高生活质量为目标，考虑到不同社会阶层的人群和活动。虽然快速交通、轨道交通、公交系统等多种出行方式的建设一定程度上解决了城市的距离感问题，但城市原本就应该是让人可以自由行走的空间，并能方便地进行社会活动，但在实际的城市建设中"慢行交通活动"却变得越发困难。因此，城市交通应重新思考步行的基本技能，以及依靠自行车出行的可持续性优势。建立以步行系统以及自行车出行的慢行交通，并与城市公交系统、轨道交通进行巧妙的结合，才是城市发展之道。那么建立慢行交通系统，不仅仅在于在城市的道路交通规划设计中加入专用道，而是应该注意在城市规划以及社区建设中强调城市用地功能的组合、小街区的设计，使人们能够依靠慢行系统方便地到达目的场所。因此，慢行系统的建立结合大容量的公交导向以及快速的轨道交通，可以多模式地解决由城市大规模建设步伐引发的生活问题，以满足城市居民的各种交通出行需求，摆脱目前依赖小汽车出行的非健康方式。

五、结论

通过对我国城市住区建设发展与城市空间形态的变化研究，面对我国城市现状，如何创造适合我国社区生活方式的创新理念是目前亟待解决的问题。近十几年来，随着可持续发展、环保、社区等社会问题的提出，以及居住小区对居民生活的多元化表达力不足，人与生活环境的角色关系也产生了很大的转换。什么是好的城市规划，没有一个统一的标准，因为每座城市面临的问题不尽相同。但可以肯定的一点是，一个好的城市规划肯定是充满人文关怀的规划，这也是新城市主义提倡的观点。通过社区建设，来表达一种生活意蕴，引领一种文化走向，我们需要突显居住文化的主导性、基本性、地域性，建立一定价值倾向的社会单元，这是开启改善目前城市居住生活诸多问题大门的钥匙。

参考文献

[1] 王彦辉.走向新社区—城市居住社区整体营造理论与方法.南京：东南大学出版社，2003.

[2] 杨德昭.新社区与新城市——住宅小区的消逝与新社区的崛起.北京：中国电力出版社，2006.1.

[3] 简·雅各布斯.美国大城市的死与生.南京：译林出版社，2005.5.

[4] 王慧.新城市主义的理念与实践、理想与现实.国外城市规划，2002（3）.

北方新中式住宅建筑的文化探析

孙瑞丰　付婧莞①

摘　要：建筑是文化的载体，中国的现代住宅在满足居住需求的同时要反映地域文化，新中式作为时下兼具东方韵味与现代风格的设计手法应运而生。本文针对北方的地域特点，通过住宅建筑空间、立面、色彩分析新中式在北方城市的文化体现与运用，并希望对中国的住宅建筑提供一定的设计借鉴。

关键词：新中式　住宅　建筑文化　北方特色

随着经济的快速发展，中国自 20 世纪 80 年代末开始了大规模的住宅建设。据统计，从 2000 年到 2010 年的十年间，中国城市以年均 10% 的速度扩张，城市化带来的不仅仅是城市人口的激增，还有对居住空间的需求。住宅的形式从最初的低密度平房逐步演变成当今高密度的高层、超高层建筑。

在各种现代建筑浪潮的冲击下，国人的审美也经历了从传统的价值取向到在国际多元化浪潮中盲目崇拜外来文化。但随着本土文化的回归和兴盛，国人又意识到尊重民族文化的重要性，至今住宅建筑形成了风格各异、百花齐放的局面。住宅作为人居生活的基础，体现着一个城市的文化。然而，最初的住宅模式多是对国外的复制或是仿制，各式外来风格成为当代住宅风格的主流，导致地域特色缺失。建筑作为一种特别的载体，承载着一个国家、一座城市的物质与精神文化，而新中式风格应运而生。

据调查，目前的新中式住区建筑多集中在南方，尤其以江南水乡为设计来源的居多。而北方城市受气候环境、社会经济、人文风俗等的影响，优秀的新中式住宅建筑多集中在北京，其设计也多参考北京的传统四合院。我国寒冷地区占国土面积的一半以上，以冬季漫长寒冷、日照较短、季节分明等特点为主，建筑设计受到一定的局限，针对具有北方特色的新中式筑还有待进一步的研究。

一、新中式住宅的概念

目前世界上有十大主流建筑风格：地中海风格、意大利风格、法式风格、英式风格、德式风格、北美风格、现代派风格、新古典主义风格、新中式风格以及综合类风格。

随着国力增强，民族意识的复苏，国人对民族传统的居住文化的自信心也在不断提升，新中式住宅便得源于这个中国传统文化复兴的时代。在新中式的不断探索中，设计师从单纯的摹仿和生硬的套用，到将中国传统文化中的古典元素和意境进行提炼与演绎，并且仍在探寻传达本土特色的新中式。

---

①　孙瑞丰，吉林建筑大学教授；付婧莞，吉林建筑大学研究生。

新中式建筑对中国传统建筑一脉相承，结合了现代的生活方式、材料、技术、工艺、审美等进行设计。在空间功能上满足现代人生活的需求，在造型形式上结合相应的地域文化，并满足使用者的精神需求。同时提炼传统建筑的符号元素和文化内涵，运用现代的建筑材料和技术手段进行塑造，并配合新中式园林的景观设计，最终营造和谐统一的新中式建筑系统。

二、国人的居住文化

地域文化不是一成不变的，它会随着外部环境的变化有所改变，通常它的产生发展受到所处时代的社会体制、宗教、经济等方面的制约与影响。而居住文化通常包含形式和内涵两方面的内容：形式包括建筑样式、结构、装修材料、技术手段等。内涵是指以家庭为基本的社会生活单元，中国传统的居住模式为内敛型，通常以高墙分隔城市空间，构成自身独立的以院落为中心的家族单元。

在中国传统的哲学观中，"天人合一"是建筑追求的最高境界，对居住者而言，则要讲究环境的平和安静以及建筑的含蓄内敛。随着时代的发展，人们越来越注重居住区生活的品质，生态节能以及环境配套设施的建设。新中式建筑便以此为出发点，它根据本土居住者的生活习惯进行改良，例如北方冬季气候寒冷，多降雪，春季多风沙，故建筑更注重外墙的保温、窗户的朝向等。同时新中式住宅运用现代技术对采光、通风等进行优化，在设计中更多考虑了居住的舒适度，在各个层面满足现代人的居住需求。

有学者将北方民居主要分为山西襄汾丁村住宅、陕西长武十里铺窑洞、河北蔚县民居以及北京四合院四个最有代表性的传统民居类型。通常北方民居均以院落为组成单元，正房多朝南向，形制有很多共同点，在北方的新中式楼盘中多以结合四合院的布局方式组合住宅空间。四合院（图1）是北京典型的住宅形式，也是北方居住空间的代表，它格局上对称方正，礼制上尊卑有序，空间上内外有别，风格上朴实厚重，可谓不为喧嚣所扰，自成一方天地。

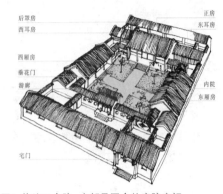

图1 传统四合院，中部是围合的庭院空间
图片来源：作者自绘

四合院的院落格局使其形成了一个自我平衡小环境，采光、通风良好，院墙又能起到保温、隔热的效果。同时，围合的院子具备良好的私密性和向心性，带给人们安全感和家族的凝聚力，因此也成为众多新中式住区模仿的建筑形式。

三、传统居住空间文化的再营造

住宅建筑的空间处理上，中西方文化表现出明显的不同，中国传统住宅空间为私密性强的内向围合型。新中式住宅汲取传统的元素并结合现代的技术、材料等创造满足现代人居住需求的空间，是传统文化的再现以及地域特色的彰显。

目前国内的新中式住宅往往平面采用传统围合式，自然形成半封闭的灰空间，成为建筑主体功能的延伸，再结合景观设计使室内外融为一体，相互渗透。尤其北方居住区在规划布局中，将四合院的形制进行分解与利用，形成"院"的围合形式，并以"院"作为基本单元或组团构成布局。图2为某新中式居住区的组团结构，同样利用传统的四合院（图1）结构内向的围合空间。而此新中式住宅是以四组别墅建筑为单元进行组合，并辅以景观的精心安排，通过组织视线，又可形成"曲径通幽处"的空间感受。

新中式住区中的文化营造也可以从各位民族建筑大师的作品中汲取灵感。贝聿铭先生在国内的设计作品如苏州博物馆就是经典的具有中式文化的现代建筑，其中片石为山，粉墙做纸，尤其时逢雨天，雨水润湿了整个景观，犹如一幅三维的水墨画，意境绵长。其设计得源于中国的山水画（图3）。建筑设计大师王澍对于本土建筑的研究以及采用的技术、材料、表达形式等都是值得我们学习和借鉴的（图4）。利用本土材料，创造现代的空间形式，往往可以展现意想不到的效果。

图4 "瓦园"中利用传统材料营造中国韵味的现代景观
图片来源：中国建筑传媒奖网站

传统的中式建筑中一些功能空间、比例、尺度与空间组织形态对现代的住宅设计仍有借鉴意义，例如庭园、天井中对于采光、通风的设计，也为生态建筑提供了参考。但是，回归传统并不等于复制套用，对现代建筑和传统文化的深入挖掘与提炼必不可少，同时要立足而又不囿于中国传统空间形态的基础，才有可能更好地表达中国传统文化中的空间意向，令新的居住建筑满足现代生活、居住功能和社会审美的需求。

四、新中式风格的立面元素

传统中式民居建筑可以说是一门大艺术，中国的哲学、文学、绘画、书法、民俗等要素皆可融入建筑设计中。诸如建筑屋顶上瓦当的图案，门、窗上面的匾额、对联，窗棂上的雕花，墙面上的砖雕石刻等，这些传统文化与艺术内涵与建筑形成了有机的统一体，可谓是形神兼备，意境悠远。新中式住宅也不仅仅是形式上的模仿，更要注重对文化内涵的传达，追求神形兼备的艺术效果。

在现代生活的要求下，客厅、厨房、卧室、卫生间等各种功能化的空间是"形式追随功能"，建筑立面不仅作为单纯的审美元素来欣赏，更是空间造型的延续，是充分迎合现代人生活习惯的宜居空间。

南方传统建筑上纤细的挑檐必然承载不了北方的大风大雪，江南式的玲珑通透也无法适应北方的严寒气候，所以在地域条件的限制下，

图2 新中式居住区的院落组团平面图
图片来源：作者根据深圳万科·第五园绘制

图3 苏州博物馆中的片石假山
图片来源：作者自摄

北派建筑无法照搬江南的小桥流水人家，或者将徽派的马头墙、天井院全部移植过来。不同地域的气候特点决定了北方的大院落有利于采光，而南方的天井院则是为了遮阴乘凉，单纯的模仿是无法创造宜居的住区的。

在传统文化中正统形制的影响下，新中式建筑同样注重屋顶、房身、台基的比例关系，窗与墙的虚实对比，对称性带来的秩序感，施工工艺的细节，以及部分元素的符号化处理。正如古代木构架建筑中的雀替逐渐由结构支撑构件演化为后期的装饰性构件一样，在新中式建筑中，传统的构架体系，如斗栱等则失去了其功能性而作为美学的象征。

北方新中式建筑的外观主要沿袭了老北京四合院的坡屋顶、筒子瓦等传统形式，并在造型上做了抽象简化，材料上主要采用灰砖以及混凝土等常用建材。而从传统建筑中提炼出的中式元素，例如冰裂纹、梅花窗、传统吉祥纹样，甚至小木作中的各式造型也在立面上有所体现。建筑细部可以看到如嵌有玻璃的丰富花窗、简化过的中式屋檐、富有特色的中式宅院门第，以及各种各样寓意美好的传统纹样的再创造等。但是，传统的回归毕竟不是建筑符号的分解，中式的精神与地域文化的融会贯通才是新中式的本质。

在北京观唐住宅区中（图5），新中式的细部处理随处可见：朱红大门取代了铁艺大门，门前放置着寓意吉祥的抱鼓石，营造出深宅大院的富贵气息；北京传统民居双坡筒瓦造型的屋顶，体

图5 北京观唐住宅建筑形式　图片来源：作者根据资料绘制

现了北方建筑屋顶简约朴实的特色；院墙上的花窗形式丰富，兼备通透性与私密性；建筑以灰色的砖墙为主，局部施以红色等传统色彩的装饰；古典的竖向条窗让建筑更具古典韵味，设计者的初衷是让居者通过连续的长窗欣赏内庭景色的四季变换，犹如一幅幅山水画卷。

毕竟，中国目前土地资源紧张，低密度、

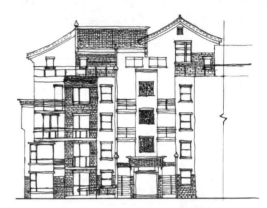

图6 北京中景·江南赋住宅局部立面　图片来源：作者自绘

高档次的别墅类住宅区无法解决普遍性的居住问题，而且新中式是要适应时代发展的。在高层、超高层占据主导市场的今天，住宅立面趋于简洁化，建筑风格趋于国际化，更难表达出文化与地域特征。在立面的塑造上，许多新中式住宅将传统的元素进行提炼，如简化的坡屋顶、花格漏窗、垂花雕饰、青砖饰面等（图6）。在满足基本居住功能的同时，增添了中国风韵的文化特色。

目前不乏各种主题的新中式建筑，值得注意的是，在充分解读和应用地域文化的基础上，应该结合现代人的生活习惯，为当地人创造一种具有地方特色同时富有现代感的生活空间。而建筑材料的选择也要尽量使用本地材料，一是保持本土的地域特色，二是节约成本。其中的园林景观要体现"本与自然，高于自然"的设计理念，人工美与自然美相融合，展现出中国的东方文化意蕴。

五、北方新中式住宅的色彩文化

中国传统色彩中的白、青、黑、赤、黄五色分别对应五行中的金、木、水、火、土。色彩包含了宇宙观、自然观、哲学观等文化内涵，是具有中国特色的文化语言。传统的南北方建筑色彩差异很大，这和环境、社会等都有着密不可分的关联，从总体上看，南方清淡雅致，多用黑白灰，北方艳丽多彩，喜用红黄等暖色。

江南的粉墙黛瓦虽好，却不能完全适应北方的地域条件。北方冬季漫长，寒冷的气候从11月持续到第二年的4月，在冬季多降雪，所以往往形容北方的冬天是银装素裹。若是居住建筑大面积使用白色或是浅灰色，在万物凋零的冬季，将会形成苍茫一片，很难辨识，故北方建筑多用暖色调，或是在统一的基础色上点缀几处亮色，一方面便于眼睛的识别，另一方面可以在寒冷的时节令人感到暖意，并且丰富北方城市的冬季色彩，活跃整体氛围。

中国传统的色彩也是十分丰富的，若加以提炼，同样可以使得现代的建筑更具韵味，如表1所示，在北方的新中式建筑中提倡以暖色为主，特别鲜亮的颜色可以作为局部的点缀，但尽量使整体风格和谐淡雅，统一调和。例如，节假日时，可以悬挂大红灯笼，增添喜庆的气氛和家的归属感；朱红的大门，寓意吉祥的抱鼓石等也明显别于其他的居住区，令居住者重寻传统的居住风尚。

居住区的色彩构成中不可忽视植物色彩的搭配以及季相变化带来的色彩变幻。花、木、草在色彩上可以对居住空间的整体色彩和意境起到丰富和衬托的作用。北方四季分明，宜选用本土植物，通过植物的色彩变化感受四时不同，北方园林种植的特点是在严谨中体现活泼，注重"三季有花、四季常绿"的效果，因此常绿植物应用广泛。如红瑞木、野蔷薇、杏等具有红色枝条的植物尤其适合北方的冬季，运用这些具有彩色枝干的植物也能起到打破单调氛围，弥补寒季色彩的作用。

中国古建筑中的主要用色一览表

色彩大类	色彩细分	主要用途
红	大红	灯笼
	朱红	大门
	桃红	桃花
	银红	茶室纱幔
	砖红	砖材
	铁锈红	苏式彩画底色
	其他：嫣红、石榴红、红叶	
黄	琉璃黄	琉璃瓦
	鹅黄	新柳
	土黄	苏式彩画底色
	秋香色	明清官式建筑彩画用色
绿	青翠色	建筑彩画
	其他：琉璃瓦当、琉璃螭兽	
蓝	群青	古建筑彩画中常与青莲色等搭配并产生渐变过渡
	绀蓝色	琉璃瓦
	琉璃色	螭吻、花砖
灰	砖墙、抱鼓石、石雕等	

图表来源：整理自《中国传统色彩图鉴》

六、结论

建筑已经不仅仅是居住的工具，通过建筑，可以看到一座城市的包容性、文化内涵和生活状态。在全球化的趋势下，中国建筑如何赢得自己的价值和一席之地，获得国人的认可，并取得世界上的关注，真正作为一种民族文化的象征和载体，这是作为中国建筑师们需要学习和思考的。诠释建筑本身的功能与特点的同时，还要注重对城市文脉与景观的延续。

需要强调的是，由于受到北方城市气候、民俗、文化等方面的影响，新中式住宅建筑应具有北方的地域特色，切不可对南方的优秀作品采取拿来主义。当然，无论是北方还是南方的新中式建筑设计，都要汲取传统文化的精髓，研究居住者的需求，古为今用，找寻传统与现代建筑的契合点，探索具有中国地域和文化特色的住宅建筑。

最后，以梁思成先生的话共勉："一切时代趋势是历史因果，似乎含着不可避免的因素。幸而同在这个时代中，我国也产生了民族文化的自觉，搜集实物，考证过往，已是现代的治学精神，在传统的血液中另求新的发展，也成为今日应有的努力。"

参考文献

[1] 李乡状，陈璞. 未来的科技建筑 [M]. 吉林：东北师范大学出版社，2011.

[2] 贾珺等编著. 北方民居：民居建筑 [M]. 北京：清华大学出版社，2010.

[3] 贾珺著. 北京四合院. 北京：清华大学出版社，2009.

[4] 鸿洋著. 中国传统色彩图鉴 [M]. 北京：东方出版社，2010.

[5] 张先慧. 新中式楼盘 [M]. 天津：天津大学出版社，2011.

[6] 梁思成. 中国建筑史 [M]. 天津：百花文艺出版社，1998.2.

[7] 周靓. 新中式建筑艺术形态研究 [J]. 中国知网硕博士论文库. 西安美术学院，2013.

东北住区儿童户外活动空间环境设计探究

郑馨①

摘　要：本文从儿童的心理及行为的发展和对环境的认知出发，通过实地调研，对东北住区儿童户外活动空间环境中存在的诸多问题进行分析。并对营造具有人性化、地域性和生态性特点的东北住区儿童户外活动空间进行了探讨，提出适应东北气候的居住区场地、绿化环境、游戏设施及附属公共设施的设计方法，来体现具有东北城市寒地特色的儿童户外活动空间，并提出了相应的对策和建议。

关键词：东北城市　住区　儿童　户外活动空间

现今城市家庭的结构趋向于小型化，新一代的独生子女往往在较为封闭的社区中长大，缺少兄弟姐妹和邻里之间的交往，形成了较为孤僻、脆弱的性格。居于东北住区的儿童由于季节环境等因素，更加缺乏在户外游戏活动的时间和空间。创造良好的适合东北住区儿童成长发展的活动空间，让家长和孩子都能在这样的空间环境中体会到乐趣，是我们应当持续关怀和重视的。

一、东北住区儿童户外活动空间环境存在的问题

1. 概念解析

"东北地区"狭义是指东北三省，即黑龙江、吉林和辽宁，广义是指黑龙江、吉林和辽宁三省全境，再加上内蒙古东北部地区（即东四盟）及外兴安岭以南地区（包括库页岛）。本文论述的范围界定为我国东北部地区的城市。东北地区属温带大陆性季风气候，春季干燥多风，夏季短且炎热多雨，秋季少雨，气温骤降，冬季寒冷，持续时间长。一年中日平均气温在0℃以下，冬季的漫长和严酷气候会给居民生活带来诸多不利影响。

2. 存在问题

1）空间组织不够合理

对东北城市各类小区中的调研走访发现，目前住区内的儿童活动场地普遍存在着规模不足、场地使用面积较小、游戏活动设施较单一、不能充分满足儿童活动需要的问题。在冬季，住区健身游戏器械利用率不高，周围的休息设施也没有得到适当维护，上面覆盖了大量的积雪，导致儿童活动很少发生（图1）。

图1　冬天闲置的儿童活动器械　图片来源：作者自摄

---

① 郑馨，吉林建筑大学副教授。

2) 对气候因素的考虑不充分

在已经建成的居住区中，设计师或是开发商未能充分考虑东北的气候等因素对儿童户外活动的影响，而把南方温暖地区的设计方法直接用在东北住区的建设中，忽视了建筑与冬季主导风向的关系，建筑布局对阳光的影响，以及植物、水景等景观要素的季节变化，使目前住区内的儿童活动场地在冬季多数时间都处于闲置的状态，利用率很低。

3) 缺乏地域特色的活动场所

为了适应东北的气候特点，居住建筑采用厚重粗犷、色彩浓郁的形式。一方面抵御了风沙，另一方面为东北的住区增添一些华丽的色彩，体现了东北城市寒地建筑独特的文化底蕴。

而东北住区儿童的户外活动场地却不被重视，设计形式单一，可识别性差，盲目照搬缺乏地域性的户外环境设计，运用绢花假草、仿热带植物、动物、大面积的草坪和南方植物装饰环境，使东北住区缺乏了自身的特点，失去了地域特色。

4) 植物配置不够丰富，缺少长期规划

实际的调查显示，住区内大范围种植草坪、花卉，只注重夏季的效果，到了冬季只剩下光秃秃的树干、荒芜的花坛和草坪，缺乏对冬季植物树种和形态的考虑。并且，对植物的种植也未能长期规划，考虑其生长期和位置对活动区的影响。一些生长过高的乔木，会遮挡儿童活动区域，不便于家长的看护。高尺度的景观设施亦会遮挡阳光的照射，不利于儿童的健康。

二、东北住区儿童户外活动空间环境的营造目标

1. 创建具有人性化的户外活动空间

在东北住区儿童户外活动空间的建设中，应该充分考虑气候等自然条件和人文环境[1]。在设计中，既要考虑户外活动空间的主体——儿童的需求，也要考虑看护儿童的成人需要。在东北住区儿童活动空间要秉承实用、经济、美观的原则。让人们生活在其中时，感到舒适和享受，更多体现对人的关怀。要分析儿童的行为和心理，从多个层次关注儿童的情感和感受，通过各种行为活动，获得亲切、舒适、愉悦、安全、自由、有活力、有意味的心理感受。

2. 寻求具有生态性的户外活动空间

吴良镛先生曾强调过这样的观点："大自然是人居环境的基础，人的生产、生活以及具体的人居环境建设活动都离不开更为广阔的自然背景。"[2]在获得良好的居住条件的同时，也要注重自然环境的创造，寻求自然生态的儿童户外活动空间。

要尽量使用本土资源，节约成本避免不必要的浪费。既增加了地域特色，又促进了自然系统的平衡，使本土的生态环境得以持续发展。还可通过对住区内景观绿化的加强，重新显露自然环境，增加孩子们接触自然的机会，让儿童通过自身的体验，了解自然的变化，成为他们人生中重要的课程。

3. 创造具有地域文化性的户外活动空间

冰雪文化是由东北各族人民以特有的自然资源——冰雪为载体创造而成的，具有特殊的魅力。许多儿童和青少年乐于从事冰雪活动。在冬季降雪过后，儿童往往成群结队出来游玩，打雪仗、堆雪人、滑雪橇等游戏活动相应地开展起来，甚至成人也和儿童一样享受冰雪带来的乐趣。为儿童创造良好的户外活动场地，是促进冰雪文化与儿童游戏结合的重要因素。冰雪活动使儿童在游玩的过程中，自然而然开发出很

---

① 李健，庞颖，庞瑞秋.北方活动场地景观设计初探[J].低温建筑技术，2007（5）：34.
② 吴良镛.人居环境科学导论[M].北京：中国建筑工业出版社，2001.10.

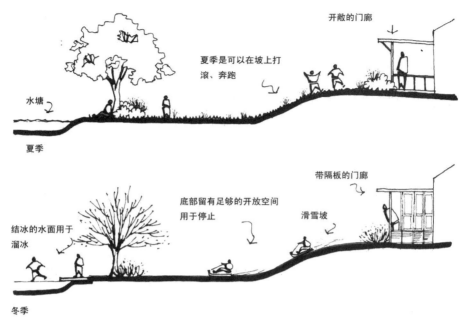

图2 儿童户外空间地势的利用　图片来源：克莱尔·库珀·马库斯.人性场所.

多新的娱乐项目，不但锻炼了身体，更有助于户外交往能力的发展。

三、东北住区儿童户外活动空间环境的设计

1. 场地设计

场地设计是住区儿童户外活动空间环境设计最重要的因素之一，场地的地形和分区、场地的位置与规模、道路交通组织等基本条件都是影响儿童户外活动质量的因素。

1）地形特征

在儿童户外活动场地中，大多会采用平整的地面，既有利于进行体育运动，也具有安全性。如果有坡地、土堆或是凹地水洼等地形，应该加以利用并融入设计之中。

地形的起伏会给孩子们带来更多活动的机会，可将活动场地进行自然分隔，调节场内风的效果；斜坡可以让孩子们翻滚、滑草，冬季还可以兼做滑雪坡，为不同的季节提供不同的活动内容（图2）。

2）场地的分区

在住区中心的儿童游戏场地规模通常较大，可按年龄组或游戏方式进行分区设计，运动、游戏器械等形成闹区，科学园地和提供野餐、聚会和玩耍的场地为静区[①]。按照使用者年龄阶段进行分区，可以分为婴幼儿活动场地、学龄前儿童活动场地和学龄儿童活动场地[②]。

在住区内的儿童活动场地设计应合理地进行功能分区，并考虑形成各个区域之间过渡的空间，使年幼的儿童观察模仿年长儿童的行为活动，促进学习发展。同时年长的儿童也可以对年幼的弟弟妹妹们进行关心和爱护，有利于独生子女家庭儿童的人格发展。

3）场地的位置与规模

场地的选址应该远离交通，结合自然条件和社会条件进行。在场地的周围应该有良好的植被以形成小气候，调节场地的空气质量，并且

---

① 姚时章, 王江萍.城市居住外环境设计[M].重庆大学出版社, 2000.143.
② 白晶.居住区儿童户外游憩空间研究[D].东北林业大学, 2005.22.

可以形成相对安全的地带，阻挡外界的噪声、干扰等。

住区中的儿童活动场地一般设置为开敞式，能为儿童提供尽情奔跑的广阔空间，位置设置应使儿童容易到达，出入方便、安全。最好有充足的阳光，良好的通风条件，并且有适当的遮阴处。具有相对独立的活动场地，或是适当进行空间的围合，避免儿童受外界的干扰。

2. 气候与设计

影响东北住区儿童户外活动的主要气候因素是日照、通风、降雪、结冰、风向风速等自然条件，在设计当中应当尽量避免不良气候带来的影响，最大化地提高户外活动的潜力。

1) 日照通风

缺少阳光、没有生气的室外活动场所，对儿童乃至住区的居民毫无吸引力，人们经过此处时，往往不会驻足停留。因此，在对场地进行设计的同时，要考虑到日照对于儿童活动场地环境的重要作用，往往在夏季需要遮阴，而在寒冷的冬季则需要足够的日照条件，来满足户外活动的需求。

建筑物之间良好的围合方式，会对儿童活动场地的通风起到重要的调节作用。也可利用土坡或屏障的设置来满足活动场地的通风、避风需求。绿化带的设置会对儿童活动场地的通风条件有一定的影响，而冬季大量的降雪，也可以通过积雪压实来阻止寒风的侵袭。

2) 降雪结冰

东北城市冬季的冰雪在给人们带来特色的景观效果之外，也给道路交通造成了巨大的隐患，居民在出行时容易滑倒摔伤。限制了居民的出行，也造成了生活质量的下降。

合理运用雪资源，同样可以发挥其潜力。可以把小区内中心组团绿地的公共区域部分，用做冬季冰雪文化活动的展开。结合地形的变化，一个易于攀登的土坡可以用来滑雪橇。夏季的涉水池可以在冬季变为冰场，儿童可以在上面滑冰或是玩陀螺游戏等。通过对儿童户外活动空间的改善，吸引孩子们从温暖的家中走出来，融入户外环境，增加户外活动空间的活力。

3) 风向风速

在住区冬季的外环境中，刺骨的寒风会对附近活动的居民和行人造成不适。在设计中利用风向设计成围合场地，把活动的场地设置在建筑的南侧，不仅在寒冷的冬季可以避免北向寒风的直接侵袭，还可以获得充足的阳光，最大限度地把活动频率提高。还可以通过设置各种屏障来减弱风势，保证活动场地儿童的舒适度。

3. 绿化环境设计

东北住区儿童活动场地的植物选择，应适当种植乔木满足整个活动场地的遮荫、挡风的要求。低矮的灌木则用来分割空间，易于孩子们接近，灌木的茂密效果常能吸引孩子们的好奇心，钻入其中玩耍，并且结合活动区内的花坛和草坪，种植一些花叶奇特、姿态优美的植物，更能激发儿童的想象力，培养他们认识自然，感受自然的兴趣。同时，应该加强适应

图3 造型独特的秋千　图片来源: design for fun

寒冷气候的耐寒植物的培育，或对植物进行人工的修剪，在冬季白雪覆盖的同时也能呈现另外一种景观。还可以挖掘东北树木的树干、叶色、果实色彩等特点，来丰富冬季可观赏的植物景观。

4. 游戏设施设计

游戏设施类型应该根据儿童不同的活动特点和尺度来选择发挥他们运动技能和活动体验的设施。按游戏的特征来划分有以下几种类型：摇荡式、滑行式、攀登式、回旋式、起落式、悬吊式等。最好能把不同类型的游戏器械进行组合制作，这类器械不仅节省设备本身的材料，减少器械的占地面积，还能够提供广泛的刺激和多种感觉的体验，促进儿童多方面发展①。为了提高游戏设施的多样性和使用率，可对以下内容进行详细设计（图3）。

1）沙子

在儿童的游戏活动中，沙坑是既简单又最受欢迎的游戏设施。玩沙可以激发儿童的创造力。沙坑的位置最好选择在向阳的地方，既有足够的光线，有利于儿童的健康，又可以起到杀毒的作用。其边界设计不仅要起到拦沙的作用，还要考虑儿童坐着玩耍和跨越过去时不被绊倒，所以不宜设置太高。在沙坑的底部应该设置具有排水功能的碎石、卵石，保证沙坑的松软干燥。沙坑的周围应该有一部分作为遮阴措施，设置长椅或是把沙区边界的矮墙设置成座椅，供看护的成人休息，方便照看儿童。沙坑中间也可加一些吸引孩子的辅助元素，可攀爬的雕塑小品就是不错的选择（图4）。

2）水体

儿童天性喜水，对水有亲近感，在用地条件比较丰富的儿童活动场地要设置涉水池。在夏季，涉水池不仅能让儿童进行游戏，还能改善场

图4 沙地和滑梯　图片来源: http://pic.sogou.com

地的小气候。涉水池的深度不宜过深，以15~30厘米为宜，平面形式可多种多样，也可用喷泉和雕塑加以装饰。在水体的边缘和底部应该做防滑处理，不能种植苔藻类植物，防止意外的发生。水池的水也应该定期更换，保持清洁。

在冬季，东北住区儿童的户外活动环境变得萧条冷清，为了提高户外活动场地的利用率，结合寒冷的气候特点，将水景设计得小而精。同时，为了防止寒冷冬季"冻胀"情况的发生，可将水池排空，改为沙坑，提高其利用率，或是改为小型的溜冰场等（图5）。在娱乐的同时，也充分体现东北的寒地特色。

3）游戏墙

游戏墙是儿童喜欢的游戏设施之一。为了满足儿童的需要，可设置丰富多样的造型，在墙

图5 玩陀螺的儿童　图片来源: http://life.globaltimes.cn

---

① 于正伦.城市环境创造: 景观与环境设施设计[M].天津大学出版社, 2003.1.

上布置大小不同的圆孔,可让儿童钻、爬、攀登,锻炼儿童的体力,增强趣味性,促进儿童的判断力和记忆力。游戏墙的设计要符合儿童的尺度标准,不宜太高。位置宜选择在儿童游戏活动空间的主要迎风面或是对住宅有噪声干扰的方向,可以起到挡风和阻隔噪声扩散的功能,并且起到分隔和组织空间的作用。游戏墙面也可作为儿童涂抹,绘画的墙面,可以引导培养儿童艺术方面的爱好。

四、结语

目前我国居住建设发展空前,在居住环境的设计方面逐渐认识到户外空间环境对人们的影响,但儿童活动空间环境的建设还处于较初级的水平。良好的住区环境是儿童健康成长的重要因素,也是儿童日常生活中最常接触的活动空间,儿童作为一个独特的群体,是居住空间的主要使用者,应当更多关注他们的行为和感受。在东北住区,由于受季候条件因素的影响,儿童户外活动时间明显减少,为他们提供多样性的机会和舒适的条件,力求提供多样性的活动方式和多样化的娱乐设施。本文希望通过对东北住区儿童户外活动空间环境的研究,唤起社会各界和专业人士的关注,使儿童户外活动空间的环境更加完善。

后工业时代的
建筑与文化

建筑工业化与城乡可持续发展

蒋博雅①

摘　要：通过对我国现阶段建筑行业粗放模式的反思，分析了粗放模式下传统建筑现状和传统增长主义的城市化进程，得出城乡可持续发展的根本性转型——走建筑工业化道路。

关键词：粗放型　建筑工业化　转型　可持续

现代社会建筑的商品属性对建筑行业提出了新的课题，在现代的建筑工地上可以轻易发现很多问题，如场地杂乱、高空作业多、危险性大、限制因素多、检测容易出现疏漏、品质难以均一等。传统的住宅建造技术和粗放型的生产方式，存在建筑质量缺陷率高、资源消耗高、循环利用率低、环境污染大等问题，这些已经制约了行业的发展。美国和欧洲国家房地产的工业化程度平均超过50%，日本达到70%以上，颠覆传统建筑业的粗放模式，走住宅产业化道路是必然趋势。

一、目前国内建筑业存在的问题

1. 传统建筑业现状

传统建筑行业对我们现在环境的影响破坏是相当巨大的，雾霾严重，其中工地扬尘的污染就是主要原因之一。另外，传统建筑中大量木模板的应用，包括我们对水资源、森林资源的破坏也是相当的巨大。比如，建筑模板生产厂家每年要消耗大量的木材，在制成模板使用后又会产生大量建筑垃圾。随着城镇化进程的加快，建筑行业的蓬勃发展，每年都会有大量

废旧的建筑木模板积存和报废。而大多数施工单位的处理方式是进行燃烧或者直接以垃圾进行清理，这不仅对环境产生严重的污染，同时造成大量的资源浪费。如从根本上改变建筑行业这一粗放式的生产方式，那么至少可以节约70%以上的模板材料成本，同时又减少了污染，是一项真正意义的节约能源、减少排放的方式。

传统建筑工程的施工工期往往比较长。工期的长短在很大程度上直接影响建筑企业的经济效益。尤其在建筑材料成本、人力成本等不断上升的阶段，工期拖长无形会让房屋成本增加，导致企业承担的经济风险过大，这里面还未包括无法预料到的气候等影响停工因素。

劳动力成本问题。现在中国已经到了一个拐点的时代。我国人口红利的时代已经结束了，劳动力成本越来越高，而且建筑工人大多集中在五十或六十多岁，所以建筑工业化是实现绿色建筑最佳的一个途径。

脚手架高空作业方式。支搭脚手架高空作业方式已经持续了很多年，几乎每年都会发生安全事故，却没有很好的解决方法。我们希望能通过精细化生产方式的研究从根本上改观这

---

① 蒋博雅，东南大学建筑学院博士研究生。

一方式，尊重生命，保证安全。

除了传统建筑业本身显现出的日趋明显的不合理因素外，城镇化步伐也日益减慢下来。首先是城市增长主义的终结。

2. 城市增长主义的终结

我国城乡发展刚好进入三十年，在这个快速发展的三十年中，2012年刚好迈进一个很重要的拐点——城市绿化率超过百分之五十。在这样一个发展中，城乡发展出现一个新的态势，即城市增长主义的终结。我们做过一个研究，南京江宁在过去15年的发展中，它的城市规模急剧扩张了25倍，这么巨大的一个发展实际上也代表了中国城乡现代化发展的固有模式，就是增长主义，但是从2012年这种增长主义慢慢出现终结的态势。

传统粗放型的高增长也带来了多种问题。

1）城市风貌雷同。我们发现郑州、深圳、石家庄和南宁等地，建筑风貌都是非常类似的。在许多城市中心地区，大量高密度的、容积率超过5甚至达到7的小曼哈顿地区比比皆是，建筑形态的紊乱导致城市化品质降低。

2）热岛效应加剧。从南京热岛效应的分布图，可以看到最近几年里面，热岛的分布较原来有急速的增长，并且有大量污染物和雾霾，2013年12月份南京经历了有史以来最大的雾霾，实际上和我们高度的城市化带来的高密度的空间导致的通风差、热岛效应、高噪声、污染物沉积、光污染都有密不可分的联系，那么在

图1 雾霾侵袭　图片来源：网络

这样一种发展中，我们发现可持续发展，慢慢真实地进入了我们的城市规划和设计过程中来（图1）。

我们觉得，由粗放转向一个有品质的城市化，是我们未来十年急需解决的重要问题。在城市化过程中，通过什么方法来急剧提升我们城市化的品质，这是我们未来要解决的一个重要课题。

3. 政府相关文件的出台

政府也越来越重视建筑产业化发展。国办发（2013）1号文《绿色建筑行动方案》中提出："加快建立促进建筑工业化的设计、施工、部品生产等环节的标准体系，推动结构件、部品、部件的标准化，丰富标准件的种类，提高通用性和可置换性。推广适合工业化生产的预制装配式混凝土、钢结构等建筑体系，加快发展建设工程的预制和装配技术，提高建筑工业化技术集成水平。支持集设计、生产、施工于一体的工业化基地建设，开展工业化建筑示范试点。"

报告中明确提到推进"建筑工业化"，明确提出"新型工业化道路"，即现在的工业化与传统相比，应是新型的工业化。因此，为与传统建筑工业化区别，我们现在倡导的预制装配式钢筋混凝土结构体系以及钢结构建筑等，暂称为新型建筑工业化。

基于以上三点，转变传统建筑行业的生产方式，建造出高品质的工业化建筑，是城镇化发展的必然趋势，也是今后建筑业转型的方向。

二、工业化建筑的主要特征优势

1.节能环保优势：通过资源的循环利用，实现资源使用的最大化，其必然结果是大幅度地降低建筑行业对环境带来的影响。在工厂生产环节，通过提高钢模具的重复使用率，减少对森林的破坏，并通过循环使用养护水等方式，且通过减少湿作业的方式，减少对水资源

的污染。

2. 工期优势：将工厂生产的各预制构件直接运往施工现场吊装，代替依靠脚手架完成高空作业的传统方式，提高施工的效率和安全性。实现工厂预制，现场组装，可以缩短70%的建设工期。

3. 成本优势：在工作效率大幅度提高的基础上，建造成本大大降低了。

4. 劳动优势：在现场施工环节，新的生产方式提高了生产效率，减少了人力，其本身就是一种对资源的节约。新的劳动生产方式约可减轻80%的繁重体力劳动、屋外劳动和高空作业劳动，减少劳动力消耗。

5. 现场优势：实现工地车间化，实现人、机、料的高度统一，无大量现场临建，可以快速进入工作状态。

6. 资源优势：现场施工的机械化、装备化，替代了传统建筑钢筋工程、模板工程、脚手架工程、砌筑工程，极大减少原材料、劳动力消耗及建筑垃圾。

7. 质量优势：工业化生产过程中使用的模具、设备更加先进，制作的可控制性更强，每

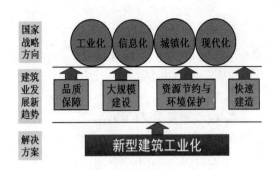

图2 新型建筑工业化　图片来源：作者自绘

一件出厂的产品具有更高的质量，以万科2号实验楼为例，外墙、门窗渗漏水0.01%，表面平整度偏差小于0.1%。

8. 规模优势：低成本、高效率、高产能实现大规模产业化生产。

其实，可持续的含义包括两方面：一个是需要健康的环境——空气和水，而另一个是需要构建和谐的社会，构建和谐的人与人的关系。根据以上所述，可以看出，只有走工业化建筑道路，才能有效地保障建筑品质。且新型建筑工业化完全顺应了国家的战略发展需求，即工业化、信息化、城镇化和现代化（图2）。

基于江南水乡民居建筑文化的工业化住宅设计研究

高青①

摘 要: 我国目前正处于住宅产业化进程当中,工业化住宅是重要的研究方向。然而,中国古代民居中蕴含着宝贵的传统建筑文化,体现了适宜性设计策略。如何在适应工业化、产业化的住宅研究中继承我国传统民居建筑文化是探索具有地域性新型住宅的重要问题。本文以江南水乡民居建筑文化为切入点,分析了传统江南水乡民居建筑的设计策略,在此基础上进一步以案例"阳光舟"(Solark)为例讨论了基于江南水乡民居建筑文化的工业化住宅设计。

关键词: 江南水乡 民居建筑 工业化住宅

一、前言

江南水乡(图1),泛指江苏、上海、浙江等长江中下游南岸地区。江南水乡分布着我国诸多重要的传统民居地区,如周庄、同里、角直、西塘、乌镇、南浔六大古镇。然而,对于江南水系的具体定义,古今中外学者从未统一过。江南水乡作为一个区域概念,学界并无严格的定论。考虑到相似的自然环境条件、密切关联的经济活动和相同的文化渊源等因素,本文中的江南水乡是指以太湖流域为中心的区域,涵盖江苏省南部、浙江省东北部地区和上海市,大致上由太湖平原、杭嘉湖平原和宁绍平原三部分组成。近年来,江南水乡城镇的环境形态得到了较好的保护,如周庄、同里、西塘;同时,较为分散的有价值单体民居也被局部保护下来,如乌镇、南浔等②。

当前我国正处于建筑工业化、住宅产业化快速发展过程中,加快推进以城乡统筹、城

图1 江南水乡　图片来源:作者自摄

---

① 高青,东南大学建筑学院博士研究生。
② 周学鹰,马晓.江南水乡建筑文化遗产保护.华中建筑,2007(25):214-218.

乡一体、节约集约、生态宜居、和谐发展为基本特征的城镇化为工业化提供强有力的载体和支撑，为新型工业化注入新的动力和活力。对于传统建筑文化丰富的江南水乡地区，新民居的发展将是实现新型城镇化的重要挑战与机遇。江南民居作为传统建筑，其某些构造、装饰受到材料与技术的局限，不能适应当前结构技术、建筑材料与构件、工业化生产的发展[①]。工业化住宅、绿色生态住宅、住宅技术体系集成是我国当前住宅产业化发展所必须进行的探索[②]，在住宅全生命周期中具有资源节约、节能的新型结构体系民居建筑对江南水乡新民居建设以及新型城镇化的实现有着重要意义[③]。

二、传统江南水乡民居建筑设计策略

工业化住宅要延续传统民居的文化并不能仅仅是依靠简单的模仿古建筑的形式，或是复制和堆积民居的建筑元素，而必须回归到对传统民居建筑空间形态、被动式技术策略的探究上来。同时，结合新材料、新技术的运用，才能赋予江南水乡新民居建设以时代的气息[④]。

1. 规划布局与整体风貌

江南水乡传统民居大多是未经过规划的聚落，是"没有建筑师的建筑"[⑤]，具有高度的自组织特点。不同历史时期的民居整体和谐统一，构成一幅完整的水乡画卷。在空间布局上，江南水乡传统民居顺应水系、自然分布的地形、空间紧凑；在建筑单体上，民居建筑以传统的"间"为基本单元，结合天井、院落，遵循夏热冬冷、潮湿的气候特点组织形成具有调节微气候的室外环境以保证房屋具有良好通风、采光、隔热保温的物理性能；而在建筑构造上，江南民居更多地采用适宜居住、建造的构件尺度[⑥]；在外观造型上，民居装饰适度，白墙灰瓦给水系村镇带来整体的构图美感，体现出浓厚的文化底蕴。这些方面共同体现出江南水系古民居中"天人合一"的哲学思想。

2. 建筑结构体系

江南水乡古民居多以"穿斗"式木框架体系为主，房屋的承重部分与围护部分自成体系，以至"墙倒楼不塌"[⑦]。采用木材作为建筑主体体现了江南民居建筑尊重新陈代谢之理、自然生灭定律的哲学观念[⑧]。这种结构体系类似于今天所提倡的 SI 体系，框架体系为住宅带来了各种灵活性的延续，也便于房屋的维护与修缮。SI 住宅建造体系是一种将住宅的支撑体部分和填充体部分相分离的建造体系，S（Skeleton）表示具有耐久性、公共性的住宅支撑体部分，包括结构主体、共用管线及设备等；I（Infill）表示具有灵活性、专有性的住宅内充填体部分，包括各类户内设备管线、隔墙、整体厨卫和内装修等内容[⑨]。由于支撑与围护结构分离，工业化制造的程度高也使得建筑垃圾更少；高品质的支撑体与多适应性填充体以及住宅部品体系又使得其具有使用寿命更长、住户更易使用与维

① 宋绍杭，赵淑红.江南民居的现代诠释与农居设计思考.华中建筑，2007（25）：83-85.
② 聂梅生.新世纪我国住宅产业化的必由之路.建筑学报，2001（7）：4-8.
③ 聂梅生.住宅产业现代化所面临的挑战.建筑学报，2000（4）：4-7.
④ 李斌.江南水乡民居建筑文化的回归.艺术教育，2010（11）：158.
⑤ Bernard Rudofsky. Architecture without Architects: A Short Introduction to Non-Pedigreed Architecture, University of New Mexico Press, 1987.1.
⑥ 韩佳，周越.江南民居美学特征与创新性研究.艺术教育，2012（4）：154.
⑦ 鲍莉.适应气候的江南传统建筑营造策略初探——以苏州同里古镇为例.建筑师，2008（4）：5-9.
⑧ 林峰.江南水乡——江南建筑文化丛书.上海交通大学出版社，2008.
⑨ 张小庚.SI住宅建造技术体系研究.住宅产业，2013（7）：37-43.

护、更利于技术产品的部品集成①。因此，SI体系更适用于基于江南水乡民居的工业化建筑探索当中。

3. 建筑模数

在中国古代建筑中，建筑模数的存在能够提高建筑设计的标准化，加快建筑营造的速度，有利于预制构件的分工和大规模营建的实现②。已有许多从中国古代度量衡、风水学或者数据分析的角度对中国古代建筑模数进行的研究，建筑模数与古民居建筑形制、平面生成、细部构造有着紧密关系。除了考虑适应人居的建筑构建尺度，江南民居中还较多使用接近正方形的矩形网格作为模数来控制立面，民居元素则以面的形式出现在单调的矩形网格中形成一种复杂的构成概念，从而使得江南水系民居表现出一种绘画的构图特征。而正是这种以模数为基础的构图原则，给江南民居建筑群落带来整体的和谐美感。从建筑节能的角度来看，民居平面形状大都为矩形，柱网尺寸接近现代模数，开间不大而进深较大使得住宅传热耗热值较低，能耗较少，而总进深不大于15米便于自然通风③。

4. 被动式节能策略

江南水乡处于夏热冬冷地区，传统民居为了获得更好的舒适度和经济性在自然采光通风、保温隔热、材料构造上展现出丰富的生态、节能思想，最为典型的则是空斗墙与坡屋顶的设计。空斗墙是一种传统墙体，明代以来已大量用来建造民居和寺庙等，长江流域应用较广。由于墙体不承重，江南水乡民居大多就地取材，利用废旧材料在轻型薄墙中填塞碎砖石、泥灰、炉渣等以改善热工性能，达到保温隔热、加固墙体、改善隔声的目的。而在屋顶方面，传统水乡民居通常在向内微曲的坡屋面上铺青瓦，有利于屋面

排水。除此之外，坡屋顶还具有排除雨雪、保温隔热的作用，并且给水乡民居带来一种整体而独特的建筑风格，自古以来是江南水乡建筑的一大特色。目前在新建的水乡民居住宅中，坡屋顶上的瓦已经不再用作排水，而多为装饰作用。而在现代住宅中，平屋顶与坡屋顶之间在保温隔热上的差距也逐渐被技术手段所弥补，坡屋顶似乎更多地被作为一种传统建筑的符号元素而被沿用下来。然而，坡屋顶在新型建筑节能技术太阳能利用上却表现出更多的适应性——倾斜的屋面相比平屋面在吸收太阳能上效率更高。太阳能在采暖、采光、照明、热水使用以及改善室内环境方面具有多重使用功效，是现代住宅上使用较广泛、成熟的新技术之一。

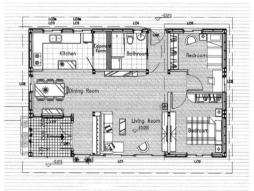

图2 阳光舟及平面图
图片来源: 2013中国国际太阳能十项全能竞赛东南大学赛队

---

① 郝飞, 范悦, 秦培亮, 程勇.日本SI住宅的绿色建筑理念.住宅产业, 2008.(2-3): 87-90.
② 郑骏超, 苏剑鸣.徽州古民居平面模数研究——以歙县为例.南方建筑, 2012(1): 85-89.
③ 张亮.从徽州民居看现代住宅的生态节能设计.安徽大学学报(自热科学版), 2006(14): 80-83.

三、基于江南水乡文化的工业化住宅：阳光舟（Solark）

"阳光舟"（Solark）是基于SI体系与模块化单元的低能耗住宅技术集成应用产品，是被动式技术与主动式技术结合的绿色住宅。其最大的特点是低能耗、智能化、模块化，也是2013年国际太阳能十项全能竞赛东南大学队参赛作品。

1. 建筑设计

如图2，建筑形式采用传统民居的坡屋顶，整个南向的大坡顶全部铺满太阳能光伏板以能够更好地获取太阳能。方正的建筑体型简约紧凑但又保证较小的体形系数，减小住宅的散热面积。阳光舟的使用面积为94平方米，呈两室两厅一厨一卫的布局。阳光舟可谓既是传统的也是现代的，一方面阳光舟在平面上汲取了传统民居形制，中间上空开启的老虎窗设计则是应用了民居建筑中的天井拔风的原理；另一方面，

图3 阳光舟的支撑与围护结构图示
图片来源：2013中国国际太阳能十项全能竞赛东南大学赛队

阳光舟将光伏发电、太阳能热水、空调系统、智能家居、SI体系、模块化设计理念与现代建筑技术、新材料、新工艺集为一体。入口处既是一个能源过渡区，也为住户营造一个过渡的小空间。客厅与餐厅一体化的生活区可以灵活变动。功能全面的厨房、整体式的卫浴间、电力中心设备间，构成了住宅的服务区，布置于西北角，更加节能；南侧布置宽敞的客厅和舒适的主卧，让住宅的卧室客厅更加温暖舒适。

2. SI 结构体系

江南水乡民居形式丰富多变，却在整体上呈现出一种有机的统一感和画卷般的美学特征。这种美感不仅仅是由于尊重和遵循环境的结果，更重要的是来自隐含在民居建筑中的数理关系。如前所述，江南民居建筑在房屋尺寸上的几何关系一方面体现在适宜人居的空间与构建尺度上，另一方面则是对立面的整体控制从而使得千变万化的房屋获得和谐统一。假如我们将江南水乡民居的空间作为模数来分析的话，我们可以将其归纳为立方体模数，这类似于今天我们所说的模块化概念。目前，模块化建筑技术在住宅建设领域具有高质量、节省材料、节省时间、减少建筑垃圾等优点。因此，对江南水乡村镇低能耗住宅技术策略的研究应当将模块化方法看作工业化、标准化建造方式的一种，以此作为切入点，而不是直接进行千篇一律的样板房设计。经过我们对传统民居建筑模数、现代住宅居住方式、废旧建筑材料再利用以及工业化建造与交通运输方面的多重因素的考虑，最终将模块化基本单元确定为2.4米乘以12米的轻型结构框架。这种模块单元类似于标准的集装箱大小，其长宽比为5∶1，可以单独制造结构、墙体、管线等。阳光舟采用SI结构体系，房屋以及屋顶采用钢结构支撑（图3）。由于在设计阶段即采用了全模块化理念，阳光舟顺利完成了工业化预制、远程运输、快速组装以及拆卸等任务。在围护结构方面，阳光舟采用蒸压轻质加气混凝土制作墙体，以硅

砂、水泥、石灰为主要原材料，经过钢筋网片增强、高温高压、蒸汽养护形成多气混凝土制品。门窗方面，阳光舟采用玻璃纤维增强聚氨酯节能玻璃门窗。

3. 节能技术集成

模块化理论的应用不单单是为了便于住宅结构框架的制造与建造，同样也有利于不同绿色住宅技术的集成。模块化基本单元具有模数特征，有利于实现住宅技术产品的模数化，为住宅产业化打下基础。目前，太阳能热水、智能家居、空调产品已经广泛地用于住宅当中，但由于缺乏技术集成与住宅部品方面研究，这些产品的建筑一体化程度还不高，依赖于二次改造或装修。在江南水乡地区，应当注意保留江南水乡民居原有风貌，在新建建筑通过设计手法适当处理设备与建筑外观的冲突，如避免在屋顶放置的太阳能热水器以及外墙上的空调外机。因此，有必要对江南水乡村镇低能耗住宅技术集成体系进行探索，将可再生能源技术、智能

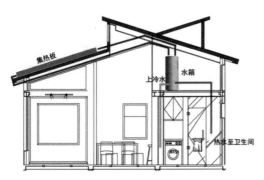

图4 阳光舟光伏发电与太阳能热水系统
图片来源：2013中国国际太阳能十项全能竞赛东南大学赛队

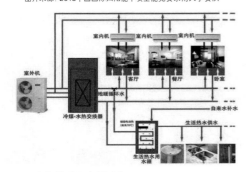

图5 阳光舟的暖通空调系统
图片来源：2013中国国际太阳能十项全能竞赛东南大学赛队

控制、空调设备、模块化建筑技术、工业化建造以及传统民居建筑手法统一到一起。本研究基于模块化建筑技术、可再生能源技术、建筑智能控制系统、空调设备系统、工业化制造以及传统民居建筑手法六大部分，提出江南水乡村镇低能耗住宅技术集成体系，并将这一体系运用于第一代产品"阳光舟"（Solark）的研究开发当中。

1）光伏与太阳能热水系统

阳光舟的低能耗源自安装在其屋顶上总装机量为10.6kWn的40块光伏板，全年发电量在13000kWn以上。如图4，为了保证得到最大的太阳能，阳光舟采用了17°的安装角度。为了防止单块光伏板之间相互影响，阳光舟上每块光伏板都安装了微型逆变器，真正做到了光伏组件的一体化，保证了系统最佳工作状态。该系统可以稳定地为房子提供热水。平板型集热器可以平铺于坡屋顶上，其颜色、安装方式与光伏板几乎一致，整体协调性较好；水箱可以脱离集热器，可以放置于室内合适的位置。

2）空调系统

如图5，阳光舟的空调系统将各部分有机结合起来，设计兼顾节能性和舒适性的原则，具有以下的特点：

（1）采用变制冷剂流量直接蒸发式一拖多多功能空调系统（VRV系统），具有节能、舒适、运转平稳等诸多优点。

（2）设置独立的新风处理装置，一方面可以独立处理湿负荷，有效降低系统能耗；另一方面，可以保证室内空气的品质，改善室内环境，有利于人体的健康。

（3）通风系统采用全热回收新风机组，回收排风的热量，减小新风负荷，换热效率达60%以上。

（4）地板辐射供暖：供暖采用地板辐射采暖的形式，热量由地板向上辐射，室内温度呈现垂直分布，每个角落温度分布更均匀。

（5）智能家居自控运行：为了节省能源及提高工作效率，保证各系统的正常运行，空调通风

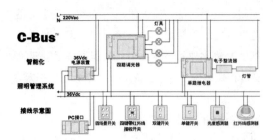

图6 阳光舟C-bus智能控制系统
图片来源: 2013中国国际太阳能十项全能竞赛东南大学赛队

系统实行自控运行, 对各设备与参数进行实时监控与反馈。

3) 智能家居

如图 6, 阳光舟通过施耐德 C-bus 智能控制系统来控制: 能量平衡, 包括自给自足室内恒温恒湿, 温度保持在 22 ~ 25℃, 湿度保持在 60% 以下; 家用电器, 包括家庭娱乐以及电视、电脑、洗衣机、干衣机、洗碗机、音响、热水器、冰箱、空调、照明; 复杂的设备系统, 包含光伏、光热、暖通空调。通过 C-bus, 我们可以轻松地通过控制面板、液晶显示屏、ipad 以及手机等终端轻松控制家里每一盏灯的开关或者调节亮度, 家用电器的开关, 电动窗帘的自动开启和关闭, 并能自动监控室内的温湿度、二氧化碳的浓度、用电量等数据; 还能随意组合形成不同场景, 一键式的操作, 实现一系列的响应。

四、结语

"阳光舟" Solark 成功实现了可再生能源技术、智能控制、空调系统、模块化技术的融合。从 Solark 的检测情况来看, 技术集成体系并没有限定住宅的空间形态, 民居文化和谐地融入现代住宅, 这得益于 SI 体系以及模块化设计思想。在今后的研究当中还可根据需要调整基本单元大小, 通过模块化组合形成更为丰富的空间形态。基于江南水乡民居建筑文化的工业化住宅让我们看到, 新型的工业化住宅可以既是传统的, 也是现代的, 建筑文化与技术可以相容并包, 延续传统建筑精神并形成新的时代特点。

广州粤剧艺术博物馆设计的文化要素呈现及时代性表达[①]

庄少庞[②]

摘　要：粤剧是岭南文化艺术瑰宝，广州西关恩宁路一带是粤剧艺术的重要发源与发展地。粤剧艺术博物馆选址在恩宁路历史文化街区，设计从整合场地文化要素入手，以岭南园林作为空间载体，延续场地历史文化记忆，将戏曲艺术与岭南园林艺术、建筑装饰工艺、茶楼文化融汇一炉，使粤剧非物质文化遗产得以物化呈现，整体地展示了岭南文化与岭南风情。设计在空间体验、装饰系统、建筑与城市等若干方面赋予传统园林空间与建筑样式以新的时代气息，使粤剧艺术博物馆成为一座开放的园林式非物质文化遗产展示与传承的平台。

关键词：文化呈现　时代性　岭南园林　建筑装饰　城市生活

一、广州西关与粤剧艺术

广州荔湾是粤剧的发祥地之一。明万历十八年（1590年），广州城西太平门外的十八甫琼花直街（今文化公园）建有广府班粤剧艺人行会组织琼花会馆；清同治七年（1868年），粤剧行业在黄沙同德大街建立了最早的卖戏组织吉庆公所；光绪十五年（1895年），八和会馆在黄沙落成，抗战期间被毁；1946年，粤剧艺人集资在恩宁路重竖八和会馆的牌子，众多粤剧名伶及艺人如邝新华、勾鼻章、李海泉由是移居至附近，使恩宁路成为当时有名的粤剧街[③]。整个街区现有粤剧艺人旧居、戏台（戏院）旧址一百多处，粤剧文化积淀丰厚。2012年中，广州市政府决定在恩宁路与多宝路之间的荔湾涌南岸地块建设粤剧艺术博物馆，后又增加北岸地块作为配套项目用地，

使总用地扩大至 1.45 万平方米，总建筑面积 2.25 万平方米。

二、粤剧作为非物质文化遗产的展示策略

粤剧自明末随外省戏班入粤，并逐步本地化而在岭南出现，早期为中原音韵，清末革命党人借戏曲宣扬革命，改用粤语演唱使其在粤语区迅速发展，并随移民传播至二十多个国家和地区。2006年，粤剧入选国家非物质文化遗产。2009年，粤剧被联合国教科文组织列入人类非物质文化遗产名录。

非物质文化遗产的保护，讲求"本真性"与"整体性"原则。遵循这两个主要原则展示粤剧艺术是形成博物馆个性与特色的关键。

① 本文由亚热带建筑科学国家重点实验室开放基金项目（批准号：2013KB22）资助。项目由华南理工大学建筑设计研究院与广东省建筑设计研究院合作设计。项目组主要设计人员有郭谦、江刚、许滢、庄少庞、许自力、高伟、梁志豪、蔡淳镔等。
② 庄少庞，华南理工大学建筑学院亚热带建筑科学国家重点实验室讲师、博士。
③ 骆文静.谈博物馆建设选址需考虑的几点因素——以广州粤剧艺术博物馆选址为例.南国红豆, 2012（6）：17-18.

首先，展示内容既包括承载戏曲艺术的材料，如剧本、行头、乐器、历史记录、视听资料等，也包括动态的粤剧艺术展演活动。前者是物质化的记录和展示，与其他博物馆无过多差异，后者则是粤剧艺术作为非物质文化遗产最具活力的内容，其目的不仅在于展示，还在于推动粤剧的传承发展。粤剧艺术博物馆除提供展示物质化材料的基本展示之外，更重要的是提供多样化的艺术展演场所，营造有利于粤剧艺术延续、发展的文化生态环境，使其融入市民公共生活。

其次，博物馆的粤剧艺术展演空间是对传统戏曲活动空间形态、空间氛围的整体再现，不同于一般用途的剧场，因此，设计需要进一步研究场地所在区域作为粤剧发源地的环境文化要素。

三、场地环境文化要素的考察

1.依水而兴的岭南园林

恩宁路所在的广州西关地区，是旧广州城外的肥沃平原，河网纵横，交通便利。西关的荔枝湾，自古以来就是珠江边一个广植荔枝、风景优美的郊游之处。南汉期间，南汉王在此建有"昌华苑"，广袤三十余里；清嘉庆年间，邱熙在三叉涌西南建"虹珠园"，两广总督阮元及其子阮福因"惜唐迹之不彰也"而改名为"唐荔园"，后行商潘仕诚购得该园，又扩建为海山仙馆。潘氏晚年经营盐务失败，海山仙馆被官府没收，因"园基固大，领售无人"而被支解拍卖①。

与海山仙馆毗连的叶氏小田园，为清人叶兆萼所筑，光绪中叶，台山人黄绍平购得该园并加修葺。该园采用连房广厦的布局，四周置有精致幽雅的楼房和回廊，中间为庭园，主体建筑是傍水而建的船厅，平面形状类似画舫，故得名"小画舫斋"②，今尚有遗构存于荔湾公园（图1），成为西关园林的重要印记。

2.工艺精美的西关建筑

西关是广州十三行旧地，清代中后期，恩宁路的周边街坊中，宝华街、宝源街、多宝街、逢源街是商绅豪宅区。西关大屋不仅规模大，且集广府建筑工艺之大成，砖石木雕、陶塑灰塑、格扇屏门、满洲窗、蚀刻彩色玻璃、琉璃漏花等做工精细考究。场地东侧现存文物建筑泰华楼，为清代探花李文田宅第的书轩，宅第原为六开间大屋。民国期间，恩宁路周边的逢源街、昌华街一带，不少商绅名流建有西洋风格的独院式别墅，做工极为讲究，形成中西交融的街区风貌；其院落又采用中式庭园处理，极富岭南特色。今保存较为完好的如陈廉仲公馆的庭园，引荔湾涌水入园，假山石景"风云际会"将西洋风格的凉亭、飞梯与石山结合，临水而立，游艇可至山脚。

3.园林气息的市井茶楼

西关兴旺的商业活动催生了饮食服务，茶楼自清代便是市民生活的重要组成，延续至今仍然是广州地方文化的一大特色，老字号茶楼陶陶居、莲香楼均位于恩宁路往东延伸的上下九一带。

清代晚期，茶楼为吸引顾客出现与园林结

图1 荔湾公园的小画舫斋　图片来源：大众点评网

---

① 卢文骢.海山仙馆初探.南方建筑, 1997(4)：36–44.
② 陆琦.广府民居.广州：华南理工大学出版社, 2013.162–165.

x

合的趋势，市内茶楼如陶陶居为改善首层空间环境，引入庭园化处理；也有利用郊外景区自然环境或原私家宅院经营茶楼者，如荔枝湾的泮溪酒家，园林融入市民群众的日常生活，形成新的城市公共生活场所[①]。20 世纪五六十年代，莫伯治等在调查了数十家茶楼以及大量岭南庭园的基础上，设计了北园、泮溪、南园等园林酒家，将岭南园林、传统建筑与茶楼文化糅合起来。位于小画舫斋以北的泮溪酒家，利用从四乡收集的民间废旧建材，营造了富有岭南庭园气息的餐饮之所。

四、整合环境文化要素，活化粤剧艺术展示的设计思路

1. 水作为文化要素整合的纽带

作为文化博览建筑，粤剧艺术博物馆设计毫无疑问需要有机地呈现场地文化要素。

白云珠水构成了广州的城市整体环境意象，也是城市生活的关键要素。西关河涌水系孕生了昌华苑、唐荔园、海山仙馆、小画舫斋、泮溪酒家等岭南园林，作为红船通道又将粤剧戏班与四乡相连，是场地内与粤剧相关的重要文脉；园林、戏曲等地方文化要素又与商业活动相互渗透，沉淀于城市生活记忆之中。伴随商业的发展，人口密度增加，河涌空间被侵占，最

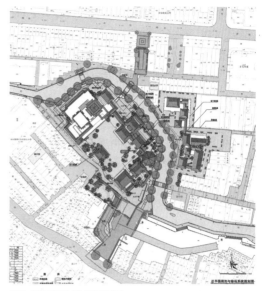

图3 粤剧博物馆总平面图　图片来源：项目组提供

终被填平或沦为排污暗渠，"一湾溪水绿，两岸荔枝红"的美景不再，在市民生活中消退无存。2010 年，荔枝湾路西段揭盖复涌工程开始，2011 年荔湾涌复涌一期工程竣工，一时游人如织，激活了城市生活记忆。

由是，场地北侧环绕而过的荔湾涌作为环境文化要素的线索被纳入构思当中。建筑师以水作为连接场地环境文化要素的纽带，整合场地的文化要素，形成"依水造园，以园载艺"的设计思路，将博物馆作为荔湾涌上一个重要节点进行营造。设计将基本展示空间布置在地下一层，而将

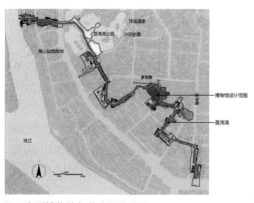

图2 粤剧博物馆与荔湾涌关系图　图片来源：项目组提供

图4 河涌边对外开放的濠畔戏台　图片来源：项目组提供

---

① 谢纯，邢君，魏星.清代广州园林与茶（酒）楼的发展融合.建筑学报，2009（3）：13-16.

地面空间用于营造园林式的粤剧艺术展演空间；250座大体量剧场建筑被置于场地西侧，其东作为园林空间，沿河涌布置多处别院，居中设水局，其南设假山水榭，作为庭园焦点，形成"三面环水，水中有水"的平面格局（图2、图3）。

2. 岭南园林作为粤剧展演的空间载体

岭南园林艺术与粤剧艺术在地缘上同活跃于西关荔枝湾一带，同归属于场地历史文化和集体记忆，有着相同的岭南人文性格基础[①]。岭南园林作为富有地方特征的空间环境，历史上便是个性化的地方戏曲艺术展演空间。清代俞洵庆《荷廊笔记》记载海山仙馆内"面池一堂，极宽敞，左右廊庑回缭，栏楯周匝，雕镂藻饰，无不工致。距堂数武，一台峙立水中，为管弦歌舞之处，每于台中作乐，则音出水面，清响可听"[②]，是岭南园林作为戏曲活动空间载体的较早记录。

设计将粤剧展演活动引入园林空间之中。其一，取"水榭歌台"的意境，将周匝别院建筑、游廊环绕的中轴水榭作为戏台，恍若昔日海山仙馆的水中戏台；其二，吉庆别馆朝河涌一侧入口处设二层小阁，取"濠畔戏台"之意境，首层小戏台对外开放，与北岸小广场相对，作为涌边群众曲艺表演之所，极富趣味性（图4）。两戏台临水而设，使庭园建筑不仅在视线控制上连成整体，更在感官上通过粤剧曲韵的充盈强化空间体验。此外，设计还分别在南侧小院、剧场屋顶中设置两处小型曲艺表演空间，营造"别院声歌"、"高台正音"的空间意境，使整座园林成为多层次的粤剧展演场所。

3. 饮茶与观戏结合，城市生活渗入粤剧艺术展演

博物馆要求配套餐饮服务空间，建筑师从整合场地文化要素的角度，认为饮茶活动与戏曲欣赏有机结合，不仅有利于博物馆今后的日常经营，还可以将西关地区富有传统特色的城市生活方式与群众性的曲艺活动联系起来，增加博物馆的空间活力。

设计在南入口一侧设置小院式茶楼，二层高主体建筑临水而设，以假山与水榭歌台适当相隔，取"音出水面，清响可听"之意。设计将饮茶空间适当扩展，为茶楼服务的制作间设于地下一层，设楼梯连接至地面别院建筑，从而使各组别院均可作为临时品茗观戏之所。

4. 岭南建筑装饰艺术对粤剧艺术的物质化展现

广州自古便是南北客商往来、中西文化交汇的繁华商埠，开放兼容、敢于创新的岭南人文性格投射于地方建筑艺术、粤剧艺术之中，使两者具有同质异构的特征。粤剧作为广府文化的一种载体，也影响着本地其他艺术门类，如广东砖雕、陶塑、彩绘等建筑装饰的发展。

设计采用岭南传统园林建筑风格，将岭南砖雕、石雕、木雕、灰塑等建筑装饰运用其中。建筑师与策展团队密切合作，配合空间流线组织，在别院建筑的檐口屋脊、门窗格扇、室内梁架等位置选择重点装饰部位，融入经典粤剧剧目题材，编制详细的三雕一塑装饰构件清单，延请民间工艺大师根据题材专门创作，将建筑装饰与粤剧艺术展示结合起来。

五、传统园林空间与建筑样式的时代性表达

从非物质文化遗产保护的角度，以传统岭南建筑、岭南园林作为粤剧艺术的空间载体，对应的是非物质文化遗产的粤剧艺术在历史上

---

① 郭谦，万丰登，许筱婧.笔墨赋情，与古为新——广州粤剧艺术博物馆方案形成历程记录.南方建筑，2013（3）：60–64.
② 陆琦.广州海山仙馆.广东园林，2008（5）：74–75.

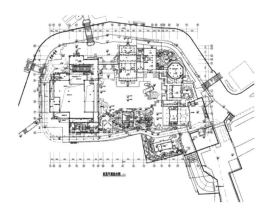

图5 粤剧艺术博物馆首层平面图　图片来源：项目组提供

图6 粤剧艺术博物馆整体效果　图片来源：作者自摄

生存发展的物质空间；三雕一塑等的运用使整座园林荟萃岭南传统建筑装饰工艺精华，与同质异构的粤剧艺术的展演相得益彰，符合非物质文化遗产保护的"原真性"原则。不过，粤剧艺术是活的艺术，既有其历史文化特征，也存在于当下，处于不断发展之中，传统园林空间、建筑样式与装饰的应用，如何将时代气息渗入其中，是建筑师进一步需要深入思考的问题。

1. 传统园林空间的现代气息

岭南庭园对现代功能具有良好的适应性。早期的园林酒家在传统庭园建筑中引入宴饮功能，活化传统建筑空间；20世纪七八十年代，岭南建筑师在现代旅馆、展览建筑引入岭南庭园，创造出地方特色的建筑空间。前者是传统建筑植入现代功能，后者是现代空间融入传统元素，殊途而同归，是岭南现代建筑的创新之举。在本设计中，建筑师试图将这两方面结合起来，从而赋予传统园林空间一种新的时代气质。

其一，传统庭园空间融合粤剧艺术展演功能，其空间流线需要考虑适度空间体验的明晰性，追求空间的敞朗，与传统园林较为注重景致变化有所区别；设计在南北入口之间组织别院建筑，形成串联式游览路线，又与假山石径及剧场室内天桥形成环绕中央水局的游园动线，方向感清晰可读，动线穿插于室内室外、大小院落之间，又不至于单调乏味（图5）。

其二，现代建筑引入庭园空间，并与室外园林空间相融合。设计在展厅区域设置了两个下沉中庭和一个天井，破除地下空间的郁闷感，并通过游览流线组织，将其与地面庭园空间相连，构成有机整体；剧场建筑地面体量较大，设计采用高台形式，将建筑体量转变为"山体"，将舞台顶部塑造为高台楼阁，成为全园的视觉控制点，在观众厅顶部营造高台庭园，东侧通过屋顶叠级处理以分散体量，在视觉上与东侧园林建筑取得尺度上的协调，同时运用水元素，塑造由"山体"至中心水局的流瀑，使庭园上下气息相通，山水相连（图6）。

2. 传统建筑样式的时代特征

在新建筑中采用传统建筑样式，并将建筑装饰作为建筑表现的重点之一，增加了项目投资，其合理性未免存在疑问。事实上，建筑师力求赋予传统建筑装饰以新的场所意义，设计将传统建筑装饰工艺的传承与粤剧非物质遗产的传承糅合起来，在别院建筑中为民间工艺传承人提供施展技艺的舞台，融合粤剧艺术题材的"三雕一塑"等建筑装饰构件，可视为工艺美术的技艺表演，赋予建筑装饰新的时代精神。

设计秉承岭南建筑兼容创新的精神，以整体协调为原则，在形式上大胆融汇了若干园林建筑风格，产生一种似曾相识又不同以往的园林体验。南入口仪门采用木构趟栊形式，木构架屋顶采用双坡做法，吸收日本庭园建筑比例与格调；中央的"水榭歌台"融入唐式风格，简洁大气，作为庭园的点睛之笔；戏台西侧二层小楼采用西洋风格,挂落与檐口起翘又融入中式做法,表达出岭南近代建筑中西融合之意;西南角"别院声歌"的亭榭吸收苏州园林形式,北侧各院落,又各引潮州、广府传统建筑的做法与装饰,各具特色。

3. 延续城市生活记忆的空间融合

粤剧艺术融入公众生活将有助于非物质文化遗产的传承发展,博物馆的展演空间的适度开放则有助于群众曲艺活动的培育。

在设计开始之前,项目拆迁工作已经完成,建筑师在方案基本确定后通过再次的场地调查复核发现,由北侧进入场地的拱桥与南侧宝庆坊街巷之间,曾经存在一条连接多宝路与恩宁路的内巷,是居民日常通行的主要通道,极为巧合的是,这一巷道位置正好处在剧场建筑与别院建筑之间的漫瀑之上。为此,建筑师借鉴斯图加特博物馆的处理手法,降低漫瀑高度,在屋顶退台之间增设二层风雨廊,设引桥连接北侧拱桥,南侧设楼梯连接宝庆坊,形成穿越博物馆的过街通道(图7),市民日常通行可观赏园内展演,又不干扰馆内活动。这一设计调整模糊了博物馆的内外边界,使博物馆的园林空间与城市空间相连,增加了内部空间的活力,表达了博物馆的公众属性和庭园空间的时代特征。

图7 连接南北街巷的二层风雨廊　图片来源:项目组提供

六、总结

粤剧艺术博物馆设计在整合广州西关地区文化要素的基础上,营造了一座开放式、园林化、可经营的非物质文化遗产展示平台。

首先,设计强调文化的整体传承,关注到建筑在非物质文化遗产保护与延续上的责任与可能。设计未止步于粤剧艺术文化的静态展示,而试图将岭南园林、茶楼文化、建筑装饰艺术等内容融汇一炉,使博物馆成为整体化的岭南文化集群,真实地再现粤剧作为非物质文化遗产活动的传统场景。

其次,当代建筑创作中对传统园林、建筑样式的引用,如何避免沦为形式复古是一个值得探索的命题。在本设计中,建筑师力求在空间体验、装饰系统、建筑与城市等方面,赋予传统园林空间与建筑样式以新的时代气质,使其与单纯的形式复古保持距离。

多元文化融合的建筑遗产特点和文化价值研究
——以新西兰历史建筑为例

侯旭　刘松茯[①]

摘　要：新西兰是太平洋西南部的岛国，全境由南岛、北岛及附近一些小岛组成，约有 1600 多年的历史。新西兰受到英殖民文化和毛利文化的多元文化影响，建筑风格存在多元性，例如坎特伯雷区历史建筑具有哥特复兴式建筑风格，而奥克兰建筑则具有歌德复兴式建筑流派的特点，这与早年的建筑师的文化背景和流派都存在一定的关系。通过对新西兰建筑文化价值的分析，为我国东北地区受俄罗斯、日本等多元文化影响的历史建筑文化分析提供参考依据。

关键词：新西兰　多元文化融合　文化价值　东北地区　历史建筑

新西兰的历史建筑有哥特复兴式建筑风格、装饰主义风格等，分别分布在新西兰不同城市，例如基督城、奥塔哥、奥克兰等，但由于新西兰的地理环境形式多样，对于不同地区的建筑存在不同的状况。例如基督城地区由于经历了两次 6 级以上地震，一些历史建筑遭到

了严重的损坏，有些甚至彻底损毁，这无疑对新西兰历史建筑的保护造成了严重的影响。因此，对历史资料、文献进行研究，对历史建筑文化特点进行总结和归纳，可让更多人了解并研究新西兰的历史建筑文化价值特点，同时，对新西兰历史建筑的研究，对于中国东北地区的历

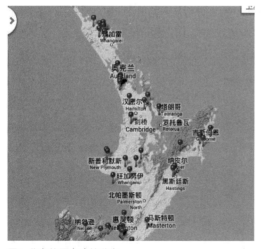

图1　北岛的历史建筑分布
　　图片来源：网络

图2　南岛的历史建筑分布
　　图片来源：网络

①　侯旭，哈尔滨工业大学研究生；刘松茯，哈尔滨工业大学建筑学院教授、博导。

史建筑提出一些新的文化价值理论。

一、新西兰多元文化融合的历史建筑现状

1. 新西兰北岛历史建筑现状

新西兰的历史建筑有很多,本文主要选取北岛、南岛的重点历史建筑进行总结,由于新西兰的历史并非特别悠久,但是历史建筑的风格多样。根据建筑的地理位置划分,从宏观上来简要介绍新西兰的历史建筑(北岛著名历史建筑统计见附表1)。

新西兰由南岛和北岛两部分组成,北岛与南岛相比,经济和文化更发达一些,同时地理环境相对稳定,一些纪念性建筑较多,例如城堡、酒店、邮局、银行等这类历史建筑很多仍在沿用,主要集中在惠灵顿和奥克兰地区(图1)。

北岛的建筑结构主要以砖石为主,部分也有木构,由于新西兰是地震多发带,北岛惠灵顿曾经历6.3级地震,这都对历史建筑造成了影响。同时,城市发展所需的功能提升和扩充使得城市更新与历史建筑保护之间的矛盾不断刺激着公众的文化神经。

2. 新西兰南岛历史建筑现状

新西兰南岛是组成新西兰的两个主要海岛之一,与北岛被库克海峡隔断。新西兰南岛位于南太平洋,西隔塔斯曼海与澳大利亚相望,西距澳大利亚1600公里,东邻汤加、斐济,国土面积为27万平方公里,海岸线长6900公里,海岸线上有许多美丽的海滩。

南岛的主要城市有基督城、达尼丁、因弗卡吉尔等城市,分布的历史建筑有基督城博物馆、基督城大教堂、圣参教堂,以及圣派翠克教堂等。南岛的天主会教堂居多,早起天主教会对新西兰南岛的经济和文化都有巨大的影响,天主教堂也丰富了南岛的建筑形式。本文主要选取基督城(新西兰第三大城市)为主要的代表城市,进行历史建筑的研究(南岛著名历史建筑统计见附表2)。

二、新西兰历史建筑的文化价值构成

新西兰历史建筑包括教堂、银行、住宅、工厂遗址等多种类型的建筑,由于年代久远,并处在不同的历史时期,因此这些建筑存在信息文化价值、情感与象征文化价值,可利用文化价值。

1. 信息文化价值

通过新西兰历史建筑遗产,我们可以了解它所赖以生存的那个历史时间及社会环境的各方面状况,遗产所承载的历史的、经济的、科学的、艺术的、政治的、经济的多方面信息,这就是建筑遗产的信息价值。借助这些信息,我们可以一定程度上复原或再现建筑遗产产生和存在的社会情况,形成一段时间内较完整的片段,这样建筑遗产将不再是一个生存环境已经消亡的历史时期的孤独遗留物,而是一个社会阶段发展的新成果,一段历史时间中的一个凝结点。

同时信息价值的研究认识需要借助学术研究。随着分析技术的更新、进步及突破,在原有研究方法和手段下没有表现出什么价值,但是随着认识的不断加深,客观的技术和主观的思想观念都将影响价值的评估,在新西兰,对于价值的评估是十分重视的,同时又有很好的风险评估系统。

2. 情感与象征文化价值

新西兰是多元文化相结合的国家,有本土的毛利文化,同时经历英国殖民统治,因此历史建筑不仅是可视的、可触的物质外形,也是可以感知并承载精神内涵的综合体,可以被提炼、概括、升华为文化符号或精神象征物。通过历史建筑,我们不断地揭示种种事件、种种场景、种种瞬间,来激发

乡土情怀、族群意识和国家意识。在欧洲国家，建筑遗产的这种"文化认同"作用历来受到政府的重视和强调，被视作国家独立和历史合法性的象征。在经历了国家解体和社会制度巨变的东欧及苏联国家，建筑遗产这一价值体系更加突出。

对于情感与象征价值的认知并不需要像信息价值那样借助学术研究的专业手段，但是却需要经过传统与文化的培养、熏陶的过程。换句话说，只有身处于与该建筑遗产相关的社会文化背景和历史传统中，才能够真正地理解并体会这一价值。

3. 可利用文化价值

可利用文化价值是指建筑遗产由于能够被利用而具备的文化价值。

新西兰许多历史建筑随着时代的变迁，由原来历史办公建筑转换为餐馆、画廊、展览馆等，无论是延续原有功能还是承担新的功能，始终不要忘记的一个基本问题是建筑遗产的使用功能具有文化属性，因此它总与社会的各种文化活动、文化行为产生密切的联系，为这些历史的精神内涵创造场所与空间。今天，在将新功能赋予建筑遗产的同时，要充分考虑新的功能是否与文化属性相矛盾、相违背。一旦违背，就会对建筑遗产的保护带来不良的影响，给建筑遗产造成破坏和损坏。以基督城大教堂为例（如图3），就是很好的再利用实例。共有3个备选方案供公众讨论：第一种为修复原本的大教堂，成本最高，耗资约在1.04亿纽币至2.21亿纽币之间，修复时间为6～22年不等；第二种为建造一间传统的木质结构大教堂，预计所需时长为5～22年，建造成本在8500万纽币至1.81亿纽币之间；第三种则是建造一座现代风格的大教堂，这一选择耗时最短、成本最低，其建造时间仅需4～9年，教堂造价在5600万纽币至7400万纽币之间。

然而，圣公会方面宣布，在再三斟酌和综合考量下，他们决定采用第三种方案，建造一座现代风格的大教堂。

对于圣公会的这一决定，主张修复大教堂的活动家 Mark Belton 倍感不满。他在接受采访时说："圣公会选出的新建大教堂的方案和理念到底是什么，我们什么都不知道，因为他们从来没有把这个完整的计划呈现给大家。"可见教堂在新西兰文化中的重要的可利用价值以及信息和情感的价值。

图3 基督城教堂重建方案投票　图片来源：网络

三、东北地区历史建筑的文化价值特点

东北地区主要以黑龙江、吉林、辽宁的省会城市为代表。由于中东铁路的修缮、外来俄文化的涌入、日本侵略者的统治和建设，多元文化在东北地区达到了充分的融合，从而衍生出中东铁路建筑群、中华巴洛克建筑群、伪满八大部等。本文重点分析中介性文化价值和警示性文化价值这两大显著的文化价值特点，以哈尔滨和吉林的历史建筑为代表。

1. 中介性文化价值

中介性文化价值在哈尔滨历史建筑中得到了全面的体现。近代哈尔滨建筑中所包含的西方建筑文化经过俄罗斯和日本建筑师的整合后而产生了某种形变，既使哈尔滨的建筑文化与原产地的建筑发展保持了同步，又使二者保持了一定的差别而构成自身的独特性。

文化从它的产生地域传播到第二地域，再从第二地域传播到第三地域，原始文化在保持一定的原始特征的同时，也会与第二地域和第三地域的地域文化重组、结合而逐渐发生一些变化，出现一些新的特征，这就是文化传播的中介性效应。这种现象在世界建筑发展的历史上俯拾皆是。例如，新艺术运动在德国又叫青年风格，在英国则更强调直线的装饰性。装饰艺术运动在发源地法国主要用于产品设计上，而在美国才真正应用于建筑上。文化传播的中介性使得多元文化产生。

在哈尔滨城市建筑文化中，作为主体的是源于西方的建筑文化。正如前面所说，它们在哈尔滨的出现并非是由西方国家直接移入的，而是主要通过俄罗斯和日本作为中介国，由这两个国家的建筑师传入哈尔滨的。因此，哈尔滨的西方建筑文化主要是作为第三地域而显示特征，这些建筑往往不是简单地模仿和照搬西方原有的样式，而是融合了一些第二地域和第三地域的民族文化后的再加工与再组合，这样所产生的建筑文化既传承于西方，又与西方稍有差别。

2. 警示性文化价值

以伪满建筑为代表的警示性文化价值是有别于同时期近代建筑的最显著特征，是独一无二、不可替代的资源。

伪满八大部是长春特殊历史时期存留下的典型建筑，作为日伪政府的主要行政机构，日本侵略中国东北、推行法西斯殖民统治的有力见证，具有独特的历史价值。

伪满建筑的警示性价值可以引发后人对残酷战争的反省。伪满八大部的性质和用途体现了明显的殖民主义倾向和政治意图，是当时社会、政治、历史等状况的真实映射。这类"负面历史遗址"的警示性价值使人们在反省战争、谴责罪恶的同时，永远铭记人类历史上那些发生

过的悲剧，避免重蹈历史覆辙。作为战争的受害者，应从其中汲取经验教训，了解国强才能不受人欺，做到"以史为鉴"。

四、结语

新西兰历史建筑丰富的历史内涵和文化的多元性为研究历史建筑创造了全新的机会，本文通过对新西兰历史建筑文化价值的分析，为研究东北地区历史建筑的文化价值提供了全新的视角和理念。东北地区历史建筑在宏观的角度与新西兰历史建筑的发展模式具有相似性。因此通过对新西兰的宏观历史建筑的研究及分析，我们可以丰富未来对东北地区文化价值的研究，为其提供更多的理论依据和实例展示。

参考文献

[1] 冯骥才. 现代都市文化的忧患 [M]. 上海:学林出版社，2000.

[2] 盛丰. 论"海派"文化的"边缘文化"特征及其历史作用 [J]. 社会科学，1986（1）：20.

[3] 吴启鸿，肖学锋. 论发展我国以性能为基础的建筑防火设计技术法规体系 .1999.

[4] 林澐. 历史建筑保护修复技术方法研究——上海历史建筑保护修复实践研究. 同济大学建筑历史及其理论博士论文，2005.4.

[5] 姚继涛，马永欣，董振平，雷怡生编著. 建筑物可靠性鉴定和加固——基本原理和方法. 北京：科学出版社，2003.8.

[6] 林源. 古建筑测绘学. 北京：中国建筑工业出版社，2003.1.

[7] 张松. 历史城市保护学导论——文化遗产和历史环境保护的一种整体性方法. 上海：上海科学技术出版社，2001.

[8] 谢慧才等. 建筑物鉴定与加固改造. 汕头：汕头大学出版社，2000.10.

[9] 曹双寅，邱洪兴，王恒华. 结构可靠性鉴定与加固技术. 北京：中国水利水电出版社，2002.2.

[10] 王文锋，阎丽萍. 长春伪满旧址申报警示性世界文化遗产的思考. 东北史地，2011（5）.

[11] 董峻岩. "北国春城"之伪满建筑巡礼. 四川建筑，2007（6）:27.

[12] 张复合主编. 中国近代建筑研究与保护（七）. 北京清华大学出版社，2010.7.

北岛著名历史建筑统计表

附表1

历史建筑名称	建造时间	建筑图片	历史意义	现状
石屋 Stone Store	1832~1836年	图片来源：网络	新西兰最古老的石头建筑	保存良好
蓟酒店 Thistle Inn	1840年	图片来源：网络	新西兰幸存的最古老的酒馆和餐馆	曾毁于大火，1866年重建现在仍用作酒吧和餐馆
BNZ立面	1867年	图片来源：网络	象征20世纪80年代的财产和股票市场的繁荣	仍做银行使用，里面保存完整
营崖城堡 The Camp and The Cliffs	1874~1876年	图片来源：网络	象征达尼丁商业达到了顶峰	由于产权的转让，该建筑经历了风风雨雨，曾被大规模改建翻新
奥克兰码头大楼 Auckland Ferry Building and Tees	1912年	图片来源：网络	建筑风格属于爱德华巴洛克式。整个建筑是在一个花岗岩基座之上用砂岩和砖建成	保存良好

来源：作者整理

南岛著名主要历史建筑

附表2

历史建筑名称	建造时间	建筑师	历史照片	区位图	现状
基督城医院护士纪念教堂	1927~1928年	约翰·戈达德柯林斯	图片来源：电子书籍		保存完好

历史建筑名称	建造时间	建筑师	历史照片	区位图	现状
牧师教堂	1885年	Benjamin Woolfield Mountfort	图片来源：电子书籍		在2010年和2011年基督城大地震中彻底损毁
克莱默俱乐部	1864年	不详	图片来源：电子书籍		在基督城地震中，1864年所建的砖的部分遭到严重破坏，部分拆迁后仅剩2间起居室，一个书房/卧室，一个中央走廊和厕所
政府大楼	1909年	James Jamieson and William Jamieson	图片来源：电子书籍		在基督城大地震后仍然存在，并将要进行修复，2013年开放作为基督城酒店
托马斯·埃德蒙兹的遗址	1929年	不详	图片来源：电子书籍		基督城地震后的神智学会大楼，带圆形大厅和话剧团已被拆除，埃德蒙兹钟楼持续伤害，并已稳定下来，并修复之前部分解构
伍德的磨房	不详	JC.麦迪森	图片来源：电子书籍		2010和2011年地震后，历史的烟囱和砖包筒仓已被拆除，修复后希望保留建筑主要用作酒吧、餐馆、办公室和剧院

来源：作者整理

浅谈我国东北地区城市商业综合体的地域性文化表现形式

蔡浩　许传中　徐强①

摘　要：中国经济持续稳定的发展刺激了城市形态的发展，商业综合体是城市发展到一个高级阶段的产物，被称为"城中之城"，是现代城市的重要组成部分以及文化的载体。在大规模城市急功近利式的建设过程中，文化继承遭受严重的断档，自然与人文环境受到极大的破坏。文章通过对东北地区具有代表性的城市商业综合体与地域文化及环境特征的结合，以及基于景观环境特点，在建筑造型设计中融入地域文化等方面进行了论述。

关键词：严寒地区　商业综合体　地域文化　文化继承

前言

我国现阶段正处于城镇化和工业化高速发展的时期，每年建设总量相当于全球建设总量的一半。大量商业综合体的建设影响着人们的生活方式和消费观念。一个多世纪以来，建筑受现代主义"国际式"的影响，世界大范围内的建筑都趋于一体化、标准化，失去传统建筑所具有的地域性文化与环境特色，呈现为千篇一律的方盒子式的建筑，平屋顶、大小不一的玻璃窗、不对称布局等。中国受这种现代建筑思潮的影响，城市建设中也出现了大量的方盒子式的建筑，而这种"国际式"的建筑使中国原有的建筑文化多样性和地域特色逐渐消失。

随着人们对现代主义建筑"国际式"的批判，以及人们对自然人文环境和地域文化的重新认识，人们认识到地域文化和自然环境对建筑的重要性。

文化本身相对来说是一个较为抽象的概念，需要一个载体来承载它，而建筑是具体化的客观存在，它不可避免地充当了文化的载体，建筑如果缺少了文化元素就会沦落为冰冷的使用工具。商业建筑尤其是商业综合体更应以多元的地域文化为本，以自然和人文环境为依托来满足和引导人们物质和精神层面潜在需求。商业建筑要融合当地的地域文化，尤其是商业综合体体量巨大，往往是当地的地标性建筑之一，能有效地反映出整个城市的地域文化和环境特征。

一、东北地区建筑的地域文化与环境特征

我国幅员辽阔，地域分布较广，很多地区处于不同的纬度，基于各地的地形地貌、气候条件、生活环境、风土人情、民俗文化的影响，建筑也具有特有的地域性特征。

我国东北地区最为明显的自然环境特征是冬季寒冷、气温低下，日照时间短，受西北冷空

---

①　蔡浩，吉林建筑大学在读硕士研究生；许传中，高级工程师；徐强，吉林建筑大学副教授。

气流的影响控制，并伴有降雪。因此东北地区的建筑特点主要体现在冬季防寒避雪、保温、争取日照等方面。建筑外部体现为简洁规整的体量组合以及厚实的墙体并采用色彩鲜艳的纹理和装饰风格。内部表现为紧凑的功能布局和较小的换气窗口、合理的空间组织，经过长年累月的建设积累和不断的完善发展，最终形成了具有东北地域文化与环境特性的建筑风格。鉴于商业综合体对城市发展的重要性，较好地呈现商业综合体的地域文化性与环境特征，是塑造城市文化品质、加强人们心灵归属感、提升城市竞争力的重要途径。

图1 沈阳皇城恒隆广场大门
图片来源：www.liao1.com

图2 沈阳故宫大门　图片来源：作者自摄

二、商业综合体与地域文化及环境特征的结合

我国的商业综合体起步较晚，发展还不完善，虽然我国商业综合体建成量很多，但是在整体环境和商业空间的设计上还有很多不足。目前我国城市商业开发是以开发商为主导的开发模式，所以有些开发商为了片面追求经济效益，在商业综合体的设计上贪大求全，在整体环境与空间设计方面对文化特色的追求认识不足，未能很好地与地域文化和自然人文环境结合。商业空间与地域文化的结合，是指通过分析所处地域的自然环境条件，建筑相关区域的整体人文环境条件，以及当地的历史文化背景等因素，挖掘出富有地域文化特色与环境特征的现代商业建筑。

沈阳皇城恒隆广场位于沈阳商业和文化中心的中街地区并与世界文化遗产"沈阳故宫"相毗邻。在设计中不仅对严寒地区室内外空间的自然环境特点进行充分考量，同时结合建筑所处沈阳故宫周边这一特定的人文环境，将现代商业建筑与人文环境及传统地域文化因素结合在一起进行了有益的设计尝试。一层沿街商铺并没有设立大的独立的进出口，而是采用玻璃幕墙和小玻璃门的形式，既美观又经济，同时还减少了冬天的热消耗。建筑在四个路口位置设立出入口（图1），

并运用沈阳故宫大门（图2）样式，以醒目的装饰来吸引和引导人们的出行。同时与故宫呼应，具有鲜明的人文环境与地域文化特色。

东北地区的自然环境特征决定了建筑形式如前所述更多强调的是防寒保温，商业综合体的室内空间不能像南方建筑那样引入内部庭院，形成室内外互动的空间，东北地区室外空间由于冬季气温寒冷并降雪使得室外活动量很少。

沈阳皇城恒隆广场内部空间采用了中庭顶层侧面采光的形式（图3）而不是中庭顶层全部采光的形式或者顶层全部封闭的形式，这样做既满足了人们对自然采光、空间方位、季节气候等信息的感知心理要求，同时又考虑到严寒地

图3 沈阳皇城恒隆广场中庭侧窗　图片来源：作者自摄

区的气候问题，减少能源消耗和热量损失，体现了东北地域城市的建筑特色。

三、基于景观环境呈现的地域文化

一个好的建筑不仅是建筑本身具有与地域文化和自然人文环境相协调的特征，同时建筑室内外的景观环境也应成为整体建筑不可分割的一部分。因此一个成功的商业综合体不仅在建筑外部的景观小品、植物搭配、街道设置上体现出地域环境与地域文化的特色，其内部的公共景观环境也要体现出同样鲜明的特色。

不同地区有不同的文化背景，而建筑景观环境也同样是体现地域文化的一种载体，这就使建筑景观在设计中不能不分地区而完全照搬。苏州园林如果复制到东北地区，由于地域文化的不同，自然气候与人文环境的差异，就会缺少一种合理存在的审美意境。

水景，特别是室外喷泉是目前商业综合体室外景观环境设计中常用的元素，同样，由于自然环境的不同，水景的设计也不能简单地模仿复制。如南方热带区域，四季如春，许多商业综合体室外广场都设计了大型喷水池。大型喷水池一年四季既可给购物的人们带来视觉的享受，又给南方城市炎热的气候带来丝丝的清爽与凉意。

而东北地区冬季气温低下，夏季清凉，充满灵性的水面会在冬季冻结成冰，再加上北方冬季取暖，空气污染严重，被污染过后的喷水池，冰面暗淡，毫无审美可言。还有些喷水池冬季停用后抽干水，只剩下灰色的水泥池底和兀立的喷头，特别是由于冬季无人管理，很多喷水池底部角落积聚了许多的泥土甚至垃圾，不但没有观赏价值，反而成了商业综合体室外广场甚至是城市空间环境的丑陋"疤痕"。因此东北地区的商业综合体室外喷水池等水景设计必须结合地域自然环境特点，要既能满足夏季观赏的要求，同时冬季又不能成为多余的摆设，甚至成为环境的"负担"。

图4 沈阳大悦城室外旱地喷泉 图片来源：作者自摄

图5 沈阳大悦城室外主题公园
图片来源：http://hb.qq.com/a/20100210/001418.htm

图6 长春新天地购物公园室内水景观
图片来源：http://www.dianping.com/photos/1164082

沈阳大悦城在室外广场喷泉的设计上（图4），结合东北地区的自然环境特点，设计了旱喷泉。即在广场地面铺设色彩艳丽的装饰性图案防滑石板，下方暗布喷泉管网及喷头。夏季人们既能观赏彩色石板下喷射出水花的独特景观效果，也能供人们嬉戏游乐，冬季停止喷水后，广场由于没有凸出地面的水池，可以供人们行走，不占空间、不阻碍交通，同时美丽的广场图案又成为冬季色彩单调的世界里的一个艳丽的亮点。由于冬季室外寒冷，缺少植物景观元素，大悦城还设计了爱情主题公园（图5）、雕塑等为冬季室外增加一些文化气息。

长春新天地购物公园（图6）景观设计也充分考虑了东北地区的地域文化和环境特点。它采用的是另一种设计手法。在冬季室外许多植物都无法存活和水都结冰的情况下，长春新天地购物公园把一些夏季景观引入室内（如水、植物等），既能够消除人们的购物疲劳，又可以满足人们一年四季对自然景观的渴望，形成景观节点，使消费者愿意去消费，激发了城市冬季的活力，呈现了东北地域景观特色。

四、在建筑造型设计中融入地域文化

建筑外部造型最能体现建筑特色，而经济、文化、技术是影响建筑造型的最重要因素。虽然路易斯·沙利文提出的"形式追随功能"的现代主义建筑法则依然影响着当代建筑，但是随着全球化的到来，资源信息的共享，使传统功能需求和生活习俗已发生改变，对功能的要求已变得非常统一，而地域气候环境和地域文化对建筑仍有着较强的影响。

东北地区传统建筑由于受自然环境、建筑

图7 沈阳华润万象城
图片来源：http://newhouse.sy.fang.com/2011-08-16/5648669_3.htm

图8 万象城的造型与颜色
图片来源：http://imgs.soufun.com/news/2012_11/28/house/1354071066099_000.jpg

材料、营造技术、地域文化等因素的影响，建筑造型多以厚实的墙体、狭小的外窗、封闭的空间给人以强烈的视觉冲击。因此东北商业综合体应借鉴传统地域建筑文化，并从中提取、分解，与现代技术和设计理念结合，建造出符合时代性、地域性的商业建筑。

沈阳华润万象城的外立面主要运用石材和玻璃，大面积的石材可以起到保温的作用，而石材选择黄色，与沈阳特色建筑辽宁工业展览馆相呼应，而保温玻璃幕墙的使用既可以增加采光性，又可以增强建筑造型的可塑性（图7）。外部造型并没有用呆板的方形造型，而是采用弧形和方形相结合，增加了建筑的时尚性，给人们带来视觉的享受。万象城的颜色采用比较艳丽的颜色，既能吸引人们的眼球，又能在冬季为暗淡的室外景观增加时尚动感的氛围，体现了地域的特色风貌（图8）。

五、结语

在我国城市商业综合体大规模建设的今天，如何避免现代主义建筑所造成的千城一面的尴尬局面，是摆在所有人面前无法回避的课题。东北地区的商业综合体建设，既要吸收和利用现代先进的建筑技术，同时又必须立足东北地区的地域文化与环境特征，创造出既具有现代特征，又包含地域文化与自然人文环境特征的现代商业综合体。

参考文献

[1] 梅洪元，张向宁，朱莹．东北寒地建筑创作的适应与适度理念[J]．南方建筑，2012(3)：49-51.
[2] 杜立柱．寒地城市商业空间设计浅析[J]．城市规划，1999(8).
[3] 闫立杰．寒地城市广场环境设计研究[D]．哈尔滨：东北林业大学，2005.

城市复合型主题产业园的设计策略

杨筱平[①]

摘　要：在社会经济发展、产业结构调整的背景下，以主题产业为依托，以市场开发为载体的复合型主体产业园已成为产业园开发的新模式。本文对这一新型产业综合体的基本概念、主题定位、功能构成等进行了梳理和总结，并结合实际案例对其规划设计策略进行分析和研判。

关键词：产业　科技　创意　复合

随着社会经济发展，高新技术产业和现代服务业已逐步取代传统的第二产业成为第一大经济主体，经济形态已由工业时代逐步转型进入后工业时代。高新技术产业和现代创意产业正逐步成为21世纪最重要的经济增长点和社会文化发展的重要推动力，发展高新技术产业和现代创意产业对于经济转型，提升中国经济在世界经济价值链中的地位有着极其重要的意义。

城市的开发建设，市政是骨架，住宅是核心，商业是热点，文化是灵魂，产业是支撑。所谓"产业构筑城市未来"，"技术引领城市提升"，即是在城市的发展过程中，要把产业发展提升到其应有的高度，作为城市经济结构中不可或缺的重要组成部分，是城市可持续发展的强大推手。构建复合型主题产业园这种产业经济集聚服务平台，必将在以都市经济圈作为纽带的城市发展中发挥巨大的作用。

经济的发展促进了产业的融合、产业转移和能级提升，为复合型主题产业园的发展提供了广阔的市场基础。城市化进程促进了产业发展与居住、商业、办公等功能的整合和融合，实现了城市发展过程中从传统工业区或是单一产业园向复合型产业园区的有机过渡，以复合型主题产业园的模式搭建起一个集多种功能正向叠加的平台，促进产业集群和产业链融合，形成产业、商业、服务、居住一体的多功能复合体，通过聚集效应形成核心竞争能力、创造能力、创新能力和创意能力，促进区域化的产业化升级和城市价值的提升。

一、复合型主题产业园的特征和分类

1. 项目特征

复合性主题产业园以主题产业（包括新兴产业、高新产业、创意产业）为依托，以城市开发为载体，集投资、开发、运营、服务为一体。从服务对象看，复合型主题产业园是以企业、机构和个人工作室为主要服务对象，其主题往往关联到相关各个领域；从功能构成看，复合型主题产业园区以产业研发、产品创意为主体，其业态涵盖商业服务、商务服务、金融服务、生活服务、人才服务、研发服务、会展服务、休闲服务以及生产加工、物流配送、产品营销等相关能产生经济效益的复合功能。

---

① 杨筱平，西安市建筑设计研究院院执行总建筑师，国家一级注册建筑师。

复合型主题产业园兼具不同的行业特点，涉及差异化的主题功能并涵盖不同细分的服务门类，关键词是"主题"和"复合"，即以主导业态和核心业态为主题，围绕主题形成多层次的配套和复合型功能，其中核心业态起到提升和引领作用，不同功能的理性复合则是其整体的补充和配套。从发展看这种由单一主导性行业转变为横向产业间的跨界整合的模式必将优化其周边的产业生态，实现上下游产业的集群以及关联产业的融合。

2．项目类别

复合型主题产业园分为城市更新类和城市开发类两种。前者主要是城市产业结构调整、印城市历史文化价值突显置换功能对个性化环境追求的结果，而后者则是城市产业的快速发展、城市化进程快速推进、土地集约利用以及相关配套需求产生的结果。城市更新类大都在土地属性不变、产权主题不变、建筑结构不变的前提下，对原有存量的工业区或工业建筑，通过功能置换的方式进行商务、商业等相关业态的调整。城市开发类通常都是按照国家政策和规划要求，并结合市场潜力的新建园区。

无论是城市更新类还是城市开发类，复合型主题产业园遵循市场规模发展，本着培育和促进业态发展的目标，不能只强调对存量物业或是土地的简单化开发，而且还应通过积极的运营和前瞻性的规划促进业态的良好生长，实现主题突出、功能复合的目标，促进潜在价值的提升。

二、复合型主题产业园的设计策略

1．设计原则

复合性主题产业园的设计指导原则是科技、人文和绿色，其重点是在强化文化和产业的跨界融合的基础上实现环境生态、产业生态和人文生态的有机链接，突显其复合型和主题性的特征。其中环境生态主要是促进园区自然环境与人工环境以及场地环境与城市环境的共

生；产业生态是从产业链整合、企业全周期发展、绿色健康创新、社会化服务等方面构建相互关联、共享集群的业态环境；人文生态重点突出现代生活与传统文化的结合、技术与艺术的结合，形成以人为本的"新人文"生活模式。

2．功能集成

复合型主题产业园的功能建构应立足于高科技产业与现代服务业复合驱动的产业发展态势，关注高新技术、电子信息、服务外包、文化创意四大战略性新兴产业以及快速集聚、系统完善的服务板块，提供研发孵化、技术创新、商务配套、公共服务的工作平台，为创业型、发展型、创新型、创意型企业构筑理想的发展空间，实现产业、科技、商业、商务、人居等不同功能的有机复合，使之从产业的孵化培育到产业集群形成完整的体系，从而成为企业的成本洼地、创业福地和增值高地，真正体现"复合"价值。

3．总体规划

复合型主题产业园的总体规划，应注意功能区划与业态规划的统一性、差异性和可塑性，在突出产业功能的基础上引入生态居住、文化艺术、商业娱乐和配套服务等业态，平衡增值赢利和公益服务的量比，形成产、居、商的结合，促进科技、生态、人文的融合。总体布局因地制宜，充分考虑场地环境条件，形成布局合理的功能空间，统筹开发强度与环境品质的平衡基点。交通体系综合考虑涉及机动车、自行车、人步行以及人流、车流、物流等相关系统，体现合理性、安全性和高效率。同时园区的总体规划还应引入绿色建筑的思想，结合项目特点，规划设计风、光、电、水、废等可再生能源的利用体系。

4．空间环境

复合型主题产业园的空间构成应遵循开放性、交流性、共享性的原则，强调室内外"灰空间"和"虚空间"的塑造，同时以不同特质空间的有机结合，显现园区的总体形象以及不同功能

区块的个性特点。景观环境的塑造应结合项目主体和主题要素，追求"简约、时尚、艺术、休闲"等相关建筑风格的表达，反映在具体设计方面，一是要突出组团主要景观环境的标识性；二是要结合地域气候特点，注重户内外空间的衔接和过渡；三是铺装和种植要强调功能化、时尚感、趣味性和适应性。

5. 建筑单体

复合型主题产业园因其复合型的特点，通常包括主题性产业（包括产业、办公以及主题性的功能用房等）、商业、居住、休闲等其他配套空间，主题明确，功能多样。每种单一功能的建筑应遵循其自身的内在规律，同时亦应与主题性产业建筑确定的主题建筑风格协调，相关业态还应充分考虑通用性、模数化以及可塑性。建筑形象的塑造应强调时代特征、人文气质和环境品味，运用朴实的材质、简洁的线条、清新的语言设计出简约、明朗、亲切、宜人且具时尚和文化底蕴的建筑新形象，使园区尽显特色和个性。

三、案例——西安长安科技芯城

西安长安科技芯城/复合型主题产业园区位于西安市长安区，地处大学城和规划的通信产业园之间，北近高新区，南望大秦岭。根据城市总体规划，建设用地性质原为科技产业用地，作为地产开发项目，考虑到该区域产业类项目建设量已趋饱和，经调研和分析，并结合原规划基本思路，提出了创建复合型主题产业园区的思路，以此为依托打造长安区具有科技、人文、绿色、时尚品质的新型复合型主题园区，使之成为长安区城市空间的重要节点。

根据多功能复合型主题产业园的特点，项目构成包括了技艺产业、居住小区、综合商业等不同功能，结合周边地特质和环境条件，将建设场地划分成几大功能板块，即技艺工场、宜居馨苑、尚城星座，用大型主题景观花园——长安花谷和时尚风情街区为主线串联成整体，分别赋予产业、居住、商业等相应功能，使之和场地环境形成优优对位。技艺工场包括创意公社、创意工坊、研发办公、青年公舍等以创研为核心的相关功能；宜居馨苑以高尚住宅为主，配有幼儿园、老年中心等配套功能；尚层星座则是大型商业综合体，包括综合商业、SOHO办公、酒店式办公以及高档写字楼等不同的业态和功能；长安花谷作为园区的中心，是主题景观带和空间核心，少儿活动体验中心与之有机结合，同时园区的服务中心、卫生中心及快捷酒店等亦设置在此区域，辐射各大功能板块。

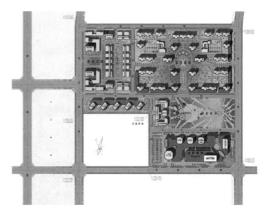

图1 规划总平面图

本着绿色、人文、时尚的设计理念，规划结构采用"一心、一轴、三核、三块"的空间结构，和场地及环境文脉相契合。所谓"一心"即以长安花谷为主题的景观中心；"一轴"即贯穿东西的景观、商业、交通主轴；"三块"即三大实体功能区块；"三核"即三大功能区块内都自成一体的空间次核心。各功能区块结合使用功能配置商业、时尚、休闲空间，突破单一功能的机械切分，实现关联和融合，空间结构分区明确、自成体系、相互贯通、互为补充，从而形成你中有我、我中有你的复合型、交融性的空间形态，使长安上都在未来成为链接大学城和产业区的纽带，为青年学子和青年员工打造出一体化服务的时尚新天地。

园区道路系统结合总体布局采用18米宽小

区级道路网与城市主次干道连接，各功能组团级道路网与小区级路网相接，关系清晰，主次分明。交通流线设计快捷、通达、方便，在居住区和中心景观区绝对保证了人车分流，消防及应急车道在高层建筑周边场地形成环绕，汽车库的布设结合各功能区划主要分布在地下，在公建组团周围少量布置地上停车位，满足临时停车需要，车道口部设置体现了均衡、方便、易识别的原则。

园区空间组合充分考虑建筑物与场地的图底关系以及沿街立面的形态，在注重各功能组团的相对独立性的同时，采用围合、穿插、对景、因借等手法强化了各功能区之间的整体性。空间形态虚实相生，高低相盈，气韵相合，图底相间。景观系统结合组团关系采用主次有别、线面相接、点线相连、整体融合的手法使之形成互为整体的有机组成部分，园区集群形态和建筑造型采用典雅、时尚、现代的风格，各功能区域的建筑造型各有特点，总体又相对统一，结合人的视觉识别特点，建筑造型从低到高，从

图4 技艺工坊鸟瞰图

图5 技艺工坊透视图

居住到商业，从商业到产业体现出从典雅到时尚、从时尚到现代之间的过渡，建筑总体造型态势统一、轮廓分明、气势融合。

建筑高度的设计既考虑了天际线的变化，又考虑了适度的经济性，以高层为主，多层和高层相间，高层住宅控制在 80 米以下，高层公建控制在 100 米以下，多层则控制在 24 米以下。园区面积指标的设定既考虑了适度的土地开发强度又考虑到环境的承载力和使用的舒适度，总建筑面积 108 万平方米，其中技艺工坊 26 万平方米、宜居馨苑 46 万平方米、尚层星座 32 万平方米、总停车位 8280 辆，建筑密度 25%，绿地率 40%，容积率 2.5。

图片来源：本文中图片均来自作者本人所设计的工程项目。

参考文献

[1] 水石国际编著. 城市主题产业园设计与开发. 上海：同济大学出版社，2011.10.

图2 整体鸟瞰图1

图3 整体鸟瞰图2

历史街区保护更新与文化传承初探

徐涛　周庆　段成钢　王苗①

摘　要：随着我国城市化进程的加快，城市功能的更新和完善使街道历史文化的丢失日益成为城市建设的新课题。街区不仅仅给我们提供交通空间，更是人们的生活场所。随着时间的沉淀，街区见证了城市的发展和兴衰，成为城市历史文化的载体，承载着城市发展的记忆。我国已经在历史街区保护与更新上拥有了很多成功案例，但其中也存在一些问题。正视这些问题，并分析得出合理的方式和方法，从而更好地完成新形势下历史街区的保护与更新，传承我们祖国伟大的文化宝库，是目前的重要课题之一。

关键词：历史街区　文化　传承

历史街区的保护与更新如火如荼，但盲目的大拆大建，无视历史街区文化的传承，导致城市记忆、城市文化正在渐渐消失（图1）。尤其是在更新过程中对历史街区的物质空间环境和人文内涵价值认识不足，使得许多对历史街区总体环境的保护和控制很不到位，且在商业利益的驱使下，随意安排建设项目，变更确定的建筑高度、密度、容积率等指标，现已给历史街区环境造成了严重的破坏。②让我们从身边熟悉的历史街区保护与更新案例着手研究。

一、历史街区保护与更新案例

历史街区保护与更新形成了很好的文化保护与更新的方式方法，但同时也出现了一些新的问题，我们要正视这些问题，进行合理的分析研究。

1．北京前门大街保护与更新

前门大街位于京城中轴线，北起正阳门箭楼，南至珠市口，全长845米，整条大街形成于明代正统初年，至今已有约570余年历史（图2）。

在历史街区保护与更新的过程中，街道实现

图1　历史街区的"拆"
图片来源：网络

---

①　徐涛，天津城建大学建筑学院在读硕士研究生；周庆，天津城建大学建筑学院副院长、副教授；段成钢，天津华汇工程有限公司助理建筑师；王苗，河北建筑工程学院建筑与艺术学院助教。
②　武联，王鑫．历史街区保护与更新方法 [J]．建筑科学与工程学报，2007（1）．

图2 北京前门大街区位及街景　图片来源：作者自绘自摄

了观光人流和城市交通的分流，开辟前门东西两路作城市交通的车行路，前门大街完全作为步行街。有轨电车"铛铛车"成为街道特有的观光交通工具，是具有怀旧色彩的人文景象。沿街立面效仿20世纪二三十年代的历史风貌，一些老字号商铺在此开店，体现了一种历史文化的回归。

休闲座椅和公共设施配置还不完善，由于空间尺度要求以及有轨电车的存在，不能种植高大乔木，缺少人文关怀因素。整体景观显得拘谨，而且大面积的硬质石板使街道空间的亲和力降低。街道内仅过年过节时才有小规模的传统文化活动，街道空间旧日的市井气息消失，附近居民没有认同感和归属感，没有达到经济发展和文化传承双赢的结果。

2. 北京南锣鼓巷保护与更新

南锣鼓巷位于北京东城区西部，北起鼓楼东大街，南止地安门东大街，东邻交道口南大街，西靠地安门外大街，全长786米，宽8米。在元代，南锣鼓巷地区位于元大都中心，沿用了

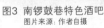

图3 南锣鼓巷特色酒吧　　图4 南锣鼓巷绿植
　图片来源：作者自摄　　　　图片来源：作者自摄

"里坊制"建筑思想，是我国唯一完整保存着元代胡同院落肌理、规模最大、品级最高、资源丰富的棋盘式传统居民区。[①]

如今的南锣鼓巷在整体保护与更新后已成为城市与故宫缓冲区的一部分，巷子里的特色餐厅、酒吧（图3），是外国游客和时尚青年最爱驻足的地方。保留了巷内原有的古树和古迹，绿化环境和文化氛围较好（图4）。各特色商店设计在保存古建的同时充分张扬自己的个性，取得了较好的效果。但街道内允许机动车进入，扰乱了街道的步行环境。街道内也未考虑无障碍设计，地面铺装只是沥青水泥硬化，没有铺装特色地砖，建筑底界面平庸。

3. 天津鼓楼商业街保护与更新

天津鼓楼商业街位于天津老城厢商业区，始建于明弘治年间（1943年），以鼓楼为中心发展成为商业街。鼓楼商业街为"十"字形，东起城厢东路，城厢中路环绕商业街南西北端（图5）。2002年保护与更新后的鼓楼步行街，集旅游、文化、购物、休闲于一体。以青砖瓦房的明清建筑风格为主，雕梁彩绘，青砖青瓦对缝，街内建牌坊、穿街戏楼及各式具有浓郁明清建筑风格的店铺。景观也充分表现天津民俗文化，极具亲和力。[②]缺乏无障碍设计方面考虑，缺乏应当的人文关怀。

4. 张家口堡东关街保护与更新

张家口堡（俗称堡子里）是张家口市区发展的"根"，东关街见证了张家口堡由当初的军事城堡转变为贸易商城的过程。

实际保护与更新过程中古堡老街被完全拆除，取而代之的是一条毫无特色、没有任何传统气氛的步行街，失去自身肌理，犹如划在堡子里的一道伤疤，丢失了街道空间的文化特色

① 岳巍.南锣鼓巷：用喧哗的宁静涂抹时光[N].华夏时报, 2007.
② 秘舒, 李吉瑞.城市空间符号意涵功能分野——天津市和平路商业街与鼓楼商业街的比较[J].城市, 2007（9）:30-32.

（图6）。这是历史街区保护与更新的典型反面教材，为了商业利益，不顾历史文脉的延续，将原有建筑全部拆除，新建建筑也丝毫没有堡子里百年老街的元素，景观小品也是随行就市，整个街区出现了文脉的断层，值得我们引以为戒。

二、历史街区保护与更新存在问题总结

1. 交通阻碍，缺乏无障碍交通设计

街道的一大功能就是交通功能，有些道路曲径通幽是必要的，但过于追求街道交通形式的丰富就会导致交通阻碍。例如天津的一些街道利用河流建立，形成了类似于迷宫城市的现状。无障碍设计应该越来越得到人们的关注，有的街区在更新上设计了无障碍设施，但失去本该有的归属感。无障碍坡道常被锁着，盲道常被车辆杂物占据。

图5 天津鼓楼商业街街景　图片来源：作者自摄

图6 张家口堡子里东关街街景　图片来源：作者自摄

2. 个性消失，可识别性丧失

历史街区只有营造出自己独特的魅力才是成功的，盲目地追求现代化，相互抄袭，导致街道个性沦丧，让保护与更新后的历史街区缺乏个性，使游客丧失游玩的兴趣，同时原始居民也失去了本该有的归属感。

3. 忽视生活，缺乏参与性

现今的历史街区保护与更新过分追求建筑物的朝向和采光，将街区修整得如棋盘分布，机械地给城市带来了新的机器街区。公共休息设施的缺乏也很严重，机动车行驶在传统的街道上，不仅增添了交通压力，也给人们带来了异常的拥挤。

4. 文脉缺失，延续性降低

中国作为历史悠久的文化古国，辽阔的地域造就了南北截然不同的文化和生活，历史的悠久也铸造了人们根深蒂固的生活习惯和习俗，然而历史街区保护与更新却让我们丢失了最珍贵的东西。叫卖声的回荡、石板路的参差不齐，沿街店铺的各色幌子已经慢慢被钢筋混凝土"盒子"所替代，我们迷失在自己最熟悉的街道内。

三、历史街区保护与更新方式和方法初探

历史街区保护与更新的案例给我们提供了很好的素材，我们应该及时发现问题、解决问题，争取创造更好的历史街区空间。

在阅读了大量资料和经过实地调研后，归纳了一些理论层面上的设计方式和方法。

1. 交通可达性与无障碍设计的应用

可达性是构成街道场所体验的基础。可达性原则的内容包括交通可达和视觉可达。[1]

---

① 郑晓山.场所精神的保持和延续——历史街区场所设计程序研究[D].西南交通大学，2004.65.

图7 天津民俗文化　图片来源:网络

可选择的穿过街区的路线数量、交通流线的顺畅便捷、行进的连续无障碍等都是衡量交通可达性的因素。必要的人车分流,街区与周围交通的衔接和无障碍设计已经提上现代历史街区保护与更新的议程。

无障碍路径设计应尽量减少水平高差的存在,如果无法避免,应采用较缓的坡道。无障碍坡道应尽量短直,设置台阶时,台阶竖面与水平面宜采用对比色,以方便视力较差的老年人和残疾人。[①]

2. 传承历史街区风俗习惯

在历史街区保护与更新中,应考虑提供一定的街道空间场所,鼓励引导历史街区风俗的传承。适当引入商业旅游元素,为街道风俗增添生命力,为其传承增加动力。如在天津鼓楼商业街,泥人、糖画、剪纸等具有天津传统特色的民间手工业不仅展现了天津气息浓郁的民俗特色,还带动了商业的发展(图7)。当耳熟能详的叫卖声响起时,仿佛又回到了几百年前的路上。当我们听到天津的"狗不理""桂发祥"等字号时,当我们摸着传统历史古镇街区的古槐树时,传承街区风俗的任务就已经完成了。

3. 多样性原则的应用

造型多样性和内部多样性是必须的。当人们走在街道上看到千篇一律造型的房子是什么感触?我们应该在传统的建筑形式上利用建筑

物的檐口、山花、柱式、窗饰、外立面色彩和基座等素材进行大胆的突破和尝试。

从珠宝一条街、食品一条街、陶瓷一条街、破旧不堪的茶舍,逐渐让历史街区形成有居住、商业、文化等多种功能参与的街区内部功能。将破旧的茶舍改造成新的咖啡厅,都是对多样性的一种尝试。

4. 重铸生活元素,增加居民的参与性

在历史街区保护与更新中,除了重视建筑景观等实体元素外,柔性边界和私密领域的设计是必要的,能够让人们更好地发挥自己的特色。尊重以前的生活习惯,能让人们更好地去参与,不仅满足了人们生活上的需要,也能达到记忆延伸的效果。在柔性边界内可以增加商业买卖、舞蹈集会、下棋聊天的场所。

图8 街角的文化交往空间　图片来源:作者自摄

---

① 伊丽莎白·伯顿,琳内·米切尔著.包容性的城市设计——生活街道[M].费腾,付本臣译.北京:中国建筑工业出版社,2009.92–101.

图9 沿街店铺的幌子　图片来源:作者自摄

图10 沿街店铺的串串大红灯笼　图片来源:网络

5. 邻里交往的加固

邻里交往需要居民有足够的交往欲望和一定的接触频率,设计者必须考虑"在尊重街道原有的空间肌理和生活形态的前提下,为邻里交往提供一定的空间场所"[①]。如加建街道广场花园,林荫道下的休闲娱乐、足球场等设施(图8)。

6. 景观界面和场所体验的增加

古代的幌子就是有中国特色的街头标识物(图9)。那些有特点的标识物已经深入人心,甚至能代表整条历史街区,成为街区中起控制作用的视觉中心点。牌坊、雕塑、景观树甚至店面上挂出的一串串大红灯笼都能唤起人们的场所体验感(图10)。沿街街墙设计成透空的样式,展示沿街庭院内景观绿化,使街道景观与庭院景观内外交融。这样庭院景观也渗透到街道景观里,成为展现地域文化的重要因素,增强了街道的可识别性。[②]

四、小结

人文精神是一种普遍的人类自我关怀,表现为对人的尊严、价值、命运的维护、追求和关怀,对人类遗留下来的各种精神文化现象的高度珍视。人之所以为万物之灵,就在于有"人文"的存在,有自己独特的精神文化。[③]

传统文化蕴含在街道空间内,是时间带给空间的痕迹,以特殊的形式、暗示的信息与体验者的经验相契合,产生心灵的共鸣,这种历史与建筑产生的共鸣,让体验者感受到街道空间的历史沧桑。

街道空间延续着特有的温馨气氛,历史文脉也得以传承,原居民能在饱含亲切记忆的街道空间里得到情感庇护,体验归属感;旅游者能在具有历史文脉的街道空间里得到文化熏陶,体验沧桑感。重建的戏台、牌楼、大殿、茶舍、摊位、地面参差的铺砖都是历史给予我们最好的回忆机会。

---

① 于小洋.“体验”在历史街区城市空间改造设计中的应用研究[D].青岛理工大学,2009.55.
② 王颖.地域文化特色的城市街道景观设计研究[D].西安建筑科技大学,2004.72.
③ 施福昆.试论人文精神与核心价值观的建构[J].经济研究导论,2010(25):221.

宗教历史建筑的保护策略研究
——以考文垂大教堂与石宝寨、张飞庙为例

胡辞[①]

摘 要：宗教历史建筑的保护具有越来越重要的意义，保护理念日趋成熟，保护的措施也愈加完善。本文力图通过具体的案例分析来探讨如何针对具体的宗教历史建筑选择和制定恰当的保护策略。

考文垂大教堂、石宝寨、张飞庙三个宗教历史建筑的保护策略各有不同：考文垂大教堂保留了被毁坏的原址与建筑，新建部分与原有部分分开；石宝寨占有一个完整的山头，为了防止三峡工程造成的水位升高将其下部淹没，在它的外围修筑了一圈大堤，原有建筑群在原址上得以保留；而张飞庙则直接从原址搬迁至位于高处的新址。

这三个历史建筑采取三种不同的保护策略，每一种策略都有它们各自的特点，适用于不同的自然和社会环境中的宗教历史建筑。三种策略对经济、技术、历史文化有不同的要求并产生不同的影响。

通过对这三个不同宗教历史建筑保护策略的案例分析，得出以下结论：宗教历史建筑的保护策略需要根据建筑的现状、保护的目的、所在的社会、经济、历史、技术与文化环境来综合考虑和制定，选择最适合该历史建筑的方式来进行保护。

关键词：宗教历史建筑 保护策略

一、历史建筑保护的背景

从世界范围来看，历史建筑作为人类历史文化遗产的重要组成部分，对它们的保护古已有之。但对历史建筑等遗产的保护真正作为一门学科，是从19世纪中后叶开始的，经过100多年的发展和探索，对遗产保护的认识愈加深远，保护的原则与目的、方法与手段都在此过程中不断调整、完善，到20世纪六七十年代之后，走向成熟，并稳定发展。在此过程中，一系列的遗产保护国际公约被颁布并作为进行遗产保护的依据和法典，包括《雅典宪章》（1933年8月）、《威尼斯宪章》（1964年5月31日）、《保护世界文化和自然遗产公约》（1972年11月16日）、《内毕罗建议》（1976年11月26日）、《马丘比丘宪章》（1977年12月）、《佛罗伦萨宪章》（1981年5月）《华盛顿宪章》（1987年10月）、《奈良真实性文件》（1994年11月）、《墨

---

① 胡辞，华中科技大学建筑与城市规划学院博士研究生、讲师。

西哥宪章》（1999 年 10 月）等。

保护对象的范围越来越广，由单栋建筑转向建筑群体，乃至建筑所在的区域与环境；由"自然遗产"和"文化遗产"扩大到"历史园林"、"产业遗产"、"历史城镇与街区"以及"历史城市"、"历史地区"。

保护的原则由强调保护的"真实性"（authenticity）[1]和"完整性"（integrity）[2]至"文化的多样性"（cultural diversity）[3][4]。保护理念由"静态保护"转向"动态保护"。静态保护就是使历史建筑保留旧有的风貌和状态，不致损毁。动态保护可理解为对历史建筑进行整体保护的一种，循序渐进，审慎更新，小而灵活的增长[5]。

世界上许多国家和地区根据其自身的情况，给出了保护的策略与方法的分类及标准。根据罗马保护修复中心对历史建筑的修复标准，定义了几种不同程度的保护方式，分别是衰败防治（prevent deterioration）、保存（preservation）、加固（consolidation）、修复（restoration）、复制（reproduction）、重建（reconstruction）和再利用（reuse）。而美国 NPS(National Park Service 的简称) 将历史建筑保护分为以下几种方式：保存、修复、再生、重建，并相应制定了详细的标准(standard) 和导则(guideline)。我国对历史建筑的保护措施主要有：维护保养(Presentation of deterioration)，包括灾害险情监测、日常保养维护；维修加固(maintenance and reinforcement)，包括材料和构件；修复(Restoration)，包括归安与复位、更换、添配与去除、解体与重构；恢复重建 (reconstruction)；迁建 (relocation)；改造利用 (reuse)[6]。历史建筑保护策略的制定可根据其自身具体的情况综合考虑。如对一个保存相对完好的历史建筑采用日常维护的保护策略；而对另一个有一些损毁且废弃的历史建筑采取修复和改造利用的策略。

二、相关概念的界定

1. 对"历史建筑"与"宗教历史建筑"的界定

历史建筑在国外与国内的界定有一定的差异。比如，在英国，政府文件对"Historic Building"有明确的界定，包括：1) 登录建筑；2) 保护区内的建筑；3) 具有地方历史 / 建筑价值且地方政府发展规划必须考虑的建筑；4) 位于国家公园、杰出自然风景区和世界遗产地范围内具有历史和建筑价值的建筑物[7]。在中国，根据《历史文化名城、名村保护条例》（中华人民共和国国务院，2008），历史建筑的定义是经城市、县人民政府确定公布的具有一定保护价值，能够反映历史风貌和地方特色，未公布为文物保护单位，也未登记为不可移动文物的建筑物、构筑物。本文中所指的历史建筑较宽泛，是指包含文物在内的具有保护价值和反映历史风貌地方特色的建筑物、构筑物。

宗教历史建筑是历史建筑中的一个重要类型。这类历史建筑是进行祭祀、祈祷、庆祝、婚丧嫁娶等宗教或民俗活动的空间，既要满足仪式的使用功能，又要满足精神的膜拜功能。

① 《威尼斯宪章》第一次涉及历史纪念物保护的"原真性"。《威尼斯宪章》开篇即提出："传递它们真实性的全部信息(the full richness of their authenticity)是我们的职责。"
② 《威尼斯宪章》中，"完整性"第一次出现于国际宪章，它的含义包括：完整的性质(The condition of being whole or undivided , completeness)和未受损害的状态(The state of being unimpaired soundness)。
③ 1992 年通过的《21 世纪议程》，首次提出"文化多样性"的概念。《奈良真实性宣言》中肯定并强调了"文化的多样性"和"文化遗产的多样性"。
④ 张松. 城市文化遗产保护国际宪章和国内法规选编[M]. 上海：同济大学出版社，2007.
⑤ 李茉. 城市历史街区的保护与再生[D]. 大连：大连理工大学，2009.
⑥ 汝军红. 历史建筑保护导则与保护技术研究——沈阳近代建筑保护利用的理论与实践[D]. 天津：天津大学，2007.
⑦ 朱光亚、杨丽霞. 历史建筑保护的管理与思考[J]. 建筑学报，2010（2）：18–21.

相对其他类型的历史建筑来说，宗教历史建筑较重视空间的精神内涵。

2．对"保护"和"保护策略"的解释

"保护"，除包括保留、保存等基本含义外，也包括为保护目的而采取的如维护、修复、恢复等一系列具体的方法。"保存"的基本概念更多是从维持原状出发采取的方法和措施，而"保护"指采取相对积极、主动的方法和措施。《威尼斯宪章》指出：保护不但是为了一件艺术的实物，而是为了彰显人类文明的证据。国际古迹遗址理事会中国委员会（China ICOMOS）在 2002 年发表《中国文物古迹保护准则》，该文件指出：保护 (Conservation，是保存 (Preserve) 文物古迹的实物及其历史环境而进行的全部活动。这样，"保护"便涉及历史建筑遗产的调查、鉴别、评估、保护方案的选择与实施、保护管理等工作，是一个系统性工程。

"保护策略"是为达到保护的目的，而采取的一种或几种综合的办法与措施。

三、宗教历史建筑的保护策略案例研究

1．考文垂大教堂的保护策略：保留与新建

考文垂大教堂（即圣·迈克尔大教堂，St. Miehael）位于英国中部的小城考文垂。考文垂是近代英国重要的工业城市，以钟表、汽车等工业产品闻名。它在第一次世界大战中成为军事工业生产基地，生产军火、装甲车、飞机等产品，"一战"后发展新型工业。"二战"前夕是英国的工业中心，"二战"中成为德军轰炸的目标。

考文垂大教堂始建于 1373 ~ 1393 年，1918

年成为考文垂的主教堂，是城市的主要象征之一[①]。在 1940 年 11 月 14 日考文垂大教堂德军的轰炸中损毁严重，建筑大部分被炸弹和大火摧毁，只留下残破的躯壳。第二天早晨石匠 Jack Forbes 发现掉下来的两根烧焦的木梁正好形成了一个十字，他将这两根梁固定，让十字在废墟中竖立起来。同时，"天父宽恕"几个大字也出现在教堂的墙上[②]。可以说，人们从教堂被毁的那一刻就开始考虑修复的工作了。

英国当时最有名望的建筑师吉尔伯特·斯考特（Gilbert Scott）为考文垂大教堂的重建做了方案，对教堂空间进行了重新组合，修复了后殿和塔楼。但他的方案被认为过于复古，1946 年，该重建方案被否定。1950 年再次举行了全国范围内的设计竞赛。1951 年，建筑师巴塞尔·斯潘爵士（Sir Basil Spence）的设计方案脱颖而出，成为最终的实施方案（图1），并于 1962 年建成竣工[③]。

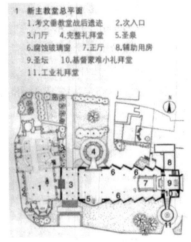

图1　考文垂大教堂平面
旧教堂遗址在西边，新建教堂在东边，中间是连接新旧教堂的门廊
图片来源：朱晓明，张波. 凤凰涅槃——英国考文垂主教堂的重建 [J]. 新建筑，2005, 06: 88–91.

---

① 朱晓明, 张波. 凤凰涅槃——英国考文垂主教堂的重建[J]. 新建筑，2005（6）：88–91.
② 据考文垂大教堂官方网站的历史介绍而来，原文为 "Jock Forbes, noticed that two of the charred medieval roof timbers had fallen in the shape of a cross. He set them up in the ruins where they were later placed on an altar of rubble with the moving words 'Father Forgive' inscribed on the Sanctuary wall." http://www.coventrycathedral.org.uk/about-us/our-history.php
③ 朱晓明, 张波. 凤凰涅槃——英国考文垂主教堂的重建[J]. 新建筑，2005（6）：88–91.

图2 老教堂的遗迹，现成为供人沉思、缅怀的广场
图片来源：金磊. 用建筑遗产昭示使命—感受英国考文垂新主教堂的创作[J]. 城市减灾, 2012（4）: 31-34

图3 新老建筑主立面材质皆为红色砂石，使它们相互呼应，成为统一的整体
图片来源：http://www.coventrycathedral.org.uk/visit-us/

图4 新教堂大厅墙上的圣徒挂毯
图片来源：金磊. 用建筑遗产昭示使命——感受英国考文垂新主教堂的创作[J]. 城市减灾, 2012（4）: 31-34

巴塞尔·斯潘爵士的方案没有修复考文垂教堂的遗迹，而是将老教堂损毁的遗迹保留下来，他在只剩下残破的外壳而没有屋顶的遗迹中设置了坐凳，这样，老教堂成了可供人瞻仰、沉思和休憩的广场（图2）。新建的教堂是独立的，位于老教堂的东面，与老教堂垂直，并通过门厅与老教堂遗址连接起来。新教堂是一座现代建筑，主立面使用传统红色砂石与旧教堂呼应（图3），而在其他部分使用了钢、混凝土、玻璃等现代建筑材料，教堂内部空间的塑造具有现代感，融合了建筑师与艺术家的创作，教堂大厅中心的圣徒挂毯（图4）、梦幻的腐蚀玻璃窗幕墙（图5）等艺术作品很好地烘托

了教堂的神圣而绚烂的氛围。

这个方案之所以被选中，胜在其修复的策略真实地保留了被损毁的老教堂遗迹，让每个人都能直接目睹战争带来的创伤。同时，新的教堂独立地建造，融合了传统和现代的建筑材料，用现代的建构方式和艺术作品出色地诠释了宗教空间，恰当地反映了教会重建考文垂大教堂的宗旨——永生与和解（Peace and Reconciliation）。对考文垂大教堂的重建来说，它的确是一个客观、真实、深刻而又充满创造活力的修复策略。

2. 石宝寨的保护策略：原地保护

石宝寨位于重庆市忠县石宝镇，背靠伫立于长江中的陡峭险峻的玉印山（也称石宝山）。明末谭宏起义，据此为寨，"石宝寨"之名由此而来。石宝寨整个建筑群由山下寨门、上山甬道及"必自卑"石坊、九层高依山而建的寨楼、峰顶与寨楼相连的奎星阁和天子殿五部分组成。

玉印山顶上的庙宇——天子殿始建于明朝

图5 新教堂的腐蚀玻璃窗幕墙
图片来源：金磊. 用建筑遗产昭示使命——感受英国考文垂新主教堂的创作[J]. 城市减灾, 2012（4）: 31-34

图6 从寨门看石宝寨寨楼，寨楼依山而建，显得高耸巍峨
图片来源：http://club.china.com/data/thread/3759/283/26/36/9_1.html

图7 三峡工程蓄水前的玉印山石宝寨，上部为石宝寨与寺庙，下部沿岸为居住区与码头
图片来源：http://club.city.travel.sohu.com/fuzhou/thread/l3cbda6986c76108e

万历年间（1572～1619年），清朝多次重修①。如果人们要到山上的寺庙去祭拜或祈福，必须爬上陡峭的山崖，而建庙之初几乎是无路可走。

清乾隆初年士人建造了"岑楼"，是为寨楼的雏形，但并未通顶。同时，人们在石壁上冠以铁索，方便攀爬。嘉庆二十四年（1795年）贡生邓洪愿等在岑楼的基础上建起九层寨楼，后又建奎星阁与寨楼顶部相连。人们可以通过楼梯，经层层寨楼，到达山顶。寨楼实际上是去往山顶的通道（图6）。

石宝寨的寨楼为穿斗木构建筑，整个建筑不用一颗铁钉，仅用榫卯联接。梁的一端直接打入山体，每层的楼板向山体有约1%的倾斜，使建筑与山体有更稳定的结合。同时，石宝寨寨楼随着层数的增加，其进深和面阔逐渐缩小，重心整体向山体方向靠近，也增加了它的稳定性，使它成为我国现存最高和层数最多的穿斗式木构建筑②，有重要的历史文化保护价值，是我国重点文物保护单位。

在三峡工程兴建之前，玉印山上部为石宝寨，下部沿岸是当地居民的居住生活的空间场所（图7）。由于三峡工程的水位为175米，水位线到达石宝寨山门处③。当地的居民在政府的安置下统一搬迁，对于石宝寨，曾有人提议将其异地搬迁，但不论是要找到地形环境相似的基地位置，还是将这个高层穿斗木作建筑复原，难度都比较大。

经过专家们的讨论和选择，最终确定了石宝寨的原地保护策略。在其外部筑围堤阻挡江水，沿堤坝建造石宝寨环岛观光道路。设置主次两个出入口进入石宝寨。主要出入口通过一个181米长的铁索吊桥陆地相连（图8），通往石宝镇和大船停靠的港口。次要出入口位于堤坝下，可泊小船，有道路沿堤而上进入石宝寨。这样的保护策略虽然使石宝寨变成了"孤岛"和"盆景"④（图9），但它被真实、完整地保留了下来，并以新的形象展现在世人面前，焕发了新

① 清道光六年(1826年)《忠州直隶州志》卷三"寺观"载："天子殿，在玉印山，前明知州尹瑜建。康熙中、乾隆初重修。有钟万历建庙铸。"
② 汤羽扬. 崇楼飞阁，别一天台——四川省忠县石宝寨建筑特色谈[J]. 古建园林技术，1996(2)：3-10.
③ 马培汶. 三峡文物世纪大抢救[J]. 涪陵师范学院学报，2004，20(4)：76-82.
④ 厉铭，乔德炳，靖艾屏. 最美古建筑群：石宝寨——巧叠精雕的江中"小蓬莱"[J]. 环球人文地理，2012(12)：74-76.

图8 石宝寨现在的主入口，为一座铁索吊桥
图片来源：http://www.cqpa.org/forum/forum.php?mod=viewthread&tid=659290&page=1&from=space

图9 由于水位上涨，现在的石宝寨变成了一座"孤岛"和"盆景"
图片来源：厉铭，乔德炳，靖艾屏. 最美古建筑群：石宝寨——巧叠精雕的江中"小蓬莱"[J]. 环球人文地理，2012（12）：74-76.

的活力。

3. 云阳张飞庙的保护策略：搬迁

云阳张飞老庙位于重庆市云阳县飞凤山北麓，与云阳古城隔江相望。它迄今已有 1700 多年的历史，始建于蜀汉末年，后几度为洪水所毁，现存建筑主要是清代修复建造的。

张飞庙依山望江而建，与地形和环境紧密契合（图 10）。现存建筑有大殿、结义楼、望云轩、助风阁、得月亭、杜鹃亭等，位于石砌的三层台地上，形成高 10 米左右的绝壁。庙内存有历代题刻，有石碑、摩崖石刻 190 余件，木刻书画 217 幅，有珍贵的历史价值[1]。

老张飞庙位于 130 ~ 160 米之间，三峡蓄水

水位达到 175 米后，会被全部淹没。应该选择何种策略来保护它？如果考虑原地保护，它将全部位于水下，保护技术难度大，耗资巨大，且其原有周边环境与风貌与之前也会截然不同。经专家学者反复研究以及相关政府部门的确认，决定采取将其整体搬迁的保护策略，搬到上游 32 公里之外的盘石镇龙宝村，与搬迁后的新云阳县城隔江相对，这样也对新云阳县的文化和旅游的发展颇为有利。搬迁选择的新址与旧址在地形和环境上也有一定的相似度，都是依山傍水风景秀美的地方（图 11）。考虑到老张飞庙空间相对狭促，新庙在复建的基础上有拓展，但基本忠于原有空间的形式，在建筑下建

图10 云阳老张飞庙，依山傍水，树木繁茂
图片来源：朱宇华. 重庆市张飞庙搬迁工程保护问题研究[D]. 北京：清华大学，2004.

图11 云阳新张飞庙，虽然新址的植被没有旧址丰美，但大体环境与旧址相似
图片来源：孙华. 重庆云阳张桓侯祠考略——兼谈张桓侯祠异地搬迁保护之得失[J]. 长江文明，2008（2）：8-19.

---

① 朱宇华. 重庆市张飞庙搬迁工程保护问题研究[D]. 清华大学，2004.

造地下博物馆，收藏张飞庙中各种珍贵文物，既扩大了空间，又保留了建筑旧有的风貌。

四、结论

本文对保护策略仅以三个不同宗教历史建筑案例来讨论，在对其进行分析的基础上能看出保护策略选择与具体案例现状、保护目标以及自然、文化、经济、社会等因素紧密相关，但无法涵盖宗教历史建筑保护策略的各种类型。在现实中对于每一个案例都应该作具体的分析评估后选择适合它的保护策略，让它在历史、文化和社会中的功能得到更好的延续和再生。

本文通过对三个案例的分析研究，尝试总结了基于各种不同现状的宗教历史建筑的保护目标，其保护策略、方法的选择，具体内容见下表。

不同现状和保护目标的宗教历史建筑的保护策略选择

建筑现状	保护目标	保护策略	保护方法与手段
保存较完整	保持建筑现有形式、材料与有关信息的完整性	维护与保养	控制开放容量日常维护与定期保养
保存较完整，但受到自然力的侵害和不良影响	制止自然力对建筑的持续侵害	防护与加固	灾害与险情检测设置防护措施喷涂保护材料和灌注补强材料
原状不完整，建筑构件局部变形或损坏	修整变形或损坏的构件，使历史建筑恢复稳定、安全的状态	修整与修复	修补与更换残存构件增添加固结构或补强材料改善受力状况

不同现状和保护目标的宗教历史建筑的保护策略选择 （续表）

原有基址被废弃，原有历史环境已失去，难以恢复。建筑遭到一定程度的毁坏	在新的、相似的基地环境中恢复原有建筑	迁建	小心地拆除原有构件，并将其编号在新环境中复原建筑
建筑完全被摧毁	任由建筑消失或使建筑重生	保留原有建筑遗迹或重建	整理建筑遗址，保留其残存部分，在原址或其附近重建、新建建筑

同时，宗教历史建筑的保护策略还需要根据建筑所在的社会、经济、历史、技术与文化环境来综合考虑和制定，对于一个建筑可能会选择多种保护方法，结合在一起形成综合保护的策略。

顾家大屋的保护规划研究[①]

李绪洪　陈怡宁[②]

摘　要：本文在现场勘查实测基础上，分析顾家大屋古建筑群的建筑艺术，并对顾家大屋进行保护规划，研究其保护价值意义和保护策略。

关键词：顾家大屋　保护规划　建筑艺术

一、顾家大屋的建筑艺术

顾家大屋位于广东省云浮市新兴县新城镇枫洞村，是广东省保存比较完整的清代古建筑群。因该村古时遍植枫树，犹如天上的彩霞，层林尽染，故名"枫洞"。唐朝时为新兴八景之一，称"枫洞晚霞"。顾家大屋背山面水，因地制宜，坐南向北，与中国传统风水格局"凡宅左有流水谓之青龙，右有长道谓之白虎，前有污池谓之朱雀，后有丘陵谓之玄武，为最贵也"，呈现"反弹琵琶"的朝向布局。古建筑群空间序列清晰，有前序、发展、高潮、结尾，形成三排四列，以横排两座为一组，每排左右格局相同，两组之间以巷道隔开，主巷呈"井"字将各组建筑连接。从院落民居到公共建筑的生活空间，将宗祠、古巷、牌坊、书院、庭园、水井、池塘、农田等相连成片，池塘、水井构筑了古村落的水文化环境，形成一个有序的以"顾氏家族"聚族而居的生活结构，保存着比较完整的清代以家族姓氏为纽带的群居生活模式。原西面有作为龙首的门楼（后被拆除），北面顺应自然沿着河水向东延伸，呈现卧龙含珠之形（图1）。

顾家大屋保留至今的建筑物少数是明代的，大部分是清代和民国时期的，但三个不同时期的建筑物在风格上比较统一。主体建筑群占地面积五千多平方米，是清代同治年间在苏

图1 顾家大屋总平面图　图片来源：作者自绘

① 广东省学位与研究生教改课题《基于从业方向分类下的环境艺术设计研究生培养模式研究》，立项号：2013JGXM-MS21。

② 李绪洪，华南理工大学建筑学博士、博士后，广东工业大学建筑学教授、研究生导师；陈怡宁，西南大学美术学硕士，广东外语艺术职业学院美术学副教授。

州任官职的顾思贤父子在家乡兴建的青砖石板建筑，现存保存比较完好的建筑有22座，其中，仿照苏州建筑样式兼备广府建筑样式的有12座。建筑群为穿斗与抬梁混合式木结构，梁架上有精致的木雕，墙头有精美的灰塑、瓷塑装饰。大部分内呈为"假二进式"，又称"连扯二座"布局，大门居中，石门夹，中有天井，左右对称设置厢房，外墙由五层条石做墙基，上面砌青砖到屋顶。如编号3号和9号的建筑物是歇山顶，有镀耳墙（造型像官帽，象征考取功名的寓意），是广府建筑的装饰风格。编号1号和2号别于其他建筑物的风格，是带有江浙风格的两层建筑物，外观上平整的墙底，瓦前的女儿墙，楣上的花罩，内有木梯登楼。它的瓦顶上加建围墙，四角挑出"燕子窝"（俗称），是民国期间改建作防御的哨亭，墙体开有窗口和枪眼，与广东开平碉楼有异曲同工之妙。

图2 顾家大屋主体建筑局部　图片来源：作者自摄

图3 屋顶鸱吻，檐壁彩绘损毁　图片来源：作者自摄

二、顾家大屋的现状

顾家大屋古建筑群保存基本完好，但常年的雨水冲刷、风化等使屋顶鸱吻、瓦片、彩绘等均遭到不同程度的破坏（图2、图3），原有的池塘、路面铺砖、排水系统等均因年久失修而遭到破坏损毁。西面和北面的入村道路，由于改建扩建而曲折、狭窄，没有完整畅通的消防车道，存在安全隐患。北面现用作虾苗、鱼苗的培育养殖的池塘，周边搭建厕所，民居生活污水排入池塘，严重影响了生态环境。村里不断扩建改建的建筑，高度扩增，改变了顾家大屋原有的历史景观。

三、顾家大屋的保护规划

1. 保护历史的完整性和真实性

顾家大屋古建筑群划定核心保护区和建设控制地带及周围风貌协调区。核心保护区为顾家大屋东、南以村界为界，西、北以村公路、高速路为界，占地面积五千多平方米范围，22座保存完好的清朝大型青砖石板建筑群、池塘、村保护用地以及周边环境。控制建设区的范围是一般保护区的外围，从保护范围外缘起向外延伸50米的范围确定为建设控制地带。保护区内民居高度控制为1～2层的坡屋顶传统形式建筑，该区域内新建、重建建筑檐口高度不超过6米。风貌协调区内新建、重建类建筑层数控制在2层，檐口高度不超过9米。

顾家大屋重要景观节点包括：顾家大屋建筑群，包括碉楼、民居等；主要街巷格局，包括入口处、商业街等；滨水空间的景观，包括广场、池塘等。规划以顾家大屋群体建筑为中心规划控制多条视线通廊，保持视线通廊，无遮挡物。周边建筑控制在2层，高度≤7米，严格限制3层及以上建筑。建设控制地带，合理调整周边建筑密度，拆除一些与历史风貌不协调的新建建筑（图4）。

根据资料和历史文献，对顾家大院破损建

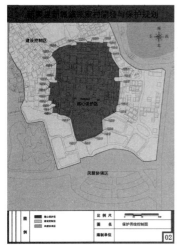

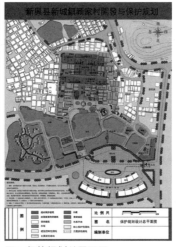

图4 顾家大屋保护界限控制图
图片来源:作者自绘

图5 保护规划总平面图
图片来源:作者自绘

图6 景观节点布置图
图片来源:作者自绘

筑进行维修,对周边果树屏障进行种植,对路面铺砖及排水系统进行修缮,有选择性地收集、恢复部分原有的家具陈设,对北面的水塘进行净化和利用;按照公共场所一级防范的要求,顾家大屋要建立防范预案,完善疏散通道、标识指引等设施,避免由于骚乱等人为因素对文物造成破坏。

2．保护建筑的风貌设计

顾家大院22座绝对保护文物建筑应按原平面图、原结构、原材质、原工艺、原立面造型、原颜色进行修理。新旧颜色要协调统一,原有材料尽可能保存(不安全可考虑补强),新添换补材料要与原材料相似,颜色过新可考虑做旧。原石雕、木雕、灰塑、瓦作等实在残缺,宜按传统工艺方法补好,颜色应相近处理。

改造、复原的建筑应按现有保护类似建筑复原,其风格、立面、颜色、材质要与原形式一致;规划中的新建建筑内部可按功能要求,在保证其结构安全前提下,体量和颜色应按景观的要求美观简朴,不宜影响原有立面。颜色以灰白为主调,青砖墙,灰色瓦。如新建亭廊,颜色可用比较鲜活的色调,但不能大红大绿,基本是与四周色调相协调的色调;四周能保存建筑也要协调,宜改成斜坡屋顶,但不能高于3层;

在游览路线上,不宜看到过高、过鲜艳、过繁杂的建筑。

3．保护排水体系顺畅

顾家大屋靠山面湖,有利于自然排水,且本身已有排水体系,雨水由屋顶流入散水明沟,明沟分支、干流集中注入前湖。保护、恢复原有排水设施体系,进行治理、补充,连接成新的支、干管网线,由高到低,排入左右两个污水池,经微生物化污处理后流入北面池塘,或可将污水用到灌浇花木和养殖。排水分明沟和暗沟,分别设置沙井和化粪池,因地制宜,使其排防水畅通。目前尚未有正规自来水安装设备,建议由自来水公司重新规划自来水体系。

4．景观规划设计

以水塘为景观主轴,以顾家大屋、广场、商业街为主要景观节点,形成由四大陆域功能区和三大水域功能区组成的景区规划结构(图5)。四大陆域功能区:(1)顾家大屋保护展示区;(2)商业街游览区;(3)旅游服务区:总招待处;(4)田园山林区:农田、山顶公园。三大水域功能区:莲池、果基鱼塘游览区、养殖塘(图6)。保护展示区是在现有保护建筑的基础上,采取物质文化与非物质文化相结合的方式，在绝对保护文物建筑"形"的内部展示非遗的"体"。挑选宗祠文化、民间信仰、民间工艺、饮食等使顾家大屋成为集观赏、体验、休闲于一体的旅游地。商业游览区满足休闲、参与、欣赏等活动，容纳琴棋书画艺术的展示。旅游服务区提供导游讲解及短期旅宿服务。田园山林区由农田和山顶公园构成。

设置两条参观线路：第一，从规划停车场进入村口，经过商业街、水塘、顾家大屋，然后返回停车场，完成整个参观展示过程；第二，经过顾家大屋东侧的县道，步行进去，穿过顾家大屋、水塘、停车场，返回县道。

5. 道路交通调整

目前景区的主要道路多为土路、浆砌片石路、青砖路，道路宽度也不尽一致。（1）主要道路：规划设计一级游览步道，宽度为 1.2～2.4 米（防火路为 3.6 米），主要用块青石板或浆砌片石路面，用于游人行走道路，不走机动车辆，便于各景点之间的联系。（2）次要道路：为景区牌楼入口处至停车场位置的道路，规划使用仿古青砖路或石砖路与景区主体的风格统一。（3）顾家大屋内部巷道：依据古街巷原来铺装材料和工艺进行修补，方便游人行走，体现当地特色。

6. 绿化与卫生整治

旅游区绿化系统按规划总图所示，点、线、面相结合，处处见绿，片片有荫，成行成丛，高低有序，步移景异。绿化品种追求春天有花、夏天有荫、秋天有景、冬天有绿。为了采光，房屋四周少种高荫树木，西面考虑遮阳，南面考虑引风，少种引蚊虫花草。树木布局要条理清晰，立体疏朗。花木应是当地土生植物为主，少添人力和经费，同时结合生产实惠，给游客有水果之乡的亲切感。

卫生方面：规划在道路两侧 1000～1500 米的距离内建设适当数量的公共厕所，标准按一类或二类，每座建筑面积为 30 平方米，其风格与顾家大屋协调。完善垃圾收集、处理系统，按每 50～80 米设置一个垃圾箱，设置两座小型的垃圾转运站，中转站的设计转运量为 80 吨／日，用地面积约 150 平方米，与周围建筑物的间隔不小于 150 米。

四、结语

顾家大院是以农业为主要发展方向的保护型村庄，规划以保存其农村生活方式和历史脉络为主，促进旅游观光等生态型产业发展，集观光、休闲、娱乐、住宿、餐饮、购物，体验岭南乡土风情和岭南民俗文化于一体。突出原生态的岭南文化和乡土景观，复原岭南民间繁荣生活场景，特色的街巷、宗祠、民居、店铺等，展现岭南传统文化的精华，满足现代都市人不断增长的文化溯源、访古寻幽、复归田园的旅游需求。本着保护传承广东本土历史建筑文化的宗旨，通过分区经营，有序规划，改善枫洞村生态环境，成为自然生态的历史文化名村。

吉林省德惠市工业遗产现状调查
及保护策略初探

莫畏　马晓伟①

摘　要：工业遗产作为城市的重要组成部分，是城市发展历史的具体表现，关系到城市未来的发展
战略。如何处理好工业遗产保护与城市发展的关系，是当今城市建设普遍面临的问题。本
文通过对德惠市近现代工业建筑遗产的实际调查，分析其现状与特点，并结合工业遗产保
护的理论尝试对德惠市工业遗产保护与利用提出展望。

关键词：工业遗产　德惠　保护

一、工业遗产的定义

18世纪英国工业革命以来，人类开始进入工业化社会，工业化改变了人类的生活方式，同时也大大地加剧了世界格局的变化。随着工业化进程的加速，工业遗产开始出现。联合国教科文组织将世界上的遗产分为三类：地球遗产、文化遗产和工业遗产，它们分别指的是自然留给人类的遗产、人类的人文遗产和人类工业化过程中留下的工业方面的遗产[1]。国际工业遗产保护协会（TICCIH）通过的《下塔吉尔宪章》对工业遗产的本质属性与内涵外延作了描述，即以发展工业为目的而修筑的施工建设，在此过程中使用到的技术手段和各种形式的工具，施工建设与城市或城镇的联系，还有在这些活动中出现的现象，都是很有意义的工业遗产范畴。工业遗产的范畴涵盖具有多重价值属性的工业以及文化遗留物。而遗留物的组成又涵盖施工设施、厂房车间、加工作坊、能源发生及利用、物资流通手段等一系列进行工业生产实践、与工业密切相关的场所[2]。这是世界上对工业遗产最为权威的官方定义。

2006年4月，在中国无锡召开了第一届中国工业遗产保护论坛，此次会议通过了《无锡建议》，该建议对我国工业遗产保护而言是一个里程碑式的文件，其中对工业遗产的定义、我国进行工业遗产保护的理念、目前所存在的问题以及进行工业遗产保护应采取的途径和方法进行了说明。在《无锡建议》中，对工业遗产的定义是：工业遗产是具有包括历史、社会学、建筑学、科技以及审美等多重价值的文化遗产的一种。其中包含：与工厂相关的设施，如建筑物、仓储和交通运输设备以及工厂的档案等与工业相关的物质遗产和非物质文化遗产。此外，工业遗产还包括与工业相关的其他社会活动场所。

---

①　莫畏,吉林建筑大学艺术设计学院教授；马晓伟,吉林建筑大学艺术设计学院研究生。

二、德惠市近现代工业发展的三个阶段

作为长东北开放开发先导区的重要节点城市，德惠市近现代工业的发展开始于 20 世纪初期中东铁路的修建。本文根据德惠不同时期的工业发展特点将其近现代工业发展分为以下三个阶段：

第一阶段：1903～1948 年，工业新兴时期。1903 年沙俄修建中东铁路时，由于德惠位于松花江以南附属地的中心，因此在此设置一座火车站，从此开启了德惠近现代工业发展的历程。这一时期的工业遗产主要有富裕和烧锅（1917年）和印刷厂（1948 年）。

第二阶段：1949～1970 年，工业大力建设时期。新中国成立以后，在政府的大力支持下，各工业门类得到了快速发展，兴建和扩建了大量工业厂房。这一时期的工业遗产主要有砖瓦生产合作社（1951 年）和制药厂（1970 年）。

第三阶段：1978～1987 年，工业蓬勃发展时期。在改革开放的浪潮下，德惠的工业开始蓬勃发展。这一时期的工业遗产主要有童装厂（1978年）、制鞋厂（1979 年）和兽药厂（1980 年）。

三、德惠市工业遗产一览表

根据《下塔吉尔宪章》与《无锡建议》对工业遗产的定义，结合德惠工业建筑的实际特点，经实地考察后认定下表所列工业建筑为德惠市工业遗产。

序号	行业门类	企业名称	始建时间	现存状况
1	食品工业	德惠大曲酒厂	1917年	停产
2	建筑建材	混凝土外加剂厂	1970年	废弃
3	化学工业	吉林省银河制药厂	1970年	废弃
4		华隆玻璃有限公司	1970年	生产
5		德惠市动物检疫站	1980年	在用
6	印刷造纸	彩印厂	1948年	停产
7		造纸厂	1948年	停产

（续表）

序号	行业门类	企业名称	始建时间	现存状况
8	机械工业	东方机械公司	1962年	生产
9		铰链厂	1962年	生产
10		大华机器厂	1949年	在生产
11	电力	德惠火力发电厂	1958年	在生产
12	铁路	德惠火车站	1903年	在使用
13		铁路中学	1903年	改造中
14		东正教堂	1903年	改造中
15		天桥	1937年	使用中

四、部分工业遗产简要介绍

1. 德惠市火车站及其附属建筑

1903 年沙俄修建中东铁路时，由于德惠位于松花江以南附属地的中心，因此设置一座火车站（图 1）。因车站南不远处的七口砖窑，得名窑门站，1936 年 1 月 1 日改名为德惠站。设旅客站台 2 座、货物仓库 3 栋、过铁路钢架天桥 1 座、站内旅客天桥 1 座，车站至今仍被使用。

火车站经过改建，整体立面造型较为丰富，具有典型俄罗斯建筑的特点。建筑为三段式形态：蓝色的坡屋顶、土黄色建筑外表面和细致的线脚。建筑为砖混结构。建筑的墙体采取厚厚的砖墙，以防御冬季的寒冷。坡屋顶的设计巧妙地分解了冬季积雪对建筑的荷载压力，非常便于雨水和雪水的排放。建筑下部通

图1 德惠火车站　　图片来源：作者自摄

图2 东正教堂　图片来源: 作者自摄

图3 汽车铰链厂　图片来源: 作者自摄

平吊顶则是为了形成屋顶下的保温层, 竖向窄长窗和拱形窗口, 面积偏小以减小室内墙面冷桥的散热系数[3]。

　　一些修筑中东铁路时留下的俄式建筑大多集中在德惠火车站附近。现保存的有教堂、俱乐部、火车站和一些俄式民居。除火车站和大白楼外(准备改造成德惠市博物馆), 许多俄式建筑因缺乏保护, 大多已经残破不堪, 东正教堂破坏严重。

　　东正教堂(图2)为典型的中国拜占庭式建筑, 是罗马帝国晚期和近东埃及叙利亚等地建筑艺术的结合, 承续了早期基督教艺术作风, 其显著的建筑特征在于穹顶(dome)、帆拱(pendentive)以及装饰得华丽威严的内部空间。

　　东正教堂结构形式为砖木混合结构, 教堂的平面布局呈十字形, 南北长约30米, 东西长约15米, 建筑面积450平方米。屋顶尖穹及圆穹居多, 外墙檐部作弧线形。墙面为黄砂水泥粉刷, 加上玻璃相拼的对比, 整个建筑的色彩显得和谐, 带有浓厚的俄罗斯教堂气氛。

2. 汽车铰链厂

　　汽车铰链厂(图3、图4)位于德惠镇站前街, 是小型地方国营企业。其前身是德惠县农机修理厂, 始建于1962年。建厂初期, 生产设备简陋、技术落后, 主要修理农业机械。经1963~1965年的改造, 企业有了初步基础。

图4 汽车铰链厂　图片来源: 作者自摄

　　厂房结构形式为钢结构框架结构, 厂房内部空间较大。由于厂房内生产设备多而且尺寸较大, 并有多种起重运输设备, 有的加工巨型产品, 通过各类交通运输工具, 因而厂房内部大多具有较大的开敞空间。现为东方机械公司, 原厂房经加固改造后还在继续使用, 大门还保持原来的模样。

3. 玻璃厂

　　建筑形式为钢筋混凝土多层建筑, 为保证产品质量和产量, 厂房在设计时采取一些技术措施解决精密仪器厂房要求车间内空气保持一定的温度、湿度、洁净度这些特殊要求。原厂房经改造加固后还在使用, 现为德惠市华隆玻璃制瓶厂(图5), 厂区内的四个大烟囱和原厂房保留了下来, 经加固改造后继续使用, 工厂的原貌保存较好。

图5 德惠玻璃厂　图片来源：作者自摄

图6 工业遗产分布图
图片来源：作者自绘

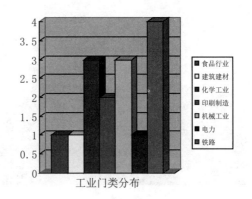

工业门类分布

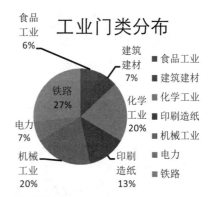

图7 工业门类分布

五、德惠市近现代工业遗产特点

1.分布特点：从空间地域上看，德惠的工业发展与近代交通特别是铁路的修建密不可分，因而德惠市工业遗产的分布特点也反映了城市规划的特点。德惠城市布局是依托中东铁路向外辐射发展而成，与之相伴，德惠工业遗产也依附于铁路干线附近分布，而交通不便的偏远地区和山区工业遗产则相对较少（图6）。

2.类型特点：门类繁多，以轻工业为主，形成了制酒、食品、加工、五金工具、医药化工、造纸、印刷、服装、榨油、建筑材料等门类齐全的工业体系（图7）。

东北地区铁路建设使德惠成为交通枢纽，加上自身固有的丰富的粮食资源，20世纪初德惠逐步成为当时东北地区较大的粮食加工企业集中地。德惠的工业建筑工程，主要是以粮油加工为主的工业建筑（包括附属建筑），代表性的有德惠大曲酒厂、德惠啤酒厂。

六、德惠市工业遗产现状及保护与再利用建议

德惠作为东北老工业基地振兴的城市之一，在历史的发展中为我们留下了宝贵的工业遗产和工业文明。德惠市工业遗产现状可以概括为三点：

1.整体破坏严重，如精密铸造厂（1971年）、惠民加工厂（1941年）、塑料厂（1968年）和水泥厂（1958年）等一大批工业建筑遗产都已拆除。

2.部分重要遗产得到较好保存，还在继续生产和使用中，如大曲酒厂（1917年）、玻璃厂（1970年）、铰链厂（1962年）。这几个厂原有的面貌都保留了下来，而且运营状态良好，是德

惠市其他工业改造和利用借鉴的例子。

3.部分保留较好的遗产也面临被拆除的命运,如制药厂(1970年)和大华机器厂(1949年)。

在国外普遍认识到工业建筑遗产的价值并积极利用的背景下,德惠也开始了对工业建筑遗产保护利用方面的尝试。工业建筑遗产保护利用是一个复杂的问题,由于其短期效益不如常规的开发明显,这样就需要政府部门的支持与引导,对工业建筑遗产所具有的无形效益产出作出前瞻性判断,形成以政府部门为主导的"自上而下",小规模、渐进式的开发模式,加大宣传力度,号召全社会对旧工业建筑的关注和参与[4]。根据德惠工业遗产特点,提出几点保护与再利用的建议:

1.建立健全长效保护机制。实行抢救性保护,结合德惠市实际情况制定工业遗产评估认定标准,完善工业遗产评估认定体系,制定近现代工业遗产保护名录。

2.提高全民参与程度。由于以前民众对其重要性认识不足,大量工业遗产遭到破坏。应该有效地开展近现代工业遗产专项调查研究和课题实践,积极鼓励科研院校、民间组织以及普通民众投身到德惠工业遗产的调查工作中,全面掌握工业遗产资源具有的重要意义。

3.结合工业遗产类型特点合理利用。结合工业遗产建筑自身具备的特点和德惠工业遗产的类型特点,合理地改造利用和保护,使德惠的工业文明得以更好延续。

工业遗产的保护是个长期过程,处理好城市现代化和工业建筑遗产保护之间的关系,是提升城市魅力、延续城市历史文脉、树立城市形象的途径。有效地对工业建筑遗产进行保护,就相当于保护了一座城市的特色。德惠市工业遗产的保护具有深远的意义。因此,笔者对保护德惠市工业建筑遗产保护所提出的问题,只是起到抛砖引玉的作用,以企引起主管部门和广大学者的进一步研究和探讨。我们要在不断保护和利用的实践中积累经验,更好地珍惜历史留下的巨大财富。

参考文献

[1] Ellis A, Rivett O. Assessing the Impact of Voc-Contaminated Groundwater on Surface Water at the City Scale[J]. Journal of Contaminant Hydrology.2007(91):107-127.

[2] Chang J, Zhang H, Ji M. Case Study on the Redevelopment of Industrial Wasteland in Resource-Exhausted Mining Area[J]. Procedia Earth and Planetary Science, 2009(1):1140-1146.

[3] 孙一歌.德惠市中东铁路建筑遗存保护若干问题的思考.道路桥梁,2013(12).

[4] 张坤琪.大庆市工业遗产保护与再利用研究.哈尔滨工业大学硕士毕业论文,2013.

从旧工业建筑改造角度浅谈建筑文化的继承和创新
——以长春万科蓝山项目为例

张成龙　高欣[①]

摘　要：本文旨在挖掘旧工业建筑的历史文化价值，探究对旧工业建筑进行改造和再利用的意义和对策，并通过对国内外成功案例的分析，总结出一些有借鉴意义的经验和方法。期望提高旧工业建筑利用价值，同时也为历史文化的传承、城市的现代化建设贡献力量。

关键词：建筑文化　工业建筑　建设　保护

一、缘起

1. 关于文化

"文化"一词来源于《易经》："观乎天文以察时变，观乎人文以化成天下。"意思是通过观察天上的纹路来判断时间、气象的变化，通过观察人的行为来教化天下。"文化"即天人的行为准则，指人们在特定环境下行为习惯的和思想意识的总和。在当今社会，文化也泛指历史发展过程中所创造的物质财富和精神财富的总和。

2. 建筑文化的涵义

"建筑是凝固的音乐。"建筑虽然不是诗、不是画，却能够如诗词般婉转内敛，如画作般气壮山河。承载着历史风雨的建筑更如同一本无字的史书，被人们铭记和翻阅。这就是建筑所传达的文化信息，即建筑文化。

二、工业建筑改造与建筑文化传承

1. 工业建筑所蕴含的文化特质

无论是经济水平发达的国家，还是相对落后的国家，在其发展的历史过程中，工业革命（或改革）为社会带来的变化及影响都是巨大的。工业革命使许多国家由农业国转变成工业国，进而摆脱了落后的经济面貌，也为国家综合实力的提升奠定了坚实的物质基础。由工业大发展时期兴建的工业厂房、生产车间等建筑，因工业转型而废弃或闲置，但它们所呈现的是一座城市乃至一个国家在摸索中谋求发展的历程。而这些历史的符号和印迹是人们深刻记忆的载体，也是城市中不可或缺的珍贵形象。因此工业建筑既是城市发展的见证者，也是城市历史文化的收藏家。

[①]　张成龙,吉林建筑大学教授；高欣,吉林建筑大学建筑与规划学院在读硕士研究生。

2.外国优秀案例

案例一：英国泰特现代美术馆位于泰晤士河南岸，与圣保罗大教堂隔岸相望。它的内部为钢结构，外表面由褐色砖墙覆盖。泰特美术馆是由一座规模宏大的发电厂改造而成，至今仍保留着它那标志性的大烟囱（图1）。如今它由瑞士两名年轻的建筑师 Jacqes Herzog 和 Pierre de Meuron 重新设计并改造完成。建筑师们将巨大的涡轮车间改造成便于使用和集散的功能大厅，可满足日常的聚会、展览、陈列、表演等用途；主楼的顶部被加盖两层楼高的玻璃盒子，不仅为美术馆提供了充足的光线，也为人们打造出一个独特而惬意的观赏和休闲的空间；在巨大烟囱顶部，加盖了一个半透明的顶，被命名为"瑞士之光"，现已成为伦敦著名夜景之一。

案例二：英国国王十字火车站（King's Cross Railway Station）是 1852 年建成并投入使用的大型铁路终点站，位于伦敦市中心的国王十字区，卡姆登区与伊斯林顿区的交界处。JMP 建筑事务所从 1998 年开始接手设计国王十字火车站的改造项目，至 2005 年完成了它的总体规划。该项目的建设包括"保留、修复、新建"三大板块。对列车棚周边建筑予以保留，对车站前被遮挡的一级保护建筑立面进行修复，而西大厅则是新建的富有现代感的建筑活跃元素。[①]

如今国王十字火车站已成为伦敦的地标性建筑之一，也是著名电影《哈利·波特》的重要拍摄地点。国王十字火车站改造项目的初衷是用现代化的建筑语言对丘比特设计的老火车站进行新的诠释。该项目的成功之处在于，它不仅为伦敦打造了一个全新的充满活力的现代化交通枢纽，同时也促进了伦敦新区的经济发展和基础设施建设（图2）。

图1 英国泰特现代美术馆　图片来源：作者自摄

图2 伦敦国王十字火车站　图片来源：作者自摄

三、我国工业建筑改造问题的研究

1.现状分析

我国在 20 世纪 80 年代后期就已有工业建筑改造的案例，但改造与再生的方式手段尚不成熟也不成体系。加之城市建设速度的影响，我国建筑的"拆除重建"远超于"改造翻新"的速度。

2.发展中存在问题的研究

第一，在城市建设和城市规划方面，对于旧工业建筑的保护与再生的意义的了解还不是很深刻，从而导致许多破旧的工厂厂房被彻底拆除。第二，在处理方式上常常忽视对原有建筑的历史文化形态要素的传承与保留。建筑除了拥有使用价值以外，也是历史文化的特殊载体。因此在改造过程中"内容"和"形式"是同等重要的。第三，我国在工业建筑改造理论方面的探究还不够深入，只有形成科学的理论才能正确地指导实践。

---

① JMP建筑建筑事务所.伦敦国王十字火车站改造.赵丹译.

四、浅析长春万科蓝山项目的借鉴意义

1."万科·长春 1948"简介

1)"长春 1948"的前身——长春柴油机厂

长春柴油机厂成立于 1948 年（图3）。建厂初期主要生产坦克发动机零配件，是以制造和修理高速柴油发动机为主的大型国有企业，原厂区规划脉络清晰，厂房保存完整，工业时代特征显著。

图3 老厂房立面　　图片来源：百度图库

2)建设依据

依据 2011～2020 年长春总体规划，长春柴油机厂所在的二道区将依托于长东北新区、装备制造园区建设，构筑城市东部综合服务中心，形成集工业、居住、商贸物流于一体的综合性城区，以此加快二道老城区工业置换步伐，提高市政设施、社会公益设施、公共绿地投入、提升城市品质。①故二道区本着保护与开发相结合的原则建了"万科·长春 1948"商业街（图4）。

图4 改造后沿街立面　　图片来源：作者自摄

3)项目概况

2011 年 11 月 12 日"万科·长春 1948"举行开街仪式。该项目是长春第一座由老工业遗址改造成的商业文化街区，也是二道区历史文化的重要节点。因项目建于原吉林柴油机厂的工业旧址上，所以在对老厂房进行改造的同时，保留了丰富的历史街巷肌理。项目还规划建设了柴油机场历史博物馆、餐饮街、写字间等活动空间，形成集多种文化体验于一身的城市综合体。

图5 改造后建筑内部　　图片来源：百度图库

4)关于项目的命名

老柴油机厂是 1948 年开始筹建的。而 1948 年对于长春人民来说也是一个特殊的历史时期。解放战争后期在"困长春"政策的短短几个月之间，数万长春同胞食不果腹甚至饿死街头，直到 10 月 19 日长春彻底得到解放。所以 1948 年既是长春人民苦难的岁月，也是长春人获得解放和自由的岁月。因此将该项目命名为"万科·长春 1948"是对历史的尊重和纪念。

---

① 长春市城市总体规划（2011-2020年）[J].城市规划，2012（2）：6-7.

2.建筑形态

1）体量控制。为了延续老厂房的文化特征，保留建筑的原始风貌，该项目严格控制新建建筑的沿街立面高度，从而体现出城市发展中现代和传统的兼顾理念。

2）创作手法。作为沿街商业的新建或改建的建筑在体量上都与原有的厂房呼应，除了高大的框架结构以外，厚实的墙体和密实而粗糙的红砖也增添了历史文化的气息。无论是建筑表皮的处理，还是建筑内部的中庭连廊，仿佛都是钢铁构件与混凝土的简单搭接和碰撞（图5）。也正是这种粗野的处理方式使得工业建筑的韵味得以保留。

3）色彩设计。原有厂房的外观以混凝土的灰色为主色调，而钢铁构件和玻璃窗户通常也给人冰冷的感觉。新建及改建的建筑由于使用功能的变化，需要为建筑的外观增加活跃元素，体现在色彩的搭配上尤为突出。无论是用于展览陈列的厅堂式建筑，还是用于居住的高层住宅，都在保留"灰"调子的基础上搭配了与之形成鲜明对比的砖红色。这样跳跃的冷暖色彩搭配既满足了现代人的审美需求，也是对老厂区建筑风貌地传承。

3.借鉴意义

1）因势利导

看一座城市的发展状况，既要看发展的基础，也要看发展的趋势。长春是东北地区的省会城市之一，也是重要的工业基地城市。长春这座城市的发展与其工业化进程是息息相关的。工业建筑可谓是长春的建筑文化的重要组成部分，因此工业建筑文化的保护与传承对于今天长春这座城市的建设有着重要的意义。

2）尊重历史

长春万科蓝山项目基于对历史文脉的尊重和对城市与自然的责任感，打造出符合现代人需求的、融合了时尚元素的生活空间，也展现了"光阴美学"的新城市主义生活。

五、工业建筑改造的意义和策略研究

1.工业建筑改造的意义

首先，对工业厂房的改造和对厂区内道路和环境的重塑是旧工业区"重生"的有效途径。将商业、餐饮、娱乐等功能移入原有的框架之中。既能为原址地段增添活力，又是提高旧建筑使用价值、创造经济效益的最佳方式。其次，原有厂区由于存在时间较长，与当地的地理环境、人文环境早已融为一体。倘若强硬地拆除，在原址上新建建筑，将会不可避免地对周围居民造成影响。故此，我们更鼓励在保护基础上进行更新。

2.旧工业建筑保护的策略研究

由国内外优秀案例的分析可以了解，旧工业建筑的保护和改造并不是相悖的。"保护"是针对旧工业建筑所蕴含的历史文化进行保护，而"改造"是指对工业建筑本身的性质（如建筑材料、使用功能、装修风格等）进行改变。建筑的改造可以从以下三个方面来考虑：

1）宏观控制：首先，要借鉴国内外成功案例的方法和手段，吸取经验和教训，更要辩证地来看成功案例，总结其存在的不足，以便在未来的建设过程中扬长避短，少走弯路。其次，要明确的是市民是城市建设的最终受益者，所以要重视市民的生活习惯和心理感受，并让市民参与城市建设的决策环节，保证政策法规的合理性和可实施性。再次，要制定短期目标和长期目标，并做出相应的战略部署和详细的工作计划。同时设立监督部门，在各个阶段检查验收改造成果。

2）保护方面：首先，要制定相关法律对旧工业区的建筑与环境进行有效保护。其次，要把保护工业建筑的工作向整个社会推广，集中群众智慧和力量来支持保护工作的实施。再次，要注重改造成果的维护，设立相关法律规定对进驻商家的改造活动加以适度约束等。

3）再生方面：第一，要强调旧工业建筑历史文化价值的利用。把历史文化的符号用现代的建筑语言描绘出来，形成富有内涵的历史文化街区。第二，要注重把握"过去·现在·未来"三者关系，并以此为出发点做整体性构思。既要联系建筑本身的时代背景，也要结合当前城市发展需要，更要做长远打算，预留出改造的空间。

结语

工业建筑是一座城市的重要文化符号。它如同一本无字的经典，包含了城市发展过程中方方面面的信息。在持有科学的理论和方法的基础上，尽可能地保持旧工业建筑的原貌，而在使用功能上赋予其新的生命，做到保护和再生的有机结合，充分挖掘并利用旧工业建筑的历史价值来创造新的城市活力。

参考文献

[1] 李之吉. 长春近现代工业建筑遗产调查 [C]. 中国建筑遗产调查与研究：2008 中国工业建筑遗产国际学术研讨会论文集. 北京：清华大学出版社，2008.

浅析长春机车厂工业遗存的文化意义

李之吉　张晓玮①

摘　要：建筑作为每一个历史发展水平及其成就的重要标志，对于人类的发展有着非常重要的意义，而其所附加的文化意义则是时代、民族、地域文化的具体表现。长春机车厂是长春交通运输工业发展的见证者，是长春在一个历史发展时期的标志之一。这个老工业建筑不仅有着一定的历史文化价值，对于一个城市和一代人来说，更是一部发展史和青春史。

关键词：机车厂遗存　文化　意义

一、前言

建筑是人类物质文明和精神文明的产物，不单单是在特定社会文化环境下产生的一种物化形态的文化，更是在一定社会和一定时代下其他文化的容器与载体。建筑本身就是一种文化，看见的建筑物是物质文化，而反映出来的历史、艺术、理论等则更是一种独特而又珍贵的精神文化。建筑文化的意义便是在生活体验过程中，人们对建筑的认识从外观到感知，逐渐将情感和生活融入建筑中去，人们开始感受到建筑对人的作用。

长春是国家振兴老工业基地的重点城市，如今一批老工业已经衰退，甚至消失，但这些具有老时代印记的建筑有着不可磨灭的文化价值，对人类乃至城市有着重要意义。

二、机车厂遗存对城市的文化意义

1. 对城市发展的象征

长春，这个作为东北中心区域的老工业基地，在200多年前还是个不发达、不被人所重视的城市。"中东铁路"的贯穿，开始带动了城市的发展，在火车站建立之前，长春旧城仅仅是个集市，长春站建好后，就以"宽城子"命名，这是长春历史上第一座火车站。工业的脉络是铁路延伸的方向，人口由少变多，跟铁路密切相关。

解放后，随着新中国成立后的三年经济调整，国家开始有计划地进行工业重点项目的大规模建设，1953～1957年的第一个五年计划，不仅进行了大量工业建设，而且拉开了长春建设机械制造业的帷幕。一系列的工厂相继建成，而铁路的重要作用更加不可忽视，铁道部1953年在《本部关于铁路五年计划纲要的报告》和《本部 1953–1957 年第一个五年计划》中提出，在全国新建五个铁路工厂，其中包括在东北地区新建一个蒸汽机车修理工厂。长春机车厂1958年建成。厂址被选定在原中东铁路宽城子火车站旧处，机车厂院内正是当年的宽城子火车站站区。

是铁路线把工业带到了长春这个城市，让城市从形成到开始发展起来，也是铁路事业的发展带动了运输和交流，使长春开始由消费型城

---

① 李之吉，吉林建筑大学教授；张晓玮，吉林建筑大学建筑与规划学院研究生。

市逐步转变成了工业生产型城市。长春机车厂，对这个城市的工业发展有着不可替代的作用以及象征性的意义。

2. 对城市建筑文化多样性的保存

当年的宽城子火车站区域曾是沙俄的殖民地，黑铁皮屋顶的俄式建筑随处可见。新中国成立后，二道沟区域（原中东宽城子火车区）变成了机车厂，由于这个火车站是由当年沙俄修建，里面藏着很多俄式老建筑。相传，机车厂是一位苏联铁道学院毕业的大学生做的毕业设计，为了节省投资，于是将一部分旧建筑保存下来。由于机车厂的建立形成了一个小的城中城，当年规模最大的宽城子沙俄火车站俱乐部，后来被改建为铁道系统附属的医院，窗子的样式、立柱的花纹、精美的雕塑都充满了欧式风情，连水磨石台阶、沧桑的楼梯和墙边的壁炉都有着美感。在机车厂家属区里，三三两两散落着一套房子配一个仓房的俄式老建筑。厂内随处可见黑屋顶的沙俄式建筑，红砖房、参天树、绿机车，还有当年的火车站站台（图1）等。

长春机车厂的建立得以创造并且保存再利用了一部分老的建筑，让它们的生命延续，保留下来的建筑仍然具有时代的印记，不仅代表了一段历史，同时这个区域也使得了长春建筑得以多样化。

三、机车厂遗存对精神需求的文化意义

不同类型和规模的历史建筑，作为城市不同时期发展过程和事件的载体，构成维系人们城市记忆的参照物和见证者，对人们的精神世界有着"助记"功能。

1. 对老一代人的青春纪念

从建厂到现在，已经过了五十多年，当年的那一代工人早已古稀，但提起那时候的日子，仍然激动不已。那个年代的他们把梦想与自己的生活早已紧紧融在一起。他们每天热火朝天地工作着，由于工作服常年被机车的油渍浸泡，因此人们亲切地称他们为"油包"工人，他们每天伴随着火车汽笛声进进出出于各个厂房，充满激情地为新中国的建设付出自己的一份力量。1966年，机车厂的工人创造了中国铁路系统第一条机车检修流水作业线，使机车检修周期从15天缩短到了7天，打破了外国定型设计年修机车300台的水平，提前完成了铁道部下达的年修320台的计划。大大小小的"第一次"成功的研制和生产，都为我国的铁路机车发展史填补了空白，同时也承载了这一代又一代人的辉煌。

工厂所承载的时代记忆，已经融入社区居民的城市情感中，成为工业文化发展的一部分。一条街分两边，这边是工厂区，那边是生活区，大家在这边热火朝天地干活，在那边激

图1 院内残留的当年的站台
图片来源：http://blog.sina.com.cn/s/blog_491f71050100yupr.html

图2 海狮广场 图片来源：作者自摄

情无限地生活。长新街是当年机车厂家属区的中央大道，当年远近闻名的元宵节灯会就举办于此。厂子正对面修建的海狮公园是人们休息放松的最佳场所，虽然现在已经变成海狮广场，但嘴含皮球的海狮雕塑依旧伫立在那里，它像一面镜子一样，时刻提醒着人们在此嬉戏玩耍的美好时光和那些单纯快乐的记忆（图2）。厂办的食堂、俱乐部、医院、副食店等生活必备，仿佛成为一个小世界，人们生活在一起，变得相互熟悉，彼此默契。现在，老工厂的退休老人早已经习惯了以工厂为中心的生活系统，不仅仅因为这里有他们熟悉的生活环境，更是因为这里有他们曾经为了生活和事业激情奋斗的抹不去的美好记忆。

2. 对新一代人的激励

长春机车厂是一个时代曾经辉煌的标志之一，现在的年轻人已经无法切身感受到那时的激情岁月。在这个开始浮躁的社会，人们变得自私化和利益化的时代，老机车厂的精神是多么的可贵，那份工作和生活的热情多么珍贵。每当人们没有勇气和热情的时候，静静矗立的机车厂像一面旗帜一样提醒着人们，告诉大家曾经的激情与辉煌。越来越多的年轻人开始关注到老机车厂的故事，他们想从中找到一种传承、一种力量、一种精神，这个为新一代长春人带来自豪的老工业，也将成为一种新的激励和榜样。

四、结语

时间不能重来，旧的时代已经过去，新的时代正在书写，那些印记着时代痕迹的建筑遗存所反映出的历史文化、艺术文化和精神文化，在生活体验的过程中早已潜移默化地影响着这个城市和人们，为它们提供了独特而又珍贵的一份价值和意义。

参考文献

[1] 长春机车工厂志（1954～1990）.
[2] 吉林建筑文化研究 [M]. 吉林：吉林文史出版社，2009.
[3] 林源. 中国建筑遗产保护基础理论 [M]. 北京中国建筑工业出版社，2012.

哈尔滨"三马"地区现存近代制粉工业建筑遗产探析

张立娟　刘大平①

摘　要：作为哈尔滨早期粮油加工的主要仓储基地，"三马"地区汇集了大量的制粉工业建筑，具有重要的研究价值。本文首先介绍了"三马"地区的历史背景及其制粉工业的发展脉络，并指出相关制粉工业建筑的区位分布，详细阐述了各个建筑的概况，并通过调查研究，总结出厂区的功能组成特征，并解读分析其建筑的装饰艺术风格和结构特征，希望为工业遗产的相关保护工作做出依据。

关键词："三马"地区　制粉工业建筑　装饰风格　结构特征

伴随着中东铁路的建设和通车，大量的俄国侨民涌入哈尔滨，为满足激增人口对面粉的大量需求，国内外许多移民在哈尔滨开办面粉厂，进行大量的面粉工业生产活动。其中，坐落在中东铁路沿线的哈尔滨"三马"地区成为众多面粉厂的聚集地，繁荣一时。且当时建设的大量制粉工业建筑，部分遗留至今。②

本文通过对"三马"地区这些近代制粉工业建筑遗产的现存状况进行调查研究，总结出哈尔滨近代面粉厂区的功能组成特征，并分析解读其建筑装饰艺术风格与建筑结构特征，深入挖掘哈尔滨"三马"地区制粉工业建筑遗产的历史文化价值。

一、"三马"地区的背景概况及其制粉工业的发展脉络

哈尔滨"三马"地区，因其曾为中东铁路工程局第八工程段而得名，又称"八站"地区；因其临于中东铁路干线松花江铁路大桥之东，早年又有"桥头村"之称。该地原为中东铁路附属用地，占地面积为12.9公顷。1904年，日俄战争之际，为战争需要，沙俄军务粮台在此建货仓，由中东铁路正线分两岔道以直达货仓，即现在通往三马地区的道岔。今天的"三马"地区主要指从北往南排列的北马路、中马路、南马路，以及新马路、沟沿街、内史胡同等区域。作为城市的重要商品物资集散地，作为在解放战争中为前线提供军粮保障的革命遗址，三马地区遗留的老工业建筑不仅见证了哈尔滨早期外侨工业及民族工业的发展历程，且代表了一个时期工业建筑的发展盛况。①

中东铁路的建设和通车，带来国内外移民的大量涌入，人们对面粉的需求迅速增长，这促进了哈尔滨面粉业的兴起和快速发展；同时日俄战争结束后，哈尔滨作为东北地区的商

---

①　张立娟，哈尔滨工业大学建筑学院硕士研究生；刘大平，哈尔滨工业大学建筑学院教授、博士生导师。
②　刘松茯.哈尔滨城市建筑的现代转型与模式探析1898–1949.北京：中国建筑工业出版社，2003.

业中心和物资集散地快速发展起来，1916年，中东铁路以拍卖方式出租"八站"地段，这为制粉厂的基地选址提供了契机。先后有天兴福、万福广、义昌泰、东兴、广信、索斯金、满洲制粉公司等在此开设，促使近代哈尔滨面粉业成为哈尔滨近代工业中发展最早、规模最大、影响最为深远的行业。同时，"三马"地区也成为哈尔滨早年粮油加工、仓储基地，是当时东北最大的商品集散地，被称为"铁路的心脏"。[②]

二、"三马"地区制粉工业建筑的区位分布及基本现状

随着城市的发展，土地使用的不断调整，"三马"地区的部分制粉工业建筑已经进行了功能转变，甚至被拆除，而现今完好保留下的建筑则弥足珍贵。其中主要有天兴福第四制粉厂、天兴福总账房、忠兴福总账房、万福广火磨、东兴火磨办公楼、义昌泰制粉厂等（图1）。

今天，在"三马"地区现存的制粉工业建筑遗产中，账房主要被改建成办公楼、商住楼等；而厂房由于其特殊的空间结构，则被加建改建成办公楼、技术学校，也有部分建筑仍闲置至今；多处高高耸立的烟囱，现保存良好，体现出

图1 三马地区制粉工业建筑遗产区位图　图片来源：作者自绘

了厂区浓郁的工业特色。[③]

1. 天兴福第四制粉厂

天兴福是哈尔滨历史上赫赫有名的制粉厂，由辽宁籍民族资本家邵乾一、邵慎亭兄弟创办经营。天兴福第四制粉厂始建于1926年，坐落于道外北内史胡同，厂区内的厂房、办公楼、库房以及铁道线都完整保留，院落大门之上仍清晰保留着"天兴福第四制粉厂"的字迹。该厂区是"三马"地区现存规模最大的制粉厂，曾用作技术学校，现为哈尔滨市粮食物资供应站（图2）。

2. 天兴福制粉厂总账房

始建于1926年，坐落于道外"三马"地区北马路与沟沿街交界处，厂区大院的大门保存完整，门楣上"天兴福"三个字清晰可辨。建筑共两层，现为商住楼（图3）。

3. 忠兴福制粉厂总账房

始建于1929年，坐落于道外区北环商城附近。这座精美的建筑保存完好，门楣上仍能辨认出"忠兴福制粉厂"六字的痕迹。建筑共两层，现闲置于此（图4）。

4. 万福广火磨

始建于1916年，坐落于道外区中马路与新马路交界处，又称东兴火磨二厂，改革开放后更名为哈尔滨双合盛面粉厂，现为哈尔滨双合盛装饰材料批发市场的办公楼（图5）。

5. 东兴火磨办公楼

始建于1920年，坐落在道外区南马路，原为万福广火磨账房，新中国成立后曾为省粮食局办公楼。建筑通高3层，左右对称，中央女儿

---

① 哈尔滨市志编纂委员会编.哈尔滨百年大记事.哈尔滨：黑龙江省人民出版社，1999.

② 哈尔滨市志编纂委员会编.哈尔滨市志·食品工业志.哈尔滨：黑龙江省人民出版社，1999.

③ 哈尔滨市志编纂委员会编.哈尔滨市志·建筑业志.哈尔滨：黑龙江省人民出版社，1999.

图2 天兴福制粉厂
图片来源：作者自摄

图3 天兴福总账房
图片来源：作者自摄

图4 忠兴福账房
图片来源：网络

图5 万福广火磨
图片来源：作者自摄

图6 东兴火磨
图片来源：网络

图7 义昌泰制粉厂
图片来源：网络

墙上有"1920"字样（图6）。

6. 义昌泰制粉厂

　　始建于1916年，坐落于道外区中马路，为民族资本家初炳南经营，公私合营后改为哈尔滨第五制粉厂的一个车间。现为哈尔滨双合盛装饰材料批发市场（图7）。

三、"三马"地区制粉工业厂区及其工业建筑特征研究

1. 标准的功能构成要素

　　由于面粉制作工艺复杂，进而在厂区建筑组群的构成上也具有相应的特点。一般来说，制粉厂主要包括厂房、账房、锅炉房、库房等几部分，建筑之间形成固定的作业流程，相互协调，各具特色。

1) 制粉厂房

　　厂房是制粉厂最核心、最主要的建筑，一般位于厂区的中心位置（图8）。由于面粉的生产过程需要利用垂直运输系统输送材料，且往往要求生产设备集中在一栋建筑内紧密配合来完成，所以根据生产工艺的流程要求，将功能分区分为五层：一层设置平面磨床，无心磨床；二层设置内径和外构磨床；三层设置内构和外抛光机；四层装配和成品检验；五层未成品库。由于机器体量较大，故建筑层高较高，且较为笨重的机器设在下层，较为轻便的设备设在上层。建筑山墙部分设置用于运送货物的升降机（图9）。整个建筑就是一个生产面粉的机器，实用功能突出。

2) 账房

　　制粉厂的账房属于办公建筑，主要负责完成粮食材料采购与面粉出售等相关财务事宜，并也设有部分服务功能，是厂区的辅助建筑。账房一般与制粉厂房相隔一段距离，甚至有些制粉厂将账房分离出去，独立设置。如天兴福第四制粉厂及其账房两者之间相隔数百米，且都独立成院。这样明确建筑的主要功能，管理上更加条理化、有序化（图10）。

3) 锅炉房

　　作为工业建筑遗产最突出的标志之一，这

图8 制粉厂房　图片来源：作者自摄

图9 垂直运输设备
图片来源：作者自摄

图10 账房　图片来源：作者自摄

图11 锅炉房　图片来源：作者自摄

图12 联排设置的库房　图片来源：作者自摄

里到处高高耸立的烟囱最能代表"三马"地区曾经在制粉工业上极其繁荣的景象。锅炉房一般位于制粉厂区的一角，为整个厂区的生产、生活活动提供热量（图11）。

4）库房

库房主要用作粮食等物资的存储仓库。在制粉厂区中，库房一般为联排设置，并且常常与厂区院门结合，形成院墙的效果。在库房的选址上，一般围绕着制粉厂房周边设置，方便存取货物（图12）。

2. 多样的建筑艺术风格

不同历史时期背景下产生的建筑艺术风格不同。中东铁路的修建，使哈尔滨成为一个多元文化相互交融的城市。"三马"地区的制粉工业建筑遗产上的建筑风格也呈现出异样的光彩。

1）俄式建筑风格的引入

因沙俄在哈尔滨活动时间较长，很多建筑

图13 俄式风格的建筑细部　图片来源：作者自摄

是由俄罗斯建筑师主持设计的，加之俄罗斯人对家乡的怀念情深，故使俄罗斯建筑风格被引入哈尔滨，并盛行一时。

如忠兴福制粉厂的账房。这座精美的建筑保存完好，门楣上仍能辨认出"忠兴福制粉厂"六个字的痕迹。整栋建筑的立面呈灰色，利用突出的砖块进行竖向划分，并一直延续到女儿墙上形成小立柱，每个立柱上都有丰富的线脚装饰，建筑四角的立柱上还采用四坡顶，形成韵律感。多年来，建筑的窗户依然保持着最初的木质窗框和富有俄罗斯风情的贴脸。在上下窗之间，矩形线脚中的倒"凹"字装饰显得十分整齐，与女儿墙上的方形装饰形成统一，展示了强烈的俄式建筑风格（图13）[①]。

2）早期现代主义建筑风格的形成

20世纪初，哈尔滨的工业建筑向大空间、大体量的方向发展，同时，工艺要求复杂严格、工期紧迫且注重效率，促使工业建筑摆脱了曾经的复古形式，采用新材料、新结构、新技术、新设备等手段，从而产生新的建筑风格，即早期现代主义建筑风格。

如位于"三马"地区北内史胡同的天兴福第四制粉厂，建于1926年，建筑外墙用红砖砌筑，平面为简单的矩形，内架钢梁。整个立面几乎没有多余的装饰，只在窗间墙之间采用通高的矩形壁柱，在建筑的五六层中央位置用红砖垒砌了一条简单的线脚，同时窗户也采用了毫无装饰的矩形窗口。可以看出，建筑的形式完全服从于内部功能，造型大方简洁，展示了哈尔滨早期现代主义建筑风格特征（图14）。

3. 实用性的建筑建造技术

在哈尔滨的工业建筑发展初期，外国投资者多请本国设计师进行设计，因此厂房的

---

① 曲蒙，刘大平.哈尔滨现存近代工业建筑遗产初探.2012.

图14 早期现代主义风格的天兴福制粉厂
图片来源: 作者自摄

图15 砖木混合结构　图片来源: 作者自摄

整体结构及主要装修做法都是采用西方人惯用的方式。同时中国传统木构架因受到木材自身属性的限制，很难满足大空间工业建筑的生产需要，所以国内便开始接受西方的建筑结构和形式。可以说，哈尔滨近代工业建筑的建造体系几乎是对西方工业建筑结构形式的直接引入。

1）砖木、砖石混合结构的运用

砖木、砖石混合结构在传入哈尔滨后，由于施工简单、造价经济，便大量被这个时期的工业建筑所采用。该结构的建筑是用砖墙或石墙承重，屋顶使用拱券技术或是木梁楼板、木屋架、木桁架屋顶的结构，施工简单，效率高。

天兴福第四制粉厂是多层砖木结构工业建筑的代表。厂房的外部由砖墙和砖墩承重，地面铺木质楼板，屋顶形式为木屋架。为了抵抗侧向荷载的影响，通过外墙设有通高的砖墙蹲加强墙体结构的整体性（图15）。

2）混凝土结构的运用

混凝土结构运用于近代工业建筑也比较普遍。由于它具有很好的可塑性和优越的抗压性能，所以应用很广。作为工业厂房的建筑结构，混凝土结构的主要优点是耐久性好、耐火性好、强度高，同时不易腐蚀，良好的整体性也非常有利于抵抗振动，且较为经济。如坐落在南马路上的东兴火磨办公楼即为混凝土结构。建筑耐腐蚀性能强，保存良好。

四、总结

哈尔滨"三马"地区的这些制粉工业建筑遗产，拥有着近百年的历史。在建筑组群的布局上，具有标准的功能构成要素，形成统一的功能范式；在建筑的装饰艺术风格上，引入了俄罗斯建筑风格元素，同时形成了早期现代主义建筑风格；在建筑结构技术上，运用砖木、砖石等混合结构较为普遍，同时也将混凝土建筑结构做法进行大量普及。这些成就及特征都反映出了哈尔滨在特定历史时期的文化内涵，具有深厚的历史文化研究价值，是哈尔滨市工业建筑遗产上的一块瑰宝。

如此浓郁的工业文化和大量珍贵的工业历史建筑，映射出昔日哈尔滨由消费型城市带动起来的工业发展，也见证了哈尔滨这座城市在近百年来的历史变迁。因此，保护好这一宝贵财富是非常必要的，也是我们的义务和责任。

改善严寒地区住宅隔声性能初探

郑秋玲　王亮[①]

摘　要：近年来，人们对居住建筑的声环境满意度不断下降，这已成为城市居民最关心的问题之一。本文分析了我国目前住宅隔声较差的原因，结合严寒地区建筑特点，提出了改善严寒地区住宅隔声性能的措施，从而改善住宅声品质，保证人们的居住舒适度。

关键词：严寒地区　城市住宅　空气声隔声　撞击声隔声

一、前言

近十多年来，随着我国经济的快速发展，城市化进程的速度在不断加快，目前全国近一半的人口居住在城镇，为此各地兴建了大量的集合性住宅。但居民对居住建筑的声环境满意度并不高，噪声扰民已经成为人们关注的社会热点问题。我国城镇居民对噪声污染的投诉集中在住宅环境受到噪声的干扰，例如居民投诉居住区环境噪声超标、住宅的隔声能力较差等方面。

在我国的严寒地区，冬季气温低而且持续时间长，以长春市为例，2012~2013 年供暖期实际供暖时间为 174 天，占全年天数的 47%[②]。冬季严寒地区人们的主要活动都是在室内进行，因而居住建筑声环境的优劣，对人们生活的舒适度影响非常大。所以，有效地提高住宅的隔声能力，能改善住宅的声品质，达到提高住宅居住舒适度的目的。

二、当前住宅隔声较差的原因

1. 室外环境噪声恶化

根据《2012 年国民经济和社会发展统计公报》提供的数据，在监测的 316 个城市中，城市区域声环境质量好的城市占 3.5%，较好的占 75.9%，轻度污染的占 20.3%，中度污染的占 0.3%[③]。与 2011 年相比，2012 年声环境质量好的城市下降了 1.6%，城市区域声环境整体较差（见表 1），噪声状态亟待改善。

我国2008~2012年城市区域声环境监测统计

年份	监测城市数量	质量好	质量较好	轻度污染	中度污染
2008	392	7.9%	63.8%	27.0%	1.3%
2009	327	4.9%	70.0%	23.9%	1.2%
2010	331	6.3%	67.4%	25.4%	0.9%
2011	316	5.1%	72.8%	21.5%	0.6%
2012	316	3.5%	75.9%	20.3%	0.3%

城市区域噪声来自交通噪声、施工噪声、工

---

① 郑秋玲，吉林建筑大学建筑与规划学院讲师；王亮，吉林建筑大学建筑与规划学院教授。

② 长春供暖结束 采暖期天数占全年近一半[EB/OL].http://native.cnr.cn/city/201304/t20130415_512362838.shtml.

③ 2008~2012年《国民经济和社会发展统计公报》。

业噪声和社会生活噪声，其中交通噪声影响最大。尤其是当前城市机动车数量猛增，地面交通日趋繁忙。另一方面，航空噪声和港口城市的船舶噪声也不容忽视。这些都导致交通噪声逐步向立体化方向发展。交通噪声极大地影响了周围的居住区域的声环境，尤其是临街住户。

2. 室内噪声源和噪声强度增加

人们生活水平提高以后，各种用于住宅建筑的机械、设备越来越多，使得噪声源数量不断增加。高级音响、钢琴及其他乐器在普通家庭普及，使得住宅内室内声级比以往提高。而且很多难隔绝的低频噪声，如电梯噪声、机房设备噪声（包括供水泵、暖气泵等产生的噪声）等，对居民的影响日益严重，所以人们对居住建筑的隔声要求也相应提高。

3. 建筑构造方式的改变

土地供应的紧张，使得出现了大量的高层建筑，促进了建筑的工业化发展。高层建筑要求减轻建筑的自重，因此墙体淘汰了传统的砖墙，提倡使用轻型结构和成型板材。目前建造的住宅隔墙材料多为轻质砌块，而轻质隔墙的单位面积质量较小，使得墙体的隔声降噪能力较弱，很难达到目前国家规定的隔声要求，不能满足人们越来越高的安静要求。

三、严寒地区改善住宅隔声性能的措施

严寒地区住宅设计中，应该以考虑冬季的保温为主，建筑的体形系数要小。结合严寒地区建筑特点，通过合理的住宅声学设计，不仅能提高住宅的声学品质，同时也可以增加住宅的保温效果。

1. 提高墙体空气声隔声能力措施

住宅的分户墙、外墙、分户楼板及相邻两户房间之间的空气声隔声性能是评价室内环境私密性的重要指标。分户墙能很好地隔绝邻居间诸如说话声、电视音响声等噪声的干扰，而外墙则能隔绝室外的环境区域噪声对室内的干扰。

1) 建筑户型设计

在住宅的建筑设计中，应注意优先保证卧室的安宁，以减少对睡眠的干扰。卧室尽量布置在背向噪声源的一侧，不应与卫生间、电梯等相邻布置；电梯如果与卧室相邻布置时，应该进行隔声、减振处理，条件允许下，可做成双层墙，从而有效地降低噪声；将厨房、卫生间集中布置，上下对正；结合严寒地区实际情况，设置封闭阳台，相当于又加了一层窗，既能降噪又可以加强保温，提高室内温度。同时结构设计要与建筑设计相协调，在设计中要有意识地将剪力墙布置在分户墙处，可以有效地提高墙体的隔声性能。

2) 外窗

住宅的外窗不仅是保温的薄弱部分，也是隔声的薄弱部分。许多住宅的建筑设计，存在着盲目追求采光效果的误区，从而导致一些住宅的窗墙比较大，或用大片的玻璃幕墙代替实体墙。其实，这样的住宅的隔声和保温效果都需要改善。以长春市为例，大部分住宅的外窗采用的是双层玻璃，双玻的间距较近，低频隔声能力较差。建议外窗采用三层玻璃，窗框选取 PVC-U 塑钢型材窗，且腔室为四腔，同时加强外窗的加工精度，减少窗缝隙，加强密闭性，严格控制窗地比[①]。对于隔声要求较高的住宅或临街住宅，可采用不可开启的隔声窗、单独通风系统设计，以满足住宅的通风换气要求。在施工中要特别注意缝隙孔洞的处理，防止漏声。

---

① 王洪涛, 江勇.塑料外窗在严寒地区使用状况的调查研究[J].中国建筑金属结构, 2008 (4):31-37.

3) 墙体

目前国内轻质墙体主要采用纸面石膏板、加气混凝土板、膨胀珍珠岩板等板材。轻质墙体可根据空气声隔声量的要求，采用分离式双层墙体或三层墙体，中间的空气间层填充多孔吸声材料；板材和龙骨间应设置弹性垫层；板材采用双层或多层薄板叠合等构造做法。但要注意细节的处理，如穿墙的管线，要做好隔声处理，避免出现漏声，引起墙体隔声能力的明显下降。

通过适当的构造措施，可以使一些轻质墙体隔声量达到240mm砖墙水平，具有较高的隔声效果。但与240mm砖墙相比，轻质墙体的重量仅为砖墙的1/10。

2. 提高楼板隔绝撞击声能力措施

与空气声相比较，撞击声在建筑中的传播相对复杂，隔绝撞击声的材料发展缓慢。虽然目前可通过一些措施有效地隔绝撞击声，但造价很高，因此撞击声的隔绝是住宅建筑中噪声隔绝的薄弱环节。目前的住宅多采用现场浇筑钢筋混凝土楼板，钢筋混凝土楼板刚性强，减振效果差。

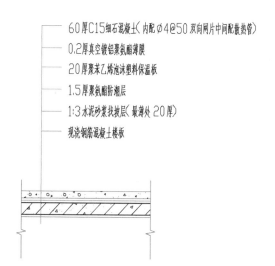

— 60厚C15细石混凝土（内配φ4@50 双向网片中间配散热管）
— 0.2厚真空镀铝聚氨酯薄膜
— 20厚聚苯乙烯泡沫塑料保温板
— 1.5厚聚氨酯防潮层
— 1:3水泥砂浆找坡层（最薄处 20厚）
— 现浇钢筋混凝土楼板

图1 地板低温辐射采暖构造　图片来源: 作者自绘

1) 地板低温辐射采暖

在严寒地区，室内供暖采用地板低温辐射采暖（图1），将大大提高楼板隔绝撞击声的能力。地板低温辐射采暖环保舒适，受热均匀，受到严寒地区居民的喜爱。与一般的住宅楼板相比，在结构层钢筋混凝土楼板上增加保温层、埋设供暖管，增加了构造厚度。尽管不是严格意义上的浮筑楼板，隔声能力也增加[1]。

2) 浮筑地面法

对于钢筋混凝土地面，提高撞击声隔声能力的有效方法是浮筑地面法。即在结构楼板上铺一层减振地垫，再在上面浇筑混凝土，形成弹性夹心结构，撞击声隔声量可改善18~22dB。减振地垫式的浮筑地面可满足国际标准要求的隔声量，隔声效果非常理想。与传统的混凝土楼板相比，这种构造做法施工复杂，尤其是沿墙四周的接缝处要严格处理，防止形成声桥。因其造价高，适合在高端住宅产品中推广使用。

3) 铺装弹性地面材料

结合地面装修，在混凝土楼板上铺装弹性地面材料是解决楼板撞击声隔声问题的简易而有效的措施。如铺装木地板（实木地板或复合地板）、厚度在 3 mm 以上的弹性橡胶（橡塑）地板，可以减弱撞击楼板的能量，减小楼板的振动，计权撞击声改善量大于 5 dB。尤其是在住宅室内的混凝土地面上铺设带有龙骨的实木地板改善隔声效果更佳。

4) 隔声吊顶

对于层高较高的住宅，可以在楼板下设置隔声吊顶，使吊顶和楼板间形成空腔，以减弱楼板向居室内辐射的空气声。隔声吊顶必须是密封的，吊顶与楼板间采用弹性连接。隔声吊顶对撞击声改善量约为 10 dB。

3. 加强立法与监督

当前，因住宅隔声而引发的纠纷时有发

---

① 路晓东，祝培生.大连地区住宅隔声品质的初步研究[C].第十一届全国噪声与振动控制工程学术会议论文集.194–197.

生，人们要求降低噪声、改善声环境的呼声日益强烈。政府相关部门已经感受到了住宅隔声问题的重要性，于2010年8月18日发布了新修订的《民用建筑隔声设计规范》（GB 50118—2010），并于2011年6月1日起开始实施。规范中居住建筑卧室、起居室（厅）分户墙、分户楼板空气声隔声性能的最低要求与原规范（GBJ 118—88）相比，大约提高了5~7dB[①]。地方政府也出台了一些法规，加强噪声的治理。北京市政府于2007年1月1日颁布了《北京市噪声污染防治法》，规定在销售新建住宅时，必须公布隔声状况，敦促开发商循序渐进地提高住宅的隔声品质。另外，我国还实行了多项限制噪声的法律、法规和标准，以控制噪声。

但是我们也应该看到，由于种种原因，在目前的验收房屋环节隔声效果却不是一项检测内容。出现隔声问题时，开发商往往以竣工验收通过质量合格推诿住户。因此，我们建议把住宅隔声作为住宅质量验收指标之一，由建筑业的各个部门共同监督。

四、结语

住宅的声学环境在住宅建成以后就形成了，居民入住后个人很难去改善，而且改建投入的资金巨大，同时效果并不好。想要为住户提供一个良好的住宅声环境，建筑开发商必须从一开始的决策、规划，到具体的设计、施工，直至最后的工程验收，严格遵守国家有关的法律、法规，保证质量管理和质量控制。只有这样，方能给居民创造一个优雅、安静、舒适的环境。

---

① 民用建筑隔声设计规范GB 50118—2010[S].北京:中国建筑工业出版社, 2010.

对寒地建筑外界面生态技术设计的探讨

李巍[①]

摘　要：本文对寒地建筑外界面应用的生态技术进行了论析，指出采用合适的技术手段在寒地建筑设计中的重要性。特别在环境污染严重、能源匮乏的今天，以科学技术为手段，注重"与环境和谐共生"的生态建筑设计，使城市空间与建筑空间、自然环境与人工环境有机融合起来，从而促进人与生活空间、人与自然环境的和谐相处。

关键词：寒地　建筑外界面　生态技术

最初的建筑是用来遮风避雨、驱虫避兽的，是一个抵御外界恶劣自然环境的场所，它的本质是人们用来与外界分割的空间体。建筑表皮是包裹这个空间体的"外套"，是划分内外环境的界面，内外的交流都要从中经过，它具有庇护自身和适应外界环境的双重功能。

在很大程度上，人类社会的不断发展依赖于科学技术的进步与生产力的发展，否则，人类就没有今天的物质文明和精神文明，建筑设计也不例外。建筑外界面的各种形态，需要技术保证才能实现，同样，它又始终受到技术环境的客观影响，二者互为作用，相辅相成。

一、寒地建筑外界面生态技术表达的途径

1.建筑外界面的概念

界面作为建筑的专用名词特指围合空间的三个面——底面、垂直面、顶面。作为空间的外在形式普遍存在于建筑中，并依赖于具有一定体积、强度和材质等物理指标而具有实体性质。建筑的本质是由界面围合的空间，空间因实体才具有使用价值。实体界面将抽象的设计观念转化为具体的空间形象，使建筑成为具有实用功能又蕴涵意义的空间环境，并由此引出界面的色彩、式样、质感等因素，这些因素直接作用于人的感官，引起人们对建筑的认知，并通过界面对环境产生诸多影响[②]。

2.生态技术表达的途径

1）经济技术途径

寒地占据我国北部地区，由于地理位置偏僻、对外交流闭塞，寒地区域整体经济发展相对落后，技术水平存在一定局限，极大地限制了建筑外界面形态的创新和进步。南部地区的一些先进建造技术、建筑材料和构造形式，由于造价偏高、维护复杂，很难在寒地推广。运用现代技术去适应气候特征，实现建筑与自然的融合，达到最少的能耗并创造出丰富多彩的、有技术表现倾向的建筑形态，是寒地建筑设计要解决的新课题。

---

① 李巍，吉林建筑大学讲师。
② 邓涛.建筑界面的性质与手法[J].南京林业大学学报（人文社会科学版），2003（6）：76.

2）建筑技术途径

随着时代的发展，在建筑中，技术因素不再是被动地支撑着建筑形式或仅仅作为其实现的手段，而是作为造型要素直接参与建筑形态的塑造。同时，建筑技术手段自身的变革，也会超越风格流派等文化因素，对建筑形态产生巨大的影响。

寒地区域受自身寒冷气候的影响，使得建筑外界面设计创作受到束缚。但一些新型轻质保温墙体材料的研制和应用，不断改变着寒地建筑外界面的形态、节能技术和生态技术的发展，也为寒地建筑带来了形式与功能的高度结合。传统寒地建筑封闭、厚重的建筑个性随着技术的发展逐渐消失，通透、轻盈不再是南方建筑特有的个性。而采用其他地区的技术时，手法要有差别，要呈现出寒地独特的建筑技术与美学特征，并使寒地特有的结构、材料和设备等因素在建筑外界面的实践活动中体现，这样才具有现实意义。

3）合理的应用途径

在寒地范围内，技术的发展战略应服从于社会、经济发展总目标的需要。一方面要大力提高寒地区域的经济技术水平，提倡将当代的先进技术有选择地与建筑特定的需求和现实条件结合，并要避免在技术现代化的进程中，对于原有文化的冲击和破坏；另一方面要重视对传统技术的提升与改进，从地方材料、构造方式等要素中发掘传统技术的潜力，继承有代表性的技术传统，并实现传统技术的现代化。只有保证了技术在建筑中应用的合理性与经济性，建筑师才能充分把握技术发展给寒地建筑的功

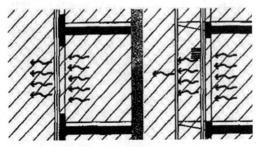

图1 单双层墙体空气、热量流动图
图片来源：高巍编.建筑表皮细部结构.辽宁科学技术出版社，2011.

能、空间、形式带来的新变化，从而丰富建筑外界面形态的技术内涵。

二、寒地建筑外界面的生态技术调控

1. 温度调控

目前，我们进行温度调控可利用的能源有可再生资源和非可再生资源。在寒地建筑外界面生态设计中应用太阳能（可再生资源）是最切实可行的。建筑可以被动或主动地利用太阳能来供暖、照明、提供热水或电力，并可以减少高达50%的普通采暖所需的能量。太阳能通过建筑的（南向）采光口（窗户）直接进入室内空间，与墙体比例最理想的大约为20～40%，总窗墙比的减少可以节约能量，尤其是减少热量易于流失的东西墙的窗户面积，节能效果更为显著。窗户的设计要考虑季节的变化，如冬季的太阳高度角相比于夏季要低，因此，竖向的窗户可以在一年中最冷的时段引入更多的太阳辐射，而呈坡度安装的斜向窗户在夏季可以最大限度地获得太阳能；另外，通过太阳能集热器或蓄热墙体吸收并储存太阳能可以间接获得热量，再逐渐将储存的热量传递到生活空间，能持久有效地调节室内温度。

结合配套设施进行建筑表皮的设计也是调节室温及空气的有效方法。采用空腔体系作为建筑"可呼吸"的表皮（图1），如德国汉诺威的北德清算银行的立面构造设计在绝热双层玻璃内墙和一层单层玻璃之间形成能够通风的外部空腔，空腔中加装由BMS控制的深色百叶（有利吸热及调光），空气通过外层玻璃底部的连续狭缝进入空腔。当室内不需热空气时（如夏季），可将其通过立面借助顶层的风扇排出，当室内需要热空气时，可将其大量"吸入"室内以维持室温。采用植被与绿化也是改善生态环境的重要手段。如杨经文设计的麦拉纳大楼，在建筑东、西两面作了大体量的凹入处理，获得了大片的阴影区与大量的中间屋面平台，并将一个个微型园林搬到空

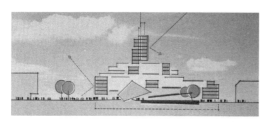

图2 麦拉纳大楼
图片来源：海鲁尔.生态建筑设计.

中，开创了摩天楼"垂直造园"的新时代，有效地减轻了城市热岛效应，改善室内微气候，净化了空气，并对人的心理起到调节作用（图2）。

2. 湿度调控

寒冷地区夏季多雨潮湿，春秋两季多风干燥，可运用减湿和加湿进行调控。减湿主要通过室内通风设计来进行。而加湿，除了电动加湿以外，符合生态原则的加湿技术还有潮湿表面蒸发等多项技术。如德国诺恩堡比泰林冈公司行政办公楼的设计，在南侧的玻璃幕墙后布置了一面织物墙，利用喷管由顶部向下喷水，形成均匀的颗粒状水雾，不仅提高了热交换效率，还达到了降温效果，湿润的空气给人带来了清新之感。汇集雨水降温加湿也是生态节水的方法，经过一系列的过滤、药物、紫外线等处理，高温天气时被抽到屋面的喷管中，喷洒于其表面，利用蒸发作用来降温，同时未处理的雨水还可以用于植被的自养。

3. 声光调控

良好的声光环境是通过建筑外界面合理的设计及相关构造处理（如隔声构造等）来实现的，并对人的健康生理及心理有调节的作用。在 Kühl AG 办公楼的设计中，为隔绝南面的火车噪声，在南面布置温室等非功能用房以隔声。南面屋顶大都为倾斜面，其上多覆植被，不仅有利于建筑的隔热与降温，同时也有效地反射、吸收并隔绝了大部分噪声，在节约资源（不采用额外的隔声材料）的同时获得了一个安静的室内环境。对于进深较大的建筑，可以通过天窗、中庭、屋顶高侧窗或采光管从顶部引进采

光，也可用百叶及色彩的深浅来调节光照度。在哥兹总部的设计中，设计者通过调节立面双层幕墙内（空腔）较高位置的百叶，将光线反射到顶棚或更远处以控制夏季眩光，较低位置的百叶是深色的，以便在冬季吸收更多阳光。百叶调节控制了进光量，且通过空腔体系对太阳能的转换节约了40%的照明用电。当天然采光不足时，灵敏的照度指示器将自动激活人工照明系统，确保室内适宜的光环境。

4. 通风调控

三种通风方式（自然通风、机械通风、混合式通风）中，自然通风是最古老而又最生态的通风方式。它利用自然风力和重力作用促使空气在建筑内流通，既能维持室内的热舒适性，能耗又大大低于采用空调或机械通风。寒区建筑的自然通风需要注意：在寒冷气候条件下或寒冷季节中，减小空气流动，避免出现冷气流；在炎热季节中，最大限度促进空气流动，以提供足够的通风来有效地降低室内气温。

三、寒地建筑外界面的生态技术设计策略

寒地冬季气候寒冷，建筑技术相对落后，协调环境、相对简洁的造型更有助于建筑冬季抵御寒风、加强保温、降低成本，对建筑的形态、构造、材质、色彩加以设计取舍，可以丰富寒地四季的景观。

1. 建筑外界面的形态设计

合理的建筑界面形式对于实现建筑生态化具有不可低估的作用。对于热带、亚热带和温带一些地区，东西轴向长、南北轴向短的细长平面，可以减少东西向短边的西晒；而对于温带、寒带地区，建筑采用圆形平面有利于产生相对小的建筑表面积，从而降低热散失、弱化强风的冲击。诺曼·福斯特及合伙人事务所设计的伦敦市政厅（图3），建筑造型独特，是一个变

图3 伦敦市政厅　图片来源:筑龙图酷

形的球体,没有常规意义上的顶界面和前后侧面。这种变形并不是随意得来,而是通过计算和验证来尽量减小建筑暴露在阳光直射下的面积,以减少夏季太阳热的吸收和冬季内部的热损失,从而获得最优化的能源利用效率。通过计算,这一类似球体的形状比同体积的长方体表面积减少了25%[①]。

采用不同的建筑设计手法(悬挑、架空、转角、倾斜、偏移等)将产生不同的空间效应。这些建筑的空间界面也能起到遮阳、导风、透气的作用,同时也使建筑积极地与环境、当地文化及城市形成对话,生成独特的建筑界面。

2. 建筑外界面的构造设计

老式建筑的表皮层单一,承重与围护体系常为一体,能够调节气候的窗、百叶或其他活动的遮阳设施,通常与大面积实体墙面在同一个表皮层上交替布置,建筑表皮调节外界气候资源的能力较弱,常以被动的方式保护建筑。而生态建筑表皮应具有较强的调节气候的功能,利用自然气候资源为室内空间所用,要减少不可再生资源的使用,变被动保护为积极保护。在目前的技术条件和合理的造价控制下,只有利用多个不同功能层构成的建筑表皮系统才可较容易地达到多个目标。如设计双层玻璃内的空气层,并在太阳的辐射作用下产生流动。夏季,

两层表皮内的空气由于烟囱效应而产生流动,带走室内多余热量,起到通风降温的作用;冬季,两层表皮内的空气在太阳的辐射下产生温室效应,被加热的空气缓冲了室内外的温差,起到防寒作用。在双层玻璃表皮空气层内增加可操作的遮阳或热保护层,可调节太阳光线进入室内的强弱,而且由于该层免受风雨侵袭和阳光直射,其运营、维护、更新更加方便。当然,可调节太阳光线的遮阳层也可包裹于建筑的各表皮层之外或置于其内以起到调节的作用,动态的、可操作的遮阳或热保护层在调节自然气候的同时也赋予建筑外在形态以动感,随着季节与时间的变化而变化[②]。

3. 建筑外界面材料的重新诠释

建筑外界面有两种基本属性:阻隔性和选择透过性。阻隔性,不论是外界面还是内界面,都是对不同空间质地的分隔,形成相对围合密闭的空间;选择透过性,即滤过作用,或称为"膜效应"(Membrane-effect)。选择透过性是指建筑外界面的功能并不是完全的阻隔,而是在对某些(不利的)空间质地分隔的同时,能够对另一些(有利的)空间质地有选择地透过,这是对阻隔作用的补充。建筑外界面的选择透过性作用体现了建筑作为气候过滤器对气候"利用"的一面(图4)。

中国国家游泳馆的外界面设计未将重点放在造型上,而是将表现时代感较强的材料放在了第一位。建筑采用稳定的立方体形式,突出

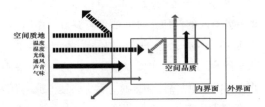

图4 外界面的"膜效应"(无论是外界面还是内界面,都是对空间质地的选择透过作用)　图片来源:作者自绘

---

① 李华东主编.高技术生态建筑[M].天津: 天津大学出版社, 2002.9.1.
② 孙超法.建筑表皮分层设计与可持续发展[J].城市建筑, 2005(12).

图5 国家游泳中心的膜界面
图片来源: http://baike.baidu.com

图6 美国加州多明莱斯葡萄酒厂
图片来源: http://baike.baidu.com

ETFE透明膜的虚幻的效果。设计者从水分子和水泡的微观结构演绎出一种新型的刚性结构体系,表面覆盖的ETFE透明膜又赋予了建筑冰晶状的外貌。ETFE是一种轻质新型材料,具有有效的热学性能和透光性,而且还会避可建筑结构受到游泳中心内部环境的侵蚀(图5)。

传统的材料采用新的技术或在新的思维引导下又可被重新发掘出新的用途和表达方法,从而变成"另类"的建筑表皮。赫佐格与德·穆隆在美国加州的多明莱斯葡萄酒厂设计中,将当地的火山岩放置在金属编织的筐笼内,作为多层建筑表皮的最外层(图6),不仅使建筑和周围的景色融为一体,减少了能源的消耗,降低了建筑在维护和能源使用方面的成本,也创造了与当地气候适应的生态建筑环境。

砖、石、木材等材料被使用几千年,玻璃、钢、混凝土等现代建筑材料也已司空见惯之后,化学、物理、机械工程和生物学创造的新材料层出不穷,膜结构、塑料甚至纸筒建筑正在大行其道,这不仅开辟了新的建筑设计视野,也引发了建筑师的设计灵感。以往玻璃砖、磨砂玻璃和聚碳酸酯纤维板等材料,是用来围合一些光线要

求不高的空间,如车库、楼梯间和走廊屋顶等,但建筑师创新地将这些材料应用于多层表皮的外层,改变了这些材料的应用特性。

4. 建筑外界面的色彩调节

建筑色彩的综合考虑运用对于环境协调,节约能源和调节环境气候都有不可忽视的作用。不同的色彩、不同的材料对太阳辐射热的吸收系数是不同的。如白色、淡黄色为0.2~0.4,深蓝、黑为0.8~0.9,红色新瓦屋面为0.53等。北方气候寒冷,可用暖色调适应冷环境,针对不同建筑朝向,可以浅色调作为围护结构隔热材料,亦可用深色调作为吸收热量的材料[①]。

寒区建筑物的造型可利用阳光、色彩的考虑形成特有风格。如位于斯德哥尔摩附近的波罗的海海湾的Robygge学校,建筑群体色彩丰富、棱角分明。建筑外界面上使用不同的颜色隐喻天空颜色的变化,为了能使建筑从传统的束缚中摆脱出来,设计师创作了一种完全不同的外表面色彩做法,房屋的颜色可以强调建筑不同的功能,并且颜色可以随季节温度变化在色彩上呈现出微弱的变化。

四、结语

总而言之,建筑外界面设计的生态观念关注的是节能与耗能的全程比较、传统技术的革新、先进技术的支撑和材料的综合利用等[②]。所以,在设计中应该强调生态的观念,而不是生态技术的片面运用;强调从实际出发解决生态问题,而不是用高科技装点门面;强调地方材料与设计技术的有机结合,而不是生搬硬套一些现成实例。

设计中,我们应遵循保护生态环境、以人为本的法则,使多层、柔软、动态、赋予变化的建筑表皮与自然生态环境和快速变化的时代相融合,以瓦解永恒不变的混凝土建筑立面。

---

① 李弘范,肖长英,曹茂庆.寒区冷环境对建筑设计的影响[J].低温建筑技术,1998(3).
② 钟善斌.浅谈建筑设计的生态概念及技术策略[J].中国工程咨询,2006(1).

夏热冬冷地区既有工业建筑大空间改造生态策略技术与更新

任怀新　魏小琴[①]

摘　要：随着我国退二进三产业的转型，对于大多数城市来说，既有的工业建筑将面临一次洗礼。本文针对这一社会现象，以夏热冬冷地区为例，从生态节能的角度对工业建筑的大空间改造项目进行系统的技术梳理，包括规划、建筑、设备、景观等环节，力求为同行提供一个理论依据支撑。

关键词：既有工业建筑　改造　节能

一、相关概念

夏热冬冷地区包括上海、浙江、江苏、安徽、江西、湖北、湖南、重庆、四川、贵州10省市大部分地区，以及河南、陕西、甘肃南部，福建、广东、广西3省区北部，共涉及16个省、市、自治区，约有6亿人口。该地区最热月平均气温25~30℃，平均相对湿度80%左右，炎热潮湿是夏季的基本气候特点。

大空间工业建筑主要是在国家退二进三政策下遗留下来的，具有改造潜力和历史记忆的既有大空间工业建筑，对其改造的方向主要有居住、酒店、商场、办公、博物馆等。

二、既有大空间工业建筑生态改造中的规划设计

依托前期调研，抓主要矛盾和问题，结合既有大空间工业建筑条件，如土地利用、空间布局、交通运输等，提出针对夏热冬冷地区本土特色和项目特点的规划原则和分阶段目标，不要流于生态优先和可持续发展原则的形式口号。

1. 土地利用和空间结构

以生态的视角，保护和延续原有自然空间：节约土地资源，协调人工环境与自然环境；接壤城市生态廊道，尽量做到"看得见山，望得见水，记得住乡愁"；考虑当地气候资源，注重后续发展与空间布局形态。

夏热冬冷地区主要城市的最佳、适宜和不宜的建筑朝向

地区	最佳朝向	适宜朝向	不宜朝向
上海	南~南偏东15°	南偏东30°~向偏西15°	北、西北
南京	南~南偏东15°	南偏东25°~南偏西10°	西、北
杭州	南~南偏东10°~15°	南偏东30°~偏西5°	西、北
合肥	南~南偏东5°~15°	南偏东15°~偏西5°	西
武汉	南偏东10°~南偏西10°	南偏东20°~向偏西15°	西、西北

---

① 任怀新，东南大学建筑学院在读博士研究生；魏小琴，福建工程学院建筑与城乡规划学院讲师。

（续表）

地区	最佳朝向	适宜朝向	不宜朝向
长沙	南~南偏东10°	南偏东15°~向偏西10°	西、西北
南昌	南~南偏东15°	南偏东25°~向偏西10°	西、西北
重庆	南偏东10°~南偏西10°	南偏东30°~向偏西20°	西、东
成都	南偏东20°~南偏西30°	南偏东40°~向偏西45°	西、东

2. 交通模式和道路系统

既有建筑的改造必定带来交通模式的转变。规划在解决机动车停车及通行的前提下，着力发展绿色出行，将机动车交通与步行和自行车道分开，尽量安排公共交通的便捷性，大力发展"小地块密路网街区"[①]的模式。有条件的可以建设绿道系统，并与城市大的慢行系统有序接轨。

3. 绿地生态系统

保护本地动植物多样性，避免外来物种入侵，减少过多的人工环境，保持自然原生态的环境净化能力，缓解城市热岛效应。

4. 基础设施与生态技术

1）开发利用可再生能源。包括太阳能、热泵技术[②]、风能、生物质能甚至是核能等。

2）水资源循环利用。主要包括中水回用系统和雨水收集系统。

3）垃圾回收和再利用。设计充足的分类收集设置，提供给城市大环境消化（如发电等）。

4）环境控制。前期对声、光、通风等进行计算机模拟以便优化方案（如 Ecotect，Radiance、AirPak，FLUENT，ANSYS、RAYNOISE，SoundPLAN，Cadna/A、PBECA2008、DOE-2，eQUEST，EnergyPlus、Sunlight 等软件）。

三、既有大空间工业建筑生态改造中的建筑设计

1. 平面设计

合理地改造以求引导自然通风与采光，被动地利用太阳能。如改造为居住建筑，保证主要房间夏季的穿堂风。卧室、起居室进风，厨房卫生间排风。改造设计中不断地用节能软件对日照、通风、采光进行模拟，以修正改造设计方案达到最优。

2. 体形系数控制

依据建筑朝向、冬季气温日照和风环境状况等在原建筑造型的基础上，尽量减少不必要的凹凸变化以减小体形系数，如无法减缩应酌情增加围护结构的热阻。具体方法有：优化原有建筑体量，增加长度与进深；减少体形变化；改造合理层数和层高。

3. 生态改造能源利用

主要包括被动式太阳能建筑及其热利用技术，太阳能热水系统应用及建筑一体化，太阳能光伏发电，地源冷热系统利用，风能、生物能等可再生与新能源利用等。该技术国内外研究相对较多，在这里不再赘述。主要的原则是根据不同的地区环境和改造类型，选取不同的能源利用模式，且利于后期的维护管理和经济产出。

4. 围护结构生态改造策略

1）建筑外墙

夏热冬冷地区应加强面向冬季主导风向外墙的保温性能，提高热阻

主要类型	主要材料
外墙外保温	聚苯颗粒保温砂浆、粘贴泡沫塑料（EPS、XPS、PU）保温板、现场喷涂或浇注聚氨酯硬泡、保温装饰板等

---

① 王轩轩，段进.小地块密路网街区模式初探[J]. 南方建筑，2006（12）.
② 热泵技术是一种节能型空调制冷供热技术，分为地源热泵和水源热泵技术。它是一种转移冷量和热量的设备系统，以花费一部分高质能为代价，从自然环境中获取能量，并连同所花费的高质能一起向用户供热，从而有效地利用低水平的热能。其特点有高效节能、稳定可靠、无污染、冷暖双用、寿命长、易维护等。

（续表）

主要类型	主要材料
外墙内保温	聚苯颗粒保温砂浆、粘贴泡沫塑料（EPS、XPS、PU）保温板、内挂保温材料填充等
外墙自保温	江河淤泥烧结节能砖、蒸压轻质加气混凝土砌块、页岩模数多孔砖、自保温混凝土砌块等

2）建筑屋面

夏热冬冷地区应加强屋面的隔热性能

主要方法	主要技术路线/材料
增加保温材料	聚苯颗粒保温砂浆、粘贴泡沫塑料（EPS、XPS、PU）保温板、现场喷涂或浇注聚氨酯硬泡、保温装饰板等
增加构造结构	采用架空形保温屋面或倒置式屋面等
增加保温措施	屋顶绿化屋面、蓄水屋面、浅色坡屋面等

3）外门窗、玻璃幕墙

夏热冬冷地区门窗幕墙节能改造设计

主要方法	主要技术路线/材料
合理控制窗墙面积比	减少北墙窗墙面积比，控制冬季热损失；增加南墙窗窗面积比，加强冬季日照采暖。改造中减少不必要落地窗、飘窗、多角窗、低窗台等
合理选择窗户类型	型材：断桥隔热铝合金、PVC塑料、铝木复合型材等 玻璃：中空玻璃、真空玻璃、LOW-E玻璃等 形式：平开窗的气密性能优于推拉窗
南、东、西窗合理设计建筑遮阳	形式分外遮阳、内遮阳、固定式建筑构件遮阳等 传统形式分藤蔓植物、深凹窗、外廊、阳台、挑檐、遮阳板等

5. 采光生态优化

1）目的：适当引入自然光，改善既有建筑的光环境，减少建筑本体能耗；满足照明需要；满足视觉舒适度的要求，满足节能要求，满足环境保护的要求。

2）原则：优先采取门窗改造、遮阳等低成本措施对现有的非节能建筑进行改造；做好经济与实用性分析，满足《民用建筑设计通则》GB

50352 和《建筑采光设计标准》GB/T 50033 的要求。

（1）工业建筑大空间改居住建筑：公共空间宜自然采光，采光系数不宜低于 0.5%；居住室内采光系数最低值与平均值之比不小于 0.7；房间内表面反射比，顶棚 0.7 ~ 0.8，墙面 0.5 ~ 0.7，地面 0.2 ~ 0.4 等。

（2）大空间工业建筑改办公、宾馆类建筑：75% 以上的主要功能空间室内采光系数不宜低于现行国家标准《建筑采光设计标准》GB/T 50033 的要求。

（3）地下空间尽量自然采光，采光系数不宜低于 0.5%。

（4）控制开窗的大小，解决眩光问题。

3）技术路线

在建筑设计中对采光进行考虑时，有如下要点：

（1）合理规划，减少外部障碍物遮挡，减少改造后建筑的平面进深。

（2）合理考虑窗户的数量和面积，窗户面积与室内面积之比最好是 20% 左右。

（3）合理考虑光照度，增加窗户的高度（日照深度一般为窗户高度 2.5 倍）。

（4）合理设置屋顶采光。采光效果是相同面积垂直窗户的 3 倍左右，但避免引起室内温度过高。

（5）合理设置中庭。

（6）合理进行人工照明。

4）软件：Ecotect 分析建筑采光、日照[①]，Radiance 模拟自然采光[②]。

6. 通风生态优化

1）目的

引入自然风，改善既有建筑的室内空气质量，减少建筑本体能耗。

---

① 云鹏. Ecotect建筑环境设计教程[M]. 北京：中国建筑工业出版社，2007.

② S Ubbelohde, C Humann. Comparative evaluation of four daylighting software programs[J]. 1998 ACEE Summer Study on Energy Efficiency in Buildings, Proceedings, 1998.

2) 原理[1]：

热压"烟囱效应"，多用于改造为进深较的大公共建筑；风压即"穿堂风"，多用于改造后作为住宅建筑的类型。两者密不可分地存在于通风设计中。

（1）满足《绿色建筑评价标准》中有关自然通风的条款要求[2]。

（2）满足《绿色建筑评价标准》和《绿色建筑评价技术细则》中对自然通风模拟和评价的要求[3]。

（3）控制建筑物周围行人区1.5m处风速小于5m/s。

（4）控制冬季除迎风面外建筑物前后压差不大于5Pa。

（5）控制建筑前后保持1.5Pa左右的压差。

（6）控制室内自然通风均匀、足量、舒适。

3) 技术路线

（1）总平面布置

东南侧布置较低建筑且不封闭夏季主导风向（夏季主导风向的迎风面与建筑宜成60°~90°角，且不应小于45°角），自南向北增高阶梯式布置；适当控制间距；采取错列式布局。

（2）建筑单体

进风窗迎向主导风向，排风窗背向主导风向，加强自然通风；房间的气流流通面积宜大于进排风窗面积；只能单侧通风时通风窗所在外窗与主导风向间夹角宜为40°~65°，并宜增加窗口高度使进风气流深入房间，防止其他房间的排气进入本房间。

4) 软件

室外风环境模拟主要采用CFD（Computational Fluid Dynamics）模拟技术[4]。CFD模拟软件有Fluent、Phoenics、Flovent等。

7. 暖通、空调技术生态优化

大多数既有大空间工业建筑没有空调和暖通系统，或者原本系统面临老化和替换的问题，所以在对该类型建筑进行生态改造的时候，多考虑引进新技术、新设备的处理方式，当然也有特例。本文只研究新的暖通和空调技术。

1）水泵变频控制改造：利用变频器内置控制调节软件，直接调节电动机的转速保持一定的水压、风压，满足系统要求的压力。适用于多数改造类型建筑。

2）变风量控制改造：合理运用变风量系统（Variable Air Volume System，即VAV系统），根据室内负荷等参数变化，自动调节空调系统送风量。

3）蓄冷蓄热技术：制冷机夜间储存冷量，白天释放。该系统初投资高，适用大空间工业建筑改造为一些大型公共建筑。

4）热回收利用：主要有冷热回收技术、过渡季节通风技术、新风变频技术等，适用大空间工业建筑改造为一些对于新风量要求较大的大型商场、超市、大会堂等。

5）空调末端节能改造：采用辐射采暖空调（低温辐射供冷、辐射采暖，比常规空调系统节能30%~40%），同时也应使用热、温、湿独立控制空调系统（图1）。[5]

6）智能控制：包括设备、安全、通信、办公、管理自动化系统。

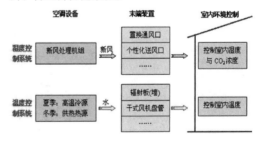

图1 温湿度独立控制空调系统图
资料来源：刘晓华，江亿.温湿度独立控制空调系统.中国建筑工业出版社，2006.

① 自然通风技术概述. http://wenku.baidu.com/view/48b44ad5360cba1aa811dac3.html.
② GB/T 50378-2006, 绿色建筑评价标准[S].
③ 绿色建筑评价细则.建设部，2007.
④ 阳丽娜. 建筑自然通风的多解现象与潜力分析 [D]. 湖南大学，2005.
⑤ 刘晓华，江亿.温湿度独立控制空调系统[M].北京：中国建筑工业出版社，2006.

7）分项计量：明确能耗在用能终端的分配情况，利于发现节能潜力，检验各项节能措施的效果等。

8）绿色能源的利用与优化：包括太阳能、地热能、生物质能、地源或水源热泵，利用地热能、水资源等绿色能源。

四、既有大空间工业建筑生态改造中的景观设计

1．绿化生态设计

1）尽可能提高绿地率；

2）绿化植物尽量选用乡土植物；

3）铺装场地上尽可能多种植树木；

4）多进行垂直绿化；

5）合理搭配草坪、灌木丛、乔木，形成多层次的竖向立体绿化；

6）建筑物南侧或东西侧配置树冠高大的落叶树，北侧则配置耐阴常绿乔木；

7）回收雨水灌溉绿化。

2．水环境

1）设计内容

建筑给排水、景观用水、雨水、中水四个部分。

2）目的

节约用水，提高水循环利用率，降低能耗。

3）原则

（1）满足当地政府规定的节水要求，准确制定用水量、给排水系统技术措施。

（2）利用屋面、透水地面（自然裸露地面、公共绿地、绿化地面和镂空面积大于或等于40%的镂空铺地）回收雨水，处理后用作冲厕、冲洗汽车、庭院绿化浇灌等。人行道、自行车道采用透水地砖，自行车和汽车停车场选用有孔的植草土砖，硬质路面设置透水混凝土路面，回收雨水。（图2、图3）

（3）采用节水器具、设备；

（4）配置本土水生植物、动物，使水体提高自净的能力。

五、总结

夏热冬冷地区既有工业建筑生态改造技术研究是一个较大的课题，涉及的方面比较广泛，有设计的永续发展、改造中传统与现代的结合、适宜技术在既有建筑大空间生态改造中的表达、生态改造设计的本土化等，还有经济评估与结果评估，每一个环节都可以单独拿出来深入研究，但是现在国内缺少系统的整合，特别是规范的制定，所以这部分的欠缺还需要同行继续努力一起完善和发展。

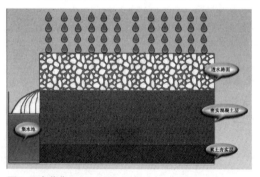

图2 雨水收集
资料来源：龚应安.透水性铺装在城市雨水下渗收集中的应用 [J].水资源保护,2009(6).

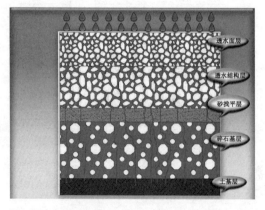

图3 雨水自然下渗
资料来源：龚应安.透水性铺装在城市雨水下渗收集中的应用 [J].水资源保护,2009(6).

东北农村装配式住宅地域化特色研究①

李天骄　谭嘉洲②

摘　要：吉林省是农业大省，农村住宅占很大比重，住宅直接体现着农民的生活质量和农村的建设风貌，在适应工业化发展的要求下，结合产业化的住宅设计，探索既有地域特色，又适宜农村建造的民居模式，是农村建设和发展的重要问题。本文以东北民居特色建筑文化为切入点，提出有针对性的设计策略，探讨基于东北农村地域文化的装配式住宅设计模式，为吉林省农民住宅建设提供参考。

关键词：东北农村　民居建筑　地域文化　装配式住宅

一、前言

　　吉林省位于中纬度欧亚大陆的东侧，属于温带大陆性季风气候，地形地貌丰富，冬季漫长严寒，夏季炎热潮湿，寒暑变化明显，地貌形态差异明显。地势由东南向西北倾斜，呈现明显的东南高、西北低的特征。以中部大黑山为界，可分为东部山地和中西部平原两大地貌区。东部山地分为长白山中山低山区和低山丘陵区，中西部平原分为中部台地平原区和西部草甸、湖泊、湿地、沙地区。平原以松辽分水岭为界，以北为松嫩平原，以南为辽河平原。

　　吉林省是一个以汉族为主体的多民族地区，各民族的生活习俗由于从事生产方式的不同而有所差异，各民族的民俗文化在长期的交往和融合中，形成了具有强烈地域特色的各式民居，但还保持着各自的民族特色。其中主要的少数民族包括满族、朝鲜族、蒙古族。

　　当前我国正处于建筑工业化、住宅产业化快速发展过程中，在充分考虑吉林省地区地理气候、民族特征、农村经济发展状态和农民生活习惯的基础上，以新观念、新模式、新技术建设为理念的装配式节能型住宅设计方案，可改变农村陈旧落后的居住面貌，改善农村人民生活环境，为吉林省发展注入新的动力和活力。伴随着对传统建筑文化的重视，新民居的发展将是实现新型城镇化的重要的挑战与机遇。吉林省地方民居的构造、装饰、材料与技术是传统文化传承的基础，同时制约着新结构技术、建筑材料与构件以及工业化的发展。在装配式住宅设计的基础上，结合吉林省地域建筑特色，设计新型住宅模式，对吉林省新民居建设以及新型城镇化的实现有着重要意义。

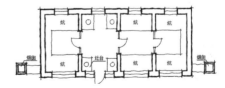

图1　吉林省传统民居平面图（自绘）

---

①　吉林省科技发展计划项目：吉林省装配式节能型农村住宅设计应用与研究，项目编号：2013026066NY。
②　李天骄，吉林建筑大学建筑与规划学院副教授；谭嘉洲，吉林建筑大学建筑与规划学院硕士研究生。

二、吉林省农村装配式建筑的基础与现状

装配式住宅即预制组装式住宅，是指用工业化的生产方式来建造住宅建筑，将建造住宅所需各种构件在工厂进行生产、预制，完成后运输到施工现场，将组成住宅的各个构件通过可靠的连接方式组装而建造成的住宅。

工业化住宅要延续传统民居的文化并不能仅仅是依靠简单的模仿传统建筑的形式，或是复制和堆积民居的建筑元素，而必须回归到对传统民居建筑空间形态、被动式技术策略的探究上来。结合新材料、新技术的运用，使新民居建设体现时代的气息。

1. 吉林民居的主要特征

典型的吉林农村传统住宅即是"一字型"为主的两间房、两间半房、三间房的单层住宅（如图1）。农民建房基本上以自主建设的模式，就地取材，住宅的功能布局主要沿袭了传统的东西屋、南北炕的格局，即中间为灶，两侧是卧室，以及在此基础上演变的一些格局形式。东北地区土地资源丰富，吉林省的传统民居形式共性鲜明同时个性突出，经常采用木制屋架，结合砖墙、草顶瓦顶等维护，形成截然不同的风格。

2. 装配式结构体系的设计

装配式建筑按照结构类型的分类可以分为五种，即为砌块建筑、骨架板材建筑、大板建筑、盒式建筑、砌块建筑、骨架板材建筑，其中适用于农村住宅建设的类型以砌块建筑和骨架板材建筑两种为主。砌块建筑是使用预制块体材料砌筑墙体的装配式建筑，适用于3～5层建筑。砌块建筑适应性强，施工方便，造价低，工艺简单，并且可以因地制宜利用地方材料，就地取材，这一点很适合在农村使用。骨架板材建筑由预制的骨架和板材组成。承重骨架一般多为重型的钢筋混凝土结构，也可采用钢材与木材做成骨架和板材组合，常用于轻型装配

建筑中。骨架板材建筑特点：1. 结构合理，减轻了建筑的自重。2. 内部分隔灵活，适用于多层和高层的建筑。

吉林省装配式住宅设计的基础是模块体系设计，其目的在于将农村住宅空间分解为几个特点的功能性区域，把每个区域视为独立的功能模块，通过分析优化出相对合理的空间组合方案。其主要包括承载住宅不同功能的空间模块，并以厨房模块、卫生间模块、火炕模块这几个基本模块为设计重点。这些模块根据所需设备的尺寸和占用空间的面积，经过精确化、标准化的设计，可以产生多种多样的尺寸和规模，甚至模块的空间形体也可不拘泥于传统的矩形，而演变为其他形体。

装配式住宅的优越性表现在各个模块体系间的组合以及模块体系与住宅平面布置的有机结合。装配式农村住宅的模块组合是多样化、多种形式的组合，适应性强、灵活多变是模块体系的特点。通过厨房模块、卫生间模块、火炕模块的不同组合，以适应不同家庭的居住模式。因而模块体系是农村装配式住宅的组成部分，模块的设计是农村装配式住宅研究的重要方面。

三、东北农村装配式建筑设计的目标

1. 体现精细之美：装配式建筑区别于传统建筑的最大特点就是现场手工操作更多地改为工厂化生产。将建筑的产生由"建造"转变为"制造"，从而提升建筑整体品质，提高生产效率，建筑工业化，是农村装配式住宅发展的基础。传统的农耕文化使中国人安土重迁，土地和房子是安身立命之本，农村建房始终是头等大事。房子要结实美观，并可传之后代。对于几天就搭建起来的"积木房"，难免心存疑虑。因此装配式农宅构件的精致化、施工精细化是东北新农村建设的发展目标。发达国家如日本、新加坡、挪威等国家都已具有较成熟经验。

2.体现变化之美：装配式农宅如果"菜单"单一，千篇一律，必然会使其应用前景堪忧。不同模块组合的变化多，选择余地大，视觉效果美观，将使新农村住宅建设出现根本性改变。台湾建筑师谢英俊的装配式尝试具有借鉴意义（图2、图3）。

图2 谢英俊事务所作品　图片来源：谢英俊提供

图3 谢英俊事务所作品　图片来源：谢英俊提供

3.体现谦逊之美：散落于乡野的农村装配式建筑，无论形式还是色彩必须是与乡土文化景观相协调、与环境相和谐的，也应该成为新乡土文化景观的创造者和重要组成部分。东北新农村建设过程中，曾经出现过的色彩刺眼的彩钢屋面，城市化的夸张的造型，都给装配式农宅提供了反面例证。

四、农村装配式建筑的发展方向

装配式住宅的安装以组装式、单元式、混合式三种为主。三种模式都大大提高了工作效率节省了人力物力，缩短了施工时间。并且以工厂生产为主，现场安装为辅，减少了建设中对环境的污染，对于在农村单位内推广建设十分有益。

提高和改善农民的生存、生活水平，大力促进吉林省农村的节能减排和环境保护，具有显著的经济效益和极为重大的社会效益。

可见农村装配式住宅在新农村建设中有着很大的发展空间，我们应对农村装配式住宅加纳和给予更多的关注，让广大农村居民了解它并掌握一定的施工技巧，其必定会使吉林省农村住宅的建设走出一条高效、健康、可持续发展之路。

参考文献

[1] 王亮.吉林省农村装配式住宅模块体系设计研究.吉林省经济管理干部学院学报，2011（12）：18.

[2] 聂梅生.新世纪我国住宅产业化的必由之路.建筑学报，2001（7）：4-8.

[3] 聂梅生.住宅产业现代化所面临的挑战.建筑学报，2000（4）：4-7.

[4] 张小庚.SI住宅建造技术体系研究.住宅产业，2013（7）：37-43.

[5] 王茜.浅谈装配式建筑的发展.科技信息，2012（7）.25

基于社会学调查的乡村建设模式探析
——以湖北恩施龙马镇为例①

谢超　李晓峰②

摘　要：随着新型城镇化进程的不断加快，建设美丽乡村成为当前中国社会主义新农村的重大历史任务，乡村建设越来越受到学界关注。然而现实中的乡村遇到诸多阻力，逐渐陷入"城不像城，村不像村"的困境。如何破除过去乡村建设中的种种弊病？本文以湖北恩施州龙马镇为例，基于社会学调查分析与规划设计实践，从社会、经济、文化、环境综合效益出发，探寻顺应时代发展和生态人居的乡村建设模式。

关键词：社会学调查　乡村建设　模式

引言

中国是个农业大国，如何解决"农业、农村、农民"问题并改善乡村长期以来的落后状况，成为中国可持续发展的重要课题。2008年和2012年，李克强总理先后两次视察恩施龙马、青堡等地，并在2012年12月29日第二次视察时明确提出"退耕还林、扶贫搬迁、移民建镇、产业结构调整"的建设要求。恩施是武陵山区少数民族经济社会发展的试验区，而龙马镇的建设作为综合扶贫改革试点启动项目，具有一定的攻坚先行示范意义，也是对新型城镇化要求、以政企合作模式参与新农村建设的一次有益尝试和积极探索。

是否存在一套规划建设模式，既能保留村镇聚落本土的自然生态风貌和人文景观，让乡村的风情民俗传承下来；又能切实改善村居生活环境，实现产业结构转型，保障移民下山后的居住、就业和可持续发展诉求，并能将这种模式在类似的贫困山区复制推广，实现社会、经济、文化和环境综合效益？面对这样的问题我们深感乡村规划建设不是件简单的事。

我们的工作从恩施龙马集镇的现状调查开始。

一、龙马集镇现状的社会学调查

龙马乡位于龙凤镇的西北方向，距恩施市中心37公里。老"双龙"公路贯穿全境，现双龙公路规划改线，新公路从清水河北岸穿行。该乡共有7个行政村，人口约为18000人，面积128平方公里，在2002年合并乡镇时撤销龙马乡，目前属于龙凤镇管辖（图1）。基本生态条件为"山大人稀"，山谷平坝人口密集，人均耕地1~2亩，高山则人口稀少，人均耕地达到3~5亩。

1. 这是什么样的一个集镇

首先，我们需要关注集镇上有什么人。集镇上的人主要包括两大类型。一类是在集镇上

---

① 高等学校博士学科点专项科研基金资助（批准号：20120142110009）。
② 谢超，华中科技大学建筑与城市规划学院博士研究生；李晓峰，华中科技大学建筑与城市规划学院教授。

图1 湖北省恩施州龙马镇
　　图片来源：作者自摄

有稳定的居住场所、较长时间的生活经历和熟悉的社会交往圈子，即所谓"镇上人"；另一类是在冷场或热场，尤其是热场的时候，从山里到集镇上开展贸易等活动的所谓"山里人"。

镇上人又可分为三种类型。一是在龙马大街两侧从事商业经营的业主和散布在集镇的各个乡村小工业作坊老板；二是在龙马大街之外，同属集镇范围内的其他居民；三是龙马集镇上的部分特殊群体，主要包括部分地方势力。那些来到集镇上的"山里人"，一种是周期性地到集镇上"赶集"的山里人，另一种是因为小孩上学等原因而暂时居住在集镇上的山里人。因此，龙马镇经济社会的显著特点就是流通性，伴随着资本流动，人员也具有流通性，就是龙马集镇上的人，逐渐地向龙马之外的城镇迁移；山里的人，则向龙马集镇上迁移，或向山里交通较为便利的地方迁移（图2）。而缩短农民的居住所在地与公共服务设施和基础设施所在地之间的距离，降低农民享受这些公共服务和基础设施的成本，成为山里农民最迫切需要解决的问题。

2. 我们要建设一个什么样的集镇

费孝通先生调查过的苏南地区具有生产性质的集镇，称之为"生产型集镇"。龙马集镇上一般为家庭小作坊，基本属于消费性质，称之为"消费型集镇"。龙马集镇的建设可以朝两个方向来设计。一是持续不断地向集镇注入资本，而不管资本的流失情况；另一个是打造具有留住甚至吸引资本到集镇上来的特殊装置，比如开发当地资源，包括旅游资源。前者是一种输

血式的建设模式，众所周知这种模式是不可持续的，只能解决即时问题，不能满足长远发展；而后一种，则为造血式的建设模式。龙马镇显然属于后者，既要注意输血的位置，又要注意输血的量。输血的位置不对，只能不断地浪费资源；输血量过大或过小，都可能不利于机体的有序运转。

因此，龙马镇的建设需要把握一个辩证法，就是"既要建得好，又不能建得太好；既要集中，又不能太集中"。"要建得好"是指镇上一直会有人居住并不断有人集中下来居住，他们需要一个好的生活环境，尤其要有健全完善的教育、医疗、政府服务和市场功能；集镇却又"不能建得太好"，其原因在于，不能让那些计划离开的人因为集镇建设后不走了。龙马镇只是农村人口向城市迁移过程中的一个中间环节，是城市化的组成部分。所谓集镇"要集中"，是指在农村人口不断向城市迁移的大趋势之下，人

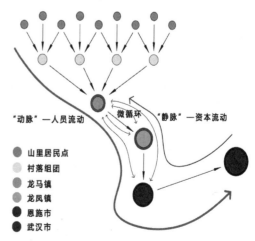

图2 人员与资本流通分析示意图
　　图片来源：作者自绘

们具有向集镇或城市等拥有更好的公共服务和基础设施的地方迁移的愿望。而又"不能太集中"，是因为并非所有农民都能够支付得起这种改善所需要支付的成本并承担其后续风险。

3. 如何建设龙马集镇

面对诸如土地或房屋产权、家庭收支、养老、人口流动秩序和公共资源侵占等问题，集镇该如何建设？首先，做好切合实际、真正服务于当地人需求的土地规划和建设规划。其次，对龙马镇进行重点规划建设，制定详细的控制性规划和实施方案。第三，对山上村民集中的聚居点进行规划建设，并对山上的生产条件和基础设施进行改进。第四，把农民组织起来，形成多元化的社会组织单元，加强人与人之间的关联。

二、关于建设的问题与思考

1. 问题与表象

一是村镇景观的异化。乡村聚落的形成本是自发生长的过程，但城市取向的规划思路使新建村镇的空间布局带有浓重的城市味，庞大规整的"翻新"社区在新农村比比皆是。二是风情特色的同质化。在城镇化的进程中，传统村落的基础设施和居住环境已满足不了当代生活的要求，乡村在被动接收着城市文明的给予，一些传统村落损毁，取而代之的是各地如同复制品般涌现的所谓新农村和异国风情小镇，乡土中国几千年衍生出的传统文化和多元化风情慢慢被蚕食。三则是农业耕种传统的弱化。由于农业现代化进程无法跟上城镇化的步伐，大量青壮年劳力外出务工造成乡村社会"空心化"现象严重。

2. 背景与条件

1）地理环境。龙马境内两岸群山环绕清水河，在河滩平坝形成了高差梯田的独特景观，平坝场地极为宝贵。前往青堡的道路峡谷壮丽，

山体绿化较好，但坡陡沟深。

2）人文历史。川渝鄂"盐茶古道"是推动武陵山区经济和社会发展的一条命脉，是民族文化传播与交融的历史见证。龙马作为盐茶古道上的重要集镇，居民点沿交通线两侧集中分布，其建设亦体现了土家族和苗族的民族文化特色。

3）建筑风貌。历史风貌建筑主要集中于清水河南岸建设路附近，以青瓦木结构建筑为主，多为1~2层。建设路是盐茶古道的一部分，也是龙马早期的主要商业街道，保存着青石板路面，其住宅前店后宅的格局多有遗存，整体格局保存良好。但因建造年代较长且近几十年使用状况复杂，目前许多建筑状况较差。老双龙公路是穿越镇区的主要街道，沿街建筑风貌表现出明显的年代断层特征，各个时期的建筑风格均有体现。镇区主要公共建筑均集中在街道两侧，其中部分为5层。居民自建建筑以砖木及砖混结构为主，多为2~3层。

3. 建设定位

龙马镇的建设以"改善民生、扶贫安置、发展生产"为首要目标，从村庄环境整治、移民安置点建设、基础设施建设、公共服务配套等方面入手，营造出宜居宜业宜游、独具土家民族特色的田野小镇。针对龙马镇的建设定位我们形成了如下认识：

1）完善服务。龙马镇建设的主要目的在于让集镇具有更完善的服务型功能。因此，短期内最主要是要面向当地的农民、农村、农业、农民工（"四农"），优先解决当地人的公共服务需求和基础设施需求，并尽量降低山区农民下山的成本和负担。

2）特色开发。龙马集镇作为传统盐茶古道上的节点，自然景观较好，具有一定旅游开发的条件。但龙马山大人稀，且相对封闭，传统旅游业的基础条件并不突出，可能需要大量的外部资本投入。应当把握当地特色，充分利用现有资源，并采用滚动开发的思路。

3）合理控制。龙马镇相对集中的人口分布与自然环境之间现在基本处于平衡状态。合理控制建设规模与开发强度，谨慎使用山间平坝作为建设用地，对于村镇自然、人文景观加以珍惜，减少大拆大建的扰动。

4. 建设策略

1）因地制宜，统筹规划，确立近远期发展目标

由于龙马具备良好的战略区位优势、自然生态资源禀赋和独特的土家族民俗风情、盐茶古街等历史文化遗存，从长远看具备旅游开发的潜力。但由于现状条件缺乏，基础设施和配套公共服务水平仅能承载当地居民的基本需求，当务之急仍然是通过环境整治改善村镇居住水平，提升基础设施和配套功能，引导山上村民向集镇有序迁移。

2）依山就势，聚散有序，合理布局

在空间布局上，尊重聚落空间的原有形态，在其基础上进行改造和延展，以形成新旧空间自然融合的格局。经过对村落现状和地形特征的分析，确立龙马集镇"一带一心多组团，适当集中，分散布局"的总体空间结构。以清水河岸线景观资源为带，串联起自然村落组团式布局的结构，在原有集镇基础上整合公共资源，形成集镇综合功能核心。

3）引导村民参与，原真性保护，原住式改造

龙马镇的建设是对山区聚落发展模式的回应。尤其是在沿龙马大街和盐茶古道的改造修复上，为了防止大拆大建，通过大量社会学调研，了解村民的改造意愿和生产生活习惯，遵循经济适用、操作简易、整旧如旧的原则，依据房屋建筑年代、层数、结构类型进行建筑评级，分段分类改造，保留了不同年代建筑在各历史时期的真实特色。此外，在移民安置区按照土地有效利用、保护耕地的原则，在延续村落原有机理前提下适度开发，使建筑既符合现代建筑标准，又体现山地民族特色和乡村原真风貌。

三、龙马集镇的建设模式

1. 选点建设

选取龙马大街、盐茶古道（建设路片区）、田园村舍、龙马小学、移民新寨（清水河北岸移民安置示范区），这"一街四区"作为建设的研究对象。根据具体特征，提出有针对性的建设措施（图3）。

2. 设计原则

1）生态性原则：尊重自然是规划的基本出发点。减少开挖，对现状地形进行适度整治，节约土地，合理组织场地排水，尤其应重视对沿河的生态景观营造。

2）文化性原则：从兼容并蓄的文化理念出发，突出龙马镇的文化特色，使传统文化和现代生活融合，营造出多元文化共存的氛围。

3）适宜性原则：充分考虑建设的适宜性问题，合理选择修造改建范围与手段，以保证规划的合理性与可实施性。

4）整体性原则：规划应考虑远近期结合，并对集镇的经营管理、环境形象等整体考虑。

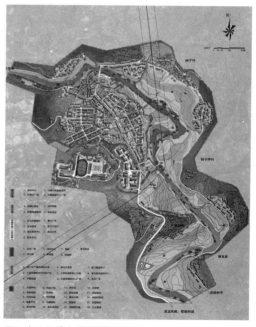

图3 龙马风情小镇规划总平面图
图片来源：作者自绘

3. 建设措施

1) 丰富——龙马大街。龙马大街从南向北贯穿龙马镇域，现为过境公路，主街全长800米，沿路建筑风貌混杂。根据总体规划，过境交通将转由清水河北岸的新双龙公路承担，其交通功能将逐渐简化，从而以商贸服务为主。现沿街住户共计170余户，其中商业经营户约110余户，拆迁成本高。但作为镇域主街，其建筑风貌需要进行整治，空间亟待优化。对龙马大街的建设措施，以道路基础设施改造为主。过于宽敞的大道与混搭的建筑风貌，使主街的环境显得乏味。而这种看似乏味的场景背后，其实潜藏了丰富的生活信息，"丰富"正是改造这一区域的手段。采用街墙结合居民自建活动进行沿街环境整治，增加居民在街道上的活动空间界面，在重要路口节点进行景观改造，以此改善街道空间品质。

2) 激活——盐茶古道。盐茶古道是龙马镇域内历史风貌保存最完整的的区域，保留有明显的传统商业街道特征。建筑前店后宅的格局、临街门面的木石质柜台、完善的石板街排水系统等都在叙述其往日的辉煌。同时作为原龙马区政府所在地的礼堂、卫生所等建筑，又是1950年代历史的凝固再现。而片区的建筑一侧临街，一侧沿河，自然景观与历史景观都沉睡在

此。以"激活"作为主要措施。在修缮与保护沿街立面的同时，对沿街背后的空间大幅改造，把商业、居住、旅游功能再次注入这一区域。通过建筑空间将街道空间界面与河道空间界面重新联系起来，从而也使得建筑空间变得活跃。

3) 适应——田园村舍。为满足龙马镇的发展需求，这一区域以"适应"作为建设手段。新建区域的道路系统适应原有的等高线，控制建设强度，尽可能完整地保留沿河的农田景观。"适应"的原则也体现在建筑设计中，统建与自建相结合，并适应不同的功能需要。

4) 绿色——龙马小学。原龙马小学按照总体规划将迁往镇域西南，留下的校区将成为龙马镇域难得的公共建设用地。校园对龙马大街、田园村舍新建道路进行开放，使得位于河畔桥头的这一区域在镇域公共生活与旅游开发中都可以发挥倍增器的作用。根据场地的实际，"绿色"成为改造这一区域的手段。操场与食堂之间的高差场地，通过生态屋顶的建造，一个面向清水河美景的生态广场得以成型，同时对原有建筑进行生态型绿色科技改造（图4）。

5) 尊重——移民新寨。作为清水河北岸的移民安置示范区，选址于山脚，面向龙马镇区的山坡上进行建筑，是对山区建设传统的"尊重"。建设的原则是"模块设计、地域特色，低技建造、高精品质，统筹管理、自主调适"，并以当地的竹、木、砌块等作为建造材料，有效地降低建设成本。

4. 景观设计

采用"自下而上"的景观设计手法，力求回归质朴，保留最原始的乡村文化和聚落形态。利用当地材料，营造本土特色鲜明的乡村景观。为了延续乡村情怀和地方文脉，通过"护山、留水、造林、犁田、筑路、建屋、兴文化"的措施，将土家文化融入景观环境的营造中，以河串景，并在河道景观环境中设立文化活动聚集场所。同时，在建筑和小品的设计中也运用了土家族的特色元素，真正实现让村民"看得见山，望

图4 河畔桥头改造效果图（含盐茶古道和龙马小学）
图片来源：作者自绘

图5 栖居闲田透视图
图片来源：武汉市园林建筑规划设计院提供

图6 古道寻源透视图
图片来源：武汉市园林建筑规划设计院提供

得见水，记得住乡愁"的愿景（图5、图6）。

四、结语

乡村的建设涉及"三农"的复杂问题，建筑学科解决不了所有问题，需要综合多个学科交叉思考。我们不能把乡村建筑与乡村经济、土地制度、乡土资源、生活模式、文化观念、建造方式之间的复杂关联简单理解为审美层面上的形体与空间关系。美丽乡村的建设模式应源于真实的乡村社会生活与场地关系，体现了空间形式与生活模式的关联。虽然在乡村规划实践和建设模式探索的过程中有很多不尽如人意的地方，但所做的工作也让我们感到收获良多。

参考文献

[1] 李晓峰著.乡土建筑——跨学科研究理论与方法 [M].北京：中国建筑工业出版社，2005.

[2] 李晓峰，谭刚毅主编.两湖民居 [M].北京：中国建筑工业出版社，2009.

[3] 贺雪峰著.乡村的前途 [M].济南：山东人民出版社，2007.

[4] 林文棋.试论新农村建设中的规划创新 [J].规划师，2007（2）：5-7.

[5] 贺勇，孙炜玮，马灵燕.乡村建造，作为一种观念与方法 [J].建筑学报，2011（4）：19-22.

城镇化背景下的
建筑文化

基于"路径依赖理论"浅谈城中村的可行性改造策略

李煜茜　石克辉①

摘　要：本文分析了城中村目前的改造模式所带来的弊端，意图通过经济学观点"路径依赖理论"，保留原有居民的生活习惯和行为模式，分析得出一套适合原有居民的城中村改造手法，使改造后的城中村符合原有居民的真正需要，增强他们对改造后城中村的场所认同感，成为城中村真正的主人。

关键词：城中村　路径依赖理论　可行性　改造策略

一、以"路径依赖理论"研究城中村改造的必要性

1. 城中村的改造现状

在城市高速发展的今天，城中村的改造问题已经成为不可回避的现实问题。但是，目前我国的城中村改造一般都采取"推土机式"的机械式重建运动，完全不考虑城中村不同于城市空间的特殊因素，忽视了原有居民的生活习惯和行为模式。

城中村是我国城市化进程中出现的一个特殊现象，整治现存城中村的"脏乱差"，不应是我们的首要目的，从使用者的角度出发，考虑他们的生活需要和精神需要，营造出一个真正适合使用者的舒适环境，才应是我们改造城中村的根本目的。

2. 路径依赖理论

1）定义

路径依赖 (Path–Dependence)，又可以称为"路径依赖性"，它的特定含义是指人类社会中的技术演进或制度变迁均有类似于物理学中的惯性，即一旦进入某一路径（无论是"好"还是"坏"）就可能对这种路径产生依赖。一旦人们做出某种选择，就好比走上了一条不归之路，惯性的力量会使这一选择不断地自我强化，并让你轻易走不出去。第一个使"路径依赖"理论声名远播的是道格拉斯·诺思，由于用"路径依赖"理论成功地阐释了经济制度的演进，道格拉斯·诺思于 1993 年获得诺贝尔经济学奖。

2）启示

人们关于习惯的一切理论都可以用"路径依赖"理论来解释。它告诉我们，要想路径依赖的负面效应不发生，那么在最开始的时候就要找准一个正确的方向。每个事物都有自己的基本模式，这种模式很大程度上会决定该事物以后的道路。而这种模式的基础，其实早就奠定了。所以只要做好了开始的选择，事物的发展方向也就决定了。

---

① 李煜茜，北京交通大学建筑与艺术学院研究生；石克辉，北京交通大学建筑与艺术学院副教授。

3. 路径依赖理论与城中村改造的类比关系和现实意义

1）"路径依赖理论"与"城中村改造"的类比关系

城中村本身是一个传统的村落形态。它有着传统村落自身的特点。村民们也有着自发形成的生活、文化、习俗、宗教等方面的生活习惯和行为模式。而这些所谓的生活习惯和行为模式就是路径依赖理论中的"路径"。由于他们对这些"路径"存在依赖性，所以他们不是希望大拆大建的机械化改造将原有的生活全部推倒。

图1 路径依赖理论与城中村改造的类比关系
图片来源：作者自绘

2）"路径依赖理论"在城中村改造中的现实意义

依据路径依赖理论，从原有城中村居民的角度出发，设计应做到满足原有居民的生活需要和精神需要等各个方面。同时，营造出原有居民所认同的场所空间，符合他们原有的生活习惯和行为模式，即依赖原本的"路径"，延续城中村居民的原本的场所精神，来进行城中村改造。

二、基于"路径依赖理论"的城中村可行性改造

1. 居住空间

城中村主要以解决原有居民的居住而存在的，我国大部分传统民居都是合院式的居住形式，因此村民们的居住空间就包括了建筑和庭院两部分。

1）传统建筑语言模式

（1）原始情况：传统的村落建筑基本以白色和灰色为主色调，使用砖瓦为主要的材料，同时采用坡屋顶的建筑形式。

（2）改造策略：在城中村改造时，可以部

图2 传统民居的砖墙灰瓦 图片来源：网络

分地保留这些传统的建筑语言模式，如利用现代的材料像混凝土等依旧以白色和灰色为主要的建筑色调，实现传统到现代建筑语言的转换。

2）庭院空间

（1）原始情况：庭院空间一直在我国传统民居中起着重要的作用。它就像一个户外的客厅一样，村民们在这里可以完成许多的日常生活。他们可以在这里接纳客人，在天热的时候与家人乘凉聊天，在天冷的时候，在这里晒晒太阳，在农忙的时候，还可以在这里晒麦子。同时，庭院可以调节整个空间的微气候。因此，庭院空间寄托了村民们对生活的理解，是他们生活中不可或缺的居住空间。

（2）改造策略：在城中村的改造过程中，可以将庭院空间的设计结合到整个城中村的规划过程中。首先，采用组团式的院落空间形式，营造围合或半围合的院落空间，使多户或多栋居民共同使用一个院子，实现原本庭院的"户外客厅"的功能。其次，采用垂直的院落空间模式，将每户的阳台设计成一个"户外的庭院"，将原本的庭院空间模式复制，居民依旧可以在这里继续他们原本的庭院生活。

2. 商业空间

1）集市空间

（1）原始情况：集市是村子里居民定期交换生活产品的地方。在过去的村子里，没有商店，人们要将剩余产品卖出去，再买到生活用品，都是以来集市上"赶集"这一购物模式实现的，"赶集"已经成为居民习惯了的一种行为方

图3 村民的赶集场景　图片来源：网络

图4 村口的标志性构筑物　图片来源：网络

式。虽然在经济发展的今天，出现了超市、商店这些商业空间形式，但是在传统的村子里，依然保留着"赶集"的传统购物模式，每每到赶集的那天，人们就会来集市上进行买卖，将家里多余的东西在这里卖掉，再换取自己所需的东西。

（2）改造策略：虽然随着经济的发展，在很多地方，现代化的超市已经逐渐取代了"集市"在人们生活中的作用，但是"赶集"的行为模式依旧是人们生活中难以忘记的记忆，因此在城中村改造过程中，我们应该将这种行为模式保留下来，同时结合现代的商业街模式，规划出兼具集市和商业街的购物的新型集市空间系统，在满足居民的生活需要的同时满足其对延续原始行为习惯的精神需要。

2）小型商店

（1）原始情况：随着经济的发展，在城中村中也自发地出现了集市以外的商业空间形式，即小型的商店。这些商店往往规模比较小，不全面、不系统，没有统一的管理和规划，以散乱式的状态存在。

（2）改造策略：小型商店的存在很大一部分原因是其购物的便利性，因此在城中村改造规划过程中，应将其保留并整合规划，进行统一的管理，同时与新型的集市空间的商业模式结合起来，做散点式分布，使这些小型的商店成为集市空间的补充。

3. 休闲空间

1）村口空间

（1）原始情况：村口空间即是村子的入口

图5 村口的大空间　图片来源：网络

空间，它是一个有着特殊地位的场所，在传统的村子中甚至是整个村落最受重视的部分。这里寄托了村民对家的希望与梦想，关乎着整个村落的形象。村口空间往往也具有标志性的作用，而且是整个村子文化的集中体现。一般空间开阔，而且有标志性建筑物，村民们农闲时经常在这里闲话家常，当有大型活动时也在这里集会。

（2）改造策略：在城中村改造过程中，延续村口空间的重要地位，一方面，在这里设置体现整个村落原始文化的标志性构筑物，另一方面，考虑到村口空间原本的休闲功能，延续居民在这里社交娱乐集会的功能，应在村口设置一个开阔的广场空间，这样的空间，既符合原始村口开阔的空间形式，又满足居民的原始生活习惯和行为模式。

2）农田

（1）原始情况：农田是中国几千年来农民生活的一个最大的特点。他们吃饭靠农田，养家靠农田，一切生活的来源都要在农田里创造，这是中国农民几千年来的生活习惯。虽然城中村的居民早已经告别了这种农耕经济的时代，但是许多行为心理特点和生活习性被保留了下来。

（2）改造策略：在改造后的城中村里继续发展农业经济显然是不可能的，但是我们可以将原有农田的元素引入新城中村的绿地系统中。替代小区绿化中的冬青、牡丹，将小麦等农作物种在社区的绿地空间中，它们在美化社区环境的同时，也作为一个原始农田的符号存在着，给原有居民营造一种归属感和认同感。重庆的东方王榭小区就是一个很好的例子。开发商将小区内的一个250平方米的荷花池改成了水稻田，

图6 村民在农田里耕作的场景 图片来源：网络

图7 重庆王榭小区的居民收获的场景 图片来源：网络

图8 居民收获后喜悦的场景 图片来源：网络

让业主们亲自参与播种、收割等活动，引起了小区内户主的积极响应，使他们对原本的农耕生活有了新的体验，营造了一种场所认同感。

3）邻里空间

（1）原始情况：这是独家独户居住形势下，村民们交流沟通的地方，一般是两家之间的一些小空间，可以是屋檐下，也可以是屋旁的一棵大树下，只要有那么一个小空间，邻里几家的人们就可以在这里闲聊、纳凉。然而，随着社会的发展，这些小空间被打破，道路变宽了，空间变大了，承载着村民的场所精神的小空间不再了。

图9 传统的邻里空间 图片来源：网络

（2）改造策略：在城中村改造中，营造出这些承载了传统记忆的小空间，恢复城中村原有居民的生活习惯是十分必要的。可以在好几户人家之间设置小尺度的围合或半围合的小空间，摆上几个小石凳，人们便可以在这里纳凉闲聊了。这样的小型交流空间与村口的大尺度广场相互配合，既有了方便集会的大尺度空间，也有了鼓励交流的小尺度空间，既营造出适于原始居民生活的多种可能性空间，又满足他们的生活需要和精神需求。

三、结语

由以上分析可以得出，每个城中村都有着自身的场所精神，它不单单是一个城市空间，更是一个寄托了当地居民的精神家园。而忽视城中村原有居民生活习惯和行为模式的改造方式显然是不合时宜的。

在进行城中村的改造过程中，我们应依据"路径依赖理论"，依据原有居民的生活习惯和行为模式的路径，尊重当地的历史文化风俗，营造出具有认同感、归属感的城中村，从而保持城市文脉的连续性。在保护好历史地段环境真实性的同时，运用现代的设计方法，使新旧元素互相融合，创造出具有历史认同感和现代感的城市空间环境，给城中村注入活力并体现时代精神。

当然，城中村的具体情况千差万别，在实际操作的层面上，还应根据村子的实际情况而有所区别。但要塑造一个适宜当地居民的城中村，就必须充分考虑当地的具体情况，充分了解村民的传统生活习惯和行为模式，只有这样才能知道他们需要什么，进而设计出尊重历史、尊重人文的好方案。

参考文献

[1] 韩晨平，邹广天. 基于经济学视角的建筑设计创新研究 [J]. 建筑学报学术论文专刊，2013（10）：206-208.
[2] 魏立华，闫小培. "城中村"：存续前提下的转型——兼论"城中村"改造的可行性模式 [J]. 城市规划，2009（7）：9-13.
[3] 李季，张东辉. 延续人文精神重建村落文化——城中村改造设计研究 [J]. 中外建筑，2013（5）：99-101.
[4] 孙汀，闫伟昌，马晓燕. 京郊村庄入口空间景观设计方法研究 [J]. 北京农学院学报，2011（2）：57-60.

乡土建筑近代化之岭南实践
——侨乡文化的建筑现象学启示

张波[①]

摘　要：由华侨力量推动，岭南乡土建筑在近代经历了一段快速演化的时期，过程中场所精神得到加强，建筑形式出现新的创造，堪为乡土建筑近代化的岭南实践标本。本文借助侨乡文化研究的丰富成果，通过考察地区近代乡村建设，立足建筑现象学方法，从主体意志、集体记忆和情感象征等关键要素入手，还原生活世界与建筑文化的作用连接，分析主体、意义、族群等层面的文化表达特征，为殊途而同归的"乡土建筑的现代化，现代建筑的地区化"之路探寻启示。

关键词：乡土建筑　近代化　建筑现象学　侨乡文化

一、当代建筑文化的困境与希望

在以机器与技术为标志的理性主义时代，"房屋的形成不再是由于血统而是由于需要，不再是由于情感而是由于商业精神"[②]。主体意志、集体记忆和情感象征，这些生活世界里活生生的组成部分正在被抽象的概念所取代，无可逃避地日渐萎缩，文化的传承和创新失去了生命的创造力和想象力。

"如何保护地区特色，保持我们居住的场所精神，丰富建筑创作，创造新的地区建筑？"[③]，是当前建筑文化危机之问。

长期以来，在达尔文进化论的思想之下，阐释文化演变，往往强调来自物质世界的外部原因，认为存在一个单一的直线图式，导致建筑文化价值取向粗简化。实际上，文化并非技术，不存在绝对的先进和落后之别，文化间的作用也绝非单向辐射。在鲜活的生活世界里，不同文化的接触影响永远是多向的、偶然的。

"乡土建筑的现代化，现代建筑的地区化"[④]描述了一种殊途而同归的可能性，提示出一条文化复兴的实践路径，至少有三个方面的含义。

首先，需要把建筑的地区性视作建筑赖以存在和发展的基本条件，尝试回到"事物本身"，通过考察乡土建筑、地区建筑演变，"去蔽"还原生活世界和建筑文化的作用连接，昭示多样的现实可能性。

其次，地区性文化绝不只是体现在静态的建筑形式之间，而是有相应的空间影响范畴。比如，吴良镛认为中国地区建筑研究需要有更广泛的研究范围，要包括中国传统城、镇、村，研究其中各种尺度的场所形态和意境创

---

①　张波.华南理工大学博士研究生、五邑大学高级建筑师。
②　奥斯瓦尔德·斯宾格勒.西方的没落.第二卷·世界历史的透视.上海：上海三联书店, 2006.
③　吴良镛.乡土建筑的现代化.现代建筑的地区化——在中国新建筑的探索道路上.华中建筑[J], 1998(1): 9-12.
④　吴良镛.乡土建筑的现代化.现代建筑的地区化——在中国新建筑的探索道路上.华中建筑[J], 1998(1): 9-12.

造，从中重新发掘失去的原则。

同时，探索"乡土建筑的现代化"，还需要拓展时间区间，比如，不仅要重视历史积淀久远的部分，还要看到近代中国社会驶入现代文明海洋之初，社会激荡调适阶段的那些社会实践部分，尤其是传统社会自身内在的调适和反应。对于后一种情况，近代中国东南沿海地区的"侨乡"及其侨乡文化，正是恰当的研究对象。

侨乡文化具有双重的地区性。由于侨乡文化是地域传统文化和华侨文化融合的产物，因此华侨文化因"地"而异。例如，北美和东南亚地区，华侨文化就不完全相同。地域因素从内外两个方面促成了文化的多元化[1]。

岭南有中国最大的侨乡，华侨人数多，分布在世界各地，对地方的影响显著。经过数十年积累，侨乡文化研究较全面地探讨了岭南侨乡乡土建筑近代化的实践过程。近期，侨乡文化的研究逐渐摆脱二元对立的线性阐释方法，认识到海外华人对侨乡的影响不是简单的"传统—现代"、"中国—西方"、"边缘—中心"，侨乡社会传统变迁和传承有其复杂性，结果出人意料[2]。

二、岭南乡土建筑的近代化实践

岭南乡土建筑是中国建筑文化的重要组成部分。20世纪初，由华侨力量推动，岭南乡土建筑经历了一段快速演化，丰富了地域的建筑文化色彩，造就了鲜明的侨乡文化景观。21世纪初，其中具有代表性的"开平碉楼与村落"入选世界文化遗产。

1. 岭南乡土建筑近代化的文化背景

岭南乡土建筑近代化在侨乡表现得最为突出，具有独特的地理、社会和历史条件，具有相互交织的三重文化背景。

1）岭南文化

司徒尚纪认为岭南文化有自成体系的历史渊源、特定内涵和鲜明地域特色，具有风格的地区性、历史发展的稳定性和构成的完整性等特点[3]。

岭南地区容纳了中国人口、文化迁移的2000年漫长历史中各个时期的移民，涵养了源远流长的中华文化，从汉唐时期开始便成为沟通中外关系的重要门户。到了近代，在中国文化总体上呈现出保守封闭特征的文化格局中，开启了了解世界、学习西方的历史进程，完成了由"得风气之先"到"开风气之先"的历史性飞跃，成了推动中国近代文化发展的主角[4]。

2）侨乡文化背景

侨乡是中国特色的文化地理景观。基于祖居地、历史和侨居地文化背景等差异，侨乡文化又有具有双重地区性的华侨文化区[5]。

位于珠三角西翼，以潭江流域为主体的粤中地区，在近代出现了大量北美华侨和侨眷。这些华侨有机会较早接触现代文明，具备更显著的经济力量，进行了大量的建设活动，使得地区的侨乡色彩尤为浓烈，是侨乡中的典型[6]。

3）宗族文化背景

宗族作为中国历史上长久发展的一种社会关系形态，是汉族文化不可分割的一个组成部分。宗族是汉人对自身历史感、归属感需求的体现[7]。

近代，侨乡的"族裔散居"引起传统宗族关系的深刻变化。家族成员由于长时间并不集中生活在一个明确且固定的地理范畴，而主要靠经济力量维系关系，使得侨乡家族逐渐淡化

① 余定邦.中华文化、华侨文化与侨乡文化. 八桂侨刊[J], 2005(4): 56–60.
② 潮龙起, 邓玉柱.广东侨乡研究三十年: 1978—2008. 华侨华人历史研究[J], 2009(2): 61–71.
③ 司徒尚纪.岭南文化和珠江文化概念比较. 岭南文史[J], 2002(1): 7–10.
④ 许桂灵, 司徒尚纪.广东华侨文化景观及其地域分异. 地理研究[J], 2004(3): 411–421.
⑤ 钱杭.当代农村宗族的发展现状和前途选择. 战略与管理[J], 1994(1): 86–90.
⑥ 黄昆章, 张应龙.华侨华人与中国侨乡的现代化. 北京: 中国华侨出版社, 2003.
⑦ 钱杭.当代农村宗族的发展现状和前途选择. 战略与管理[J], 1994(1): 86–90.

图1 开平赤坎镇骑楼街　图片来源: 作者自摄

大家庭、宗族的结构，而演变为一种经济共同体[1]。侨乡宗族由于受海外关系、侨汇、华侨输入的先进思想等因素的影响，宗族组织呈现出较强的国际性和民主色彩，宗族在侨乡社会治安、文教方面作用突出[2]。血缘因素下的宗族文化经过完善的补充和限制，与现代化的文明生活形成一种复杂的适应关系[3]。

2. 侨乡乡土建筑近代化成就

近代，侨乡在华侨推动下的建设涉及人居环境的各个层面。除了墟市、村落以及民居，乡村物质建设还包括近代化的镇墟规划、交通设施建设和公共建筑。

1) 城镇和墟市

近代中国，一般小城镇的变化很小或根本没有变化，更谈不上经过规划设计。较为罕见的是，在 20 世纪初，岭南侨乡从县城到县内各城镇、墟市（即集镇）有计划地、系统地进行了大规模的改造和建设，形成独具特色的侨乡风貌。其规划建设范围之大、内容之多、速度之快、质量之高，在中国近代城镇发展史上，十分突出[4]。这些成就是以"华侨意志"为主体，在"政府意志"对外来文化的认同下，通过建筑制度中的一

图2 台山白沙镇龙安里庐群　图片来源: 作者自摄

图3 开平三埠镇风采堂余氏宗祠　图片来源: 作者自摄

图4 台山端芬镇庙边小学　图片来源: 作者自摄

图5 台山斗山镇浮石村兰溪公园小兰亭　图片来源: 作者自摄

① 邓毅.后殖民语境下的文化变迁: 侨乡城镇的近代化历程.河南社会科学[J], 2008（4）: 112–114.
② 邓玉柱.侨乡宗族研究［D］.暨南大学硕士论文, 2011.
③ 钱杭.论汉人宗族的内源性根据.史林[J], 1995(3): 1–15.
④ 沈亚虹.台山近代城镇规划建设初探.新建筑[J], 1986(4): 27–29.

系列转变而取得的，体现了侨乡在传统的地域文化和社会文化背景下近代化的转变①。(图1)

2）铁路和公路

近代，北美华侨对西方先进的铁路、公路和航运交通有切身的经历和感受。随着侨乡社会的形成与发展，交通设施建设显示出侨乡文化传统与现代文明的融合。

依靠华侨资本、华侨技术力量，粤中侨乡兴办及经营了中国最早的民营铁路，铁路建设促进了其沿线的居民点、墟镇以及城镇等级体系的产生与发展。谭氏宗族于20世纪20年代筹划建设"吾族之道路"，是近代中国极早地进行"村村通公路"的乡村现代化建设的例证。公路串联沿白水河两岸的数十个谭氏宗族村落，首尾连通干道公路，体现出对中国传统文化对家和家园(理想居住环境)的追求。

3）建筑、村落和园林

侨乡建筑在侨乡文化景观中最为显见。20世纪20~30年代产生了大量具有西方建筑风格又有岭南地方特色的新型民居，由于其建筑形式上有别于岭南传统民居，遍布整个地区，产生的时间贯穿中国近代建筑史发展兴盛期，侨乡民居成为全国范围内最典型、最集中、最丰富多彩的近代民居类型之一(图2)。

此外，祠堂、学校和园林等的建筑形体、装饰符号乃至空间组织，各个方面均体现出多元"混杂"的特性②(图3~图5)。

3. 岭南侨乡乡土建筑近代化的特征

岭南侨乡乡土建筑近代化的特征是主动融合、文化承续。前者是实现方式，后者是实现效果。

学界普遍认为，以开平碉楼为代表的侨乡建筑，相对于作为"文化移植"产物的中国近代建筑历史中的洋风建筑而言，在中国传统建筑基础上发展和延续而来，主动吸纳了外来建筑文化以及近代建造材料和技术——是"文化承续"的产物③。研究指出，侨乡建筑，尤其侨乡乡村建筑在形式上的自由和多样，显示出文化主动融合下的创造力④。考察其他的侨乡近代物质建设，可以得出相似的结论，比如公园建设、公路建设、学校建设等。

唐孝祥评价近代岭南侨乡乡土建筑的近代化，认为近代岭南建筑的文化地域性格反映出了开放和创新的精神品格，其文化转型的实现是历经自我调适、理性选择和融汇创新三个逻辑阶段而完成的。近代岭南建筑文化的理性抉择是矛盾和复杂的，其类型之丰富和风格之多样就是这种复杂性和矛盾性的具体表征和生动诠释⑤。

三、启示

从现象学的角度理解，建筑学的永恒使命是去创造能体现人类存在的物质隐喻，建构人类存在于斯的存在。有学者以现象学的方式描绘当代建筑学面临的三个困境："主体之死"、"历史之轻"、"知觉之弱"⑥。

如何破解建筑文化困局，如何复兴中国建筑文化，吴良镛提出"要整体地分析与创造地区建筑文化"。事实上，延续地区特色，强化场所精神，对地区建筑作出新的创造，发生在岭南侨乡的乡土建筑近代化现象正是一个可供整体分析的绝佳标本，它在建筑文化的主体、意义、族群各个层面，为殊途而同归的"乡土建筑的现代化，现代建筑的地区化"之路作出了启示。

① 何舸.台山近代城乡建设发展研究(1854–1941)[D].华南理工大学,2009.
② 梁晓红.开放·混杂·优生[D].清华大学硕士论文,1994.
③ 2004年中国近代建筑史研讨会综述.建筑学报[J],2004(9): 51.
④ 土立明,于莉.开平碉楼屋顶形式设计手法探讨.华中建筑[J],2008(12): 220–223.
⑤ 唐孝祥.岭南近代建筑文化与美学.北京:中国建筑工业出版社,2010.
⑥ 周凌.空间之觉:一种建筑现象学.建筑师[J],2003(5): 49–57.

1. 主体意志：建造的创造性

现代文明提供了复制的技术，以提高效率，"而复制的先天不足在于主体的缺席"[1]。理性主义时代中的抽象概念里没有主体意志，也就没有传承和创新文化所必须具备的生命创造力和想象力。

对于主体意志的创造性，斯宾格勒将印度的佛教之与中国的佛教进行比较，他指出，后者并不是前者的复制品，而只是仅对中国佛教徒有意义的新的宗教形式。因此，"重要的并不是各种形式本来的原始意义，而是各种形式本身，是那种富有创造力的接受者对原有形式的独特感受和领悟。由此言之，文化之间的影响与传播，实际取决于接受者的主体选择和改造，取决于主体文化自身的性质和特性"[2]。

基于宗族文化的背景，以及华侨的力量，侨乡乡土建筑在近代化的过程中，无论建筑形式变化、空间类型创新，还是建造方式组织，无一不体现了华侨作为主体的"主体意志"的存在与作用。

2. 情感象征：空间的时间感

现代建筑可以采用任何先进的技术，但却不能保证可以"蕴藏意义"，因而现代建筑的本质困惑，不是功能问题，而是意义问题，即形式没有意义或形式不能表意[3]。

在岭南文化和宗族文化的背景下，近代侨乡乡土建筑仍然是传统的情感象征表达。比如，近代侨乡村落的兴建与管理，认为"务宜起屋，为人生最大纪念"[4]，把建造行为联系于人生意义；对于土地，关注对血缘至亲的情感，视村落疆域具有神圣不可侵犯的象征意义，家族对村落地产权制定近乎苛刻的规定。还有就是，在近代都市兴起近代公园建设的同时，侨乡乡村建设的乡村公园虽然同样具有休闲、教化和纪念的功能，但区别在于，城市公园的教化和纪念性从社会的角度，由政府提出，其意义远离个人的生活；而乡村公园的教化仍然延续宗族、宗教神灵的传统，和个人的生活、宗族紧密联系。例如在城市，公园纪念的是国父孙中山；在侨乡乡村，公园纪念的是宗族村落的显祖，其纪念意义的表达和祠堂非常近似，对村民而言，达成了切身的空间时间感受。

3. 集体记忆：景观的知觉度

侨乡近代建筑丰富鲜明的景观特色，来自于建造者的集体记忆。既是侨居国建筑形式的普遍意象，又是美好世界的共同梦境。集体记忆为感知景观、提高景观的知觉度提供可能。

比如，侨乡近代建筑广泛模仿西方建筑的装饰特征，炫耀财富，追求新奇，进而与本地建筑工艺融为一体；壁画与灰雕装饰的内容逐渐从纯粹的本地传统转向现实社会的题材；侨乡乡土建筑还增设了亭台楼阁等。新的景观元素形式不一，变化多样，均代表悠闲舒适的生活方式，建筑意象实际上来自于建造者们的集体记忆[5]。

又如，在乡村公路建设实践中，谭氏倡建者提出"我以爱乡及土之情，进而提倡爱山爱水之意"，"兴筑马路"连接风景名胜，把宗族聚居的地理区间串联起来，在固有基础上，着意强化营造宗族栖居环境的集体记忆。

四、结语

亨利·列斐伏尔（Henri Lefebvre）提出创造

① 周凌.空间之觉：一种建筑现象学.建筑师[J], 2003（5）: 49-57.
② 奥斯瓦尔德·斯宾格勒.西方的没落.第二卷·世界历史的透视.上海: 上海三联书店, 2006 .
③ 司徒尚纪.岭南文化和珠江文化概念比较.岭南文史[J], 2002(1): 7-10.
④ 张国雄.广东开平塘口镇潭溪院的规划、建设与管理——开平碉楼文书研究之一.建筑史[J], 2003(3): 147-157, 287.
⑤ 谭金花.广东开平侨乡民国建筑装饰的特点与成因及其社会意义(1911-1949).华南理工大学学报（社会科学版）[J], 2013(3): 54-60, 114.

一种能够自行促生新情境的建筑。一些实践提出城市建设的"自动生长"①。这中间,"情景"离不开人的情感记忆,"自动生长"要有现实的驱动,传承和创新建筑文化要靠生命的创造力和想象力。

岭南侨乡文化的研究成果,较为全面地展示出岭南侨乡乡土建筑近代化的演化过程,借助建筑现象学的认识方法,不妨尝试还原生活世界与建筑文化的作用连接,分析建筑文化在主体、意义、族群各层面的表达特征,为殊途而同归的"乡土建筑的现代化,现代建筑的地区化"之路探寻启示。

参考文献

[1] 奥斯瓦尔德·斯宾格勒.西方的没落·第二卷·世界历史的透视.上海:上海三联书店,2006.

[2] 吴良镛.乡土建筑的现代化,现代建筑的地区化——在中国新建筑的探索道路上.华中建筑 [J],1998(1):9–12.

[3] 余定邦.中华文化、华侨文化与侨乡文化.八桂侨刊[J],2005(4):56–60.

[4] 潮龙起,邓玉柱.广东侨乡研究三十年:1978—2008.华侨华人历史研究[J],2009(2):61–71.

[5] 司徒尚纪.岭南文化和珠江文化概念比较.岭南文史[J],2002(1):7–10.

[6] 唐孝祥.岭南近代建筑文化与美学.北京:中国建筑工业出版社,2010.

[7] 许桂灵,司徒尚纪.广东华侨文化景观及其地域分异.地理研究[J],2004(3):411–421.

[8] 黄昆章,张应龙.华侨华人与中国侨乡的现代化.北京:中国华侨出版社,2003.

[9] 钱杭.当代农村宗族的发展现状和前途选择.战略与管理[J],1994(1):86–90.

[10] 邓毅.后殖民语境下的文化变迁:侨乡城镇的近代化历程.河南社会科学[J],2008(4):112–114.

[11] 邓玉柱.侨乡宗族研究[D].硕士:暨南大学,2011.

[12] 钱杭.论汉人宗族的内源性根据.史林[J],1995(3):1–15.

[13] 沈亚虹.台山近代城镇规划建设初探.新建筑[J],1986(4):27–29.

[14] 何舸.台山近代城乡建设发展研究(1854–1941)[D].华南理工大学,2009.

[15] 梁晓红.开放·混杂·优生[D].硕士:清华大学,1994.

[16] 2004年中国近代建筑史研讨会综述.建筑学报[J],2004(9):51.

[17] 王立明,于莉.开平碉楼屋顶形式设计手法探讨.华中建筑[J],2008(12):220–223.

[18] 周凌,空间之觉:一种建筑现象学.建筑师[J],2003(5):49–57.

[19] 郑小东.全球化语境中的新乡土建筑创作[D].清华大学,2004

[20] 张国雄.广东开平塘口镇潭溪院的规划、建设与管理——开平碉楼文书研究之一.建筑史[J],2003(3):147–157,287.

[21] 谭金花.广东开平侨乡民国建筑装饰的特点与成因及其社会意义(1911–1949).华南理工大学学报(社会科学版)[J],2013(3):54–60,114.

[22] 季铁男.现象学理论作为当代建筑学的奠基石.现象学与建筑的对话.彭怒,支文军,戴春主编.上海:同济大学出版社,2008.131.

---

① 季铁男.现象学理论作为当代建筑学的奠基石.现象学与建筑的对话.彭怒,支文军,戴春主编.上海:同济大学出版社,2008.131.

试论城镇化进程中地域建筑文化的可持续发展

李岩[①]

摘　要： 城镇化是推动城乡结合的有效依据，亦是全面建设小康社会的有力载体。目前，在城镇化的时代背景下，我国的地域建筑文化面临了极大的挑战。因此，有必要进一步对城镇化进程中的地域建筑文化内涵进行研究，同时分析地域建筑文化在现代社会的冲击下所产生的局限性，并在此基础上，对地域建筑文化的可持续发展提出几点建议。

关键词： 城镇化　地域建筑文化　可持续发展发展

一、城镇化的内涵

自 2000 年以来，我国城镇化发展迅速，为我国的城镇发展带来了翻天覆地的变化。大量的农村人口相继涌入城市，同时也带领第二、三产业的聚集发展，使得城镇的数量逐渐上升，规模日渐壮大。这预示着我国正在以快速发展的速度实现城镇化的统一。而在城镇化大潮的冲击下，我国地域建筑文化面临着的断裂甚至消亡的形势无比严峻。因此，应当进一步理解地域建筑的文化内涵，剖析其在现代社会冲击下的矛盾与局限，从而利用文化、经济、法律等多重手段，使地域建筑文化得到更好的传承发展。

二、地域建筑文化的局限性

随着全球化时代的到来，西方国家的各种思潮相继涌现，对我国产生了很大的影响。尤其是在建筑行业，由全球化引发的城市空间一体化，其对我国当代的建筑以及城市的规划都产生了一定的影响。自古以来，人们就赋予建筑各种华丽的修辞，这同时也证明一个问题，即建筑具有强烈的艺术性以及文化特性。当然，随着城市的发展以及人们思想的转变，对于建筑文化的认识程度也不一，很多人并不能真正地意识到建筑文化的真谛，由此便导致了建筑文化的缺失，在一定程度上影响了城市形象的发展，也阻碍了地域建筑文化的可持续发展。

1. 城镇化进程中地域建筑文化保护的缺失

地域建筑是地域文化的产物，地域文化的载体之一是地域建筑，所以地域建筑是承载了地域文化的建筑，同时也是地域文化的基因。对于近几年关于"地域建筑"的杰作，有一部分延续了文化脉络并且对自然和社会环境的处理非常和谐，这部分是真正的地域建筑；还有一部分形似神不似，不具有与建筑形态相协调的文化内涵。有些建筑师认为，只要具有地域建筑的外形，例如青砖、屋檐等，这就可以称为地域建筑。但是，文化才是地域建筑的核心，如果地域建筑没有和文化呼应起来，那么地域建

---

① 李岩，黑龙江东方学院讲师。

筑就不是真正的地域建筑，最多就是空有外壳的"死"地域建筑。

伴随着城市化的发展以及受地产业的影响，大部分集体和更多的个人对城市内的地域建筑选择了放弃，而具有明显效益的房地产和商业得到集中发展，一些具有很大的科研价值和存在价值的地域建筑都被强行拆除了。这种情况是后人的遗憾，在城市化的进程中地域建筑的地位非常危险。

2. 城市地域建筑过度保护的现象严重

对地域建筑过度保护的现象也是同时出现的问题，在20世纪90年代末演化成"显学"，当时是非常流行的。不管是地方政府企业家或者是社会学家都随着这一洪流而奔波，尽管他们的目的是不同的，但对地域建筑的保护都很盲目，这也就造成了在后期的维护中需要大量的经费支出，这种做法不但没有给国家或者地方带来文化经济收入，反而成了政府的包袱，还阻碍了当地的发展。

三、城镇化进程中地域建筑文化的可持续发展策略

1. 发掘本地建筑有益的文化元素

文明创造的过程，其实就是文化的传承以及发展的过程。一个民族的文化由传承到发展，然后创新，最后繁荣，是因为在内在的文化现象中、在时间和空间上具有基本理念或基本精神也被称为文化基因，文化基因是民族文化能够一直传承延续的关键。

同时，在城镇化进程的历史长河中，文化的累积也起到了一定的作用，文化基因的单位是地域，不同的地域具有不同的文化，不同的文化又影响着不同人们的思维和行为，也就分成了不同的发展方式。对于地域建筑设计的寻根和发掘，应该在地区的传统中，最主要的是在表象下隐藏着的内在、隐形着的地域文化基因，把优秀的"基因"跟现代文化结合起来，才能保

证地域建筑具有地域文化的特点，能够作为地域文明的载体。这是建筑师取之不尽、用之不竭的创作源泉，也是建筑师真正的创作空间。

2. 突出地域文化的建筑特点

城镇的建筑面积日益增加是城镇化最显著的一个特点，张开双眼，映入眼帘的就是一座座高楼大厦，然而在城镇化的建设道路上，如何更好地实现城镇化的地域建筑，凸显地域文化的建筑特点，是城镇化建设中尤为重要的一点。

首先，将地域文化以空间或者形象的方式表现出来。想要在城镇化的建筑中更好地融入地域文化，凸显建筑的造型，则需要地域建筑物的点缀，一般来说，这种体现可以分为"显性"以及"隐性"两种表达方式。前者主要是指一些大众都能看得到的造型特点，如符号或者色彩等，这些有形的地域文化可以让人们轻易地联想到所在地的建筑文化；而后者则需要人们通过一定的想象才能真正体会到其中的文化内涵，是一些无形的地域文化的表达。通常来说，设计师会将该地区的民族特色、风土人情等特点进行归纳分析，将其中所蕴含的地域文化从空间布局或者整个形象上隐性地表达出来。

其次，地域文化的特色还需要体现在材料上，满足当地的环境以及审美要求。这就要求设计师在材料的设计方面结合当地的生态环境以及地理特征，让建筑物能够真正地和周围环境相得益彰。灵活地运用当地的地方性材料，可以充分体现出地方特色，使建筑更加紧密地植根于地域环境，形成对地域建筑文化的延续。

再次，还需要增添一些具有地方特色的色彩语言。其能够让人们在第一时间知晓该地域环境的文化内涵。如安徽的青瓦白墙，北京的金色琉璃与红墙，都有着清晰的色彩定义模式，在地区历史的演进过程中融入了当地深厚的文化底蕴。地域建筑是整个城市建筑的重要组成，它的色彩影响着整个城市的基调，更明显地反映当地的色彩文化。在当代公共建筑的色彩规划和设计中，设计师应充分考虑地域建

筑色彩的特殊性，使个体建筑色彩与整个城市的大景观和城市文化相协调，发掘当地独特的色彩语言，提取适合建筑所寻求的色彩元素，并将其与恰当的城市空间相结合，以表现具有强烈历史文化传承、具备地域特征的建筑环境。

3．处理好传统与创新的关系

城镇化能够有效地拉动内需以及驱动创新，但是就目前来说，还有很多人误认为地域性文化是乡土文化、民间文化或者是低层次文化，缺乏科学性。其实，世界上只有具体的地域性文化，没有抽象的全球文化。科学技术没有地域性，可以为任一地域性文化服务。作为一种技术手段，不能用来破坏生态平衡、浪费资源、奴役人类、扭曲人性。因此在城镇化过程中，要抓住机遇发展建筑新技术，例如自然通风、采光、雨水收集、太阳能空调、节水器具等技术和产品。

当今社会，科学技术日新月异，新材料、新技术、新工艺得到了广泛应用，新思想、新理念正在改变人们的空间观念和工作模式，建筑文化也呈多元化发展，建筑创作进入了一个新的时代。在全球化语境下，如何保护、发展和创新地域建筑文化成为当代建筑师们不可回避的一个问题。

把建筑设计跟地域文化相结合，并不是对外来优秀文化的排斥。在当今网络信息化以及全球化的背景下，东西方文化已经相互渗透并相互影响，不断地改变人类生活和思维模式，最重要的是新技术在直接影响建筑的创作表现。所以，在建筑设计中，如果要创造出的公共建筑造型能够很好地体现地域文化，就需要在发扬本土文化的基础上，通过地域文化优势来吸收外国文化的精华，合理利用现代技术，比如建筑设计的理念、现代的空间结构体系、先进的设备和实施，包括洗浴设备和照明等，通过先进的技术手段实现当代建筑与文化交融共生，保持地域建筑跟时代同步。为了追求建筑的现代化而忽略传统地域文化，这是我们不支持的做法；同时我们也反对地域建筑为了保持名族性而走向僵化。所以，建筑师在进行建筑创作的过程中，不但要继承地方建筑的传统文化，体现地域文化独有的特点，还要注意吸收世界文化遗产的优秀方面，把西方的文化元素融入进来，保证地域建筑文化在传承过程中能够得到发展并创新，实现城镇化与地域文化的融合。

参考文献

[1] 李纯 . 传承・发扬・责任——写在地域建筑文化专栏伊始 [J]. 建筑与文化，2011.5.

[2] 沈晓梅 . 地域性建筑造型初步研究 [J]. 山西建筑，2011.6.

[3] 胡群 . 论建筑设计中地域文化因子的表达 [J]. 高教探索，2011(2).

从"全球化"走向"回归"
——中国当代农村建筑创作案例的启示

黄莹①

摘　要：我国的农村在高速发展的城镇化进程中，很多村镇和村落不可避免面临着传统与现代、保护与发展、东方与西方的文化、生态平衡等方面的冲突。在如此多的矛盾下，是在广大农村地区继续进行千城一面的全球化同质化现代建设运动，还是坚持回归农村传统地域文化，尊重自然、顺应自然、保护自然的生态理念，已经成为当前迫切需要通过建筑创作来回答的问题。本文旨在通过对广东怀集木兰小学建筑创作案例的探讨，探索和找寻中国农村地域建筑文化可持续发展的可行之路。

关键词：全球化　农村地域建筑文化　当代建筑　可持续发展

中国广大农村地区拥有着丰富多元的文化，而随着中国经济的增长，伴随而来的迅猛扩张的城镇化不仅造成了中国社会的急剧转型，也对农村环境产生了影响。一片片住宅楼宇和农田被法式雕塑和希腊式水泥柱装饰着，一座座城市拔地而起，这其中不乏一系列令人瞩目的国际明星建筑师的作品，像弗兰克·盖里、扎哈·海蒂。然而，在这样方兴未艾的建筑热潮中，在大环境经济结构和产业的冲击之下，传统农村空间却逐渐被蚕食和消失：鱼塘与国际工厂比邻相接；农村里盖满了基建工程；稻田旁就是大型住宅高层和用围栏圈起来的高尔夫球场……因为经济增长热潮和对现代化的追逐，乡村被改建、迁移或整个被城镇所取代，农村地区建筑文化传统的保留与延续被放到了次要地位。"大建设"高潮在带来高速发展的同时，也带来了对传统文化的"大破坏"。这必然会造成农村建筑文化处于即将消失的危机之中。尤其一些有特

图1　城镇化下的农村土地
图片来源：http://mcn.zhgpl.com/crn-webapp/mag/docDetail.jsp?coluid=31&docid=102724490

色的、地域文化比较悠久的历史村镇和村落，由于对农村文化价值的忽视，遭受到破坏性的开发，这些村镇也带上了和中国其他城市地区一样的没有特色的、同质化的现代面具。

城镇化发展中，农村空间环境的发展是中国城市化的推动力。农村的发展需要依靠文化来推动和创造机会。农村的地域文化、风土人情或居住环境都是展示中国农村精神的重要指标，也是发展农村文化价值的一个重要媒介。

---

①　黄莹，苏州科技学院建筑与城市规划学院讲师。

图2 全球化下的中国农村
图片来源:http://www.nbd.com.cn/features/281

图4 广东怀集地区木兰小学
图片来源:林君翰&Joshua Bolchover.木兰小学.

这些实质的空间环境的破坏和瓦解也会加速其文化价值的消失。因此,对建筑师来说,创造能延续农村文化的建筑,推动农村空间环境的健康发展,是当前迫切的命题。

在农村建筑创作中,建筑的"回归"需要因地制宜采用现代建筑的语言和农村当地有限的材料,继承中国传统建筑中的精华来进行创作,并适应时代的需要。而其中,建筑的形式和建筑的空间是实现农村现代建筑地域化的两个主要方面。由 Rural Urban Framework(城村架构)的设计师们,在广东怀集地区的木兰小学扩建项目中,充分尊重了广东乡村地区的地域特征。设计

保留了一部分老的农村学校建筑和一部分庭院外墙。因为传统建筑形式在本质上已经不能反映当代的材料和结构技术,设计师在新扩建的部分,没有照搬复制传统的中国农村建筑那些象征性的符号,而是把传统建筑抽象化为一个三角体,并植入当代的设计元素。这一手法不仅保留了广东农村当地的建筑文化传统,同时也为这个地区赋予了时代的精神。

而新扩建部分的坡屋顶,呼应了被保留的传统建筑屋顶,设计师没有让这个屋顶局限于原来能遮风挡雨的飞檐瓦片,而是把它设计成为一个连接地面空间,由一系列台阶构成的新的公共空间和户外教室。台阶中又穿插了一些可以延伸至图书馆的内部庭院的微型庭院。为了建筑的可持续性,屋顶用当地村落收集的旧的屋瓦铺设,同时也用旧屋瓦砌成镂空花墙从屋檐延伸至地面,用来引导屋顶雨水的走向。

考虑到农村的传统建筑技术不能解决农村

图3 中国传统农村
图片来源:http://news.wenweipo.com/2012/12/21/NN12122
10018htm

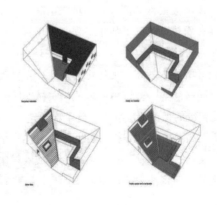

图5 木兰小学设计方案构思
图片来源:林君翰&Joshua Bolchover.木兰小学.

图6 木兰小学新建部分坡顶与中庭
图片来源:林君翰&Joshua Bolchover.木兰小学.

学校恶劣的厕所环境,设计师创造性地在屋顶两边开窗,以通风透气;同时从屋顶收集雨水以定时冲洗厕所。新建部分还建立了一个芦苇床过滤系统来清洁水和去除有害物质。

注重空间引导是中国传统建筑的特色。与通过形式来引导的建筑设计强调视觉效果相比,空间引导的建筑更关注空间感受和体验。在这个扩建设计中,通过对庭院的扩建,用一系列相互连接的开放空间,结合不同的元素,为使用者们提供了丰富多彩的空间活动场地和空间体验,同时屋顶面的阶梯空间,也形成了当地一个新的公共聚集场所。在这里,新的庭院空

图7 木兰小学采用新技术的厕所
图片来源:林君翰&Joshua Bolchover.木兰小学.

图8 木兰小学平面图
图片来源:林君翰&Joshua Bolchover.木兰小学.

图9 木兰小学俯视
图片来源:林君翰&Joshua Bolchover.木兰小学.

图10 木兰小学丰富多彩的空间活动场地1
图片来源:林君翰&Joshua Bolchover.木兰小学.

图11 木兰小学丰富多彩的空间活动场地2
图片来源:林君翰&Joshua Bolchover.木兰小学.

间的创造不仅让新建部分更人性化,同时也成为连接当代建筑和传统建筑的桥梁,使现代和传统的结合成为现实。而空间也蕴含了设计师所赋予的当代新农村的文化特征。此外,新创作的空间也让建筑可以跳离传统特定的材料和建造技术来展现当地农村的地域文化,为今后农村传统建筑的再生与发展,在当代与传统的结合上提供了更多思路。

建筑师需要从现代建筑和传统中国农村建筑中寻找可以推动新农村文化发展的途径。而建筑创作可以让现代建筑文化和中国传统农村

建筑文化并存，关键是要发现中国传统农村建筑的内在特性。上述广东怀集木兰小学扩建的案例告诉我们：1.在同时了解现代建筑和中国传统建筑的前提下，从传统建筑文化中寻灵感和汲取养分是现代农村建筑地域化的可行之路；2.在城镇化过程中，把现代建筑和传统结合起来，以使现代农村建筑地域化，是可行和可实际操作的；3.现代建筑和传统建筑结合的关键点在于空间，而非外在的形式。

日本建筑大师丹下健三对于现代建筑设计和传统结合提出了自己的见解："很重要的一点是摒弃传统文化中糟粕的一面，批判性地且创造性地继承和发扬传统中精华的一面。"因此，城镇化发展中，乡村建筑文化的回归应从传统中学习，并继承传统，关注中国传统建筑中的精华，而非简单流于表面的模仿。

在新农村建设中，建筑师应该尊重农村独特的文化资产，通过创新的思维和方法去面对冲突和解决矛盾。现在广大农村地区的建筑创作，很多都已经开始注重地域的风格特征，并延续传承了地方的文脉。但大部分作品仍然着眼于建筑的外形和当地传统特征的联系，而很少能体现和反映当前时代的精神和活力。吴良镛院士指出，"在全球化的形式下，处于'弱势'的地域文化如果缺乏内在的活力，没有明确的发展方向和自强的意识，没有自觉的保护与发展，就会显得被动，有可能丧失自我的创造力与竞争力，淹没在世界'文化趋同'的大潮之中。"因此，城镇化建设中的建筑创作应该在保护农村地区已有的传统和文化的前提下，创造当前的文化，而不是仅仅停留在展示古老的过去这个层面上。新农村的建设应该与时俱进，在未来的状态中加入时间的概念，让新农村建筑文化汇入世界建筑文化的潮流中，这也是一种对农村传统文化生命的延续和发展。人们的生活方式、生活节奏随着时间的推移总是在不断变化的，如果建筑无法围绕这种变化而变化的话，那么就将停滞不前。总而言之，当前建筑师应该用先进的技术手段和创新的设计思维去达到地域文化表达之路，让农村地域建筑文化回归。

参考文献

[1] 林君翰，Joshua Bolchover．木兰小学．建筑技艺，2013（2）．

[2] Christiane Lange. Homecoming: Contextualizing, Materializing and Practicing the Rural in China. Gestalten, 2013.

[3] 吴良镛．中国建筑文化的研究与创造．2008年讲座．

[4] 吴良镛．乡土建筑的现代化，现代建筑的地区化．华中建筑，1998（1-4）．

[5] 王兴田．日本现代建筑发展过程的启示．建筑学报，1996（6）．

城镇化背景下建筑文化的发展策略初探
——以江苏省兴化市乡村调研为例

熊玮[①]

摘　要：历史和时代的发展，使中国的传统乡村受到了强大的冲击，城镇面貌发生着翻天覆地的变化。城镇化的发展，使农民的生活水平得到提高，农村生活环境得以改善，但同时，城镇化的快速发展也侵蚀着传统的建筑文化。本文结合对江苏省兴化市农村地区的调研和考察，剖析了它们在快速城镇化背景下建筑文化的现状和实质，并针对现状，提出并探讨了在城镇化背景下城镇规划建设和建筑文化沿承的相关策略和思考。

关键词：城镇化　建筑文化　发展策略

建筑作为历史悠久的物质存在，是文化的重要载体之一。建筑文化，是建筑在历史的长河中，与地域文化交织发展形成的产物。时间则是建筑文化的发酵剂。在不同的时代，建筑文化有着不一样的内涵和风格；在不同的地域，建筑文化也呈现完全不同的发展过程。

毛泽东曾经指出，"中国的秘密在于农村"。我国城镇化发展30多年以来，农村地区的经济发展和建筑风貌发生着翻天覆地的变化。与之相关联的，建筑文化也发生着变异。越来越多的农村正变得越来越"城市化"，建筑风格越来越趋同，缺少地域性，传统的建筑元素也较少体现。本文基于对兴化地区两个乡村的调研和考察，并针对现状，提出并探讨了在城镇化背景下城镇规划建设和建筑文化沿承的相关策略和思考。

一、兴化地区农村建筑文化发展现状

江苏省兴化市位于泰州市北部，长江三角洲北翼，地处江淮之间，里下河地区腹部，属长江三角洲经济圈。市域内河道密布，家家户户都有渔船。各村庄分布由于湖荡纵横这一独特的地形限制，多为岛式扩散，村落选择高地而居，因此村落为团聚状，由中心向四周或向一侧发展，住宅相对集中，田地分散在四周，形成不同于长江中下游普通乡村模式的内村外田、街巷布局的农村建筑空间。独特的垛田景观成为兴化的一大特色。

近年来，经过农村经济体制改革，兴化市的整体经济发展迅速，农村经济条件改善，农民收入和生活水平得到很大提高。但同时，经济的快速发展也给这些乡村带来了不利影响，尤其是建筑与文化方面。在调研的村落中，不少

---

① 熊玮，东南大学建筑学院博士研究生。

村落都做过村庄建设规划，规划具有一定实施成效，对空间布局、道路规划、农宅的环境整治以及产业的发展都具有指导意义。

下面以兴化市的两个乡村样本为例。

1. 管阮村

管阮村位于兴化市城中部，村域面积 3500 亩，区位优势明显。省级文物保护单位郑板桥陵园坐落于村庄北首。该村是江苏省新农村建设二十四个先行试点村之一，村口建有约 1 万平方米的板桥生态园、1200 平方米功能设施完善的公共服务中心和生育文化园，新规划建设的 100 多幢农民别墅错落有致。

村庄由北向南发展。北部为老庄台，南部为经过规划的现代别墅小区。老庄台建筑新旧不一，建造质量也各不相同，多为砖混结构，砖墙瓦顶和钢筋混凝土预制构件的平房和多层楼房。老庄台建筑和新建别墅都主要为行列式布局，各建筑独门独院，沿道路、河道两侧建造。

从农民住宅的建筑形式看，新建建筑以独栋别墅为主，仅在部分建筑屋脊部分能看到传统建筑元素，老庄台未经过翻新的老房子也保留了较多的传统装饰。位于老庄台北侧的板桥陵园，仿古的建筑形式突出了多种传统建筑元素。入口处的村公共活动中心，粉墙黛瓦，漏窗、门头和起翘的屋脊，都体现了传统建筑元素在现代建筑中的应用。管阮村的发展，以河道分布的老庄台为中心，向四周发展，主要向南侧发展，规划新建的别墅区、村公共活动中心、板桥生态园等，整体规划布局清晰，主要道路和板桥陵园相对。别墅区都是现代西式洋房，多呈现三角形山花、欧式铁艺栏杆，传统建筑元素毫无体现。整个管阮村建筑文化风貌特征不明显，文化氛围因为有板桥陵园和板桥生态园而得到一定的提升。

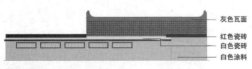

图1 管阮村典型民居1　图片来源: 作者自绘

2. 双石村

双石村地处兴化市大垛镇东郊，与集市相邻，宁靖盐高速公路穿过此村，交通发达。北、东、南侧三面环水。

图2 管阮村典型民居2　图片来源: 作者自绘

双石村的城镇化改造保留了较多传统建筑的基本形式。以穿过村子的南北向河流为轴线，沿河的建筑多为解放后的老建筑，具有浓郁的中国传统特色。沿河整治也就成为村庄整治改造的重点。整治中动员各户村民将沿河的猪圈、鸡圈等拆除，形成整齐的沿河建筑群，优化了乡村生活环境。同时村内对部分河流进行了环境整治，将河内倾倒的垃圾进行清除，并填埋了因较窄或水流不通被倾倒垃圾而形成的臭水沟作为道路。整治中主要河流沿河岸增设了人工绿化，将自然泥驳岸修建为石驳岸，既有效预防了水土流失，又给村民的农闲时间提供了较好的休闲聚会交流场所，优化了乡村自然环境，但却破坏了生态循环和生物多样性。

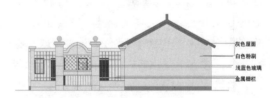

图3 双石村典型民居1　图片来源: 作者自绘

图4 双石村典型民居2　图片来源: 作者自绘

村庄住宅以行列式布局、混合布局为主，家家有院落。双石村的新建住宅位于村口附近，新建住宅质量普遍较好。双石村的新建筑几乎看不到传统建筑元素，而内部的巷道、沿河和老庄台的传统老建筑保留较好。老建筑的外墙粉刷的白色涂料使整体风格更为统一，但也削弱了传统建筑的色彩和质感。河上修建的九座新桥，加强了村子各部分的联系，也使划船出行的年代终结。整体村庄环境干净整洁，东北部老庄台尽管有些破旧但却较好地保存了传统村落的特色，但生活环境较差，居住密度高，很多人另觅宅基地迁出，空置房屋较多。双石村的城镇化改造，较多地保留了建筑的原始风格，在农村的城镇化改造中，具有一定的学习借鉴意义。

二、兴化地区城镇化过程中建筑文化发展现状及存在问题

从以上两个村子的发展近况我们可以看到，这些村落位于经济较为发达的长江三角洲地区，各村庄利用各自不同的有利条件，发展工业、种植业、养殖业、旅游业等，城镇化发展较为快速。但同时，经济的快速发展，高速发达的信息和资讯，四面纵横的交通，却造成了农村传统建筑文化的丢失。建筑的外在语言——立面、传统元素等，杂乱无章，缺乏传统内涵，越来越多舶来的、国际性的建筑元素充斥着我们的眼球，使这些村落的建筑缺乏地域特色，传统建筑文化被人们丢失和遗忘。因此，在快速城镇化发展的背景下，如何重新构建既属于当代的，又能延续传统的建筑文化，是我们当代建筑师刻不容缓的义务和责任，即要解决如何城镇化背景下快速发展的经济和传统的建筑文化之间的矛盾和关系。主要问题有以下三个方面。

1. 乡村建筑形式混乱

这两个乡村的共性问题：建筑形式混乱，缺乏内涵，具体体现在建筑色彩、建筑材质和传统建筑元素等几个方面。

传统中国的乡村建筑，以粉墙黛瓦为主要特点，木门木窗等传统构件形式更体现出中国传统乡村的低调、温婉、与自然的和谐之美。而如今的乡村里，随处可见的是红色、绿色的琉璃瓦顶，各色各样的石材贴面，不锈钢门窗、栏杆，蓝色绿色等五颜六色的玻璃，还有几乎充斥着乡村大小道路的水泥地面。混凝土已然取代砖成为农村最主要的建筑材料。最严重的，是很多乡村住宅大量采用粗陋的西方建筑元素，如柱式、线脚、三角形山花等，或简单的方盒子加坡屋顶，显得与老庄台的传统建筑格格不入。

2. 传统建筑文化理念的缺失

导致上述建筑形式混乱的根本内在原因，是因为传统建筑文化理念的缺失。传统建筑文化应该作为一条内在的控制线，指导乡村建筑的发展。传统建筑文化包括传统建筑材料、建筑元素、建筑色彩、建筑内涵等。这些元素在老庄台保留的部分老建筑保存较多，而新建建筑，除少数屋脊、彩绘体现出传统性，其他均被新材料、新样式所替代。

乡村的快速城镇化、人口大量迁入城市，由此导致的农村生产、生活机能衰退，社会凝聚力松动。同时，集中住宅虽然促进了农业产业自动化，但也是中国农村城镇化发展的一个大弊端，农村传统的生活模式被破坏。虽然提高了乡村的整体环境，使规划更整齐，但也使传统建筑文化离我们越来越远，村民失去了自己参与建造住宅的过程。乡村建设的"同质化"愈演愈烈，传统建筑文化日趋衰败，乡村社区特色泯灭。

三、城镇化背景下的建筑文化发展现状的策略和思考

在城镇化的快速发展进程中，人们对社会发展和建筑文化的认识发生了深刻的变异。建筑设计、建筑结构形式、建筑材料和建造方

式逐渐丧失了对传统文化的延续和继承，社会对建筑文化内涵、物化表达属性、特色的认知产生了误解。但是，这种认为城镇化就是现代化，城镇化意味着社会的进步的观点是不够客观和全面的，"文化理性"是一个地区文化延续最重要的基础。乡村建筑与城市建筑最大的不同，是乡村建筑具有鲜明的地方特色。

1. 注重乡村建筑的原真性和历史性

在村庄城镇化的过程中，大多数的村庄环境得到了有效的改善，但是也存在某些地方一刀切、格式化的做法。如将村中的河岸全部用水泥砌筑，形成了硬质的驳岸，破坏了生态循环和生物多样性。又如，为了使得住宅建筑具有农家乐的特色，将原有的水泥墙刷上白灰，再画上砖缝，这种舞台布景的做法使得农村建筑失去了原真。在全国各地的旅游开发大潮中，很多历史文化建筑都被重新粉饰以便满足游客和观者的需要，却也因此少了些许历史本身的厚重感和文化的原真性。如双石村将传统建筑用白色涂料进行粉刷，已经看不出传统建筑的原有色彩和材质，因此也使这些建筑缺失了部分历史记忆。

但是我们仍可以看到，尽管兴化地区城镇化发展迅速，依旧能在村落中看到以往保留的一些诸如老祠堂、小庙之类的文化建筑。在兴化的大部分村庄中，村祠堂作为老庄台的记忆仍然保存完好。

2. 采用多样化、多层次的城镇化发展策略

文化的形成并非一朝一夕，但是文化一旦被侵蚀，则可毁于旦夕之间。面对现状，我们不得不反思，到底怎样做才能让这些村庄在快速发展现代化的同时，延续传统文化。虽然乡村传统建筑作为传承历史文化的重要载体，但是未必所有的建筑都要按传统建筑的要求加以整治，应根据建筑的历史文化价值制定多样化、多层次的建筑环境整治措施，在重点区域体现本土优越的审美价值，在普通乡村民居项目中对村民适当加以引导，发展多样的形式。

对于具体村庄而言，在城镇化建设中，可以参照城市历史街区保护的方法划分为三个层面。一是重点保护地段，包括村中重要的历史建筑，如祠堂和重点民居等，重在保护历史建筑的原真性；二是风貌控制区，指重点保护区外围的区域，重在延续历史风貌的前提下，保护和建设并重；三是环境协调区，指风貌控制区外围普通住宅集中的区域，与村民生活息息相关，以建设发展为主，这里的建筑形式要与村子的整体历史环境相协调，不用刻意模仿古建筑。

就具体建筑而言，可以通过示范项目探索如何处理好城镇化和传统建筑文化之间的关系，加强村民对于传统建筑文化的信心，通过示范项目，向村民证明可以在享有现代建筑产品品质又经济合理的前提下拥有反映地域特质的乡村建筑，然后在其他乡村建筑的新建和改建中，利用部分村民的带头作用，积极推广。

参考文献

[1] 戚晓明. 国内外乡村城市化的理论研究综述 [J]. 农村经济与科技，2008.19（8）：7-9.

[2] 韩硕，杨义占. 浅析中国乡村城市化 [J]. 南北桥，2008.（7）：124.

[3] 丁沃沃. 农业集约化的居民空间重构 [J]. 文化研究，2010（10）：169-188.

城市化进程下古城的保护与更新模式浅析
——以凤凰古城保护与更新模式为例

李晓军　李晓峰[①]

摘　要：当前，现代城市化建设迈入了高速发展阶段，其对历史古城造成了许多破坏和变异。历史古城的保护与更新面临了诸多问题。本文通过对当前古城保护与更新的现状分析，研究了近年来关于古城保护与更新的发展策略，结合对凤凰古城的调研，提出了在城市化发展进程下，运用何种方式进行古城的保护与更新，从宏观的规划层面、微观的建筑单体层面以及人文主义视阈下居民引导性这三方面进行分析。

关键词：城市化　保护与更新　原真性

前言

进入 21 世纪以来现代城市化建设高速发展，但却给历史性城市带来了无法挽回的破坏性。历史性文化名城蕴含的历史文化遗产是经上百年甚至上千年沉淀而成的，却在高速的城市化进程中面临诸多危机。鉴于当前理论指导的匮乏和基础研究的不到位，古城保护走入了"建设性破坏"和"保护性破坏"的误区。如何运用正确的保护措施，在遵循客观规律的前提下，克服当前存在的矛盾，是我们现在正面临的问题。正如周干峙教授所指出的："历史文化是城市发展之'源'，城市化是发展之'流'。我国城市应当'源远流长'，才是健康的持续发展之道。"凤凰古城作为历史文化名城，曾经是湘西的政治、文化、经济中心，现在却在城市化进程中逐步出现"城市发展"和"遗产保护"的矛盾，本文选取凤凰古城作为研究对象，通过实际案例的分析，解决当前城市化进程中古城保护与更新的矛盾。

一、城市化进程中古城保护与更新现状

我国对古城保护和改造的研究相对西方起步较晚，正式起源于 20 世纪 80 年代，在"中国历史文化名城"保护目录中，有的是当时的政治、经济重镇，有的是帝王都城，有的拥有珍贵的文物古迹。由于保护理念、手段、经济等方面的原因，古城保护的范围小，保护方式粗放，多是直接推倒重来。而此前由于没有足够的重视，导致许多珍贵的文物古迹遭到破坏，尤其是"文化大革命"时期对文物古迹的破坏尤为严重。再者，古城保护理论的滞后，造成古城保护成功的范例很少。

自 20 世纪 90 年代初开始，我国几乎所有的大中城市都重新修订了城市总体规划，开始了新一轮的城市结构调整，使之与社会经济转型期的发展相适应。历史文化名城正在进入一个以保护与更新再开发相结合的崭新发展阶段。

---

① 李晓军，华中科技大学建筑与城市规划学院硕士研究生；李晓峰，华中科技大学建筑与城市规划学院教授 。

二、历史文化古城保护与更新模式探索

1. 国外历史文化名城保护策略

历史城市保护的法规建设是古城保护的重要方面。许多国家为了保护本国的历史文化遗产，制定了一系列国家法规。这些法规对文物古迹与历史古城的保护、恢复利用都发挥了积极的作用。提出了《雅典宪章》《奈良宣言》《威尼斯宪章》等一系列相关的法律法规对其进行约束。

2. 国内历史文化名城保护策略

梁思成在我国解放前后多次参与和主持了古城发展规划，并逐渐形成了自己的古城保护思想，其要点有：（1）尊重古意，整旧如旧；（2）保护环境，保护古都；（3）积极保护，古为今用。作为我国文物古建保护的先驱，梁思成的古城保护思想不仅在当时具有相当的先进性，也对现在的古城保护具有一定的指导意义和建设思想。

阮仪三多年来一直主持着我国古城保护的规划工作，在20世纪80年代最早提出了"历史文化名城"的概念，对以后的古城保护工作产生了积极意义。阮仪三先生在多年规划工作的基础上提出了我国历史文化遗产和古城保护的四性原则：

1）原真性。要保护历史文化遗存原先的本来的真实的历史原物，要保护它所遗存的全部历史信息，整治要坚持整旧如故、以存其真的原则，维修是使其延年益寿而不是返老还童，修补要用原材料、原工艺、原式原样，以求达到原汁原味，还其历史本来面目。

2）整体性。一个历史文化遗存是连同其环境一同存在的，保护不仅保护其本身，还要保护其周围的环境，特别对于城市、街区、地段、景区、景点，要保护其整体的环境。这样才能体现出历史的风貌，整体性还包含其文化内涵、形成的要素，如街区就应包括居民的生活活动及与此相关的所有环境对象。

3）可读性。是历史遗物就会留下历史的印痕，我们可以直接读取它的历史年轮。可读性就是在历史遗存中应该读得出它的历史，就是要承认不同时期留下的痕迹，不要按现代人的想法去抹杀它，大片拆迁和大片重建就不符合可读性的原则。

4）可持续性。保护历史遗存是长期的事业，不是今天保了明天不保，一旦认识到、被确定了就应该一直保下去，没有时间限制，有的一时做不好，就慢慢做，不能急于求成，我们这一代不行下一代再做，要一朝一夕恢复几百年的原貌必然是做表面文章，要加强教育使保护事业持之以恒。

吴良镛先生在对中西方城市发展历史和城市规划理论充分理解的基础上，结合北京什刹海地区规划研究，提出了"有机更新理论"，认为从城市到建筑，从整体到局部，像生物体一样是有机关联、和谐共处的，城市建设必须顺应原有城市结构，遵从其内在的秩序和规律，对老旧建筑的更新和保护，主张根据房屋现状区别对待，质量较好、具有文物价值的予以保留，房屋部分完好者加以修缮，已经破坏者拆除更新，在多年的古城保护实践中得到了广泛的认可。

三、凤凰古城保护与更新的策略思考

1. 历史背景

凤凰古城早在两百多年前就作为湘西的政治、军事、文化、经济中心而存在，它见证了湘西地区的社会发展和人类生活的变迁，蕴含丰富的历史文化遗产，在长期的历史演变进程中形成了别具一格的人居环境。但是，由于多方面原因，抗日战争后，凤凰古城的城市格局、生态环境、非物质文化等方面都处于衰退状态，"文革"期间，许多的文物古迹也遭到了破坏，近年来随着城市化进程的高速发展，人们保护意识的淡薄，古城的整体风貌正在遭受又一次的冲击。

2. 保护与更新的困境

1）生态环境的破坏

城区内的生活污水大多直接排放到沱江造成水质下降，居民燃煤引起大气质量变坏，交通娱乐噪声日益加剧，生活垃圾成倍增加，周边环境卫生较差，尤以西南角卷烟厂为代表，上冒黑烟，下排污水，严重破坏大气和水环境，给游人和民居带来较大影响。

图1 沱江边　图片来源：作者自摄

2）文物古迹的破坏

"文革"和20世纪90年代以来大规模的拆迁破坏给文物古迹造成了毁灭性影响。改革开放以来，当地政府逐步认识到古城保护的重要性，但由于资金、技术等原因，古城保护大多采取消极、被动、不再继续毁坏的静态措施，许多文物面临毁废的境地。游人的不文明行为也对文物古迹造成一定程度的影响。

3）古城风貌的破坏

拥有传统民居的地段被新建的砖混方形建筑弄得支离破碎，古城风貌受到的侵害日益严重，地方特色及民族风格正在逐渐消失。如果不加以保护，再过几年，凤凰古城的风貌也许将和上海、广州、南京等地的某些小城镇的面貌没有什么两样。

四、凤凰古城的保护与更新策略

1. 规划层面

2000年编制的《凤凰历史文化名城保护规划》是在申报国家历史文化名城的背景下编制的，其重要特点是结合当地实际情况与保护开

图2 凤凰城内民居　图片来源：作者自摄

发阶段，给出了探索性的解决办法，主要体现在古城区物质空间环境的整理、保护与发展的纲领性意见与政策要求等方面，其目标是引导与传达一种正确的保护发展观念。经过这几年的保护开发，古城呈现出新的问题，需要在规划理念、规划手段上采取措施积极应对。

1）古城格局的有序性引导

凤凰古城在历史上形成了衙署居中、功能分区、街道分级、坛庙环绕的整体格局，后来随着经济的发展，漕运的发达，逐步沿水系开展，并向城墙外拓展，导致沱江两岸建筑分布集中，建筑密度大，给滨水景观造成了一定的冲击，需要对其进行有序性的引导规划。相对于滨

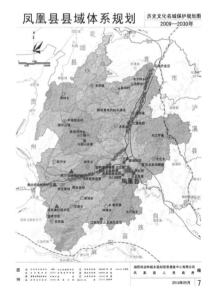

图3 凤凰县域体系规划　图片来源：凤凰历史文化名城保护规划

水开发的过度性，在古城内部却仅形成了相对分散的商业街区和旅游景点，缺乏联系的纽带和凝聚力的文化场所。许多在历史上发挥过重要作用的特色空间如文庙大成殿、天主堂、兵备道等，随着时间的流逝逐渐失去了其原有作用，也没有得到很好的保护，影响了城市风貌的完整性。借鉴当前国际上适应性再利用的经验，搬迁现有单位，拆除与历史风貌不和谐的建筑，通过复兴历史景观，丰富古城中心文化产业等手段，有效提升古城活力，缓解滨水区压力，整体提升古城风貌。

2) 古城城市肌理的延续与再造

城市肌理是由街巷群、建筑物及标志群共同组成的簇群空间特质，在大量的城市更新改造中作为城市形态结构中的秩序之"理"予以借鉴与再创造。其产生离不开土地使用、划分的方式，也与建筑类型的组合模式有关。吴良镛先生在北京菊儿胡同的改造中采用了类型学的方法对城市肌理进行再造。类型学关注的是历史城市形态和建筑形态的分析，提倡从中提取归纳相关的"类型"，形成空间形态设计的语汇，目的是产生符合现代生活要求又具有历史延续性的城市新肌理，这是一种再创造的过程。在凤凰道门口改造设计中，也运用了类型学的设计手法。设计人员指出："我们所能做的工作，我想，并不是依靠已经存在的设计理论与设计方法去设计一片新的，或者'仿佛是旧的'的街区，去填充这片被损害的区域。我们的工作，是发现在这片土地上城市自然的生长于演变机制，然后，将这些规律应用在这片区域上，催化城市的生长，在短的时间内，迅速培植出缺失的城市。"

2. 建筑单体的保护更新

1) 原真性保护

古城内原有的传统建筑多为木构架建筑，材料的特性决定了其易损毁性，保护和修缮的费用相对较高，所以在保护中应有选择性，有目的性地保护。对于文庙、遏昌阁等文物保护单位，需要用原做法进行修缮维护，保存其完整

图4 文庙大成殿　图片来源：作者自摄

图5 兵备道复原图　图片来源：凤凰文星苑设计文本

性。对于已经消失的历史建筑，如兵备道，应该依照以前的图片或残存的遗址，制定相应的复原方案，按原样式进行修复。对于一般的民居类建筑，进行定期保养。

2) 有机更新

挖掘地方传统历史文化，使新建建筑与原有历史建筑尺度、风格、布局相协调一致，通过对原有建筑单元尺度的调研分析，推断新建建筑的尺度。通过对传统建筑符号元素的提取归纳，推断新建建筑的可能构成方式。对于这些历史文化遗产周边的建筑，目前采取最广泛的更新模式有协调共生法、抽象对比法与消隐弱化法。从凤凰的实际情况来看，采用协调共生法是比较合理的，即通过建筑形态、色彩、材质、尺度、符号等方面的连续，实现与历史风貌的协调共生。这种方法有利于逐渐弥补建筑文脉的"断层"现象，也是对传统建筑文化的尊重和保护。

图6 传统建筑式样
图片来源：作者自摄

3. 居民引导

居民是古城内部活动的主体。如何将历史文化遗产保护的思想及措施普及到居民才能真正实现保护的意义。各种保护措施条例最终落脚点还是在公众居民的参与。加强公众居民的参与性，推动自下而上的公众参与模式。促使居民开始了解并关怀本身的居所环境，建构所属群体的共同记忆和认同意识。如果形成居民对历史遗产如数家珍、对生存环境珍惜备至的风气，便真正达到了社区营建的目的。对于外地游客而言，重要的是加强对自然资源景观的保护，通过广告宣传、奖惩机制来调整。正如张松教授所说，"把历史保护纳入社区发展长远目标中，以居民为主体，以历史保护为重点的社区环境营造将是今后城镇发展中的重点所在"。

结语

当前，随着城市化进程的加速，城市规模一再扩大，在城市规划和建设过程中忽视了历史古城的保护，导致一大批历史文物古迹遭到了不同程度的破坏。古城对于当代社会具有特别的价值和生命力，其承载了几百年至上千年的文明，对于我们研究传统文化、建筑特色、人文科学等有着不可替代的作用。但在现代文明的冲击下又是极其脆弱的。解决保护与更新这一综合性难题必须以综合性措施来应对。结合现状，仅仅依靠政府投入资金支持是远远不够的，如何在当前的市场经济体制下，探寻出一条适合古城保护、维修、整治和利用的有效途径是摆在我们面前的一个重要问题。必须广泛运用多学科知识系统，使之聚焦于研究的根本目标，探求建设健康的聚居环境和传承悠久的地域文化的多种途径。古城的保护更新坚持保护为主，实行在保护中更新，在更新中保护，致力于保护风貌，继承传统，保存特色，延续文脉，协调发展。古城的保护与更新是一个长期不断发展的进程，城市经济文化都是动态发展，正确处理好古城保护与发展的关系，保护好人类共同的历史文化遗产，需要经过几代人的不懈努力，不断总结经验，才能把保护更新的工作做得更好。

参考文献

[1] 周干峙. 城市化和历史文化名城 [J]. 城市规划，2002（4）：7-10.

[2] 凤凰历史文化名城保护规划.

[3] 张楠，卢健松，夏伟著. 凤凰·印象——一种历史地段城市设计的构型方法 [M]. 香港：香港科讯国际出版有限公司，2005.

[4] 张松著. 历史城市保护学导论——文化遗产和历史环境保护的一种整体性方法 [M]. 上海：上海科学技术出版社，2001.

[5] 张兰，阮仪三. 历史文化名城凤凰县及其保护规划 [J]. 城市规划汇刊，2000.3.61-63.

[6] 吴良镛著. 建筑·城市·人居环境 [M]. 石家庄：河北教育出版社，2003.

[7] 鲁岚. 国家历史文化名城——中国凤凰 [M]. 北京：燕山出版社，2003.

[8] 单霁翔著. 文化遗产保护与城市文化建设 [M]. 北京：中国建筑工业出版社，2008.

[9] 王蒙徽. 梁思成的文物建筑和古城保护思想初探. 华中建筑，1992.

[10] 廖璐琼. 西南山地典型古城人居环境研究. 重庆大学硕士学位论文，2010.

传承与交融
——社会转型期的巴塘城镇建筑类型调查[1]

陈颖　田凯[2]

摘　要：巴塘地处川藏线四川的西大门，这条由茶叶贸易开拓的商道同时也是官道，促进了川藏道沿线城镇的兴起。巴塘城镇从土司制时期的雏形，经"改土归流"之后的发展，逐步成为四川藏区重镇。在商贸互动、汉藏文化交流中，巴塘建筑类型丰富多样，呈现出地域传统文化的传承发展与外来文化交融共生的多元化面貌。

关键词：巴塘　城镇空间　建筑类型

巴塘位于川、滇、藏三省交界处，是联系川西与藏东南的唯一通道，战略地位十分重要。这里气候温暖，物产丰富，素有"高原江南"的美誉。县治所在地夏邛镇也是因川藏道的产生，随着茶马贸易的发展，历代中央政府驿站、兵站、粮台的设置，成为依附"茶马古道"的繁荣集镇。

川藏道是主要由茶叶贸易开拓的商道而同时成为官道，从巴塘镇的发展变化可以一窥内地文化向藏区拓展的轨迹，文化交流的互动与融合中民族地域文化在城镇空间的时空变迁，展现民族城镇空间在中原汉地文明与民族文化的冲突与交融中成长的过程。

一、社会转型期的城镇空间布局

1. 巴塘县历史沿革

巴塘，古时为部落之地，周称"戎"，秦称为"西羌"，汉系"白狼国"。[3]从东汉末年到南北朝，白狼国一直立于西南部落之林。唐朝开始受吐蕃统治，宋末归附元朝。明隆庆二年至崇祯十二年（1568～1639年），受制于云南丽江纳西族木氏土司管辖，之后又转隶青海和硕特部固始汗统治。清康熙三年（1646年）始，西藏军队占领巴塘并统治了55年。清雍正四年（1726年）巴塘划入四川，川滇边务大臣赵尔丰于光绪三十二年（1906年）实施"改土归流"，光绪三十四年（1908年）在巴塘建立巴安县，同年升为巴安府，此为巴塘县治之始。民国3年（1914年），中央政府以川边为特区，治所康定，巴安县隶属川边特别行政区。民国28年（1939年），西康省政府成立，巴安县属西康省第五行政督察区。[4]（图1）民国31年（1942年），这里设同化镇。解放后设中区，后改为城关区。巴塘成为藏族、汉族、纳西族、回族等多民族的杂居地，其中藏族人口占95%以上。

---

①　国家自然科学基金资助（项目批准号：51108379）。
②　陈颖，西南交通大学建筑学院副教授；田凯，西南交通大学建筑学院副教授。
③　胡吉庐《西康疆域朔古考》称：巴安县即今巴塘县，古为白狼国地。
④　四川省巴塘县志编纂委员会.巴塘县志.四川民族出版社，1993.

图1 巴安县全景（1940年）　图片来源：翻拍康宁寺旧照片

2. 城镇格局变化

巴塘县城为现夏邛镇。[1] 从白狼国时代直至土司制度建立之前，巴塘都处于部落征战阶段，区划不定，无史可考。民国时期的《巴安县志资料》记载："白狼城，在城西小土包之南，巴楚河东岸柳林内。相传为白狼国都所，遗址尚存。"这是有文字记载的巴塘城镇最早的聚落，经考古发掘、考证，扎金顶墓群是白狼国部族遗迹。明朝永乐元年（1403年），在虎头山上建成苯教寺庙丹戈寺，藏传佛教传入后迁往扎金顶改名扎塔寺，属于噶举派。明代云南丽江土知府木氏土司占据巴塘后，于万历二十二年（1594年），在城西巴曲与巴久曲的汇合处"曲堆更巴"，建起"周围土垣数百丈"的城堡，名为"巴托卜雪城"。明末寺院迁至木氏土司官寨址。清道光二十二年（1842年）的《巴塘志略》将此记载为皇华城，又称喇嘛城。

至清代主要聚居地分布在孔打伙、坝伙、拉宗伙、泽曲伙四处。清顺治时期，西藏五世达赖降旨在木氏土司官寨内，仿照拉萨哲蚌寺洛色林规模扩建寺庙，命名为"呷登彭德林"（即丁宁寺），改为格鲁派后成为康区十三大寺庙之一。[2]

巴塘土司制度始于清康熙四十二年（1703

年），西藏派两名第巴管理巴塘。康熙五十八年（1719年）巴塘归属清朝，地方官被朝廷正式封为巴塘正、副土司（即大营官、二营官）。一座4000多平方米的大营官寨建造竣工，成为规模最大的建筑，也形成新的核心。

清康熙五十八年（1719年），清廷派军队入藏招抚巴塘，开始有汉族、回族商人来此经商、定居。巴塘日趋向集镇演变，县城沿街建筑也有开设铺面，还相继建成会馆、祠庙、清真寺等公共建筑，建筑日渐密集。雍正六年（1728年）设置巴塘粮台，粮务署在喇嘛城内。城镇规模初具雏形。清同治九年（1870年），巴塘发生大地震，县城房屋全部塌毁。之后县城老街民房和庙宇相继重建。

边务大臣赵尔丰在巴塘推行改土归流，建巴安县后，于全县稠密之处分设办公所，以此为镇，并拟在巴安设西康省会。在康宁寺北侧建有巡抚衙门，设学务总局，成立图书馆。[3] 一时川、滇、陕商贾云集，市场繁荣，城内有四街四巷，县城由数百户增至千余户。

民国元年(1912年)，为抵御藏军的攻击，全城砌筑墙体，垛雉连接民房，构成巴安城墙，四面设门并在四角建碉楼。后又增建形成中山门、中正门、建国门、天祥门、复兴门、定远门共六门，各门建土碉保卫。城内东西主街街一条，南北开辟两条小街、十余条巷道。城内外除之前的建筑类型外，先后建有清真寺、天主教堂、基督教堂等。民国27年(1938年)，又在大营官寨大门外仿南京中山台样式修建巴安中山台，台后有旗台、旗杆，台前广场设体育设施，成为当时集会、阅兵和公共体育场所。民国时期人们不仅在城内新建许多房屋，架炮顶、日堆等地也开始有数户人修房造屋。[4]（图 2）

---

① 巴塘县城 1985年命名为巴中镇，1989年12月改名为夏邛镇。
② 光绪三十一年(1905年)，因该寺参与凤全案，寺庙被焚。民国11年后陆续修复。民国30年更名为康宁寺。
③ 据杨仲华《西康纪要》载："光绪三十二年，川边大臣赵尔丰经营西康，设学务总局于巴安，同时支援经费数万余两，购集图书数万册，成立图书馆。"
④ 四川省巴塘县志编纂委员会.巴塘县志.四川民族出版社，1993.

a·清代之前聚落示意　　　　　　　　b·清土司制时期

c·清改土归流时期　　　　　　　　d·民国时期

图2 巴塘城镇空间变迁示意图
图片来源：谢光绘制

二、文化交流中的建筑类型

在商贸互动、文化交流中，巴塘建筑类型丰富多样，呈现出地域传统文化的传承发展与外来文化交融共生的多元化面貌。由于社会组织的变迁，在自发聚居的聚落中出现了官寨、县衙官府、城镇设施；商贸活动的频繁，一方面使得住宅形式增多，居住生活的住宅与店铺、作坊等商业功能结合，另一方面促成了外乡人同盟聚会的会馆和宗教信仰的清真寺建设。文化传播使得藏传佛教地区，散布着大量汉文化的祭祀先贤、神祇的祠庙建筑，以及外来的基督教、天主教堂。

1. 原生文化传承型建筑

居住建筑是出现最早、营建数量最多的建筑类型，它构成了城镇聚落的主体，也是当地人民生活、生产方式以及文化习俗的真实反映。二~三层的土木混合构筑的藏式平顶住宅是其他建筑类型的原型，也构成了巴塘城镇建筑的主流风格。城镇由于是商贸活动和政治统治管理的中心，既有大量普通居民的居住生活型住宅，也有带有商铺的店宅，以及复合功能的土司官寨。其营建的技术方式相同，但由于居住人口及功能组成的差异，在布局、规模、形体风格上又有不同。（图3、图4）

巴塘是藏民族聚居地区，随着佛教的传入，藏传佛教寺院建筑开始盛行，并成为城镇的核心。而寺院的主体建筑形式呈现出典型的本土化特征，承袭了传统民居的结构、材料、形体风格的建造手法，宗教的文化特征主要反映在建筑布局与装饰装修的细节中。新建筑类型融汇于民间传统文化中。

图3 夏邛镇老街沿街立面　图片来源:西南交通大学建筑测绘图集

2. 文化交流融合型建筑

伴随着内陆化进程，至清朝康熙年间，居于城镇的汉、回民族人口逐渐增多，民族文化开始融合。如客居异乡的商客们为加强凝聚、巩固势力，成立商会建造同乡会馆。关帝庙、观音殿、城隍庙、忠烈祠、孔庙等反映汉民族传统文化活动的建筑纷纷出现，这些建筑均采取汉族地区典型的木构架体系坡屋顶的建筑形式，结构、形式迥异于本地藏式建筑(图5)。清代至民国时期宗教文化的交流带来了清真寺、天主教堂、基督教医院等混合形式的建筑。这些外来形式的建筑散布于主流风格之中，多元文化的并存使得城镇建筑类型多样化。

三、地域化的建筑营建特点

特殊的自然环境和文化背景，孕育出独具地域特色的建筑形式，就地取材、因地制宜是甘

图4 巴塘大营官寨　图片来源:中国民居建筑(下册)

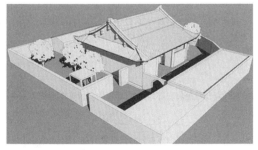

图5 现存关帝庙大殿　图片来源:西南交通大学建筑测绘图集

孜藏区传统建筑最根本的营造理念。

当地的特殊气候条件需要建筑注重蓄热、保温、防风性能，促成了平面方整紧凑、墙体厚实、对外封闭的平顶建筑形式。巴塘地处地震多发区，均采取木构梁柱框架结构，边柱外砌筑围护墙体，密梁平顶形式。河谷平原泥土丰厚，当地普遍采用夯土筑墙作为围护体。

城镇住宅底层一般作为杂储间、客厅、厨房，二层卧室、经堂，顶层局部建敞口屋存放杂物，屋顶作为晒坝。以室内立柱多少称房屋大小，房屋小则9、12柱头，大到35、45柱头。普通住宅柱距通常2.6米左右，大营官寨柱距则达3.3米，层高3米。巴塘县城历史上商贸繁荣，老街的住宅几乎所有沿街面都做为铺面，铺檐上还仿照内地形式搁置花盆。城区的藏房一般都用矮墙围栏小庭院，栽植花木。

结语

追溯巴塘社会的发展变迁，一方面民族城镇保留和传承了自己的民族文化、空间观念，形成了独特的城镇空间形态。另一方面也反映出民族城镇被动或主动接受中央政权的统治和中原文化过程的互动与交融。

参考文献

[1] 四川省巴塘县志编纂委员会.巴塘县志.四川民族出版社,1993.

[2] 巴塘县志办公室编印.巴塘志苑,1985(4).

[3] 任乃强.西康图经·境域篇.西藏:西藏古籍出版社,2000.

[4] 陆元鼎主编.中国民居建筑(下).广州:华南理工大学出版社,2003.

人本城镇化视角下城乡产业空间布局优化研究
——以河北省顺平县为例

屈永超　朱莉　赵峰①

摘　要：新型城镇化的本质是人的城镇化，而城乡产业的协调发展是城镇化的重要基础和动力。笔者以顺平县为例，从人本城镇化的视角出发，在研究顺平县产业发展概况的基础上，分析了人本城镇化对产业发展的要求，并以此为依据，提出了顺平县城乡发展的策略，构架了城乡产业空间布局的圈层发展模式，为城乡产业协调发展提供了新的思路。

关键词：人本城镇化　城乡产业空间布局　顺平县

引言

2014年3月，两会（即全国人民代表大会和中国人民政治协商会议）政府工作报告中提出，要坚持走新型城镇化道路。其本质是由偏重城市物质形态的扩张提升向满足人的需求、促进人的全面发展转变。城镇化的发展已不再是追求政绩的圈地，而是让农民变为市民，促进农民向市民的转变。这个过程不仅需要大量的民生投入，还需要一定的产业支撑，由此城乡产业空间布局的优化对于加速传统物本城镇化向新型人本城镇化的理性回归具有至关重要的作用。

一、人本城镇化的内涵解析

最新出台的《国家新型城镇化规划（2014–2020）》指出，虽然我国常住人口的城镇化率为53.7%，但户籍人口城镇化率只有36%，这直接导致了约2.34亿农民工及其随迁家属，未能在教育、就业、医疗、养老、保障性住房等方面享受城镇居民的基本公共服务，使得大量农业转移人口难以融入城市社会，市民化进程滞后，也造成产城融合不紧密，产业集聚与人口集聚不同步，城镇化滞后于工业化②。人本城镇化的提出正是基于我国"土地城镇化"快于"人口城镇化"，建设用地利用粗放低效现象之上的（图1）。

目前关于人本城镇化还没有明确的概念界定，不同学者从不同视角提出了自己的观点。

党国英③认为人本城镇化是指以资源高效利用为基础，以人口的自主空间转移为路径，以城乡基本公共服务均等化为体制改革着力点，以可持续发展为底线，全面改善人民生活品质，提升人基本权利的保障水平，实现由传统乡村生活向

---

① 屈永超，天津大学建筑学院研究生；朱莉，吉林建筑工程大学研究生；赵峰，郑州大学综合设计研究院有限公司建筑师。
② 王仁贵，宫超.解码国家新型城镇化规划[J].上海农村经济，2014（4）.
③ 党国英，现任中国社会科学院农村发展研究所宏观室室主任，从事农业经济学研究，主要专长是农村制度变迁问题研究，并有多篇这方面的论文和著作。引自：http://www.cssn.cn/jjx/jjx_gzf/201402/t20140219_967213_1.shtml.

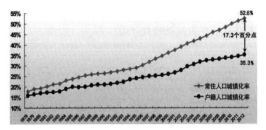

图1 常住人口城镇化率与户籍人口城镇化率的差距
图片来源：《国家新型城镇化规划（2014-2020）》p10

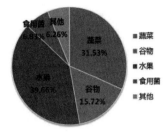

第一产业各行业产值比重

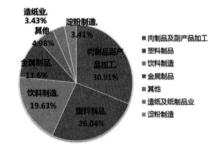

第二产业各行业产值比重

现代城镇化社会的转型。笔者认为，人本城镇化最核心的内涵就是以人的城镇化为核心，合理引导人口流动，有序推进城镇基本公共服务常住人口全覆盖，不断提高人口素质，促进人的全面发展和社会公平正义，使全体居民共享现代化建设成果。

我国仍处于城镇化快速发展的时期，城镇化的稳步推进需要产业的有力支撑，而人本城镇化的提出对于新时期城乡产业的发展提出了新的要求。论文以河北省顺平县为例，提出了人本城镇化视角下城乡产业发展的初步研究。

二、顺平县产业概况

顺平县位于河北省西部，保定市西南部，太行山东麓，县域总面积708平方公里，总人口为31.61万人。县域经济发展迅速，产业发展潜力巨大，至2013年，三个产业结构的比例为33：42：25，为"二一三型"，三个产业的主导产业分别为农业、现代制造业和现代服务业。其中果品种植、汽车零部件制造和旅游产业发展势头强劲，为优势产业。同年，国内生产总值达到41.9亿元，按照人均GDP和城镇化水平的关系，顺平县年人均GDP收入达到2253美元，城镇化水平在30%以上，城镇处于快速发展时期。

城乡产业快速发展的同时产业发展仍然存在问题。具体如城乡产业联系松散，二元结构明显，整体实力不强；三个产业发展比例失调，第一、二产业比重较高，第三产业比重偏低；产业规模效益不明显，传统产业亟待升

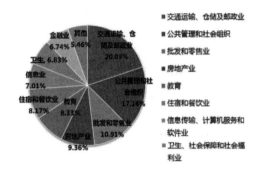

第三产业各行业产值比重

图2 2013年各类产业产值比重分析　图片来源：作者自绘

级，新兴产业亟待培育等。如何解决这些问题是城乡产业协同发展的重点（图2）。

三、人本城镇化对顺平县城乡产业发展的要求

1. 打破思维定式，积极参与区域分工

实现人本城镇化要合理引导人口流动，有序推进城镇基本公共服务常住人口全覆盖。这就要求顺平县产业发展要打破自家"一亩三分地"的思维定式，站在京津冀全域的高度，利用自身处于环渤海经济圈、首都经济圈的区位优

势，融入保定，服务京津。

2. 依托秀美风光，提高城镇化建设水平

人本城镇化要求全面改善人民生活品质，提升人基本权利的保障水平。顺平县地形地貌多样，拥有天湖风景区、白银坨景区、伊祁山景区等独特的山水风光，按照国家新型城镇化的发展要求，顺平县的产业发展要与自然协调共存，让城镇建设融入自然，让居民望得见山、看得见水、记得住乡愁，提高城镇化建设水平。

3. 加快产城融合，推进县城扩容提质

以资源高效利用为基础，以人口的自主空间转移为路径，以城乡基本公共服务均等化为体制改革着力点是人本城镇化的重要内涵。对顺平县而言，提升城市综合承载能力，加快产城融合，提高产业集聚度，是实现资源高效利用，城乡服务设施跨越式发展的必由之路。因此，把县城作为经济发展的龙头，做大县城空间规模，推进县城扩容提质，拉大县城框架，是城乡产业发展的主要任务。

四、顺平县城乡产业发展战略

1. 总体发展战略

《顺平县城乡总体规划（2013-2030）》将顺平县定位为"中国尧文化传播高地，北方有机农业示范基地，京津冀养生服务建设平台，保西高效工业集聚要地，集文化旅游、现代制造、食品加工、综合服务为一体的健康宜居名县"。由此可以看出，顺平县要立足于发展基础和国家宏观发展趋势，坚持结构调优、产业升级、创新驱动，做好产业的整合、延伸、循环、提升和拓展，构筑以汽车零部件制造业、食品加工产业、旅游产业"三足鼎立"的产业支柱，打造以传统产业和战略性新兴产业、现代特色农业和健康产业为驱动的"两翼齐飞"的新型产业发展格局，做到"优一强二进三"，优化一产、做强二产、推进三产，形成一二三产业衔接有序，产业内部结构合

理，城市与产业互为依托，各产业互联互动、相关要素彼此支撑的现代产业体系。

2. 第一产业发展战略

推进农业现代化，鼓励农业与第二、三产业结合，延伸农产品产业链。强化农业区域布局，依托现有的农业基础，围绕河口乡、白云乡、安阳乡、台鱼乡等打造林果—设施农业片区；依托神南镇和大悲乡的生态资源和自然禀赋打造传统生态农业片区；依托平原区域的蒲阳镇、蒲上镇、腰山镇、高于铺镇打造都市农业片区，作为粮食的主产区。

依托中心城区建立果品市场交易中心，培育储藏销售龙头，建设区域农产品流通枢纽、加工基地、研发中心等，集农产品的生产、加工、集散和交易于一体；依托各主产地乡镇建设二级交易市场，提高果品销售组织化程度。积极推广"公司＋基地"、"协会＋农户"、"农超对接"等经营模式，切实搞活农产品流通，加速农业产业化进程。

3. 第二产业发展战略

整合现有工业园区，走工业集聚发展道路，以信息化带动工业化，实现跨越式发展。以主导产业园区和特色工业园区的集群化发展模式，强化产业集聚和横向合作，延伸产业链条，扩展发展方向。优化产业结构，延展产业链，发展壮大汽车零部件制造、食品加工等产业集群。

依托工业园区，完善配套服务，建立健全新兴产业激励政策，积极争取省市重大战略性新兴产业布局，重点依托长城汽车顺平基地、天威集团顺平产业园、隆基泰和光为产业园等重点龙头企业，着力培育发展汽车零部件制造业、新能源及输变电设备制造业等战略性新兴产业。积极走出去，承接产业转移。但是承接的产业除了保定市之外，还要主动对接京津等经济最发达的地区的产业外溢。

4.第三产业发展战略

以旅游产业、健康产业、现代服务业为引领,积极推进第三产业发展。

借助顺平良好的生态资源,深入挖掘人文底蕴,加快王氏庄园、伊祁山等主要景区的基础设施建设,大力发展生态观光、休闲度假游,积极纳入省市多类型旅游线路大框架。

依托"五院合一"工程,加强健康养老产业服务体系建设,探索机构养老、居家养老、社会养老等多种养老模式,大力推进医疗养老综合示范区建设,打造高标准养老服务实体。

建设现代物流信息、运输网络和物流体系,重点利用交通区位优势,以汇源物流为龙头,打造顺平物流集散中心,推动生产性服务业发展;提高服务水准,大力发展各类与居民消费相关的服务业,改造提升消费性服务业水平。

五、圈层发展优化城乡产业空间布局

依据顺平县城乡空间集聚性特征、乡村的空间分散性特征、城市和乡村各自的资源禀赋,以及产业的空间基础,笔者构架了顺平县城乡产业空间布局的圈层发展模式(图3)。在空间层面上,分为中心城区、规模化中心城镇和村镇,与此空间层面相对应的产业主体分别是健康产业、旅游业、现代服务业、工业中心和现代农业等。

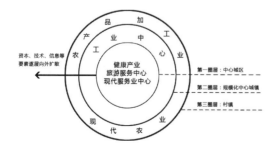

图3 顺平县城乡产业圈层发展模式图　图片来源:作者自绘

1.中心城区圈层

第一圈层即中心城区圈层,将打造成为健康产业的集聚地、旅游业服务中心和现代服务业中心。该圈层不再以生产性功能为主,而是以贸易、服务、文化等功能作为周围区域的增长极核。健康产业以"五院合一"项目为基础,建设医疗养老综合示范社区,探索机构养老、居家养老、社会养老模式,打造没有围墙的养老院。顺平县旅游资源丰富,在中心城区建设旅游接待服务中心,作为城乡旅游的集散中心。通过大力发展金融保险、科技、信息、中介服务、城市旅游、娱乐业等具有区域竞争力的现代服务业,促进城市服务业的网点、设施向乡村延伸,扩展农村服务业市场,强化和提升其对乡村的辐射带动能力。改造和提升批发和零售、住宿、餐饮业、交通运输等传统服务业。在中心城区周边适度发展生态园、农家乐、度假村等观光休闲农业。

2.周边城镇圈层

第二圈层即规模化的周边城镇圈层,将打造成为以各类生产性功能为主,充当中心城区向农村扩散经济技术力量的中介和农村向城市积聚各种要素的节点。规划把神南镇建成保西生态旅游的集散中心,腰山镇建成仿古宜居城镇,把伊祁山和南台鱼建成农家乐接待中心,配置旅游商品和工业游项目,衔接"吃、住、行、游、购、娱"六大要素,拉长产业链条,提升产业化水平,提高全县旅游日接待能力和整体水平。

3.村镇圈层

第三圈层即农村和乡镇圈层,主要以现代农业为主,不再布置工业。部分条件好的乡集镇向农产品加工业发展,一般乡镇主要承担为农业服务的第三产业职能。规划结合生态环境,利用田园景观,在台鱼乡、河口乡、白云乡和安阳乡大力发展果品种植等特色农业,因地就势,联片接垄,塑造"顺平"品牌,提升特色农业地区竞争力。同时，将特色农业与旅游业紧密结合，进一步发挥特色农业资源优势，打造特色农业旅游商品品牌，延伸旅游产业链条，实现旅游产业和特色农业互利双赢、共同发展。

六、结语

目前，顺平县的发展已经进入快速城镇化时期，从人本城镇化的视角来看，构建城乡产业协调发展的圈层布局模式成为现阶段构筑城乡经济社会发展一体化新格局的重要基础和动力，也是促进城乡产业结构优化的有效途径之一。但其发展还需要政策层面的支持和规划管理的协调配合，如何切实推行，有待进一步的深入研究和论证。

参考文献

[1] 王仁贵, 宫超. 解码国家新型城镇化规划 [J]. 上海农村经济, 2014（4）.

[2] 王兴明. 城乡产业统筹发展研究 [D]. 中国社会科学院研究生院, 2010.

[3] 李勇踊. 曲靖市统筹城乡产业发展研究 [D]. 云南大学, 2012.

[4] 向泽映. 重庆城乡文化产业统筹发展模式及分区策略研究 [D]. 西南大学, 2008.

[5] 安童鹤, 沈锐. 统筹视域下的城乡产业协同发展——以廊坊市城乡产业统筹为例 [A]. 中国城市规划学会. 多元与包容——2012 中国城市规划年会论文集（01. 城市化与区域规划研究)[C]. 中国城市规划学会, 2012.12.

[6] 曾万明. 我国统筹城乡经济发展的理论与实践 [D]. 西南财经大学, 2011.

[7] 陈敏. 基于乡村视角的城乡统筹规划策略研究 [D]. 重庆大学, 2013.

吉林省乡村色彩构成特点与规划策略研究
——以吉林市乌拉街镇典型村庄为例

吕静　陈文静[①]

摘　要：本文通过实地调研吉林市乌拉街镇四个民俗传统村落，以其乡村色彩研究为典型案例，分析了色彩环境特征和存在问题，提出乡村色彩对于城乡一体化的重要意义，探讨乡村色彩规划的策略。

关键词：乡村色彩　规划　城乡一体化　景观色彩

乡村色彩指乡村的生活空间、公共空间以及可被感知的自然环境的颜色的总和。乡村色彩涉及乡村生活的各个层面，涵盖从历史人文到气候情况以及自然地理条件等方面因素。广义的乡村色彩可以分为自然色彩和人工色彩两部分。乡村色彩的规划对于构建乡村整体性，反映乡村人民精神面貌具有重要意义，同时相关规划也可以反映出乡村的经济状况。

一、吉林省乡村色彩规划的研究背景

色彩在城乡规划过程中是极为重要的一环，也是最容易被忽略的一环。虽然我国乡村面积广大，地理环境多样，但国内对于乡村色彩规划的研究较少，中国知网在城乡规划学科背景下搜索乡村色彩主题词只有6篇相关文献，全文搜索虽有75页相关研究，但均为研究乡村景观中的一部分章节。因此，单独将对乡村色彩景观规划提炼出来研究，可以丰富乡村景观规划的内容和范畴，更可以努力地改变落后的村容村貌。作为北方城市的吉林省，四季分明，景观色彩的季节性变化较大。因此，选取调研的吉林省申报传统村落的乌拉街镇旧街村、乌拉街村、阿拉底村、韩屯村四个村，具有一定的典型性。

二、吉林省乡村风貌更新的色彩控制

1. 乡村色彩特征分类

乡村的色彩构成分为自然景观色彩、人文景观色彩和人工景观色彩，环环相扣，不可或缺。

1）建筑色彩（人工景观色彩）

镇区内古建筑的区域群落颜色和谐，以黑白灰三色为主，夏季与绿植搭配，冬季与冰雪景观和谐。古建筑主要以灰色系为墙面，兼有青砖青瓦作为屋顶色；新建混凝土建筑分布较散，颜色不协调，其中主要以白色系、灰色系、蓝灰色系为代表，屋顶颜色以蓝色和红色为主。新建建筑与古建筑和周围环境衔接不够密切，更缺少同自然色彩的对话。

---

① 吕静，吉林建筑大学教授；陈文静，吉林建筑大学研究生。

2）景观色彩（自然景观色彩）

乡村的景观以自然景观为主，以稻田、基本农田为主，景观色彩以自然景观色彩为主。以乌拉街镇韩屯村为例、松花江流经韩屯村，其水岸线属于典型的灰蓝色系，与靛蓝色的天色浑然一体；而旧街村由古城墙和山体景观包围，植被茂盛，与黄褐色的城墙色彩搭配和谐。冬季冰雪景观以白色为主，搭配雾凇等自然景观，富有北方特色。但村庄内缺乏景观小品的布置，现有的景观小品色彩节奏单调，缺乏层次和细节。

3）人文色彩

乌拉街镇属于满族特色镇，以红色、黄色和蓝色三原色为主，但是也有黑色、绿色、棕色作为陪衬和点缀的，有鲜明的色彩符号。朝鲜族人比较喜欢白色服饰，有"白衣民族"之称；

图1 居民穿着满族传统服饰在乌拉街镇表演
图片来源：乌拉街镇政府提供

由于满族和汉族交往比较频繁，除了少数居民区外，传统风俗和习惯保留不多（图1）。

4）小结

如表1所示，乌拉街镇现状乡村建筑色彩以暖色和灰黑色为主，公共景观以灰白色以及绿色植栽为主。

2．乡村色彩存在问题

通过实地对吉林市乌拉街满族镇四个村落的调研以及相关的分析，可以发现其中存在一些问题：①对于色彩景观规划的漠视，往往将村庄色彩规划置于其他规划之后，缺乏色彩景观规划的统一性；②在村庄发展、整治、重建过程中，为了满足经济发展的需求，对人文色彩、自然色彩等的破坏；③无视当地民族以及地方特色，忽视地域文化特征，照搬照抄其他优秀传统村落的村庄形态和色彩搭配方式；④色彩景观的层次性不足。通过实地调研发现防护林较少，景观小品的布置也较为稀疏，缺乏高低错落的景观层次，有待进一步改进。

三、吉林省乡村色彩规划的设计探索

1．乡村色彩设计原则

乡村色彩景观规划遵循的原则主要为整体性原则、气候适应性原则、地方特色原则、美学法则。

乌拉街镇乡村色彩组成要素　　表1

建筑类型	民居建筑	地方特色建筑	公共建筑	公共景观
现场照片				
色彩提取				
现场照片				
色彩提取				
现场照片				
色彩提取				

图2 乌拉街村色彩全图　　图片来源：作者自摄

1) 整体性原则

在村庄的色彩设计原则把握上，首先第一点应该保证整体性原则。由于乡村功能分区相对简单，人口比较稀少，地区的文化、历史传统更容易在村区域范围内体现。因此，对于乡村政治规划策略，应先强调整体统一性的色彩景观环境背景下，继而营造人文条件和自然环境相结合的乡村风貌(图2)。

2) 气候适应性原则

东北地区的气候特征是冬季寒冷、夏季短暂，这种长达半年的严寒气候在给村庄发展带来众多限制条件的同时，也促进了代表东北城乡文化特征的特有的冰雪资源。本次选取的吉林省乌拉街镇韩屯村以冬季雾凇旅游闻名，结合其优越的自然地理条件，努力发展寒地村庄建设，形成独具特色的乡村旅游资源，增强人民对寒地旅游村庄以及城市认知度，从而保障色彩控制实施。

3) 色彩美学原则

合理的乡村色彩建筑景观规划设计需要结合色彩心理学、色彩体系等进行。同时色彩对比等理论知识的补充也尤为重要。在实际运用中，结合村庄布局建设规划搭配色彩分布的面积、性质、表面肌理、位置等要素给予充分考虑，寻求多种关系的平衡统一与对比；以色彩心理学的视角审视乡村色彩规划，以体验者的视角探讨对乡村景观的认知；同时也要从规划者角度审视乡村的公共艺术形式，从中挖掘色彩搭配内涵。

4) 民族特色性原则

本次选取的四个村庄均为吉林市乌拉街满族镇特色村庄，其中乌拉街村、韩屯村、旧街村均为满族传统村落，而阿拉底村为朝鲜族特色村落。满族民居有特色的"三合院""四合院"，传统民居颜色以灰色墙瓦为主；朝鲜族则风行白色崇拜，以青瓦白墙为主。

但在实际调研中发现，满族和朝鲜族村落已经大部分被汉化了，一些新建设的民居也失去了原来的民族特色性。在村庄的色彩规划中，应充分把握民族性原则，使其更富有特色。

2. 乡村色彩设计方法

1) 采取点线面结合设计

在乡村色彩的控制上，要把握点线面相结合的设计原则。

面：从宏观上，要区分古建筑群体和新建筑群体等不同形态分区。例如街道和古城混杂居住的乌拉街村，由于过去疏于规划建设，所以居民混居现象严重，新旧村区域范围不明确。通过调研结合上级的控规资料(图3)，分析乌拉街村的村庄布局、形态以及区域信息，通过功能分区将村庄分为古村落色彩保护区、新村色彩更新区、产业色彩景观区、自然保护色彩景观区。这种合理的色彩规划和定位为村庄未来的发展提供了良好的识别作用。

线：从中观上，要把握古村落的街道、屋顶、步行街路、巷、景观带和新建筑呈带形相互联系，以人的视角来进行规划，充分体现乡村街道的美学。因地制宜，像旧街村就以建筑群和古城墙遗址带色彩景观布置为整治的重点。

点：从微观上，应该结合现在的计划学历史保护思想，即不改变保护建筑民居的立面，通过改善建筑周边小空间的方法来改善周边的空间环境。

通过一些点式的绿植、楔形绿地、小型的池塘，以及中小型水景设计点缀村庄的景观环

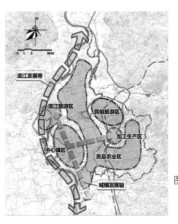

图3 乌拉街村镇功能分区规划
图片来源：乌拉街镇总体规划

境。以建筑细部的变化，例如屋顶装饰颜色变化（满族建筑屋顶的造型装饰）以及不同材质形状瓦片在不同光线下的效果来营造活跃的色彩环境。

2）绘制地域色彩图谱

地域村庄色彩图谱　表2

分类	现状色谱
自然景观色彩	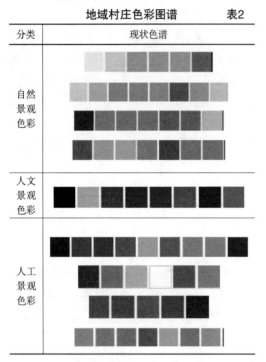
人文景观色彩	
人工景观色彩	

规划北方村庄景观色彩示意图谱　表3

季节	乡村景观环境规划色谱
春季	
夏季	
秋季	
冬季	

规划北方村庄建筑环境色彩示意图谱　表4

季节	乡村建筑环境规划色谱
民居保护建筑	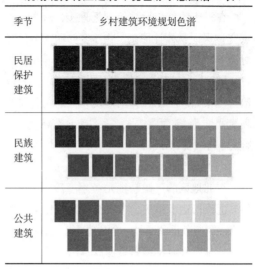
民族建筑	
公共建筑	

3）北方乡村色彩适应性研究

乡村色彩规划与地域性和文化性有着巨大的关联，在城乡的发展进程中，自然地理条件、历史文脉还有相关的村镇特色、民族特色都对乡村色彩的总体控制起到了极为重要的作用。

乡村色彩是居民和到访者对村庄最直观的印象，因此研究吉林省乡村色彩对于发掘村庄形成的历史背景，根据村庄建筑的色彩年代判断村庄的发展轴线，最终指导吉林省传统村落的保护以及新农村建设都有着重大意义。

结合现况参考标准色相环（图4），作者绘制出相关色彩规划图谱。

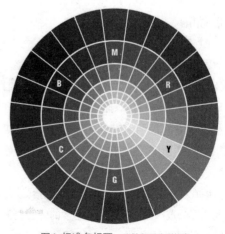

图4　标准色相环　资料来源：色彩构成

四、结语

纵观吉林省新农村规划，主要存在的问题在于对乡村色彩规划的漠视，乡村规划人员规划水平不足，新旧建筑区域的联系不够密切。但是随着新农村建设以及城乡一体化的推进，必将强调对于乡村色彩规划等乡村公共艺术设计的内容。在保护、整治、修复和完善乡村色彩景观规划理论的同时，理论与实际相结合，从创造更美好的乡村人居环境角度出发，表现乡村色彩的美学价值。

参考文献

[1] 任致远. 透视城市与城市色彩规划 [M]，北京：中国电力出版社，2005.3.

[2] 陶雄军. 环境设计色彩 [M]. 南宁：广西美术出版社，2005.37.

[3] 傅荣国. 城市特色与色彩控制 [J]. 规划设计，2003（1）.

[4] 施淑文. 建筑环境色彩设计 [M]. 北京：中国建筑工业出版社，1991.

[5] 王洁，胡晓鸣，崔昆仑. 基于色彩框架的台州城市色彩规划 [J]. 城市规划，2006.

[6] 尹思谨. 城市色彩景观的规划与设计 [J]. 世界建筑，2003（9）：68–72.

[7] 郝峻弘，白芳. 现代农村环境色彩美学 [M]. 北京：中国社会出版社，2008.

[8] 王云才，刘滨谊. 论中国乡村景观及乡村景观规划 [J]. 中国园林，2003.

陕西窑炕及其文化浅析

金日学　何萍[①]

摘　要：具有鲜明地域特色的陕西窑洞是我国传统民居中的一个重要类型，而窑炕作为窑洞中的活动与生活中心，不仅在构造与功能上与窑洞完美结合，更蕴含着丰富的传统文化内涵，形成了陕西人特有的物质和文化生活。本文在作者的走访调研下，介绍了陕西窑炕和承载在其中的具有当地特色的炕文化，希望把这种真正与自然和谐共生的原生态的文化传承下去。

关键词：陕西　窑炕　炕文化

北山人，生得强，

不盖被子光烧炕。

一面烙，三面晾，

烙的忒了转上个向。[②]

这是渭水和黄河以南中原地区睡床人对其北侧窑洞居民区睡炕人的不无善意的调侃，但却形象地描绘了旧时睡炕人没有被子盖的尴尬和无奈，全以炕取暖的生存手段。

陕西渭北及陕北地区为黄土高原，黄土厚度高达 100 多米，再加上干旱少雨，先民就利用黄土的垂直节理性质建造窑洞。窑洞内的火炕是主要的构筑物，既是农村民居常用的采暖设施，又是冬季家庭活动、就餐、就寝的主要空间，是家庭情感维系的重要场所。千百年来，窑居居民的生活已经和窑炕紧紧地联系在一起，与之相应产生的窑炕文化成为陕西传统文化的特色象征。

一、陕西窑炕概况

陕西窑洞的取暖方式以烧炕为主，农户在

挖窑时，就留好了炕的位置。在开出的土台子上挖好烟道，盖上石板，用泥抹平，周围用砖头稍加整砌而成，其面积通常为 3～5 平方米。大多数农家将锅灶砌在火炕旁，与之连通，利用做饭时炉灶出口烟气的余热取暖，巧妙地重复利用了能源，炕和灶分别充当储热空间和燃烧空间。其热过程物理模式类似于自然通风，炊事时，厨房空气在热压作用下进入炉灶，同时室内空气中的污染物及泄漏烟气也由气流通过炉灶带出热烟，气流经炕体烟道加热炕板，最后由烟囱排出室外；非炊事期间，积蓄在炕体内的热量以对流和辐射的方式通过炕体表面传入室内，这时常用烟插板将烟道出口封死，阻止烟气流动，进而减少炕体内部热量的损失。

二、陕西窑炕的实例调查

1. 陕西渭北三原柏社村地窑火炕（图1）

柏社村距三原县城 25 公里，现今已有 1600多年的发展历史，全村有地窑 211 院，是当地遗留规模最大的地窑村。

---

① 金日学，吉林建筑大学副教授；何萍，吉林建筑大学研究生。
② 郭冰庐. 窑洞风俗文化. 西安：西安地图出版社，2004. 114–116.

图1 柏社村地窑　图片来源：作者自摄

图2 窗炕　图片来源：作者自摄

走访中发现，该地的地窑中，窑炕通常布置在门内靠窗且紧贴着窑脸的位置，以这种方式布局的炕称为窗炕，又称"前炕"或"顺炕"，多见于关中、渭北地区（图2）。

在有窗炕的窑洞建筑中，一般的布局方式如下：门开于建筑平面的偏隅，另一侧为窗，窗台下为炕，再往内部则为锅台，接下来是案板；靠窑门的一边依次是宽约60厘米兼具坐卧的"床"、桌子和柜子。

考虑到窑洞内部进深较大的地方寒凉潮湿，把炕这一主要的生活中心布置到室内前部体现出与气候相应的设计原则。多采用窗炕的关中、渭北地区，冬季室温相对不是极端寒冷，冬季不用太过考虑炕的热损失，同时，由于纬度较陕北地区低，太阳高度角较大，为了保证室内采光要求，采光优先的设计原则在布局中体现了出来。

靠近窗户和门顶窗的炕上采光充分，温暖明亮，妇女们在热炕上做针线活、成人们聚会、孩子们玩耍都有很好的光线。而且人们可以通过紧靠着的窗子，在炕上就能方便观察到庭院里的风景和来往的人群。同时，靠窗布置的窑炕可使阳光直接照射到被褥上，最大程度地减少需要晾晒的次数。

2. 陕西延安窑洞火炕

延安的窑洞分土窑洞、砖窑洞和石窑洞。土窑内部光线昏暗，故多建窗炕，砖窑、石窑室内宽敞，多建掌炕。

掌炕的炕体设在窑尾部分，沿面宽方向横长布置，炕面较大，并可充分利用窑室前部空间和窗口位置布置家居（图3）。炕处在室内中堂的位置，常悬挂以老虎或山水为题材的绘画，两旁配以对联。掌炕使窑洞内部形成这样的格局：锅台、碗架、水缸等灶具置于一侧，另一侧则是放置细软的箱柜（图4）。由于掌炕距窗较远，因此南向窗户开成满拱大窗，户门设置灵活，可偏可居中。垂直烟道靠近后壁伸出窑顶。掌炕由于建筑相对进深大于窗炕，因此保温效果更好，但空气质量则不如窗炕。

调研中了解到，大多数农户为了使洞穴般的居室里亮堂一点，窑洞的四周都刷上白色的石

图3 延安杨家岭窑洞　图片来源：作者自摄

图4 延安万花乡掌炕　图片来源：作者自摄

灰，窗户上也贴满白色的窗格纸，再在居室的墙壁和窗户上配以大红色的剪纸花，便显得格外的明丽。为了与这明丽的色彩相呼应，箱子上、柜子上和瓦瓮上也都绘满了艳丽的图画，这些剪纸和图画，不仅使窑洞里充满了生机，同时，这些人工绘制的丰富色彩也弥补黄土高原上大自然的单调。

延安地区不同于渭北地区，它的冬季更为寒冷，为了取得较为舒适的物理环境，炕周边的温度较室内前部高，尽量减少热损失，同时，由于纬度较高，太阳高度角较小，可以保证室内采光要求，通常 8 米进深的窑洞阳光可以照到炕上，因此掌炕的位置体现出采暖优先的设计原则。

三、陕西窑炕的形成因素

1. 自然环境因素

自然环境是一切居住文化产生及依存的先决条件，作为根基与发生于其中的生活紧密相关。陕西地区除陕西南部外，长城沿线以北为温带干旱半干旱气候、陕北其余地区和关中平原为暖温带半湿润气候，最冷月 1 月平均气温，陕北 –10℃ ~ –4℃，关中 –3℃ ~ 1℃。一般来说，窑炕所能达到的日平均 33℃ ~ 45℃炕面温度，能很好地满足农村居民的热舒适度需求。

2. 经济因素

通常窑炕都是利用饮食烹饪的余热加热炕面，"一把火"解决饮食及室内供暖的多种问题，作为集约性较强的热源取暖方式，具有热效率高、节约能源的优点，它的燃料——稻草、秸秆、枯树等多取自然，具有获取上充分的便利条件。

3. 技术因素

窑炕能够有效满足居民生活中对于取暖、休息以及增大使用空间等多方面的需要，但它的构造和制作工艺并不复杂，大多就地取材，农户可自行制作。

四、陕西窑炕的文化特征

1. 起居文化

早期窑洞中，由于居住面积有限，全家人住在一铺炕上。通常从热炕头到稍凉的炕梢，依次居住老人、男主人、女主人、孩子。这一方面体现了中国传统的尊卑观念，另一方面也符合现代的健康养生之道。现在，尽管少数窑洞效仿城市，放置床来代替炕，或在不同房间分别设炕和床，但冬天的热炕头仍是许多人，特别是老年人难以割舍的情节。

农闲时，炕成了一家人活动的重要场所。农户们坐在炕上聊天、看电视、打扑克，孩子们则在炕上嬉戏、玩耍。炕桌是炕上必不可少的家具，家庭主妇在炕桌旁做家务和手工活，还利用炕的热量发豆芽，酿米酒，烘粮食，发起面。由于窗炕紧靠窗户和门口，因此也就成了年轻人谈情说爱的空间。如《信天游》唱的："听见哥哥的鞋子响，一舌头舔烂两块窗"，"慢慢地开门慢慢地闭，慢慢地上炕缓一缓气"，民歌记述的陕西青年男女互传爱意的情景为窑洞平添了些许的浪漫。

2. 待客文化

陕西传统窑洞没有专门的客厅，火炕就是会客空间，客人来访，脱鞋上炕是亲密和尊重的待客之道。热情的主人把宾客请到热炕头盘腿而坐，在炕上放上米酒、红枣、软糕来招待，大家围坐在一起听说书，唱酒曲，做活计，以此度过漫长的冬天。现今，尽管一些新建农宅中增设了客厅，但火炕仍然承担着待客功能，尤其是关系亲近的访客，交流沟通时间稍长的，还是喜欢坐在热乎乎的炕上聊天。

3. 女工文化

心灵手巧的妇女们视窑炕为一种重要的工作场所，她们的许多劳作如绣花、剪纸、缝衣、做鞋、做各种面食、面花等都是在炕上完成的。这些在炕上完成的女人活计，从某种意义

图5 剪纸
图片来源: http://www.quanjing.com

图6 绘制炕围画
图片来源: http://
image.baidu.
com

上来说，也是一种非常具有魅力和研究价值的民间艺术，许多陕北的农村妇女虽然不懂得什么叫艺术，但她们做出的许多手艺活，却堪称是艺术的精品（图5）。

4. 装饰文化

炕围画又称"炕围子""炕围花"，是窑炕最主要的装饰物（图6）。一般的炕围子高约80厘米，最高不超过1米。其种类繁多，人物仕女、山水田园、花卉虫鱼、戏曲故事均可入画。但也有原则：画善的不画恶的，画吉利的不画败落的，画明朗的不画阴暗的，画喜庆的不画晦气的，画圆满福态的不画尖嘴猴腮的等等。做到少妇喜欢而利于怀胎，婴幼儿喜览耐看而不至于受惊。

更独具特色的炕围画是剪纸。剪纸作为纹样使炕围画别开生面地升华到一个新的境界，以其艺术性、普及性和内容的广泛性而受到普遍欢迎。

以上讲的是精心建构的炕围画，这应当说是殷实人家的炕装饰，但更大量的是贫寒人家对炕围的处理方法。一般是年画布置墙面，一年或几年一换。等而下之者，则是以报纸糊堵。窑炕是劳动人民应对寒冷气候的智慧创造，也是陕西窑洞文化的载体之一。在21世纪大力弘扬域建筑文化的今天，系统地研究窑炕并探索承载在其中的生活，对于弘扬陕西传统窑炕文化、丰富地域文化深度具有重要的现实意义。

参考文献

[1] 郭冰庐. 窑洞风俗文化. 西安：西安地图出版社，2004. 114–116.
[2] 王军. 西北民居. 北京：中国建筑工业出版社，2009. 260–263.

同城发展背景下城市总体规划的编制探讨
——以《东辽县城市总体规划》（2010～2030年）为例

徐文彩　周强　付瑶[①]

摘　要：本文以东辽县城市总体规划的编制为例，通过对现有区域的发展特点研究及城市发展的模式选择，确定了未来东辽与辽源共同发展的规划体系，以期在同城化发展的背景下促进区域经济又好又快发展。

关键词：同城化发展　一体化发展　融合　共生

一、引言

随着吉林省城镇化步伐的推进，各城市规模在不断扩张，这就致使地域相近的两个地区的城市建设用地或规划区相接，使这两个地区未来同城发展成为可能。在吉林省，这种类型的城市以地级市市区与所辖县县城地域相近的案例较多，例如四平市与梨树县、辽源市与东辽县、白山市与江源区、通化市与通化县、松原市与前郭县，地区统筹发展的还有延吉市、龙井市、图们市一体化发展。本文以《东辽县城市总体规划》（2010～2030）为例[②]，对同城发展及规划编制进行简要分析。

二、城市发展现状分析

1. 区位条件分析

从区位条件来看，由于地缘关系，东辽县环绕辽源市区，且东辽县的县城白泉镇距辽源市中心城区12.5公里，随着城市开发及工业区

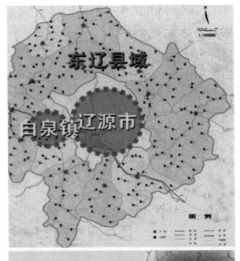

图1　区位分析图　图片来源：吉林省城乡规划设计研究院提供

---

① 徐文彩，吉林省城乡规划设计研究院高级工程师；周强，吉林省城乡规划设计研究院工程师；付瑶，吉林省城乡规划设计研究院工程师。
② 吉林省城乡规划设计研究院.东辽县城市总体规划[Z]. 2010.

的建设，东辽工业集中区与辽源经济开发区相接。

从交通设施上来看，目前辽源市区与东辽县城白泉镇主要通过国道303线和四梅铁路联系。而辽源市中心城区对外交通通道都通过东辽县域，且东辽县的建安镇、安石镇、渭津镇、金州乡等乡镇与辽源市中心城区毗邻，人流、物流、信息流等联系非常频繁。

2. 历史沿革分析

1956年8月1日，西安县改名为东辽县。

1959年3月23日，撤销东辽县建制并入辽源市。

1962年5月28日，恢复东辽县建制归四平专区辖属。

1969年5月14日，撤销东辽县建制，县区划归辽源市。

1976年2月1日，恢复东辽县建制，隶属四平专区。

1980年3月1日，撤销东辽县建制，县区划归辽源市。

1983年10月20日，恢复东辽县建制。

1985年11月16日县人民政府迁驻白泉，结束了东辽县有县无城的历史。

通过历史沿革可以看出东辽县经历了三分三合后，于1985年与辽源市分开迁驻白泉镇，由于历史问题，东辽县的许多单位仍旧在辽源市区内，东辽很多人仍在辽源上班、居住。这就造成了白泉镇与辽源市中心城区之间往来密切。东辽县城教育资源突出，辽源市的很多生源在东辽读书，学生父母到东辽工作、经商、购房居住，促进了辽源人口向东辽的转移，目前两地人流、物流和信息流往来频繁。

3. 东辽区域发展特点

东辽县城白泉镇和辽源市区都位于东辽县域内，且两城之间和辽源与县域之间的联系非常紧密，从区域发展的特点来看，辽源是东辽县

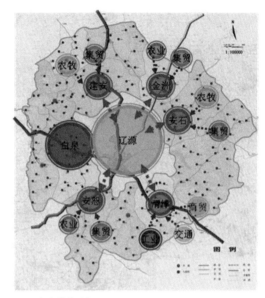

图2 产业结构分析图 图片来源：吉林省城乡规划设计研究院提供

域的经济中心和交通核心，而白泉镇只能作为县域的副中心城市存在，表现出"郊区化"的区域发展特点。主要表现在：

(1) 辽源市需要从周边村镇得到原材料和农产品；

(2) 规模经济所产生的剩余资本流向辽源市周边的白泉、渭津等镇；

(3) 资金、技术、信息等从辽源市向周边区域流动加强。

4. 东辽产业发展特点

(1) 产业发展阶段判读

根据美国经济学家钱纳里对经济发展阶段划分的相关理论，综合评价东辽县的人均GDP水平、轻工业产值占工业总产值比重和城市化水平，得出目前东辽县的经济发展尚处于工业化初期阶段。而辽源市产业发展处于工业化中期阶段，这就决定了经济和产业发展的要素将会出现由高梯度向低梯度转移的现象，辽源将有一些发展要素转向东辽，东辽将承接辽源的外溢产业。

(2) 产业结构判读

2009年，全县地区生产总值实现45.13亿元，同比增长22.6%。其中一、二、三产

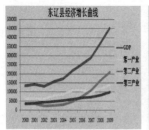
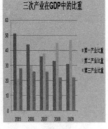
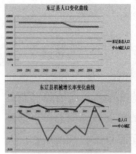

图3 东辽县经济增长走势
图片来源:吉林省城乡规划设计研究院提供

图4 东辽县人口变化与用地构成对比图
图片来源:吉林省城乡规划设计研究院提供

业增加值分别实现14.08亿元、21.13亿元和9.92亿元。三个产业结构比例由2006年的33：45：22调整为31：47：22。从图表中也可以看出，东辽县经济增长主要依靠第二产业的带动，"十五"之前经济发展增速缓慢，此时正是辽源依靠开发区拉动的快速发展的起步阶段。进入"十一五"以后，东辽县开始由工业化前期向初期过渡，原因在于，一方面省里对县域经济的强化支持和工业集中区建设，另一方面是东辽受到了辽源产业的辐射和带动。

（3）产业发展内部结构

从东辽县第二产业内部来看，东辽采矿业、纺织业、装备制造业对辽源全市的产业发展具有突出的贡献度。

采矿业、农副产品加工业、建材业、装备制造业、医药制造业发展最快，表明东辽县产业发展与辽源市具有高度吻合性，为将来同城发展、产业承接与衔接奠定了良好的基础。

5. 东辽人口与用地现状特点

从人口变化图表上可以看出东辽县域人口逐年下降，机械增长波动较大，基本为负增长。中心城区的人口处于平稳发展阶段，这说明近年东辽县域的人口正在向辽源市区集聚。从中心城区的用地现状构成上可以看出，目前东辽县城的居住用地远远超出国家标准，而公共服务设施用地低于国家标准，根据实际调查发现，这种现象是由于东辽与辽源地域相近，主要的公共服务设施都依靠辽源市区，在东辽居住而在辽源工作经商的人较多。

东辽教育水平较高，辽源市及县域周边学生正逐步向白泉镇集聚，同时部分陪读家长也暂住在白泉镇，随着辽白一体化的逐步深化与发展，两个城市之间的人口流动将更为频繁，目前两地已形成了"钟摆式"的交通现象。

三、规划的总体思路及发展模式选择

1. 辽源市城市总体规划[①]指引

辽源市中心城区受自然条件的限制，发展受限，规划用地发展方向将向周边区域拓展，而东辽县城白泉镇为其主要的发展方向，辽源市总体规划提出了"一心五组团"的发展思路，将白泉作为辽白组团一部分与中心城区实现一体化发展。

2. 规划的总体思路

根据以上现状分析，可以看出东辽县与辽源市的发展，无论是经济产业上还是城市用地上都是密不可分的，由于历史原因和地缘因素两个城市的很多功能都交叠在一起。

随着吉林省"三化"统筹的推进，东辽与辽源一体发展已成为未来城市发展的必然选择。基于辽白一体发展的基础，提出编制东辽县城

---

① 吉林省城乡规划设计研究院.辽源市城市总体规划[Z]. 2010.

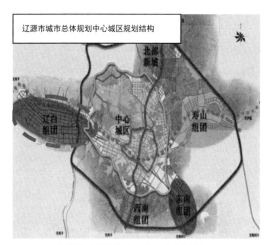

图5 辽源市城市总体规划中心城区规划结构图
图片来源:吉林省城乡规划设计研究院提供

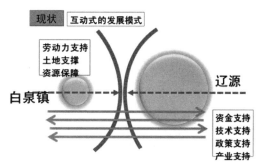

图6 辽源、白泉一体化发展现状图
图片来源:吉林省城乡规划设计研究院提供

市总体规划的主要思路,主要有以下几点:

(1)通过区域发展格局和区域交通体系的整体性研究,明确辽源市中心城区、东辽县城及县域发展的关系,确定未来县域发展的优化模式。

(2)站在辽源的角度审视东辽,明确东辽的定位和未来发展承担的主要功能,明确东辽未来产业发展的主导方向及资源承载力的支撑体系,协调好与辽源发展的关系。

(3)研究辽源与东辽的发展特点,如何实现辽白一体、协同发展、互动发展、统筹城乡、市县一体、市县共赢,实现规划、交通、产业、项目、市场无缝对接。

通过规划,东辽和辽源将实现"城乡规划一体化、人口布局一体化、基础设施一体化、经济与产业一体化、社会保障与公共服务一体化"发展。

3. 规划的模式选择

辽源市是依靠煤炭资源兴起的资源型城市,随着资源的开发,城市面临资源枯竭的危险,城市建设用地由于受周围山体、水体及采矿沉陷区的影响,城市建设用地比较紧张,人均指标低于国家指标,其城市的发展特点是由单中心向外扩散,沿河谷呈指状空间生长,其城市用地发展方向指状向外扩散发展。白泉镇是

辽源主要的发展方向之一,辽源经济开发区已与白泉镇相接,将来沿国道303线打造连接东辽和辽源的工业走廊。

东辽县城白泉镇主要是沿国道303线发展,以东交大街为主要城镇发展轴,城区基本在铁路以南发展。公共服务设施主要集中在乌龙半截河以西区域,东部以发展工业为主,已与辽源经济开发区相接。受山体和东辽河的影响,白泉镇向南、向西发展受限,未来的发展方向是向东和向北,由于向北发展面临跨越铁路和东辽河,所以近期向东发展条件比较成熟。

从两城市用地发展的选择上,可以看出,二者在未来的城市建设用地发展上相辅相成、相得益彰。根据两个城市的发展特点,在规划模式的选择上,我们在现有的互动式发展模式上提出"辽白融合、区域共生、一体化发展"模式。

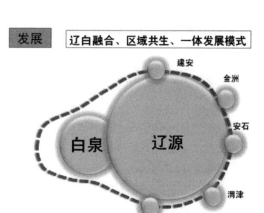

图7 辽源、白泉一体化发展模式图
图片来源:吉林省城乡规划设计研究院提供

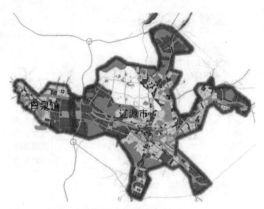

图9　辽源市、白泉镇城市布局结构图
图片来源:吉林省城乡规划设计研究院提供

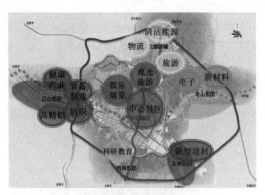

图8　辽源市、白泉镇主导产业选择示意图
图片来源:吉林省城乡规划设计研究院提供

4．城市总体规划的响应

（1）主导产业选择

在东辽的主导产业选择上，除用传统的区位熵公式进行计算外，还与辽源市的主导产业进行对接，划分为对接型产业、传统型产业和传统型产业三个发展类型。对接型产业包括发展以轨道客车铝材为主的高精铝产业、以生物制药为主的医药健康产业和以锂电子动力电池材料、生物发电为主的新能源产业。传统型产业包括发展以水泥为主的生态环保型建材产业和以建筑塔机、煤矿机械、特种机械设备、农业机械为主的机加装备制造业。配套型产业包括都市休闲旅游业、生产性物流业、房地产业、都市农业、上游龙头企业。

（2）辽白组团赋予的主要功能

根据辽源市城市总体规划和东辽发展实际，结合辽白一体化战略，赋予东辽县城的主要功能为：生活配套服务功能，作为吸引产业人口的承接地和未来辽源市区人口转移的承接地；加工制造业功能，作为辽源重要的第二产业集聚区；生产性物流功能，作为现代生产型服务业配套基地；旅游服务功能，依托聚龙潭水库旅游服务提升，打造城郊型西部旅游服务基地。

（3）城市布局结构

在功能分区与用地布局上，体现规划的科学性、延续性，我们规划将工业用地布局在城市的东侧，与辽源经济开发区毗邻，实现开发区一体发展，为将来产业一体发展提供便利的条件。在东辽河两岸打造为高品质的生活区，为将来辽源市的人口转移作好铺垫。在公共设施布局上，充分考虑两市居民的使用，在功能上实现互补。例如，白泉的教育资源有特色，能吸引辽源及周边的生源及学生家长来白泉生活，因此，在规划中增加教育用地，为将来的发展留有弹性。聚龙潭水库附近布局为城市居民提供旅游、休闲、游乐的设施用地。

（4）综合交通体系

规划两城的交通体系实现无缝对接，规划将白泉的北四路、东交大街、东辽大街、东盛大街与辽源的辽白大路、西宁大路、财富大路、甲三路进行衔接。保持城市主干路的沟通，并且规划将辽源的BRT系统通过东交大街引入东辽，实现两城之间的快速公共交通通道。

（5）基础设施

一是给水工程：东辽城区供水将由辽源市统一供给，从辽源市分别沿东文大街与慈富街各引一条DN500的给水管线，与辽源市区形成环网，统一供水。

二是排水工程：东辽县城与辽源市城污水处理统一考虑，在东辽共建污水处理厂。

三是供热工程：东辽县城市供热和辽源集

中供热统一考虑，根据辽源市供热专项规划，规划热源采用辽源热电厂作为主要热源。

四是燃气工程：辽源中心城区设置分配站和天然气门站，通过中压管网供应东辽城区，在城区设中低压调压站，调压后供应居民生活用气。

另外，在综合防灾体系、环卫设施布局上都要统筹安排。

（6）城市特色的营造

东辽县城山水特色明显，自然条件极佳，三面临山，城区有东辽河通过，且南北两侧山体均有河流汇入东辽河，有依青山、观绿水的自然景观基础。在东辽河景观打造上做到与辽源市东辽河改造衔接，使之成为连接两城之间的绿色纽带和蓝色纽带。规划充分利用河岸资源，引导和推动城市沿河发展，形成城市建设亲山近水的风貌特征，形成"山、水、城、绿"结合的充满生机的山水园林城市。

四、结论

同城化是区域经济一体化和城市群建设过程中的一个重要阶段[①]，并且是经济社会发展到特定阶段才有的趋势。当相邻城市之间经济联系密切、资源存在互补性时，才可能有同城化需求。

同城化战略是提升城市竞争力、突破现行治理模式的产物，并且同城化发展具有空间准入门槛，并非适合所有城市[②]。

1. 同城化发展应具备的基本条件

通过东辽的发展和众多案例分析，同城发展应该具备以下几个条件：

（1）地域空间连为一体为同城化的地域衔接创造了条件。

（2）历史沿革，渊源深厚。历史上可能存在

分分合合，属于同根同源发展起来的。

（3）社会生活，紧密联系。由于行政体制或是地域相近，城市间的居住、就业、消费、教育、医疗等都处在一个生活圈内。

（4）产业发展具有相关性或是有下游产业的支撑。

2. 对同城化发展的建议

(1) 以经济一体化发展为主攻方向。同城发展，首先要实现经济的一体化发展，在产业发展上要实现产业集群发展和促进产业优势互补。

(2) 以综合交通网络为建设先导。同城发展，交通为纽带，要推进城际的交通建设，提升同城化交通的服务体系。

(3) 优化资源配置实现共建共享。着力推进基础设施、公共服务设施及信息资源等的协作和统筹发展，做到设施共享、政策统一，促进区域一体化发展。

参考文献

[1] 吉林省城乡规划设计研究院. 东辽县城市总体规划 [Z]. 2010.

[2] 吉林省城乡规划设计研究院. 辽源市城市总体规划 [Z]. 2010.

[3] 邢铭、沈抚. 同城化建设的若干思考 [J]. 城市规划，2007.31（10）：52~56

[4] 王德、宋煜、沈迟、朱奎松. 同城化发展战略的实施进展回顾 [J]. 城市规划学刊，2009.（4）：74~78

---

① 邢铭，沈抚.同城化建设的若干思考[J].城市规划，2007（10）：52~56.
② 王德，宋煜，沈迟，朱奎松.同城化发展战略的实施进展回顾[J].城市规划学刊，2009（4）：74~78.

新建筑创作中的
文化呈现

植根于岭南大地的建筑创作与创新思维
——写在莫伯治大师诞辰100周年之际

吴宇江①

摘　要：莫伯治大师是中国现代最杰出的建筑大师，他一生创作的建筑作品多达50余项，其中获住房和城乡建设部、中国建筑学会、教育部、广东省、云南省和广州市的奖项多达20多个，这表明了莫伯治大师在中国建筑创作中的重要地位。莫伯治大师学养深厚、品德高尚、为人真诚。他认为当今我国的建筑创作与创新之路仍应坚持三大建筑创作理念，这就是：城市、建筑、园林合一的整体建筑观；适用高效、经济低耗、艺术美观合一的建筑创作原则；建筑艺术形式存在着合理的多样化，建筑创新的空间非常宽阔的设计理念。总之，就是在研究中国建筑自身特点和文化内涵的同时，更应当探索当今世界建筑的不同理念、不同审美观和创作理论，结合自身特有的地域和文化环境，形成新的现代中国建筑风格。

关键词：学养　岭南园林　建筑创作与创新思维　现代主义　新的表现主义

一、莫伯治大师的学养

古人云："读万卷书，行万里路。"莫伯治大师就是这样一位身体力行、令人景仰的先贤。莫大师在《建筑创作的实践与思维》一文中曾这样写道："在学生时代，比我年岁高很多的堂兄，拥有一座藏书丰富的图书馆，也就是有名的'五十万卷楼'，这使我有可能对我国诸多文化典籍进行广泛的涉猎，并成为我转入建筑创作的文化基础。"莫伯治大师一生爱书、读书、买书。他涉猎广泛，建筑、美术、文学、史地，以至现代科学与工程技术的最新发展，都饶有兴趣地关注，特别是他晚年以后，思路更加开阔，钻研日益深远，古至线装的史籍府志、原始岩画，远至非洲考古、埃及文明，均在其阅读与思考的范畴之内。莫伯治大师的弟子许迪在

《和大师在一起的日子》一文中这样回忆道："在他古香古色的会客厅里，除了花儿草儿什么的，到处都摆满了书籍，长几上还有放大镜、老粗老粗的大师铅笔和卷成卷的黄色草图纸等几样文具，零乱之中却透着一股书卷气。印象最深的是这些书大部分都夹着或新或旧的书签或纸条，显然人家是老经常翻阅的。这些书的门类十分庞杂，除了几本与建筑有关的书外，大部分是有关历史文化、民族风俗、文物考古等大部头的典籍。"

莫伯治大师不但学养有素，而且待人真诚、详和。他从不以长辈自居，无论是位居要职的领导、专家，还是刚刚入行的青年学生，莫大师都一视同仁、平等对待，从没摆出高人一等的姿态。他以渊博的知识、高尚的文化修养和过人的品德团结了所有的人。

---

① 吴宇江，中国建筑工业出版社编审。

天地有大美而不言。这是一种气慨，更是学识和人格兼备方能达到的思想境界。大的学问，要有如山的人格作为支撑，我们从莫大师身上感受到了这种出神入化的境界。

二、莫伯治大师与岭南园林

提到岭南园林，我们都不会忘记莫伯治大师的挚友夏昌世先生。夏昌世先生是我国著名的建筑学家、建筑教育家、园林学家，他信仰现代主义建筑哲学，奉行包豪斯宗旨，是岭南建筑的先驱之一。夏昌世先生的建筑作品有华南工学院图书馆、行政办公楼、教学楼和校园规划，中山医学院医疗、教学建筑群，湛江海员俱乐部等。自 20 世纪 50 年代中期起，夏昌世先生就与莫伯治大师一道开展岭南庭园的调查研究，并且硕果累累。夏昌世先生著有《园林述要》一书，与莫伯治大师合著有《岭南庭园》一书，他们还共同发表了《中国古代造园与组景》《漫谈岭南庭园》等文章。

莫伯治大师解放初期从香港回到广州，就参与了广州的恢复建设工作，并开展岭南庭园与民间建筑的调查研究，特别是与夏昌世先生的合作，使得莫伯治大师的建筑创作首先是从园林设计开始的。

1957 年，莫伯治大师完成了岭南庭园与岭南建筑相结合的第一个建筑设计作品——广州北园酒家。广州北园酒家的设计，吸收了岭南传统园林的手法，将具有浓郁岭南文化特色的装修材料运用到餐饮建筑中，使建筑与园林环境融为一体，且又有强烈的地方风格。

继广州北园酒家之后，莫伯治大师又设计出广州泮溪酒家（1960 年）、广州南园酒家（1962 年）等岭南建筑佳作。诚如莫伯治大师自己所讲："在这个几个设计中，我把岭南庭园中的山、水、植物诸要素，以及在农村陆续搜索、选购到的那些拆旧房时留下的建筑和装修构件（主要是雕饰、窗扇、屏风和门扇等木构件，当时多被村民用作燃料），运用、组织到新建筑中，既及时

抢救了传统岭南建筑中的文物精华，又形成岭南建筑与岭南园林的有机结合。"莫伯治大师的创作实践得到了领导和广大人民群众的一致好评。这之后，莫伯治大师又创作了广州白云山庄旅舍（1962 年）、广州白云山双溪别墅（1963 年）和广州矿泉别墅（1974 年）等园林建筑。

广州白云山双溪别墅和广州白云山庄旅舍的创作特点是把建筑融合于山林环境中，而广州矿泉别墅虽处市区，也同样创造了一种林木苍郁、水波荡漾的园林境界。莫伯治大师的建筑创作，注重与历史和环境的对话与沟通，其建筑造型、建筑环境既保持地方特色，又赋予新意，体现了新时代的审美意趣。他追求岭南建筑与岭南庭园的完美结合，旨在创造出"令居之者忘老，寓之者忘归，游之者忘倦"的理想境界。

三、莫伯治大师的建筑创作与创新思维

莫伯治大师在 2000 年回首自己将近半个世纪之内所走过的建筑创作道路时，把自己的建筑创作实践与理论思考过程划分为三个阶段，这就是：第一阶段是岭南庭园与岭南建筑的结合，推进了岭南建筑与庭园的同步发展，其代表作品有广州北园酒家（1958 年）、广州泮溪酒家（1960 年）、广州南园酒家（1962 年）、广州白云山双溪别墅（1963 年）等；第二阶段是现代主义与岭南建筑的结合，其代表作品有广州白云山山庄旅舍（1962 年）、广州宾馆（1968 年）、广州矿泉别墅（1974 年）、广州白云宾馆（1976 年）、广州白天鹅宾馆（1983 年）等；第三阶段是表现主义的新探索，其代表作品有广州西汉南越王墓博物馆（1991 年）、广州岭南画派纪念馆（1992 年）、广州地铁控制中心（1998 年）和广州红线女艺术中心（1999 年）等。

1. 现代主义与岭南建筑的有机结合

众所周知，现代主义建筑注重功能，主张新技术、新材料的应用。在广州宾馆、广州白云

宾馆、广州白天鹅宾馆等设计中，莫伯治大师明确引进了现代主义的理念。现代主义强调现代生活、功能、技术在建筑中的主导作用，努力摆脱学院派和复古主义思想的影响，力求建筑功能的合理性和投资的经济性，同时也更加重视由于地区气候和人民生活习惯的不同而形成的岭南建筑的地方特色和地方传统，体现岭南地方风格与现代主义的有机结合。

广州白云宾馆是全国第一幢超高层旅游建筑，高33层，建筑面积5.86万平方米，是为广州的外事活动和广交会的特殊需要而设计的。这是一座现代建筑，在环境设计、室内公共空间设计中十分注意对原有环境的保留与美化，注意室内外活动空间的民主性与群众性，在保证其功能适用的同时还尽量节约投资，为超高层宾馆的设计和建设积累了有用的经验。

广州白天鹅宾馆，高33层，建筑面积10万平方米，是全国第一个引进外资的5星级宾馆。它的设计和管理都已经达到国际上同类宾馆的水准，而它的单方造价在当时全国同等标准的宾馆中是最节省的。设计中尤其在室内外环境设计中强调了与所在环境的联系与沟通，其室内大堂中以"故乡水"点题的庭园，再现了祖国绮丽的山水景色，令归来的海外游子顿生"天涯归来意，祖国正风流"之叹，并深受广州市民的欢迎，成为市民们有口皆碑的一个旅游点。现代主义、地方特色与生活情趣的有机结合，是广州白天鹅宾馆创作成功的关键。

进入20世纪90年代以后，莫伯治大师在广州中华广场、中国工商银行珠海软件开发中心、昆明邦克饭店、沈阳嘉阳广场（购物中心、公寓）、沈阳嘉阳协和广场（购物中心）、汕头市中级人民法院等若干新建筑的创作中，仍然继续着对有中国特色的现代主义的探索。

2. 新的表现主义的探索与尝试

建筑领域中表现主义的最初浪潮出现在20世纪初期的北欧，它的特点是通过夸张的建筑造型和构图手法，塑造超常的、动感的或怪诞的建筑形象，并表现了建筑师希望赋予建筑物的某些情绪和心里体验，从而引起人们对建筑形象及其含义的欣赏、猜想与联想。当时所出现的表现主义作品有密斯·凡·德·罗所做的柏林费里德利希大街办公楼方案（1921年）、汉斯·口尔齐格的柏林剧场（1919年）、格罗皮乌斯三月革命死难者纪念碑（1926年）等。近百年来，表现主义建筑的代表作品有法国朗香教堂（1950～1955年）、美国纽约肯尼迪机场TWA航站楼（1961年）、澳大利亚悉尼歌剧院（1973年）和印度大同教莲花教堂（1986年）等。

莫伯治大师的建筑创作不但强调地域的特色，而且更加注重现代主义的引进。特别是他在建筑艺术表现上进行了全新的探索，并对表现主义做了重新的审视和思考。

莫伯治大师在广州西汉南越王墓博物馆（1990～1993年）、广州岭南画派纪念馆（1992年）、广州地铁控制中心（1998年）和广州红线女艺术中心（1999年）的创作和思考中，为了强调它们的个性，表现它们的特有内涵，分别采用了特殊的造型和夸张的构图手法。

广州西汉南越王墓博物馆设计，以汉代石阙和古埃及阙门形式变体为主体，面向城市街道，其巨大的实（石）墙和墙上的浮雕和门口的动物雕塑展现了建筑的特殊内涵，并与墓室、场地、展览馆共同组成一个有较多表现层次的群体；广州岭南画派纪念馆，则以不规则的外墙和抽象雕塑的门廊，突出表现了对岭南画派的革新精神和艺术风格的回顾与阐扬；广州地铁控制中心，采用大尺度的简单几何体块，其体型组合自由活泼，色调反差明显，整体上具有强烈的动感和尺度感，表现出改革开放新时期的气势、激情和艺术效果；广州红线女艺术中心，力求一种富有感动的建筑造型和空间来表现建筑的主题，即在门厅（展厅）与排练厅（观众厅）的过渡带上空插入天窗，以丰富其室内空间，并使建筑在正面墙体上不开窗，从而保证了整个建筑雕塑造型的完整性；广州艺术博物馆，是将岭南建筑与岭南园林、传统与现代，以至表现主义熔于一炉。这既有地方风格，又有表现主义手法润色其中，形成一个轮廓丰富、塔楼矗立、庭园山水、雕饰精雅的建筑群体，自然地融合在公园绿地和城郊的自然景观之中。它表明建筑艺术创作的多样性和适应性，以及当代岭南建筑的活力和继续发展及创新的可行性。

半个多世纪以来，莫伯治大师在建筑创作和岭南建筑新风格的探索中，走在时代的前列，设计了一批有影响的建筑作品，形成了独特的个人风格。他的作品体现出强烈的时代性、地域性和文化性。

莫伯治大师的建筑作品多为精品，常属开风气之先，引领建筑新潮之作，因而多次获得住房和城乡建设部、中国建筑学会、教育部、广东省、云南省和广州市的各类奖项。特别是1993年，中国建筑学会在成立40周年之际，对全国1953～1988年的62个建筑项目授予"优秀建筑创作奖"，对1988～1992年的8个建筑项目授予"建筑创作奖"。在上述一共70个获奖项目中，有6个是莫伯治大师主持设计的，有一个（广州白天鹅宾馆）是与佘畯南大师合作主持设计的。这7个作品分别是：广州泮溪酒家（1953～1988年）、广州白云山山庄旅舍（1953～1988年）、广州白云山双溪别墅（1953～1988年）、广州矿泉别墅（1953～1988年）、广州白云宾馆（1953～1988年）、广州白天鹅宾馆（1953～1988年，与佘畯南大师合作主持设计）；广州西汉南越王墓博物馆（1988～1992年）。其中莫伯治荣获奖项竟占1/10（其中有一项是与佘畯南大师合作完成的），全国尚无第2位建筑师有这么多作品获此殊荣。这表明莫伯治大师在中国建筑创作中的重要地位，他不愧是中国最杰出的建筑大师。

莫伯治先生在去世前的上半月还在思考着中国建筑现代化的问题，这就是在研究中国建筑自身特点和文化内涵的同时，更应当探索当今世界建筑的不同理念、不同审美观和创作理论，结合自身特有的地域和文化环境，形成新的现代中国建筑风格。诚如《世界建筑》前主编曾昭奋教授所讲："莫伯治是一位既从事建筑创作，又重视理论探索，而且成绩卓著的建筑大师。"的确，莫伯治先生一生的建筑创作与思维不正是他植根于岭南大地硕果累累的光辉写照么？我们从莫伯治大师身上看到了一个建筑师所应具备的职业道德、学养和创新精神，而这种职业道德、学养和创新精神，正是今天我们每一个建筑师成功的基石。

论约翰·罗斯金的建筑伦理思想①

秦红岭②

摘　要：文章主要以《建筑的七盏明灯》为文本依据，从三个维度阐释和评价了罗斯金的建筑伦理思想，即建筑的宗教伦理功能、建筑的基本美德和建造中的劳动伦理，并简要分析了他的建筑伦理思想对当代社会建筑发展的价值启示意义。

关键词：约翰·罗斯金　建筑伦理　建筑的七盏明灯

　　约翰·罗斯金（John Ruskin，1819～1900年）是英国19世纪著名的文学家、思想家和艺术批评家，同时也是西方近代建筑伦理的最早探索者之一。罗斯金博学广识，著述浩繁。他在建筑方面的论述，除大量散见的演讲稿之外，主要代表作是《建筑的七盏明灯》(The Seven Lamps of Architecture，1849年)和《威尼斯之石》(The Stones of Venice，1851～1853年)。本文对罗斯金建筑伦理思想的阐述，主要以《建筑的七盏明灯》为依据，辅之以《威尼斯之石》以及其他相关讲演或文章。

一、"献出珍贵的事物"：建筑的宗教伦理功能

　　罗斯金在《建筑的七盏明灯》中，以哥特式建筑为例，提出了建筑的七盏明灯，即奉献明灯（The Lamp of Sacrifice）、真实明灯（the lamp of truth）、力量明灯（the lamp of power）、美之明灯（the lamp of beauty）、生命明灯（the lamp of life）、记忆明灯（the lamp of memory）和遵从明灯（the lamp of obedience）。在这里，"明灯"是个修辞语，意味着指引建筑美好价值的法则及美德。罗斯金想表达的不是建筑的实用功能，而是建筑所具有的精神功能与价值功能。综观这七盏明灯，罗斯金说："七灯的排列及名称，皆是基于方便，不是根据某种规则而定；顺序是恣意的，所采之命名也无关逻辑"。③虽然从表面上看，罗斯金并没有清楚地阐明"七盏明灯"的由来，而且其顺序与命名也无严格的逻辑关系，但实际上他对建筑本质以及建筑精神功能的认识有其一以贯之的基本立场与核心观点，正如荷兰学者科内利斯·J·巴尔金（Cornelis. J. Baljon）所说："建筑的七盏明灯是一个结构严谨的论述，无论其整体结构还是其基本宗旨都具有极大的新意和非传统性"。④"七盏明灯"作为建筑的七个精神要素，各自独立又相辅相成。这其中，被罗斯金排在首位的"奉献明灯"作为其余六盏明灯的前导，处于核心地位。

　　毫无疑问，罗斯金的思想方法包括其整个

①　国家社科基金"建筑伦理的体系建构与实践研究"阶段性成果，项目批准号12BZX074。

②　秦红岭，北京建筑大学文法学院教授。

③　[英]约翰·罗斯金.建筑的七盏明灯[M].谷意译.济南：山东画报出版社，2012.导言.

④　Cornelis, J, Baljon. *The structure of architectural theory : a study of some writings by Gottfried Semper, John Ruskin, and Christopher Alexander*[M].Leiden： C.J. Baljon, 1993.p197.

建筑伦理思想建立在根深蒂固的宗教信仰基础之上。他在对建筑艺术作品本质的思考中，始终关注宗教性上帝之存在，强调作为一种最高精神存在的神性之光在建筑中的作用，认为正是这种在世俗眼光看来无用的特质造就了建筑作品的伟大价值。正如台湾学者陈德如在解读罗斯金的"奉献明灯"时所言："奉献的概念为建筑赋予新意，建筑不再只是人们所认识或维特鲁威所说的那件合用之物，建筑从奉献开始，是不问目的、不计较实利、是永远的'不只如此而已'、是爱与神性。"①

表面上看，建筑起源人类庇护的基本需要，是所有艺术形式中最计较实利、最讲求实用功能的艺术。这一点罗斯金并不否认。他说："在一座建筑中最基本的东西——它的首要特质——就是建造得很坚固，并且适合于它的用途。"②然而，仅有实用功能的建筑在罗斯金看来，是"建筑物"（building）而非他心目中的"建筑"（architecture）。换句话说，只有具有精神功能的建筑才是真正的建筑，才体现了建筑的高贵本质。因此，作为一种艺术的建筑，其高贵性和重要性并非遮风挡雨的实用功能，而在于它能够在精神与道德层面给人带来愉悦，促进心灵圆满。他将严格意义上的建筑区分为五种：即信仰建筑（devotional architecture）、纪念建筑（memorial architecture）、公共建筑（civil architecture）、军事建筑（military architecture）和住宅建筑（domestic architecture）。在这五种建筑类型中，具有非功能性的精神象征意义的建筑是前三种，其中信仰建筑是他最重视的建筑类型，也是精神功能最显著的建筑，"包括所有为了服侍、礼拜或荣耀上帝而兴建的建筑物"③。信仰建筑在神与人之间架起了一座桥梁，拉近了人类与上帝的距离，能够强化人类的宗教信仰，完善人类的精神状态，展现道德之纯净。

我们只有理解"神性"因素在建筑艺术中的作用，才能真正理解罗斯金心目中的伟大建筑。写作《建筑的七盏明灯》一书时，罗斯金正处于宗教信仰上的怀疑与矛盾期，相对于早期思想，他更重视人的主观能动性，认为艺术之美是由人的心灵创造的，而非依靠上帝的指引与庇佑。因此，他所谓的"神性"，并非直接指称基督教上帝的神圣性、超越性，而是指建造者付出最大努力和全部心力从而增添于建筑中的审美价值与伦理价值，是建筑艺术所显现出来的沐浴神恩般的崇高精神意蕴，其核心就是超脱于功利心之外，单纯奉献出珍贵之物的道德精神。实际上，黑格尔在论艺术美时的一段话有助于我们理解罗斯金对建筑神性的看法："人类心胸中一般所谓高贵、卓越、完善的品质都不过是心灵的实体——即道德性和神性——在主体（人心）中显现为有威力的东西，而人因此把他的生命活动、意志力、旨趣、情欲等等都只浸润在这有实体性的东西里面，从而在这里面使他的真实的内在需要得到满足。"④建筑的神性与道德性，须借助人的精神力量才能够在建筑艺术中表现出来，与此同时，人用尽全力将自己的精神投注于实体性存在的建筑之中时，不仅增添了建筑的美与高贵，也满足了人类自身的精神需要。

罗斯金所处的英国维多利亚时代，工业革命使物质文明取得长足进步，英国的农业文明迅速向工业文明转型，科技的进步和机械化的崛起改变了人们的生活方式。但与此同时，引发了一系列社会问题和精神、文化方面的危机，人们变得锱铢必较，倾心于赚钱敛财，宗教信仰与传统道德价值的作用受到了质疑与挑战，神圣向度在文化艺术价值观中也开始消解。罗斯金的建筑本质观，强调人、建筑与神圣者之间的特殊关联，便从一个侧面表达了他对机械化、实用主义和信仰危机的焦虑，并想通过宣扬建

---

① 陈德如.建筑的七盏明灯：浅谈罗斯金的建筑思维[M].台北：台湾商务印书馆，2006.23.
② [英]约翰·罗斯金.艺术与道德[M].北京：金城出版社，2012.38.
③ [英]约翰·罗斯金.建筑的七盏明灯[M].谷意译.济南：山东画报出版社，2012.5.
④ [德]黑格尔.美学（第一卷）[M].朱光潜译.北京：商务印书馆，1984.226.

筑的神性与道德性，致力于抑制工业社会所带来的建筑上的工具理性主义的负面影响。

二、"唯有欺骗不可原谅"：建筑的基本美德

建筑的美德指的是一种让建筑表现得恰当与出色的特征或状态，是建筑值得追求的好的品质。在西方建筑思想史上，古罗马时期维特鲁威在《建筑十书》提出的好建筑所应具备的三个经典原则：即"所有建筑都应根据坚固（soundness）、实用（utility）和美观（attractiveness）的原则来建造"[①]，是对建筑美德的最早探索。19世纪中叶，欧洲许多国家建筑中的伦理诉求日益明显，这其中又集中在对建筑功能、结构或风格的真实或诚实美德的强调。例如，英国著名建筑师和建筑理论家奥古斯塔斯·普金（Augustus W.N. Pugin）通过揭露当时建筑设计在材料使用与装饰上的虚假伪装之风，反对新古典主义潮流和哥特复古风格中无意义的装饰取代实际功能的形式主义，他所提倡的建筑伦理观念，核心便是赞美真实材料之美，将建筑结构和材料的真实性上升为道德高度，认为不论是在结构或是材料等方面，好的建筑都要"真实"、"诚实"或不"伪装"。虽然罗斯金始终不承认普金对他的影响，然而后人却在罗斯金的速记本里发现了大量有关普金著作的笔记。至少我们从罗斯金对建筑结构、材料与建造真实性的强调中，能清晰发现他与普金思想的一脉相承关系，他们都认为只有中世纪的哥特建筑才能真正反映出建筑的真实性和丰富性，而且两人浓厚的宗教信仰与宗教伦理立场都对各自的建筑思想产生了深刻影响。

罗斯金认为，有美德的建筑应符合良心标准，最主要的表现就是在结构、材料和装饰上的真实与诚实无欺。罗斯金说："优秀、美丽或者富有创意的建筑，我们或许没有能力想要就可以做得出来，然而只要我们想要，就能做出信实无欺的建筑。资源上的贫乏能够被原谅，效用上的严格要求值得被尊重，然而除了轻蔑之外，卑贱的欺骗还配得到什么？"[②]关于建筑上的诚实美德，他提出的一个基本原则是："任何造型或任何材料，都不能本于欺骗之目的来加以呈现。"[③]罗斯金具体将建筑欺骗行为划分为三大类，分别是结构上的欺骗（structural deceits）、外观上的欺骗（surface deceits）和工艺操作上的欺骗（operative deceits）。所谓结构上的欺骗，首先是指刻意去暗示有别于自身真正风格的构造或支撑形式，"不管是依据情趣还是良心来判断，都没有比那些刻意矫揉造作，结果反而显得不适合的支撑，还要更糟糕的东西了。"[④]其次，结构上的欺骗更为恶劣的表现是，本是装饰构件却企图"冒充"支撑结构的建筑构件。例如，哥特建筑中飞扶壁（flying buttress）作为一种起支撑作用的建筑结构部件，主要用于平衡肋架拱顶对墙面的侧向推力，但在晚期哥特式建筑中，它却被发展成为极度夸张的装饰性构件，有的还在扶拱垛上加装尖塔，目的并非为了改善平衡的结构支撑功能，而仅仅是因为美观。所谓外观上的欺骗，主要指建筑材料上的欺骗，即企图诱导人们相信使用的是某种材料，但实际上却不是，这种欺骗造假行为，在罗斯金看来，如结构上的欺骗一样皆属卑劣而不能容许。例如，把木材表面漆成大理石质地，滥用镀金装饰手法，或者将装饰表面上的彩绘假装成浮雕效果，达到以假乱真的不真实效果。罗斯金认为，外观上的欺骗不仅浪费资源，也无法真正提升建筑的美感，反而使建筑的品位降低。相反，"就算是一栋简朴至极、笨拙无工的乡间教堂，它石材、木材的运

① [古罗马]维特鲁威.建筑十书[M].陈平译.北京：北京大学出版社，2012.68.
② [英]约翰·罗斯金.建筑的七盏明灯[M].谷意译.济南：山东画报出版社，2012.44.
③ [英]约翰·罗斯金.建筑的七盏明灯[M].谷意译.济南：山东画报出版社，2012.61.
④ [英]约翰·罗斯金.建筑的七盏明灯[M].谷意译.济南：山东画报出版社，2012.48.

用手法粗劣而缺乏修饰，窗子只有白玻璃格子装饰；但我依然想不起来，有哪一个这类的教堂会失却其神圣气息"①。罗斯金所谓工艺操作上的欺骗，实际上指的是一种较为特殊的装饰上的欺骗，突出体现出罗斯金对传统手工技艺的偏好和对现代机器制造的反感。他认为凡是由预制铸铁或任何机器制品代替手工制作的装饰材料，非但不是优秀珍贵之作，还是一种不诚实的行为，因为从中我们感受不到如手工制作一般投注于建筑之上的劳力、心力与大量时间，即我们难以寻觅建造者为这幢建筑的奉献与付出的痕迹与过程。这一思想极具罗斯金个人的感情色彩，其思想的局限性也相当明显。但从这里我们可以看出，罗斯金对于建筑的效率与经济要素并不关心，他珍视的是人投注在建筑中的心力，那经由工匠的双手赋予建筑的精神与灵魂，这实际上体现出我们对待建筑过程的道德态度。

罗斯金在《威尼斯之石》一书中提出了三项"建筑的美德"（The Virtues of Architecture）：第一，用起来好（to act well），即以最好的方式建造；第二，表达得好（to speak well），即以最好的语言表达事物；第三，看起来好（to look well），即建筑的外观要赏心悦目。②罗斯金认为，上述建筑的三项美德中，第二个美德没有普遍的法则要求，因为建筑的表达形式是多种多样的。因而建筑的美德主要体现在第一与第三个，即"我们所称作的力量，或者好的结构；以及美，或者好的装饰"③。而关于究竟什么是好的结构与好的装饰方面，罗斯金表现出了对真实品格的重视。他认为，好的结构要求建筑须恰如其分地达到其基本的实用功能，没必要添加式样来增加成本。而好的装饰则需要满足两个基本要求："第一，生动而诚实地反映人的情感；第二，这些情感通过正确的事物表达出来。"④罗斯金尤其强调，对于建筑装饰的第一个要求就是诚实地表达自己的强烈喜好，因为"建筑方面的错误几乎不曾发生在诚实的选择上，他们通常是由于虚伪造成的。"⑤

三、"将情感贯注在手中之事"：建造中的劳动伦理

纵观罗斯金的建筑的七盏明灯，并非所有的明灯都与伦理法则有直接而紧密的联系。例如，他的"力量明灯"与"美之明灯"讨论的是建筑的美学议题。然而，贯穿罗斯金整个建筑观念的一条思想主线却几乎在七盏明灯中都体现出来，这便是他提出的以工匠为主体的劳动伦理观，这种独特的劳动伦理观既是一种特殊的职业伦理，又是一种社会伦理。正是从这种独特的劳动伦理出发，罗斯金以一个富有文化使命感的批评家身份，反思并批判了工业文明下机器生产的功利性与非人性，赞美了中世纪哥特式建筑的优越性与工匠精神（Craftsmanship）的道德性。

罗斯金提出的建造中的劳动伦理主要有两层涵义：第一，建筑师和工匠应对建筑作品诚心而认真，贯注自己的全部心力与创造力。建筑的第一盏明灯"奉献明灯"除了强调建筑的宗教伦理价值之外，其所说的奉献精神实际上指的是一种崇高的劳动伦理，即必须对任何事物尽自己之全力。罗斯金认为，现代建筑作品之所以难以达到古代作品的美丽与高贵，主要原因是欠缺献身精神，"不论是建筑师还是工匠都尚未付出他们的最大努力"，"问题甚至不在于我们还需要再做到多少，而是要怎么去完成，无关乎做得更好多，而是关乎做得更好。"⑥罗斯金谈到哥特式建筑的精神力量时，还强调了一种类似

---

① [英]约翰·罗斯金.建筑的七盏明灯[M].谷意译.济南: 山东画报出版社, 2012.66.

② ③ ④ ⑤　John Ruskin. *The Stones of Venice*[M].Da Capo Press, 2nd, 2003.p.29. p.32. p.35. p.36.

⑥　[英]约翰·罗斯金.建筑的七盏明灯[M].谷意译.济南: 山东画报出版社, 2012.20.

德国社会学家马克斯·韦伯（Max Weber）说的新教（Protestantism）将工作当作荣耀上帝的天职（Calling）的劳动伦理观，中世纪哥特建筑的工匠们便有一种为了神圣的建筑而无私奉献的使命感，"在他的任务完成之前，岁月渐渐流逝，但是一代又一代人秉承孜孜不倦的热情，最终，教堂的立面布满了丰富多彩的窗花格图案，如同春天灌木和草本植物丛中的石头一般"①。

在建筑的"真实明灯"中，罗斯金提倡的"真实"同样蕴含一种劳动伦理，即倡导应当认真诚实地发挥自己的手艺，单是这一点本身便蕴藏巨大的力量，就获得了建筑一半的价值与格调，而他之所以认为使用预制铸铁或机器制品是一种操作上的不诚实行为，也正是因为从中我们无从体会到投注于建筑之上的劳动伦理。在建筑的"生命明灯"中，罗斯金更加明确地提出了劳动伦理与建筑作品高贵与富有生命力之间的有机关联，建筑师与工匠在劳动过程中投入了多少感情与多少心智，都将直接对艺术实践产生影响，并最终反映在建筑作品当中。他指出："建筑作品之可贵与尊严，带给观赏者之愉悦与享受，最是依赖那些由知性力量赋予其生气，并且在建造之时就已经考虑进去的表现效果。"②他还进一步通过分析手工制作与机器制作的区别，强调了工匠的劳动伦理所赋予建筑的尊贵生命力，"当然，只要人们依然以'人'的格调从事工作，将他们的情感贯注在手中之事，尽自己最大的努力去做，此时，即便他们身为工匠的技艺再怎么差劲，也不会是重点所在，因为在他们的亲手制作当中，将有某种东西足可超越一切价值。"③这种在罗斯金看来超越一切价值的东西便是工匠将情感与生命力传达给建筑，使其具有如自然生物一般的焕发勃勃生机

的生命能量，它们虽不具有"完满"的性质，但却是"活的建筑"，胜过工业化、批量化生产中没有生命力的"完美"产品。

第二，建造者良好的心绪与乐在其中的劳动体验。罗斯金认为，如果建筑师和工匠虽付出汗水与辛劳于工作之中，但在劳动过程中并未乐在其中，感到劳动的乐趣与快乐，这不仅将使建筑作品本身的典雅风格和生命力大打折扣，从对劳动者人性关怀的角度看也不符合劳动伦理。他说："我的《建筑的七盏明灯》那部书就是为了说明良好的心绪和正确的道德感是一种魔力，毫无例外，一切典雅的建筑风格都是在这种魔力下产生的。"④他还说："关于装饰，真正该问的问题只有这个：它是带着愉快完成的吗——雕刻者在制作的时候开心吗？""它总必须要令人做起来乐在其中，否则就不会有活的装饰了。"⑤从劳动伦理的视角看，强调愉悦劳动的价值，体现出罗斯金对工业化生产造成劳动者没有感情的机械生产这一现象的忧虑。他之所以批判自己那个时代的建筑，除了因为那些建筑过于追求经济效益的功利主义之外，他还反对工业化生产将人视为工具、使人蜕变成"碎片"，禁锢劳动者创造力的劳动过程，这样的劳动过程显然难以让人获得乐趣，不仅无法表现出工匠劳动的自由与愉悦，而且把人变成了机器的奴隶。英国哲学家罗素曾说："站在人道的立场看，工业主义的早期是一个令人毛骨悚然的时期。"⑥有大量文献记载，19世纪中后期英国及欧洲很多知识分子本着人文主义精神，从不同视角对工业大生产都表现了不满与厌恶，其中一个重要方面就是劳动者非人道的工作状态与恶劣的劳动环境。罗斯金则一方面试图通过复兴手工艺生产，改变丑陋的工业产品质量，

---

① John Ruskin. *The Stones of Venice*[M].Da Capo Press, 2nd, 2003.p.177.
② [英]约翰·罗斯金.建筑的七盏明灯[M].谷意译.济南：山东画报出版社，2012.240.
③ [英]约翰·罗斯金.建筑的七盏明灯[M].谷意译.济南：山东画报出版社，2012.273.
④ [英]拉斯金.拉斯金读书随笔[M].王青松、匡咏梅、于志新译.上海：上海三联书店，1999.136.
⑤ [英]约翰·罗斯金.建筑的七盏明灯[M].谷意译.济南：山东画报出版社，2012.279.
⑥ [英]波特兰·罗素.西方的智慧[M].瞿铁鹏译.上海：上海人民出版社，1992.354.

另一方面则认为，工业生产既不是诚实的又不是让人愉悦的生产方式，建造者乐在其中的理想在工业化的劳动中根本不可能实现，同时工业化生产使劳动环境恶化，给英国工人阶级带来了物质和精神的双重贫困。他的这些观点，既是伦理批判又是一种社会批判，矛头针对的是早期工业资本主义所带来的社会问题，以及给人们生活方式带来的巨大影响。

结语

罗斯金认为，所有的高级艺术都拥有并且只有三个功能，即：强化人类的宗教信仰；完善人类的精神状态，或者说道德水平；为人类提供物质服务。[①]显然，他心目中严格意义上作为艺术的建筑，突出体现了上述三方面的功能。其中，前两个功能突显的是建筑的精神功能。由于罗斯金所谓的建筑的宗教功能，主要是指建筑是有信仰、有道德的人们的产物，本质上是超脱于功利心之外，单纯向上帝奉献出珍贵之物的道德精神，而罗斯金倡导的建筑的真实美德与劳动伦理，又蕴含着一种以献身精神为核心的宗教伦理情怀，强调建造者在建筑艺术中应该投入全部的心智与精神，实现作为上帝造物的珍贵价值。因而可以说，罗斯金思想中建筑的宗教功能、精神功能与伦理功能本质上同一的，他们都统一于他的一个思想立足点——"伟大"（Greatness），建筑艺术最本质、最高贵的价值正也体现于此。正如巴尔金所说：过滤掉罗斯金价值系统中那些修辞性的和武断的意见，或那些明显的矛盾之处，仔细理解他更基本和一以贯之的观点，罗斯金最显著的贡献是阐述了建筑与非建筑上的价值（non-architectural values）的相关性，即正是建筑的这些非建筑上的、非实体性存在的无用特质，造就了建筑的伟大。[②]

虽然罗斯金的建筑伦理思想有浓厚的宗教信仰情结，而且他以中世纪哥特式建筑为标杆，过于强调和赞美手工业时代建筑的伦理价值也有失偏颇。然而，不能忽视的是，他的建筑伦理思想对 19 世纪后期艺术与工艺运动（Art and Crafts Movement）以及现代主义建筑运动产生了深远影响。而且，罗斯金的思想对当代世界与中国建筑的和谐健康发展也有深刻的启迪作用。当今中国社会及建筑业发展状况，呈现出与罗斯金那个时代相似的一些社会问题。在科技飞速发展与物质生活日益丰裕的同时，生态环境遭到严重破坏，功利主义、拜金主义与技术乐观主义日益盛行，人文精神与道德理想却日渐失落。罗斯金思想所表现出的浓厚的道德说教色彩，他提出的那些建筑伦理准则，他将伦理作为建筑批判的武器，实际上是想重新唤起那些正在失去的珍贵价值，"对艺术进行道德批评比起罗斯金所给予的特殊表达要更为古老，更为深刻，并且可能更为令人信服。它不全是基督教的。……罗斯金的任务不过是重新唤起，而不是重新创造。"[③]

① [英]约翰·罗斯金.艺术与道德[M].张凤译.北京：金城出版社，2012.33.
② Cornelis. J. Baljon. The structure of architectural theory : a study of some writings by Gottfried Semper, John Ruskin, and Christopher Alexander[M].Leiden : C.J. Baljon, 1993.p260.
③ [英]杰弗里·斯科特.人文主义建筑学——情趣史的研究[M].张钦楠译.北京：中国建筑工业出版社，2012.57.

路易斯·康设计中光线哲学的再认知

郝瑞生[①]

摘　要：在简述路易斯·康经历的基础上，对他在人生不同阶段的建筑作品中如何理解运用光线进行了理论与实例分析，总结出康在采光、遮阳以及对空间塑造这三方面的光线设计方法，利用对康光影哲学的再次认知，来重拾对建筑精神的敬意。

关键词：路易斯·康　光线设计　采光　遮阳　空间塑造

1974年3月，一位老人默默地在宾夕法尼亚火车站的洗手间里去世了，他的离世对当时的建筑界是一次不小的震动，因为他曾创造了一个时代的奇迹——在50岁时猛然从一个小角色成为大宗师，并亲自将"现代主义建筑从平庸之作中挽救了回来，重新赋予了它们严肃的主题"。[②]他，就是路易斯·康。

路易斯·康是20世纪建筑学领域具有重要影响力的实践者、教育家和思想家。在他去世后的那些年，"他的追随者们几乎再造了建筑学这个专业，并且治愈了现代主义那段岁月给我们城市造成的创伤"[③]。时光荏苒，如今正值路易斯·康逝世40周年，当我们重新审视他的作品与思想时，依然能够在晦涩的语境中体会到某种内在精神的感召，这也许就是他长久以来带给我们的建筑哲思。

在这些思想中，康把对光线的迷恋融入了建筑，他对光线的诠释深邃而独特，光影在一定程度上体现了他设计的精髓。本文将结合康在不同时期对光线的探索，得出光与建筑的一些内在规律，以期为当今建筑设计提供有益的启示。

一、路易斯·康，一个被光伤害过的小孩

1901年路易斯·康在爱沙尼亚出生，1905年随父母移居美国费城，1920年到1924年就读于宾夕法尼亚大学建筑系，1947年起在耶鲁大学教学，期间因设计了耶鲁大学美术馆而一举成名，此后的二十多年里在世界上多个国家进行创作，他的作品重新赋予了现代建筑应有的精神价值，成了现代主义和后现代主义的继往开来者。

康对光线一直情有独钟，他的好友文森特·斯科利曾说："当康正在看光的时候，你会发现他正在享受这种宁静，这样的画面会令人肃然起敬，就像他在和光作某种沟通……"[③]也许这就是康的天性——一个只有三岁的小孩，因为太过关注炭火明亮的色彩而把它拿出来，烧着的火焰灼伤了他那幼小的脸庞和手臂，留下了永久的疤痕——虽然曾被火光深深地灼伤，但他却一生都在追逐光明。他曾解释："由于光的指引

① 郝瑞生，北京建筑大学建筑与城市规划学院在读硕士研究生。
② 李大夏. 路易·康[M]. 北京: 中国建筑工业出版社, 1993.6–26, 137–148.
③ 戴维·B·布朗宁, 戴维·G·德·龙著. 路易斯·康: 在建筑的王国中[M].马琴译.中国建筑工业出版社, 2004.

我们得以知悉这个世界，由此我明白：物质是耗费了的光。"①

二、路易斯·康对光线的探索

1. 洞窗，早期对光的回应

路易斯·康在早期的威斯住宅项目中，曾运用类似遮阳板和百叶的系统，让光线间接进入来改变室内的明暗。随后他一直寻找一种可以更加整体地处理自然光的办法，青年时他所崇敬的罗马原型给了他启示。

1）钥匙窗

路易斯·康研究了许多不用钢过梁而直接建造的窗户，并根据光的需要确定洞口形状。最终他使用一种在墙体上部设置较大的洞口而把较小的洞口留在下面，可以有效避免眩光同时不遮挡视线的窗户，评论家称之为"钥匙窗"（图1）。在论坛报社大楼项目中，这种窗户替代了凸窗和遮阳罩等传统做法，成了康早期处理光线的一种独特手法。随后他又在弗莱士住宅、戈登堡住宅和萨尔克生物研究所社区中心更加广泛地使用了钥匙窗。

2）屋顶开洞

路易斯·康曾将万神庙的穹顶圆洞称为"最卓越的光源"，在这里光成为空间的主角。他将万神庙定义为一个原型，认为其中"自然光线是时间的载体，令季节的氛围进入室内"。

在特林顿浴室项目中，我们可以从每个方锥形屋顶中央的洞口采光，窥探到康对万神庙原型的致敬。这种倾向在孟加拉国达卡政府中心表露无遗，康在议会大厅顶棚把对自然光的运用与空间构造设计完美地结合起来：他寻找到一种类似伞状的屋顶结构来解决采光与结构的矛盾，屋顶结构通过八个抛物线支撑体固定在内墙的八个角点上，自然光从支撑体与墙之间规则的缝隙进入，再通过大梁向上反射到顶棚内表面，柔和地洒入室内大厅——大厅上方的屋顶结构如同飘浮在空中的阳光转换器，呈现出一种令人向往的精神空间（图2）。

2. 废墟，遮阳的完美形式

路易斯·康曾说："我想到废墟之美，于是我想用废墟包围楼房；把楼房放在废墟中，于是你的视野碰巧从有缝隙的地方穿过墙壁，我感到这是一个针对眩光问题的回答。我想把它和建筑结合在一起，而不是在窗户附近安置构件……"②

在萨尔克生物研究所社区中心，康首次运用了双层墙——将挖出圆形、三角形等几何孔洞的墙壁立在离窗有一定距离的地方，阳光穿过外墙的开口，在进入房间之前先在两层墙壁之间来回碰撞反射，这样他就可以用薄墙来调节光线的进入，不必像古代建筑师用厚重的墙壁了（图3）。虽然方案终未建成，但康却说："未完

图1 钥匙窗的室内采光
图片来源：戴维·B·布朗宁，戴维·G·德·龙著.路易斯·康：在建筑的王国中[M].马琴译.中国建筑工业出版社，2004.

图2 达卡政府中心议会大厅顶棚
图片来源：戴维·B·布朗宁，戴维·G·德·龙著.路易斯·康：在建筑的王国中[M].马琴译.中国建筑工业出版社，2004.

图3 萨尔克生物研究所社区中心
图片来源：戴维·B·布朗宁，戴维·G·德·龙著.路易斯·康：在建筑的王国中[M].马琴译.中国建筑工业出版社，2004.

① 李大夏.路易·康[M].北京：中国建筑工业出版社，1993：6-26，137-148.
② 董豫赣.建筑与秩序：路易·康[R].北京：北京大学，2013:21-56.

成的，其实并没有失落，一旦价值被确立了，它想站到台面的要求是无可拒绝的。"①他的自信不久后在印度得到了证实。

在印度管理学院项目中，他使整个校舍呈"U"字形围绕着中庭，教室等体块串联地布置在"U"字形外侧。教室和宿舍的部分朝向使用了挖出几何孔洞的双墙，而其他的窗户则加大窗的进深来实现遮阳。双层墙的灵活运用对于康来说不仅是调节温度的装置，更是设计的重要手法。

在密克维·以色列犹太教会堂和孟加拉国达卡政府中心，双层墙被转换成了一个个圆柱形的采光井，整个建筑看起来更像是被许多"千疮百孔"的圆柱体围着的废墟，对此他阐述道："想象一下柱子是空的而且很大，它们自己的墙就可以采光，空的部分就是房间。柱子可以具有复杂的形式，可以作为空间的支撑并且给空间带来光明。"②

3. 光，存在的给予者

路易斯·康逐渐把设计的过程理解为追逐光明，后来更为直接提出"设计＝光明"，"我感觉光明是所有存在的创造者，而材料是用尽了的光明。光明创造的东西投下阴影，阴影属于光明。"[2]康称赞"太阳从未明白它有多伟大，直到它打到一座房子的一侧……即便全黑的空间，也需要一束神秘光线证明它到底有多黑。"③

在埃克塞特学院图书馆，康诠释了一个用光与结构界定的方形中央大厅：光线穿过屋顶十字梁洒入，使整个空间沐浴在宁静的光明之中；每一个立面都挖出巨形圆洞，楼板在洞口中大胆地暴露，使阳光下的中央大厅如同被四个巨大的书架围合，实现了康期待的"来自书的邀请"（图4）。读者可以从大厅周边的书架拿起书走到四周倚窗而设的单间，康把这种行为设计表述成"一个人夹着一本书走向光明，图书馆就是这样开始的"。④高于读者视线的大窗照

图4 埃克塞特学院图书馆方形中央大厅
图片来源：戴维·B·布朗宁，戴维·G·德·龙著.路易斯·康：在建筑的王国中[M].马琴译.中国建筑工业出版社，2004.

图5 金贝尔美术馆天窗采光系统
图片来源：戴维·B·布朗宁，戴维·G·德·龙著.路易斯·康：在建筑的王国中[M].马琴译.中国建筑工业出版社，2004.

亮了单间，而每一个座位另有一扇与视线齐高的小窗，窗前有可拉动的木质百叶来调整与外界的交流。"窗户应该为满足一个想要单独待会儿的学生的要求进行特殊设计，哪怕他正和许多人在一起"，⑤康如是解释。

金贝尔美术馆是康对光的伟大献礼。由于自然光的鲜活、变换和屡屡不绝，康摒弃了大多数美术馆采用的人工照明而坚持采用自然光，为防止紫外线对展品的破坏，他设计了拱顶上的长条形天窗引入光线，在天窗下设置弧形板来过滤光线，部分光线反射到混凝土顶棚上，使本应暗淡的顶棚映衬出暖暖的光亮。对此他说："从上面洒落的日光是最明亮的，也是唯一可接受的光照。于是窗户就成了一条缝，改善光照的装置就设在拱下。"⑥摆线拱的运用实现了他最伟大的梦

① 约翰·罗贝尔著.静谧与光明：路易·康的建筑精神[M].成寒译.北京：清华大学出版社，2010.74-93.
②④⑤ 戴维·B·布朗宁，戴维·G·德·龙著.路易斯·康：在建筑的王国中[M].马琴译.北京：中国建筑工业出版社，2004.
③⑥ 李大夏.路易·康[M].北京：中国建筑工业出版社，1993：6-26，137-148.

想——用光和结构的统一来定义空间，他欣喜地解释道："结构是光的制造者，因为结构释放其中的空间，那就是采光。"[1]金贝尔美术馆对光的设计完美诠释了康坚信的"自然光是唯一能使建筑艺术成为建筑艺术的光……拥有自然光线的空间才是真正的建筑空间"（图5）。

三、路易斯·康的光线设计秩序

路易斯·康的作品一直都充满了对光线的执着与审视，他把光线纳入了自己的秩序体系，从这种秩序中我们可以深层次地窥探康的光影哲学。

1. 采光设计的秩序

路易斯·康的采光设计突出表现在三个方面：

第一，钥匙窗的使用是解决大进深房间采光同时防止眩光的有效方法，这种设计无论是康前期的论坛报社大楼、中期的萨尔克生物研究所社区中心外墙还是后期的埃克塞特学院图书馆单间外窗都在运用。通过在墙体上部设置较大的洞口，可以保证房间的内侧得到良好的光照，而在墙体下部减小洞口，可以保证在人们与外界必要的视线交流前提下，避免过度的阳光射入而导致的室内过热与眩光。

第二，中央空间的顶部采光强化了光在建筑中的主体地位。无论是达卡政府中心议会大厅的八角穹顶，还是埃克塞特大学图书馆的方形大厅，以及耶鲁英国艺术中心的中庭，光线都是通过顶部中央洒入房间。这种设计不是为了单纯地满足采光需求，而是通过明亮的中央空间与相对昏暗的周边空间强化这种主从关系，利用光使中央空间更符合西方强调的神性。

第三，间接采光系统的设计使光由需求变为艺术成为可能。从早期的第一唯一神教堂、胡瓦犹太教堂，到卡政府中心议会大厅，直到金贝尔美术馆的伟大成功。设计中的自然光不

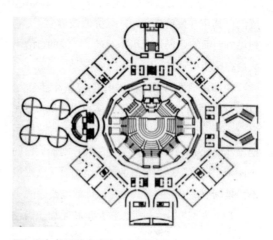

图6 孟加拉国达卡政府中心平面图
图片来源：筑龙网图库. 孟加拉国议会大 厦.http://photo.zhulong.com/proj/detail12323.html.

再桀骜不驯，而是经过几次反射后如同人工照明般从顶棚均匀柔和地洒下，光、结构和空间在这里完成了艺术上的统一。

2. 遮阳设计的秩序

路易斯·康遮阳设计的秩序突出展现于印度、孟加拉国等炎热地区的作品中，是康对建筑环境的回馈。

利用双层墙遮阳是康的独特手法。对于遮阳，前辈大师柯布西耶曾在昌迪加尔设计出挑的格子状遮阳板来解决[2]，但康却拥有形体创造者的自尊心，他执着于自己的秩序理念。双层墙系统利用窗墙的分离实现了遮阳功能与表皮艺术的统一，设计者可以不再因为洞口形式对功能的影响而裹足不前了，这种手法在后来斯卡帕和博塔的作品中经常可以看到。

废墟意象是康对双层墙体系的升华运用。正如孟加拉国达卡政府中心（图6），双层墙体中遮阳的外墙面转换为带有各种几何形孔洞的圆柱体，这种由"面"到"体"的变化，不但保留了遮阳的初始作用，更增加了主体空间的聚合性以及视线的层次感。康的废墟意象让遮阳这一命题更具趣味性，这种设计手法在他之后的一

① 戴维·B·布朗宁，戴维·G·德·龙著.路易斯·康：在建筑的王国中[M].马琴译. 北京：中国建筑工业出版社，2004.
② 原口昭秀著.路易斯·I·康的空间构成[M].徐苏宁，吕飞译.北京：中国建筑工业出版社，2007.20～24.

图7 萨尔克生物研究所中庭空间
图片来源: 百度图片,萨尔克生物研究所. http://image.baidu.com/i?c
t=503316480&z=&tn=baiduimagedetail&ipn=d&word=萨尔克生
物研究所

系列集会建筑中都在运用。

虽然康在炎热地区经常使用双层墙来解决，但他并没有拒绝使用遮阳板和百叶，这从他的萨尔克生物研究所中独立房间的遮阳百叶，到埃克塞特学院图书馆单间的木百叶等都可佐证。在非炎热地区，运用遮阳板或更加方便的遮阳百叶似乎是十分简洁实用的方式。

3. 光线对空间的塑造

路易斯·康对于光与空间的理解是他对光线探索的精髓。

首先，把光线理解为塑造空间的"材料"而非空间的"副产品"，这是对空间认知的前提。康给我们的启示是光线被实体要素重新塑造，而空间成为被塑造的和可以衡量的光线。对于空间，其外在表现随光线的变化而改变；对于光线，只有通过实体和空间才被赋予形式。因此，空间与光线实际上是互相塑造的[1]。

其次，光与结构共同界定了空间。康曾说："建筑的力量来自于体量和空间的融合，体量问题像建筑的结构问题一样可以用理性的分析得以解决，而空间却需要更有生命的力量——光线来界定。"[2]正如金贝尔美术馆中通过分离结构并且把支撑系统和照明交织在一起的做法使建

筑向太阳敞开，而摆线拱结构的运用实现了光对拱底空间宁静与肃穆气质的塑造。

最后，光蕴藉着空间的精神本源。康在晚年提出了著名的"静谧与光明"，即建筑来自于"静谧与光明交汇处的门槛，静谧带着它想要存在的愿望，而光明是所有存在的给予者"。[3]光线在康的建筑空间里被精神化了，成为所有存在——包括空间的给予者。这说明光线是空间设计的灵感初源，设计空间就是设计光亮。就像萨尔克生物研究所的中庭空间，虽空无一物却被称为"一座没有屋顶的大教堂"，人们在此会自觉与建筑一同望着海洋，接受海天之光的洗礼，体会静谧与永恒的感动（图7）。

四、结语

恩斯·布提瑟（Urs Buttilcer）曾将康对光线与建筑的态度分为三个阶段："早期认为窗户是控制自然光的唯一要素，如同古典时期建筑，依照太阳运行的轨迹被动呼应；然后在实践中慢慢发展出双层墙的概念，建筑开口成为光的过滤器；到了后期自然光的运用升华成为光的庇护物。"[4]的确，康对光的理解是从物质性逐渐精神化。他运用类似古典建筑的语言和被控制的光线完成了对建筑精神的再造，建筑中的光超越了物质性而表现出一种哲学意味[5]。

审视当今时代的公共建筑，万紫千红的灯光设计已成为装点建筑与空间的宠儿，当我们惊诧于各种灯光所带来的奇幻效果时，自然光逐渐走下神坛，"自然光—空间—建筑—精神"这个古已有之的链条被打散。康一生所执着的光线与建筑精神，更多地变成一种戏谑，我们正在遗失对建筑的敬畏。从这个意义上说，当我们怀着虔诚来回顾路易斯·康，剖析他作品中的光影哲学时，我们就重拾了对建筑最诚挚的敬意。

① 沈克宁. 光影、介质、空间[J]. 新建筑, 2009（6）: 33.
②③ 戴维·B·布朗宁, 戴维·G·德·龙著.路易斯·康: 在建筑的王国中[M].马琴译.中国建筑工业出版社, 2004.
④ Urs Buttiker. Louis I Kahn: light and space [J] .Birkhauser Verlag, 1993(8): 21.
⑤ 闻蔵.捕光捉影——建筑中的光和影[D].昆明: 昆明理工大学, 2006.

对王澍建筑创作中地域性关注的再审视

郝瑞生[①]

摘 要：通过对王澍独特的建筑思想的阐述，分别从文人情怀与传统园林情结、传统山水园林的类型化设计实践以及建筑建构的传统表达三方面分析了王澍建筑创作中对地域性的关注，并对王澍的建筑地域性思索进行了肯定与批判，认为国内建筑的地域性探索道路上，王澍是独行的启蒙者，从而为当今建筑的地域性探索提供一定的启示。

关键词：王澍 建筑设计 域性 传统园林 思考与批判

伴随着近 20 年中国经济的飞速发展和大量建设项目的实施，一些中国建筑师开始在国际舞台上崭露头角，频繁地在国外建筑媒体和展览上出现，王澍无疑是其中最具影响力的建筑师之一。随着 2012 年王澍成了第一位获得普利兹克奖的中国建筑师，他所践行的带有浓烈地域性的建筑作品和思想一时名声大噪，建筑的地域性这个在设计中不可回避的话题，在他这里得到了一种引人深思的诠释。

一、王澍——一个自醒的独行者

迄今为止，王澍在其并不漫长的职业生涯中已经留下了大量的建成作品。在国际上，这些作品受到越来越多的关注；而在国内，人们的态度可以说相当两极化——它们得到了大量的赞扬，却也引起了普遍的质疑和不解。围绕着王澍作品的评价，建筑圈和公众都分裂成两个阵营，这意味着，一般意义上的社会领域，在王澍独特的思想和作品的冲击面前，都无法维持原有的清晰边界。可以说，王澍的作品从一开始就伴随着矛盾和困惑。他自己也说："困惑，关于存在者的困惑，正是我在每一个我建造的房子中试图保持的，并试图让它们的使用者分享。"[②]

王澍的登场揭示了中国建筑师群体的身份危机，他将自己的设计团队命名为"业余工作室"，在"业余"二字背后，是对中国现代专业建筑设计系统和注册建筑师制度甚至中国专业建筑教育制度的全面怀疑。他名副其实的"业余"不仅证明中国建筑百年来建立的体系、规范和习惯思维与这块土地、它的历史和现实无关，进而证明这套貌似科学严谨的知识构造和方法体系，事实上推行的是对中国珍贵自然风物的系统拆解，对现代物质文明、甚至西方人居理想的不假思索的麻木模仿、简单重复，并在建筑教育、专业评估、注册建筑师制度和商业房地产运作中逐步编制其一套牢不可破的神话，在一批批建筑人中薪火相传。[③]

建筑师张雷认为王澍是为数不多的同时

---

① 郝瑞生，北京建筑大学建筑与城市规划学院在读硕士研究生。
② 金秋野.论王澍——兼论当代文人建筑师现象、传统建筑语言的现代转化及其他问题[J].建筑师，2013(2): 6.
③ 金秋野.论王澍——兼论当代文人建筑师现象、传统建筑语言的现代转化及其他问题[J].建筑师，2013(2): 6.

拥有"会想、会做、会说、会写"四种本事的人，而王澍正是运用这四个手段来表达建筑与建筑以外的思想——情趣与诗意、体验与营造、简单与直接。[①]他以一种中国文化传统中的乌托邦，来拒绝当代中国建筑的急功近利和心浮气躁。他的建筑中也越来越多地出现中国传统建筑的元素：从曲线的大屋顶、青砖、白墙灰瓦，到放大了无数倍的窗棂图案，这些都像是对于当下中国西方建筑影响的普及乃至泛滥的一种抵抗。

二、王澍的建筑中地域性的体现

王澍在他近年来的作品中执着甚至近乎固执地尝试着各种不同的可能性，当然这些可能性必须是来自中国本土的既有传统。这种执着乃至固执使得他的创作道路呈现出一种中国当代建筑师少有的延续性：相对大部分其他的"明星"建筑师们不断变换的建筑妆容，王澍以一己之力，始终在中国建筑被遗忘的传统中开掘，他的作品体现了一种对地域性的执着探索。

1. 文人情怀与传统园林情结

王澍对弟子常说的一句话是："在作为一个建筑师之前，我首先是一个文人。"[②]通观王澍的文章，字里行间里流露出的一种浓烈的儒气与书卷味，而在与之相关的行文中又总能看到"园林"二字。他引用后者的话："今天的建筑师不堪任园林这一诗意的建造，因为与情趣相比，建造技术要次要得多。"[③]

王澍深知传统园林的博大精深，并戏谑为"人的到场"——他曾不下百次地游历苏州园林，熟到可以默背的地步——可以认为，王澍是在有意识地摆脱对现代主义影响下的宏大叙事性，

不再过多究缠于书本杂志上的平面图像，而深入现象之中，用"识悟"的方式感知对象。他要学生不再以"他者"的身份去看待园林，而是转为第一人称。

王澍偏爱园林小品和民居村落，这些原本只是一种远离中国传统体制的"趣味"，正如文人画本是消遣怡情之作，运用在庭院空间乃至别墅建筑中自不待言，但王澍最大的成就是完成了把这些闲情野趣放大和转换成为当代中国大型公共建筑的一种语言，这是需要极大的自信力和操控把握能力的，反之则常常堕入精致繁琐的泥沼。恰巧王澍的性格中有着超强的意志力、极度的自信和来自北方血统的力量，使得他常常敢于将中国传统建筑的做法放大到一个超常乃至反常的尺度上，从而以义无反顾的简单明了来平衡建筑中的趣味，并达成一种中国当代建筑所特有的"大"和纪念性。[④]

2. 传统山水园林的类型化设计实践

以到场者的视角去观察与解读，王澍发现了类型性的山水园林模件，按照中国美院老师王欣的说法："传统园林中的楼观、架桥、茅屋、渔艇诸等中介物，单从样式上看，同一类型的事物之间的差异几乎是可以忽略的，这类什物

图1 中国美术学院象山校区专家接待中心
图片来源：王澍.瓦山—中国美术学院象山校区专家接待中心[J].建筑学报，2014（1）.

① 王斌.建筑师、文人、学者、教师？——解读王澍及其建筑思想[J].华中建筑，2009（2）：35.
② 王澍. 造园与造人[J]. 建筑师，2007（2）：82—83.
③ 王斌.建筑师、文人、学者、教师？——解读王澍及其建筑思想[J].华中建筑，2009（2）：35.
④ 李翔宁.作为抵抗的建筑学——王澍和他的建筑[J].建筑世界，2012（5）：30.

图2 中国美术学院象山校区教学楼　图片来源：沈驰.地域性——王澍迈出的一步[J].建筑技艺, 2012(5).

是一群类型化的东西，它们之间极其相似，它们自身已经没有特殊设计的必要了，仅仅在乎放置在哪里"。[1]本来，模件是一些可以互换的组件，更换了位置，将获得不同的命名。

这种基于类型化的营造方针，在中国美术学院象山校区二期的设计中，得到了淋漓尽致的展现。他将"山房"、"水房"和"合院"以各种变体重复出现，根据地形、根据具体的位置、根据彼此之间的关系，发生了各种各样的转化和变形，有尺度之间的，有同一尺度的不同情态上的。同时，一些组件在象山校区中则不断穿插于更大的单体建筑中，充当偏旁部首。单体建筑自身变幻着院落格局，建筑与建筑形成更大规模或更不受限定的院落，这些院落连续排列、互相关照，组成了一个现代尺度的园林。基本的"点"，亦即"笔画"层次的构造更丰富圆熟，而植物作为一个主要的模件，也在建筑外部、建筑内部、建筑与建筑之间、屋面以上、甚至碎砖瓦墙的缝隙里，在各个层级上侵入渗透，成为设计语言中一个不断生长、富于情态却又无法完全控制的变量。为了最终的目标，最小的建构语言和材料选择都要为之取意、为之留神。[2]这样，在从笔画到篇章的各个层次上，王澍的设计语言连缀起来，上下呼应、互为表里，成为一个相当有力且丰满的叙事组诗，其中包含着重新与自然达成平衡的哲学

构思，延续着文人山水的襟怀观想，既属于过去，又连接着未来。

3. 建筑建构的传统表达

王澍的建筑使用了包括砖、瓦、钢、木、混凝土等原生材料，杜绝诸如面砖、干挂石材、铝板等所有装饰性的做法。这些材料自然地表达着时间的印记，水迹、青苔或是石缝中长出的小草，建筑越久越耐人寻味。建筑设计与材料属性、构造逻辑在此高度一致，建筑以一种真实的方式让人可以看得明、读得懂，从而建立起人们对传统的关联性回忆，强烈表达一种地域性的场所精神。[3]

在象山校园，可以深刻感受到建构的表达，如白色墙面与混凝土本色顶棚的反差，因为建

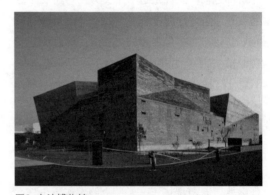

图3　宁波博物馆
图片来源：百度图片http://image.baidu.com/i?ct=503316480&z=&tn=baiduimagedetail&ipn=d&word=宁波博物馆.

---

① 金秋野.凝视与一瞥[J].建筑学报, 2014(1): 21-22.
② 金秋野.凝视与一瞥[J].建筑学报, 2014(1): 21-22.
③ 沈驰.地域性——王澍迈出的一步[J].建筑技艺, 2012(5): 254.

筑的墙体多为砌筑结构,需要外表粉刷,而顶棚为混凝土浇筑,足够密实平滑,从原理上看没有理由需要粉刷。于是,墙与顶的关系在这里被还原,而没有像大多数建筑那样用白涂料去掩盖其差别。在象山校园,你能看到砖墙的开洞方式一定符合砖墙砌筑的逻辑,而如太湖石般的异形洞口则只存在于整体浇筑的混凝土墙面上。

在宁波博物馆的外墙上,建筑立面在斜线处出现造型的翻折,下部的垂直墙面为青砖砌筑的做法,而上部的倾斜墙面为混凝土现浇做法,原因在于倾斜的墙面已不符合砖墙砌筑的逻辑;再者,上部混凝土墙面的窗户采用"挖洞"的做法,而下面的砖墙开窗则有意暴露过梁。针对以上细节,绝大部分建筑师都会习惯性地将材料及做法统一,以掩饰差异,追求整体感。而在王澍心中,建构的真实性显然比造型的统一更重要,建筑的整体传递着一种真实质朴的地域气息。①

三、王澍对建筑地域性探索的思考与批判

从本质上挖掘,建筑的地域性是源于应对各地区的气候特征、自然资源和人文现象等而出现的不同的建筑形制和建构科学,从这个意义上说,地域性反映了建筑的适应性与真实性。然而,当建筑师将不同地区的建筑特征抽象为一个个符号时,尤其在后现代主义盛行的当代,建筑开始了崇尚隐喻和象征,建筑的地域性逐渐从实质走向了表象,这之中最典型的表现就是关于地域性的讨论常常停留在"符号"层面:诚然,贝聿铭的香山饭店作为一个实验性作品开启了20世纪80年代中国建筑的觉醒之路,沐浴着国内建筑界改革与发展的春风,建筑师们似乎从中找到了一条"康庄大道",脱离规

划语境和建构学的"符号提炼"蔚然成风,大家热衷于讨论继承传统建筑是要"形似"还是"神似","神似"一度代表着更高明的方向。但他们都忽略了,建筑的地域性根本不囿于究竟是"形"或是"神"的相似性讨论,地域性的概念有其内在的广义性和包容性。

当王澍的象山校园横空出世,建筑师们的思维模式又一次受到了极大的冲击,王澍没有继续停留在符号和象征的层面,他的建筑在视觉可见的形制、材料以及与此相关的建构研究上向"地域性"迈出了有力的一步。他通过一系列高超的手法,创造出知行合一的精彩建筑群,使得任何到访的人都可以在记忆的时空中获得情感的归属,这是王澍为当代中国建筑界做出的表率。在当代中国,当所有的城市都在复制西方的发展模式时,当城市中的传统文脉、场所精神、建筑构建正在被无情地吞噬时,当建筑的地域性成为一个说得最多、见得最少的题目时,似乎王澍的实践回应显得弥足珍贵。

不过于苛刻地看,王澍的建筑已足够精彩,甚至在当下国内大量性建设的节奏下,他的地域性建筑思想似乎略显超前。但如果我们继续去追溯地域性更本质的问题,或许一些疑问仍然不解:建筑的地域性可以说是建立在气候学、经济学以及社会学的基础上,是为人们创造舒适的环境、就地取材、方便建设以及达到地方文化的认同和传承等,虽然,利用当地物质资源的"地域性"因为工业水平和运输能力的发展已经并非重要,然而气候学的"地域性"却依然如故,社会文化层面的"地域性"也需要关注。当王澍把园林化的思维大量融入功能性强的建筑群时,其应对气候的思考、对经济性的控制、对地方文化的深层关注受到了不同程度的挤压与牺牲。

以象山校园为例,诸多的空间、构造存在

---

① 沈驰.地域性——王澍迈出的一步[J].建筑技艺,2012(5):254.

舒适性和耐久性的问题，如建筑外墙大量出现的小窗洞口和实心木板窗，导致建筑内部空间相比正常的教学楼阴暗。王澍对此解释道："传统建筑的室内常常是一种介于明和暗之间的状态，我称之为幽明。"这似乎是一种富有禅意的哲学化思考，我相信这并非设计之后刻意寻找的托词，传统建筑的窗之所以小是由于其结构技术和围护墙体保温隔热需求的限制，与哲学无关，那么如此的传承是否过于简单？另外，整面木门板的工艺完全沿袭老做法，如风勾、插销等，导致其关闭时气密性差，巨大的缝隙让室内走廊在冬天与外界一样冷，在夏天与外界一样热，杭州在作为夏热冬冷的地区如何保证建筑的舒适度，相比敞开的外廊，木门板的意义更多地存在于符号价值。

相比对传统的尊崇，王澍较少顾及当代技术条件新的可能性，也让其应对地域性的思考打了折扣。我们喜欢王澍的建筑，因为从视觉认知角度我们获得最大的共鸣；我们对其存疑，因为又常常觉得它似乎是一个关于记忆的故事。[1]

四、结语

马清运说，真正伟大的建筑师一定是有着政治抱负的建筑师。王澍的抱负或者说使命感，也是使他区别于许多当代中国建筑师的，是他对当代中国建筑的"中国性"的一种探求。王澍用一种文人的批判和抵抗态度，使其与中国建筑师大肆建造的行为和身份保持着审慎的距离，他的这种以退为进的策略，和中国当下的社会政治和文化体制保持着一种更为微妙的关系。或许这也正暗合中国文人在都市中造园的心灵际遇：保持退隐山林的姿态，却不放弃介入甚至改变社会和文化走向的志向。[2]在当前国内建筑的地域性探索的道路上，他可能算是个独行的启蒙者……

① 沈驰.地域性——王澍迈出的一步[J].建筑技艺，2012（5）：254.
② 李翔宁.作为抵抗的建筑学——王澍和他的建筑[J].建筑世界，2012（5）：30.

继承与创新——从"西班牙风格"谈起

王亮　周昊[①]

摘　要：从国内流行的"西班牙风格"谈起，通过对比西班牙当代住宅风格，论述继承与创新的辩证关系。文章认为建筑创新的本质即文化创新，应该在挖掘地域、时代、民族等特征的基础上创造自己的生存哲学、空间意识、美学原则，体现自身居住生活方式的建筑文化。

关键词：西班牙风格　传统建筑　继承　创新

引言

　　一个城市的风貌往往体现在其大量性民用建筑——住宅上面。住宅建筑构成了城市风貌的基调。改革开放 30 余年来，中国城市建设经历了翻天覆地的变化，人居环境得到极大改善的同时也留下许多遗憾。由于建设量大、建设周期短、盲目攀比等因素导致千城一面的现象比比皆是。同时，在居住建筑方面，地产商为了迎合民众普遍的崇洋媚外心理，开始大量照搬国外不同时期的各种建筑风格，异国情调成为主要卖点之一。国内大多数高端楼盘都打着洋品牌的招牌，出现了很多都是连欧美人都不知的所谓"欧风美雨"式建筑，风靡大江南北的"西班牙风格"便是其中比较典型的一种，如大连万科溪之谷、杭州戈雅公寓等（图1～图3）。

图1　大连万科溪之谷　图片来源：网络

图2　杭州戈雅公寓　图片来源：网络

[①] 王亮，吉林建筑大学建筑与规划学院教授；周昊，吉林建筑大学建筑与规划学院硕士研究生。

图3 吉林市帕萨迪纳小区 图片来源：作者自摄

一、所谓"西班牙风格"

国内所谓的"西班牙风格"的主要建筑元素及特征：从红陶筒瓦到手工抹灰墙（STUCCO），从弧形墙到一步阳台，还有铁艺、陶艺挂件等，以及对于小拱璇、文化石外墙、红色坡屋顶、圆弧檐口等符号的抽象化利用等。其实所谓"西班牙风格"并非来自西班牙本土而是来自美洲——美国西南部及墨西哥部分地区，随着18世纪西班牙殖民扩张而出现的一种

比较独特的建筑风格。就其本土来源而言，西班牙住宅也并非一种风格，

我们所说的西班牙风格主要来自其南部安达卢西亚地区。也称为地中海风格。然而笔者在西班牙考察其间，其当代住宅给笔者留下深刻印象，风靡国内所谓的"西班牙风格"在西班牙当代住宅中鲜有体现，无论是社会福利住房还是商品房，乃至别墅，时代特征都十分鲜明（如图4）。

我们看到西班牙本土住宅建筑风格也是一个演变的过程，其当代住宅的时代性特征鲜明。归根结底，建筑设计的核心还是创新——包括建筑形式创新、建筑技术创新以及生活模式的创新。当然创新活动不是无源之水、无本之木。如何将外来文化、地方传统和时代需求相结合是建筑创新的出发点。目前传统建筑的研究大多处于史论方面，对其归纳、整理乃至保护都取得了卓有成效的结果。而继承传统不只是形式上的只言片语，更主要的是要吸收传统的合理内涵，适应现代生活、适应当地气候条件。

图4 西班牙当代住宅 图片来源：作者自摄

二、继承与创新的辩证关系

BIG 事务所主创建筑师比亚克·恩格尔斯（Bjarke Ingels）在其著作《是即是多》（YES IS MORE）中写道：相比于革命（revolution），我们更感兴趣的是进化（evolution）。就像达尔文把造物描述为一种过剩和选择的过程，我们建议让各种社会力量、每个人的多元利益关系决定哪些想法可以存活，哪些想法必须消亡。幸存下来的想法通过变异和杂交，变成一种全新的建筑形式，继而演化发展 ①。这句话形象地说明了创新与传统之间的辩证关系。

西班牙当代住宅的时代性特征，给我们住宅创新的启示是：建筑创新或者抛弃传统，追求建筑的时代性，寻求原始和跨越式创新；或者采用继承式创新，以传统建筑的经验和型制为创新的根基。不能像中国现在很多城市住宅的流行病一样，极力从形式上拙劣地模仿中西方传统建筑，建造大量伪传统建筑，而不去思考如何适应时代，做此时、此地、此情、此景的建筑。学习世界上先进的建筑文化，从外部汲取营养固然重要，但学习的目的是为了创新和发展，创新更应该在挖掘地域、时代、民族等特征的基础上创造由自己生存哲学、空间意识、美学原则引导的，体现自身居住生活方式的建筑文化。

建筑是哲学、历史、经济、技术、艺术等各种因素的综合体，它具有时空性、地域性、人文性和社会性。"居住形态变迁的文化根源大体有两种形式：一是在自身文化基础上进行完善的创新；二是借助外来文化对原有形态进行改造和取代。" ②的确，创新既需要从传统建筑中挖潜，也需要从外部异域文化中汲取能量和信息。在传统基础上的继承式创新是创新的常态，那种原始创新或跨越式创新虽然是创新的终极目标，但却不是常态的创新。传统建筑构成

了我们的文化记忆，它把我们和本民族、本地区的历史连接起来。传统建筑能激起人们对以前生活的记忆，继承传统的创新能够从意识形态方面为创新实践提供一个具有思想的、文化的、心理定势的框架和背景，从而使创新实践的结果与意义发生关联，为人们提供愉悦感、安全感、归属感、属于感和场所精神，这是建筑文脉得以延续和生长的根。例如，吴良镛设计的北京菊儿胡同集成了四合院的空间布局特点，提升了建筑的精神、文化、艺术方面的内涵。

在我们这个历史悠久、地域辽阔的国度里，如何继承和汲取传统建筑的精华并能充分体现时代的精神，找到传统建筑与当今时代的衔接点，创造出具有中国特色的现代建筑，早已成为目前我国建筑领域所需研究的一个重要的课题。可喜的是如万科第五园等一些优秀设计作品已在现代建筑民族化方面进行了有益的尝试。因此，如何摈弃崇洋陋习，有效地发挥地域文化特色是继承式创新的重中之重。盲目的崇洋媚外陋习是城市建设中显示区域文化特点的大敌。建筑创新不能只把外表的形式搬过来，这种形式的模仿是不利于传统建筑继承式创新和发展的。因此，在城市风貌与地域特色的建构方面设计师应坚持如下原则："首先立足于特定地理、气候和文化特征，寻找适合本地生活方式和审美传统的立场；其次应本着开放包容的心态，接受多元文化的交融与并存，为居民营造具有可识别性和认同感的地方风格"。③

三、建筑创新的本质即文化创新

文化软实力是以文化资源为基础的一种软实力。这种软实力不是强制施加的影响，而是被主动接受或者说主动分享而产生的一种影响力、吸引力。我国文化产业在 GDP 中所占比例

---

① 陈曦.原型建筑之进化——浅析BIG的设计理念与实践方式[J].世界建筑, 2011（2）: 18-21.
② 于一凡.城市居住形态学[M].南京: 东南大学出版社, 2010.212, 215.
③ 李伟.文化软实力.三联生活周刊, 2012（49）.

不足 4%，而西方发达国家平均达到 10% 以上。美国文化产业占世界文化市场的 43%，欧盟占 34%。近年来，在中国建筑市场，发达国家设计师以其文化软实力为依托，携带着各种"主义"或标签如过江之鲫蜂拥而来，攻城略地，势不可挡；形成对比的是鲜有国内建筑师受邀在发达国家留下像样的建筑作品。究其原因，在中国经济高速发展三十余年后，物质财富迅速积累，而非物质文化的发展却进步缓慢，这种现象即社会学上所称的文化滞后（cultural lag）现象。建筑本身具有"形而上"和"形而下"的双重属性，既有物质功能又有精神功能，同时又是社会生活的反映和产物，是人类文化的重要载体。近代以来，由于列强的入侵，社会的动荡，经济的衰退，中国几千年形成的文化优越感被文化自卑所取代。因此作为中华文化的一个子系统，建筑文化创新必须在民族复兴的伟大背景下进行。2006 年国务院首次在《国家中长期科学和技术发展规划纲要》中提出把创新文化建设作为其主要目标。建筑文化创新首先要具备的前提是一个适于创新的社会文化环境，即社会心理趋于理性、平和、自信，大众审美意识和审美水平提升。二是建筑创作从业人员数量与建设量相匹配，建设速度适当，只有这样才有机会实现建筑创作由量变到质变的升华。第三，

建筑文化创新要与技术创新和其他文化子系统的创新相结合，才会使建筑创新永不丧失驱动力。五千年文明的积淀，为我们正在进行着制度创新，技术创新、思想和文化创新提供了丰饶的土壤，也将为建筑师从文化自信到文化自觉提供精神依托。

结语

建筑的演化，既包含了传统建筑继承，也包含了地域建筑自身与时代、与世界其他地域建筑的融合。我们国家地域辽阔，有悠久的历史和灿烂的文化，每个地区的建筑都有自己的特点，如岭南建筑文化、中原建筑文化、齐鲁建筑文化、北方建筑文化等，这些是靠我们的祖先创造、积累和积淀下来的，今天我们的责任是保护她、丰富她、发展她。当代建筑的发展，一方面要传承传统的积淀，即以传统地域建筑为基石；另一方面则是对传统进行创新，创造满足当地、当代生活模式的新地域建筑形式。

参考文献

罗孝高.创新文化的基本模式与创新文化的建设.广西社会科学，2004（5）.

城市建筑与建成环境间的新旧对话
——遵从肌理或嵌入异质①

张芳　周曦②

摘　要：复杂而有机的城市环境中，个体与群体、局部与整体存在着辩证的关系。研究以城市的新旧拼贴现象入手，指出城市建筑与城市建成环境间对话的重要意义：一种方式是强调建成环境作用于城市建筑，城市建筑选择遵从城市肌理；另一种方式是通过城市建筑反作用于城市建成环境，体现城市建筑异质嵌入整体所带来的活力。文中结合典型案例讨论了这两种方式的设计思路与方法。

关键词：城市建筑　建成环境　对话　肌理　异质

一、城市建筑与城市建成环境对话的意义

城市建筑作为城市有机体不可分割的组成部分，无论在工程技术、交通组织，还是文化脉络、空间组织方面都与城市总体系息息相关，相辅相成。因此，现代建筑师不能仅仅局限于单独建筑个体进行思考，而应把建筑作为城市的一个有机组成部分进行设计。

随着城镇化的深入，由于土地资源紧缺，城市建设越来越多地需要在城市建成区内进行，城市建筑与城市已建成的环境间的关系变得愈发重要。城市建设理论的发展使得当代城市建设已经由"以建筑为核心"转向"以城市为核心"。建筑反向作用于城市的现象越来越得到重视，近年来"自组织理论、城市针灸理论、神经网络学说、城市触媒"等理论关注到了城市建筑反向作用于城市建成环境的途径，进而影响城市整体发展，对建筑师、规划师、城市管理者有很大启发。

二、城市建筑与建成环境间对话的基础

柯林·罗 (Colin Rowe) 在《拼贴城市》(Collage City) 中，提出了"拼贴"的概念，认为城市是复杂与多元的，城市应该建立在对城市肌理的尊重的基础上，设计应该是建立在与周围环境协调的基础之上。"拼贴城市"是一种城市设计的方法与技巧，其切入点是现代城市与传统城市的巨大差异，即城市的新与旧的差异。

在现代城市的发展与更新中，城市建筑与城市建成区新旧对话的建立，对实现城市新与旧的平衡，重新演绎城市的空间、时间秩序提供了新思路。

① 国家自然科学基金，新城镇化进程中城市生长点形态与模式研究（项目批准号51348006），省高校自然科学研究面上项目[指令性]（项目批准号：13KJB560013）

② 张芳，苏州科技学院博士、讲师；周曦，苏州科技学院博士、讲师。

1. 建成环境之于城市建筑——城市文脉促成了城市建筑的肌理

在复杂历史背景下，城市建筑如何对话城市建成环境？城市离散片段如何实现有机的整合与拼贴？在此过程中，已建成的城市环境所显现出的文脉肌理成为主导控制。在设计中往往可以以城市肌理为出发点，建立城市建筑与城市建成区的明晰联系。一方面，设计师通过肌理梳理，有选择地保留"实体"，形成城市建筑的原型，向上联系城市要素整合城市肌理，向下控制指导城市建筑的具体形态、细部、材质等。另一方面，通过城市道路网等"负形"的控制，表达传统城市空间结构，以负为正，通过场地精神的再造重塑与建筑实体"正形"的空间关联。

2. 城市建筑之于城市建成环境——城市建筑异质的活力

城市建筑反作用于城市建成环境，是一种局部对整体的对话：作为"局部"的城市建筑需要具备一定的性质、规模、活力才能对"整体"——城市建成环境产生反作用。如巴黎的阿拉伯世界中心，通过"异质"的新建筑嵌入传统街区，连接老区与新区，诠释阿拉伯文化与西方文化，体现历史与现代，兼具内向性和外向性。它的象征性和现代感立足于今日对这两段文明史的解释，而阿拉伯世界中心的位置，恰恰处于两种城市结构的连接处，通过新建城市建筑的介入，在传统的、连续的城市形态与现代的、间断的城市形态之间，建立起了对话与联系。

三、尊重肌理的新旧平衡对话

城市中的要素具有"拼贴"性，尤其是在历史性城市中，城市不同时期历史的片段往往处在城市系统不同的子系统中，新旧之间相互作用，共同反映了城市的历史与文化。然而由于城市元素之间往往叠合在共同的物理空间内，往往会出现城市局部的空间、要素过于繁复庞杂，或是城市片段与城市环境脱节。这就要求设计师尊重城市肌理，整合城市要素关系，妥善平衡城市的"新"与"旧"，为城市建筑与建成环境之间的对话架起清楚明晰的桥梁。

1. 城市肌理的"正形"与"负形"

每个城市区域都有自己的独特肌理，城市肌理如"图底关系"一样，存在"正形"与"负形"以及两者反转相生的关系，两者交错共同作用影响城市肌理。在研究中，假设有形的城市建筑是城市肌理中的"正形"，反之城市公共开放空间如街道、广场、绿地等则是城市肌理中的"负形"。在尊重城市肌理的新旧对话中，可以分别从两个方面入手，建立新旧间良性对话。

2. 以"正形"为切入点
1）城市建筑原型向上整合城市肌理

著名的城市拼贴案例如波茨坦广场的重建：分割状态结束后的柏林城市肌理呈破碎[①]状态，在其"批判性重建"整合破碎城市片段中的过程中，设计师尊重原有的传统城市肌理，提炼出城市建筑的原型，以此为基础向上整合城市肌理，向下指导城市建筑重建。

一方面，通过城市建筑原型的组合、重复、变化梳理传统城市轴网，重塑城市肌理：从城

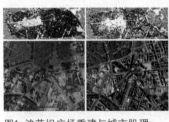

图1 波茨坦广场重建与城市肌理
图片来源：均由Google earth获取 作者整理

---

① 1989年柏林墙的倒塌标志分割状态的结束，东西柏林的城市结构代表不同思想意识形态下城市物质构成上的差异，这一现象在二者结合部位更为强烈。波茨坦广场在"二战"中被彻底摧毁成为废墟，随后在冷战时期，柏林墙在其原址上将其分为两半。

市文脉出发恢复了早先该地区代表性的莱比锡广场的八角形状，接入保留的城市轴网，呼应了该区域1940年前的空间构成。另一方面，以传统的围合街区为建筑基本原型，控制建筑高度，再现基本的传统街道围合形态，重塑传统城市街区的形态特征；虽然建筑师针对建筑的不同使用功能突出其自身特色，细节的处理和材质的运用，大胆采用新材料与旧的材质产生对比，但整体却实现了相对完整的形式特征。

2）城市建筑原型向下整合城市建筑

巴黎Lafayette街区地处历史街区，区内有保留历史建筑且与城市中心区一街之隔。设计师与地区管理机构以及专任的保护建筑建筑师对基地的历史与文化遗产通过一系列的调研分析确立了尊重历史的整治方案，提取了巴黎传统典型的围合的建筑原型。

设计以巴黎典型的奥斯曼围合式院落为原型，对区内建筑采取有选择的保留：对沿街面建筑以及具有代表性的结构尽可能地保留；对保留历史建筑（邦索官邸）进行修复；在立面完整的基础上，分层级进行修整，对屋顶下无法使用的建筑空间进行拆除；对于街区中心加建的建筑进行拆除。在城市肌理再造的过程中，设计师引入了现代的细部空间，在街区中心大厅中心，采用22米×10米的玻璃屋顶，与水泥构架相联接嵌入街区建筑。整个街区呈现不同时空片段整合：新与旧、城市建筑与建成环境间，形成良好对话。

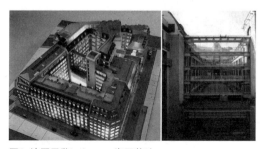

图2 法国巴黎Lafayette街区整治
图片来源：（法）皮埃尔-克雷蒙著.法国arte建筑设计事务所.大连理工大学出版社，2005.9

3. 以"负形"为切入点

1）路网叠加再现城市肌理

巴黎Bercy地区改造前呈现典型的拼贴形态[①]，不同发展时代的特征都被叠加保留，形成了特殊的城市肌理。在城市改造过程中设计师将地块看作一件城市古迹，在场地中已经形成的网格上叠加新的新的网络。两套网络相互独立避免干扰，将不同的记忆"斑块"整合在一起。

图3 BERCY公园方案中新旧路网的叠加及现状
图片来源：左图作者绘制，右图拍摄于2009年

第一套路网是选择地保留传统肌理——隐喻城市记忆与区域文化：保留的路网是酒库历史的见证，是公园的灵魂；其主要构成为一部分原有的道路和铁路线，保留其主要结构而形成步行路网系统，材质也保留了原来道路材料，并且道路和现存树木的空间关系得到最大保护，与区域内改造的酒库相互呼应。

第二套路网是根据现有城市发展的需求进行叠加——对话现代城市发展：充分考虑基地与周边环境关系的系统构成了现代公园的结构骨架。在这套路网系统中，一方面向此后修建的城市居住区充分开放；另一方面公园通过高差形成的轴线，在整体上通过步行桥与塞纳河对岸

---

① Bercy地区在17世纪时呈现的是乡村景色，兴建了大量的私人庄园。到19世纪Bercy成了欧洲主要的葡萄酒和烈酒市场之一。1859年，作为奥斯曼对塞纳地区重组计划的一部分，Bercy最终被并入巴黎进行规划，保留原有的街道网络。

遥遥相望的国家图书馆形成了直接的联系[①]。

2）"负形"肌理控制下的实体表达

对历史传承，最常用的手法就是保留，在表达传统城市肌理"负形"路网的控制下，场地内实体建筑、植被、铁路等构件通过有选择的保留，进一步加强了"负形"的存在感。

此外，场地内建筑进行了拆除、功能置换，为新时代的人类活动提供了场所与空间：部分酒码头即酒库拆除，提供了公共开放空间，西侧的 Cour Saint-Emilion 酒窖区，现被改建为商业服务和文化活动综合地区；Bercy 公园南部的保留葡萄酒仓库，被改造开发成了酒吧等休闲场所 Bercy Village。对于区域其他的与肌理相关的植被、构筑物：保留了代表该地区特点的 500棵古树大树；花圃中保留原有的铁路网、18世纪的庄园式建筑的中心园艺所。此外，Bercy 地区的许多道路都以葡萄酒产地命名[②]，这些地名作为历史记忆传承的载体得到了保留。

图 4 保留树林、道路、铁轨、建筑（改造后的酒窖区）
图片来源：作者自摄

四、以"异质"城市建筑为切入点的新旧对话

1."异质"的非物质特性与物质支持

首先，"异质"的概念是非物质的，但是其存在与表达需要物质基础的支撑——城市建筑、城市空间，异质的文化融入传统文化的过程，往往会伴随着"异质"的城市建筑、城市空间嵌入传统城市建成区的过程。所以非物质层面的"异质"文化与"传统"文化碰撞、共融，有两个层面的实现过程：有形的建筑与无形的文化。

其次，无论是"异质"的形式还是"异质"的文化，其引入往往需要一定的契机，才能发挥对城市物质、文化、生活的良性促进作用，这种契机主要以城市事件（city event）[③]的方式作为外在表现。以城市事件为契机的城市行为可大可小，在物质与文化层面有着不同的侧重。一方面，在物质层面赋予城市更新发展乃至调整城市空间结构的机遇：小到受创旧建筑的更新，大到可以优化城市空间结构，提升城市整体形象。另一方面，在文化层面，往往以城市事件为平台作为文化的驳接点，为城市带来文化的碰撞。

2.异质的形式为主导的城市建筑嵌入

异质接入的方式往往强调新与旧之间的不同，新与旧以异质碰撞的形式表现在建筑形式、建筑细部、建筑功能等方方面面。传统的形式上嵌入"异质"的形式，以"异质"的形式嵌入为原点，颠覆重置原有功能组

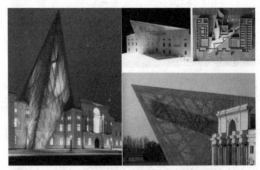

图5 德累斯顿军事历史博物馆方案
图片来源：均来自丹尼尔·里伯斯金·感知的力量，URBAN ENVIRONMENT DESIGN 城市/环境/设计，2014/2+3，作者整理

---

① 在总体规划中确定了在 Bercy 公园和国家图书馆之间建一座步行桥，因而在 Bercy 公园的设计中预留了桥位接口，现在这样的桥位接口形成了对国家图书馆这条轴线的延续的暗示。
② 如新加龙河路（Neuve-de-la-Garonne）、Cour Saint-Emilion 等。
③ 早在 1960 年代，城市事件已经引起了西方学术界的重视，并且在 2000 年之后更是达到了一轮研究的高峰。城市事件已经成为城市规划的一个有效辅助工具。

织、空间划分，往往能赋予建筑以新时代的意义与功能。

1）以城市事件为契机，传统形式上嵌入"异质"形式

德累斯顿是"二战"历史上著名的城市。德雷斯勒军事历史博物馆①位于德累斯顿历史中心的外围，在"二战"盟军的轰炸中幸存下来。1989年，由于其特殊的身份、形式无法融入新建的德国，政府决定将其关闭，直至2001年，政府期望其改造可以促使人们重新认识和理解战争。方案以现代的楔形结构的观景平台的"异质"嵌入，直指德雷斯勒轰炸开始的地方，创造了一个戏剧化的反思空间，同时以其现代的形式和空间，呼应了德累斯顿的现代景观。

2）以"异质"的形式嵌入为原点，颠覆重置原有功能组织、空间划分。

新建的楔形结构高98英尺（29.87米），观景平台高82英尺（24.99米），运用开放透明的立面与原本刚硬不透明的建筑形式形成对比。这种形式与材质的碰撞隐喻了旧时代的独裁统治与自由民主的新时代。"异质"的楔形空间的形式嵌入，打破了原有建筑的自然层按年代顺序展示的空间秩序，塑造了以楔形空间为核心的5层高的开敞空间，功能上作为核心的补充展区进行主题展。异质的形式的嵌入，以及对原有功能序列的颠覆，隐喻了战争带来的"暴乱的力量以及人类冲动的社会力量"，与眺望可及的德累斯顿新建的优美、平静的城市景观形成对比，发人深思。

3．异质的文化为主导的城市建筑嵌入

1）以城市事件契机，在传统区域中引入"异质"的文化

巴黎阿拉伯世界中心IMB缘于密特朗总统的十大项目，其建设本身即是一个重要的

图6 左上:阿拉伯世界中心周边城市肌理; 右上: 阿拉伯世界中心与周边文化建筑; 下: 阿拉伯世界中心与巴黎圣母院
图片来源:左上、右上为作者自绘,下图为作者自摄

城市事件：1980年，法国总统密特朗提议在巴黎塞纳河畔建造一座阿拉伯世界文化中心（Arab World Institute），让法国人更多地了解阿拉伯文化的价值，相对别的总统项目，虽然规模较小，但是却具有着更深刻的文化内涵与影响。

2）以建筑为舞台，将"异质"文化与"传统"文化巧妙链接

一方面，随着巴黎城市新的文化和公共设施逐渐向城市东部发展，作为文化建筑，阿拉伯世界中心IMB以其自身作为展示的舞台，为传统巴黎人了解"异质"的阿拉伯文化提供了物质基础，同时将其自身塑造为一件精巧的展品，展示在巴黎城市的平台之上。另一方面，巴黎阿拉伯世界文化中心所处区位是现代城市部分与传统巴黎的交界，"异质"阿拉伯世界中心IMB也被视为现代城市与传统巴黎之间的新旧"节点"，其自身存在这许多辩证的关系，如西方文化与阿拉伯文化，现代与历史，室内与室外等，此处不再赘述。

阿拉伯世界中心IMB无论从形态、文化等方面相对于传统巴黎是一种"异质"的介入，然而作为城市建筑个体，阿拉伯世界中心IMB却是以一种低调、柔和的态度嵌入城市：对外充

---

① 其前身可以追溯到1873~1876年间的军械库，随后其角色随时代发展而改变，从早期的撒克逊军械库、博物馆，到后来的纳粹博物馆、苏联博物馆、东德博物馆。

分考虑与城市文化建筑之间的关系，特别是邻近的巴黎圣母院和毗邻的巴黎第七大学，建筑与之相关的立面展现出与之呼应的风貌。沿塞纳河的建筑立面设计者使用新型玻璃材料，低调地反射了塞纳河与巴黎圣母院，形成一定的呼应。建筑入口轴线指向巴黎圣母院，显示了低调的谦卑，并在入口处通过片墙的设计锁定了狭长的街景。

五、结语

当城市化进行到一定程度，城市建筑的建设往往在城市已建成区内进行。这就要求城市建筑与城市建成区之间建立良好的对话关系，以实现其要素间互补、互动，否则后发优势不能被发挥，城市已建成区环境也将受到影响。

一方面，城市形态蕴藏着文脉肌理，设计师应重视城市建筑与城市要素的形态关联，在传承文脉的基础上与时俱进。在设计中有增有减，梳理结构，再现城市肌理，为城市建筑设计提供原型和依据。实现建成环境与城市建筑新旧对话的内外共构、场所共构，以及空间体验中的行为秩序、知觉秩序共构，保证建筑与城市环境连续一致。

另一方面，城市建筑除顺应城市肌理之外，还可以采取另一条道路：发挥其"异质"活力。利用各种城市发展的契机，借由其外在形式、蕴含的内在文化，通过"异质"嵌入整体进行城市建筑与城市环境的有效对话，冲突与对比也能实现城市新与旧的平衡关系。

参考文献

[1] Mirko Zardini.Designing Cities [M]. Italy: Electa, 1999.

[2] Pierre Pinon.Les Plans de Paris : Histoire d'une capitale [M].éd. Le Passage, 2004.

[3] 金彦，刘峰著.建成环境下的城市建筑设计.赵和生主编.南京：东南大学出版社，2012.8.

[4] 刘堃著.城市空间的层进阅读方法研究.北京：中国建筑工业出版社，2010.12.

[5] 张芳.城市生长点形态与机制研究.东南大学博士论文，2012.9.

基于"道法自然"本意的建筑创作理念解析

王槟[①]

摘　要：本文通过对中国传统文化精神中人与自然关系的挖掘,对"道法自然"的原意进行解读,剖析"道法自然"的理念下建筑与自然的关系,对基于其本意的建筑创作理念进行解析,从道的视角系统地剖析建筑设计,寻求中西理论结合点,为道法自然的建筑创作理念提供理论支持。

关键词：道法自然　建筑　创作　理念

在追求建筑设计中的本土化、地域性溯源的大潮流下，越来越多的设计者意识到建筑设计与环境相结合的重要性，于是，生态化设计、地景化设计、融于自然、可持续发展成为建筑设计追捧的设计方向，"道法自然"在诸多招投标方案中频频出现。然而，道法自然本意并非简单地融于自然、效法自然，建筑设计中所提到的"道法自然"成为系列设计的出发点和概念溯源实际上是对其本意的浅解甚至误解。本文将对中国传统文化精神中人与自然的关系进行挖掘，对于"道法自然"在老子《道德经》中原本的意思进行解读，剖析"道法自然"的理念下建筑与自然的关系，解析基于其本意的建筑创作理念。

一、"道法自然"的本意

"道法自然"出自老子《道德经》第二十五章，该章主要讲解"道"的特性："人法地，地法天，天法道，道法自然。"经笔者多版本考证，应翻译为："人所取法的是地，地所取法的是天，天取法的是道，道所取法的是自己如此

的状态。"此处"自然"一词不是指自然界。在《老子》全书中，"自然"出现过五次，没有一次是指自然界。古代谈到天地万物就是用"天地万物"一词，而不用"自然界"。河上公注："道性自然无所法也。"此注意谓，自然并非"道"之外一物，而是指"道"自己而已。此句意思是说，"道"为天地最后的根源，无有别物再可效法，所以只能法其自己那个自然而然的存在而已。据此可知，"人法地"的"地"，是指地利或具体自然环境，"人法地"可以保障人的生存，并学习合宜的生活法则；"地法天"是由人的观点想要找到天的法则；"天"是指天时或宇宙中的规律。"天法道"也是由人的观点向上追溯到天的依归，由此体悟了"道"。最后"道法自然"，任何事物若是保持自己如此的状态，就是与"道"同行。

综上，"自然"意味着：世界和事物的存在是"自己如此"或"自己这样"的，既不是因外力推动之所致，也不是源于自己"有意"之所为，乃是"无力"和"无心"之统一。故天地万物之"自然存在"就是天地万物之"道"。或曰，天地万物之"道"即其"自然存在"。

---

①　王槟,哈尔滨工业大学建筑学院研究生。

二、基于"道法自然"的建筑与自然关系解读

"道法自然"中的"自然"指"自己如此"或者"自己这样",建筑创作中所取概念"道法自然"中的"自然",多指自然界,可见在建筑创作中设计者对建筑与自然界的关系一直予以很高的关注度。基于"道法自然"的本意,探讨建筑创作与自然界的关系,笔者作了以下限定。

上文所说以"道法自然"为创作理念的设计中,多有"道"效法着自然的误解,在此误解下,建筑创作所秉承的理念即为建筑创作之"道"应效法自然,向自然界学习。而本意中的道法自然,自然只是形容"道"生万物的无目的、无意识的程序,"自然"并不是另外的一种东西,是自然而然的意思,道的本质是自然如此的状态。老子所创建的哲学体系中,"道"展现为一个整体,且是自因之物,由"道生一,一生二,二生三,三生万物。万物负阴而抱阳,冲气以为和"知,"道"一方面有超越性,一方面还有内存性,据此,人和自然界都属于"道"整体中的一部分,万物皆有"道",万物皆体"道"。因此,建筑创作之道与自然界之间的关系,非学生与老师的关系,非小与大的关系,而是并行的关系,是互相作用力的关系。

由以上分析可知,基于"道法自然"的浅解或误解,设计者在建筑创作中以效法自然界、仿学自然界运行的机制而创作的建筑实则违背了"道法自然"的本意;而基于"道法自然"本意的理解下,建筑创作理念该如何挖掘,老子的哲学观值得各专业设计者学习借鉴。

三、道法自然的创作理念解析

1. 建筑内在"本质"的挖掘

"假使我是音乐家,而且是第一个创作

华尔兹的人,华尔兹也不属于我,因为任何人都可以写出一首华尔兹——一旦我说出我创作了一首华尔兹,就表示当时已经存在一种建立在三四拍基础上的音乐本质。这以为我拥有华尔兹吗?不,华尔兹不属于我,就像氧气不属于发现氧气的人。这只是某个人发现了某项本质,而身为一名专业者,我们必须去找到那项本质。"

——路易斯·康(Louis I.Kahn)

道法自然——道的本质是自然如此的状态,回归到建筑创作中,所指设计之道,即为遵循事物发展,使得设计及设计作品与整个大环境的发展相契合。在此,建筑师只是帮助环境中的各因素(人、环境、社会发展、交流方式、各利益分配目的等)配适在有形的容器——建筑中,即建筑师对于建筑设计背后的运行机制应予以透彻的了解以及回应,如此,形式以及空间表达可退为下一层次思考的问题,即可以说,建筑创作跟实体有关的所有的一切,都是为无形的机制——建筑的"本质"服务。对于建筑本质的探讨,道法自然的理念与路易斯·康在建筑创作中的某些观点不谋而合。康曾说过"自然不作选择,自然只显现它的法则"。这里自然的含义非自然界,而与老子的"道"意义相近,在自然(道)创造的万事万物中,自然(道)都记录了该事物如何被创造。但人和自然不同,人是有选择的,创作建筑作品的人,是为了把作品当成牲礼献给建筑之神,这位神灵不知道任何形式、任何技术、任何方法、他只是等待他们自己展现出来[①]。人无法像道不作选择造万物一样去做建筑,因为人本身有自己的价值观和偏见,但身为建筑师,他有责任靠近"建筑之神"(道)的自然展现,从中发现人类活动与世界之间关联的本质,而只有体现本质的东西才能长久。

对于建筑本质的挖掘,落实到建筑创作中,即对前期任务书的深刻解读,对任务书的挖掘

---

① 傅佩荣. 傅佩荣细说老子[M]. 国际文化出版公司,2007.

整理，实则是对任务书背后运行机制的整理与重组。建筑师有责任提出适当的建筑计划书。

"就我所知，专业建筑师所能提供的最伟大服务莫过于意识到每一栋建筑物都必须为人类的某一机制服务，无论是政府机制，家庭机制，学习机制，健康机制，或休闲机制。今日建筑的最大确实之一，就是人们不再界定这些机制，而是由方案规划者把这些机制视为理所当然地放进建筑物里。"①此段话表达出康对于20世纪60年代设计现状所存在问题的质疑，而事实上，这些问题到今天，仍然是设计者最容易忽视的问题，设计者习惯于听从甲方的命令和要求，而对空间本质间的联系缺少研究和思考，缺少对于初始任务书的挖掘和质疑，对于任务书的理解非常程式化，所有的任务书都是 Excel 表格里填满的冷冰冰的功能房间和所需面积数据，而这些冰冷机械的表达，如同模具般剔除了任务书中感性表达的部分，扼杀了对建筑本质探寻的更多可能性。试想以下描述：我需要一间 60 平方米的教室，采光良好，满足中学上课普通班要求；我需要一间教室能容纳 40 个充满朝气的同学，数理化课上理性而有序，语文英语课上沟通交流积极共享，课间开心地分享午餐，午休时间可以相互不干扰。两份不同的任务书，给设计师所带来的想象空间的不同，导致空间本质的不同，实则是对任务书本身的理解不同所造成的，设计师有责任在与甲方的接触中挖掘出建筑的本质，即任务书的情景设定，如果任务书能像诗篇一样行文，或者至少像剧本一样有时间、地点、人物、场景，建筑设计者就更容易接近建筑的本质。

建筑实际上并不存在，存在的只是某件建筑作品。但建筑确实存在于心智之中。建筑物是世界内的世界。建筑物是人性化的祈祷所，或人性化的家，或人性化的其他人类机制，必

图1 西雅图公共图书馆
图片来源：http://www.chuyouke.com/guide/4136.html

须终于他们的本质②。康对于建筑自身愿望的强调，让建筑自己找到自己存在的方式，表达了一种不把建筑师自己的意愿或某些理念强加给建筑的理性主义态度，在自然的环境中建立一个纯然秩序的建筑王国，这与道家思想中"道法自然"的持物观一致，值得借鉴学习。

库哈斯在西雅图公共图书馆的设计中（图1），首先对传统图书馆的功能架构进行了反思。他承认图书馆在价值取向及社会责任方面的优越性。而另一方面，由于缺少批评，图书馆机构的组织形式也是最保守和不易创新的。他一语道出了网络时代图书馆作为权威信息服务机构面临的三大挑战：一是如何对待新兴的信息媒介，以使所有信息载体获得和书同等的开放性，即如何实现信息输出的全面和公平。二是在藏书量激增的前提下，能否在空间布局上挖潜，找到更高效、更清晰的信息存放和查阅模式，提供更专业的信息服务，以适应读者多元化的信息需求，这个目标追求的是功能创新。三是当今纯粹的公共空间不断萎缩，多数都打上了购物的烙印。当购物成为人类的终极活动时，图书馆作为绝对免费的公共空间，除了阅览外是否能创造更新奇的空间体验，从而为市民活动提供多样的灵活性？

经过以上反思，所有问题的症结都集中到

① 路康（Louis I. Kahn），拉尔斯·莱勒普（LarsLerup），麦可·贝尔（Michael Bell）著. 光与影：路康的建筑设计思考. 吴莉君译. 原点出版：大雁文化发行, 2010.4.
② 陈鼓应. 庄子今注今译[M]. 商务印书馆, 2007.

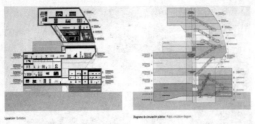

图2 西雅图公共图书馆功能分析
图片来源：http://www.arcspace.com/features/oma/seattle-public-library/

当代"图书馆本质"的创新上。库哈斯摈弃了典型美国高层建筑中的逐层匀质叠加，局部挖出大空间的空间结构，而是延续了他在法国图书馆投标方案中的策略，于一个大空间中，放入几个实体，而实体之间的虚空间作为公共空间的节点，既可以串成一个整体，本身又是有特征的个体，对应着特定的功能和空间氛围，空间既舒展流畅，又不失跳跃性（图2）。

尽管库哈斯"形式追随功能"的逻辑遭到众多质疑，但在他设计之初对设计本质的探讨和研究对图书馆机制的更新所作出的贡献是不可否认的，图书馆在设计和建设的过程中，不断地征求当地民众的意见，开设相关讨论、意见的网站，从而使得图书馆本身的诞生就被赋予网络化、数字化的烙印，也使得库哈斯的新图书馆理论更加富有说服力和意义，在"本质"的支撑下，形态和表皮似乎已经不重要，一切随着"道法自然"的开始而变得合乎情理。从设计之初的思考开始，在社会环境的影响下，也许设计结果多种多样，库哈斯只是选择了其中更合理的一种，表皮形态也随其本质而变化而成，可谓物以道（自然）为体，道（自然）以物为用，体必生用，用必得体（顺物自然，合乎物性），与庄子"外化而内不化"的道法自然观不谋而合。

2. 建筑与环境关联的创造

"场所与建筑幸福的联姻，产生了自然的建筑，幸福的夫妻，并不是表面看起来很般配的夫妻，而是能够共同创造的夫妻。"

——隈研吾《自然的建筑》

前期对建筑本质的挖掘即对任务书的探究只是作为设计的开始，一切与建筑设计相关的思绪与实体的建构都需要在其指导下进行，事实上对建筑本质的挖掘本身无法把建筑与环境之间的关联与之在程序上割裂开，所有的思考事实上都是在一个整体的状况下进行，而"道"本身具有整体性，秉承建筑创作之"道"要做到"法自然"，需要在"机制、联系、本质"的基础上对所处环境予以整体考虑，这里的环境不单指物质空间环境，历史环境、人文环境等多维空间下的环境体系需作为环境的一部分，与物质空间环境置于同等重要的地位考虑。

对于设计中建筑与环境关系的"道法自然"，隈研吾在《自然的建筑》中所提出的"自然就是指能够自我维持和自我生产的能力，就是在空间上的相协调性和在时间上的可持续性"与"道法自然"所强调的万物按照自身的本性自我变化、自行表现相一致，但其在"负建筑"中所提出的消隐建筑形式与输赢的辩证所表达出的刻意，又与道法自然的精神理念不符。"生而不有，为而不恃，长而不宰。"道的本性为"无为"，"无为"不是说"道"没有任何活动和作为，而只是说道的活动方式是不控制、不干预，目的是让万物自行活动、自行其是。道这样做的结果，恰恰成就了万物。道常无为而无不为，道常无为而顺自然，更具体说是顺从万物的自然。因此，道法自然的建筑，就是指与场所存在着这样一种相适应并能持续的关联性的建筑，就是指能够遵循场所内在的自然本性和法则而放弃自身内在法则的建筑。场所内在本性就是自我指涉的关联性和持续性，用通俗的话来说，就是生发出某种意义或者氛围的空间组合体。

道法自然，提倡尊重自然，而非自然界，建筑与人本身即为自然中的一分子，设计旨在把人与建筑与环境整体考虑，从设计思维上摒除 A 融于 B、A 从属于 B 的关系，而是 A、B 共同发展、相互作用、自行其是的和谐关系。

在杭州南宋御街的设计中，王澍带领他

的团队进行了大规模的现场调研工作。中山路已经衰退了 20 年，它的密度和历史阻碍了开发，现状非常破败。从 7 月到 9 月，王澍带领约 50 位教师、150 位硕士生和本科生进入中山路。他要求调研要具体到每一个门牌号，甚至具体到每一个琐碎的细节。不能先入为主地认为某些东西要被拆除，哪些痕迹要被覆盖。一个专门的小组研究这条路的历史文献，所有能找到的不同年代的城市地图，这条路在历史上的宽度变化准确数据，那些被反复改建的历史建筑的伸缩变化的用地范围与痕迹，以及对居民的大量生活访谈、录音、录像记录等（图 3）。中山路的建筑新旧混杂，高密度地挤压在一起，新的城市规划很难对付它。设计师把它看作为好的城市的样板，重新去激活它，这实际上是在探讨杭州作为城市，如何从美国式郊区化的状态中复兴，从一条路开始，

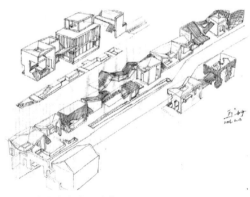

图3 王澍南宋御街设计草图

图4 南宋御街改造实景①

应该设想，按这条街自己的语言演变线索，它可能出现什么样的新建筑。应该有多种体现地方特质的新建筑出现，让这里恢复活力，看到未来。

南宋御街的改造不是单一建筑的设计，它是城市设计，是围绕着街道的建筑群体设计，或者说，是对历史与现在交接的设计，是对当代生活场景的设计，从历史走到现在，建筑师在充分尊重原有居民的生活方式，将生活方式的保持和建筑保护放在同等重要的地位，重塑街道的历史结构，组织一批建筑师在详细的调查报告和指导原则的指导下联合设计（图 4）。它成功地体现了这条街差异性的特质，并带动了整个区域的生活气氛，建筑师将街道的设计与整个城市的发展复兴整体考虑，将历史、现状、未来三种状态下的空间场景有机交织，传递给我们的是一种永恒精神——道法自然。

3. 建筑实体的客观建构

"物之生也，若骤若驰，无动而不变，无时而不移。何为乎，何不为乎? 夫固将自化"
——《庄子·秋水》

道者物之体，物者道之用，即用见体，体用不二。物之体，即是"物自然"，故"顺物自然"即是顺道而行。"道法自然"，即在各种条件成熟时，就顺其自然。庄子哲学就建立在这个"物自然"的基础上，这种思想与老子"常德乃足，复归于朴"的观点是一脉相承的，它们都表现出对于事物质朴天成状态的极端重视，因为只有这种状态才是真正自然的，因而也是最高的道德境界。

如建筑与环境的关联不能在整体设计中分割考虑一样，在建筑实体建构中，对于结构和材料运用的选择也应从整体角度出发，材料实

---

① 王澍. 中山路：一条路的复兴与一座城的复兴. 杭州中国[J]. 世界建筑, 2012 (5): 114–121.

图5 毛寺生态实验小学
图片来源：http://nd.oeeee.com/cama/200811/t20081128_923569.shtml

践中既不应该受困于材料的物理属性建造既定的建筑，也不应该脱离了材料的属性来赋予建筑形态，而是需要考虑材料与场地要素之间的交互关系，并以此为根据生成建筑形式，同时赋予建筑以场所内涵，是以在知"道"的前提下顺物自化，旨在天机自动、本性如此的客观建构。

埃斯拉·萨赫因在分析卒姆托作品时曾说，"场景中不同的组成部分，为材料属性的彰显提供了不同天地，换句话说，是环境氛围界定了卒姆托作品中的材料含义；同时，当环境与材料间的互动关系揭示了材料属性之时，环境氛围的隐含的力量也得以彰显。"赖特主张的有机建筑就体现了"道法自然"的建构方式。他强调建筑应与场地以及人的生活有机结合并融为一体，并提倡"对任务和地点性质、材料的性质和所服务的人都真实的建筑"。这种由内而外的建筑所追求是一种整体性，强调整体与局部的相互关联，充分尊重材料原有属性，物尽其用。

在毛寺生态实验小学的设计中（图5），设计者为学生和教师提供舒适快乐的教学、活动空间的同时，充分利用当地的自然生土材料，挖掘当地的建造技术，探索生土窑洞中蕴含的大量基于自然资源并值得生态建筑设计借鉴的生态元素。不仅延续了当地传统的施工工艺、组织模式，使当地的工匠认识到传统技艺的价值所在，而且通过组织当地贫困的村民们参与校舍的建造活动，使他们从中获取部分经济收益，改善他们的生活，体现了建筑师的苦心和匠心。

"知忘是非，心之适也；不内变，不外从，事会之适也；始乎适而未尝不适者，忘适之适也。"理智上忘了是非，是心的舒适；没有内在的变化，也没有外在的盲从，是一切事情恰到好处所造成的舒适。从舒适开始，然后没有任何情况会不舒适，那就是忘了舒适所造成的舒适。立足本土环境，结合当地施工，毛寺生态实验小学顺应各种设计条件而生，不仅实现了"道法自然"的建构，更体现了"道法自然"的设计精髓所在。

四、结语

"道法自然"是中国文化艺术所追求的最高境界，对中国人来说，它并不是什么稀奇的或高深的东西，每一天、每一个角落，普通人都在不自觉地践行这个规则。建筑师所要做的，是在浮华的环境中踏踏实实地思考建筑存在的意义，忠于生活本身，忠于设计本身，忠于材料本身，而不是从表层简单浅显地理解业主的需求。作为"道"的一部分，建筑师既是行道者，也是赋予建筑创作之道的人。道法自然旨在遵循事物本身的特性而顺其自然地寻找到问题的解决方法，核心观念是求"真"，用踏实的态度观察生活，发现事物运行规律的"真"，客观负责抛除私欲为业主服务的"真"，实事求是物尽其用不求虚华的"真"，与"道"合一，即是与"真君"同在，与"天地精神往来"。道法自然不仅可作为设计过程的理念指导，亦可作为设计者自身修养的借鉴，其推广意义值得进一步探讨。

参考文献

[1] 傅佩荣. 傅佩荣细说老子 [M]. 北京：国际文化出版公司，2007.

[2] 陈鼓应. 老子今注今译 [M]. 北京：商务印书馆，2003.

[3] 陈鼓应. 庄子今注今译 [M]. 北京：商务印书馆，2007.

[4] 隈研吾. 负建筑 [M]. 济南：山东人民出版社，2008.

[5] 隈研吾. 自然的建筑 [M]. 济南：山东人民出版社，2010.

[6] 王发堂. 隈研吾建筑思想研究 [J]. 建筑师，2013 (6): 55-63.

[7] 王澍. 中山路：一条路的复兴与一座城的复兴，杭州，中国 [J]. 世界建筑，2012 (5): 114-121.

基于古典园林空间营造思想的
现代遗址园区设计策略初探
——以西夏王陵遗址园区设计为例

王欣然　张向宁　王铮[①]

摘　要：近年来,伴随着各地申请世界物质文化遗产的热潮,遗址园区的规划扩建得到了建筑、规划、景观设计师的广泛关注。本文试图从"筑、景、境"的营造思想,解读中国传统园林建筑文化;尝试提出源于古典的现代遗址园区的现代规划设计策略,并通过西夏王陵遗址园区阶段性的方案实践,印证经典园林营造思想对现代文化园区规划的适用性,并以此回应古典建筑文化的在现代的复兴与传承。

关键词：古典园林　遗址园区　规划设计

一、引言

古典园林中的造园思想是传统建筑文化中的瑰宝,其中中国古典园林,以苏州私家园林与皇家园林为典型。在至今仍具有影响力的诸多实例中,建筑、景观的独特处理手段,以其独有的有限的元素实现对于场地的控制力;或小中见大,将山水意象纳入区区数平的私宅;或寥寥数笔,勾勒出场地气氛的壮烈恢宏。凝聚了先人的智慧与深厚的空间营造造诣,至今对于规划建筑地域性创作依然有借鉴意义。近年间兴起的文化遗产园区的规划,大多依托于当地埋入式物质遗产的挖掘或现存的历史建筑遗迹,或渲染热烈喧闹的宗教礼仪气氛,或强调粗犷辽阔的历史空间感,启发游人对于过往的凝思;此类型的游园规划和文化博物建筑的建设中,一般建筑密度较低(0.3%~1.5%)、景观占优、文脉厚重,这为古典园林的复兴实践提供了很好的建设背景。

二、古典园林"筑、景、境"营造思想的解读

1. 建筑主体含蓄消隐

含蓄效果是中国古典园林重要的建筑风格之一,追求含蓄与我国诗画艺术中隐匿避世思想有关,绘画中强调"意贵乎远,境贵乎深"的艺术境界,而在园林中外环境强调曲折多变,建筑形体内敛成为环境的配景。一方面,从图底关系来讲,建筑实体是为室外空间服务的,自身的立面形象服务于虚实、藏露、曲直的景观构成概念,为此,中国园林往往不是开门见山,而是曲折多姿,含蓄莫测;另一方面,园林建筑中的廊、亭、榭、阁、舫等,伴随着实体建筑空间边界的消解,形成具有活力的灰空间,而对于北方的园林营造,由于气候限制和室内空间的宜居性,在冬季采暖季节建筑形体封闭,但是在诸多皇家园林中出现了多重院墙与门的限制

---

① 王欣然,哈尔滨工业大学建筑设计研究院硕士研究生;张向宁,哈尔滨工业大学建筑设计研究院院长、工程师;王铮,吉林省城乡规划设计研究院助理工程师。

因素，这也从一定程度上弱化了建筑单体而凸显空间层次：建筑单体成了空间构成的手段，不求自身新奇夸张彰显而隐藏于整体。

2．景观片段抽象隐喻

中国古典园林的造景手法有许多种，比如抑景、借景、添景、夹景、框景、对景、漏景等。最常见的是在园林中融入书画、植物、假山等，营造自然恬静的艺术效果。为使园林充满山水的景观联想，一方面古典园林的匠师会采用因地制宜的手法，将原有的地形地貌扬长避短，尽量保持其原生的形态并赋予其象征的涵义，如红楼梦中大观园的命名，使自然景观人文化；另一方面古典园林中的路径设置十分巧妙，强调步移景异，通过园路、廊桥的链接处理，使整个空间场景具有序列感和叙事性，不温不火，娓娓道来；最后，通过将景观经过帷帐、漏窗、格栅的处理，产生似露非露的朦胧感，并使人产生联想。尽管园林空间面积有限，古典园林匠师通过将景观碎片化处理，使其抽象成为象征元素，再通过路径将其串联，使人产生犹如置身大尺度空间的错觉。

3．空间意境以无胜有

中国古典园林追求的"意境"，如自然山水式园林强调"虽由人作、宛若天开"，以尽量少动作的建筑作为整体环境中的点缀，凸显山水之美。首先，各个限定空间的元素，如建筑、水体、路径、假山等，散落在场地中，并形成自由的点线面的空间秩序。造园匠师如同"下围棋"一般，每个微动作对于整体都存在影响，尤其是大面积的留白手法更表现了其收放自如的境界，如承德避暑山庄的烟雨楼，浙江嘉兴烟雨楼；其次，在这种布局中，真正控制场地的不是各个构成要素自身的外轮廓线，而是每个构成要素形成的"场"，即由空间限定要素实体与人群活动共同形成的领域感，使空间意境脱离了有限的物质属性，具有神圣、冥思、宗教的非物质属性。每每风雨来临，各个要素形成的空间场域即可拼贴形成一幅淡雅素净的"山色空濛雨亦奇"的蒙太奇画面，令人见之身心陶醉。

三、遗址园区规划中古典园林思想的现代演绎

1．建筑地景化设计使之轻盈飘浮

遗址博览建筑是遗址园区"筑、景、境"的塑造体系中重要的组成部分，类比园林中建筑含蓄消隐的特质，遗址园区中的博览建筑是遗址园区塑景的重要手段，但同时强调建筑本体融于土地肌理、具有地域原生性。由于物质文化遗产大多存在于地下，且部分遗址博物建筑提供游客参与挖掘体验，所以遗址博览建筑与遗址现状存在空间上的关联，如曹休墓遗址博物馆中通过内置玻璃廊道（图1），使游客观赏地

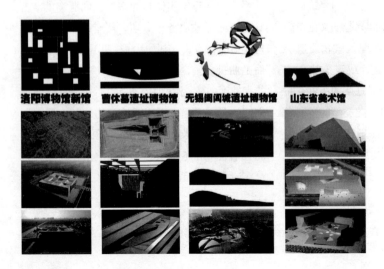

图1 遗址园区博览建筑设计原型实例
图片来源：作者自绘

下陵墓全景；同时，为使遗址博览建筑与遗址园区具有共生关系，遗址博览建筑本体具有卧地、覆土、与土地同质等手法，从当代技术手段回应地景化设计倾向，如无锡阖闾遗址博物馆、西安秦二世博物馆。总之，当遗址博览建筑通过现代设计手法回应古典园林思想时，建筑地景化的设计策略使之提供室内观赏、气候封闭的内环境的同时，作为整体遗址园区的配景，轻盈地漂浮于地下废墟之上。

具体说来，在古典园林建筑主体含蓄消隐的设计原则影响下，当代遗址博览建筑的地景化处理主要有以下三个趋势：一，建筑形体与遗址本体具有拓扑化关联，即建筑模仿遗址形态，如中国禄丰侏罗纪世界遗址馆、上海松江广富林文化遗址保护区博物馆、西安唐西市遗址及丝绸之路博物馆，建筑具有仿生性但强调其生长于土地的特质，同时，建筑自身材料使用具有通透轻盈的取向，犹如琥珀般包裹地下遗址宝藏；二，建筑形体重构土地景观，由于遗址的特殊地理位置常存在于城乡自然环境中，在此类设计中限制因素较少、用地宽松，建筑体量或可以孤立于场地中成为景观点；三，地域化母题创作，通过分析原有地区的肌理，通过拟态和重塑，在原有的秩序中寻找新的突破，以建筑塑造景观，如洛阳博物馆新馆、西班牙麦地那扎哈拉博物馆。

2. 景观地形化组织使之起承转合

中国古典园林的景观塑造一方面强调景观的静态性，即几丛花木、数只芭蕉，景物本身所富含的禅意；另一方面强调景观的动态感，不仅是风霜雨雪等自然作用下景物的动态变化，同时也强调人的行进视角中，通过遮挡、半透明的手段掩映生趣：园林景观组织非平铺直叙，而具有变化中的美感。现代遗址园区规划设计中，景观与人的互动性，以及景观本身对于场所气氛的渲染，主要通过路径的组织展开。路径，其断面形态、蜿蜒曲折、挡土坡以及小品的配置，使其具有三维上线性空间的属性，而具有体验感。惯常的遗址园区规划结构类似古典园林中的祭祀场所，如天坛、十三陵，通过纵深轴线感的路径串联起世俗气氛浓烈的入口空间以及宗教气氛强烈的宗教建筑主体，为此，现代遗址园区路径的规划设计，将空间轴线与路径重合的线性空间，通过人工地形学的处理分析，使之成为人群可驻留、可行进、可聚集、甚至可交互的人群活动场所；通过景观生态学的数形比对，设计其成为整个园区同一基质中的景观通廊，并串联各个景观斑点，从更宏观意义上来说，全景观生态通过路径控制人的行为，遗址环境的破坏力达到可控的范围：整体路径具跌宕起伏、起承转合，通过地形造景，以抽象片段的方式隐喻空间氛围，如遗址历史节点的跌宕起伏与路径的起坡下降耦合，强化遗址园区的空间个性。

3. 场所解构化处理使之空灵悲怆

由于遗址园区保存着文物，并且随着时间推移会产生磨损与破坏，所以遗址园区的时间属性和其他风景园区具有本质的不同，对于物质文化遗产的态度在某种意义上来说影响了遗址园区的规划和场所塑造。比如，"罗马夕照"中残缺的遗产建筑本身强化了历史感，即使残缺但依然如同断臂维纳斯，成为入画的美景；和它形成鲜明对比的是目前某些厂房的旧改，通过新材料的使用整旧如新，使空间更符合现代使用，旧厂房可以避免强拆，而成为可持续设计的典型。遗址园区对待遗址的态度使得空间场所究竟是复原某一历史时期，使游客能够有回望体验的感受，还是彻底以当代的新型建筑与空间场所塑造，将历史片段进行肢解拼贴，这是在遗址园区意向定位时首先要解决的问题。

在当代遗址园区规划设计中，对于场所的态度倾向于后者较多，通过聚落的手段将富有各个历史时期的遗址展现出来，同时，除去散落的聚落，遗址园区趋向同质化处理，形成大面积的空间留白，借鉴传统中国园林的道家思想下的造园原则，少即是多，无即是有，通过大胆的景观、建筑留白处理使得场所本身具有空灵、悲怆、宁谧的美感。

四、西夏王陵遗址园区规划方案阶段性设计

1. 项目背景介绍

西夏王陵遗址博物馆选址位于银川市西郊遗址园区内，紧邻贺兰山东麓。遗址园区内现存较好的帝王陵园，当地风土文脉富于浓郁的伊斯兰风格，展现了独特的戈壁塞上风貌。规划建设游客服务中心（8000平方米）、遗址博物馆（10000平方米），同时配套设计服务于市民的农家乐、科研中心。鉴于当地冬季干冷、夏季温差较大的气候特点，总体规划绿化率要求大于50%（基地面积100公顷）。由于基地附近环境苍劲荒凉，限制因素较少，在接下来的方案中我们将古典园林的营造思想结合在设计中，希望求解最原真的生长于此地的文化园区的规划设计。

2. 源于古典园林图底原型的初稿方案

经过对客流量的估算，方案的功能体块得到了量化与控制（图2）。由于场地缺乏限制条件，且建设容积率极低（0.3%），这让建筑如何有机地生长于基地成了一个难题，急需一个重整场地的秩序与规划原则。为此，我们试图从传统园林中寻找环境控制力的营造手段（图3）：首先，通过模仿传统皇家园林的空间塑造手段，方案通过纵横轴线组织建筑、路径、节电、广场、水系等，形成"点、线、面"的空间构图，也展现了空间的层次与整体围合感；其次，将场地"划地为城"，只在方形的城中央营建极具细节的路径，与空间限制因素之外的场地零处理形成强烈对比，如雅典卫城，形成残垣断壁的空间意象，突出历史的凝重感；或者以一种形式母体进行满铺式处理，如传统"匠人营国"的方格网设计。值得一提的是，方案三中最右侧的宫城网格来源于西夏王朝的史料，即我们将历史曾有的空间原型等比缩放在一块场地

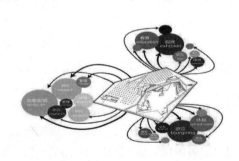
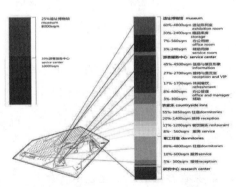

图2 场地策划 左图：遗址园区功能定位 右图：遗址园区各功能的细节面积配比
图片来源：作者自绘

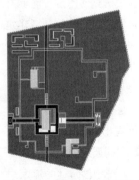
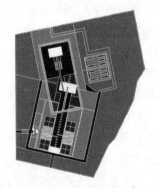
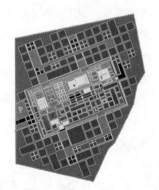

图3 左图：皇家园林原型规划方案 中图：雅典卫城原型规划方案 右图：宫城网格原型规划方案
图片来源：作者自绘

中，植入建筑单体，组织交通枢纽，使之符合游客的观赏。但以上三种流于形式的主观创作与基地四周旷野协调性较差，亦难以表征当代地域性。

3. 基于古典园林路经意象的中稿方案

经过以上关于园林原型空间在形态方面的尝试，我们试图寻找更为深层次的、将陵墓园空间意象进行抽象后的规划方案（图4）。通过对于宋元代陵墓园林空间的解读和挖掘，可以抽象出一条贯穿世俗气氛厚重的入口与宗教意义上的朝圣点之间的轴线，在路径的终点处设置西夏遗址博物馆，并采用覆土化的处理使之消解于广袤的戈壁；在博物馆前区设计与轴线方向垂直的大地景观，产生梯田的韵律，游人拾阶而上，甬道悲怆悠长，行走其间心理产生变化，为最终豁然开朗、进行博物馆参观产生心理铺陈，梯田起伏变化犹如掌心纹路，暗喻历史的必然性；博物馆后区则通过一条蜿蜒、曲折、错动、起伏的路径围绕遗址公园，在这里我们将初稿方案一中规整的水系路径变成了错动、扭转的、变截面的一条游览路径，通过碎片化的处理象征西夏民族命运多舛的兴亡史，行走其间，在节点广场逗留停驻，能够更好地理解西夏民族"折戟沉沙汉水边"的悲亡史歌。

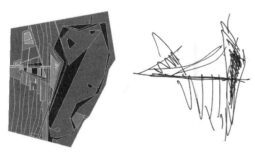

图4 左图：陵墓园林原型规划方案　右图：陵墓园林原型草图　图片来源：作者自绘

4. 承于古典园林意象解构的终稿方案

终稿设计方案将西夏文化进行解构与重塑，凝练为起伏的贺兰山脉、壮阔的大漠、奔腾的马群、一望无际的屯田以及动荡断裂的命运，将西夏民族的代表元素，通过将之前尝试过的古典园林空间的拼贴，共同塑造魂动大夏的苍劲意境。规划结构为自西侧主入口，用一条起伏变化的步行脉络串联起博物馆、游客中心、管理及研究中心，围合形成前区西夏文化广场，自然分割形成后区生态休闲公园，将配套服务设施和职工生活区布置其中，自基地东侧引入水系，转折汇聚于博物馆场地周边。以一条寓意贺兰山脉的步道作为主要脉络，起伏的西夏文字浮雕墙作为路径线索，分割场地，形成前区以文化展示、体验为主的西夏文化广场，以及后区铺陈屯田景观的生态休闲公园（图5、图6）。

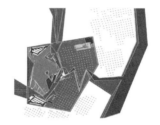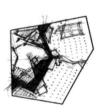

图5 解构草图　左图：古典园林解构规划方案　右图：古典园林片段　图片来源：作者自绘

图6 终稿方案效果图　图片来源：哈工大设计院创新研究院

五、小结

古典园林的"筑、景、境"思想底蕴深厚，至今依然散发着绵远悠长的文化艺术魅力。本文从遗址园区、遗址博物馆的规划入手，浅谈了关于古典园林艺术以及传统造园建筑文化在当今建筑时尚视角下的新生，但真正的古典园林文化中所富含的"天人合一"在当下都市以及当下城乡发展中的更重要的实践，依然期待建筑、景观、规划从业者的悉心挖掘和深入探索。在日益关注可持续、生态文明的当下社会，古典园林艺术文化还会在更广泛意义上影响着更多人，为更具观赏性、更适宜居性、更含生态性的城市提供参考和依据。

参考文献

[1] 朱海洋.中国古典园林建筑形式和风格[J].陕西建筑，2009(1).

[2] 董松.论景观设计在博物馆中的应用[J].装饰，2006(12).

[3] 冯强，白珍.西安曲江寒窑遗址公园景观文化探析[J].现代园艺，2013(2).

[4] 李雷.尊重遗址文化 营造商城共生场所[J].山西建筑，2011(28).

"传统意象"建筑设计中的绿色策略研究

甘月朗　王莹[①]

摘　要：随着近年绿色建筑研究的兴起，重新审视中国传统建筑在处理人与自然关系方面的生态建筑理念和技术经验，成为一个新的研究领域。第十届中国（武汉）国际园林博览会建筑方案设计中，"西侧服务街"传统建筑群设计某投标方案，在设计阶段对绿色策略的应用方法进行了一定探索，本文结合该案例，试图对"传统意象"建筑设计中的绿色策略进行系统分析，为今后该类建筑的设计与优化提供技术和案例支持。

关键词："传统意象"　建筑设计　绿色策略　计算机模拟

一、引言

"传统意象"建筑设计就是通过对传统建筑中意象的把握，在现代设计中引入和表现传统文化理念，从而找到现代与传统的一种对话方式。而中国传统建筑在建筑美学、地理环境、民俗信仰、地域文化等方面有着特殊的研究价值和实际意义，在经历了岁月沉淀后，逐步形成了功能经济适用、外观朴实灵活、环境自然适宜等特点，其中蕴含了大量的生态经验值得研究和借鉴。因此，其设计中不仅仅要赋予该类建筑相应的形式与文化意义，更应该深刻挖掘其存在的"低技生态"策略，并结合现代绿色建筑研究理论进行发展与推广，以期在未来建设中起到一定的作用。中国（武汉）园林博览会西侧服务街建筑群某投标方案（图1、图2）在设计阶段对绿色策略的应用方法进行了一定的探索，本文将结合该案例，对"传统意象"建筑设计中的绿色策略进行系统分析。

图1　"西侧服务建筑群"投标方案整体效果图
图片来源：华中科技大学民族建筑研究中心

图2　"西侧服务建筑群"投标方案入口效果图
图片来源：华中科技大学民族建筑研究中心

---

① 甘月朗，华中科技大学建筑与城市规划学院研究生；王莹，华中科技大学建筑与城市规划学院研究生。

二、技术应用分析

建筑技术的内容涉及材料和建造两大要素。可以说，建筑技术是关注"在这个地方，用什么材料、怎样建造"的问题。建筑与地点的密切关系是显而易见的，它不仅关系到地方特色，而且关系到建筑的气候适应性，是建筑技术自然属性与社会属性的双重体现。所以，整个方案的设计过程，便可概括为首先对武汉地区的气候特征进行详细研究，进而选择适宜策略，并结合当地传统建筑"低技生态"的实践方式，利用绿色建筑整合的设计方法（图3），最终完成整个设计方案。

图3 色建筑整合的设计方法示意图
图片来源：根据相关资料改绘

1. 武汉地区气候特征

武汉处于我国建筑气候区划的夏热冬冷地区，气候条件非常恶劣，与世界上同纬度地区热舒适性相差较大。其主要气候特点可以归结为：

1）夏季极端气温高

极端最高气温高是武汉地区气候一大特点。由于纬度较低，夏天太阳辐射相当强烈，七月份该地区气温比世界上同纬度其他地区一般高出 2℃左右。

2）冬季气候寒而冷

中国夏热冬冷地区冬季寒冷，一月份气温比同纬度其他地区一般要低 8～10℃，是世界同纬度地区冬季最寒冷的地区。武汉日平均气温低于 5℃的天数为 59 天。1月份平均气温为 2～4℃，比同纬度世界其他城市气温平均值低 8～10℃。

3）冬夏两季湿度大

武汉地区水网密集，湖泊众多，由于水体的蒸腾作用，空气的相对湿度常常保持在 80% 左右，高温高湿环境使得汗液难以排出和挥发，在夏季更添闷热之感。该地区冬季相对湿度同样很高，达到 73%～83%，由于潮湿水汽从人体中吸收热量，加之该季节日照相对较少，因而更觉阴冷寒凉。

2. 结合气候的被动式策略选取

该案例的设计阶段，利用 Autodesk Analysis Ecotect 生态建筑大师中的 Weather Tool 工具，对武汉地区的气象数据进行准确分析，并自动在焓湿图上对比不同被动式策略舒适区域面积百分比变化趋势，进而判定适宜的被动式设计策略。通过建筑生态设计软件对比发现，在以武汉地区为代表的夏热冬冷地区，比较适宜的被动式技术大致可以归结为：选取良好朝向，促进夏季及过渡季自然通风、遮阳、高热容量与低 K 值的维护结构的选用等（图4）。需要说明的是，通过软件的策略选择系统发现，在武汉地区，夏季与冬季基本不可能仅仅通过被动式策略满足人体热舒适要求，所选取被动式策略的主要作用可以大致概括为延长过渡季不使用主动式设备的时间，减少夏季与冬季使用主动式设备的能耗。

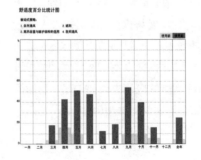

图4 被动式策略舒适度百分比统计图
图片来源：作者自绘

3."传统意象"设计中被动策略的实现方式

1）冷巷效应与建筑遮阳

冷巷一般指传统聚落中具有遮阳效果的窄巷道，良好的被动降温作用使其成为建筑的气候缓冲层，这是来自于传统建筑应对夏季炎热气候的宝贵经验。在南方地区，冷巷尤为常见。因为狭窄，巷子受太阳辐射少而能保持阴凉，而且两侧较封闭的高大石墙是很好的蓄冷体，白天蕴存热量而保持墙体表面低温，夜间又被室外冷空气冷却从而蓄冷。

从夏至日建筑群的日照阴影分析图（图5、图6）中，可以明显看出，本投标方案大部分巷道处在建筑阴影的覆盖中，利用两侧建筑的遮挡，可以形成良好的冷巷效应。

2）建筑群整体通风设计

根据《绿色建筑评价标准》的规定，室外风环境和微气候的主要评价指标为：

（1）在建筑物周围行人区1.5m高度的风速小于5m/s；

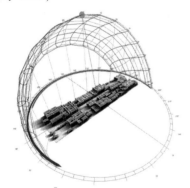

图5 夏至日建筑群的日照阴影分析图-1
图片来源：作者自绘

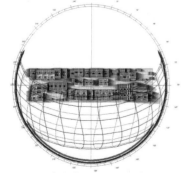

图6 夏至日建筑群的日照阴影分析图-2
图片来源：作者自绘

（2）建筑物前后压差在冬季不大于5Pa；

（3）建筑前后压差在夏季保持1.5Pa左右，避免出现局部漩涡和死角，保证室内有效的自然通风。

本次设计，利用Fluent风环境模拟软件对该建筑群设计方案分别进行夏季和过渡季的通风潜力和冬季的防风能力进行探讨。

通过CFD模拟分析，在夏季和过渡季的主导风向下，街区内部通风状况良好，基本无涡流形成，并且在建筑迎风面与背风面形成的压差均大于1.5Pa（如图10、图11所示），具有良好的通风潜力。同时也模拟出冬季建筑物前后压差在冬季不大于5Pa，且在三种情况下人行区域风速均小于5m/s（如图7~图9所示），且风速放大比小于2，符合《绿色建筑评价标准》的规定。

3）建筑天井与通风、采光

天井是我国传统建筑的标志形式之一，尤其在我国湿热的南方地区比较普遍，例如湘南地区、皖南地区等，形成例如"四水归堂"的显著地方特色。根据建筑本身的规模和功能不同，天井在尺度大小、布置方位、构成上也有不同，但是归结起来，天井的设置对于建筑整体的自然通风、采光、温湿度调节、改善建筑微气候上有着相当重要的作用（图12）。

在本次设计中，我们结合流体力学软件，对天井的遮阳与通风效果进行了协同分析与研究。

研究发现，在以武汉地区为代表的夏热冬冷地区，天井的遮阳对中庭温度的影响，大于天井的通风对中庭温度的影响。故在天井的设计中，采用挑檐较为深远的天井形式，获取良好的通风与遮阳效果。

4）水循环的回收与利用

水是传统建筑中最具有灵性的点睛之笔，在本次案例中，不仅仅注重水的形式设计，更注重在一个整体的生态系统中，水的循环与重复利用。本方案在建筑周边道路、停车场中，大量选用植草砖等可透水地面，其中一部分深入地下，另一部分可做为景观用水，在设计中东西两个传统园林景观设计和几乎贯穿整个场地的

Velocity Magnitude: 0 0.20.40.60.8 1 1.21.41.61.8 2 2.22.4

图7 夏季1.5m高风速图
图片来源：作者自绘

图8 过渡季1.5m高风速图
图片来源：作者自绘

图9 出冬季 1.5m高风速图
图片来源：作者自绘

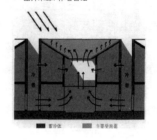

图10 夏季风环境最不利建筑、迎
风面风压图
图片来源：作者自绘

图11 夏季风环境最不利建筑、背风
面风压图
图片来源：作者自绘

图12 天井通风原理示意图
图片来源：摘自《冷巷的被动降温原理
及其启示》

水系设计，很好地利用了这一点（如图2所示）。

5）可循环材料与维护结构

现代建筑是能源及材料消耗的重要组成部分，随着环境的日益恶化和资源日益减少，保持建筑材料的可持续发展，提高能耗、资源的综合利用率已成为社会关注的课题。而中国传统建筑在建材的重复利用上值得借鉴，尤其是传统民居中大量使用石头及木材，加大了建材的可回收率，在本案例的设计中，维护结构采用石材、蒸压砖及木材，局部采用钢构架，初步计算材料可回收率达到80%。达到《绿色建筑评价标准》优选项的要求。同时，为适应夏热冬冷地区气候特征，建筑的门窗选择断热铝合金，减少热损失。南北向玻璃采用镀膜玻璃，东西向选择中空内置百叶玻璃，解决夏热围护结构得热的问题。

结语

"传统意象"建筑设计，在目前设计市场中，仍占有一席之地，在该类项目设计中，不仅仅要考虑形式与文化的传承，更要传承其"低技生态"的思想，辅以现代绿色建筑设计手段，使得该类建筑能够真正得到传承与发扬。本案例在设计中，分析了武汉地区气候特征，并提出该地区结合气候的设计策略，结合传统建筑的设计手法，并运用计算机模拟技术进行分析与验证，期望能为今后该类建筑的设计与优化提供技术和案例支持。

参考文献

[1] 蒋佳.汲取传统民居营养的居住建筑设计节能初探——以重庆地区为例[硕士论文].重庆大学，2010.

[2] 殷超杰.夏热冬冷地区被动式建筑设计策略应用研究[硕士论文].华中科技大学，2007.

[3] 肖琪.湘南传统民居低技生态设计研究[硕士论文].湖南师范大学，2012.

[4] 陈晓扬，仲德崑.冷巷的被动降温原理及启示.新建筑，2011（3）.

[5] 古云霞.生态建筑设计中的"原生"与"适宜技术".山西建筑，2010（10）.

[6] 马全明，许丽萍，天井在住宅生态设计中的应用——以浙江安吉生态屋为例.建筑学报，2007（11）.

[7] 赵群，周伟，刘加平.中国传统民居中的生态建筑经验刍议.新建筑，2005（4）.

耗散结构理论对建筑文化及其形态可持续发展的启示[①]

王科奇[②]

摘　要：随着科学的发展和技术的进步，人类认识到非线性是世界的常态。非线性理论在科学和实践领域发挥着越来越重要的作用，这其中包括耗散结构理论。对于城市和建筑来说，以耗散结构理论为基础的可持续的发展模式正在得到国际社会的认同。文章从介绍耗散结构理论的基本思想入手，提出耗散结构是建筑文化及建筑形态可持续演化的基本模式，是当代民族或地域建筑文化演化的必然状态，揭示了耗散结构理论对城市和建筑可持续发展的重要意义。

关键词：耗散结构　可持续发展　形态　文化

一、引论

世界的本质是非线性，具有类似生命特征的、开放的、复杂的"活系统"。系统的演化必然经历"有序状态→混沌无序状态→高级有序状态"的自组织循环过程，系统的结构也要经历由"稳定→不稳定→新稳定"的演化过程，这个过程的理论模型是一种耗散结构模型。耗散结构理论应用到各个领域成为一种能够解释和预测经济、社会、哲学现象的一种自组织理论，耗散结构与相变理论、突变理论、混沌理论、孤子理论、超循环理论、分形学等理论相结合，为我们清晰地描述了复杂巨系统自发运动、自我组织的演化机理。

自20世纪中叶科学研究涉足"无序世界"之后，科学家纷纷探索呈现于各学科的各类不规则现象，不可逆热力学、非线性动力学、自组织理论、混沌理论等非线性科学取得长足的进展。科学的发展遵循由线性到非线性再到复杂性的历程，科学研究的方法也经历了从简单的还原与分解模式进入复杂科学模型建立的过程。城市和建筑形态系统、文化系统、生态系统都是具有活性的、规模庞大、结构复杂、层次和变量众多的开放的复杂巨系统。由于其中蕴含了复杂的关系，对城市和建筑形态、建筑文化、城市生态的演化和发展问题，应引入耗散结构理论等复杂性理论及有关的不确定性理论来研究。

二、耗散结构的理论模型和基本思想

1. 耗散结构的理论模型

耗散结构理论的创始人是比利时著名理论物理学家普利高津。在自然界中，耗散系统是一种普遍现象。耗散结构是指远离平衡态的开放系统，通过与外界交换物质、能量和信息，

---

① 吉林建筑大学博士科研启动基金项目。
② 王科奇，吉林建筑大学教授、博士，一级注册建筑师。

当控制参量超过某一阈值时，形成的一种动态稳定的有序化结构，即由原来混沌无序的状态转变成一种在空间上、时间上或功能上的有序状态。耗散结构理论模型用热力学平衡方程探讨系统从无序转变为有序的条件、相干行为和机制[①]。用数学公式表示就是熵平衡方程：$DS = DiS + DeS$，在孤立系统中，因为不与外界进行信息交换，这时 $DeS = 0$，根据熵平衡方程，$DS = DiS > 0$，系统走向无序，不可能发生进化。从热力学第二定律知，系统将逐步走向死寂。在开放系统中，注重外来信息的吸收、传播和消化利用，DeS 存在，并且满足 $DeS < -DiS$，那么，$DS = DiS + DeS < 0$，这时，DeS 称为负熵流，总熵变小于零，系统走向有序。熵理论告诉我们，系统本身要进化，必须是个开放系统，不断引进外界的信息；同时使本身成为一个远离平衡态，使 $DS < 0$[②]。

2. 耗散结构理论的基本思想

耗散结构是一个动态结构，它的一个鲜明的特点是与外界环境不断进行着高速的物质、能量与信息交流，需不断对其做功，即引入负熵流，抵制正熵流，才能维持系统的稳定和进化，因此，耗散结构只有在开放条件下才能维持。在一定条件下，它通过内部非线性的良性作用，通过涨落在临界点发生突变（失稳）和分叉，可以达到有序，并从低级有序进化到高级有序。耗散结构形成的基本条件是：存在于开放系统中；远离平衡态；系统内部存在着非线性相互作用；涨落导致有序[2]。按照耗散结构理论，决定性和偶然性共同控制复杂系统的状态，当涨落迫使一个现存系统进入远离平衡的状态并威胁其结构存在时，该系统便达到一个分岔点（临界点，即混沌的边缘），从本质上说，系统在这个分岔点之后的状态是不确定的，是偶然性决定了该系统的下一步状态，而且状态一经确定，决定论便又开始起作用，直到达到下一个分岔点。

三、耗散结构是当代民族或地域建筑文化演化的必然状态

一个民族或地域的传统建筑文化的演化过程在现代交通工具、现代信息工具、现代建设手段出现之前，总体上呈现相对封闭的、线性的、具有内稳态的特征。因为，由于交通与通信工具的不发达，异地和异族之间彼此之间缺乏联系，只能自成一体发展起来。而且，它自身形成的高度完善和稳定的文化系统，使周边民族和地域文化输进的负熵流被轻而易举地同化、消解，根本无法改变其结构，因此就无法形成动摇其基础的"涨落"，文化系统就可从不稳定的状态跃迁到一个新的有序状态。

1. 孤立系统：传统建筑文化发展的桎梏

不同民族或地域承袭各自的建筑文化传统，从材料、营造技术、建筑形式、使用方式等，都在一定区域内各自发展，即使技术在逐渐进步，建筑文化也很难形成突变式的演化，演化的脉络也能清晰辨识，因为建筑文化也是一个复杂的巨系统，涉及的内涵和外延非常丰富，单纯的某一方面很难从系统内部颠覆建筑文化本身。按照耗散结构理论模型，传统建筑文化在现代交通工具、信息工具和建设手段出现之前，基本上处于孤立系统或虽然处在开放系统中，但外部的影响因素不足以使总熵变为负值时，系统的状态模型为：1）在孤立系统中，因为不与外界进行信息交换，这时 $DeS = 0$，根据熵平衡方程，$DS = DiS > 0$，系统走向无序，不可能发生进化；2）在开放系统中，但外部的影响因素不足时，DeS 虽然

① 李士勇，田新华.非线性科学与复杂性科学 [M].哈尔滨：哈尔滨工业大学出版社，2006.27–40.
② 黄润生.混沌及其应用（第二版）[M].武汉：武汉大学出版社，2007.29–30.

存在，并且满足 DeS ≥− DiS，那么，DS = DiS ＋ DeS ≥ 0，这时，DeS 虽为负熵流，但总熵依然为正。因此往往一个民族或地域的传统建筑文化几乎一直处于平稳态向前发展，它也因而日益变得死板、僵化，因为这种减熵作用较小。

2. 耗散结构系统：当代建筑文化演化的推进器

在当代，现代化的交通工具、信息工具和建设手段的出现，使一个民族或地域的建筑文化受外来文化、技术、形式的爆发式冲击成为可能，在这种情况下，建筑文化固守民族或地域传统的建筑文化遇到了前所未有的挑战，建筑文化向何方向演化，如何把握传承与创新的关系，是任何民族或地域建筑文化所必须正视的问题，无论发达国家和地区还是欠发达国家和地区。在建筑文化系统这一耗散结构里，在不稳定之后出现的宏观有序是由增涨最快的涨落决定的，它通过非线性作角与文化系统中的其他因素发生作用，首先使稳定系统无序化，使之处于不稳定的临界状态，这样涨落才不会衰减而是放大成为巨涨落，使系统从不稳定的无序状态升迁到一个新的有序状态。这种建筑文化的耗散结构理论模型可表示为：在开放系统中，通过对外部文化的吸收、传播和消化利用，DeS 存在，并且满足 DeS <− DiS，那么，DS = DiS + DeS < 0，这时，DeS 称为负熵流，总熵变小于零，系统走向有序。一旦新的结构形成，那么决定论的机制又开始占统治地位。

如今中国的建筑文化处于非常开放"跨文化历史语境"中，这是一个竞争的历史语境，交流、竞争、融合和冲突是其基本主题。在这个语境中，文化之间的相互影响成为必然。因此，一个民族或地域的建筑文化，正是由于这个系统不断地与外族或外域文化系统的交流中不断建构和发展而成。当然这种交流有因异地、异族通婚、传教等原因而主动吸纳，以及因入侵和殖民等原因而被动接受两种途径，但无论如何，都是为僵化的、惯性的、缺乏活力的系统本身增加了新鲜血液。然而，由于中国建筑文化与发达国家存在着"文化结构差"和"文化位差"（发展速度的差异），势必受强势文化的影响大些，加之国人对异域建筑文化的误读，导致中国建筑文化发展受到了外域建筑文化的强烈冲击，如何在继承中创新发展是建筑创作和理论研究必须要正视的严峻问题和挑战，这里涉及吸收外部营养和保持文化主体地位的问题。

四、耗散结构是城市和建筑形态可持续演化的基本模式

城市和建筑形态与城市和建筑文化相关，建筑文化是建筑形态发展的内在动因，适应特定区域和民族文化的建筑形态有其自身发展的独特脉络。作为人类生产和生活载体的城市，充满着各种功能及与之相关的多维度、多层次、具有"内在秩序"的结构系统，这些系统耦合在一起，使城市成为一个关系网络复杂、层级丰富的有机整体，城市中的建筑、街区、区域，部分与部分之间、部分和整体之间就像生物体的结构组织一样彼此相互联系、协同共生，保证了城市整体的秩序和活力。城市和建筑形态的演化受这些复杂的关系网络和系统等综合因素的影响，演变过程和方式具有明显的耗散结构特征和自组织进化的潜力。

1. 宏观的城市和建筑形态的演化具有耗散结构特征

宏观的城市和建筑形态的演化是建立在城市系统的耗散结构状态基础上的，其演化过程的开放性是城市和建筑形态演化耗散结构特征的基础和前提，城市和建筑形态演化过程开放使得系统能不断地与外界进行物质、能量、信息等的交流，对于一个耗散结构来说，这种交流意味着"负熵"的不断增大，从而使系统的有序运动得以维持。城市和建筑形态演化过程在"同一性"的基础上，具有动态的"时空连续性"特征。城市和建筑形态经过多年

的演化，我们还能理清其发展脉络，并使每一座城市及其建筑有其各自的特性，这是其演化的"同一性"和"时空连续性"共同作用的结果，如同"特修斯之船（The Ship of Theseus）"一样，之所以几乎所有的部件都经过更换，我们还认为它是特修斯之船，是因为我们认定一个事物本身的依据不是组成这一事物的元素，而是这一事物的内部结构的同一性，以及这一事物的时空连续性。

2. 宏观的城市和建筑形态的演化以耗散结构为基础

宏观的城市形态和建筑形态的演化是以耗散结构为基础的，其演化机制具有以下几方面与耗散结构相关联的方面[①]：①形态发展的前提：开放和非平衡。固有的形态走向僵化，需要引进异质要素，需要城市管理者和建筑师具有开放的胸怀和视野。②形态发展的诱因：涨落和失稳。涨落是对系统的稳定的平均状态的偏离，它可以干扰和破坏系统的稳定性，经过失稳达到新的稳定，实现系统从无序到有序，从低级有序向高级有序进化。异质要素的引进、非线性科学的发展、数字技术的应用等，导致系统内在势力与外部引入的异质要素矛盾加剧，在某方面聚集，形成涨落，导致原形态系统失稳。③形态发展的道路：分叉和选择。分叉点是发生在混沌的边缘，是从旧结构到新结构发生的突变点。在涨落力的作用下系统产生分叉。涨落的随机与多样性使分叉具有随机性和多样性。这是城市和建筑形态发展的偶然因素，政治、经济、文化、宗教等方面的特殊事件及其引起的连锁效应，往往对城市和建筑形态的发展具有导向性，改变或调整城市和建筑形态发展的轨迹，如城市举办奥运会、世博会、战争、发展战略调整等导致发展轨迹发生分叉和选择的偶然性因素。④形态发展的方

式：渐变和突变。城市和建筑形态的演变（渐变和突变）受到系统内在因素和外在因素的共同作用，其表现形式为继承和创新、遗传和进化。正常的城市和建筑形态发展方式是渐变式发展，但由于特殊事件，如前面提到的奥运会、世博会等因素的影响，往往会在一定规模上引发城市和建筑形态的突变式演化。

五、结语

可持续发展是新时代的发展观，作为一种新的发展观，"可持续"已经成为国际社会公认的发展战略和发展模式。城市的可持续发展不仅需要城市生态的可持续发展，也需要建筑文化和建筑宏观形态的可持续发展。宏观的建筑发展演化是个复杂巨系统问题，涉及政治、经济、文化、功能、艺术、技术、宗教等方面。耗散结构理论模型对宏观的建筑文化可持续发展观的形成具有重要的理论、思想、方法论意义，是理解建筑文化可持续发展的理论基石。建筑文化要实现可持续发展，必须把建筑和城市视为一个耗散结构，作为一个非平衡开放系统，实现与外部系统（外部系统包括地域、历史、自然、科技、文化、艺术、宗教……）的物质、能量、信息变换。建筑文化及其形态可持续发展，需要以耗散结构理论为支撑，要充分尊重建筑文化的耗散结构特征和自组织功能。

参考文献

[1] 李士勇，田新华. 非线性科学与复杂性科学 [M]. 哈尔滨：哈尔滨工业大学出版社，2006.27-40.

[2] 黄润生. 混沌及其应用（第二版）[M]. 武汉：武汉大学出版社，2007.29-30.

[3] 王富臣. 形态完整：城市设计的意义 [M]. 北京：中国建筑工业出版社，2005.172-180.

[4] 吴子连，刘燕茹. 耗散结构理论与中国文化发展 [J]. 河北大学学报（哲学社会科学版），1986(3):231-237.

---

① 吴子连，刘燕茹. 耗散结构理论与中国文化发展[J]. 河北大学学报(哲学社会科学版), 1986(3):231-237.

现代建筑中图形空间与媒体设计研究

金雅庆　兰天①

摘　要：一栋建筑的设计过程需要考虑各种环境因素，尤其是在这样高速信息化、智能化的社会，建筑所包含的内容也越来越丰富，它不仅要考虑城市的历史文化、地域特点，更需要考虑与周边环境的结合及智能化的体现。良好的建筑环境将不断提高人们的生活质量。

关键词：建筑　图形空间　媒体信息

建筑是技术与艺术的结合体，建筑也与城市环境、地域特点、历史文化等因素密切相关。每一座城市都具有自己的特点，每一栋建筑都具有其独特的魅力，人们生活、工作都离不开建筑，建筑已经在无形中成为人们不可缺少的空间，并影响人们的生活质量。

由于科技的不断发展，现代建筑在纵向发展方面已逐渐融入信息化、智能化元素，主要体现在建筑的图形空间和媒体设计中，包括新型建筑材质、多媒体使用、跨界信息传播、互动技术等方面的融合。同时，根据环境因素也越来越重视绿色环保理念等设计因素在建筑当中的体现。

一、建筑的形态与意蕴

现代建筑设计早已不再是单纯地为了防寒预暖，更多考虑到的是建筑的形态与设计风格，以及是否遵循变化统一、对称平衡、节奏韵律等形式美法则，是否更好地表现建筑内容的丰富性，是否将建筑与形态完美结合，是否能够带给人们更多实用性和美观性。

中国国家大剧院由建筑图形中本身的"形体"与水的结合形成"意蕴"，使建筑图形可以根据环境的变化自由变换。而图形构成的光影效果本身由于独特性可以自由扩大或者缩小建筑外空间，也为建筑本身增添了丰富的建筑素材。人们在传统材质基础上，根据现代的科技成果和构思，将图形信息与新媒体技术结合，可以达到信息传递和带来感受的效果。建筑现象学强调人们对建筑的知觉、体验和真实的感受与经历也就是建筑变得更符合人性的意味，尽量从符合人体工程学的角度设计建筑、设计图形，回归到原本的视觉体验。

二、建筑图形空间的概念与结合

1. 建筑图形空间及媒体的概念释义

建筑图形是指在二维局域平面上分割成的具有延展性的空间形状。具有空间性质的图形包含的内容更为广泛，这是一种在局部区域展现三维图形的方式，利用媒体作为传播信息的媒介。因为信息是由信源、语言符号、载体、信道、信宿、媒介信息六大要素构成。信息传递

---

①　金雅庆,吉林建筑大学艺术设计学院教授;兰天,吉林建筑大学艺术设计学院在读研究生。

要通过一定的媒体进行，这样新的媒体形式就可以借助建筑产生，建筑也就被图形空间所覆盖。

2. 建筑空间与图形的结合

我们生活在建筑里，被建筑包围着。建筑群中的图形通常分为静态与动态的。静态是指悬挂在建筑上的大幅广告。以及色彩鲜艳、变幻的光源都大多以平面时尚的方式，或者以动态变化的方式展现丰富的画面，并且与建筑空间结合，在明暗、色彩、形状、空间上相互呼应。尤其是空间感的变化更会吸引人们驻足，同时也意味着人们之间的信息互换。建筑就是将建筑表面用玻璃这种材质虚化，搭配动态显示屏，而实体建筑表面配以静态广告形式。而建筑图形空间、显示屏形状与内容、整体虚实变化都是作用于这一区域的整体环境。

图形的使用也可以超脱传统建筑要求的规则，不用刻意追求平衡、对称、功能、历史的因素而硬性改变，巧妙地利用图形，使建筑与图形能够完美结合，在一定程度上是为更好地展现这座城市中的环境空间质量，使生活在建筑环境中的人们在身体和心理上都得到放松，在以人为本的理念下，又可以反作用到城市的发展中，形成一个良好的循环。

三、信息时代来临对建筑的影响

1. 建筑上的招贴

在建筑上粘贴信息招贴是一种传统的街道招贴方式，在繁华的街道建筑和交通主要路口的区域空间中都可以看到这种单向的信息传递。招贴在建筑外表面普遍显现的有两种形式，一种是纯商业性质，一种是具有导向作用的招贴。其目的就是在能看到这个信息的空间内，尽可能让人们发现，通过人与人的交流实现物与物的流通。大幅招贴同样是将一栋整体建筑划分为不同的小区域，视觉上看这个区域的同时也会看到其他区域，在视觉上形成一个整体大范围空间，因此在建筑上粘贴吸引人的招贴图案

对人们视觉上具有强烈的冲击。传统的交流方式固然有节省资本、可随意控制尺寸大小的特点，但是在夜晚，粘贴在建筑空间的招贴在没有照明的情况下并不突出，无法继续传递信息，所以为了更好传递信息，招贴模式已经逐渐转换成数码媒体等智能化方式。

2. 建筑上的数码媒体时代

信息的传播带动各个行业的蓬勃发展，新技术的发展导致科技时代来临，数码媒体的内涵已经大大扩展。建筑的形体在此基础上亦变得模糊，建筑已可以由符号和图像构成，建筑上超清 LED 电子显示屏、城市建筑中各种不相同的片段被拼接、被结合。显示屏耀眼的色彩不断冲击我们的神经，这都告诉我们一个建筑新兴时代的存在。数码技术联系平面视觉设计，改变了单一形式的建筑招贴风格，通过摄影和计算机技术软件的开发，将平面变为立体，平面广告形式可以转换成多维立体的表现手法，增强了建筑表面的可塑性设计，拓宽了广告形式的多样性与自由发展，增进了空间感和延伸感，同时丰富了信息传递，使得数码媒体技术在建筑上有了长远发展。多媒体技术使建筑与人的关系更为密切，通过人与建筑、人与空间环境、建筑与空间环境三者的交流，使信息不断传递，达到信息投递者不断扩大影响范围的主要目标需求。

四、建筑内外空间图形的变化与延展性

1. 建筑内部空间变化

建筑内部相互之间的图形转换、色彩变化、不同材质都可以改变建筑内空间，营造一个具有多变性、多维度的建筑环境。变化的图形和导视标志都可以展现建筑的独特风格，例如伊东丰雄的作品仙台媒体中心建筑，就是按照7个不同功用的楼层设计不相同的框架结构，改变柱子的形态，达到视觉的延伸和光线的通透。

同样,建筑内投影图案的变化也能区分空间的变化。例如上海世博会中国馆内部设计运用数码媒体投影,将建筑内部划分为不同工作区域、不同色彩形状,一方面给人们带来美的视觉享受,另一方面以光线将真实与虚幻的视觉感官融合,缔造梦幻的效果。内部空间中利用媒体设施进行相互之间媒介互动,将主体人与人在流动空间短暂地联系起来,使用传感装置探测到人体活动,再利用视觉、听觉、触觉等方式进行互动。多媒体技术的互动方式多样化,增强了观众的参与性和娱乐性,让人们在有限的建筑空间中体验无限的变化乐趣。

2. 建筑外部空间变化

建筑外空间分为两部分。一部分是建筑延伸的产物,建筑群组、广场、长廊、绿化等通过一定的比例组合与建筑本身形成建筑外部空间图形,将信息元素也融入其中。另一部分是建筑外墙面的设计,建筑需要与空间环境互动,而数码媒体正体现了这样的方便性,使建筑与环境设计之间产生了联系。设计时首先要考虑的就是建筑图形空间的特点,设计方案要与建筑的功能、作用、形态、构思相结合,通过形态的组合,让人们对图案信息进行无意识反馈。利用数码媒体技术和新型的科技材质将建筑震撼的视觉效果带给人们。同时也根据建筑的外形和建筑外墙面的完美组合,加深建筑主题的展现。建筑外表面的 LED 电子显示屏,在繁华地段的建筑中常见,现在已经成为部分商业建筑的一部分,播放的也多是商业性质广告。有的建筑外表面采用屏幕进行链接,使整个建筑在夜晚中继续传播信息,照亮夜空,并形成夜间独有的地标建筑。如韩国天安百货商场,结合灯光效果和多媒体技术在建筑表面上不断闪烁着不同图案样式,将建筑包围在独特的视觉环境中,形成一道亮丽的建筑风景。在现代数码媒体广泛应用的时代,建筑对城市空间感的塑造将更加关注建筑空间形态与媒体的设计。

五、结语

伴随科技的不断发展进步,现代建筑已经逐渐被数字化占领、被图像包围,新形式的建筑已经迫不及待地在展现科技的色彩,建筑正在用图形空间作为语言,丰富我们的视觉环境,提高信息的传播效率,我们亦会在新的数码媒体形式下,走得更远。

参考文献

[1] 沈克宁. 建筑现象学 [M]. 北京:中国建筑工业出版社,2008.

[2] 董豫赣. 文学将杀死建筑(建筑、装置、文学、电影)[M]. 北京:中国电力出版社,2007.

[3] 扬·盖尔著. 交往与空间 [M]. 何人可译. 北京:中国建筑工业出版社,2002.

中国传统建筑文化在高层建筑中的运用

李明星　张向宁①

摘　要：针对我国目前存在的高层建筑地域性文化的消失，形式趋同的现状，试图从中国传统文化中寻找高层建筑造型新的创意点。分析中国传统美学，中国传统建筑符号和中国传统高层建筑的特点，总结中国传统文化在高层建筑中的运用手法。

关键词：高层建筑　传统建筑　建筑文化

一、历史背景

1. 国外高层建筑形式的演进

西方的高层建筑应起始于古埃及，从尖碑到金字塔，再到古阿兹台克的高台建筑与玛雅人的金字塔，建造技术的不发达无法阻挡人类对天空的追逐和对高度的向往。现代高层建筑的发展至今已有一百余年的历史，其起源于芝加哥学派的高层建筑不断地演变，形式也随着现代建筑风格的推陈出新的变化而不断地交叠更替，建筑师们不断地探索，不同的风格精彩纷呈。从早期的现代主义风格到新古典主义风格再到艺术装饰风格直到当今流行的非线性设计和参数化设计，都离不开科技发展与新材料与新技术的应用。无论过去还是现在，高层建筑成了一种发达的象征。当纽约帝国大厦建成之日，无论美国人民还是政府都觉得美国已经超越欧洲成为世界的中心、经济的中心。而今天越来越多的新兴经济国家在追逐攀比建筑的高度，从 300 米、500 米、700 米、800 米（图1）

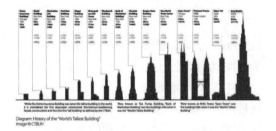

图1　世界高层建筑高度对比
图片来源：http://www.zeably.com/Council_on_Tall_Buildings_and_Urban_Habitat

……世界第一高不断地被刷新，可见高层建筑作为能力的象征已深入人心。

2. 我国高层建筑的现状

我国的高层建筑应始于汉朝的塔式阁楼，而现代高层建筑的发展是在 20 世纪 80 年代初，至今不过 40 年，但其发展速度惊人。与国外高层发展历程一样，而我国也正在经历这一历史进程。我们也在不断地追求刷新高度。但是由于近代中国饱受战火洗礼，文化与技术停滞发展，现代建筑学的发展与传统中国建筑学

---

① 李明星，哈尔滨工业大学在读硕士；张向宁，哈尔滨工业大学建筑设计研究院院长、工程师。

的脱轨，我们没有植根于中国传统建筑学而直接学习西方的现代建筑学，导致我们的建筑缺乏自己独特的文化与识别性。自古以来，中国建筑都注重空间与形式的表达，使得在其中的人可怡然自得。但在中国的高层建筑却和西方的现代主义高层同质化，没有了神韵，缺乏中国传统的建筑意境与文化，因而也脱离了中国大众的审美追求。由于结构和形式的特殊要求，使得高层建筑在体量上无法作出足够的变化，而导致众多的看似相同的建筑出现。高层建筑的民族化之路何在？如何走出我们自己的道路？我们应该从中国美学的本质开始探寻。

二、中国传统建筑美学解读

1. 何为中国传统美学

意境是中国传统美学的重要范畴，在传统绘画中是通过时空境象的描绘，在情与景的高度融汇之后体现出来的艺术境界。情与景是构成意境的基本因素，意境中的情应该是蕴理之情，是特定时代精神的折射；而景也不只是一般的自然景观，同时也包含着能够触动人们情怀，引起生活回忆的场合、环境、人物和事件，这样才能使作品的意境在被欣赏的过程中得到感情上的共鸣和社会心理上的认同。而中国传统美学中更注重的是留白，这样可以使人在欣赏传统水墨画时引起无限的遐想。

以空间境象为基础构成意境，通过对境象的经营与把握而达到"情与景汇，意与象通"的，这一点是创作的依据，同时也是欣赏的依据。绘画艺术是通过直观的具体的塑造艺术形象构成意境的，为了避免造型艺术由于瞬间性和静态感而带来的局限，画家往往通过具有启导性和象征性的语言和表现手法来显示时间流程和空间的拓展。如在中国传统绘画中的散点透视、计白当黑、虚实处理、意象造型等，都是为了最大限度展现时空境象而采取的表现手法。这些手法一方面可以使画家在构成意境上获得充分的主动权，打破特定时空中客观物象

的局限，另一方面也给欣赏者们提供广阔的艺术想象天地，使作品中的有限空间和形象蕴含着无限的大千世界和丰富的思想内容。从这个意义上讲，意境的最终构成，是由欣赏和创作两个方面结合才得以实现的。

而中国建筑恰是中国传统美学的重要体现，中国的传统小木作建筑是一幅"画"，以围墙作画框，主要的欣赏对象则是围墙内外的空间。欣赏方式不是静态的"可望"，而是在动态的"可游"画面之中，步移景换，情随境迁，玩味各种"画"的神韵。而在中国的传统大木作建筑中追求对皇权对天的崇敬，通过大尺度的广场空间和天际线营造了被统治阶级对统治阶级的崇拜畏惧心理。

2. 中国传统建筑的建筑符号

装饰性木构件（斗栱）是中国古代传统建筑美学的又一个最重要的特征。由于中国古代建筑主要是木构架结构，即采用木柱、木梁构成房屋的框架，屋顶与房檐的重量通过梁架传递到立柱上，墙壁不是承担房屋重量的结构部分，只起隔断的作用。它是由斗形木块和弓形的横木组成，纵横交错，逐层向外挑出，形成上大下小的托座。这种构件既有支承荷载作用，又有装饰作用。到了明清以后，由于结构简化，将梁直接放在柱上，致使斗栱的结构作用几乎完全消失，变成了几乎是纯粹的装饰品。而斗栱的艺术装饰风格最成功的一次应用就应是上海世博会的中国馆（图2）。但在现在高层建筑中还

图2　上海世博会中国馆
图片来源 http://haitao.tuchong.com/albums/19504/259326/

少有应用。

另一个有实际用途的中国古建筑的特征即是屋顶,不同用途不同等级的建筑皆使用不同的屋顶形式,但由于样式和比例的原因,至今没有超高层建筑成功提取其建筑符号的例子。

3. 中国传统高层建筑

塔是一种非常独特的东方建筑,在东汉时期随佛教传入中国,之后迅速与中国本土的楼阁相结合,形成中国的楼阁式塔。塔作为中国最早的高层建筑形式,更多地作为宗教建筑,用来存放佛家法器和高僧舍利,发展到唐宋代也有应用到风景建筑中,如著名的岳阳楼(图3)。

图3 岳阳楼
图片来源 http://tupian.baike.com/a2_21_28_013000006118041296302 83888260_jpg.html

三、传统文化在高层建筑中的表达

1. 传统高层建筑形式的再现

旧时中国城内的最高建筑,多半是塔,远如西安大雁塔、苏州北寺塔,近有松江方塔、嘉定法华塔,人们常常称其为文笔峰,把它与地方文气是否兴盛联系在一起。

塔经历了从木塔到石塔的材质转换过程,高度也不断增大。虽然塔是一种舶来品,但随着时间流逝,塔具有了中国独特的文化,其形制和内容较之前都有了很大的变化,如加入斗栱的造型。时至今日,塔在人们的心目中依然有重要地位,而如何继承和发展这种塔文化,并加以

创新便成了我们应该考虑的问题。

塔文化与形式的应用,以台北101大厦(图4)与崇祯寺塔(图5),上海金茂大厦(图6)和西安小雁塔(图7)比较,这种对古建筑外形的建筑语言的提炼与抽象是最能唤起人们联想与记忆的和对中华古老文化的思忆。台北101大厦在造型上上下并无收分,而从人的视角上来考虑这种无收分的设计手法不如金茂大厦的阶梯形状而向上收缩,这样的设计加强了透视感,使人视角的视觉冲击力更强大,这也是中国古塔多使用收分设计手法的原因。而这两座建筑作为超高层建筑中较好的表达中国特色的建筑不约而同地使用了塔作为其意象基础没事传统文化与现代建筑的完美结合,作为建筑符号的提取与应用是超高层建筑在民族化中走出的重要的一步。

图4 台北101大厦
图片来源:http://www.nipic. com/show/1/62/4916869k6 ab3d7cf.html

图5 崇祯寺塔
图片来源:http://tuan.jd.com/team- 10998901.html

图6 上海金茂大厦
图片来源:http://www. nipic. com/show/1/48/47d0eee253f 9a1ab.html

图7 西安小雁塔
图片来源:http://www.29xa.com/jd/471. html

2. 传统意境营造

说到传统建筑的意境营造不得不提到钱学森老先生。钱学森老先生在1990年提出未来城市发展模式——山水城市。山水城市是从中国传统的山水自然观、天人合一的哲学观点基础

上提出的未来城市构想。吴良镛认为山水城市是提倡提供环境与自然环境相协调发展的，其最终目的在于建立人工环境与自然环境相融合的人类聚居环境。但这一理念提出后近 20 年并没有实际的应用。

而今天马岩松带着他自己的山水城市浮出了视野（图8，图9），马岩松设想的山水城市实现了传统城市应有的功能，同时有着东方人心中的诗情画意，将建筑的密度与功能和山水意境结合起来，结合人的精神和文化价值观。MAD 事务所的山水建筑项目整体的设计遵照中国山水画中的山、水、湖、石等中国景观中的元素和关系，通过拟态的建筑手法表达出来，意图模仿中国山水画，意图在城市中通过人工地形的手段创造出山水城市的意境。

图8　贵阳CBD项目
　　图片来源：http://www.wpdi.cn/city/21qi/hq16.aspx

图9　朝阳公园CBD项目
　　图片来源：http://www.soujianzhu.cn/news/display.aspx?id=2226

3．小结

上文两种建筑设计的手法与方式都是对超高层建筑本土化的探索，一是提取传统建筑符号作为设计语言，通过对传统古建筑的符号提取来使人们回忆、联想起古建筑的形态而产生建筑的地域性和文化的唤醒。二是通过人工地形模拟的方式，以非线性的建筑设计手法去模仿中国古代园林山水画和自然景观创造人造的"山水画"。两种方法并无优劣不过是不同的表现手法，对中国建筑文化的追求。

结语

目前在传统文化的继承与发展更新领域，高层建筑的设计鲜有佳例。我国在当代的高层建筑创作中，体现较多的为普遍性原则，缺乏地域性特征。有人批评中国的现代高层建筑过于泛滥但缺乏传统特色的现状，但也有人辩护说现代高层建筑本身就起源于欧美，大量引进"国际式"高层建筑可能会产生一种进步的和现代化的表象，但是会时常妨碍高层建筑的地方性和可识别性方面的尝试。因此，探讨高层建筑创作如何体现中国文化非常重要。

通过上文的分析我们发现在众多的超高层建筑设计中，也不乏运用中国传统文化符号与传统美学意境的作品。在人口爆炸的今天，高层建筑是建筑发展的必然趋势。我们在建筑设计中应更多地回归到中国的传统文化，为自己的城市创造独特的地域识别性，而不是无法辨认的"地标"。

参考文献

［1］彭一刚.传统建筑文化与当代建筑创新［J］.中国科学院院刊，1997(2).

［2］姜利勇.高层建筑艺术形式与传统的契合.城市问题，2005.

文化"袋子"
——建筑原型的另类解读

阚世良[①]

摘　要：从建筑人类学的视角思考建筑，发现其不但具有传统概念上形态的原型，还存在建立在集体心理上的文化原型即圆融性状的文化袋子。

关键词：通感　性状　印记　原型　亲缘选择

"二战"后，现代建筑以其简约、理性的时代特征在很长一段时间内引领了社会发展的潮流，并且积极创建、改造着社会的环境面貌。然而在文化转型的今天，由于现代都市的迅猛发展，造就出物质财富的冗余积累，数字化技术的广泛应用，使得多元文化的融合、混搭有了更便利的表现条件，宽松相融的文化氛围，则让个性另类的情感欲求得到充分展示。人们发现，对于曾建立在科技理性、工具理性等逻辑思维之上的具有共识性的文化认知，又会有不同视角的审视和重新反思的必要。关注焦点悄然转变：不再局限于把形式对功能的适应视为必须的、甚至是主要的途径，不再满足于形式给视觉带来的单层面的心理愉悦之感；更为关注的是，此时此地所承载的文化情怀的释放，能否适应新的社会标识体系的建立，以最大价值地转化为集体游戏的视觉消费。

建筑不仅是文化容器，也是一定时期某种文化模式下的物态映射，经过生活的沉淀，历史的洗礼，可以清晰辨识出已成为文物的建筑的整体或部分形状留下了文化忆痕，具备了文化特质。这类呈现了文化特质或文化忆痕的形态或形迹与一定时期一定背景下人的生理心理意识交互作用，就会过滤、积聚成建筑艺术的隐喻。

"原型"是荣格心理学特有的概念，荣格把经过遗传的、先天具备的原始痕迹称为"原型"，并认为后天经历和体验的东西越多，所有那些潜在意象得以显现的机会就越多。"人生中有多少典型情境，就有多少原型。这些经验由于不断重复，而被深深镂刻在我们的心理结构中，这种镂刻，不是以充满内容的意象形式，而是最初作为没有内容的形式，它所代表的不过是某种类型的知觉和行为的可能性而已"。借助文化介质解读原型，打通内心感受，可以使我们的设计在立意上站在一个高度，对原始意象的反复借用，实质上反映出的是人类心智成长历程中的不断领悟。

图1　原始建筑　　图片来源：image.baidu.com

---

①　阚世良，吉林省抚松县参乡建筑设计有限责任公司高级工程师。

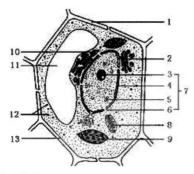

图2 细胞构成　图片来源：res.tongyi.com

建筑物可隐喻为孕育生命胚胎的——卵或子宫，进一步解码为以"袋子"形式呈现的"本原存在"。最初的本原存在是没有任何文化意义的，是人类的社会演化逐步赋予它内涵，这是灵魂与物象借以依托的外化。"袋子"的原始意象好似有机生物生长的庇护所，又像是将无序整合成有序的触体感受器。人类通过"袋子"从外界摄取物质能量，不断地转化为生理能量，生理能量又进一步转化为心理能量，心理能量积攒到一定程度必需得到释放，后者对于具有社会意义属性的人类来说则显得格外重要。

"袋子"的文化表意性是很自然地伴随着人类生活的轨迹而展开的，镶嵌于风土习俗中。比如蒙古游牧部落的"图勒么"习俗。"图勒么"原是牛皮或羊皮制成的口袋，无论大小都是用整张皮子制作而成，制作过程需要一定的手工技巧。其用途广泛，可盛放食品、水，也可作水上运输工具之用。作为随时的必需之物，在庄重的场合下共享，可传达出食物的丰富和友谊纯洁的涵义。在订婚时男方要赠送给女方牛皮"图勒么"，作为爱情的见证信物。较成熟的中原文化则曾传承"发禄袋"习俗。"发禄袋"又叫"利市袋"，或称"百事吉"，民间悬挂"发禄袋"习俗已有千年历史，"发禄袋"由松柏枝、万年青叶子、古铜钱、竹筷子、丝绵、棉线等制成。最早发禄袋悬挂在中堂大梁上，造房砌屋时绑在中梁正中间，后发展到结婚、添丁都会悬挂"发禄袋"。这里的"袋子"已被进一步联想为能带来好运的超自然力量的图腾物。

"袋子"的原型，根植于人类祖先千万年来生活经历的结晶，也是前人类及动物祖先久远的记忆与幻象的结合。原型本体决定了有形的性状，文化是性状得以定型和变化的养料与催化剂，文化变迁的不可逆又保证了原型本体的传承与活力。建筑中的"袋子"，可以归结为圆融性状下容纳与控制方面的联系：容纳是指生产生活因素对应功能的契合；控制则既有技术层面的约束如取暖方式、结构系统等，又有社会组织层面的限制如秩序与习俗等，从中可以进一步体悟到对亲缘选择的承认与肯定。"亲缘选择"又称"汉密尔顿法则"，是行为生态学概念，具体指亲缘关系越近，生物共同体间彼此的合作倾向和利他行为就越强烈，从而容纳与控制行为的启动就越顺畅，对基因的复制和价值体系、文化秩序的建立就越有利。亲缘识别的后天机制很重要的一点就是有组织地制造出对欲望和隐密行为疏导的"印记"，创造表型匹配的风情，各地丰富的民居与民俗就是人类生活"印记"方面最显著的风情。下面就以满族的"口袋房"民居、蒙古族的帐篷及传统建筑的"大屋顶"为例加以详细阐述。

同自然界的鸟巢相类似，人类早期生活过的洞穴大概是这样子的：地面向下掘出口小底大，类似于袋子的掩体空间，供人们栖息、遮风、蔽雨雪。满族早期的"口袋房"是典型的体现东北严寒山区生存土壤的原始建筑，能从中体会到人类从穴居到半穴居、再到地面建筑发展的残留痕迹。平面形式多为三间房，除烧火间外，每间房都是一个沿两侧或三侧的炕围成的空间，早期的外门是开于边侧的，大概脱胎于穴居做法，后来也许是受中原文化"礼制"的影响，门开于中间，对于普通人家而言，中间这间房就作为厨房或烧火间，取暖的灶坑便放在此处，于是自然形成了两个"口袋"夹一外屋的平面形式，替代了横穴居长口袋的格局，从而更便于日常生活和满足家庭隐私需要。中原文化影响之下的普通民居则有很大不同，平面虽也多为三间房，却是一明两暗，中间的明间为堂屋，是祭祀、接待场所，重要程度要高于两侧为卧室的暗间。

图3 满族口袋房 图片来源：blog.sina.com.cn

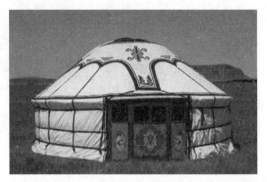

图4 蒙古帐篷 图片来源：www.zzyuanlin.com.cn

火炕是"口袋房"的主要建筑元素，可以说如果没有火炕，"口袋房"的称谓就名存实亡。人们在这个"袋子"空间里的一切生活内容，如吃、喝、生育、人际交往、游戏，甚至某些特殊的日常生活行为如生豆芽、孵鸡仔等都离不开这项简单实用的发明。前工业文明时代一项有特色的仪式——祭祀，更是离不开火炕。这种古老的文化仪式起到人神沟通进而强化社会凝聚力、诠释社会风尚的作用。"口袋房"的西炕空出为一窄炕，有特殊的地位，不许坐卧，不许进食，不放杂物，成为祭神祭祖先的场所，盖房子也要先盖西炕。独特的生活习俗多是人类为适应、改善或拓展物象与精神空间而创建，犹如某些生物的外激素，是一种文化有形标识，必然会伴随着一整套细节上的点缀，好像是同一个母题的反复变奏。与满族"口袋房"视觉上相关联的系列"印记"至少还有以下各例：满族祭祀所用的道具之一是挂在西山墙上的"索口袋"，也称"妈妈口袋"或"子孙口袋"，里面装有一条小拇指粗细、大小十多尺长的一根红色线绳，俗称"子孙绳"；摄人魂魄、用于萨满仪式的萨满鼓也是一种极其特殊的"袋子"；还有抽烟用的烟口袋；装裹了有辟邪作用药物或香料的香囊，在节日佩带用以禳灾；儿童游戏用的布口袋；婴儿使用的兽皮睡袋，后演变为摇篮等等。可以看到，除睡袋外，其他袋子的出现都与人的精神生活追求密切相关，背后连系的是看不见的文化纽带，可视作是对本原踪迹的涂抹与追思，对亲缘识别的注入很有益处。

逐水草而居的游牧生活对建筑的要求是能移动和方便携带。建筑样式和建筑手段的着力点是为了最大限度地适应迁徙生活方式的需要而满足身体舒适度的需要，则退而求其次。因此以下特性：如必要的忍耐和牺牲、适度的紧张和矫正、极大压缩个人的私密空间，使游牧民族最终选择了发展搭建帐篷的技术路线，塑造出游牧民族果敢、坚忍的品质，以及从出生就有的沧桑感。蒙古帐篷起源于窝棚，形似"羊胃"，其圆形形体可以很好地抵挡风沙侵袭、节约能源，可以经受春季十级大风；可伸缩的骨架与弧形肋紧紧撑住建筑的外表面——毛毡，外表面毛毡上呈现出的图案与入口一起，成为主要的装饰部位，结构浑然一体，但使用空间没有坚固的分隔。蒙古帐篷除用于居住外，还是实用的生活劳作工具：有经验的牧人可根据蒙古包上的烟筒照进帐篷内的阳光落下的角度判断时间，据说误差不超过五分钟；还能练就由内知外的本领，尤其是在狼、鹰袭击羊群或兵荒马乱时代十分管用。这类得益于大自然与半军事化组织的形态不仅是生活技术的建构，也会在长期社会演化的过程中开启了草原文化意义表征的约定，将人体身心、社会秩序、宇宙万物联系在一起加以感应：穹庐是游牧民族对宇宙直观朴素的认识体察；蒙古包的构成被视为与人的身体有着同构模拟关系——门对应咽喉，灶火对应心脏，天窗对应头部……围绕灶火划分空间方位，体现的是人与人之间的伦理关系、社会关系、人与神之间的崇拜关系；以灶火为中心，西面为男性场所，男性生活用品、使用工具摆放于此，东侧是女性场所；以天窗东西横木为界线，灶火南方是世俗区，北方是神圣区。对方位和秩序的尊重与敬畏潜移默化地传承了生活经验与文化禁忌。值得一提的是，拴在天窗中央用来固定蒙古包的坠绳，具有特别的象征含义，被认为是保障家人平安、保证五畜繁衍的吉祥物品，卖大牲畜时要拔一撮毛拴在坠绳上，意思是把牲畜的福祉留在里面，男方到女方家娶亲时，要把一段哈达作为礼物搭在对方坠绳上以示尊重。

深受儒道佛古典文化影响的中国传统官式建筑，形式上一般分为台基、墙身、屋顶三部分，其中屋顶部分所占比例最大，表现力最强。建筑物的上、中、下三段分别对应着天、地、人三者之间的关系，屋顶部分承载着"天"的作用，有突出的地位，因此大屋顶作为视觉标识形象媒体的作用得到夸张与强化。如果把大屋顶比喻为一个大袋子的话，这个袋子显示出的天人感应、人神沟通的文化精神价值要远大于其实用价值及艺术价值。统治者尊崇等级制以彰显礼教的极端国家意志，最终造就了对大屋顶的文化象征意义完形的编排附会，从而间接催生了以形表意，用专有建筑形态规范社会行为，由人文文化铺垫开来提取视觉象征符号的思路。重檐庑殿顶是最高等级，只适用于皇家建筑及宗教建筑，其次为重檐歇山顶，再次为单檐庑殿顶及单檐歇山顶，最后为悬山顶和硬山顶，适用于六品以下官员及民居住宅。大屋顶的色彩也被赋予了强烈的等级象征含义。明清规定：宫殿、陵墓、奉旨兴建的坛庙用黄色琉璃瓦，绿色琉璃瓦在故宫中用于太子居住的房屋，蓝色琉璃瓦用于天坛，黑色屋顶等级最低，用于民居。儒家君臣父子家国情怀的管理运作模式，形式上分层次、分等级的容纳与控制手段在"大屋顶"的文化形态中体现得淋漓尽致。有趣的是，西方宗教文化将倒置的"屋顶"——漏斗形状的袋子，看作地狱的象征。然而，在俯仰屈伸的礼仪、正襟危坐式的威严重

压下，需要有一个"只可意会，不可言传"的心理释放出口。层层举折的间架结构减弱了屋顶的沉重感，形成轻快优美的曲线，四周上翘尽力外伸的屋檐，恰如飞鸟展翅，大屋顶的结构构造特点所生成的特别语境，用传统文化的心灵体验加以充填、观照，无意中派生出形制飘逸传神的局部性状，是颇有特色的"民族志文本"。刻意追求飘逸风格在中国传统文化艺术中随处可见，从对文学作品的品鉴中，对人物风度的评价中，对书画笔墨的锤炼中，对舞蹈杂技的领悟中，对茶道古琴的欣赏中，都能轻易找到大量对"飘逸"理念的论述。进一步往深处透析，还会至少在道家文化的见解中找到内在关联，即于行云流水、流光溢彩中寻找生命的终极意义。传统建筑存在的一类特殊意义的有形标识，是同社会共识对尊贵的崇尚和对生命活力的祈求分不开的，归根到底是追求趋利避害集体秉性的一种人生姿态的自然外显。

今天的时代面临着生活危机和文化危机，某种程度上是由于人们迷信现代科技、抛弃传统文化遗产产生的文化失调。过于关注强大的市场经济却淡漠了曾经的人文存在，民族文化的归属感在迅速减弱，时代文化的潮流意识被过分强化。现代科技虽然能极大地丰富人类的物质、精神世界，满足感官享受，提高生活质量，但始终还是吸纳和消化不了人类的全部精神感受，更不要说主宰和操纵。技术进步没有、也不应该使隐喻在建筑形式中的文化精神语码萎缩，相反应该成为保证与容纳文化信息传播的强大后盾。接地气，才能抓住时代脉络互搏而动。没有与时俱进的创新，文化信息总量就只能在原地打转，无法自然增殖与进一步升级，再好的形式也会沦为"僵死的外壳"。从原生态、次生态的大传统中吸取营养，往往会出现洞察之后的通达。后现代主义和解构主义理论的出现，一定程度上缓解了现代建筑语言信息表达上的过于理性及贫乏。从感性到理性再回归感性，深受两种理论影响的前卫建筑的横空出世，虽在实践中由于过于偏重形式上的新鲜

感，缺少质朴、厚重等传统文化品质，也不能解决建筑发展道路上所有问题，却能从不同方向给人带来文化上的视觉冲击。

英国建筑师罗杰斯设计的"千禧年穹顶建筑"是一个有"袋子原型"的前卫建筑：巨大的、充满张力的薄膜直径达 320 米，借助长达 69 千米的高强度钢缆绳悬挂在钢制塔架上，12

图5 中国传统建筑屋顶
图片来源：blog.sina.com.cn 与 www.sxcr.gov.cn

图6 英国千禧年穹顶　图片来源：www.6789123.com

根穿过屋面高达 100 米的桅杆，直冲云霄，可同时容纳五万人。这座建筑原是英国政府为迎接 21 世纪到来而打算建造的临时纪念性建筑，后经论证，认为可以承担起周围市区的复兴及交通设施改善的任务，最大限度地整合公共资源，聚集人气，因而具有长期投资的价值，最后在建筑师主导下策划成商业经营的范例。建筑问世至今，可谓毁誉参半。赞扬者称之为"伦敦明珠"，批判者认为是"躺在建筑学的坟墓上"。笔者认为，从文化传承角度看，这是对古老的帐篷和西方传统教堂穹顶建筑形式及文化精神的创新继承，是比较成功的。西方建筑界传统上就有浓厚的"穹顶情结"，比较典型的便是佛罗伦萨主教堂屋顶，由于大胆吸取了异教的穹顶形制，一举突破教会精神专制，开文化复兴之先河，被誉为"新时代的第一朵报春花"。穹顶建筑集光辉、文明、财富、神的眷顾等于一体，可谓权力地位的象征。而在今天，由于新的社会标识体系的建立，是以市场为主导掌控的结果，故而市场因素取代了以前的神权与皇权。现在看来，"千禧年穹顶建筑"并没有起到预期的市场效应，再加上对经济、安全等因素考虑得不周全，维护费用过大，入不敷出，遭到质疑的结局就是不可避免的了。无独有偶，中国建筑师王澍在威尼斯建筑双年展中的参赛作品"衰变的屋顶"与"千禧年穹顶建筑"可有一比。王澍的作品兼具了东方建筑独特的交错穿插传统做法和西方建筑构成对拓展动势的把握，以宏大的文化视野，完美的细节表现，将碎片拼图，完成历史与当代的文化联锁对接。

适度的紊乱图式在今天的建筑界不但是可以接受的，运用得当也是符合审美要求的。被誉为"建筑界的毕加索"的美国建筑师盖里设计的很多作品可看成是以"舞动的袋子"为原型的，将袋子加以变形、撕裂、揉搓、错位等处理，造成新奇、丰富、迷惑、复杂、释然的表情，袋子的表皮做得十分精致甚至考究，采用钛金属的装饰表皮如丝绸般的质感，知性高雅。他的建筑作品无定形，却有强烈的辨识

图7 衰变的屋顶 图片来源: zhulong.com

图8 盖里的古根汉姆博物馆 图片来源: Luxury.99.com

度，打破了常规方盒子的定势，如凝固的焰火，以一种不合常理甚至极端的方式感性地诠释周围环境，无所顾忌地解构出大都市的"文化范儿"，他对秩序的建立貌似随意，却颠覆了人们传统概念的重力与浮力单一的界标，举重若轻，化静为动，将受重力限制无法克服的"重"转化为经过拆解加以重新组合后的"轻"，将僵硬的静止不动的形态抛掷出漂浮的自由的元素，而这魔术般的变幻都是在数字化高科技时代下的成果。当代商业文化对财富的顶礼膜拜和对欲望的向往可谓达到了一个高峰，获得尊荣并保持尊荣至关重要，可以将聚拢的包括人气在内的社会资源迅速转化为文化资本，这当中视觉炫耀是看得见的最直观最好的证明。盖里为代表设计的解构主义的作品，独特的原型造就

艺术形式上的不羁个性表现，恰巧迎合了时尚元素，如同 LV 包的走红，不自觉地充当了视觉炫耀的符号。目前，用明星建筑师的创作去包装城市文化身份，装点城市文化景观，成为当代建筑界方兴未艾、无法回避的文化现象。

参考文献

[1] ［美］阿摩斯·拉普卜特著. 宅形与文化. 北京：中国建筑工业出版社，2007.
[2] 汉宝德著. 中国建筑文化讲座. 生活·读书·新知三联书店
[3] 雷子人国画演进——中国画的空间和图式. 学位论文摘选. 网络资料
    关于各种民俗及建筑实例介绍及各种图片的信息均取自于网络资料

建筑语境塑造下当代中国建筑中材料的使用策略初探

马源鸿　付本臣　杜煜①

摘　要：在全球化浪潮的冲击下，当代中国建筑创作呈现出多元化的倾向，建筑语境的塑造面临着多重束缚和挑战。材料是建筑学的基本问题，是建构物质空间、完成形态设计、展现建筑性格的必要因素。

本文从语境塑造的三种方法，即同一性、相似性和差异性入手，结合当代中国建筑实例，分析和讨论了材料延续肌理的本真使用、重构环境的拟态使用、冲击文脉的对比使用三种策略。希望以语境思维指导中国本土建筑创作中的材料运用。

关键词：当代中国建筑　建筑语境塑造　材料　策略

改革开放 30 多年来，中国以比人们想象更快的速度融入世界。建筑设计领域的表现尤为明显。②受到国际化、本土化等冲击，中国建筑在与世界接轨的繁荣表象下，语境塑造面临多重挑战：一方面需要延续固有的文化与精神，另一方面，为体现高速发展，出现了一些"奇观"建筑。建筑语境在地域化、全球化与现代化的冲击下发生了断裂，如何在当下创作中建构与既有环境相关联的语境成了中国建筑师的重要课题。

建筑是具体的和物化的，建筑学其原始意义就是用材料搭建出来的空间。材料是建筑的基本组成，也是建筑学的基本问题。同时，材料不只关系到其本性能够做什么，也关系到其

"物质性③"，即材料给人感情上的关联影响。如同路易斯·康认为的："若尊重材料的本身，你的作品便会呈现出美④"。故而，材料作为建构物质空间、提供视觉感受并表达情感的实体，其使用策略及其形状、肌理、色彩、质地等如何发挥作用，以满足当下中国城市语境塑造下的建筑创作显得尤为重要。

一、语境概述及当代中国城市建筑语境塑造方法

1. 语境的概念、塑造核心及相关研究

语境 (context) 是一个兼具时间以及空间的概念，源自语言学、叙事学，其最初由波兰人类

① 马源鸿,哈尔滨工业大学建筑学院硕士研究生；付本臣,哈尔滨工业大学建筑学院、哈尔滨工业大学建筑设计研究院教授级高级工程师；杜煜,哈尔滨工业大学建筑学院硕士研究生。
② 程泰宁. 希望·挑战·策略——当代中国建筑现状与发展[J]. 建筑学报, 2014 (1)：4-8.
③ 美国建筑师理查德·韦斯顿的《材料、形式和建筑》(中国水利出版社)。理查德·韦斯顿诠释了材料的"物质性"，他指出："如果说关注'材料的本性'这一态度强调了材料能够做什么，那么'物质性'则被用来表达材料是什么，并且更多地与材料给人情感上的影响相关联，而非其结构用途。"
④ [美]约翰·罗贝尔. 静谧与光明[M]. 成寒译. 北京：清华大学出版社, 2010.46.

语言学家马林诺夫斯基提出，指语言片段的上下文、前后段或话语的前后关系。

语境研究应用于建筑学领域可追溯到英国风景画式规划理论，而后又有大批国内外学者对其进行研究。综合国内外研究成果，建筑语境指建筑周边的物质环境、建筑自身的独特信息以及内外时空的关联关系[①]。建筑语境塑造是设计者认知环境并重塑环境的一个动态过程，强调建筑在时空内的解读意义和建构内涵，其核心是建构物质空间、社会活动、文化意义在特定时空中的关联耦合。[②]这就意味着在语境塑造中设计者需要考虑语境的双重建构性，不仅要解读已有语境中的环境意义，而且要在设计中建构出恰当并利于实现自身表达的语境内涵，最终实现建筑师所期待呈现的高语境[③]交流。

2. 当代中国城市建筑的三种语境塑造方法

在《拼贴城市》一书中，柯林·罗运用图底关系分析法，揭示了现代建筑将城市肌理转化为实体的关键所在，从而强调了文脉和语境的重要性。可见，建筑就如同城市有机体内的一个细胞，其设计需要尊重城市环境，以寻求和谐共生。

当代中国的建筑创作中，不同城市和地区具有独特语境，其肌理、文化、经济、风俗等要素深刻影响着建筑，建筑创作的要素日趋复杂。因此，在相对稳定的城市（区域）语境下，建筑师需要挖掘场所信息，权衡建筑与文脉之间的关系。笔者经过大量的案例搜集，及对前人经验的总结发现，建筑师在内化周边环境、建构物质空间并创造文化意义时，大概有三种可操作的方法，塑造同一性语境、相似性语境，以及差异性语境[④]。无论哪一种，首先源自设计师的生活体验和对场所信息的剖析；其次需要确立概念，明确设计意图；而后通过与使用群体互动，进行弥合与再组织；最后通过技术转变，物化为实体，使得建筑与城市、环境、文脉融合，构成一个具有认同感的语境系统。

二、当代中国建筑创作中材料的地位和作用

材料是建筑中最容易直接被人观察和欣赏到的实体，很多建筑巨擘都对建筑材料有着一种近乎原始的敬畏，例如彼得·卒姆托，他理解的材料与场地、时间息息相关，某种特定的材质应用在特定建筑环境中会有特别的含义[⑤]。当下，不仅很多国外建筑师（事务所）在中国的建筑实践注重建筑材料的运用，国内很多的建筑师（事务所）也关注材料。如王澍、刘家琨、董豫赣、李晓东、标准营造等，关注本土材料，善于从传统中汲取养分以对抗消费文化，并努力寻求本土建筑的国际认同；以都市实践、崔愷、胡越、李兴钢等为代表的建筑师（事务所），则以积极的态度应对中国的超速城市化，用批判性的态度介入都市问题，优化建筑材料以满足都市和区域发展；马岩松、徐卫国、王振飞等建筑师则用非线

---

① 陆邵明. 全球地域化视野下的建筑语境塑造[J]. 建筑学报，2013（8）：20-25.
② 陆邵明. 全球地域化视野下的建筑语境塑造[J]. 建筑学报，2013（8）：20-25.
③ 美国跨文化研究学者爱德华·霍尔的《超越文化》（北京大学出版社）。霍尔指出，"无论考察什么领域，都可以探查到语境的微妙影响。没有什么低语境交流系统能成为一种艺术形式，优秀的艺术总是高语境的"。相当于疏远的、机械的、关系冷漠并且与文化割裂的低语境交流，"高语境交流系统中人们深刻介入彼此的活动，信息得到人们广泛的共享，在这种文化里，意蕴丰富的简单讯息自由流通"，更容易让人产生共鸣。
④ 同一性、相似性、差异性最初是由美国规划师汤姆·特纳在《City as Landscape》中提出的，他认为"一个有张力的新发展应该与周边环境具有同一性 (identity)、相似性 (similarity) 和差异性 (difference)"。笔者经过对中国当下建筑语境塑造方法的总结，认为此三种手法同样适用并合理，故沿用了其观点。
⑤ [瑞士]彼得·卒姆托. 思考建筑[M]. 张宇译. 北京：中国建筑工业出版社，2010.10.

性数字化的语言，结合参数生成的材料形态，高度个性化地畅想着中国建筑的未来。①

可见，近几年中国建筑实践无论是以传统空间、建构思想或是数字技术为指导，都十分重视材料语言运用。材料在建筑中的作用已经由图像到物质、由结构到表面、由本性到潜能、由材料到氛围。②在当代中国建筑的创作过程中，寻求材料物质性与非物质性表达的平衡点，找到不同城市建筑语境下的材料使用策略显得尤为重要。

图1 王澍建筑中的材料运用　图片来源：作者自摄

图2 中央美院象山校区专家接待中心
图片来源：http://www.aj.org.cn/#

三、建筑语境塑造下的材料使用策略

1. 同一性语境塑造下材料延续肌理的本真使用

地域性作为建筑的最基本属性之一，在当下受到建筑师的广泛关注。同一性语境的塑造是指建筑概念的生成完全顺从其环境和历史，不加修改，或是稍加修饰后重新植根于场所之中。其受当地历史、文化及技术的影响深远，不仅保留了地域建筑所特有的属性，提高了建筑辨识度，也促使我们重新审视我们的环境和历史。

材料是建筑的物质构成，建筑是材料的诗意表达。在同一性语境的塑造中，建筑师常常从环境中汲取灵感，延续场所原有的肌理。在材料肌理延续的本真性使用中，大致有两种相辅相成的操作方法，材料肌理延续的文化性本真和材料肌理延续的自然性本真，其二者都是为了使建筑与地方传统的风俗文化保持互动，以具有地域特征的真实材料建造承载人们生活的容器。

1）材料延续肌理的文化性本真使用

当代建筑寻求同一性语境表达，材料的物质性成了其最直接的载体。材料通过肌理、质地、色彩反映了建筑所承载的地域文化特征。

建筑师王澍就是一个用文化性本真材料塑造同一语境的高手。他的建筑将传统工艺同现代技术结合，使用了大量契合当地文化的传统材料。王澍常把自己的设计比喻成"造园"，他将砖、木、瓦片、竹等传统材料看作一种文化符号，在同钢筋混凝土等现代材料和结并置的使用中（图1），延续城市肌理，塑造语境的同一性。正如王澍本人所说，他的工作范围，不仅在于对新建筑的探索，更关注的是对那个曾经充满了自然山水诗意的生活世界的重建③。

在他的中国美术学院象山校区专家接待中心设计中使用了回收瓦及缸片、生土、松木等传统材料（图2），其材料没有在艺术形式上强求统一，却在差异中谋求共存。王澍在尊重传统材料之外，更推崇"活着的传统"——工匠技艺，

图3 a）小码头 b）南迦巴瓦接待站 c）大峡谷艺术馆
图片来源：http://www.standardarchitecture.cn/oldflash/index.html

① 史建. 当代建筑及其趋向——近十年中国建筑的一种描述[J]. 城市建筑, 2010（12）：11–14.
② 史永高. 从结构理性到知觉体认——当代建筑中材料视角的现象学转向[J]. 建筑学报, 2009（11）：1–5.
③ 王澍. 我们需要一种重新进入自然的哲学[J]. 世界建筑, 2012（5）：18–19.

在塑造同一性语境的同时，也复活了城市的记忆。

2）材料延续肌理的自然性本真使用

不同的地域其自然环境与气候迥然不同，从而材料的类别和使用方式也各不相同，建筑师通过延续气候特征的材料本真性使用，也可以达到建筑的同一性语境塑造。中国很多传统民居的建筑材料选择都符合自然性本真使用。例如陕北窑洞，生土材料配合地下建筑形式，可以对抗黄土高原的高温，调节微气候；川贵地区的木结构吊脚楼，可以有效对抗潮湿的气候。

标准营造事务所在西藏林芝设计了一系列建筑，包括雅鲁藏布江小码头、南迦巴瓦接待站、大峡谷艺术馆（图3）等，都运用了产自当地的石头，符合当地的自然条件和建造手段，建筑与场有机地融为一体，完美诠释了同一性语境。在这些项目中，标准营造将林芝地区"木骨石造"的传统技术同现代钢筋混凝土技术结合，通过真实而朴素的建造，呈现出自然本真的气质。

2. 相似性语境塑造下材料重构环境的拟态使用

伴随着城镇化进程，在当代中国高速建设和发展中，出现了很多文化断裂以及景观缺失。相似性语境塑造是指建筑师通过对场地的分析，整理出与周边环境相匹配的缺失要素，通过对自然环境的模仿或是对文化含义的具象诠释等，内化成建筑的自身系统，填补当下时空里的裂痕。因此，材料作为建筑的物质体现，直接影响拟态的结果。经过笔者的总结和分析，相似性语境塑造下材料使用策略大致有三种：自然性拟态、文化性拟态和技术性拟态，用以重构环境。

1）材料的自然性拟态使用

由于场地中自然环境的匮乏，在相似语境塑造中，常运用建筑材料模拟自然景观，以重构场地环境、提高空间品质。对自然环境的拟态，建筑师习惯将材料进行艺术化装饰，以模拟山地、峡谷、河流、森林等自然景观。GMP事务所设

图4 深圳宝安体育场
图片来源：http://www.lvshedesign.com/archives/6118.html

图5 天津大学冯骥才文学设计研究院　图片来源：作者自摄

计的深圳宝安体育场就是拟态自然环境的典型实例，设计师将"竹林"作为主题，修长的钢柱经过绿色涂料的装饰，在光影中参差交错，如同放大的竹枝（图4），不仅赋予了建筑竹林的意向，也可以传递屋顶的压力，支撑起上面的看台。

在对自然的模拟中，也有部分设计师通过绿植与墙体的搭接，给材料创造全新的生态肌理，以配合相似语境的塑造。周恺设计的天津大学冯骥才文学设计研究院（图5）和王向荣设计的四盒园，无论是前者人工凿毛的粗粒混凝土墙面上满布的藤蔓，抑或是后者"春盒"粉墙周边的竹林、"夏盒"木花架上爬满的葡萄、石头"秋盒"上的爬山虎，都将自然景观完美的嫁接到或厚重或轻巧的材料上，赋予了材料新的肌理和意境。

2）材料的文化性拟态使用

在相似性语境的塑造中通过对场地进行充分的解读，建筑师也可以将文脉和历史转化为创作概念，用建筑的材料和形态模拟文化意义。李晓东在福建省漳州市平和县设计的"桥上书屋"（图6）概念就来自于场所语境中的人文传说。为了增加建筑的相似语境以及可识别性，设计师选取同土楼墙体色彩接近的木格栅作桥的

图6 桥上书屋
图片来源：http://www.archreport.com.cn/show-6-415-1.html

图7 龙泉青瓷博物馆 图片来源：建筑学报，2013（10）.

表皮材料。通过桥、教室、舞台连接现有的两个土楼，并贯穿从过去到未来的时空关系，有机地将文化延伸到了建筑的本体空间和形态上。

如果说李晓东的设计源于传说故事，那么程泰宁设计的龙泉青瓷博物馆（图7）的概念则提炼于青瓷的历史底蕴。"瓷韵，在田野中流动"①是设计师所要表达的意境。建筑材料采用了类似于出窑后匣钵的暖灰色调清水混凝土，并点缀青绿色的瓷筒片断，清隽典雅，隐喻了青瓷的新生。

3）材料的技术性拟态使用

随着科学技术的发展和进步，数字技术、媒体技术介入了建筑学的创作和表达，材料也变得像生物体一样，拥有了更多的效能。例如北京 GREEN PIX 零能耗媒体幕墙，表皮材料的数字协同在达到建筑能耗自给自足的同时，其新颖的镂空形式也为建筑的信息交流提供了全新模式。

建造技术的可视化和施工集成化，也为材料的技术性拟态带来新的希望。2015 年米兰世博会中国馆"云浮麦田"（图 8）的设计，为了实现"一朵悬浮于希望的土地上的云"的愿景，其形态灵感来源于中国传统建筑中的抬梁木架构。通过现代技术的协同，建筑师用巨大竹面板制成一系列木瓦覆盖在屋顶上，这些瓦片如同中国传统建筑中的陶瓦，嵌于拱起的木框架上，建筑的相似性语境得到了完美表达。

3. 差异性语境塑造下材料冲击文脉的对比使用

在当下中国的建筑创作中，不单单有理性传承的建筑，同时也有一些具有强烈表演欲望或是疯狂的建筑。有时源自于甲方的奇观化或地标性渴望，有时是建筑师希望突破场地的固有语境，创造出全新的属性和价值观，因而就有了差异性语境的存在。

相对于前两种语境塑造方法，差异性语境更多时候发生在文化底蕴深厚的城市、建筑改建或是历史文化欠缺的城市，为了打破传统的语境、突破固有限制，差异性语境的塑造更加自由，也更加突显建筑师的意志感受。因而，在差异性语境的塑造中，材料的使用也随着建筑

图8 米兰世博会中国
图片来源：http://www.landscape.cn/news/global/2014/7307718330175.html

图9 胡同泡泡与红螺会所
图片来源：http://www.i-mad.com/

---

① 程泰宁，吴妮娜. 语言与境界——龙泉青瓷博物馆建筑创作思考[J]. 建筑学报，2013（10）：23-25.

图10 苹果社区
图片来源：http://www.
fcjz.com/

图11 TIT创意园
图片来源：作者自摄

师冲击文脉的意愿出现了两种迥异的策略，其一为冲突性的对比使用，其二为互惠性的对比使用。虽然这两种策略各有侧重，却殊途同归，都是希望以全新的演绎为场所注入新的活力。

1）材料的冲突性对比使用

随着时代的发展，总会有一批设计师以"否定性"的思维引领时代。例如密斯认为"少就是多"、路斯说"装饰就是罪恶"；但文丘里却认为"向拉斯维加斯学习"。思维的对立，让设计师通过否定提出自己对事物新的假设，差异性语境下材料的冲突性对比使用就是在这样的思维下产生的。

建筑师马岩松的很多作品（图9）都是在以这样的方式营造差异性语境。如胡同泡泡，马岩松将扭曲的金属泡泡置于传统四合院中，将现代建筑与传统建筑硬性结合，利用材料以迷离的方式反射时空，显示着自己的存在。差异性语境的塑造也可以因同一栋建筑中两种材料的对比使用而产生。红螺会所混凝土屋顶与玻璃材质的对比，凸显了屋顶，产生了一种不稳定的漂浮感，与四平八稳的城市形象产生对立。

2）材料的互惠性对比使用

材料的对比使用，有时候也是为了与既有环境互惠互利，这种手法常常被用到既有建筑的改造之中，让建筑以对比的方式与既有语境密切协作，最后形成一个既对立又统一的整体。张永和设计的苹果社区（图10），原有建筑的工业痕迹被尽可能地保留，而玻璃幕墙和钢框架的加入，不仅给建筑创造了室内外交互空间，也为建筑注入了新的活力。同样的，如北京798艺术中心、广州TIT创意园（图11），以及在上海的8号桥等工业改造项目中，建筑师也常常运用纯净的玻璃幕墙与既有建筑的砖石墙面相对比，以新旧建筑共融的互惠模式，叙述着因为不同时空而导致的差异性语境。

四、总结

当代中国，建筑师要承担社会、文化、环境等责任，以缝合建筑与场所背景之间的断点。

本文虽然分别总结了当代中国建筑在三种语境下的材料使用策略，但很多时候他们是相互渗透、密不可分的，一个建筑在创作过程中可能会多种语境并存，并呈现多重思维方式及材料使用策略。因此，当下的建筑创作，建筑师要重视建筑语境塑造下的材料使用策略，通过多角度的思考和论证，营造让人产生归属感及认同感的建筑，塑造美丽中国。

由建筑设计到产品研发
——可移动建筑产品研发向制造业模式的转变

丛勐　张宏[①]

摘　要：比较分析传统建筑设计、制造业产品研发与可移动建筑产品研发，指出可移动建筑产品研发应实现建筑师角色与组织、流程以及技术工具与设计方法的转变。通过可移动铝合金建筑产品研发实践，初步验证实现了建筑产品研发向制造业方向的转变。

关键词：可移动建筑产品　全流程　产品集成研发团队　产品信息模型

一、背景

当今世界建筑业的发展进步有目共睹，然而其生产方式与近百年来相比并无实质性变化，工程建设时间依旧漫长，自然与人力资源消耗仍然巨大，建设效率仍然较低。反观制造业，如汽车、航空航天、船舶制造业等在过去百年间所取得的进步，是建筑业所远不能达到的。先进制造业通过生产方式的不断革新，吸收运用最新的科学技术成果，持续推动着行业快速发展。面对制造业的丰硕成果，不得不进行反思，建筑业如何才能跟上科学技术的快速发展，改变相对滞后的生产方式。毫无疑问，向制造业学习，用制造业的生产方式革新建筑业，走建筑工业化之路是当前与未来建筑业的发展途径之一。建筑业不但应向制造业的生产制造过程学习，更应向其研发过程学习，学习先进制造业的产品研发流程、组织管理与研发技术方法，将传统的建筑设计转变为建筑产品研发。

可移动建筑产品是指通过工厂化预制生产，以移动、重复利用的方式，改变建筑物的建造地点，以适应外部环境，满足使用需求的建筑产品类型。代表性的可移动建筑产品类型有板式活动房、集装箱活动房、可拆卸重复使用的各类轻型结构建筑等。可移动建筑产品具有设计标准化、功能集成化、制造工厂化、建造装配化、便于移动运输、建造速度快、可周转重复使用、功能与环境适应性强、产品质量可控等优势，成为传统建筑业向制造业方向转变的有效载体之一。

二、传统建筑设计

目前我国的建筑工程建设仍以传统的"设计—招标—施工"建设模式为主，建筑工程基本建设程序大体可分为前期准备阶段、设计阶段、施工准备阶段、施工阶段和交付阶段，五阶段分别面对不同的利益主体。利益主体中构成建筑活动核心三方的分别是业主方、建筑设计方和施工承包方。建筑工程建设需要将不同利益主体联系起来，通过多组织、多主体协调工作才能完成建筑产品生产。在传统建筑工程

---

① 丛勐，东南大学建筑学院博士研究生；张宏，东南大学建筑学院教授。

建设流程下，设计阶段与施工阶段相分离，各阶段主体往往从自身利益出发，采用有利于实现本阶段目标的方法与手段，往往造成各生产阶段的脱节，影响了建筑工程建设的实施效率。

在现行建筑勘察设计体制下，建筑设计方一般只狭义地负责设计阶段建筑技术图纸的编制，通过设计招标、项目委托等形式获得业主的设计任务，为业主提供相关技术服务。建筑设计方的工作包括设计准备、方案设计、初步设计、施工图设计、施工配合、回访六部分，其中核心工作是从接到业主方的设计任务书开始，直到建筑施工之前的图纸文件作业。建筑设计方并不主导产品生产全过程，只分担了部分的研发工作，较少参与到前期准备与建造施工过程之中，建筑设计向前后两阶段延伸的工作较少。

三、制造业产品研发

产品研发能力是制造业企业发展的核心竞争力。制造业产品研发理念如并行工程、集成产品开发、精益产品开发等为产品研发提供了先进的方法路径。这些产品研发理念的共同点均是针对产品全生命周期运用集成化、并行化的产品研发方法，通过建立高效的人员组织体系和以供应链为中心的企业联盟，在信息化技术支撑环境下，实现人员组织、过程管理、技术工具以及信息流、价值流、知识流、物流的集成优化。

并行工程作为先进制造业产品研发的基础体系，改变了传统产品研发过程的串行结构，主张取消部门间、专业间的人为阻隔，建立各专业人员协同一体化的工作模式。并行工程强调产品研发活动的并行，在产品研发早期就对产品全生命周期进行综合考虑，对产品设计、产品制造等相关过程进行一体化设计，尽可能在研发早期阶段发现设计错误，减少跨阶段的设计反复与更改。并行工程通过协同一体化的工作模式，对产品研发过程进行动态化持续改进，最终实现产品研发过程的整体优化。

四、可移动建筑产品研发

可移动建筑产品研发应通过借鉴、学习先进制造业的产品研发理念与方法，在结合建筑产品固有特点的基础上，对其进行转化、应用，形成自身的研发体系。相对于传统建筑设计，可移动建筑产品研发应实现建筑师角色与组织的转变、流程的转变以及技术工具与设计方法的转变（图1）。

图1 可移动建筑产品研发策略　图片来源：作者自绘

1. 建筑师角色与组织的转变

在千百年前，建筑师们曾以全知全能的建筑领导者角色出现，然而随着建筑系统变得越来越复杂，只凭建筑师一人之力想要掌握所有的建筑科学知识已无可能，只有通过专业分工合作才能完成建筑的设计与建造。在此背景下，原本属于建筑师的众多职责被纷纷剥离，其主要工作只剩下负责建筑生产流水线上的图纸化设计一环。而作为建筑学本质内容的建筑建造过程、建造方法、建造技术等方面却已慢慢被很多建筑师们所忽视。

使建筑师重新回归"全能建筑师"的角色是可移动建筑产品研发组织建设的首要内容。团队组织摒弃按专业部门划分的传统模式，转而建立由不同专业人员组成的产品集成研发团队。团队涵盖了建筑设计方、制造企业方和供应商等多方面的相关人员。具体成员既包括面向上游产品设计的建筑设计师、结构工程师、设备工程师等，也包括了面向下游制造、建造、测试等过程的制造工程师、装配工程师，材料

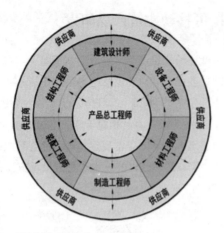

图2 产品集成研发团队　图片来源：作者自绘

工程师等（图2）。产品研发总工程师由建筑师担任，其对研发流程各阶段的重要关节点做出决策，并对全流程实施监控与管理。团队全体成员在产品总工程师的整合组织协调下，在研发各阶段协同并行的展开工作。团队中建筑师不仅对产品的制造、建造过程展开设计，同时还参与到制造与建造过程之中，及时发现并解决其中出现的问题，对产品设计进行优化改进。

2. 流程的转变

可移动建筑产品研发是面向全流程的研发，研发流程所涉及的范围比传统建筑设计有很大拓展。传统建筑设计流程基本仅限于建筑设计阶段，与上游的产品规划、市场定位等活动较少发生联系，对下游的建造过程也较少涉

及。而可移动建筑产品研发流程同时面向设计与建造的上下游过程，内容涵盖了产品系统的规划与设计、建造过程的设计与管理、后期产品的测试与改进、资源的筹措与调配等方面。

可移动建筑产品研发流程结构主要由产品定义规划阶段、概念设计阶段、系统设计阶段、细节设计阶段、建造设计阶段、原型产品建造阶段、测试与改进阶段七部分构成。七个研发阶段在宏观上采用了串行结构，各阶段内部活动在微观层面则是并行关系（图3）。可移动建筑产品研发强调在产品研发早期阶段便对后期的制造、建造、测试等过程加以关注并展开一体化设计，以早期多次局部迭代修改来避免跨阶段的大范围迭代修改，将传统产品研发"设计—评价—再设计"的大循环模式转变为多次小循环。

可移动建筑产品研发流程区别于传统建筑设计的核心方面在于对建造过程的关注，解决"怎样建造、如何建造"的问题。在产品研发流程中的建造设计阶段，建筑师与产品制造工程师协同工作，从建造过程的实施组织管理层面，对产品的制造、装配、建造工序，以及建造阶段的人员组织、建造进度控制、建造资源准备等进行设计研究。在原型产品建造阶段，以建造设计为指导，通过对其具体落实，确保在工厂制造、运输和现场建造过程中，恰当的人员能够在正确的时间以适合的资源手段

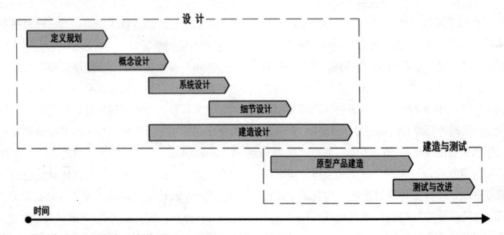

图3 可移动建筑产品研发流程结构　图片来源：作者自绘

正确地完成工作，做到人、时间、资源、任务的统一。

3. 技术工具与设计方法的转变

要实现可移动建筑产品的成功研发，需要为集成、并行的研发活动提供有效的支撑环境与技术方法。首先，通过运用BIM等相关技术对可移动建筑产品进行数字化定义，建立产品信息模型，实现产品全生命周期信息的集成。产品研发人员利用产品信息模型协同、并行展开工作，形成顺畅的信息共享、交流、反馈渠道。其次，通过产品信息管理平台的运行，实现产品全生命周期的产品信息、过程信息、组织管理信息和资源信息的有效管理，做到随时将正确的信息以正确的方式传递到正确的地方。最后，在产品设计阶段针对后期各项产品性能影响因素展开设计研究，采用面向X的设计方法，面向制造、装配、运输、建造、测试、维护、拆卸、回收利用以及成本、可靠性、安全性等方面进行设计，实现相关设计过程的并行。

五、研发案例

东南大学建筑学院建筑技术科学系自2011年起，以铝合金作为主要建筑材料，对可移动铝合金建筑产品展开持续研发工作，并取得了一系列成果。可移动铝合金建筑产品研发在产品集成研发团队组织模式下，于全流程范围内运用产品信息模型管理控制技术，通过产品平台化策略、标准化、模块化的设计方法、工厂化的生产制造、集装箱化的物流运输，将传统的建筑设计与建造转变为全流程研发和工厂预制装配、现场拼装，初步实现了向制造业方向的转变。

可移动铝合金建筑产品主要由结构体、围护体、内分隔体与内装、内外设备体四大功能体子系统构成，各功能体又由若干功能模块组成。可移动铝合金建筑产品研发通过平台化策略，对产品持续改进与优化，迄今为止已研发

出三代原型产品。第一代原型产品的研发，主要通过实现主体单元为2.9m×2.3m×2.8m的小尺寸产品，来对基本功能体子系统进行验证，通过研发团队的组织运行与全流程的研发实践，积累研发经验，为产品的改进奠定基础。第一代产品主要由箱体单元、基座单元与太阳能光电单元构成（图4）。第二代原型产品在第一代产品构架基础上，通过12个尺寸为6m×2.9m×3m标准箱体单元的水平向组合，实现了产品空间与功能的扩展，并开发出相配套的箱体间柔性连接技术（图5、图6）。第三代原型产品主要面向小型居住类建筑，产品由6m×2.9m×3m和6m×2.1m×3m两个箱体单元与太阳能框架、基座拼装而成。产品增加集成了太阳能光电光热系统、整体卫浴和厨房系统、智能家居系统、可变家具系统、分散式小型污

图4 第一代原型产品 　图片来源：作者自摄

图5 第二代原型产品 　图片来源：作者自摄

图6 第二代原型产品室内 　图片来源：作者自摄

图7 第三代原型产品　图片来源: 作者自摄

水生物处理系统等，使建筑产品具备了低碳、零能耗的绿色建筑特性（图7）。

可移动铝合金建筑产品拥有广阔的应用前景，除了可作为灾后临时安置住房、独立式小住宅、公寓宿舍、社会保障性住房等用于居住领域，还可作为临时展览、临时商业、临时办公建筑等用于城市文化、商业、建设等公共领域，以及作为野战营房、边防哨所、科考营地用房等用于军事和科学领域。

参考文献

[1] 张宏，丛勐，甘昊．用于既有建筑扩展的铝合金轻型结构房屋系统 [J]．建设科技，2013（13）：60.

[2] Stuart Pugh. Total design: Integrated Methods for Successful Product Engineering[M]. New Jersey: Addison–wesley, 1991:5–11.

[3] 卡尔·T·犹里齐，斯蒂芬·D·埃平格．产品设计与开发（第四版）[M]．杨德林主译．大连：东北财经大学出版社，2009.12–24.

也谈蒙太奇
——电影艺术下的建筑设计指引

李雯[①]

摘　要：从空间、时间、蒙太奇、景框结构、光影、色彩五个方面就电影对建筑的借鉴作用进行了探讨。

关键词：电影　建筑设计　蒙太奇

引言——从曼哈顿手稿讲起

> "没有程序就没有建筑，没有事件就没有建筑，没有运动就没有建筑。"
>
> ——伯纳德·屈米

伯纳德·屈米1981年完成的曼哈顿手稿（图1），是一场电影式的纸上建筑实践，它以一场谋杀为情节，加上照片和建筑学的既有语言：一种"语言"是代表运动和力量的符号和形式暗示，由图面上的直线、箭头，以及更隐晦一些的构图形成平衡关系；另一种"语言"是建筑学的传统表达方式，即平面、剖面，以及旋转破碎的轴测。屈米把这两种语言组织成为一个

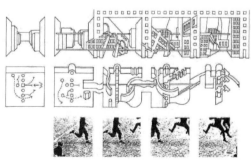

图1　曼哈顿手稿
图片来源：http://archyi.haotui.com/thread-386-1-1.html

类似电影脚本的建筑文本，对曼哈顿的城市空间进行了重构。[②]其中，建筑事件和行为在空间中冲突、断裂、激发，导致新的联系产生，从而形成一个空间，这个空间既不完全是建筑的，又不完全是电影的，它的模糊身份，造成一种"之间的建筑"。在这种双重游戏式的实践中，屈米发觉了建筑的关联性，创造出一个能衍生多种可能的建筑活动空间，以此来反对功能主义，把建筑和生活重新联系起来。主体与事件的关系不再是一成不变的，建筑空间作为事件的发生器，承载行为冲突和事件。

屈米的建筑思想与爱森斯坦的吸引力蒙太奇理论相关，即把建筑看成是三种分离秩序的叠加：空间、运动、事件，从而将建筑表现从传统的形式中解脱出来，转而表现空间与用途的关系、类型和项目的关系、主体和事件的关系。而建筑情节的产生得益于不同要素的叠加，以期待冲突的产生。

时间与空间、蒙太奇、景框的运用、叙事效果等电影语言与建筑设计的共同之处并不在于谁为谁服务，而是其结果背后要考虑的因素可以互相借鉴。

首先，电影为建筑师提供创作思路。

---

① 李雯，中国建筑设计研究院在读研究生。
② 闫苏, 仲德崑.以影像之名——电影艺术与建筑实践.新建筑, 2008（1）.

电影的蒙太奇效果，强调的是人的感官至上，达到超常的叙事性。建筑设计中也尝试用元素的叠加产生冲突来达到人游走时的兴奋点；电影是在二维的平面上呈现四维的完整视听事件，包括了时间和空间的要素，建筑中，也会将这种动态观赏的因素考虑到设计中。比如萨伏伊别墅，简单的形体蕴含着不同视点的不同故事，形成所谓的"建筑漫游"；电影的切换效果有渐隐和淡出的设置，从而形成镜头间的过渡，在建筑中，一个事件与另一个事件之间也需要遮掩和渐渐呈现……

电影的手法被设计师们广泛套用在建筑理念中。比如故宫的序列特点可以用运动中的时间来解释；雅典卫城的空间序列亦可以映射出电影里运动的视角给人的不同空间感受；库哈斯将轻轨线外包上圆筒外壳并将其设计成学生活动中心的一部分，利用两部分功能的并置达到学校轻轨两侧空间的缝合，亦可以说是一种声画叠加的蒙太奇效果。

其次，建筑可以用电影来表现。建筑将很真实的预言空间效果和人的活动状态，当然也包括建筑师理想化的设想。

本文从空间、时间、蒙太奇、景框结构，以及光影、色彩这五个方面就电影对建筑的借鉴作用进行了探讨。

一、空间、时间与运动

受电影、哲学、立体主义艺术的影响，现代主义建筑渐渐将时间因素引入设计。S.吉迪翁[①]认为："时间—空间的基本背景，被立体主义通过空间进行探索，被未来主义通过运动进行研究。"当把时间因素引入建筑后，建筑师关注的不再是建筑的内部空间，而是内外空间的交互。所谓对空间序列的关注就此产生。建筑往往用简洁的体量通过一定时间内空间的变化

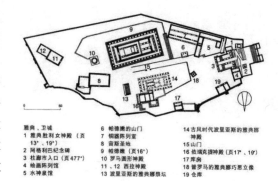

图2 雅典卫城平面图
图片来源：http://chs.ebaomonthly.com/window/discovery/travel/greece/greece_acrop.htm

形成新的建筑美学。法国建筑历史学家奥古斯特·舒瓦齐（Auguste Choisy）通过对雅典卫城空间序列的分析，认为古希腊建筑师的设计依据是建筑给人的第一印象。分析发现，卫城内的各个建筑物均处于空间的重要位置，如同电影镜头一幕幕展开（图2）：1.人们在山下仰视帕提农神庙，低视点烘托出了建筑的神圣。2.来到山门前，两侧的建筑形成不对称的均衡，烘托出山门的宏伟庄严。3.走过山门，雅典娜神像呈现在眼前，此时帕提农神庙在其右后方，因此，当人们注意到它时，立刻呈现的是它的短边和长边形成的建筑全貌。4.绕过雅典娜像，帕提农神庙和伊瑞克提翁神庙分别成为视觉中心，而且第一眼都展现了他们最好的角度。再如，紫禁城从大清门到太和殿经过十二种不同的院落空间，如十二个相互衬托

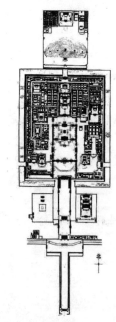

图3 紫禁城平面图
图片来源http://www.52jdyy.com/showtopic.aspx?topicid=1681963&onlyautho)r=1

---

① Sigfried Gideon，艺术史学家。

图4 埃德沃德·迈布里奇对于奔跑中的马的连续摄影
图片来源：http://pcedu.pconline.com.cn/softnews/yejie/1204/2737955.html?qq-pf-to=pcqq.c2c

的电影场景（图3）。由高大的午门围合的纵向空间，到太和门前空间的兀然开敞，再过渡到太和殿前的方形院落，成功地烘托出正殿的雄伟气势。

有空间和时间，就会产生运动。电影中的画格，即拍摄于电影胶片上的每个长方形的画幅，是静止的图像，也是电影最基本的视觉单位。多画格依次呈现就形成了运动的影像。摄影师埃德沃德·迈布里奇（Eadweard Muybridge）在1877年用12幅照片展现了一匹马在奔跑的12个瞬间（图4）。让人清晰地看到马从静止到四肢腾空再到静止的动作分解。第一次在二维的图像中加入时间元素，使画面运动起来。这也就进一步使得二维的平面有了再现事件过程的可能。他的运动图像摄影为后来的电影及时间—空间学说奠定了基础。

二、蒙太奇

由此而发展起来的电影叙事中，人物运动方向或人物间相互交流的关系构成一条无形的轴线。如果屏幕所在的平面为xy，那么横向的为x轴，由于人行为习惯所致，在x轴上运动的物体，人们发现从左向右运动更易被人接受，因此多数正面角色喜欢从左边入画，反面角色从右侧入画。以y轴上下运动的物体更富动感和力量。由此推知，当物体同时在xy两轴上运动时，从右向左上升是最困难的。而当物体沿着z轴靠近屏幕或远离屏幕，这时是最容易表现空间的一种运动方式，同时也是最能给人震

撼感受的运动方式。如今的3D电影中，常常出现人物或物体在z轴方向拉近并溢出屏幕，从而给人一种身临其境的奇妙空间体验。当表现电影的宏大场景时，也经常运用镜头在z轴上的推进，使人可以跟随镜头的视线用奇特的视角体验空间，如电影《雨果》开场时，镜头从大工业时代伦敦城市上空的鸟瞰快速扎入到城市内部，将中央火车站表现得淋漓尽致，镜头继而跟随小男孩雨果的奔跑，表现大工业时代机器零件的美学，为整个电影奠定了整体基调。而对于建筑而言，建筑使用者作为"镜头"，多是采用在z轴上的推进来体验空间序列，此时，建筑场景依次进入眼帘，建筑叙事由此展开。例如，勒·柯布西耶的建筑空间理论受到了Auguste Choisy雅典卫城空间序列分析的影响，著名的萨伏伊别墅用一个简洁的体量承载了丰富的空间序列，体现了"住宅是居住的机器"这一理念。建筑的精彩之处从接近建筑的那一刻就开始了，视觉体验与雅典卫城相似，人驱车绕建筑一周后，沿玻璃曲墙进入建筑，开始了一种工业化仪式。

电影中，镜头间的转换方式有多种，最简单的就是淡出和直接切换两种。而对于建筑来说，如果将空间比作镜头，那么建筑师为了形成不同空间之间的过渡，也运用了淡出或渐隐渐显的方式。如在萨伏伊别墅中，各层空间之间用坡道连接，将人的视线打开，使空间的边界消解掉。这种运用坡道连接各层的方式在赖特的古根汉姆美术馆（图5）中被运用到了极致。人游走于建筑中，感受着连续时间中的连续空间，构成了一种"漫步建筑的影像空间"，垂直

图5 古根海姆美术馆室内
图片来源：http://design.cila.cn/news21147.html

和水平方向感都渐渐消隐。

电影艺术的产生使人们重新审视时间与空间的关系。Gilles Deleuze[①]认为："电影中，运动—时间关系已经转变，影像表现出分散、即兴的特点。故事情节被片段化，因果关系被跳接等剪辑打破，而这就是"时间—影像"。通过镜头的切换与重组，电影能清楚地表达出在某一特定空间同时发生的所有事件。电影叙事中，诉诸受众视觉的空间始终在场，且始终表现大量的信息。通过摄像机的运动形式比如推、拉、摇、移、升、降等来再现空间。

时间对于电影来讲也很灵活，电影的时间性必须建立在空间上。影视时间相对于故事时间产生畸变，从而形成多种不同的叙事效果：升格—慢动作、降格—快动作、定格—动作骤停、时间静止。升格是时间相对于空间的放大，相反，降格是空间相对于时间的放大。定格空间无限大，时间等于零。例如，在电影《罗拉快跑》中，影片开始时就以快速运转的时钟将画面定为降格，塑造出紧张急促的氛围。除此而外，运用闪回（在某一场景中突然插入另一场景镜头。如《公民凯恩》中，影片以凯恩去世时的遗言为线索，在讲述凯恩过去的事情时，镜头就切换到过去某刻的场景）使空间外化，或运用画外音使时间自由化，这些都是常用的电影叙事技巧。

以上这些电影叙事的手法被人们归纳为"蒙太奇"，最早的蒙太奇概念原为法语建筑学中构成和装配的意思。苏联电影导演爱森斯坦（Sergei M. Eisenstein）首先将建筑学的这一概念引入电影。所谓蒙太奇，归结起来既是"拼贴"或者"剪辑"的意思，它可以是不同的时空影像间的拼贴，抑或是音乐或对白和影像间的拼合，或是音乐、对白、影像三者的随意组合，从而创造出包括运动时间在内的四维空间幻觉。因此，任何影音元素都可以在导演的操纵下任

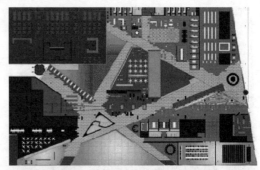

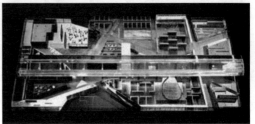

图6 伊利诺伊理工学院活动中心模型及一层平面
图片来源：http://book.knowsky.com/book_906429.htm

意地变换顺序和出现方式，形成丰富的蒙太奇效果。蒙太奇使导演拥有极大的自由。就作品整体而言，它是以时间的延伸为叙事动力，完成电影的主题塑造，由此产生了多种不同的蒙太奇现象，如平行蒙太奇、对比蒙太奇、交叉蒙太奇、隐喻蒙太奇、心理蒙太奇等。具体来说，爱森斯坦认为，暂且把测量艺术的单位称为吸引力，而在机器、导管、车床的组合操作中生产术语为蒙太奇，吸引力蒙太奇便是将二者结合，用人的心理思维方式表达情节。

由此引申到建筑设计中，建筑的"吸引力"亦可以用蒙太奇的手法激发出来。电影叙事手法的多样性，带给了建筑师们对如何将电影应用于建筑多样的理解，同样引用了蒙太奇理论的建筑可能设计理念并不相同。反过来说，任何一个主题鲜明的建筑都不是平铺直叙的，或许都可以用蒙太奇的理论来解释。雷姆·库哈斯曾经是一位电影剧作者，在他的设计中，经常运用不同功能或形体的并置激活原有场地，这种并置即是在使用蒙太奇的思想。他的伊利诺伊理工学院

---

① 吉尔·德勒兹，法国后现代哲学家。

活动中心（IIT McCormick Tribune Student Center，图6）将城市轻轨与建筑并置在一起，由此暗含了学校与社会和城市的紧密关系，并有效将轻轨两侧的校区缝合。这样的并置关系一部分是由于学校用地紧张造成的，库哈斯并没有把轻轨隐藏在建筑中，而是用一个圆筒将轻轨包住横跨在建筑的上方。这个圆筒采用隔声的不锈钢材料，从而释放了周围空间的潜力，并成功地创造了IIT的新地标。并置产生了与城市肌理相符的开放建筑，此时建筑师的任务不是去约束人的行为，而是在原有的行为基础上激发新的活动可能性。建筑师认为，不同属性的空间引发的冲突性能够激发场地的活力。

三、画面的框架结构

在广阔无垠的世界，景框选择了其中一部分展示给观众（荧幕外共有6个空间区域：景框四边，背景后面，摄像机后面）。当摄影师将框架中的内容呈献给观众时，通过人物的入画和出画，画面中的人物对周边环境的反应，可以有意识地使观众对画框外的空间有一个自我的感知。因此，电影的信息给予量是超越屏幕范围的。

例如电影《后窗》（图7）讲述了主人公透过观望对面楼上窗内人们的活动，推测出杀人案件的发生，他所看到的是透过窗子的生活片

图7 电影《后窗》中主人公观察到的窗外情景
图片来源：曾庆慧."转译"——电影化思维下的建筑设计与表达.2010.

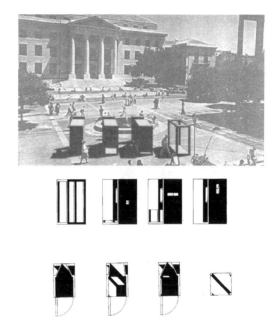

图8 加利福尼亚大学学生运动纪念物四个取景框的立面及剖面
图片来源：张永和.非常建筑.2002.

段，而由此得到的信息却是有情节并且是连续的。张永和由此将景框设计成有故事的纪念物。[1]在为加利福尼亚大学学生运动二十五周年所做的纪念物设计（图8）中，其灵感来源于照相房间。他将四个看箱放置在历次学生运动的中心地点——大学行政大楼前边的广场上。运用不同形状的取景框诉说了学生运动的起因、经过、结果以及对未来的展望。四个取景框创造了不同的空间关系，也构成了两种时态：前三个箱是过去时，最后一个是现在时。这里的时间距离由空间的分割而产生，人进入取景框即出了广场，通过取景框发现广场的无形和历史的有形。通过电影，建筑师挖掘出空间的引申含义，从而引发了人的思考。

四、光影

电影实际上就是放映机投射出来的光线形成的，这种摸不到的光线却传达给人们真

---

① 张永和.非常建筑，2002。

图9 MIT小教堂圣坛
图片来源：http://s11.
sinaimg.cn/orignal/7f
162c18gcc7928f246
4a&690

图10 1962年，墨西
哥，墨西哥城Las
Arboledas 景观
图片来源：http://
www.pritzkerprize.
cn/1980/works

实的故事情节。真与幻的交融对峙激发起观看者最微妙的情绪颗粒，这是绘画、雕塑、电影、建筑，这些运用光线的艺术的共同之处。笔者认为，这是由光的变幻莫测而又不可触摸的神秘感决定的。这就意味着，一切视觉艺术，当周围的光线发生变化，其美感和传达的信息也会随之变化。路易斯·康说："并非所有房屋都属于建筑艺术，自然光是唯一能使建筑成为艺术的光线。即便全黑的空间，也需要艺术神秘光线证明它到底有多黑。"康喜欢将墙壁放在窗的不远处从而让光经过墙面的折射后柔和地进入室内。他说："对光的欲望，也是和眩光的斗争。"建筑师和电影导演一样，是可以操控光线的人，"对一座建筑而言，一页平面是以光线照耀下空间的和谐感阅读"。埃罗·沙里宁设计的MIT小教堂里白色大理石祭坛上方的金属雕塑（图9），运用金属的反射，将上方的天光反入人眼中，使祭坛有了足够的亮度，而祭坛的位置脱开墙面，保证了背景是暗的，从而烘托出教堂的神圣感。这里的光线处理精准而有力，并且使用的是自然光，建筑语言真实而感人。

五、色彩

　　一部黑白影片传递给人的信息远远少于彩色电影。影片中的色彩不但可以显示真实的情景，更是荧幕气氛渲染的良好手段。例如，在电影《玩乐时间》（Play Time）中，保持了一种低饱和度的灰白色调，充满了现代主义气氛下大都市的冷峻和严肃，而这种气氛似乎又与人物的喜剧色彩相对比，造成情绪上的反差，突出了影片的讽刺意味。墨西哥建筑师路易斯·巴拉甘在摩洛哥的旅行，对他今后的设计有很深的影响，其中包括在摩洛哥丰富的建筑色彩影响下形成的地中海精神特有的和谐。他设计的饮马槽广场，使用蓝色、白色和黄色的墙面与树林相呼应（图10）。巴拉甘认为，建筑不仅是我们肉体的居住场所，更是精神的居所。他觉得巨大的玻璃窗会侵犯人的隐私、光秃秃的混凝土墙必须涂上颜色才能诉说灵魂。

六、结语

　　电影艺术对建筑的启示是多元而丰富的。建筑作为一种实体媒介，传达空间的信息，这种信息渗透着情感和氛围，这一点在电影艺术的启发下，渐渐地被建筑师们所重视。电影作为一种空间情景的戏剧性再现，能直击人的内心，成功地感化人们并引发其思考。而建筑作为真实生活中"戏剧"的呈现背景、事件发生的载体，从电影的角度，建筑师应该以更加情景化的、开放的态度去实践，激发人的情感和对生活的美好信念，使社会更宜居。

参考文献

[1] 闫苏，仲德崑 . 以影像之名——电影艺术与建筑实践 . 新建筑，2008（1）.

[2] 曾庆慧 "转译" ——电影化思维下的建筑设计与表达 . 南京 : 东南大学，2010.

[3] 张永和 . 非常建筑，2002.

[4] BERNARD TSCHUMI.THE MANHATTAN TRANSC RIPTS.

[5] 刘思 . 越界的文字 ——电影与建筑的翻译及转译 .2007.

[6] 范虹，崔彤 . 建筑蒙太奇 .2005.

[7] 伯纳德·屈米的作品与思想 . 大师系列丛书编辑部，2006.

[8] 王麟杰 . 雨中的凝视 ——电影建筑的设计与思考 .2008.

中国蒿排流传史

张良皋[①]

摘　要：本文摘自《蒿排世界》书稿第二章。全书论述中国一种很少被人提及的聚落形成。本文撷取自《尚书》以来有关蒿排的资料，包括唐李肇、元稹，宋苏轼、陆游、杨应时，明王世贞的记述和他引用的资料，当代兴化垛田的现状和历史，供学者初步了解中国蒿排。

关键词：中国　蒿排　流传

一、从《尚书》时代到汉晋的正面记载

中国历史文献之丰富，堪称举世无出其右。我们一旦发觉蒿排有研究价值，就不难在历史文献中找到它的踪迹。稍加年代排比，就能形成一部蒿排流传简史。

在最古老史书《尚书》的《禹贡》篇中，就可找到蒿排之存在——"冀州"一节，记有"岛夷皮服"；"扬州"一节，记有"岛夷卉服"。这"岛夷"应指住在"浮岛"上的氏族。"岛"之造字，必有偏指，乃是"浮岛"，即蒿排鸟类栖聚之处，不是海洋中的陆地。冀州不论指今山西或河北，虽都有大泽，但毕竟与海洋有别，不会有海岛。若有陆地出水，则高者为"山"为"岳"，低者为"丘"为"陵"。沼泽干涸之后，则为"原"为"隰"，为"衍"为"沃"。"岛夷"之称，到南北朝再度显现。那时南北分立，互相丑诋："南书谓北为索虏，北书指南为岛夷"（《北史·序传》）。相骂的内容皆指生活方式。北方民族都拖辫子，南方民族多居浮岛。所以岛夷应是蒿排居民。近人考证，谓"岛夷"当作

"鸟夷"，这并不妨碍此"夷"乃与"鸟"共居，必在蒿排浮岛之上。

所谓"岛夷皮服"，《正义》释"皮服"为"常衣鸟兽之皮"。兽皮为衣，鸿古已然。但"鸟皮"何能为衣？鄙意以为"鸟皮"当指鸟羽，编羽为衣，自足御寒，即所谓"羽衣"。冀州居北，故须用兽皮鸟羽为衣；扬州居南，乃云"岛夷卉服"，《正义》说"凡百草一名卉，知卉服是草服"。草服可以是直接编草为服，有如后世之蓑衣；或捣成纤维织布为服。扬州地暖，草衣已足蔽体。蒿排有多种草类足够居民编衣。

到汉代，蒿排之存在和状况有了直接的文献依据。《四库全书》本旧题"汉扬雄撰"《方言》卷九正文说：

> 泭（音敷）谓之簰，簰谓之筏（音伐）。筏，秦晋之通语也。江淮家居簰中谓之薦（音荐）。

这里指出簰或曰蒿排这种家居方式在汉代流行于江淮一带的沼泽中。"薦"到后世专指"稿荐"，即"筵席制度"之"筵"。汉代庶民

---

① 张良皋，华中科技大学建筑系教授。

席居还很原始，只能被称为"荐居"。同样的事物——簰，在秦晋通称"筏"。当年晋之汾，秦之渭，水域比现今大，而并为一体，地理学上总称"汾渭盆地"，其中也有蒿排，为庶民提供生活场所。汾、渭、江、淮，面积广大，可以说汉朝国境之内，蒿排聚落占了家居生活方式相当重要的地位。

晋郭璞为《方言》作注，说明《方言》一书，虽不一定是扬雄所著，但可信是一本有价值的汉代"真书"。郭璞的注相当详尽，包括一些珍贵信息。下文边引用边作笔者附言，置于 [ ] 中。

案《说文》云："泭，编木以渡也。" [即"筏"]。《诗·周南》"不可方思"，《毛传》："方，泭也。" [此点重要："方"可直解为筏，即蒿排。后文将见从甲骨文之造形可知"方"即蒿排，可借以解读古籍中"方"字久隐之义。]

《释文》云："泭"本亦作"桴"，又作桴，或作柎。

《方言》："泭谓之簰，簰谓之筏。筏，秦晋之通语也。"

《尔雅释言》："舫，泭也。"舫、方，古通用。[以上三句罗列了诸多通用之例，表示蒿排在古代分布广泛，异名甚多。]

《释水》："庶人乘泭。"郭注云併木以渡。[表示筏是流品不高的庶人济渡之具，贵族早该用船。]

《论语》："乘桴浮于海。"马融注云："编竹木，大者曰栰，小者曰桴"。[即筏。表示在孔子时代，乘筏浮海已是常事。]

《三国志·吴书·妃嫔传》："宜伐芦苇以为泭，佐船渡军。"裴松之注云："郭璞注〈方言〉：'泭，水中簰也。'"今《方言》注无此语。[从《吴书》正文可知，在战争中芦苇编筏可作渡军之具。]

二、唐李肇《国史补》到元稹诗的侧面描写

扬雄《方言》的郭璞注，关于江淮"筏居"的情况，可以包括从汉代到东晋，已经进入南北朝。到宋、齐、梁、陈各朝，有北人鄙薄南人为"岛夷"一词可概括，筏居在南方普遍存在。降及唐朝，李肇记开元至长庆间的多部小说家类"杂事之属"的《国史补》卷下"叙舟楫之利"条有重要记载：

> 凡东南郡邑无不通水，故天下货利，舟楫居多……舟船之盛，尽于江西，编蒲为帆，大者或数十幅……江湖语云："水不载万。"言大船不过八九千石（引者按：约四五百吨）。然则大历贞元间有俞大娘航船最大，居者养生、送死、嫁娶悉在其间。开巷为圃，操驾之工数百。南至江西，北至淮南，岁一往来，其利甚溥，此则不啻"载万"也。洪鄂之水居颇多，与屋邑殆相半。

从江西到淮南，在唐朝还自由通航，居然有"载万"巨舟，定期往来，客货两便，令我们至今难以想象。末二句总结特别重要，说明洪（洪州，代表江西或曰古彭蠡泽）鄂（鄂州，代表湖北或曰古云梦泽）这一大片沼泽地带大多未曾改变原有面貌，但由于物产丰富，谋生相对容易，故有居民不召自来，从事开发，采用特殊的"水居"方式占领水面，乃至"水居"规模之大不亚于"屋邑"。"水居"方式当然多样，大别不外舟船和簰筏，而簰筏自必比舟船容易得多，因而也普遍得多。这幅图景，应该引起研究水利建设、国土规划、城市规划、聚落史和建筑史的学者们的郑重关注。

与《国史补》作者李肇几乎同时的诗人元稹爱在诗中说些民间疾苦。元稹在《茅舍》诗中说"楚俗不理居，居人尽茅舍"。楚人怎会有"不理居"的风俗？非不为也，是不能也。居？大不易！无此财力，想"理"也不行。"茅舍"用料，无非茅草、芦苇，只要有力气，在沼泽中可谓取

之不尽。但茅舍不耐腐朽，不耐虫蛀，更易招惹火灾。"茅屋三间，子孙不安。"谁也想住得更安稳些，但是难办！元稹在《后湖》一诗中谈整治一个生活污染严重的"后湖"答复人们的称赞时，"答云潭及广，以至鄂与吴，万里尽泽国，居人皆垫濡。富者不容盖，贫者不庇躯。得不歌此事，以我为楷模。"他说潭州（湖南）、鄂州（湖北）、广（州）、吴（郡）都是沼泽地带，人们都在泥坑里打滚，富人都无厚实的屋盖或严密的门户，穷人更难于蔽体。人们不提这些，倒来夸我……元稹说的是沼泽开发中的困顿景象。唐代的沼泽是谋取生存较便的地方，但远非天堂！

三、宋苏轼、陆游、杨应时的蒿排诗史

我们已知"岛夷"一词，理论上从夏代一直用到南北朝。《禹贡》一书，学界认为至迟战国时期即已纂集完成，但说的是夏代历史。我们在搜剔蒿排往后的历史时，不难发现"筏居"一词在唐宋之间就已出现，而且宋初就已出现于官方文书中。《续资治通鉴长编》卷二十二太平兴国六年（辛巳，981年）江南西路转运副使、左拾遗张齐贤上言：

> 民旧于江中编木为筏以居者，量丈尺输税，名"水场钱"。今禁民筏居而水场钱犹在，亦请并与蠲放。诏悉从之。

这位张齐贤是宋初能臣，《宋史》卷二六五有传。他"上言"人民于江中编木为筏以居早已是"旧"事，因而有"筏居"之称。这筏居逃不出税收罗网，早已依其尺寸大小，交"水场钱"。到宋初筏居遭禁止，而旧日筏上居民还要交纳"水场钱"，

可谓敲骨吸髓。唐杜荀鹤《山中寡妇》诗说"任是深山最深处，也应无计避征徭"。到了宋朝，任你逃到深水最深处，也应无计避征徭。荒唐到哪怕你出水上岸，还得照旧例纳水场钱。不过话说回来，上蒿排避征徭本是蒿排对穷人的伟大庇护作用之一。宋初税吏之向蒿排居民征徭不止，足见他们"明察秋毫"。从宋朝到解放后20世纪80年代湖北洪湖最后几家蒿排居民征徭与避征徭之间的斗争[①]从来不曾止息。往下我们马上可以见到一首苏轼诗词就记载有这档子事儿。

苏轼在黄州写了一首《鱼蛮子》：

江淮水为田	舟楫为室居
鱼虾以为粮	不耕自有余
异哉鱼蛮子	本非左衽徒
连排入江住	竹瓦三尺庐
于焉长子孙	戚施且侏儒
擘水取鲂鲤	易如拾诸途
破釜不著盐	雪鳞芼青蔬
一饱便甘寝	何异獭与狙
人间行路难	踏地出赋租
不如鱼蛮子	驾浪浮空虚
空虚未可知	会当算舟车
蛮子叩头泣	勿语桑大夫

坡公之"广求民瘼，观纳风谣"，较之白居易之"为时""为事"，更见自然、深沉。他起句就概括了当时的"历史地理"，"江""淮"二区，在北宋还是大片沼泽。他很形象地把水面直接比之田亩，而把舟楫比为房屋，把鱼虾比之粮食作物，不必耕作、自有收获。他对那些被称为"鱼蛮子"的居民感到诧异，他们的血统、语言、风俗、习惯……本非异族，却要把居住用的竹木排筏并联入江，在上面搭盖以竹为瓦的简单住屋。凡读过与坡公几乎同时的王禹偁所写《黄冈竹

---

① 说"斗争"不过是泛义，自古蒿排民哪有力量与政府"斗争"？20世纪80年代湖北洪湖几户蒿排居民据说来自安徽，仅仅因为湖北"文革"余殃较安徽稍轻，到湖北免逃一死。

楼记》的人会对这种竹屋构造稍有概念，但"鱼蛮子"的竹瓦庐舍只有三尺（高），就与我们"大跃进"时期各地涌入城市的灾民所搭"滚地龙"差不多。在这种环境中生儿育女，大多就形象丑陋："戚施"或"侏儒"。侏儒不费解，"戚施"较"雅"，出于《诗·新台》："鱼网之设，鸿则离之；燕婉之求，得此戚施。"唱的是求偶者未得佳配——不是身材短小，就是弯腰驼背。记得郭沫若先生考证此条，侏儒和戚施都是重症血吸虫病患者。敝乡湖北汉阳有个"侏儒镇"，就是由于血吸虫病多而出现极度发育不良患者，因而得此诨名。汉阳府周边各县都是血吸虫病疫区，所以这类患者很常见。这些乡村地面，也是蒿排丛集之区，故老相传，住蒿排者不少。所以蒿排虽然"宜居"，甚至产生文化，但也决非天堂，往后我们还要随文讨论。苏东坡并不否认蒿排既易且简。他说在蒿排上抓鱼，非常容易。有一口破锅，煮熟就吃，也不著盐，只掺青菜，看上去很美。吃饱了就睡，跟水獭或猴子的生活差不多。这里不可能追求享受，为的只是逃避征徭，看上去这些鱼蛮子脚不点地，过的"神仙日子"。但谁管他神仙不神仙，说不定计较起来，会像拥有车船一样征税。所以鱼蛮子要叩头哀求姓苏的"团练使"大人，对他们的"神仙日子"别嚷嚷，若让朝廷理财能臣如西汉桑弘羊大夫之流得知，鱼蛮子们的日子就怕不再好过，说不定还得吃不了兜着走！

到南宋中叶，同样在黄州附近，陆游（1125~1210年）所见的筏居人民已不必像苏轼时代的鱼蛮子那样躲躲藏藏了。请看陆游《入蜀记》乾道六年（1170年）八月十四日所记：

> 晓雨，过一小石山，自顶直削去半，与余姚江边之蜀山绝相类。抛大江，遇一木筏，广十余丈，长五十余丈。上有三四十家，妻子鸡犬臼碓皆具，中为阡陌相往来，亦有神祠，素所未睹也。舟人云：此尚其小者耳，大者于筏上铺土作蔬圃，或作酒肆，皆不复能入夹，但行大江而已。[1]

文字浅显，只有一事须稍作解释。所谓"抛大江"，是相对于"行夹河"而言。当年大江辽阔，风浪险恶。而南北两面都有"夹河"，行船为了安全，多在夹河之中。有时遇到夹河只在一边，或者竟无夹河，不得不行大江，就称"抛江"。笔者少年时住汉阳城之日，南门外就有夹河，入夏就成大江船只碇泊避风之港，称为"河泊所"，其上游直抵沌口方接大江。陆游此行，常见其行夹河抛大江交替航行。在陆游存世的南宋中叶，为了抗金，利用长江作为支援前线的主要补给航道，长江的水上交通空前繁荣。这局面一直维持到宋亡。南宋"劳臣"夏贵，率领船队支援江苏、安徽前线的李庭芝和襄樊前线的吕文焕，抵抗蒙元入侵，可见当年盛水季节，江航几乎无远弗届，犹存大泽面貌。也可征湖广和淮南沼泽的干涸开发，明朝以后才加速完成。明以前，这一带的筏上居民必然不少。北宋的"鱼蛮子"躲躲藏藏，到南宋中叶就大大方方出了大江，而且种粮种菜，立祠开肆，俨然成了江上的商旅游宴之区。而且除一般商旅，排上市肆必然也为军运服务，帮助南宋政府，支撑危局。蒙元得到天助神助，战无不胜，唯独攻打宋朝，花了将近半个世纪时间（1234~1279年），可见一个野蛮民族要征服一个有高度文明的中国，也并非轻而易举，而长江天险一旦能被宋人善加利用，厥功伟矣！

这使我们立即联想到南宋初期岳飞抗金之先曾收复洞庭湖杨幺，用杨幺的兵加入岳家军抗金，这支多数有过蒿排生活经验的"鱼蛮子"后代组成的水上游击队在淮扬大泽中出没，必然给金兵制造很大的麻烦，不过历史掩盖了他们的功绩。正如夏贵对抗元前线的补给，如果没有"鱼蛮子"们的支援，"夏相公"能在"云梦大

---

[1] 有关陆游下蜀途中见筏上人家的材料，是我在讲干栏建筑选修课研究生班中张黎黎同学代为查到的，使我深感教学相关的乐趣。其他内容也多有学生贡献，但未能一一指出，想同学们必可谅宥。

泽"和"彭蠡大泽"中行动自如吗?只要我们不否认大革命中躲在洪湖中的赤卫队,不否认抗日战争时期躲在白洋淀中的雁翎队,就不会否认我们以今例古,设想蒿排居民对抗金抗元可能作出的贡献。

比陆游稍晚的孙应时(1154~1206年)曾在云梦泽中见过"苇屋人家",写了首古风《沌中即事》载在他的《烛湖集》卷十五。诗曰:

武昌西南云梦泽	水平不动玻璃碧
葭芦莽苍生暮烟	杨柳萧条带秋色
北接沧浪南洞庭	八九百里荒荒白
一渠纤綦十日行	巧避江涛如过席
平生闻说沌鱼美	满篮不受百钱值
我来涨潦渔者稀	罾网高悬钓竿掷
苇屋人家绝可怜	欲没未没三四尺
倚树为巢蒿作床	剥菱炊菰自朝夕
青裙皂髻长儿女	城市繁华岂曾识
屋头一艇是生涯	丁算未必逃官籍
迢迢客路几叹息	茫茫宇宙何终极
有酒无鱼莫浪愁	独醉月明听吹笛

"沌"是"沌河",是江汉之间最大最长的一条"夹河",由荆州沙市一带汇通密如蛛网的小河流到汉阳沌口入江。以往木船航行于汉沙之间通常避免"抛江"而走夹河——陆游入蜀就如此。这夹河有时也穿行于大湖中,如太白湖、白鹭湖……同时也就穿行于蒿排密集之区。孙应时的《即事》前六联描写的就是古云梦泽到宋时遗迹的"风景线"。这湖港交错之区到宋朝还航道畅通,无远弗届,所以在夏贵支援抗蒙前线时曾大起作用。后六联描写"苇屋人家",就是以蒿排作基,于上建芦席棚的人家。倚树为巢是将蒿排固定在大树干上以免漂走。湖中常见耐水乔木,例如柳树。笔者就见1954年、1958年大水之后在长江大堤外的成群柳树,不在乎水淹四五米,在水面高度长出大量"气根"供"呼吸",不被"淹死"。"蒿作床"正是《洪湖赤卫队》歌剧中韩英唱的"蒿排船板是我床"。蒿排儿女长到老大也

未必见过城市,只能安于清贫。蒿排边上停靠小艇供居民运货(鱼、虾、水产……)以谋生涯,但诗人都料他们未必能逃税赋的盘剥。而苇屋人家之所以甘居蒿排也确是为了逃税,能逃多少是多少。

四、明王世贞的记述和他所提到的《江赋》

明朝的王世贞(1526~1590年)几乎沿陆游入蜀路线重走了一遍,也写了一卷长文《江行即事》(《弇州四部稿》卷七十八)记述途中观感。大概由于长江航运到明代已为世所熟知,王世贞此行已不像陆游那样感到新鲜、兴奋。但他溯游过了黄州之后也是见到江上筏居,他说:

> [前文为"七月之望"游黄州赤壁] 其明日,发。自是江颇平,山亦多断续,不复如黄以东矣。忽睹竹木筏,连数十家,妇稚鸡犬相望,亦有豆棚瓜蔓之属,宛然务观(引者注:陆游字务观)所记也。第问之土人,如郭景纯(即郭璞,晋人,276~234年)《江赋》"葑田"之说则无之。风忽顺,以一日夜,逾二驿而上抵青山矶。

王世贞是个博识的有心人,所以他问到"葑田"。在大江中种葑田?似既无必要,也难有可能。陆游所记筏上开肆,恐怕明代犹然。一方面为江上旅客服务,另一方面打鱼捕鸟(包括拾蛋)也可换来生活资料。种葑田应在浅沼地带。王世贞提到郭景纯《江赋》倒是为我们提供了研究线索,让我们回到郭氏主要活动所处时代——东晋初年,看看那时葑田状况如何。

《江赋》载在《文选》卷一二,篇幅较同卷木玄虚著的《海赋》大一倍有余,算得一篇"大赋"。那时晋室东迁、凭江守险,长江作为一道国防线、运输线、补给线,对国家的重要性空前显现,引起郭景纯的兴趣,为之铺张扬厉,描绘歌颂一番。举凡长江形势之壮阔,品物之丰繁,无不汪洋恣肆,纵笔挥洒,正如文末所言:

"焕大块之流形,混万尽于一科。"请看他对江中"鸟岛"的描写:

> 其羽族也,则有晨鹄天鸡鴢鹜鸥鹢;阳鸟爰翔,于以岁月;千类万声,自相喧聒。濯翮疏风,鼓翅翻翢;挥弄洒珠,拊拂瀑沫。集若霞布,散如云豁;产觯积羽,往来勃碣。

构成鸟岛,有赖于水上森林。所以他接叙:

> 橪杞稙薄于浮渼,杨樵森岭而罗峰。

下文罗列各种水上高秆植物:

> 桃枝筜笞,实繁有丛;葭蒲云蔓,樱以兰红。杨鳊耗,擢紫茸;萌潭隩,被长江。繁蔚芳荑,隐蔼水松,涯灌芊荤,潜荟葱茏。

此类鸟岛,在中国江湖沼泽中大概常见,所以"岛"字在中国文字中有偏指,指水上多鸟的浮岛,而非海上仙山。下文叙岛上生态,逐渐有"葑田"意味。例如:

> 标之以翠藓,泛之以游蔬,播匪艺之芒种,挺自然之嘉蔬。鳞被菱荷,攒布水蓲;翘茎瀵菜,濯颖散裹。随风猗萎,与波潭沱;流光潜映,景炎霞火。

这种产生可食植物的葑田似乎天然形成,未见有人为加工的描写。郭景纯描写了江上居民,或被人名之曰"岛夷""鱼蛮子"的最下层草民:

> 于上芦人渔子,摈落江山;衣则羽褐,食唯蔬蠃。桴澱为涔,夹汦罗筌;箘洒连锋,晉罾比船。或挥轮于悬碕,或中濑而横旋;忽忘夕而宵归,咏采菱以叩舷;傲自足于一呕,寻风波以穷年。

这种草民的生活,实在比一般动物高不了多少,不值得讴歌,难怪北朝人要以岛夷来鄙薄南朝。也许由于笔者粗疏,通篇未见明点王世贞所说的"葑田"二字,大概出于王世贞对这篇《江赋》的个人解读。质之识者。

五、从"町原防"说到兴化垛田

《左传·襄二十五年·蒍掩庇赋》一节,记蒍掩为大司马,奉令尹子木之命"庇赋"。蒍掩采取了十项措施:书土田、度山林、鸠薮泽、辨京陵、表淳卤、数疆潦、规偃猪、町原防、牧隰皋、井衍沃。一望而知,这是在楚国沼泽"退化"逐渐干涸过程中,采取的一项近乎"国土规划"的措施,值得学者们写若干大文章来研究。但令我们研究沼泽的人一望就感到纳闷,怎么仿佛不见蒿排、葑田、架田……身影?沼泽既已达到大规模退化阶段,这些事物照说已很普遍,不会不见于国土规划的内容之中。

待我们发现江苏兴化垛田之后,最初不免惊诧其规模之宏大——将近五万亩,而又来历不明;稍一联想,这垛田不正是蒍掩庇赋中的"町原防"么?町原防的"后身",完全可变成葑田、架田或者如兴化之垛田。笔者为此感到兴奋。

历来注家对町原防的解释最为含糊。"町"释为"分畦列畞"大致无异议。但"原"就常被意会为"平原"。笔者以为,我们稍知河流入海、入湖、入沼泽所带来的泥沙冲积前沿应是《禹贡》中的术语"敷浅原",那里只容许浅水草类植物露头。这些草类繁生若干代就会堆积成蒿排、葑田,若有人工用木料围成小片,就成架田。不用木料,只将葑田分成小片,疏浚四边水道,堆垛湖泥到小片中,就成"垛田"。兴化位于江淮之间的低地,很早就是长江和淮水冲积成的敷浅原。兴化垛田的中心有"垛田镇",兴化周围以"垛"名地的不胜枚举:大垛、三垛、鲁垛、荻垛、梁垛、蒋垛……可见古代垛田必然为数众多,广泛分布。兴化春秋属吴,战国属楚,是楚国名将昭阳的封城,所以又名"昭阳"、"楚水"，受楚文化影响很深。所以春秋时代楚人"町原防"，可能在此处有所遗存。这里还得补充："防"不宜如注家所云作"堤防"解。"防"在此处宜照合体原义，"阝"是"阜"，是较高的丘阜；"方"即葑排。兴化垛田，正可能是"原防"的一种"原生态"。

当代人治学，自有方便法门：要搜集资料，往往只须点击一下电脑。例如"架田"，百度就有网页，可以立即查出：西晋的嵇含（262～306年）在其《南方草木状》一书中记有"浮田"即当是架田。稍晚的东晋郭璞（276～324年）《江赋》中就有记载："标之以翠翳，泛之以浮菰，播匪艺之芒种，挺自然之嘉蔬。"早有学者认定，说的就是架田。本章第四节已经引用郭璞《江赋》中此段。唐朝张籍（约767～830年）《江南行》有"连木百排入江住"之句，记的是大葑排，其上也必种架田。五代王仁裕（880～956年）《玉堂闲话》记他在广州听说有人告状其菜地被盗事，一时感到蹊跷，后乃知是架田被盗走。宋范成大（1126～1193年）《晚春田园杂兴》"小船撑取葑田归"之句所说的"葑田"已经是较为"进步"的架田，可以撑得动，因而可以"被盗"。元王祯（1271～1368年）著《农书》就把架田作为一种"田制"作了科学归类并加绘图记述。可见架田在中国"史不绝书"，早已是普通事物。兴化垛田之留存到现代，是"异数"也很自然，与墨西哥阿兹台克人一直用架田到如今，可谓东西辉映，值得珍视。

小结　保护现在，展望将来

中国的葑排以各种形式，不同名称，在中国流传几千年，与中国历史共休戚。直到如今，网上搜索，还可见到洪湖、白鹭湖、洞庭湖……至今存在葑排。笔者在各地讲学，寻访葑排，往往有听众惠告：他们家乡附近，都有葑排。一位荆州朋友说：他们星期天休息，出城东门就到湖边，雇小船上葑排拾鸟蛋。这种事物，大概太"普通"，历来少有文人学士予以关注，现在似乎应当刮目相看。

我们的葑排流传史，写得不连贯，欠完整，是条件使然，有待文章读者、讲座听众，大家帮助记忆，搜寻史料线索，以期逐步完善。本文许多资讯，都是由此而来，但惭未能一一详记来源，愧对友朋嘉惠而已。不过比起世界各国的史料典籍而言，中国可谓无比丰富。我们可以从夏代谈到如今，或正面记载，或侧面反映，或见诸文字，或仅存口碑，好歹有个交代。工作属在草昧初开，能为史学拾遗补阙，也就值得一试。

令人不安的是，中国葑排实物正在加速消失。我们目前不得不紧迫吁请"保护葑排！"借鉴国外经验，哪怕仅仅为了"旅游观光价值"区区眼前利益，也该能提醒有识之士看出"商机"而采取保护措施。

人们也许要问，葑排这种原始聚落遗存，除了让我们回顾历史之外，还有什么"前景"吗？问得好！本书的另一半目标，或者说更重要的目标，正是为了瞻望，后文自见。